热处理常见缺陷分析与解决方案

王忠诚　编著

化学工业出版社

·北京·

内 容 简 介

本书对钢铁零件在加热、淬火、回火、表面淬火以及化学热处理工艺过程中出现的常见热处理缺陷进行了系统归纳,重点对缺陷产生的原因、影响因素等进行了分析和探讨,提出了针对产品具体缺陷的解决方案,内容丰富详实,同时结合常见的零件热处理缺陷进行了实例分析。该书具有较强的实用参考价值,有助于读者正确分析缺陷原因,对热处理实际生产作业起到积极的指导与推动作用。

本书可供热处理企业和科研单位的技术工人、工程技术人员以及管理人员解决工程实际问题时参考,也可供大中专院校的机械工程设计和热处理专业师生参考。

图书在版编目(CIP)数据

热处理常见缺陷分析与解决方案/王忠诚编著. —北京:
化学工业出版社,2020.9(2023.8重印)
ISBN 978-7-122-37269-7

Ⅰ.①热… Ⅱ.①王… Ⅲ.①淬火-热处理缺陷
Ⅳ.①TG156.35

中国版本图书馆 CIP 数据核字(2020)第 112839 号

责任编辑:邢 涛　　　　　　　　　　文字编辑:张 宇 陈小滔
责任校对:王素芹　　　　　　　　　　装帧设计:韩 飞

出版发行:化学工业出版社(北京市东城区青年湖南街 13 号　邮政编码 100011)
印　　装:北京天宇星印刷厂
787mm×1092mm　1/16　印张 26¾　字数 692 千字　2023 年 8 月北京第 1 版第 2 次印刷

购书咨询:010-64518888　　　　　　　售后服务:010-64518899
网　　址:http://www.cip.com.cn
凡购买本书,如有缺损质量问题,本社销售中心负责调换。

定　　价:158.00 元

前　言

　　为了满足机械零件的工作服役条件，确保其符合设计、使用要求，以及其他方面的技术要求，需要针对零件的具体需要，进行必要的普通热处理、表面热处理与化学热处理等，使其具有良好的组织、硬度和理想的力学性能等。零件热处理是提高其产品质量和延长使用寿命的重要手段和工艺方法，因此零件的热处理在整个机械加工过程中占有十分重要的地位。与此同时，新工艺、新材料、新设备、新技术等推陈出新，也给零件热处理产品质量的提升与工艺水平的提高奠定了坚实的基础，同时提供了更多的技术手段和工艺方法，必将为减少机械零件的热处理缺陷与提高使用寿命作出重要贡献。

　　目前我国的机械设计人员、热处理工程技术人员迫切需要进行系统的热处理专业知识与热处理过程中常见缺陷的分析与预防知识的学习，以适应不断发展的机械行业的要求。这样不仅有助于加深对基础理论的理解，同时可正确指导生产过程中零件的热处理工艺设计和热处理操作过程，对零件的选材、零件的形状设计、热处理的具体技术要求等有重要的指导作用，便于发现、分析和判断可能出现或已经出现的热处理缺陷，从人、机、料、法、环、检等六方面入手，采用硬度检测、微观分析、金相分析、成分化验等必要的检测方法与手段，找到产生缺陷的具体原因，对症下药，为今后零件的热处理批量作业提供可靠的质量保证。

　　本书正是基于我国机械行业的热处理现状而编写的，目前国内院校已经很少有金属材料与热处理专业，多是材料成形等综合性的学习，对于材料热处理缺乏具体的指导，这不利于今后热处理技术的传承与发展，甚至会出现热处理后继无人的危险，这是毋庸置疑的。这点国内热处理专家已经预见到，并大声疾呼加强基础热处理的学习，高校要继续开设热处理专业课程。为此本书比较详尽地介绍了钢铁零件在热处理过程中缺陷产生的原因和防治措施，从理论到实践进行了系统的分析和探讨，对从事零件设计和热处理的工程技术人员提供必要的指导与帮助。

　　本书围绕着零件热处理缺陷的产生共分九章编写，第 1 章介绍了常见热处理缺陷以及分析方法等；第 2～9 章详细分析了零件在加热过程、淬火过程、回火过程、表面热处理和化学热处理过程中产生缺陷的种类与原因，介绍了大量的典型实例与分析，同时提出了预防热处理缺陷所采取的解决方案。

　　笔者既从事过刀具和模具的普通热处理，又对汽车零部件的化学热处理有深入的研究。本书在立足于生产实际的基础上，结合笔者三十多年的实践经验，列举了比较详实的缺陷实例分析，因此本书对于现场热处理生产具有指导意义和实用价值。同时，本书还可作为机械设计专业和热处理专业的教学参考书籍。

　　本书在编写过程中得到山东大学齐宝森教授的指导与帮助，安丘亚星热处理材料有限公司刘建华总经理、山东远大模具有限公司曹学敏总经理、济南沃德汽车零部件有限公司孙志刚等提供了部分资料与图片，在此向他们谨致以诚挚的谢意！

　　鉴于作者水平和掌握的技术资料有限，书中难免有不足之处，敬请广大读者和专家批评指正。

王忠诚

目 录

参考文献

第 1 章
常见热处理缺陷的
类型与分析方法

　　热处理是指将固态金属材料以一定的速度加热到要求的温度，在此温度下保温一定的时间，用以获得奥氏体组织和实现成分的均匀化，并实现晶粒的长大，随后进行冷却的过程。因此热处理的主要目的是赋予钢铁材料或其他材料一定的性能，使其能够满足零件使用过程和工作环境的性能要求。热处理不仅能改善钢铁材料的加工工艺性能和使用性能，充分发挥材料的潜力，而且能显著提高钢铁零件的力学性能、产品质量和延长零件的使用寿命。热处理之所以使钢铁的性能发生改变，是金属的原子结构即铁本身具有同素异构转变，钢铁材料在加热和冷却过程中，即通过热处理的方法，改变了其内部的组织和结构，因而获得所期望和要求的组织和性能。加热和冷却时材料内部组织变化规律即为热处理原理。

　　不同化学成分决定了钢铁材料热处理后的力学性能存在明显的差异，即使同一材料采用不同的热处理手段改变其内部的组织结构，也会使其具有不同的性能。可以说热处理是充分发挥金属材料潜在性能极为有效的工艺方法之一，零件进行热处理的目的就是为了获得所期望的组织和性能。了解热处理对零件组织和性能的影响，编制正确有效、可操作性强、产品质量得到保证的热处理工艺是十分重要的，一定要根据零件的工作条件和使用状况，合理选材，既考虑经济性，又要分析采用哪种热处理方式可满足零件的技术要求。钢铁零件的热处理过程是由加热、保温和冷却三个阶段组成的，因此，根据加热温度、冷却方式和使用目的的不同，热处理通常分为退火、正火、淬火、回火以及化学热处理等工艺方法，在生产实践中应具体问题具体分析，用最经济、最实用、最有效的工艺方法获得最佳的产品质量，这是热处理工作者的重要职责。

1.1　热处理常见的缺陷类型

　　钢铁零件在热处理过程中，因裂纹、变形、磨损、腐蚀等原因而失去原有的工作能力的现象称为失效或缺陷。失效分析的目的是从外部和内部两方面因素分析原因，以便采取有效的预防和解决方案，防止失效再次发生。产生的质量缺陷问题可以分为两个方面，一类为先天性的缺陷如零件的结构设计不合理、原材料或毛坯本身的缺陷，在热处理过程中产生或扩展成热处理缺陷，这是热处理工作者无法解决的，只有要求设计人员正确了解因设计不良造成的后果，选用正确材料，制订合理的技术要求，避免截面的急剧变化和打印标记以及采取锐角过渡。还需要注意原材料的缺陷如化学成分波动和不均匀、杂质含量偏多、严重偏析、非金属夹杂物、疏松、带状组织、折痕、发纹、白点、微裂纹、氧化脱碳和划痕等，即非热处理原因造成的缺陷，要严格控制该类缺陷。同时要求原材料检验人员认真把关，努力避免出现质量问题的材料投产。另外可能导致先天性热处理缺陷的还有铸造、锻造、焊接和机械加工等造成的缺陷，如裂纹、组织不良和外观缺陷等。另一类为后天的因素，即热处理因素和未规范加工和使用的因素，例如零件的热处理工艺制订不合理、操作不当、设备和环境条件不合适、后续的机械加工工序不当、零件在使用过程中出现早期的失效等，因此在热处理生产中要特别重视对零件热处理的过程控制，做到预防为主、减少变差、杜绝浪费，把影响产品质量的人、机、料、法、环、检六大因素分析透彻，用最低的成本采取有效措施，生产出优质的产品。为便于理解和系统分类，现将常见热处理缺陷的种类和产生的原因归纳总结，具体见表 1-1 和表 1-2。

表 1-1　热处理的种类及缺陷形式

热处理的类别		缺陷的形式
普通热处理	退火与正火	软化不充分,退火脆性,碳化物石墨化,表面氧化和脱碳,过热,过烧,网状碳化物,球化组织不良,萘状断口和石状断口,组织反常
	淬火	淬火裂纹,淬火变形,硬化不充分,淬火软点,氧化、脱碳,过热,过烧,放置裂纹,放置变形,鱼鳞状断口,表面腐蚀
	回火	回火裂纹,回火脆性,回火软化,回火变形,表面腐蚀,残余应力过大,性能不合格
	冷处理	冷处理裂纹,冷处理变形,冷处理不充分
	后续处理	磨削裂纹,磨削烧伤,磨削淬火,酸洗脆性,浸镀脆性
表面硬化处理	表面渗碳和碳氮共渗	渗碳过度,异常组织,渗碳不均匀,内部氧化,表面剥落,表面硬度不足,表面碳化物不合格,心部组织不合格,渗碳层深度不足,心部硬度不合格,表面硬度不合格,表面脱碳
	氮化或氮碳共渗	白亮层,剥落,渗层硬度低,渗层深度不足,渗层网状或脉冲组织,变形,心部硬度低,渗层脆性,耐蚀性差,表面氧化
	表面淬火(高频淬火、火焰淬火等)	变形,裂纹,表面硬度过高、过低,硬度不均匀,硬化层不足,烧伤,晶粒粗化(过热),螺旋状回火带,斑疤
特种热处理	真空热处理	表面合金元素贫化,表面增碳或增氮,表面不光亮,淬火硬度低,表面晶粒长大,粘连
	气氛热处理	表面增碳或增氮,表面不光亮,氢脆,表面腐蚀,氧化,脱碳

表 1-2　热处理缺陷问题产生的原因

类别		影响因素
非热处理原因或先天性原因	零件的设计不合理	零件的截面尺寸变化大,存在有棱角,表面划伤或有打印痕迹,材料的选用不当,零件承受的负荷过大
	材料自身的缺陷	脱碳层过厚,非金属夹杂物超过要求,组织偏析,碳化物的分布不均匀,杂质(P、S)含量过多,表面折叠,表面微裂纹,白点
热处理因素和未规范加工和使用的因素	制定的热处理工艺不合理	过热,淬火温度低,加热不均匀,淬火完全冷却,冷却不均匀,二次淬火,鱼鳞状断口,渗碳,氧化脱碳,球化退火不良,未及时回火
	后续机械加工不当	磨削裂纹,磨削烧伤,磨削淬火,电火花加工裂纹,酸洗不当
	零件的使用缺陷	安装不当,应力过于集中,使用的工作环境温度高,堆焊修理不当,过度使用而未及时更换

从表 1-1 和表 1-2 中可知，淬火裂纹和淬火变形是热处理过程中的致命缺陷，一旦出现该类情况，将会造成难以挽回的损失，即人力、物力和财力的巨大浪费，直接影响到生产作业的进行，因此热处理工程技术人员与操作者必须采取可行的有效措施，避免出现此类事故。除此之外，残余应力、组织不合格、性能不合格、脆性以及其他缺陷属于第三类的缺陷，具体见表 1-3。

表 1-3 一般的热处理缺陷

分类	主要的表现形式
脆性	退火脆性,回火脆性,热脆性,蓝脆性,低温脆性,氢脆性,浸镀脆性,酸脆性,碱脆性
硬度	淬火软点,退火不良,硬化不充分,过度回火,不完全淬火,硬度不均匀
金相组织	碳化物石墨化,魏氏组织,异常组织,晶粒粗大,混晶,内部氧化,带状组织,条纹组织,鱼鳞状断口,黑点,白点,过热组织,燃烧组织
表面缺陷	表面氧化,脱碳,渗碳,白层,磨削烧伤,剥落,晶界腐蚀,应力腐蚀开裂,起泡,凸起,浸镀不良,发黑处理不当
机械性能的不足	切削性,冷镦性,屈服强度,疲劳强度,冲击韧性,耐磨性,耐蚀性的不足

钢铁零件的热处理质量与操作者有很大的关系,加热的失误会出现零件的氧化、脱碳、过热、回火裂纹和回火脆性等;而冷却的失误会引起淬火裂纹、淬火应变、回火裂纹、淬火软点、退火脆性、回火脆性以及冷处理裂纹;后续处理的失误会造成零件表面的磨削烧伤、磨削裂纹、酸洗脆性和浸镀脆性等,因此应引起高度的重视。产生热处理缺陷的原因可从金属材料的相变(组织变化)、热应力的作用、元素的析出和与外界的化学反应等几个方面进行分析。

淬火过程中产生的裂纹是过冷奥氏体转变为马氏体,发生组织转变,比容增大,热应力和组织应力综合作用的结果;磨削加工产生的磨削裂纹是冷却不良,零件表面受热温度高于马氏体的分解温度(马氏体转变为拖氏体或索氏体),发生了二次淬火造成的;淬火软点是由于冷却过程中冷却不均,表面出现了非马氏体组织(珠光体);淬火变形尤其是形状的改变则是冷却过程中相变应力和热应力引起的,即应力造成的;通常谈到的回火脆性和退火脆性是碳化物在晶界上析出而出现的缺陷;而浸镀脆性乃初生态的氢原子作用的结果;最后要提到零件表面的氧化、脱碳等缺陷是在加热过程中同加热介质或冷却过程中的空气接触,与氧气发生化学反应的结果。

随着科学技术的进步,越来越多的先进的热处理设备和智能化工艺已经应用于钢铁零件的热处理过程中,因此产生热处理缺陷的因素大大减少,缺陷发生的概率降低。

1.1.1 热处理裂纹

零件在热处理结束后,由于材料或操作不当,将可能出现淬火裂纹、回火裂纹、磨削裂纹、冷处理裂纹等致命缺陷,它们直接造成零件的报废,无法挽救,因此必须采取有效的措施,避免此类缺陷的发生。表 1-4 列出了常见的裂纹类型,供参考。

表 1-4 零件常见的裂纹类型

裂纹类型	常见裂纹的特征或状态
淬火裂纹	纵向(轴向)裂纹,横向裂纹,指甲状裂纹,一字形裂纹,十字形裂纹,同心裂纹,放射线状裂纹
回火裂纹	回火龟裂,直线裂纹
放置裂纹(淬火延迟裂纹)	时效裂纹,搁置裂纹,残余应力裂纹,氢脆裂纹
磨削裂纹	龟裂,龟甲状裂纹
感应加热淬火裂纹	脱落裂纹
渗碳裂纹	剥落,脱落裂纹
脱碳裂纹	切断裂纹
冷处理裂纹	切断裂纹
电火花加工裂纹	变质层裂纹

从表 1-4 可知，各种裂纹的具体表现形式是不同的，因此在实际热处理过程中要认真分析和正确区分，找出原因，为零件的热处理质量的提高提供正确的依据。

现将钢铁零件中易发生的裂纹和其具体表现形态列于表 1-5 中，以供参考。机械零件一旦出现裂纹，将直接造成零件的报废，影响到正常的使用，因此在热处理过程中或使用状态下最忌裂纹的产生，因而对零件材料的选用、零件的优化设计与相关技术要求、机械加工（制造）和具体热处理工艺以及最终质量检验等几个环节应重点考虑，对具体的零件应根据其服役条件和工作环境，合理选材和提出最佳的热处理要求，同时注意冷热加工的顺序，保障产品质量。

表 1-5 常见裂纹的形态和特征

序号	检查的项目	观察的要点和思路
1	裂纹的大小	宏观裂纹，微观裂纹（观察倍数、方法）
2	显微镜观察	在晶粒内、晶界上出现混合组织
3	发生的部位	表面的，内部的，从表面到心部的
4	表面的张开度	禁闭、张开尺寸等
5	裂纹的扩展方向	与表面成直角，与表面平行，与表面呈一定的角度，与主应力方向呈直角，与主应力平行，与主应力方向呈斜角
6	路径	直线，锯齿，分叉，曲线，扇形，断续，连续
7	裂纹的具体形状	圆环，螺旋，同心状，双重
8	断口的形状	平行于壁，会聚于壁，呈半月形，呈三角形，菱形
9	裂纹内部形态	空壳状，充满氧化物，充满外来物
10	裂纹周围的组织	脱碳，变形，夹杂物，其他
11	分布	单一，多条，均匀分布，集中，偏向一边，对称分布
12	开裂的部位	切口底部，平滑部位，切削面，焊接部位，其他

1.1.2 热处理变形

零件在热处理加热和冷却过程中，其内部的组织结构发生变化。钢的热处理的目的是通过改变钢的结构、成分等，获得要求的硬度和力学性能，以发挥其潜在的性能。因此在钢加热到奥氏体状态后，要进行快速冷却，过冷奥氏体转变为马氏体或贝氏体组织。在冷却过程中首先产生热应力的作用，随着马氏体或贝氏体的形成，产生了相变应力，二者共同作用，造成零件的形状发生了改变，即出现零件的变形。从热处理的过程来看，变形是难以避免的，但通过改变零件的设计，尽可能将棱角变为圆弧、孔或槽镀塞、截面悬殊处设计为一定的锥形等，可达到减小变形的目的；另外零件要设计成对称形式，选用优质的钢材，同时有效利用磁致效应，采用压板矫直板状或条状零件。因此对零件的热处理变形要从几个方面入手，真正确保变形在工艺要求的范围内。

1.1.3 热处理性能不合格

零件的热处理缺陷除裂纹和变形外，其余的缺陷归纳为硬度不合格、表面氧化和脱碳、表面有软点、金相组织不合格、表面剥落、表面腐蚀等，它们也直接影响到产品的使用寿命，甚至造成零件的早期的损坏，对正常的作业带来困难。因此热处理性能不合格是不可忽视的重要缺陷，在零件的实际生产过程中要引起高度的重视。

1.2 缺陷分析的步骤与方法

零件在热处理过程中，影响其热处理质量的因素众多，因此会出现这样或那样的热处理缺陷。美国哈佛大学的德鲁斯教授（U. R. Andrews）指出"无论多小的意外事故，都是组织管理上的失误"。由此可见管理的重要程度，因此在实际的热处理工程中，要认真分析和处理可能出现的缺陷，采取措施杜绝类似事件的发生。

零件的缺陷分析是一项系统工程，是综合性的管理工程技术和多种现代科学技术的汇总。它具有三个特性：集合性、关联性和目的性。一般缺陷分析采取故障树分析法（FTA）和失效模式及后果分析法（FMEA 与 FMECA）。其中故障树分析法应明确三个目的：查明与缺陷发生有关的可能的原因、把分析对象的过程或结果形象地表示出来以及方便计算出缺陷的概率。而 FMEA 则具有以下特点：利用表格形式分析缺陷；从低层向高层分析，对潜在的缺陷按要求影响程度确定等级，提高改善的措施；全面分析缺陷的产生。因此应用上述分析方法，对出现的热处理质量问题进行分析，就能正确判断和得出结论，用于指导热处理工作者进行产品热处理缺陷的分析，从而避免质量问题的再次发生。

（1）分析的思路和程序　对零件在热处理过程中出现的缺陷，要深入生产现场，亲眼看到实物，把听到和看到的作综合考虑，查明原因，确定对策，排除故障和影响因素，解决出现的质量问题。日本的大和重久提出了"GOLT"精神，即 Go（去现场）、Observe（认真观察）、Listen（听取情况）、Think（分析和思考），实践证明该程序是指导一切热处理工作的思路，避免走弯路，同时有助于确定缺陷的产生的根源。

分析缺陷应注意以下几个方面：分析缺陷产生的原因；分析的对象；入手的部位；承担的任务；完成的时间；如何去做；分析的水平等。即"5W2H"原则。进行现场缺陷分析时还应使用合理的工具，便于及时记录和找出第一手的资料，下面为几种常用的工具：相机，内径千分尺，外径千分尺，放大镜（10 倍左右），导线，镊子，磁铁，软毛刷，画线器，钢丝刷，溶剂，样品袋，刮刀或锉刀，标签。

对热处理后出现的零件质量缺陷，一般正确的分析步骤如下。

① 首先到现场调查研究，了解缺陷发生的时间、地点、失效经过和部位；了解分布的具体特征，以及出现缺陷的数量和比例；保护好试样的原始状态；认真观察外形和断口的特征，考虑选取试样的部位或方法，有可能作出初步的判断；对零件的使用功能、工作条件和使用时间进行详细的了解。然后收集缺陷部件的背景资料，查找相关的工作记录，了解产品原始的质量检验报告与加热设备状况等。

② 热处理缺陷产生的原因是多方面的，缺陷原因多出现在加热温度、加热方法、保护气氛、冷却介质和冷却方法等几个方面。对于化学热处理过程的缺陷，应从活性介质的种类、具体的化学成分、均匀程度以及零件的材质等进行分析。

③ 认真了解零件的整个机械加工流程，在分析时既要注意原材料的质量状态，也要了解机械加工过程中零件的表面温度的变化，更要知道该零件的服役状态和受力状态，这有助于我们作出正确的判断。应当清楚锻造和零件的预备热处理的热加工工艺对最终产品质量的影响。要善于结合零件加工前后的状态，尤其是几个关键的工序应特别注意。

④ 认真观察缺陷的特征，对于简单的零件的缺陷分析，可借助于放大镜、测量硬度等进行分析，对于比较复杂的零件在必要时要进行相关的理化分析实验，比如钢的火花鉴别、无损探伤检验（表面和内部的探伤）、化学成分的分析（光谱分析、电子探针等）、组织结构分析（X 射线衍射分析）、金相检验以及宏观检验、力学性能测试等。拟订出针对性的分析方案，选定必要的试验项目和试验内容，热处理工作者要掌握断口知识和火花检验技术，将有助于从基础做起，对缺陷作出正确的判断。

⑤ 对于缺陷部位的取样应进行认真考虑，力求选取有代表性的位置，如有必要在缺陷处和非缺陷处分别选定、标号、切取、保存、清洗，进行对比检查。

需要注意试样的选取、标号、清洗和保存应遵循以下要求。

a. 取样和标号　在切割时远离断口、裂纹；照相，同时应有代表性。

b. 断孔的保护与保存　用泡沫塑料、布包扎后置于干燥器中。

c. 断口的清理　断口表面往往由于保护不好而容易造成污染和锈蚀等，应在观察前，对断口进行清洗。

断口的清洗常采取以下几种方法：用压缩空气或毛刷除掉表面的物质；油脂可用丙酮、氯仿等有机溶剂清洗零件的断口，去油渍后再用无水乙醇清洗、吹干；将 AC 纸在丙酮中软化后紧贴在断口上；轻微氧化物可用醋酸纤维素薄膜多次空白复型，后用超声波振荡清洗；严重的锈蚀可用 15％磷酸＋有机缓蚀剂在室温下清洗，用蒸馏水冲洗后吹干；当断口有防护涂料时，采用电化学电解清洗；化学蚀刻法清洗；等。

断口的分析要点如下。

a. 检查破断的起始点（表面、心部）的位置。

b. 起始点的范围和数量的多少。

c. 有几处起始点，其产生的先后顺序。

d. 断口的起始点源于材料缺陷、应力集中、加工刀痕？

e. 起始点的位置与应力集中是否一致？

f. 引起断裂是静载荷还是冲击载荷？

g. 断口类型是纤维状还是结晶状？是否具有贝壳纹？最后断裂的位置。

h. 零件的工作环境是否有污染，断口有无污染？

⑥ 对所取得的信息、数据进行分析与评价，根据检测的结果，解释判断的判据，认真分析清楚缺陷产生的根源，报告应提供必要的技术数据，结论的根据要充分、可靠，写出有建议的报告。

（2）断口的表现特征和形式　零件出现断裂应进行正确的分析，从表面到内部的金相显微结构，都有具体的表现，首先了解以下断口的宏观特征。

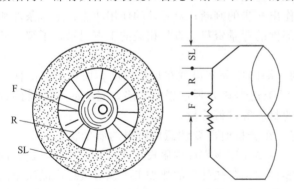

图 1-1　静拉伸断口的三部分示意图
F—纤维状区；R—放射状区；SL—剪切唇

① 静载拉伸断口。出现此类断口的原因多半在于零件的强度不足，外加载荷过大等，其断口又分为脆性拉伸和塑性拉伸断口。脆性断口特征为平直，无缩径现象。而塑性拉伸断口上具有三个区域：纤维状区、放射状区和剪切唇，断口的起始点在中心附近，形成了剧烈的凹凸不平的纤维状部分，同时也垂直于最大拉应力方向，随后急速扩展为光亮的放射状部分。而最后在外缘沿最大切应力发生剪切破坏，从而形成比较平滑的灰色剪切唇，具体见图 1-1。

可以看出断口呈杯形，如果出现材料的脆性增大、加载速度的增加以及温度的降低等，将使放射状部分增多，甚至没有纤维状和剪切唇。

② 扭转断口。在零件的单向扭转的过程中，最大切应力发生在垂直于扭转轴的平面上，而最大的正应力存在于与扭转轴呈 45°的所有平面上。注意，塑性材料的扭转断口与扭转轴垂直，而脆性的断口与螺旋轴呈接近 45°角，并呈螺旋状。

对塑性材料而言，如为单纯的扭转载荷，则扭转断口最终断在心部，假如同时还有较小的弯曲载荷，则最后的破断还有许多破断区域存在心部。通常扭转破断发生在花键、键槽等部位。

③ 疲劳断口。疲劳断口是在分析的使用过程中，疲劳断裂占有很大的比例。疲劳断裂从其受载的情况分为弯曲疲劳、扭转疲劳和反复伸拉疲劳。

常见的疲劳断口按断裂过程可分为三个阶段：疲劳核心区（疲劳源）、疲劳裂纹扩展区和最终的破断区。疲劳核心区（裂纹源）可用肉眼或低倍放大镜等大致观察出来，一般表面硬化发生在表皮下，如零件脱碳或应力集中，而内部组织存在缺陷如夹渣、空洞和成分偏析，也可能在心部发生；疲劳裂纹扩展区常为贝壳状或海滩状，贝壳状的推进线是从疲劳核心开始向四周推进，呈现出弧形的线条，其垂直于疲劳裂纹扩展的方向；最终的破断区是指零件的疲劳裂纹扩展到一定的扩展深度，零件的载荷面积不足以支承外加载荷，发生突然破断。

④ 弯曲疲劳断口。零件承受纯弯曲疲劳载荷时，表面所受应力很大，而中心为零。其规律为疲劳源存在于表面，沿与最大正应力相垂直的方向扩展，当零件的截面尺寸的强度承受不住外加载荷后，将会造成零件在该截面断裂。

弯曲疲劳是零件使用中常见的失效原因，根据零件的工作受力情况，通常将弯曲疲劳分为单向弯曲疲劳、双向弯曲疲劳和旋转弯曲疲劳，其表现形式存在明显的不同。分析断口的形状和特征以及三个区域的分布和大小，有助于判断零件具体的受力情况和断裂的形式，为正确设计零件和解决相关的工作条件提供有效的保证。下面将不同应力大小以及载荷下疲劳断口状态列于表 1-6 中，供分析和参考。

表 1-6 不同载荷方式的应力状态下断口的形式

应力状态	高名义应力			低名义应力		
	无应力集中	中等应力集中	严重应力集中	无应力集中	中等应力集中	严重应力集中
拉伸或拉压	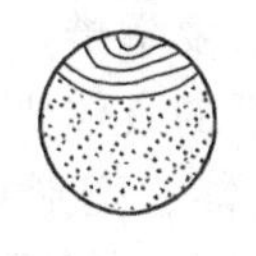		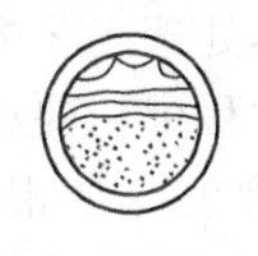			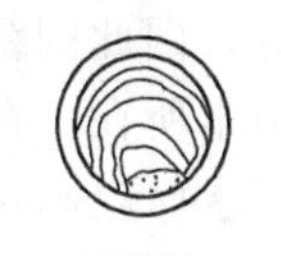
单向弯曲		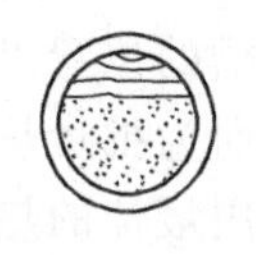		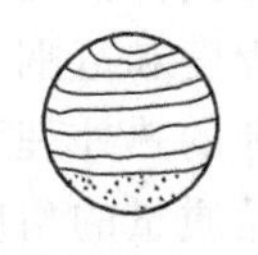		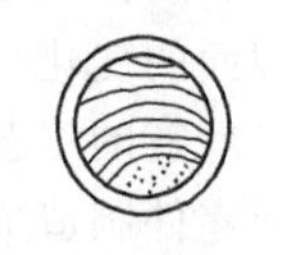
反复弯曲	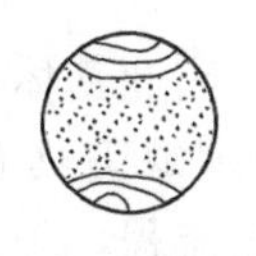	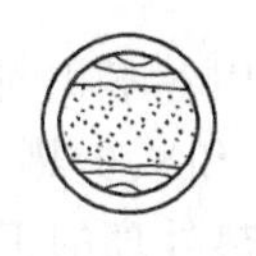	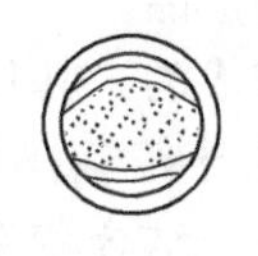			
扭转弯曲	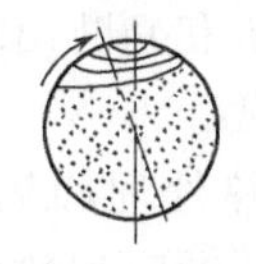			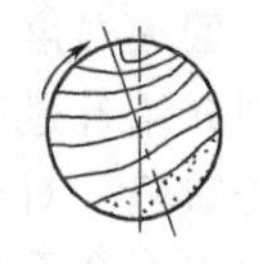		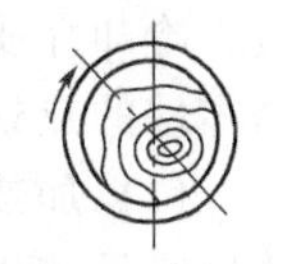

⑤ 扭转疲劳断口。扭转疲劳断口也存在可见的三个区域，如为脆性材料则断口与零件呈 45°角，而韧性材料为平直的断口形态。图 1-2 为汽车上直径 35mm 的钢拉杆扭转疲劳断口，硬度为 HRC52～55，从图中可以看到裂纹源在拉杆的很小的纵向剪切面上，随后发展为 45°角扭转面和纵向剪切面，疲劳发展区始终围绕起始的 45°角的面上。

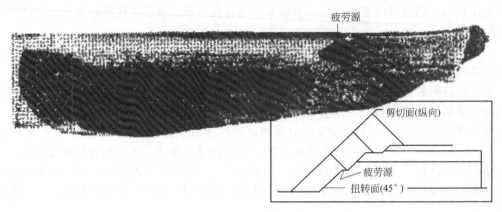

图 1-2　直径 35mm 钢拉杆扭转疲劳断口

通过分析断口的特征和具体形态，可以确定断裂源和裂纹的扩展途径，推断出载荷的具体类型，判断材料的性能以及推测零件的工作环境和周围介质，为我们解决实际工作中出现的各类断口提供依据。

由于产生零件热处理缺陷的原因十分复杂，因此分析的思路和方法也不尽一致，要具体情况具体分析。只有通过不断生产实践和分析，逐渐提高分析问题和解决问题的能力，对缺陷分析准确，才能真正指导热处理工作。

1.3　热处理缺陷的对策方略

零件经过热处理出现的质量问题和缺陷在前面已经作了介绍，因此如何正确对待和处理出现的问题是热处理工作者的重要职责。零件热处理的目的是为了获得要求的组织和力学性能，因此围绕该技术要求采用相关的热处理工艺方法和手段是重要举措，是完成组织转变的根本所在。在机械零件的实际热处理过程中，要根据工艺和图纸的具体要求，在材料和技术要求已经确定的前提下，根据零件的硬度、金相组织、力学性能、变形量、耐磨性、耐蚀性、疲劳强度、抗咬合性等具体情况，同时结合零件的形状结构、对称程度、尖角和棱边、截面的变化、表面硬化的程度和范围、中心孔和凹槽的位置以及其他影响到质量的因素，经过反复的工艺试验找到合理的热处理工艺参数，从而为批量热处理作业提供技术保证。从降低零件制造成本和确保产品质量的角度出发，应采用最佳的热处理工艺流程，尽可能地利用低耗的热处理设备，生产出质优价廉的产品。

零件的热处理过程是由几个阶段组成的，其作用各不相同，因此具体分析每个阶段和环节可能产生的热处理质量缺陷，对于指导正确操作和减少热处理缺陷具有重要的作用和意义。从影响产品热处理质量的因素出发，结合零件热处理的工艺流程，采用的设备、加热介质、冷却介质和冷却方式，回火温度，等，可以比较容易地分析和判断出现的缺陷。下面根据零件的热处理过程，分别介绍各过程出现的常见缺陷，供参考。

（1）加热过程中产生的缺陷　对于加热过程而言需要选择热处理加热设备和加热介质，这里容易产生的缺陷是零件表面会受到氧化性加热介质的作用，同时加热温度超出工艺要求使奥氏体的晶粒过于粗大甚至晶界熔化。这对零件的外观和内部质量造成严重的影响，因此在实际过程中要围绕该类缺陷分析要采取可行的措施。

（2）淬火过程中产生的缺陷　零件在加热结束完成了奥氏体的均匀化后，要进行冷却以获得要求的组织和机械性能，此时应根据零件的材质和具体硬度等要求选择理想的冷却介质。理想的冷却介质为在高温下快冷、低温下（300℃）缓慢冷却。通常冷却介质分为空气、水、油（矿物油、植物油等）、5%～10%盐水、5%～15%碱水、合成冷却剂、水淬-油冷、水淬-硝盐冷却、碱浴、硝盐浴、氯化盐浴等。这些冷却介质的冷却性能是有很大区别的，尤其需要提出的是对盐水、碱水、油、碱浴、硝盐浴、氯化盐浴等而言，存在冷却介质性能降低（老化）的问题，如果没有及时发现将成为产生缺陷的重要根源。淬火零件硬度不足、软点、淬火裂纹和变形超差是其常见的热处理缺陷。

（3）回火过程中产生的缺陷　零件淬火结束获得了高硬度的淬火马氏体组织，或硬度略低的下贝氏体组织，但此时的组织并不稳定，其脆性很大，无法在生产中使用，必须进行回火处理才能得到要求的组织和性能。因此回火的工艺参数对零件的热处理质量将产生重要影响，例如出现硬度的高低、回火脆性、回火裂纹以及其他缺陷，在回火过程中必须采取有效措施，才能切实避免上述缺陷的产生。

（4）表面淬火缺陷　前面提到的为零件的整体热处理，使零件内外均获得要求的硬度和要求，而表面淬火处理是仅对零件的表面进行硬化处理，心部仍为处理前的组织状态。因此表面淬火温度、加热时间、硬化层深度等对零件的热处理变形和开裂、硬度的高低、使用寿命的长短等有直接影响。了解表面淬火缺陷的产生机理，有助于提高操作者对产品质量问题的认识，并在实际的热处理过程中自觉遵守操作要求，为制造合格的产品奠定良好的基础。

（5）化学热处理缺陷　零件的化学热处理是在零件的表面上进行渗金属或非金属原子的热处理工艺，以获得要求的表面性能（如高的耐磨性、耐蚀性、抗咬合性、高的疲劳强度等），这种工艺赋予零件具有复合材料的双重作用和效果。但如果出现工艺制订不当、过程参数变化等将会造成零件的变形和开裂、组织不合格、硬度不符合要求等，因此对于零件的化学热处理而言，应当引起足够的重视，否则零件将完全失去化学热处理的意义。

零件的热处理应安全、节约和切合实际，同时要向作业环境的凉爽、清洁和安静方面发展。热处理的要点是加热和冷却技术的选择、温度与时间的合理搭配、冷却介质的性能、钢材的质量和零件的形状、预备热处理的效果等，因此在零件的热处理过程中，要考虑到诸多因素的作用和特点。针对容易出现的质量缺陷，在编制热处理工艺时要采取相应的措施，这是一项十分重要和复杂的过程，需要从影响热处理质量的因素入手，经过反复的工艺试验和调整，才能制订出最佳的热处理工艺流程和工艺参数，因此正确的热处理工艺是确保零件热处理质量合格的前提和基础。一旦出现上述质量问题都可从人、机、料、法、环和检等几个环节进行分析和判断，找到产生缺陷的根源。

第2章
钢在加热过程中产生的
缺陷分析与解决方案

钢在热处理设备加热过程中，离不开加热介质，即热量通过加热介质传递给零件，来完成对其表面和内部的加热，满足零件锻造加热、退火、正火、回火以及化学热处理等需要。现如今，加热的介质种类较多，按照零件在加热过程中零件表面有无成分的改变分为氧化性加热介质、还原性加热介质、中性加热介质三类。现在如果能够采用还原性加热介质和中性加热介质进行零件的加热，无论是原材料的热处理和表面的处理，还是随后的机械加工，都会节省钢材、降低制造成本，同时可成倍地提高零件的使用寿命。

2.1 氧化与脱碳

钢铁热处理的目的是用于改善材料的组织状态和消除内应力，获得需要的组织和力学性能。钢铁零件在锻造和热处理过程中是在热处理加热炉内完成加热过程的。零件的加热方式一般有三种，即传导、对流和辐射。加热的介质按对零件表面有无影响，分为空气、可控气氛或保护气氛、流动粒子、盐浴、真空等几种，其中对零件基本无影响的为真空、可控气氛或保护气氛等。

2.1.1 氧化与脱碳的机理

钢在热变形、退火和热处理过程中，如果在没有保护性的介质或气氛中加热，钢表面的铁和合金原子将会与加热介质中的氧化性物质发生化学反应，生成氧化物，造成表面脱碳和变质等现象，严重影响零件的力学性能，甚至会造成产品的报废，因此在零件的热加工过程中必须控制炉内的气氛，确保实现零件的无氧化和脱碳加热。一旦出现该类缺陷要采用磨削、车削的加工方法或抛丸（喷丸）处理去除，也可采用化学方法如硫酸或盐酸进行清理，但需注意防止氢脆现象的发生。

钢的氧化和脱碳发生的原因是多方面的，同加热设备性能、加热方法和方式、使用的热源、加热的介质等有很大的关系。如何采取必要的技术措施和保护手段实现零件的无氧化和脱碳加热，确保其零件热处理后的表面质量是热处理工作者的首要任务，必须认真对待和分析。

2.1.1.1 钢的氧化

钢的热处理离不开加热介质和热处理设备。常规的加热介质有气体、可控气氛、熔融盐浴、流动粒子、真空等，下面分别加以介绍和分析，探讨其对钢的表面质量的影响。

在一般的气体介质（如空气）中，O_2、CO_2 和水蒸气等是氧化脱碳性强的介质。它们一般按下列化学反应进行，从而造成钢的表面被氧化，即钢在氧化性气氛中加热，在零件的表面将产生氧化层。化学分析表明氧化层从表到里依次为 Fe_2O_3、Fe_3O_4、FeO，其形成的机理为表面的氧气含量高，与铁强烈作用生成 Fe_2O_3，中间部分为 Fe_3O_4，内层形成了氧含量较低的 FeO。另外随着炉内氧含量的增加和加热温度的提高，氧化层的厚度会不断增加。在实际的热处理过程中要将氧化性气氛消除，并确保工艺温度符合技术要求。

$$2Fe+O_2 \underset{\text{还原}}{\overset{\text{氧化}}{\rightleftharpoons}} 2FeO \tag{2-1}$$

$$Fe+CO_2 \underset{\text{还原}}{\overset{\text{氧化}}{\rightleftharpoons}} FeO+CO \tag{2-2}$$

$$Fe+H_2O \underset{\text{还原}}{\overset{\text{氧化}}{\rightleftharpoons}} FeO+H_2 \tag{2-3}$$

$$4Fe+3O_2 \underset{\text{还原}}{\overset{\text{氧化}}{\rightleftharpoons}} 2Fe_2O_3 \tag{2-4}$$

从上述四个化学反应可知，钢表面的铁被氧气、二氧化碳、水蒸气等氧化，损耗了金属，同时造成零件的表面产生锈蚀和麻点，粗糙不平；另外因表面氧化皮的存在而影响淬火冷却的均匀性，造成工件表面的不均匀或硬度不足，因此钢表面的氧化皮是造成淬火软点和淬火开裂的根源。

通常钢铁零件的急剧氧化是在 525℃ 以上发生的，是钢铁与空气中的氧结合形成氧化铁，它低于脱碳的温度。氧化扩展的快慢程度取决于固溶体的成分，作为工具钢，其中的铬含量以及碳化物相的特性影响较大。高碳钢的氧化皮十分致密，而低碳钢的则疏松易于剥落，在 570℃ 以下，形成的氧化物由表到里依次为 Fe_2O_3、Fe_3O_4，而 570℃ 以上，则为 Fe_2O_3、Fe_3O_4、FeO，如图 2-1 所示。上述氧化皮与基体的结合性差，同时各自的膨胀系数不同，因此会一块块剥落，这样既消耗了金属，又造成零件表面质量的下降，因此在加热过程中应采取必要的措施，杜绝零件在氧化性气氛中完成热处理。

钢铁零件在空气中加热将发生氧化反应，脱碳在高温下（800℃）进行得十分强烈，溶解于钢中奥氏体的碳和碳化物中的化合碳，被空气氧化烧损而脱碳：

$$C+O_2 \longrightarrow CO_2 \tag{2-5}$$

$$Fe_3C+O_2 \longrightarrow 3Fe+CO_2 \tag{2-6}$$

热处理炉内气体介质成分有 H_2、N_2、CO、CH_4、少量 CO_2 以及水蒸气等各类保护和可控气氛，他们对钢铁零件的表面作用有很大的差异。CO_2 为燃烧产物的主要组分，在高温下引起钢表面的氧化和脱碳，但对铜和铜的合金无化学作用，因此常用作该类材料的保护气氛。CO 对钢铁具有还原作用，可使钢的表面增碳。CO_2 氧化还原反应在 570℃ 以下进行。随着炉内氧含量增加和加热温度的提高，氧化程度增加，氧化层厚度的增加，见图 2-2。

$$Fe+CO_2 \rightleftharpoons FeO+CO \quad (570℃以上) \tag{2-7}$$

$$3FeO+CO_2 \rightleftharpoons Fe_3O_4+CO \quad (570℃以上) \tag{2-8}$$

$$3Fe+4CO_2 \rightleftharpoons Fe_3O_4+4CO \quad (570℃以下) \tag{2-9}$$

因此钢在 CO-CO_2 的混合气体中可以发生脱碳或增碳反应。

$$C+CO_2 \rightleftharpoons 2CO \tag{2-10}$$

水蒸气在高温下对钢有氧化和脱碳作用，H_2 作为一种还原性气体，在高温下可使钢的表面氧化物得到还原，钢在 H_2-H_2O 气氛中的氧化还原反应为：

$$Fe+H_2O \rightleftharpoons FeO+H_2 \quad (570℃以上) \tag{2-11}$$

$$3FeO + 3H_2O \rightleftharpoons Fe_3O_4 + 3H_2 \quad (570℃ 以上) \tag{2-12}$$

$$3Fe + 4H_2O \rightleftharpoons Fe_3O_4 + 4H_2 \quad (570℃ 以下) \tag{2-13}$$

上述反应是可逆的，因此可以实现对炉内成分的合理控制，确保零件在热处理加热过程中实现无氧化和脱碳加热。

图 2-3 为钢在 H_2-H_2O 气氛中加热后发生的氧化还原反应：

$$C + H_2O \rightleftharpoons CO + H_2 \tag{2-14}$$

$$Fe_3C + H_2O \rightleftharpoons 3Fe + H_2 + CO \tag{2-15}$$

另外纯氢对钢也有脱碳作用，其脱碳程度取决于炉温、水蒸气的含量、加热时间以及钢中原始的含碳量等因素。当 H_2 中水蒸气的含量提高时，则氧化脱碳的作用将更加剧烈。图 2-4 为 40 钢脱碳层与加热时间的对应关系。

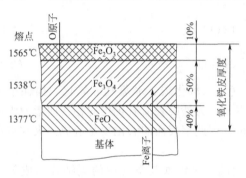

图 2-1　氧化过程示意图

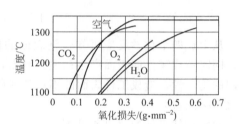

图 2-2　加热和气氛对氧化速度的影响

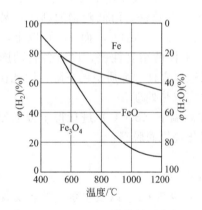

图 2-3　Fe-H_2-H_2O 和铁的平衡相图

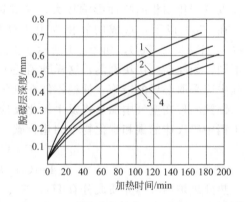

图 2-4　40 钢脱碳层厚度与加热时间的关系
（加热温度 850℃，炉气中 H_2 为 8%～12%，其余为 N_2）
1—H_2O/H_2=0.065；2—H_2O/H_2=0.045；
3—H_2O/H_2=0.033；4—H_2O/H_2=0.025

2.1.1.2　钢的脱碳

钢件在加热过程中，由于炉内脱碳性气氛与钢表面的碳原子发生化学反应，即钢表面的碳原子部分或全部被烧掉，因此降低了其表面的含碳量，从而影响到零件的表面质量和机械性能，常规而言是不允许的。无保护加热造成脱碳总是不可避免的，实验表明脱碳后的表面组织为铁素体，内部为奥氏体组织，在淬火后二者转变为马氏体的过程中，表面产生拉应力的作用，将会造成表面的变形和开裂，表面硬度、抗拉强度和疲劳强度等普遍下降，出现零件的早期时效，因此必须避免该类现象的发生。

钢在加热过程中离不开加热体和加热的介质，热处理加热设备种类较多，加热的方式有传导、对流和辐射三种，任何热处理设备均具有其中的一种或几种传热方式。通常在加热的介质炉气中存在有 O_2、CO_2、H_2O 和 H_2 等气体，它们和钢表面的碳发生化学作用，造成碳含量的下降。钢的脱碳过程有两个环节，一是表面的碳原子被氧化，二是表面的碳失去引起表面碳浓度的降低，根据化学平衡原理心部碳向表面扩散移动，因此脱碳层会不断增加，时间越长则脱碳越严重。下面为零件在脱碳时的化学反应式：

$$2C_{(\gamma\text{-Fe})} + O_2 \xrightleftharpoons[\text{还原}]{\text{氧化}} 2CO \tag{2-16}$$

$$C_{(\gamma\text{-Fe})} + CO_2 \xrightleftharpoons[\text{还原}]{\text{氧化}} 2CO \tag{2-17}$$

$$C_{(\gamma\text{-Fe})} + 2H_2O \xrightleftharpoons[\text{还原}]{\text{氧化}} CO_2 + 2H_2 \tag{2-18}$$

$$C_{(\gamma\text{-Fe})} + 2H_2 \xrightleftharpoons[\text{还原}]{\text{氧化}} CH_4 \tag{2-19}$$

从上述几个反应式来看，钢件表面的碳原子分别与氧化性的气体作用生成了相应的气体，碳含量则低于钢的原始成分，无法获得要求的组织和性能，因此实现无脱碳的热处理是至关重要的举措。

同时还应当清醒地看到 O_2、CO_2、H_2O 和 H_2 等气体除发生以上作用外，它们也可同钢中的 Fe_3C 反应使其失去碳原子：

$$2Fe_3C + O_2 \xrightleftharpoons[\text{还原}]{\text{氧化}} 6Fe + 2CO \tag{2-20}$$

$$2Fe_3C + 2H_2O \xrightleftharpoons[\text{还原}]{\text{氧化}} 6Fe + 2CO + 2H_2 \tag{2-21}$$

$$Fe_3C + CO_2 \xrightleftharpoons[\text{还原}]{\text{氧化}} 3Fe + 2CO \tag{2-22}$$

因此无论是钢表面的碳原子还是渗碳体中呈化合态的碳原子，一旦发生脱碳则其零件表面的含碳量降低，造成淬火后硬度低和耐磨性的减弱，尤其是造成零件疲劳强度的明显下降。上述炉内的气氛中 O_2、CO_2、H_2O 和 H_2 属于氧化性的气体，在加热的过程中引起钢表面的氧化和脱碳，而 CO、CH_4 则为还原性气体，可以使氧化层和脱碳层得到还原，恢复钢表面的原始成分状态。需要说明的是 H_2 除外，在还原性和氧化性的气氛中，如含有水蒸气它将会造成表面的明显脱碳。作为气体加热介质而言，为了确保加热过程中不出现上述缺陷，应当采用在还原性或保护气氛中完成零件的热处理，这是热处理工作者一直努力的方向。目前陆续开发了一系列的加热方法，实现了不改变零件的表面成分和状态的保护介质的加热。

从脱碳产生的机理来看，脱碳的实质为钢中的碳原子在高温下与氧和氢等发生作用，生成了一氧化碳。一般而言，钢的氧化和脱碳是同时进行的，其扩散均在 A_{C1} 相变点以上高温下强烈发生，因此控制好炉内的成分即可避免氧化和脱碳现象的出现，尤其是水蒸气必须去除。当钢表面的氧化速度小于碳从内层向外层扩散的速度时会发生脱碳，即在氧化性较弱的氧化性气氛中会发生脱碳现象，相反，当钢表面的氧化速度大于碳从内层向外层扩散的速度时会发生氧化。

对工具钢而言，轻度脱碳（0.6%～0.8%）不会明显造成过共析钢硬度的降低，但会减少残余奥氏体中碳化物的含量，在淬火温度下，加剧表层晶粒的粗化和长大，使钢的强度下降。如有严重的脱碳（0.4%～0.5%），钢的淬火和回火后硬度将大大降低，耐用度下降，同时将引起淬火裂纹的出现，从而加剧零件之间的粘连。因此对工具钢来说，确保零件加热过程中无氧化和脱碳是提高热处理产品质量的前提。

零件的表面被氧化和脱碳后其表面状态十分粗糙，失去光泽，在热处理过程中将导致淬火裂纹、软点、硬度不足等缺陷，造成抗拉强度和疲劳强度明显下降。对高速工具钢而言，表面脱碳使工件的红硬性降低，表面脱碳后将严重降低刀具的耐用度，脱碳和未脱碳部分因淬火后比容不同而产生差异，影响到刀具结合部分的强度等，因此应当注意避免该类问题的出现。

弹簧钢表面如存在脱碳现象，将严重影响疲劳强度和抗拉强度。而对螺栓的标准件脱碳而言，将造成螺纹表面硬度降低、螺纹脱扣、强度明显降低等，无法满足螺栓的工作需要。因此脱碳是不允许的，在加热过程中应采取保护措施，确保产品质量合格。

钢铁表面脱碳后，含碳量与内部基体的碳成分存在了差异，因此淬火后过冷奥氏体转变为马氏体，在表面的热应力和组织应力的共同作用下，造成内外膨胀量的差异，容易出现零件的淬火裂纹。若表面为完全脱碳，则不会造成淬火裂纹的出现，其原因在于表面只有热应力，内部为拉应力，因此表面受到压应力的作用。需要说明的是因为操作不当所致的表面脱碳，将使表面变硬，不会发生塑性变形，如残留的含碳量低于 0.3%，不会开裂；而高于 0.4% 存在开裂的倾向，因此残留碳含量的多少直接影响到零件的产品质量问题，这一点应引起热处理技术人员的重视。

2.1.2　零件加热常用介质的作用和防止氧化与脱碳的措施

氧化和脱碳几乎为零件在热处理过程中难以避免的，它是零件表面和加热介质作用的结果，因此控制氧化和脱碳的措施也必须从这两方面着手，一是改变零件在加热过程中介质的成分，二是将加热零件与加热介质隔离。严格控制零件在加热过程中表面不受外界气氛的作用，即可达到零件热处理的要求，零件的表面状态则不会改变。

加热介质在高温下与零件的表面发生化学作用，加热温度、加热速度选择不当，装炉量不符合要求，等，均会对零件的加热造成一定的影响。钢铁零件在 570℃ 以上即被氧化，氧化后的表面烧损、无光洁，影响其力学性能、磨损性能和切削性能等，同时对炉衬等有一定的危害性。同样表面脱碳将严重影响零件的性能和寿命。为了系统了解和便于选择加热介质，现对常用的加热介质的性质和在加热过程中需采取的措施分别加以介绍，供参考。

2.1.2.1　空气

从我国热处理设备的发展趋势来看，箱式炉和井式炉在国内热处理企业还占有约 40% 的比例，其加热的介质为空气。空气中的氧气、二氧化碳和水蒸气等氧化性气体在一定的温度下与零件表面的碳等发生反应，使零件表面出现氧化和脱碳，因此应尽可能地加以避免。

对于只能进行空气加热的设备来说，如不采取一定的保护措施，势必造成表面的氧化脱碳。在空气等氧化性气氛中实现对钢铁零件的加热，除氧气外，不含水蒸气的氢气对表面没有影响，但当含水量在 0.05% 左右时，将会造成零件表面的脱碳。

如钢在无保护的空气中加热，随着温度的升高和时间的延长，其表面的氧化和脱碳越来越严重，具体数值见表 2-1。

表 2-1　50 钢在电炉加热 3h 氧化和脱碳情况

加热温度/℃	900	950	1000	1050	1100	1150	1200
氧化皮/mm	0.06	0.07	0.15	0.32	0.33	0.35	0.42
脱碳层/mm	—	0.01	0.02	0.03	0.03	0.05	0.05

为了解决零件在空气中加热而表面被氧化和脱碳的问题，对于箱式和井式等电阻炉而

言，应采取必要的方法和有效措施，使零件的表面与加热介质隔离或隔绝，则可避免零件的表面氧化和脱碳的发生，同时也确保表面质量状态和成分保持不变，获得要求的组织和力学性能，满足零件服役条件的需要。下面介绍几种常见的保护方法，供实际应用中参考。

(1) 涂料保护 是指将零件用涂料涂覆，通过其隔绝与氧化性气氛的接触，完成零件的加热过程。如何保证涂料在加热中和淬火前不脱落，而冷却后及时离开零件表面，完成零件的淬火处理，是对涂料选用的基本要求。

对涂料的要求为：

① 在加热过程中不允许脱落和破裂，具有良好的保护效果；

② 涂料中的元素不会渗入零件的表面，也不会与钢中的元素起化学反应，性能稳定；

③ 不会降低零件的冷却性能，对冷却介质无危害；

④ 零件淬火后可自行脱落，不会影响淬火性能；

⑤ 无粘连现象；

⑥ 对零件无腐蚀。

常见涂料的配方和应用具体见表2-2。

表 2-2 推荐的常用涂料配方

序号	涂料牌号和名称	主要组成物质	适用范围及举例
1	3号涂料	玻璃料、氧化铬、云母氧化铁、滑石粉、改性膨润土、虫胶液、乙醇等	适用典型材料：30CrMnSiA、40CrNiMo、Cr12、Cr12MoV、40Cr、2Cr13、45、T8以及钛合金等。使用温度800～1000℃，时间为1.5h以内
2	4号涂料	玻璃料、氧化铬、氧化铝、滑石粉、改性膨润土、虫胶液、乙醇等	适用的典型材料：1Cr18Ni9T、GH-140、GH-35等。使用温度1000～1100℃，时间为1h以内
3	5号涂料	玻璃料、钛白粉、改性膨润土、虫胶液、乙醇等	适用热作模具钢材料：5CrNiMo、5CrMnMo等。使用温度为800～900℃，时间为2～4h
4	202涂料	氧化铝、氧化硅、钾长石、氧化铬和碳化硅粉末以及硅酸钾黏结剂	适用于各种钢材的热处理加热保护，并可用于锻件的退火加热。使用温度为800～1200℃
5	玻璃润滑剂＋耐火黏土	80%玻璃润滑剂＋20%耐火黏土，加水稀释	适用于980～1050℃加热时的防氧化措施

为了确保零件的无氧化和脱碳加热，要求：零件表面清洁、无油污和锈迹；涂料要搅拌均匀，无颗粒状；零件上的涂料厚度应均匀；晾干后或烘干后进炉内加热等。应当特别注意的是零件之间堆放时，不要碰掉涂料层，否则脱落部位在加热时将产生氧化和脱碳。

另外还有采用石墨粉＋机油（或水玻璃）混合后刷涂1～2mm厚，将其在200～300℃加热后浸入硼砂水溶液中，使零件表面黏附一层硼砂层的方法。该方法的缺点为加热时易于剥落、开裂，降低了零件表面的淬火温度，难于清洗等，一般很少使用。

(2) 保护加热 除涂料实现保护加热外，防止零件氧化和脱碳的措施还有将零件埋进石英砂，采用铸铁屑封箱或添加木炭等。另外采用不锈钢套或罐密封加热，若有条件，采用密封罐抽成真空后向内通入保护性气体也可实现零件的无氧化脱碳加热。装箱加热主要用于热锻模的回火、高碳钢和高速工具钢退火等。装箱加热虽可保护和减少零件的氧化和脱碳，但其具有加热时间长、操作繁琐、对零件有增碳或脱碳的作用等缺陷。

目前各种防氧化脱碳的固体保护剂种类较多，应根据材料的成分、热处理后的加工状态以及需要的技术指标来综合考虑。

2.1.2.2 保护气氛

钢的热处理应当在保护性气氛中进行。在加热过程中能保护工件，免于氧化、脱碳的炉气即为保护气氛。淬火加热工序应确保零件的表面状态没有发生改变。热锻模具、结构钢零件保护加热时，常用的保护气氛的成分详见表 2-3。

表 2-3　常用的保护气氛的成分比例

类型	空气与气体的比例	成分的组成比/%				露点/℃
		CO	H_2	CH_4	N_2	
I	6:1	10.5	15.5	1.0	73	−40
II	24:1	20	38	0.5	41.5	−23

　　零件在加热过程中，为保护零件免于氧化和脱碳，在具有还原性的气氛中完成热处理，可以获得无氧化、不脱碳的光亮表面，提高了表面质量，同时也省去了酸洗、抛丸或喷砂工序，提高了作业效率，明显降低了生产成本，因此国内外关于保护气氛的热处理炉已经得到了推广和应用。

　　保护气氛的种类很多，为了便于了解其特性，下面分别加以介绍，供零件在加热过程中正确选用。同时应特别注意在气氛的选择上，要考虑到产品的批量、材料的类型、热处理设备的现状、工艺水平的高低、热处理产品质量的技术要求等，在经过工艺验证后才能确定采用何种保护气氛，这对于保护零件的表面质量至关重要。

　　(1) 可控气氛　可控气氛炉内的气氛可以进行有效控制，确保其在一个合理的范围内，实现零件热处理无氧化和脱碳现象的发生。

　　① 可控气氛的原理。其原理在前面已经讲解，根据化学反应的平衡原理，增加正方向反应产物 CO 和 H_2 的含量将导致正反应过程的停止或减弱，假如 CO 和 H_2 的含量升高到一定程度，反应将朝逆方向进行，即得到还原性气氛。控制好炉气中 CO_2/CO 和 H_2O/H_2 的比值，就能完全控制整个化学反应的趋势和方向，也就能控制钢铁零件表面的氧化和脱碳的过程。

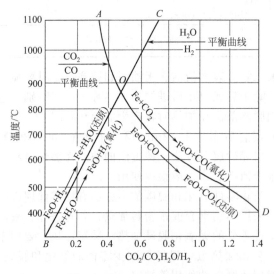

图 2-5　不同温度下 CO_2/CO 及 H_2O/H_2 的值与铁的氧化-还原反应的平衡关系

　　图 2-5 表示钢铁零件在不同温度下，CO_2/CO 及 H_2O/H_2 的值与铁的氧化-还原反应的平衡关系，两条曲线分别为 *BOC* 和 *AOD*。从图中可以看出两条曲线的变化规律不同，但其共同点为在两条线的左侧均为还原区域，而右侧是氧化区域。另外在 *BOD* 区间内，CO_2/CO 的还原区与 H_2O/H_2 的氧化区重叠。此处重点分析一下钢铁在炉内气氛中，温度和 CO_2/CO 及 H_2O/H_2 的关系对表面质量状态的影响。查找 *AD* 线在 950℃时，当气氛中的 $CO_2/CO=0.4$，则炉内氧化和还原的速度相等，整个反应处于平衡状态。此时钢表面无氧化和脱碳现象发生，即可实现无氧化脱碳的加热过程。相反如果 CO_2/CO 值＞0.4，将发生 $Fe+CO_2 \longrightarrow FeO+CO$ 氧化反应，钢中铁原子被氧化成氧化铁，而 CO_2/CO 值小于 0.4，将发生 $FeO+CO \longrightarrow Fe+CO_2$ 的还原反应，氧化铁被还原为铁原子。随着温度的改变，CO_2/CO 的平衡值也会发生变动，即温度越高则平衡值越小，因此为了确保钢铁零件在保护气氛中不被氧化，要求加热温度提高

时，CO_2/CO 的平衡值应越小越好。

需要注意的是热处理炉内的炉气会同时包含有 CO_2、CO、H_2O 和 H_2，因此在某一温度下进行炉内成分的分析时，要综合考虑气氛的作用。从图 2-5 中可以大致看出，在热处理常用加热温度范围内（700～950℃）要避免钢的氧化，应使炉内气氛 CO_2/CO 的值相应控制在 0.4～0.7，而 H_2O/H_2 比值应为 0.4～0.5。

在不同的加热温度下，钢中的含碳量与 CO_2/CO 及 H_2O/H_2 的值具有一定的平衡关系。从图中可知，要防止钢的脱碳发生，只有将 CO_2/CO 及 H_2O/H_2 的值控制在更小的范围内，这一点需引起我们的高度重视。例如在 850℃ 加热含碳量小于 0.5% 的碳钢，应将 CO_2/CO 及 H_2O/H_2 的值均降到 0.4 以下，才能防止钢的脱碳。总之，根据炉内零件的化学成分、炉内气氛、装炉方式和热处理设备的类型等几个方面进行考虑，将炉内的气氛控制在一定的温度范围内，即可确保钢加热时免于氧化和脱碳。

需要注意的是为确保零件在可控气氛中实现无氧化、脱碳加热，要求炉内的保护气氛稳定；炉膛密封性要好，避免空气的混入；炉内气体呈现正压。因此在实际的热处理过程中，严格执行工艺要求是确保零件表面质量的前提，同时应当切实做好保护气氛不间断的相关准备工作。

② 几种常见的可控气氛。可控气氛的选用原则为：钢铁零件的化学成分、热处理的技术要求，原料的来源和成本价格等。在实际热处理过程中采用多种气氛，确保零件在加热过程中无氧化脱碳现象，实现零件的表面状态的清洁和成分的稳定。

我国目前的网带式加热炉多采用可控气氛保护加热，用于处理内燃机气门、轴承、标准件、弹簧、螺纹刀具等小型大批量零件，均取得了良好的经济效益和社会效益，同时也借鉴和吸收了国外许多成熟的经验和热处理技术，使我国可控气氛热处理设备的制造水平得到很大的提高，既可处理中温的零件，也生产了在 1050℃ 温度以上工作的可控气氛热处理设备。我国目前常用的可控气氛有三种：放热式气氛、吸热式气氛和滴注式气氛。它们的作用和特点归类如下。

a. 放热式可控气氛。它是液化石油气（主要成分为丙烷 C_3H_8 和丁烷 C_4H_{10}）、城市煤气或天然气（主要成分为甲烷 CH_4）等原料气与空气按一定比例混合后，完全靠自身的燃烧反应（放热反应）制备而成，燃烧产生的气氛中 CO_2 和 H_2O 较多，无法防止脱碳，一般常作为低碳钢和中碳钢零件的无氧化加热。只有经过净化处理的放热气氛才能防止零件表面的脱碳，同时有可能适于渗碳等化学热处理的载体气（稀释气）。目前国内生产的流动粒子炉采用气体燃烧的热量来加热颗粒，完成对工件的加热，其炉内气氛即为放热式气氛，作为通常的热处理气氛可以满足零件的热处理技术要求。

b. 吸热式可控气氛。它是将原料气（如液化石油气、城市煤气或天然气）与空气按一定比例混合后进行吸热反应（外部加热）制备而成。从反应的性质来看，吸热式可控气氛比放热式可控气氛中 CO 和 H_2 的含量高，CO_2 和 H_2O 的含量明显降低。该气氛可用于防止零件的氧化和脱碳，用于碳氮共渗或渗碳等，其应用十分广泛。吸热式可控气氛的成分控制通常用露点仪或红外线分析仪来测定，用电子装置进行自动控制，精度和灵敏性好，这是重要的工艺监控手段和措施。

需要指出，气氛中含有较多的 H_2，应注意防止出现爆炸现象，要采取必要的防范措施。另外考虑到由于气氛与钢中的铬元素发生化学反应，将会造成钢表面铬的减少，因此不适于铬合金钢零件的保护加热。

c. 滴注式可控气氛。将甲醇（CH_3OH）、煤油和苯等碳氢化合物直接滴入高温加热的炉膛内，通过这些有机物的高温裂解或裂化，产生含有 CO、H_2 和 CH_4 等的还原性混合气体,实现了零件在热处理过程中的无氧化脱碳加热。在生产中常将甲醇作为滴入剂,完成保护性加热,考虑到其裂解产物碳势较低,还需补充炉气的碳势,即通常要另外滴入乙醇(C_2H_5OH)、异丙醇(C_3H_7OH)和丙酮(CH_3COCH_3)等第二种液体。其滴入量和滴入剂的成分应根据零件的材质、装炉量、炉膛、技术要求、密封程度、零件的装炉方式以及保温结束后的冷却介质等综合考虑后来确定。

通常滴注式可控气氛具有成分制备简单,原料来源广,操作方便和易行,生产效率高,效果稳定等优点,因此目前国内外热处理企业普遍使用该类气氛进行零件的保护性加热或化学热处理,为保持炉内成分的均匀和稳定,在井式炉和箱式炉的上方应添加搅拌风机。

笔者接触了大量的国内外热处理设备,采用单一的介质提供需要的成分十分困难,一般采用几种液体或气体同时滴入或通入炉膛,这样才能满足零件表面无氧化脱碳的需要。在网带式渗氮和碳氮共渗炉内,为确保零件的光亮淬火或退火,一般是甲醇和氮气同时供应。

(2) 氨分解气 除了上述三种保护气氛外,在实际热处理过程中还可采用另外的保护措施。氨分解气是指将氨加热后分解为氮气和氢气,二者与加热的零件不产生化学反应,常用于铬合金钢(如不锈钢、耐热钢等)的退火、钎焊、固溶处理以及光亮淬火等,这样可节约大量价格较高的纯氢(保护气体)。当然向炉内通入氢气、氮气(中性气体)和氦气(惰性气体),同样起到保护的作用。

随着科学技术的进步和对零件热处理表面质量要求的提高,真空炉已经得到一定程度的普及和推广,炉膛内抽成真空状态,使内部的氧化性物质(主要指氧)的含量微乎其微,确保了零件加热或冷却中无氧化脱碳现象。也可向炉内充入一定量的高纯氮气作为加热介质,提高加热的效果。

2.1.2.3 熔融盐浴

盐浴炉的加热和导电介质为中性的熔融盐,零件在其内部加热,不会与空气接触,加热速度快,因此氧化和脱碳的倾向小。零件在盐浴炉中加热具有以下几个特点:

① 加热速度快,热的传递方式为传导和对流,可以迅速通过盐浴将热量传递给零件,从而实现了快速加热;

② 零件的加热均匀,由于熔融的盐浴流动性好,零件的整体同时受到加热,不存在加热快慢和先后问题,组织的转变是同时进行的;

③ 零件的变形小,由于零件在盐浴中加热时是呈悬挂状态,仅仅存在自身重力的作用,而盐浴流动的作用力较小,故在加热过程中,盐浴炉处理的零件的变形量是比较小的;

④ 可以完成对零件的局部加热,利用其盐液面的上下温度的差异,根据零件组织转变的相变点的不同,对要求零件为两个硬度的零件,采取盐浴即可满足不同硬度的需要;

⑤ 能够进行零件的快速加热,将盐浴温度提高到正常淬火温度 $100 \sim 150^\circ C$ 以上,将零件放入盐浴中加热,在很短的时间内即可完成组织的加热过程。该方法同高频加热相类似,达到节能、提高生产效率和减轻操作者劳动强度的作用。

由以上特点来看,熔融盐浴应符合以下要求,才能满足工件的加热需要:

① 盐浴的成分要稳定;

② 对加热的零件、坩埚和炉衬等材料的侵蚀性小;

③ 对金属和钢材的氧化脱碳不严重,内部成分可以得到良好的控制;

④ 零件加热状态下盐浴的蒸发量少;

⑤ 零件带出的盐浴少,温度稳定;

⑥ 热处理的零件表面易于清洗;

⑦ 盐浴无毒,对环境无危害。

从以上特点来分析，盐浴炉加热的优点显而易见，因此目前国内外热处理企业使用的加热设备中，其仍占有 25%～30% 的比例，其盐浴用盐的配方较多。根据零件的材质和技术要求不同，可以采用低温、中温和高温进行零件的加热淬火处理，来达到图纸和工艺文件的技术要求。

（1）盐浴炉氧化和脱碳的原因　目前我国热处理企业的加热设备有盐浴炉、高温箱式或井式电阻炉、燃气炉、可控气氛炉和真空炉等，根据加热温度的高低可分为低温、中温和高温三种类型，生产中常见的盐浴加热配方见表 2-4。

表 2-4　几种常见的盐浴加热配方和使用范围

盐浴成分	熔点/℃	使用的温度/℃	主要加热的钢种
100% $BaCl_2$	970	980～1350	高速钢以及高合金钢淬火加热
50% $BaCl_2$+50% $NaCl$	690	720～950	碳钢和合金钢淬火加热
70% $BaCl_2$+30% $NaCl$	650	700～1000	碳钢和合金钢淬火加热,高速钢以及高合金钢预热
50% KCl+50% $NaCl$	670	700～1000	碳钢和合金钢淬火加热
50% $BaCl$+30% KCl+20% $NaCl$	540	560～800	高速钢、高合金钢预热以及分级淬火

中温盐浴的成分有三种，即 70% $BaCl_2$+30% $NaCl$、50% $BaCl_2$+50% $NaCl$ 和 50% KCl+50% $NaCl$，三者的使用温度是基本相同的，唯一需要注意的是前者主要用作高速钢和高合金钢的预热盐浴，由于 $BaCl_2$ 含量较高，因此可确保高温下盐浴的稳定。50% $BaCl_2$+50% $NaCl$ 加热后的零件的清洗比较困难，需要引起我们的重视，必须进行煮沸、刷洗或喷丸等处理。采用盐浴实现零件的加热，如脱氧及时则 $BaCl_2$ 具有最佳的效果。需要注意的是若 $BaCl_2$ 中含有少量 $NaCl$，在 1200～1300℃ 高温下将会加剧挥发，因此难于控制加热的温度，氯化钡和氯化钠的混合盐在 800～900℃ 加热时，蒸发量达到最大。对于盐浴成分为 70% $BaCl_2$+30% $NaCl$ 的熔盐，也可实现对零件的可靠加热，而 56% KCl+44% $NaCl$ 的盐浴的加热效果差。从以上分析来看，作为需高温淬火的零件，根据零件的化学成分、尺寸的大小、截面的尺寸等，建议采用二次预热进行零件的热处理。

新盐对零件具有最佳的加热保护效果。钢铁零件在盐浴炉的加热过程中，熔盐中的氧化物与钢件表面接触，不断吸收零件表面中的铁和碳元素。另外工件和夹具表面的氧化皮以及熔盐与低碳钢电极、炉膛和耐火材料等作用产生氧化皮落于炉内，加上空气中的氧气和水蒸气不断地与熔盐接触发生缓慢的化学反应，在零件的表面生成金属氧化膜，它将导致钢中的铁和碳发生了氧化，出现氧化物和碳化物，如有条件，电极采用抗氧化性较高的 25%～28% 的铬钢制造，这样可避免其本身氧化脱碳，因此对盐浴成分的稳定、零件表面的质量状态等都会具有良好的作用。对于使用的工装夹具等要定期进行煮盐、喷丸净化或钝化处理，喷丸大多采用 0.3～1.5mm 的钢丸，压力为 5～6kgf/cm² [1] 时间为 15～30min，而钝化则采用盐酸清洗。目的是将其表面上存在或黏附的氧化皮、盐渣等清除干净。需要特别注意的是淬火用盐本身常含有杂质（氯化盐本身含有的有害杂质如硫酸盐、碳酸盐和水分等），该杂质在高温作用下，分解成氧化物（其中硫酸盐还直接与钢作用，产生氧化脱碳以及腐蚀现象），该类氧化物将造成零件表面的氧化脱碳。因此在使用盐浴的过程中，要严格的控制盐浴内氧化物的含量，同时不断清除氧化性物质，防止或减少零件的氧化脱碳。可以了解到在零件的加热过程中内部的氧化物会对其表面产生作用，降低零件表面的碳含量和铁含量，对零件的表面质量和力学性能带来不利影响，也是热处理过程中不允许存在的。

---

[1]　1kgf/cm²=0.098MPa。下同。

零件在盐浴炉中持续加热时，由于空气与盐浴表面的接触，部分盐会被氧化而出现变质。盐浴的介质通常为 $NaCl$、$BaCl_2$、KCl 等，其常规反应为：

$$2NaCl + \frac{1}{2}O_2 =\!=\!= Na_2O + Cl_2 \tag{2-23}$$

$$BaCl_2 + \frac{1}{2}O_2 =\!=\!= BaO + Cl_2 \tag{2-24}$$

随着加热时间的延长，氧化物明显增加，将会引起零件的氧化和脱碳。30% $BaCl_2$ + 70% $NaCl$ 在 800℃ 和 100% $BaCl_2$ 盐浴在 1250℃ 温度下，造成氧化物的含量增加和 W18Cr4V 长时间氧化，具体见图 2-6、图 2-7。盐浴炉中含有硫酸盐、氟化物、氯化物等杂质会引起零件和盐浴坩埚的严重腐蚀，增大了零件初期的氧化和脱碳，但长时间使用后，其氧化性逐渐减小。需要注意硫元素对钢有较大的危害作用，因此要控制其含量，避免造成零件表面的严重氧化和脱碳。

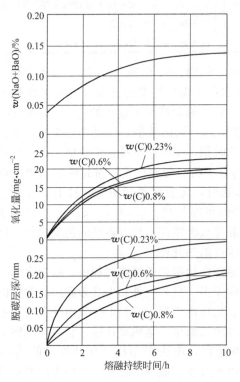

图 2-6　盐浴在 800℃ 加热时氧化物增长量及不同含碳量的钢在加热时的氧化与脱碳程度

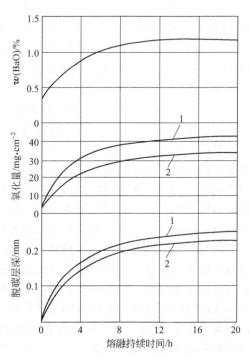

图 2-7　盐浴在 1250℃ 氧化物的增长量及高速钢在其中加热时的氧化与脱碳程度
1—W18Cr4V；2—W18Cr4V1Co4

高温盐浴下零件的表面有时产生腐蚀和麻点，其原因是盐浴中有 2% 左右 $CaSO_4$、Na_2SO_4、$MgSO_4$ 等杂质，它们与零件中的铁和碳化物等反应。

$$Fe(零件) + Na_2SO_4 =\!=\!= FeO + Na_2SO_3 \tag{2-25}$$

$$2Fe_3C + Na_2SO_4 =\!=\!= 6Fe + Na_2S + 2CO_2 \tag{2-26}$$

在更高的温度下（1200℃）盐浴中的 Na_2SO_4 将发生分解反应。

$$Na_2SO_4 =\!=\!= Na_2O + SO_3 \tag{2-27}$$

$$2SO_3 =\!=\!= 2SO_2 + O_2 \tag{2-28}$$

上述反应的产物使零件表面发生脱碳现象：

$$2Fe_3C(零件)+O_2 \Longrightarrow 6Fe+2CO \tag{2-29}$$

（2）**通常采用的检验氧化物的方法** 对盐浴炉而言，其检查的方法较多，但在实际热处理生产过程中，经常采用的方法是利用薄的碳素工具钢钢带在盐浴中加热一定时间，淬火后根据该钢带的强度情况来判断炉内的氧化脱碳情况。

通常选厚度为 0.08mm，宽度为 30mm，长度为 120mm 的 T10 无氧化皮的钢带，放入盐浴炉中正常加热（按要求的温度和时间进行），淬水冷却后检查该钢带表面和硬度的情况（以中温炉为例）。

① 淬火后钢带是软的，则炉内盐浴存在一定氧化性物质，证明有脱碳现象，加热效果差；

② 淬火后钢带是脆的、可折断，则炉内盐浴成分良好，可满足零件的热处理需要，完全可以进行批量作业，适合大批量作业；

③ 淬火后钢带淬硬适当、有弹性，则炉内基本有轻微脱碳现象，但可以进行生产作业，对产品的质量和使用性能基本无影响。

对于高温盐浴炉而言，也可使用剃刀片来检测炉内的脱碳情况，即按工件正常的加热温度和时间处理零件，水冷后进行弯曲检测，方法同上。

（3）**控制盐浴中氧化物的措施和方法** 利用加入的脱氧剂（简称校正剂），与盐浴中的碳化物发生作用，生成高熔点密度大的化合物，沉淀在盐炉的底部，以此去掉盐浴中的氧化脱碳物质。

脱氧剂的种类较多，在使用过程中要根据炉温的高低、材料的差异进行合理选择。脱氧时应首先关掉吸尘装置，确保脱氧的效果。脱氧有两种措施，一是还原作用法是指将足够还原能力的物质放入盐浴中，产生还原反应来清除盐浴中的氧化物，一般采用的物质为碳化硅、炭粉和木炭等；二是沉淀生成法，利用添加的物质与盐浴中氧化物反应后生成熔点较高的沉淀物，沉于炉底，可以及时清理出来，一般采用的脱氧物质有二氧化硅（硅胶）、硼砂、二氧化钛和硅钙铁等。

在实际生产过程中，各热处理厂家普遍采用沉淀生成法，该方法具有易于操作，脱氧效果好，时间短等优点，因此得到了广泛的应用。脱氧、捞渣的次数一般随着零件质量和季节的变化来确定，通常是每 4～8h 脱氧一次，8h 捞渣一次。在脱氧过程中应陆续加入干燥的脱氧剂，保持 10～15min 即可。捞渣时必须切断电源，其程序为先清除盐液面以及电极上的污物后再进行捞渣，挖渣要彻底。要采用专用的挖渣勺，不要使盐炉底部盐渣堆积成坡形，缩小了炉膛的加热体积，以免影响对零件的加热效果。

① 中温炉的脱氧。将炉温升到 900℃ 以上，陆续加入脱氧剂后，用不锈钢棒加以搅拌，反应结束炉温降至 850℃ 捞渣和化验，当成分中氧化钡的含量小于 0.5% 时，才能正常加热工件。脱氧剂的配比有两种：

a. 硅钙铁：二氧化钛＝3：1（质量比）；

b. 硼砂：二氧化钛：硅钙铁＝4：2：1（质量比）。

在 300kg 的中温盐浴中，也可采用加入二氧化钛 0.4kg，硅胶 0.2kg，硅钙铁 0.2kg 和无水氯化钡 0.5kg 进行脱氧处理。

② 高温炉的脱氧。将炉温升至 1300℃ 加入高温脱氧剂，当炉温降至 1200℃ 左右即可挖渣。其脱氧剂的配比为：

a. 二氧化钛：二氧化硅＝2：1；

b. 二氧化钛：硅钙铁：二氧化硅＝4：2：1。

另外也可用硅砖进行脱氧，效果不错。

（4）减少盐浴中氧化物升高的措施

① 加入的氯化盐应在炉台上烘干后使用，防止水分带入盐浴中；

② 尽可能对零件和淬火夹具抛丸或喷砂处理，预防铁锈或氧化物质的带入；

③ 按时脱氧捞渣，一般盐浴每工作 6～8h 要添加脱氧剂，可确保其炉内氧化物的含量控制在要求的范围内；

④ 在正常工作时应禁止用风扇对着盐浴面吹风，以防炉内氧化物含量的升高。

2.1.2.4 燃料气体

除了采用盐浴等方法可进行钢铁零件的加热外，几千年来原始的燃料燃烧产生的热量也可完成对零件的加热，如火焰加热。例如煤、天然气、液化石油气、城市煤气、油等固体、液体或气体燃料，利用其燃烧时产生的热量，达到加热零件的目的。当火焰加热时，加热介质既是热源又是加热介质，它们与空气接触燃烧放出大量的热，其燃烧的产物中有 CO_2、CO 等气体，另外还有 N_2。为了使燃料燃烧得更加充分，必须有过量的 O_2 存在。

从燃烧的产物和剩余的气体来分析，加热介质中的 O_2、CO_2 可使零件的表面发生氧化脱碳现象，H_2 使零件表面脱碳。对于火焰炉，估计炉气中的含氧量在 2%～4% 范围内可以使用，如含氧量高，通过减小送风量等措施，可降低氧化性气体含量，达到减少氧化和脱碳的目的。

近年来国内外的热处理制造厂不断开发出新的热处理设备，但燃气炉、燃油炉仍不失为一类生产效率高、质量稳定、节约能源、燃烧充分的加热设备，尽管会出现零件表面的部分氧化或脱碳现象，但其采用电子点火装置，同时控温的精度和炉内温度的均匀性可与其他的热处理设备相媲美，加上进出料的机械化和自动化程度的提高，在热处理领域仍占有比较重要的位置。高温燃气炉与高温电阻炉用于奥氏体耐热钢气门的固溶处理、高速工具钢和高合金钢的淬火等，已经走向成熟，一般其装炉量为盐浴炉的 10～20 倍，同时考虑其成本，费用仅为盐浴炉的 2/5。炉温的均匀性也符合热处理的工艺要求。

2.1.2.5 流动粒子

利用加热的流动粒子进行零件的热处理加热和冷却，这个过程是在流动粒子炉中实现的，其原理是在炉子的底部通入混合的可燃气体，气体燃烧吹拂炉膛内的加热介质（粒子），零件受到加热粒子的反复撞击，完成其加热或冷却过程。

通入气体除空气外，最为重要的是气体燃料，目前多采用城市煤气、液化石油气、天然气等，它们具有高的热值，通过调整炉内气氛的燃烧产物，即得到还原性气体，不仅可实现零件的渗碳或碳氮共渗等化学热处理，同时完全可以进行零件的无氧化脱碳的加热和冷却，起到作为保护气体的作用。

对流动粒子的选择有一定的要求，一般应具有以下几个特点：

① 粒子有足够的强度，加热过程中不产生碎块或碎块比例很低，可确保加热的正常进行；

② 粒子的来源广，成本低，易于制取；

③ 粒子与零件不会发生化学反应（进行化学热处理的工艺除外），确保零件热处理后表面质量的稳定；

④ 粒子的消耗量应尽可能小，同时重量轻。

目前国内外流动粒子炉采用的粒子多为硬度高的氧化铝圆球颗粒，也有采用石墨颗粒进行加热的，因此流动粒子炉能够实现零件的无氧化和脱碳加热。经流动粒子炉处理的零件的疲劳强度明显提高，其原因在于粒子对零件表面的冲击和碰撞，造成表面产生很高的压应力作用。

另外需要指出的是零件的感应加热，它是利用电磁感应的原理来实现对零件表面的加热，其加热温度一般在 $850\sim950℃$，由于加热时间很短，在空气还未对加热的表面进行化学作用时，零件的表面已经冷却了，因此采用该类热处理工艺也可满足零件表面少或无氧化和脱碳的目的。目前高频淬火热处理工艺已经得到了极为广泛的应用，尤其如长轴、齿轮等直径和高度或厚度比值相差悬殊的零件。实践证明感应淬火是十分经济和节能的热处理工艺。而对于要求加热温度在 $1000\sim1300℃$ 范围内的工艺，建议在 100% 的氯化钡盐浴中进行。

2.1.2.6　真空炉和加热介质

热处理炉为实现金属材料热处理的主要设备，随着工业技术的发展，对零件的表面和内在质量提出了新的要求，零件表面光亮、无氧化脱碳，提高零件的耐磨性、使用寿命和疲劳强度的技术要求推动了热处理技术的更新和发展。因此真空热处理代表了零件热处理的最高工艺水平。因此从某种意义上说，热处理技术高低直接代表了工艺水平。目前国内外热处理制造公司均致力于开发和研制先进热处理设备，技术含量和自动化程度高的设备相继推出，为零件工艺水平的提高奠定了良好的基础，其中真空炉是发展最快的热处理设备，它具有其他热处理设备无法比拟的优点。

（1）真空热处理的特点　真空热处理是指将零件在真空状态下，进行加热、保温和冷却的工艺方法，零件在负压下加热，炉内空气已稀薄到无法与零件进行化学反应。它是随着航天技术的发展而迅速开发出来的新技术，也是近几十年来热处理设备中具有前途的一种，它可替代盐浴炉、电阻炉和燃气炉。真空炉是依据电极的辐射作用实现对工件的加热。辐射加热速度比较慢，因此工件的内外加热较为均匀，工件的变形小。由于真空炉内气压很低，氧气的含量对工件的铁元素氧化不起作用，因此避免了工件在真空炉加热过程中出现氧化和脱碳现象，保持了工件表面的原始状态，工件清洁和光亮。图 2-8 为双室卧式真空炉。

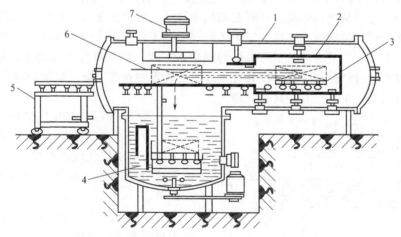

图 2-8　淬火及渗碳两用双室卧式真空炉
1—炉壳；2—加热室；3—拖车；4—淬火油槽；
5—手推车；6—气冷室；7—电风扇

由于航天、航空、轴承、工具等行业，对金属材料在热处理过程中的氧化、脱碳、腐蚀、表面粗糙度及尺寸精度的技术要求越来越高，用一般的热处理方法已不能满足这些要求，尤其是航空和航天零件的特殊性，从而促进了真空热处理技术的迅速发展。自 1946 年第一台真空炉在美国问世以来，各国均潜心研制各种类型的真空炉。我国在 1975 年生产了第一台油淬真空炉。国外高压真空气淬炉（5bar）于 1977 年在联邦德国的 IDSEN 公司诞生。真空气淬炉、油淬炉、水淬炉及多用途炉相继出现，各种类型归纳总结如下。

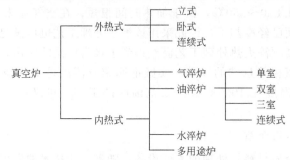

我国航天行业自 20 世纪 70 年代初，开始制造和使用真空炉，到 90 年代，全国各大热处理厂均拥有一台以上真空炉（包括淬火炉和回火炉等，但大多数选用的为油淬真空炉），使我国的工具和其他零件的热处理工艺水平有了较大的飞跃，缩短了与发达工业国家热处理技术的差距。我国的真空炉制造技术和水平与国外基本相当。

真空炉不仅用于普通工件的淬火、回火、退火和正火，而且可进行化学热处理如真空渗碳（包括真空碳氮共渗）、真空离子渗碳和辉光离子渗氮等，同时可完成金属的烧结、钎焊和真空镀膜等。真空渗碳具有渗层均匀和重现性好、表面清洁光亮和消耗的气体少等优点，节约了气源。

（2）真空炉种类、特点、应用及主要技术参数　几十年来，国内外真空炉制造厂家致力于真空炉的研制和开发，目前已制作了适合处理各种材料的系列真空炉，满足了工具、航空、航天等零件的需要。由于真空炉的在热处理设备中的特殊地位，因此研究其发展并依托处理零件的优势，已经成为我们充分认识和利用真空炉的首要任务。下面分别介绍真空炉的分类及设备的优点，以及真空炉的具体技术指标。

① 真空炉的作用和分类。真空的定义是指抽真空后，炉内的压力小于 1 个正常大气压时，里面的空气十分稀薄的情况，此时在加热零件的过程中氧气的氧化作用已微乎其微，对零件的表面不会产生氧化效果，经真空炉热处理后的零件表面光亮，确保其表面的元素成分和状态不变。由于真空炉加热是依靠电极的辐射来完成，因此零件加热缓慢，故变形量小，尤其对变形要求十分严格的工具、模具等零件是热处理的首选设备。根据炉内真空度的高低不同，分为低真空、中真空和高真空三种。

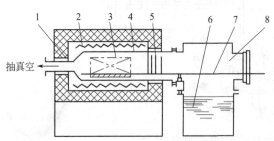

图 2-9　外热式油淬真空热处理炉

1—炉体；2—电热元件；3—工件；4—真空罐；
5—隔热屏；6—淬火油槽；7—传动机构；8—冷却室

真空炉按照冷却时使用的冷却介质分类，分为水冷真空炉、气淬-油冷真空炉、油冷真空炉以及气冷真空炉几种；按结构形式分为单室、双室、三室和连续作业炉等。

a. 外热式真空炉。其结构简单，炉罐不进行水冷，故称为热壁真空炉或真空马弗炉。零件放在已抽成真空的炉罐中，从外部间接加热。图 2-9 为外热式油淬真空热处理炉。

该类真空炉的特点如下：

• 结构简单，操作维修方便，造价低；

• 炉罐内无电热元件和隔热材料等，易于清理，容易获得真空；

• 无气体放电和其他安全隐患，可靠性好。

b. 内热式真空炉。真空炉靠电阻加热，加热元件、隔热屏、炉床和其他构件等均装在加热室内，依靠电极的热辐射实现对零件的加热。电热元件在炉膛的中部构成一个加热区，确保零件的均匀加热，在加热元件的外部装有金属辐射屏或非金属隔热屏，炉床在加热区的中央。内热式真空炉的种类和形式很多，占国内外的真空炉数量的80%以上，常用于退火、淬火、回火、烧结和钎焊等。同外热式的真空炉相比，其具有以下特点：

• 炉子的热惯性小，加热速度快和冷却速度快，热效率和生产效率较高；

• 无耐热炉罐，故可制作的炉膛不需受到限制，容量也不受限制，炉内可达到更高的温度；

• 炉温的均匀性好，可达±5℃，因此工件受热均匀，零件的变形小；

• 零件加热期间不需通入保护气体，提高了加热元件的使用寿命；

• 炉内结构复杂，加热区受到一定的限制；

• 炉体体积大，需要配备的真空系统容量要增大。

考虑到零件材质的差异，故其淬透性大不相同，选用的淬火介质的冷却性能区别较大。因此对高合金钢，其淬透性高，即使冷速低一样可获得要求的热处理技术要求，采用气淬真空炉；对于低合金钢或工具钢的真空处理采用油冷真空炉；对于碳钢等淬透性的零件，使用水冷真空炉。图2-10为内热式真空炉常见炉型。

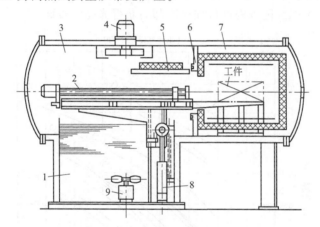

图2-10 ZC2系列内热式真空炉

1—淬火油槽；2—水平移动机构；3—整体式炉体；4—气冷风扇；5—翻板式中间门；
6—中间墙；7—加热室；8—升降机构；9—油搅拌器

目前国内双室油冷真空炉的型号有 ZC 系列、WZ 系列、VCQ 系列等；单室气淬炉有 VFC 系列、VVFC 系列、HPV 系列、高压气淬系列等。它们具有各自的加热和冷却特点，其技术已经成熟，得到使用厂家的认可和肯定，正发挥其十分重要的作用。

按工艺的种类真空炉可以实现真空淬火和回火、真空退火、真空固溶和时效、真空烧结、真空化学热处理以及真空镀膜等，因此真空炉可实现别的热处理设备无法处理的复杂工艺，随着社会的进步和科学技术的发展，必将发挥其巨大的作用。美国的海斯公司和德国的赢创工业公司已经开发了水淬真空炉和硝盐淬火真空炉，为淬透性差的碳素钢等实现了真空热处理，因此从某种意义上讲，真空炉为几乎所有的有色金属和黑色金属退火、淬火、回火、化学热处理等提供了保障。

② 真空炉的热处理特点。与其他类型的热处理炉相比，其具有以下优点：

a. 设备自动化程度高，完全实现机械化操作，本身设备有自锁功能，保护真空炉的安全使用；

b. 炉膛洁净，工件热处理变形小，仅为盐浴变形量的 $1/4 \sim 1/10$，减少了零件的磨削加工余量；

c. 具有除气和脱脂作用，显著提高工件的力学性能、延长提高零件的使用寿命；

d. 节省电力和能源，蓄热损失小，污染气氛低于其他任何的保护气氛，无公害，操作安全性可靠，工作环境好；

e. 真空加热可避免了零件的氧化和烧损，工件无氧化、脱碳、表面光亮，确保零件表面的化学成分和表面状态保持不变，减少了热处理表面缺陷，生产成本低；

f. 零件无氢脆的危险。

从上述几点来看，盐浴炉、空气电阻炉（井式电阻炉和箱式电阻炉）、燃气炉等热处理设备根本无法达到以上要求，因此真空炉在热处理领域具有广阔的市场前景，将为零件的热处理提供更佳的处理方法。真空炉的优点是由于下列原因决定的。

a. 真空炉具有防止氧化的作用。金属和合金在真空中加热时，如果真空度低于相应的氧化物的分解压力，这种氧化物就会分解，形成的游离氧立即被排出真空炉，使零件的表面质量进一步改善，金属的氧化和氧化物的分解，具体见下式表示：$2Me + O_2 \Longrightarrow 2MeO$，当真空炉中氧的分压大于氧化物的分解压时，金属被氧化。而 MeO 的分压大于真空中的氧分压，MeO 会分解出金属来。金属氧化的分级压力如图 2-11。一般而言，绝大多数钢铁零件在 $1.33 \sim 1.33 \times 10^{-3}\,\mathrm{Pa}$ 范围内进行加热冷却后获得光亮的表面。

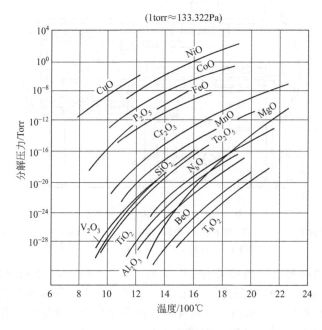

图 2-11　金属氧化物分解压力

b. 真空的脱气作用。金属脱气可提高金属的塑性和强度，真空度和温度越高，脱气时间越长，则越有利于金属的脱气效果，因此钢的抗拉强度提高，造成氢脆断裂所需的氢浓度越低，而真空热处理的脱气作用便可满足这一要求。

c. 真空的脱脂作用。用于易损伤的金属箔、线材等金属零件的脱脂，油脂为碳、氢、氧的化合物，零件进行机械加工使用的切削液、润滑剂和防锈油等，在真空加热时油脂分解为氢、二氧化碳和水蒸气等，蒸气压较高，在真空中加热时被挥发分解，随后被真空泵抽走。油脂会影响真空炉内的清洁度，零件表面存在污物等，将对真空泵的性能产生重要影响，因此零件在入炉前要清洗干净。

d. 真空下元素的蒸发。在常压下的金属热处理时，合金与金属元素的蒸发微乎其微，而在真空状态下，零件表面层中的常见合金元素如锌、镁、锰、铝、铬等在蒸气压较高时，极易挥发，因此造成表面合金元素的贫乏（减少），使表面的组织成分发生变化，零件的力学性能变差。尽管零件的表面不会产生氧化和脱碳现象，但需注意在真空加热的状态下，零件表面的合金元素和状态有明显的变化。为了避免这种情况的发生，为了保证零件表面的光亮度，减少合金元素的蒸发，先抽真空到较高的真空度后，随即充入高纯氮气，使真空炉内的压力维持在 20.0～26.6Pa，即可防止金属元素的蒸发，加热效果十分明显。对于含有上述元素的钢在 800℃ 以下可直接升温，在 800℃ 以上加热时则通入一定量的中性气体等，有助于防止元素的蒸发。

真空炉存在的不足为：由于是靠辐射加热工件，因此加热速度慢，另外在真空状态下部分合金元素会出现蒸发现象，需要在高温状态下及时充入氮气，才能避免这种情况。

③ 真空炉的热处理应用。真空炉在我国的发展时间不长，由于生产成本高和一次性投资大，因此其应用的范围也受到一定的限制。在国外，工业发达国家真空炉的数量在 23% 以上，与可控气氛炉基本相当，其发展的进度很快，机械化程度和工艺水平更高，几乎可以实现金属材料的全部热处理工艺，如淬火、回火、退火、渗碳、氮化、渗金属等热处理工艺，完成气淬、油淬、硝盐淬和水淬等淬火处理。具体应用见表2-5。

表 2-5　真空炉及其热处理应用情况

使用范围		真空炉类别及特点	处理的材料	应用实例
真空热处理	退火、正火固相除气	有炉罐或无炉罐真空炉	Cu、Ni、Be、Cr、Ti、Zr、Nb、Ta、W、Mo	电器材料、磁性材料、弹性材料、高熔点金属、活泼金属等
	淬火、回火	内部具有强制冷却装置的真空炉	高速钢、工具钢、轴承钢、高合金模具钢等	工、模具，夹具，量具，轴承和齿轮等机械零件
真空烧结、焊接、压接	烧结	感应烧结真空炉、电阻烧结真空炉等	W、Mo、Ta、Nb、Fe、Ni、Be、TiC、WC、VC 等	超硬质合金、高熔点金属材料和粉末冶金零件等
	铅焊	电阻真空炉、感应真空炉	铝、不锈钢、高温合金	飞机零件、火花塞等使用的不锈钢、高温合金零件的铅焊等
	压接	电阻真空炉、感应真空炉	碳钢、不锈钢	
表面处理	化学气相沉积	电阻加热、感应加热、电子束加热	金属及其碳化物、硼化物等沉积于金属或非金属基体上	工具、模具、汽轮机叶片、飞机零件、火箭喷嘴等
	物理气相沉积	电阻加热、感应加热、电子束加热	金属、合金、化合物等沉积于金属、玻璃、陶瓷、纸张上等	各种材料的真空涂(镀)膜制品、部分工具和模具的表面超硬处理等
	离子渗碳	离子渗碳炉	碳钢、合金钢	齿轮、轴类和各种销子等机械零件
	离子渗氮	离子氮化炉	合金钢、球墨铸铁	齿轮、轴类和工、模具等机械零件

对工、模具钢而言，在真空炉内加热时，减少了辐射换热，加热的速度缓慢，零件的各部分受热均匀，因此变形量很小。冷却后的零件表面处于压应力状态，故零件具有良好的综合作用，疲劳强度和抗拉强度明显提高，使用寿命是普通盐浴炉处理的零件的 2～10 倍。

耐热钢、不锈钢等零件经真空退火后，表面光洁，提高了零件表面的抗腐蚀性和抗晶间腐蚀能力。另外真空炉可实现真空堆焊、软化退火、真空镀膜等，其他热处理设备是无法比拟的。

机翼大梁、起落架、高强度螺栓等重要飞机零件的材料为 30CrMnSiA、30CrMnSiNi2A，经真空热处理后抗拉强度提高，而其塑性和韧性没有发生明显的变化，断裂韧性降低而低温的冲击韧性较高，疲劳强度提高了 100 倍以上，冲击磨损和低温拉伸寿命分别提高 1.5～2.4 倍和 1.6～3.5 倍，显示了真空热处理的优势[29]。

④ 真空炉的主要技术参数。真空炉的各项技术指标与其他热处理设备有相似之处，但因其炉膛内必须能承受负压的作用，并能保持加热零件的无氧化脱碳。由于其特殊的结构和加热的特点，因此有些技术要求相对于比较严格，具体的主要技术参数归纳如下。

    a. 额定功率（kW）和电压（V）。

    b. 电极相数。

    c. 炉膛的有效加热区尺寸（mm）。

    d. 额定工作温度（℃）。

    e. 炉温的均匀性（℃）。

    f. 最大装炉量（kg）。

    g. 极限真空度（Pa）。

    h. 工作真空度（Pa）。

    i. 压升率（Pa/min 或 Pa/h）。

    j. 空炉抽空时间（min）。

    k. 空炉升温时间（min）。

    l. 工件转移时间（min）。

    m. 气体的消耗量（m^3/炉）。

    n. 冷却水的消耗量（m^3/h）。

    o. 外形结构尺寸（m）。

    p. 炉体总质量（kg）。

在上述技术参数中，最重要的有极限真空度、工作真空度和压升率，它们是整个真空炉的关键特性，是衡量设备技术水平的硬指标，如果达不到则根本无法实现真空热处理的目的。因此它们既是设计的要求，更是验收过程中必不可省的指标，而压升率是指真空炉达到极限真空度后关闭所有的阀，在单位时间内炉内压力的上升情况，这是检验真空炉气密性的数据。通常极限真空度小于 $1.33×10^{-2}$Pa，而工作真空度在 1.33～13.3Pa，压升率不大于 0.67Pa/h。

（3）真空炉的结构和加热元件

① 真空炉的结构。真空炉是由炉体、真空机组、液压系统、控制系统、冷却系统等几部分组成的，对于气冷真空炉要具备氮气储气罐，为防止停水或水压不足等，要备有高空水槽，防止因停水会烧坏或烧蚀密封件、电极等。

真空炉的炉体和炉门由高强度钢板焊接而成，为双层水套结构形式，炉门由齿轮、齿条传动开启和关闭，灵活方便。

加热室是圆形结构，石墨管状加热器和冷却气体喷嘴沿加热室的周围成 360℃均匀分布，高级碳毡及柔性石墨纸作为保温材料，结构轻巧固定。

真空炉根据加热的形式可分为外热式和内热式两种，内热式是真空炉生产厂家的首选炉型，按结构的不同可分为单室、双室、三室以及连续式等真空炉，有气冷、油冷和油两用炉。真空气淬使用纯度在 99.999% 以上的氮气，可进行不锈钢、高合金模具钢、高速工具钢和铁镍基合金等淬火。真空油淬采用的是 ZZ1、ZZ2 两种真空淬火油，具有低的饱和蒸气压，用于合金钢的淬火。

② 真空炉采用的加热材料。真空炉的加热元件有金属和非金属之分，分别叙述如下。

a. 金属加热元件，通常分为两种，一种为贵重金属如钼、铂、钨、钽等；另一类为一般金属如镍铬耐热合金、铁铬铝合金、钼钨合金等。

b. 非金属加热元件分为石墨和化合物两种。而化合物有碳化硅、硅化钼、二氧化钼等。其中碳化硅在高温下易黏结分解，而二氧化钼在1300℃时会软化，只有石墨具有加工性能好、耐高温、耐急冷急热性好、塑性好、辐射面积大、抗热冲击性能好等特点，适于制作加热元件。

目前真空炉的加热元件常选用石墨棒（或管）或加热管等，具有膨胀系数小，高的发热性，易于加工，价格适中，可作成棒状、板状、管状和带状等几项优点。它们在真空状态下，产生的热量通过辐射传递给工件，因此该类真空炉的加热速度慢，对于大型零件应充分地预热，必要时进行分段加热，既能克服内外加热后的温差，又能减小零件加热的变形，有利于零件的热处理质量得到保障。

③ 隔热屏（炉衬）是加热室内主要的组成部分，其作用为使加热元件与炉壳分开；确保加热室的尺寸和有效加热区范围；通过隔热屏的隔热和保温，减少热损失；使零件在加热过程中温度分布均匀。考虑选用的材料应具有耐火度、绝缘性、抗热冲击性和抗腐蚀性、良好的热透性等特点，一般有三种，即多层金属隔热屏、石墨毡隔热屏和夹层复合隔热屏。对于温度在1100℃以下的真空炉，使用不锈钢炉衬；而对于1100℃以上则采用钼等高温合金、石墨毡以及陶瓷等材料。石墨毡作为一种新型的隔热材料，具有密度小、热导率小、无吸热性、耐热冲击性好和易于加工等特点，

④ 真空炉的冷却系统。根据零件材质的淬透性，确定合理的冷却方法。同正常的热处理淬火一样，真空冷却有强制风（气）冷、油冷、气转油冷、硝盐或水冷等几种方法，一般来讲对具体的真空炉而言，其冷却方式是固定的。风冷系统由鼓风机、高效热交换器、导流管和喷嘴组成，采用炉内循环形式的结构，具有冷却速度快的特点。

根据高压气淬炉的工作特点，其冷却方式有四种：真空冷却、加压冷却（10～500kPa）、负压冷却（700Torr❶风机启动）和自然冷却（700Torr风机不启动），依据零件的技术要求可选用不同的冷却方式，实现零件的淬火、回火、退火、烧结、钎焊、化学热处理、真空镀膜以及物理和化学沉积等。

需要说明的是为了防止高温下部分金属元素的蒸发，会降低零件的物理、化学性能，可采用分压保护，即向炉内充入高纯氮气，使炉内气体保持在一定的压力范围内，可抑制零件表面的合金元素的升华。

⑤ 真空系统。由机械泵、增压泵和扩散泵组成了真空系统，炉体上装有真空计等测量仪表，随时观察炉体内的真空度，确保零件在真空状态下实现无氧化热处理。机械泵、增压泵组成抽真空系统可获得中真空状态，机械泵、增压泵和扩散泵组成的真空系统能够完成高的真空度要求。

⑥ 炉内传动机构是零件推进和推出真空炉，必须具有的专门的装置，通常为链条传动、气动、液压传动等。对双室或三室真空炉来说，炉内传动机构既要能保证室与室之间零件的传送，又不能阻碍隔热挡板（门）的密封。

⑦ 电器控制系统由磁性调压器、可控硅半控整流桥自耦调压器、微机控温仪等组成，实现了设备的自动化和机械化。设备具有自锁功能，任何错误的操作和指令不会对真空炉造成危害，因此真空炉的安全性系数很高。

(4) 真空炉技术的发展前景 目前发展起来的抽空炉是按真空炉设计的，指炉膛在粗抽空后（67Pa），然后充入保护气体（氮气）来加热处理零件，其特点为成本低、耗气量小，

---

❶ 1Torr≈133.322Pa。下同。

同时又具备真空炉和可控气氛炉的优点，因此发展前景十分广阔。

关于热处理炉的发展，一直向新型节能热处理炉迈进，在设计中设备的性能很大程度上取决于加热元件（包括电极辐射和燃气辐射的质量）、炉内耐热构件、传输运动部件、高温风扇及炉子的密封性等。设备节能和密封性好才能提高炉温的均匀性，大力推广采用可控气氛炉，减少零件的氧化和脱碳，不断改善工作条件和劳动条件，实现设备的机械化和现代化。其发展趋势见表2-6。

表2-6 真空热处理技术的发展趋势

具体技术和装置	第一代情况	第二代情况	第三代现状	未来的发展趋势和努力方向
加热技术	真空辐射	真空辐射 负压或载气加热	负压或载气加热，低温正压对流加热	低温正压对流加热，提高加热的效率，实现真空局部加热
冷却技术	负压冷却 加压冷却	加压冷却（0.2MPa） 高压冷却（0.5MPa）	高压冷却（0.5MPa） 增压冷却（1～2MPa）	氢气、氦气、氮气混合冷却技术，气体回收技术等
结构	开放型	开放型	密闭型	密闭型结构推广
炉床结构	陶瓷毡、石墨毡	硬质预制	高强度碳质材料	高强度碳质整体结构
进出料机构	台车、吊车或吊架式	分叉式机构	进出辊底式结构	各种形式的无人操作形式
自动控制	元件手动，PID温控，继电器控制动作	多采用PID温控，PC单片机控制	智能化仪表＋PC单片机控制	多种工艺有存储，显示器一台或多台群控

（5）钢铁材料的真空热处理工艺规范 从前面介绍的真空炉适合处理的材料来看，只有淬透性好的钢铁材料才能进行真空热处理，即冷却方法为气冷或油冷的工件。目前用于水冷和硝盐冷却的真空炉很少，本书不作介绍。表2-7列出了部分常见材料的真空炉的热处理工艺规范，供在实际的热处理生产中参考。

表2-7 部分常见材料的真空炉热处理工艺规范

钢号	淬火温度/℃	真空度/Pa	冷却介质	回火温度/℃	硬度（HRC）
G13型不锈钢	1000～1050	充气维持	油或气	660～790	17
GH132	980～1000	充气维持	气	200～300	34
Cr12MoV	950～1000	$133.3 \times 10^{-1} \sim 133.3 \times 10^{-2}$	油或气	700～720	58
9Mn2V	780～810	$133.3 \times 10^{-1} \sim 133.3 \times 10^{-2}$	油		62
5CrMnMo	820～860	$133.3 \times 10^{-1} \sim 133.3 \times 10^{-2}$	油或气		50
3Cr2W8V	1075～1125	$133.3 \times 10^{-1} \sim 133.3 \times 10^{-2}$	油或气		46
4SiGrV	860～900	$133.3 \times 10^{-1} \sim 133.3 \times 10^{-2}$	油或气		57
8Cr13	850～880	充气维持	油或气		55
W18Cr4V	800～850（预热） 1270～1285（加热）	$666.5 \times 10^{-1} \sim 666.5 \times 10^{-2}$	气或油	550～570	63
W6MoCr4V2	800～850（预热） 1210～1230（加热）	$666.5 \times 10^{-1} \sim 666.5 \times 10^{-2}$	气或油	540～560	63
W6MoCr4V2Co	730～850（预热） 1190～1210（加热）	$666.5 \times 10^{-1} \sim 666.5 \times 10^{-2}$	气或油	540～560	64
30CrNiMo	830～860	$10^{-2} \sim 10^{-3}$	气		
30CrMnSiA	900～930	10^{-2}	油		

真空炉的热处理工艺参数是工件获得需要的力学性能和组织的保证，根据工件的材质、技术要求和装炉方式，结合真空炉的加热特点，经过具体的参数的调整和对比，对处理后工件要进行产品外观、硬度和金相晶粒度等几个方面的检查，才能确定合理的工艺参数。因此应当注意明确真空炉热处理过程中的工艺参数。任何设备都具有不足之处，因此真空热处理

同其他热处理方法一样存在缺陷,真空热处理与保护气氛热处理常见的缺陷概括如表 2-8。

表 2-8 真空热处理与保护气氛热处理常见的缺陷

热处理种类	常见的热处理缺陷
真空热处理	①发生部分金属表面元素蒸发而贫化;②表面有氧化色或不光亮;③表面增氮或增碳;④工件之间粘连;⑤淬火硬度不足;⑥工件表面晶粒粗大
保护气氛热处理	①表面增氮或增碳;②表面氧化或脱碳;③氢脆;④表面不光亮、粗糙度差;⑤表面腐蚀

通常真空炉的具体工艺参数为:真空度、升温速度、预热温度及预热次数、预热时间、淬火加热温度和淬火保温时间、冷却方法等,下面以高速工具钢为例加以介绍,所使用的为单室高压气淬真空炉(以 HPV-200 型为例)。

① 工件预热及加热过程中的工艺参数的确定。

a. 真空度。用机械泵、增压泵及扩散泵抽空。炉内真空度至 10^{-1} Pa,可以送电加热。

b. 升温速度。该炉空炉升温至 1300℃需 40min,在正常装炉量情况下。升温速度为 350℃/h,加热过程中有三个升温区域。即炉内温度→850℃;850～1050℃;1050～1210℃(或 1260℃),按此升温速度,不会出现仪表与炉温不同步的现象。

c. 预热温度及时间。采取两次预热,第一次预热温度为 830～850℃,第二次预热温度为 1030～1050℃。传统的二次预热为:550～600℃,850～900℃。由于真空炉加热速度较慢,完全可以防止变形和开裂,因而没有必要采用较低的预热温度。

一次预热保温时间:$t_1 = 30 + 30 + 1.5D$(min)

二次预热保温时间:$t_2 = 25 + 0.5D$(min)

式中　t_1、t_2——一次、二次预热保温时间,min;

D——工件的有效厚度,mm。

炉温达到二次预热温度后,转动分压开关,这时压力范围已在 FRV-2 真空计设定为 60～6000Pa。开始分压,此过程直到加热结束。采取这个措施,是为了防止工件的某些元素,如 Gr、Mn、Al 等部分合金元素在高温高真空状态下升华,从而降低工件的物理和化学性能。使用分压保护,向炉内充入氮气,使炉内的气氛维持在一定的压力范围内,能抑制表面元素的升华。

d. 淬火加热温度及保温时间。当热处理温度相同时,真空淬火的晶粒度比普通盐浴炉加热的晶粒度大一级,这是由于真空的除气作用使钢材阻止晶粒长大的气体杂质和气体化合物得以去除,但对材料的冲击韧性没有影响。工艺试验表明,真空淬火温度比盐浴淬火温度应降低 10℃左右,这样二者晶粒度基本一致。常见三种材料的真空淬火温度见表 2-9。

表 2-9 淬火加热温度的选择

高速钢牌号	淬火加热温度/℃
W18Cr4V	1250～1270
W6Mo5Cr4V2	1200～1220
W9Mo3Cr4V	1220～1240

保温时间:$t = 20 + 0.5D$(min),但其最长保温时间不宜超过 50min。

② 工件冷却过程中的工艺参数的确定。工件经真空炉加热保温结束后,需要进行快速冷却,以获得要求的马氏体组织,这里有三个重要的工艺参数:冷却介质、冷却压力和冷却时间。在工艺试验中应根据工件选择气冷还是油冷,需要对冷却压力和时间进行了反复调整。一般高速钢分级冷却的温度为 550～620℃,我们知道在马氏体转变温度范围以外,存在两个转变区域,上部转变温度为 650～760℃,组织为粒状珠光体(P),下部转变为 175～

350℃，组织为贝氏体（B），350～650℃之间为过冷奥氏体（A）稳定区域。自淬火温度至700℃应快速冷却，是为了减少碳化物的析出。基于此点，将热电偶插入工件中，以机用丝锥为例，冷却介质为高纯氮气（纯度为 99.999％）得出产品规格、冷却压力和冷却时间的关系见表 2-10。

表 2-10　气体冷却压力与直径的对应关系

规格	冷却压力（炉上压力值）/kPa	冷却时间（淬火温度→600℃）/min
≤ M3	270～300	
＞M3～M8	300～350	
＞M8～M20	350～400	2.7～3.0
＞M20～M36	400～450	
＞M36～M80	450～500	

冷却前储气罐上压力应大于 0.8MPa，实践证明采用上述压力，确保了工件快速冷至稳定区域，避免了碳化物的析出，金相组织正常，硬度 65HRC，晶粒度 10# ～9.5#，表面光亮，变形量极小，不足盐浴处理变形量的 1/4，因此降低了热处理后的磨削成本。

高速钢制造的机用丝锥的真空气体淬火热处理工艺规范曲线具体见图 2-12。

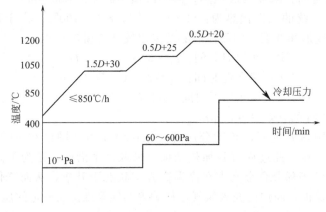

图 2-12　机用丝锥真空气体淬火热处理工艺规范曲线

③ 工件真空炉回火过程中的工艺参数的确定。真空炉回火过程中的工艺参数同前所述，真空度比预热时要高一些。由于回火炉温度较低，因此回火后的工件光亮度比淬火时稍差一点。另外，真空回火效果一般比盐浴回火差一些，这是由于工件在真空状态或氮气保护下，气体流动性差，而一般的加热传热方式为辐射，加热速度慢，受热条件差，故保温时间比盐浴炉长，一般为硝盐炉回火时间的 4～6 倍，但对使用性能没有影响。

（6）真空炉与盐浴炉处理高速钢圆板牙各项指标的对比

圆板牙是常用的螺纹刀具，由于是内螺纹，盐浴炉处理的高速钢圆板牙的螺纹中径难以保证，其关键在于热处理后的变形量超过了尺寸要求，解决该问题的措施是选择真空热处理。目前用盐浴炉处理圆板牙主要有以下几个问题：

① 产品淬火后螺纹和外圆变形过大，从而导致产品精度超差；

② 淬火后弯曲变形，从而导致螺纹牙型角的变化；

③ 淬火后牙型凹处有多余盐渍，直接影响牙型表面粗糙度，并给回火后加工带来不便；

④ 淬火后变形，导致四分之一螺距发生变化；

⑤ 淬火后去渣工艺过程中，螺纹有变化。

用 HPV-200 高压真空气淬炉处理的高速钢圆板牙，经工艺验证，完全满足工艺要求，主要检测项目见表2-11。

表 2-11　高速钢圆板牙两种处理方式的对比

序号	项目	盐浴炉	高压真空气淬炉	备注
1	硬度	63～66HRC	65～66HRC	
2	螺距偏差	±0.05mm	±0.01mm	
3	25.4mm 螺距偏差	±0.02mm	±0.008mm	
4	牙型高低减量	10%H 高	2%H 高	H 为螺纹牙型高度
5	淬火变形(弯曲度)	0.25mm	0.05mm	
6	表面粗糙度 Ra	6.3	3.2～1.6	
7	淬火后加工情况	磨削加工	不需加工	
8	外观质量	有斑点盐渍	银白光亮	
9	淬火度次品率	5%～7%	无废次品	无氧化脱碳
10	牙型齿变化	±40′	±8′	
11	使用寿命	8m	20m	以 M12 为例

搓丝板经不同温度盐浴淬火与真空淬火使用寿命的情况比较如表2-12所示。可以看出真空热处理后搓丝板的寿命大幅度提高，显示出明显的优势，因此在工具制造业广泛采用真空淬火技术。

表 2-12　搓丝板盐浴淬火和真空淬火使用寿命的比较

搓丝板名称	材料	加工件数/万件					提高寿命/倍
		盐浴炉处理	真空炉处理温度/℃				
			1030	1050	1080	1120	
木螺丝搓丝板	Cr12MoV	16	48	88	96	134.4	平均 3.4
螺栓搓丝板	9SiCr	30	—	82	—	—	1.7
丝锥搓丝板	9SiCr	2	—	—	—	—	2

(7) 真空炉处理工件的发展前景

经过反复试验证明上述工艺参数正确合理，完全能指导实际的热处理生产，没有出现金相及硬度不合格的问题，切削试验及寿命试验均表明各项技术指标优于盐浴处理的工件，其原因如下。

① 在真空状态下加热，热量的传递方式为辐射，尤其是两次预热，升温速度比较慢，因此使工件的厚薄不均的部分、表面与心部的温差较小，工件的膨胀和收缩也就比较均匀。真空淬火变形量为盐浴炉的 1/10～1/3。

② 由于真空的脱气作用特别是去除了氢，没有氢脆，增强了晶界强度，提高了弯曲性能。

③ 盐浴处理的工件其表面受拉应力作用，经回火、喷砂后受压应力，在磨削后又呈拉应力。而真空炉处理的工件始终受压应力作用，压应力可显著提高工件的疲劳强度和断裂韧性，使用寿命提高了 4～10 倍，为降低生产制造成本、节约能源提供了依据。

总之，真空热处理后的工件获得良好的表面状态，具有脱气、蒸发、去除氧化膜及表面污物的效果，因此克服了盐浴炉处理过程中的氧化、脱碳、腐蚀等疵病而引起的淬火硬度不足、硬度不均匀、因淬火应力不均而出现的耐磨性下降，以及变形大、裂纹和冲击韧性下降等热处理缺陷，因此，真空炉取代盐浴炉等炉型势在必行。

2.1.3 其他影响零件氧化和脱碳的因素

零件在热处理加热和冷却过程中，除了因热处理炉的加热介质在零件表面产生质量缺陷外，其他的相关的热处理工艺参数也有不同的影响，例如零件的加热温度、加热时间、钢材自身的化学成分等。综合分析上述因素对于我们正确指导热处理的生产、降耗节能、制造出成本低廉的优质的产品是十分重要的。

(1) 加热温度和炉内气氛 钢铁零件的热处理的目的和意义在于通过加热和冷却，获得要求的组织和性能。而组织是一切性能的基础，零件在加热时，采用高于相变点以上的温度（A_{c_1}、A_{c_3} 或 A_{c_m}）进行充分加热，确保得到奥氏体化状态，为淬火做好组织上的准备。因此钢铁零件的加热温度是重要的工艺参数，应引起热处理操作者和工作者的高度重视，必须认识加热温度的影响和作用，才能对零件进行正确的热处理，生产出符合技术要求的产品。

零件加热过程中采用较高的温度时，增加了表面氧化和脱碳的概率，因此在保证零件达到充分加热、成分均匀化的前提下，选择加热规范应尽可能地采用较低的温度。为了确保产品质量，对于高合金钢或易变形的模具，采用一次预热或多次预热，同时确定合理的最终加热温度。

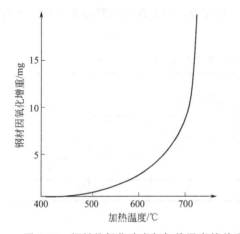

图 2-13 钢材的氧化速度与加热温度的关系

随着气氛中氧含量的升高以及加热温度的提高，零件表面的氧化加剧，氧化层加厚。氧化层达到一定的厚度则形成了氧化皮，将使零件的尺寸减小，由于氧化皮和钢本身的膨胀系数不同，故使氧化皮脱落，影响了零件的表面质量，加速了钢材的氧化进度，具体见图 2-13，严重的影响淬火时的冷却速度，造成软点或硬度不足。在 600℃ 以上时形成的氧化膜以 FeO 为主，它是不致密的，氧和铁原子容易通过这一氧化膜而渗入内部，使氧化层的厚度增加。而在 600℃ 以下时，氧化膜是由比较致密的 Fe_3O_4 组成，氧化的速度比较缓慢。因此一般零件采用较低的加热温度，或缩短在高温下的停留时间，有助于减少氧化倾向。

钢件表面产生了氧化皮，将造成表面粗糙度的降低，因此在加热过程中一般是不允许出现的。事实证明氧化皮会造成零件出现淬火软点、表面开裂，使钢的表面质量状态下降，零件的强度降低和力学性能下降，因此其危害十分严重。钢的表面氧化一般同时伴随着表面脱碳。

脱碳的危害是明显降低了钢的淬火硬度、耐磨性以及疲劳强度，作为高速工具钢将降低其红硬性和耐磨性，失去作为刀具钢的意义。脱碳的实质是钢表面的碳原子在高温下，氧和氢、水蒸气和二氧化碳等与之反应生成 CO 或甲烷等物质。炉内成分中氧和氢、水蒸气、二氧化碳、硫酸根、碳酸根等氧化性物质愈多，则表面的氧化愈严重，其具体化学反应如下：

$$2Fe_3C + O_2 \Longleftrightarrow 6Fe + 2CO \tag{2-30}$$

$$Fe_3C + 2H_2 \Longleftrightarrow 3Fe + CH_4 \tag{2-31}$$

$$Fe_3C + H_2O \Longleftrightarrow 3Fe + CO + H_2 \tag{2-32}$$

$$Fe_3C + CO_2 \Longleftrightarrow 3Fe + 2CO \tag{2-33}$$

上述反应是可逆的，其中只有 CO 和 CH₄ 可以进行钢铁零件表面的增碳。事实上氧化和脱碳是同时进行的。当钢表面的氧化速度小于碳从内层向外层扩散的速度时，将造成表面的脱碳，反之发生氧化现象。因此，一般而言，在氧化性相对较弱的氧化气氛中会产生较深的脱碳层。

即使在氮基气氛的加热介质，加热温度提高也将使氧化性增强，表面的氧化和脱碳更加明显，前面已经叙述，具体的加热脱碳情况见图2-4。

表面脱碳后，其碳含量降低，因此在金相组织中碳化物的含量明显减少，造成表面硬度的降低，影响了零件的表面组织和使用性能。脱碳造成零件表面金相组织的差异，通常按脱碳的严重程度，分为全脱碳和半脱碳两部分，具体见图 2-14。

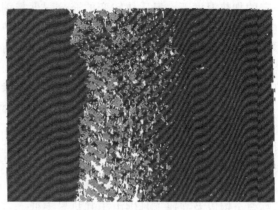

图 2-14　38CrMoVA 钢的脱碳层典型组织（×100）

从图 2-14 中可以看出，全脱碳层为最外面一层，其显微组织为白色的铁素体，半脱碳层是从全脱碳层的内界到钢的含碳量为原始组织状态处的距离。

需要引起注意的是脱碳后钢的表面形成铁素体的晶粒，根据温度的高低分为柱状和粒状两种，如图 2-15 所示。通常在 670℃ 以上才会有明显的脱碳现象。钢在 $A_1 \sim A_3$ 或 $A_1 \sim A_{Ccm}$ 温度加热，强化了脱碳的倾向，形成了柱状的脱碳，这同脱碳后的晶粒度的变化有很大的关系。而钢在 A_1 或 A_3 以上温度加热，如果为弱脱碳，则形成的表面为柱状晶粒。随着温度的提高，加热介质的氧化性增强，因此钢的氧化脱碳严重。

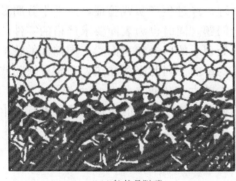

(a) 粒状晶脱碳

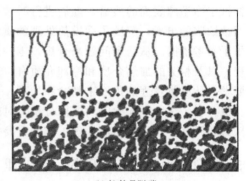

(b) 柱状晶脱碳

图 2-15　钢氧化脱碳后的两种组织状态

（2）加热或保温时间　零件的氧化和脱碳的过程既是化学作用的过程，又是原子的扩散过程，加热温度提高和保温时间延长都将加剧零件表面的氧化和脱碳过程，尤其是加热温度影响更为强烈。一般氧化速度随温度按抛物线规律增加。在 600～700℃ 以上加热时，温度每增加或提高 100℃，则氧化的趋势提高 10 倍。

零件在热处理炉内加热一定的时间，其目的是为了确保充分加热后得到奥氏体组织。在一定的加热温度下，奥氏体转变的充分程度与钢中的化学成分密切相关，待转变完成后即可进行冷却处理，从而完成组织转变，达到零件热处理所需的性能、硬度、金相组织的标准。零件热处理的主要技术要求多为提高其耐磨、耐蚀以及尺寸稳定性，因此在加热时只要时间合理即可满足要求，如果时间延长，则零件与加热介质的接触时间增加，势必提高零件在加热过程中的氧化和脱碳的概率，对零件的表面状态会产生不良的影响。

零件的加热或保温时间应根据热处理炉的特征、零件的材质、装炉方式、装炉量的大小、有效尺寸、截面的变化、零件的复杂程度、对变形和硬度的要求等，进行综合考虑，有时可根据经验而确定加热或保温时间，也可经过实践验证。采用正交法进行时间的确定，不失为一种良好的措施。

需要指出对截面尺寸大的碳素钢、合金钢、结构钢或高合金钢以及高速工具钢等，尤其是高合金钢以及高速工具钢由于其热导率低，零件的内外温差较大，如果直接在淬火温度下加热，将造成零件内外组织转变的不同时，热应力的增大超过材料的抗拉强度会引起零件的开裂。因此采取预热或分段加热的方法，既能确保零件内外温度的一致，又为其最终的热处理奠定了良好的基础，可有效避免零件的开裂。

（3）钢的化学成分　钢的化学成分对零件表面质量有一定的影响。一般而言，钢的抗氧化性、脱碳性很差，含碳量越高，钢铁零件脱碳倾向愈严重。尤其是钢中 Si、Mo、Mn、Al 等合金元素，当其合金元素的含量较高，则脱碳的概率增加。

2.1.4　钢铁零件的表面腐蚀

需要注意的是零件的表面腐蚀也是一种质量缺陷，这多半同零件表面不清洁，存在油污、盐迹和其他腐蚀性物质有关。作者处理的气门锻模材质为 3Cr2W8V，是在盐浴炉中完成加热的，清洗干净后封箱在箱式炉中回火，有时在砂光后型腔内观察到腐蚀麻点，造成锻模无法使用。经过分析和试验发现，气门锻模在盐浴炉淬火后，型腔内黏附的氯化钡洗不干净，在 $570\sim620℃$ 的回火的过程中，氯化钡将锻模的表面腐蚀，造成麻点的产生。针对出现的质量缺陷，我们要求操作者盐浴加热后，在 $60\sim80℃$ 静止的机械油中冷却 $3\sim4min$，立即擦拭干净型腔表面的残盐，随后进行时效处理。经过生产实践验证，效果十分明显，杜绝了腐蚀缺陷的出现，解决了锻模热处理的质量问题，同时也为表面要求严格的零件的热处理提供了参考依据。从这个问题来分析，零件热处理后的质量和表面状态同零件的整个热处理过程，以及相关的加热介质和冷却介质有直接的影响。因此当存在热处理质量缺陷或问题时，要学会从质量管理的角度来判断和处理，日本的大和雄重久在这方面作了大量的工作，从人、机、料、法、环和检等六方面分析，对热处理过程中出现的质量问题，进行了十分深入的探讨和研究，成为我们热处理工作的重要指南。

2.1.5　零件表面氧化和脱碳的后续处理

钢铁零件一旦在加热过程中出现了表面氧化和脱碳，其危害性很大，除了降低表面硬度、力学性能难以得到保证外，同时很容易造成磨削裂纹等，因此必须采取必要的措施，来消除其对零件的使用性能的影响。根据目前的加工手段和工艺方法，通常是分机械加工方法和化学加工方法两种，针对具体零件的形状、技术要求、复杂程度以及使用条件等，确定最佳的加工方法。

（1）机械加工方法　采用车削、磨削等去除掉零件表面的氧化皮和脱碳层，其前提是不会影响零件的使用尺寸和要求，对仅仅脱碳的零件也可重新进行渗碳处理，这样可挽救部分脱碳零件，避免造成零件的整体报废。

采用强力抛丸或喷砂同样可达到去除氧化皮和脱碳层的目的，该类措施既可解决表面质量缺陷，消除可能产生的负面作用，同时也使表面得到了加工强化，表面产生了压应力，因此能够提高零件的疲劳强度和使用寿命等。汽车弹簧钢板进行抛丸处理后疲劳强度提高了数倍甚至十几倍，由此可见该方法具有实际应用价值。

（2）化学加工方法 在机械加工行业中，考虑到零件的氧化皮和脱碳层与基体的结合强度明显降低，二者可采用表面腐蚀的工艺方法来加以消除，通常使用盐酸或其他酸性介质来清理零件的表面，应当注意酸洗或浸泡的时间。事实证明酸洗或浸泡如果超过了一定的时间，很容易在零件的表面产生"氢脆"，其原因在于酸中的氢渗入零件的表面，造成晶界的脆性增大，韧性明显降低，强度低于断裂应力。

2.2 过热与过烧

2.2.1 过热

（1）过热产生的原因 过热是指亚共析钢或过共析钢在远高于 A_3 或 Ac_m 温度下，长时间加热导致钢实际晶粒度的粗大。过热钢呈石状断口，表面呈小丘状粗晶结构，无金属光泽。零件在热处理设备中加热时，由于超过淬火加热温度过高或高温下停留时间过长等，奥氏体晶粒迅速长大，以致力学性能显著下降，或晶粒显著长大的现象称之为过热。一般规律为，如果钢材的加热温度超过预定的奥氏体化温度150℃以上，通常称为过热。碳钢及合金钢温度＞950℃，工具钢以及高碳铬轴承钢温度＞1000℃，其特征为淬火后马氏体针叶粗大，将会引起淬火后的零件变形和开裂，而粗大的马氏体还会造成零件机械强度的降低，韧性显著下降，马氏体的裂纹呈节状。因此在零件的加热过程中，有针对性地分析零件的具体结构、材料的特性和热处理技术要求等，在热处理设备的选定、工艺的执行以及冷却方式等几个方面，综合考虑制订出切实可行的成熟工艺，对特殊部位等采取必要的保护手段，尽可能避免过热现象的出现。

零件在加热过程中出现过热的原因较多，从影响产品质量的六大因素进行分析，通常为人、机、料、法、环和检。它们构成了零件热处理后能否满足技术要求的基本要因，因此任何缺陷或不足都应从以上几个方面找到真正的根源，然后采取相应的措施和合理的工艺，就能确保零件的热处理达到所需的效果。

零件中出现马氏体裂纹是发生淬火裂纹的根源，不管采用断续淬火、分级淬火还是等温淬火均无法防止淬火裂纹的产生。零件发生过热还同热处理加热设备类型有关，其概率自高至低的趋势为燃油炉、电炉、盐浴炉、流动粒子炉、可控气氛炉、真空炉等。

综观零件的过热特征，不难发现影响过热的因素可归纳为以下几点：

① 零件的原材料组织不良，如工具钢锻造、退火后，球化组织不合格，或碳化物偏析、有网状碳化物；

② 加热时温度过高或保温时间过长，造成晶粒的急剧长大；

③ 零件在热处理设备加热区内放置不当，在靠近电极或加热元件附近产生过热；

④ 对截面尺寸变化大的零件，由于加热方式和放置等工艺方法选择不当，在零件的薄壁、尖角或尺寸较小位置处会产生过热现象。

（2）零件过热的特征和防止措施 零件在热处理过程中，由于加热温度过高，将出现过热组织，其过热组织一般包括结构钢晶粒粗大、马氏体粗大、残余奥氏体过多、魏氏组织，高速钢的网状碳化物、共晶组织（即莱氏体组织）、萘状断口，马氏体不锈钢（耐热钢）中的铁素体过多等，同时过热零件的外表粗糙，犹如鳄鱼皮一般。具体特征和预防措施见表 2-13。

表 2-13 钢的组织过热主要特征和预防、挽救措施

序号	过热名称	主要特征	预防、挽救措施
1	晶粒粗大	奥氏体的晶粒度粗于 3 级	①为防止零件在加热过程中出现过热现象，根据选用的热处理设备，制订正确、合理的热处理工艺参数。在操作过程中，要严格控制加热温度、保温时间；同时对大型或复杂零件，采取预热、分段加热或降低加热速度等措施，尽可能消除晶粒长大的因素 ②通过多次的正火或退火来细化晶粒，为重新进行热处理做好组织上的准备 ③对于石状断口组织，要通过高温变形来细化晶粒后，再进行退火处理，才能最后热处理
2	马氏体粗大	板条或针状马氏体长度在 7～8 级	
3	残余奥氏体过多	组织中碳含量和合金元素多的材料，在淬火后组织中残余奥氏体过多	
4	魏氏组织	亚共析钢的铁素体在奥氏体晶界以及解理面析出，呈现细小的网格组织	
5	网状碳化物	过共析钢在显微组织中出现网状沿晶分布碳化物	
6	石墨化（黑脆）	高碳钢退火组织中有部分渗碳体转变为石墨，断口呈灰黑色	
7	共晶组织	高速钢过热出现共晶莱氏体组织	
8	萘状断口	断口有许多取向不同，比较光滑的小平面，像萘状晶体一样闪闪发光	
9	石状断口	在纤维状的断口上，呈现不同的取向、无金属光泽、灰白色的粒状断口	
10	δ 铁素体过多	Cr13 型不锈钢过热，在组织中有大量的 δ 铁素体	

从过热的原因和后果来分析，采取正确选择加热温度，适当缩短保温时间，严格控制炉内温度等工艺措施和方法，则可基本避免出现过热现象。零件的过热组织如图 2-16。

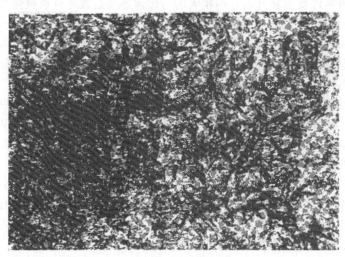

图 2-16　9SiCr 淬火过热组织

对于已经产生过热的零件，要根据其具体要求进行挽救。过热组织按正常热处理工艺消除的难易程度，一般分为稳定过热和非稳定过热两种，对于非稳定过热组织是指过热 1～2 级，采用正火、退火后可以细化晶粒，重新按正常的工艺淬火，即可达到零件的技术要求。考虑到零件已经有过热的情况，为了确保零件热处理后的技术要求和力学性能，应当采用较低的加热温度和较短的加热时间。而稳定过热组织是无法采用正常的热处理工艺消除，只能通过另外的方法来解决，例如高温形变和退火的复合工艺可处理该类过热组织。

2.2.2 过烧

(1) 过烧的概念和原因 金属和合金在氧化性气氛中加热过程中，由于加热温度在1200℃以上，奥氏体的晶粒晶界发生了严重氧化甚至熔化的现象称为过烧，其表面粗糙不平，显微组织粗化，并在晶间形成氧化物，在特定的晶界面形成具有一定几何特征的冷却转变组织。过烧零件晶界之间的强度很低，脆性大，在外力作用下，会沿晶断裂，无法满足零件力学性能的要求，对于重要的零件而言，只能做报废处理。零件的过烧多是在钢轧、锻等过程中产生的，因此严格控制零件的加热温度，合理选择工艺参数是防止过烧的重要手段。过烧组织使零件的性能严重恶化，是产生热处理裂纹的重要原因之一，故零件在热处理过程中是不允许出现这类致命缺陷的。图2-17所示为典型的过烧组织。

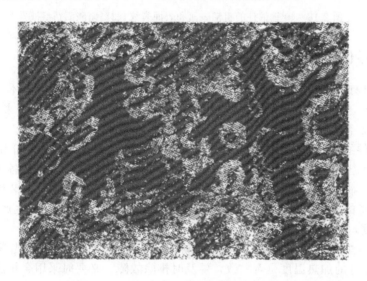

图 2-17 W18Cr4V 钢淬火过烧组织（500×）

从图2-17中可以看出，晶粒的晶界已经熔化，碳化物呈现空洞，宏观断口为灰色无光泽。零件的过烧将造成人力、物力和财力的严重浪费，应引起热处理工程技术人员以及操作者的高度重视。

(2) 过烧的特征

对于高速钢和不锈钢工件而言，其内部的碳化物在加热过程中，若加热温度过高或保温时间过长或温度失控，很容易造成零件的过热或过烧，由此引发热处理裂纹的产生。对断裂的高速钢刀具进行显微分析，表面有许多裂纹存在，有一定数量的共晶莱氏体，其形状为尖角，同时有局部熔化现象，一旦温度升到1300℃以上，将产生晶界熔化，引起组织的过烧。因此对于高合金钢和高速钢等而言，要严格控制炉内温度和保温时间，采用超温报警、自动断电等控制手段，从根本上避免出现过烧缺陷。

零件在锻造或热处理时，如果加热温度过高也会产生过烧，甚至开裂。其特征是在材料表面上呈龟状裂纹，严重时在裂纹处存在黑色的氧化物，做金相分析可看到粗大的网状分布的裂纹。该类缺陷通常还伴随着晶粒粗大、魏氏组织以及裂纹附近的氧化、脱碳现象，因此其危害很大，必须采取相应的措施防止产生此类缺陷。图2-18是40钢在锻造时所产生的缺陷，左侧显示材料表面粗糙不平，右侧为自表面伸向内部的裂纹，从图中可以看出在裂纹的表面附近有脱碳现象。

图 2-18   40 钢锻件的粗糙表面和表面裂纹（2%硝酸酒精溶液）

2.2.3   防止零件过热和过烧的措施

零件在热处理过程中，良好的热处理组织是获得技术要求的基础和根本，一旦因为出现热处理缺陷，将会造成人力、物力和财力的浪费，更为严重的是有可能带来灾难性的事故，因此决不可掉以轻心，现将零件在实际热处理过程中采取的措施归纳如下。

① 根据零件的热处理技术要求，确定采用的热处理加热设备和加热介质，正确选择淬火加热温度和高温停留（保温）时间，进行工艺试验，合理确定该零件的各项工艺参数。必要时采用正交法筛选出最佳的热处理工艺，例如温度、时间、放置方式、装炉量等。

② 防止设备的控温仪表失灵，要定期鉴定，确保其灵敏度。对连续生产热处理炉要 8h 或 12h 校验温度，同时检查热电偶的外套有无烧损而影响了控温。

③ 经常观察炉膛的颜色深浅，对于盐浴炉除采用热电偶控制外，用光学高温计等来观察炉内颜色与零件的加热温度是否一致，要及时排除故障。必要时采用金相法观察零件的晶粒度，来确定最佳的加热温度。

④ 合理装炉，尤其是零件在盐浴炉中加热时，其吊挂方式、与加热源（电极）的距离、是否插入底部盐渣等有直接的关系。另外零件必须在热处理设备中加热有效区进行加热，避免出现零件本身内外温差的增大，同时定期进行炉温均匀性的测试，确保其温度满足热处理技术要求。

2.3   氧化与脱碳实例分析

2.3.1   钢板弹簧的氧化和脱碳

钢材的表面脱碳是很难避免的，区别在于脱碳层厚薄的差异，因此在零件的加热过程中，如何采取必要的措施进行预防和控制是热处理操作者的首要任务。对于零件热处理后需要全加工的，轻微的脱碳是允许的，而热处理后不再进行加工的零件，表面脱碳将降低零件的硬度、使用寿命和疲劳强度等，严重的则成为废品。对于弹簧钢板而言，脱碳的危害更大，因此要引起我们的高度重视，在实际的热处理工艺执行过程中，确保实现无氧化脱碳加热。

通过对 55Si2Mn 不同脱碳层厚度的钢板弹簧进行弯曲疲劳试验，表明钢板表面脱碳层越深则疲劳强度越低（当脱碳层深 0.141mm 时，疲劳极限只有 343MPa），而无脱碳层则疲劳强度明显提高（559MPa），具体见表 2-14。因此脱碳层的存在对钢板弹簧的使用寿命有重要的影响，只有确保材料热处理前后的表面状态（成分、受力状态等）没有改变，才能满足其高疲劳强度的需要。

表 2-14　脱碳层深度对钢板弹簧疲劳强度的影响

试验编号	交变负荷/MPa	表面脱碳层深度/mm	调质硬度（HRC）	疲劳极限/MPa	交变弯曲最大应力/kgf·mm^{-2}	断裂时交变应力变化次数/次
1		无脱碳	45～48	559		315000
2		0.089	43～44	343		245000
3	0～637	0.141	44～45	343	637	131000
4		0.147	43～44	198		129000
5		0.203	42	166		127680

　　通过分析 55Si2Mn 脱碳对疲劳极限的影响，可以确定脱碳与未脱碳相比，二者的疲劳强度相差 59%。

　　一组中吨位载重车的钢板弹簧进行台架疲劳试验，按要求其正常的疲劳寿命在 50 万次以上，而部分弹簧只有 20 万～30 万次，经过检查，材料的化学成分合格，该弹簧的硬度在 477HB，显微组织为回火托氏体＋少量的条状索氏体，组织属于正常状态，但钢板弹簧表面存在严重的脱碳现象（图 2-19），脱碳层总厚度在 0.35～0.45mm。可见表面的严重脱碳，降低了材料的疲劳强度，因此在反复交变应力的作用下，造成早期的疲劳断裂。

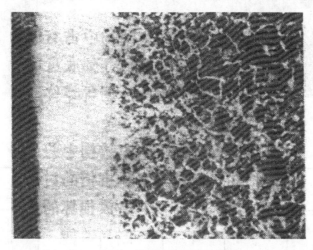

图 2-19　55Si2Mn 钢板弹簧的严重脱碳　100×

　　对弹簧钢板进行应力抛丸和弹簧棱边喷丸，可以明显提高其使用寿命。喷丸后钢板表面呈现塑性变形，可以抵消工作过程中的承受的弯曲压应力，抗拉强度提高 25% 以上。通常抛丸是对板簧的凹面喷射，抛丸或喷丸可除掉弹簧钢板上黏附的残盐或油垢及氧化皮等，使表面清洁呈银灰色，砂粒直径在 0.5～1mm，压力在 0.3～0.66MPa，喷射角度为 30°～40°。喷丸强化处理可明显提高疲劳寿命、耐蚀性和耐热性，采取强压（弯、扭、拉）也是改善弹簧拉应力松弛的有效方法。该方法主要用于承受循环载荷，容易发生疲劳损坏的各种压缩弹簧、钢板弹簧和扭杆弹簧等，在其成型及热处理后进行。研究发现弹簧经过强化喷丸处理后减轻或消除了弹簧表面缺陷（如小裂纹、凹凸、缺口以及表面脱碳等）的有害作用，表层产生循环的塑性变形、加工硬化和有利的残余压应力，可有效提高疲劳寿命。

2.3.2　螺栓的表面脱碳

　　螺栓、螺母、弹簧垫圈和销轴广泛应用于机械行业中，起到连接、紧固、定位以及密封零件的作用，因此要求拧紧螺栓必须均匀拉伸，其本身要承受预紧力的作用，同时具有高的抗拉强度和弯曲强度、一定的抗剪切能力等。螺栓、螺母、弹簧垫圈和销轴的应用十分广泛，在实际工作中它们要承受拉力、压力、剪切力、扭转力及摩擦力等外力的综合作用。螺栓连接零件的载荷不同，故应力状态不尽相同，因此制作紧固件的材料应具有高的强度和韧性，同时要求耐磨性好，零件表面不允许有脱碳现象。

一般螺栓是在钢材冷拔后冷镦成形的，其表面不再进行机械加工。切削成形的螺栓和螺母的表面应无脱碳层，必须在脱氧良好的盐浴炉中进行热处理，但对于冷镦成形则原材料的脱碳层仍然保留在零件的表面，经过滚压后被挤向牙尖，见图 2-20。因此为确保产品质量必须在能控制碳势的可控气氛炉中进行适度复碳处理。对不同的脱碳层进行反复的装卸试验，结果表明表面脱碳程度直接影响着螺栓的寿命，具体影响情况见表 2-15。

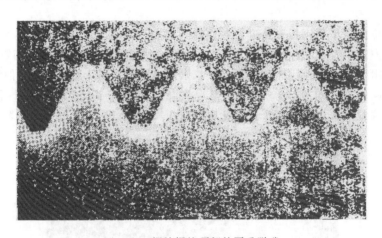

图 2-20　螺栓螺纹顶部的严重脱碳

表 2-15　螺栓螺纹脱碳对使用寿命的影响

名称	螺栓规格	编号	试验结果			脱碳层深度/mm	
			扭矩/kgf·m	次数	结论	总脱碳层深度	全脱碳层深度
柱螺栓	M10×1.5	1	4	15	脱扣	0.72	0.61
		2	4	4	脱扣	0.90	0.77
		3	4	4	未脱扣	不明显	—
		4	4	30	未脱扣	不明显	—
	M12×1.75	1	10.4	7	脱扣	0.72	0.54
		2	10.4	6	脱扣	不明显	—
		3	10.2	2	脱扣	0.99	0.72
		4	10.2	10	未脱扣	不明显	—
		5	10.2	10	未脱扣	轻微脱碳	—
	M14×2	1	12.0	—	脱扣	轻微脱碳	—
		2	12.0	10	未脱扣	0.63	0.36
		3	12.0	10	未脱扣	轻微脱碳	—

含碳量不同的铬钢螺栓，经过调质处理后进行疲劳试验，含碳量不同则调质处理后的硬度存在差异，因此疲劳强度显著不同，具体见图 2-21。表面增碳或脱碳集中反映在螺纹的

连接处（牙型面），当螺纹表面碳含量增高，则造成此位置韧性的降低，脆断倾向增加；相反表面脱碳后，强度降低导致出现早期的疲劳断裂。可以看出在碳含量为0.4%时，相当于40Cr钢表面的碳含量此时具有最高的疲劳寿命，因此如果表面出现脱碳或增碳，都会降低其疲劳寿命，实现螺栓的无氧化加热显得尤为重要。

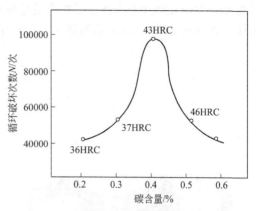

图2-21 不同含碳量的铬钢经调质处理后硬度与疲劳强度的关系

螺栓是采用冷拔工艺制成的，在制造过程中有时因材料表面本身存在发纹，导致端部开裂；冷拔时常见的缺陷是出现横向裂纹，此时检查会发现裂纹附近有塑性变形现象。因此对螺栓而言，冷拔工艺不当或材料自身的缺陷均会造成零件的报废。

考虑到螺栓生产批量大，对螺纹部分要求十分严格，因此其热处理设备应具有连续生产能力和自动化程度高、质量稳定、造价和运行成本低等特点。目前，国内外的标准件制造企业将保护气氛连续作业炉应用于热处理中，其主要设备炉型有振底炉、网带炉和铸链炉等，振底炉和网带炉的应用最为广泛。从成本、维修、热效率等几方面来比较，振底炉最佳，网带炉居中，在加热过程中滴入甲醇、乙醇，通入高纯氮气即可实现螺栓的保护性加热。网带炉又分为马弗罐和无马弗罐两种，在实际热处理过程中大多采用无马弗罐可控气氛炉进行标准件的加热和回火等。考虑到中温加热对网带的使用寿命影响不大，一条网带的维修期限长达2～3年，既节省了停炉检修的费用和时间，同时进行连续化的作业生产，提高了热处理的效率，因此国内大部分标准件热处理企业开始应用网带炉完成其加热和回火过程。

对于采用盐浴炉加热的螺栓在原材料不脱碳的前提下，要对盐浴进行充分脱氧，选择合理炉温和保温时间，对淬火工装、卡具、吊具等按时进行酸洗除锈，如有条件进行定期的喷丸或抛丸处理。确保盐浴成分中氧化物的含量符合技术要求。

40Cr制作的发动机螺栓在装配和使用过程中因拉长、拉断而失效，分析出现该问题的主要原因在于基体的强度不足、表面出现严重脱碳以及外加的载荷过大等。一般螺栓调质处理后的硬度在285～321HB，如果在螺纹处脱碳严重，其表面特征为白色的铁素体，若螺纹的根部也明显脱碳，在断口根部附近将出现明显的疲劳裂纹。

2.3.3 汽车连杆的脱碳

某中型载重车的连杆使用较短时间，便发生了疲劳断裂，见图2-22。通过分析该零件（40钢）的化学成分，表面符合技术要求，硬度为225HB。对断裂部位进行金相分析，见图2-23，连杆的心部组织为回火索氏体，但表面严重脱碳，深度在0.18～0.20mm。连杆表面脱碳后疲劳强度降低，故在其工作过程中该部位产生疲劳裂纹，发生了早期的疲劳断裂。

2.3.4 热锻40Cr连杆螺栓的局部过烧造成断裂

汽车连杆螺栓是采用40Cr等中碳低合金结构钢制造，经过调质处理后加热锻造成型，常见的热处理缺陷一般有表面脱碳、游离铁素体过多、未溶碳化物过多和组织过烧等。图2-24为断裂的40Cr热锻连杆螺栓，其断裂位置在螺杆的终结处。通过对断裂位置金相组织的观察，发现在回火索氏体中存在有沿晶界的裂纹，呈棕黑色裂纹，其两侧有白色的条状铁素体存在（图 2-25）。在随后的进一步分析中，裂纹中间发现大块的氧化物（图 2-26）。

图 2-22　连杆的断裂

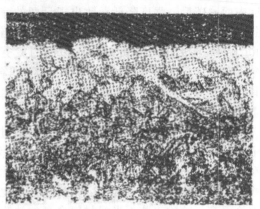

图 2-23　连杆表面严重脱碳

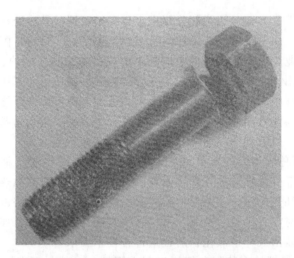

图 2-24　断裂的 40Cr 热锻连杆螺栓

图 2-25　断裂的 40Cr 钢连杆螺栓的金相组织　100×

图 2-26　裂纹中间的大块氧化物　500×

　　从裂纹的特征可知，裂纹中间的氧化物表明螺栓内部出现的裂纹是在其淬火前已经存在的，说明连杆螺栓在热处理炉内加热时因高温加热时间长，出现局部过热，而后在镦头（或锻造）过程中形成了不规则的裂纹，因此加热时的过烧是不均匀存在的。

解决方案：

① 实际的热处理过程中应严格控制加热温度和保温时间；

② 加强金相组织的监督和抽查，将材料的热处理质量控制落实到具体的操作过程中去，从根本上抓好零件的热处理质量。

2.3.5 气门锥面氧化脱碳原因分析

内燃机气门是发动机内部十分重要的关键部件，目前批量气门的调质处理均采用连续式作业，具有生产效率高、保护气氛好、自动化程度高、工作环境好、无污染与噪声等特点，获得国内外气门制造厂的青睐，国内约有 200 余条连续式网带炉。其淬火加热温度在1030～1050℃，加热时间为 35～45min，内部通氮气与甲醇裂解气，确保炉膛内是还原性气氛，要求碳势在 0.40 以上，加热结束采用淬火油或风冷处理，要求硬度在 54HRC 以上，淬火马氏体中无铁素体组织，晶粒度细于 6 级，表面无氧化脱碳。图 2-27 与图 2-28 为淬火网带炉与回火网带炉的外形照片。

图 2-27 淬火网带炉

图 2-28 回火网带炉

有段时间，采用此网带炉淬火的气门盘锥面与杆部始终脱碳严重，见图 2-29 与图 2-30。然后进行淬火网带炉的检查，发现当期甲醇与氮气的消耗量成倍增加，甲醇通过裂解气管道后在流量计上有气泡出现，在炉口处的火苗仍形不成火帘，检查氮气与甲醇纯度符合要求，故判断为炉膛漏气严重，将炉盖掀开与检查炉体后发现以下情况：

① 炉盖与炉体叠压处有氧化的痕迹，说明此处密封不严，有空气进入炉膛内；

② 辐射管损坏后长期冷却后抽出的方式，造成砖与炉体套管松动，且间隙较大；

③ 炉侧壁清渣的几个长型砖孔没有完全密封，且砖有破损，存在间隙。

解决方案：将网带炉进行大修并将裂解气管道内气泡消除，彻底根除了气门加热过程中氧化脱碳的缺陷的产生。

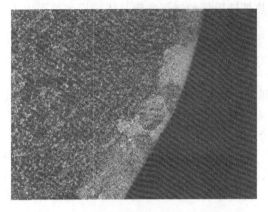
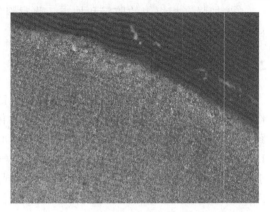

图 2-29　气门盘锥面淬火氧化脱碳形态　　　　图 2-30　气门杆部淬火氧化脱碳形态

2.3.6　气门杆部氧化脱碳对其寿命的影响

内燃机气门是发动机内部十分重要的关键部件，其在工作过程中的运动频次在 3000r/min 左右，故要求其具有高的疲劳强度、良好的耐磨性、抗腐蚀性以及抗咬合性等，通常采用合金结构钢、马氏体耐热钢、奥氏体耐热钢以及高温合金等制造。其中合金结构钢和马氏体耐热钢热处理后的硬度一般为 28～37HRC，晶粒度不粗于 6 级，气门表面不允许有氧化脱碳、杆与盘部无裂纹等缺陷。

气门调质处理包括淬火＋高温回火处理，图 2-31 为 4Cr10Si2Mo 材料的气门，在纯度为 85％的氮气保护气氛中保温 30min 后杆部被氧化的实物，随后在淬火后发现个别气门杆部有裂纹出现（见图 2-32），通过金相分析认为是由杆部表面氧化脱碳，造成表面的 M_s 点（马氏体转变开始温度）升高，淬火过程中先在心部发生转变，则在表面形成较大的拉应力，导致淬火时杆部开裂。

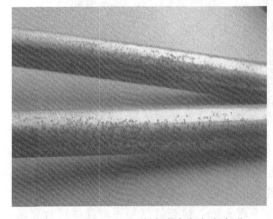
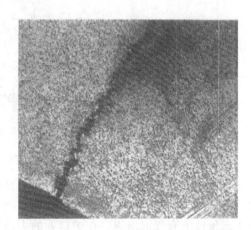

图 2-31　4Cr10Si2Mo 材料的气门杆部氧化　　　图 2-32　4Cr10Si2Mo 材料的气门杆部
　　　　　　　　　　　　　　　　　　　　　　　　　　　　淬火裂纹　100×

将杆部氧化脱碳的气门磨削后（仍有轻微的麻坑），进行拉伸试验，与正常的无缺陷气门相比，抗拉强度降低了 20％～25％。由此可见，氧化脱碳位置已经成为拉伸过程中的断裂原始源,故成品杆部仍存在此缺陷,将导致气门的早期失效,大大缩短气门的服役寿命。

解决方案:①加热淬火过程中,确保氮气的纯度符合要求;②每小时进行流量与氮气纯度的检测与记录,发现问题及时处理。

2.3.7 20钢冷挤压挺杆球窝处脱碳分析

冷挤压挺杆是采用20钢制造,毛坯退火后进行抛丸、酸洗、磷化、去氢和皂化,在压力机上冷挤压成形,最后高频加热堆焊合金层,喷水冷却。成品要求内球窝处硬度不低于35HRC,而有一批20钢挺杆则在出厂检验时发现内球窝处硬度仅为28HRC,为此进行原因分析。

在球窝处中间剖开,线切割正常与不合格的同类挺杆,进行化学成分与金相组织的观察,正常挺杆与硬度低挺杆的化学成分对比见表2-16,可以看出球窝处脱碳挺杆的含碳量很低,即脱碳严重,造成堆焊后水冷硬度不符合要求。脱碳层深度在0.4~0.6mm,金相组织为铁素体+珠光体。

表2-16 正常挺杆与硬度低挺杆的C含量对比　　　　单位:%(质量)

挺杆类别	1号试样	2号试样	3号试样	4号试样
正常挺杆	0.17~0.18	0.17~0.19	0.18~0.19	0.17~0.20
硬度低挺杆	0.08~0.12	0.02~0.05	0.06~0.10	0.008~0.012
标准值	0.17~0.22			

对本批挺杆进行工艺调查时发现,正常的20钢挺杆毛坯退火的保护介质为工业酒精,在75kW的井式渗碳炉中进行退火处理,工艺参数为850~870℃保温6h,工业酒精流量要求为150~170d/min,由于流量计失灵,实际流量为50~70d/min,炉冷到600℃出炉放入保温罐中。本批毛坯出炉后,整体呈浅红色,毛坯硬度低于110HBS,金相检查发现脱碳在0.15~0.65mm范围(超过0.30mm则属于严重的不合格)没有及时处理而流入下工序,脱碳严重造成了本批挺杆球窝处硬度不合格。

解决方案:①严格执行毛坯退火的酒精流量要求,定期校准流量计;②每小时检查并记录工业酒精的流量。

2.3.8 65Mn钢制木工锯条的脱碳分析

木工锯条材料为65Mn,其生产工艺流程为:840~850℃盐浴炉加热→热油淬火冷却→热矫直→夹板在350~370℃硝盐浴中回火→修磨→压齿→分齿→安装把手→防锈包装。在制造过程中有部分锯条热处理后弯曲和硬度低,成为废品。

① 进行原材料的化学成分分析。从脱碳的锯条的手柄处取样进行化学成分分析,其符合GB/T 1222—2008中65Mn钢的规定,具体数值见表2-17。

表2-17 65Mn锯条手柄处钢的化学成分(质量分数,%)

化学成分	C	Si	Mn	Cr	Ni	P	S
试样值	0.67	0.28	1.10	0.18	0.15	0.02	0.03
标准值	0.62~0.70	0.17~0.37	0.90~1.20	≤0.25	≤	≤	≤

② 进行硬度检查。对于报废的锯条进行硬度的检查,淬火后其硬度为52HRC,低于61HRC的要求,回火后为37HRC,其硬度不符合≥45HRC的规定,说明脱碳严重是造成

锯条硬度低的原因。

③ 进行金相分析。取报废的锯条进行金相观察，发现锯条表面部位产生了严重的不均匀脱碳层，见图 2-33，严重的单面全脱碳达到 0.13mm，半脱碳层为 0.1mm，单边总脱碳层为 0.23mm。该锯条厚度为 1.6mm，可见单边脱碳层占了 14.3%。而取残品手柄处观察原材料，金相观察发现，原材料仅有轻微的脱碳，见图 2-34。

图 2-33　65Mn 钢木工锯条盐浴炉
加热淬火后脱碳　40×

图 2-34　未经加热淬火的锯条
只有轻微的脱碳　40×

图 2-35　有严重脱碳层的 65Mn 钢锯条经复碳、
正火、淬火和夹板回火后的金相组织　500×

锯条加热时两侧的脱碳层厚度是不一致的，故所受的应力状态不同，即锯条向脱碳层厚的一侧弯曲。该锯条在盐浴炉中加热，尽管在加热时进行了脱氧处理，但脱氧不良，故在锯条加热过程中表面发生严重的脱碳，致使部分锯条硬度不合格和变形。

对于脱碳严重的锯条进行补救，即在 900℃×2.5h 的气体复碳后直接正火、淬火和夹板回火处理，其金相组织见图 2-35，挽救了脱碳严重的锯条，减少了废品损失。

2.3.9　抽油杆的热处理脱碳分析与改进措施

抽油杆是开采石油的关键设备零件，材料为 YG42D，化学成分（质量分数）为：0.43% C、1.00% Cr、0.19% Mo、0.80% Mn、0.25% Si、0.028% S、0.03% P。抽油杆在油管内上下往复运动，承受不对称循环载荷，发生周期性变化，同时受原油中 H_2S、CO_2 和盐水的腐蚀，其失效的形式多为疲劳断裂。故为了获得优良的综合力学性能，其采用传统的热处理工艺（见图 2-36），即电炉加热正火，高温回火工艺处理，典型的抽油杆形状见图 2-37。

考虑到抽油杆体积较大，采用链传动电炉加热时，传统的正火工艺中升温和保温的总时间为 1h，同时作为大型的加热电炉（箱式炉或井式炉），采用保护气氛也比较困难，故其表面易发生严重的氧化脱碳，从而降低了抽油杆的疲劳寿命，如果增大加工余量，则周期长和能耗高，因此是不可取的。

根据抽油杆的服役条件，采用中频感应穿透加热正火工艺可有效解决该零件的氧化脱碳缺陷，正火的目的是改善抽油杆轧材及镦粗加工中产生的组织缺陷，以及细化晶粒，提高力

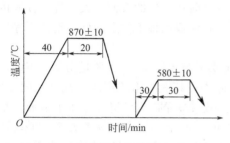

图 2-36　抽油杆传统的热处理工艺

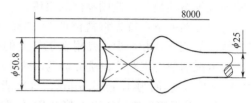

图 2-37　抽油杆的形状示意图

学性能，而高温回火则是消除正火产生的内应力，稳定组织等。表 2-18 为两种工艺处理后的力学性能试验结果，可以看出中频感应穿透加热正火后的力学性能优于常规的工艺处理的。

表 2-18　不同设备正火、回火处理后抽油杆的力学性能比较

热处理工艺	抽油杆编号	σ_s/MPa	σ_b/MPa	Ψ/%	δ/%	A_k/(J/cm²)
电阻炉加热正火、回火	1	764	823	52	12	83
	2	745	833	53	11	78
	3	755	853	52	12	83
中频感应穿透加热正火电阻炉回火	4	813	930	53	12	105
	5	833	931	52	12	117
	6	832	911	52	14	133

采用中频感应穿透加热正火后的性能优越的原因应是组织细化的结果，一方面是提高了抽油杆的强度与韧性，另一方面晶粒细化使其疲劳强度明显提高。该工艺将晶粒度细化到 11～12 级，组织为珠光体上均匀分布细粒状铁素体，而电炉正火后的晶粒度为 6～7 级，组织为较粗大的块状铁素体与珠光体。另外中频感应穿透加热正火脱碳层深度在 0.05mm 以下，强力抛丸可清除掉该脱碳层，而电炉加热的表层脱碳层在 0.20～0.25mm，可见采用中频感应穿透加热正火是可行的。

2.3.10　针阀体热处理锈蚀分析

柴油机针阀体（见图 2-38）是柴油机的重要零件，要求其具有较高的韧性外，还要求工件加工精度高、尺寸稳定和无氧化腐蚀缺陷等，而在实际生产过程中，热处理后针阀体的内孔处与阀体座部位出现锈蚀现象，影响正常的生产作业。

该针阀体的材质为 GCr15、GCr15SiMn，其热处理工艺流程为盐浴加热→油冷或硝盐浴冷却→清洗→回火→清洗→时效处理。盐浴加热采用 50%（质量分数）NaCl＋50%（质量分数）BaCl₂，淬火、回火后流动水清洗 30min，在沸水煮沸清洗 30min，最后进行 120℃ 的时效处理。

经过检验分析表明，针阀体的锈蚀主要是热处理中的盐浴残盐、杂质侵蚀，以及随后的清洗未彻底除去残盐和杂质造成的。该类材质的加热温度为 830～850℃，可选用的加热介质有 50%（质量分数）NaCl＋50%（质量分数）BaCl₂，50%（质量分数）NaCl＋50%（质量分数）KCl。需要注意的是 NaCl 和 BaCl₂ 混合中温盐浴的流动性比 NaCl 和 KCl 混合盐浴差，容易黏附在针阀体上，同时加上氯化钡（BaCl₂）和碳酸盐（BaCO₃）及硫化物等有害杂质，在加热过程中和铁作用生成腐蚀产物侵蚀工件，另外钡离子（Ba²⁺）常常与盐

浴中的其他杂质发生化学反应，生成不溶性钡盐产物黏附在工件的表面，加上针阀体腔内有较细的不通孔，清洗液不易流动，采用流动水和沸水煮沸很难将工件上的残盐清洗干净，形成锈蚀坑等腐蚀缺陷，造成零件的报废。

　　解决方案如下：首先将盐浴改为50％（质量分数）NaCl＋50％（质量分数）KCl，其混合盐浴的流动性好，少量黏附在工件上的残盐易除去；其次改用超声波清洗（见图 2-39）并添加清洗剂清洗工艺，清洗介质为3％～5％（质量分数）的 6530 清洗介质水溶液，温度为55～60℃，时间为 4.5～5.5min，每次清洗工件 40～50 个，超声波频率为 20kHz，功率为 230W。采用改进盐浴淬火加热介质及超声波清洗工艺后，解决了针阀体残盐锈蚀缺陷，达到了生产技术要求，应用效果良好。

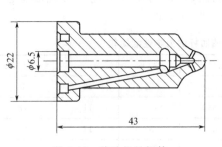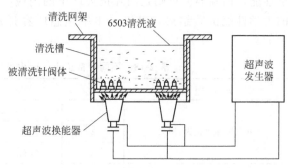

图 2-38　柴油机针阀体　　　　　图 2-39　针阀体超声波清洗示意图

第 3 章

淬火过程中产生的缺陷分析与解决方案

3.1 概述

作为零件热处理的重要工序，淬火冷却是完成零件热处理组织转变，获得要求的使用性能的关键步骤，也是热处理工作者实际工作的要点和重点。它同时包括加热设备、加热介质、冷却方法的选择，冷却介质的确定，介质温度和时间的要求，组织的特征等。因此掌握具体零件正确的热处理思路，善于分析和预见可能出现的缺陷，并采取必要的手段和措施，是零件热处理产品质量得到保证的前提。

零件需要通过一定的热处理获得要求的组织和力学性能，满足其使用的要求。组织是性能的基础和前提，要根据零件的具体工作和服役条件，来明确主要性能的技术要求，从而制订切实合理的热处理工艺，得到理想的组织。零件在加热和冷却过程中的工艺参数是至关重要的，它决定了零件的性能。为便于了解和分析热处理工艺对零件热处理质量的影响，有助于理顺思路和确定工艺要求，避免出现热处理质量缺陷，现将常用钢的热处理工艺、组织和性能要求列于表 3-1 中供参考。

表 3-1 常用钢的热处理工艺、组织和性能

序号	材料		一般热处理工艺（种类）	要求的组织状态	使用性能要求
1	结构钢		①调质 ②淬火＋低温回火	①索氏体 ②回火马氏体＋少量 RA′	力学性能
2	弹簧钢		①形变强化 ②淬火＋中温回火	①变形索氏体 ②托氏体	弹性和一定的强度
3	不锈钢	奥氏体钢	①固溶处理 ②稳定化处理	①奥氏体 ②奥氏体＋TiC 或 NbC	耐蚀性
4		马氏体钢	淬火＋中温回火	回火马氏体＋碳化物	耐蚀性
5		沉淀硬化型	固溶＋时效	马氏体或奥氏体＋沉淀硬化	耐蚀性、力学性能
6	工具钢	普通工具钢	淬火＋低温回火	回火马氏体＋细小碳化物＋残余 RA′	高硬度、耐磨性和红硬性
7		高速钢	淬火＋高温回火	回火马氏体＋碳化物	高硬度、耐磨性和红硬性

序号	材料		一般热处理工艺(种类)	要求的组织状态	使用性能要求
8	模具钢	冷作模具钢	淬火＋低温回火	回火马氏体	高硬度、耐磨性、高韧度
9		热作模具钢	淬火＋高温回火	托氏体＋碳化物	高回火抗力、高硬度、抗热疲劳性
10	量具钢		淬火＋低温回火(个别加冷处理)	回火马氏体＋残余 RA′	耐磨性、稳定性
11	渗碳钢		渗碳＋淬火＋低温回火	表层为回火索氏体＋细小碳化物,心部为回火马氏体＋少量铁素体	表面较高硬度,心部具有良好韧性
12	氮化钢		调质＋渗氮	表层为氮化索氏体＋细小网状氮化物,心部为索氏体	表面高硬度心部强韧性
13	碳钢合金钢工具钢		渗硼	单相 Fe₂B	耐磨、高硬度、耐冲击性好
14	不锈钢		渗硼	Fe₂B＋FeB	耐蚀、耐磨、而不耐冲击
15	钢铁和高温合金		渗铝	外层化合物层:FeAl₃,Fe₂Al₅ 次层化合物＋固溶体:FeAl,Fe₂Al₅ 第三层固溶区:Fe₃Al,FeAl	抗高温氧化,耐热腐蚀

零件的组织和性能与材料的化学成分密切相关,根据其使用的工作状态、具体的技术要求、与周围环境和介质的关系等来合理地选择材料,一般钢铁材料的化学成分、组织和性能的关系见图 3-1。

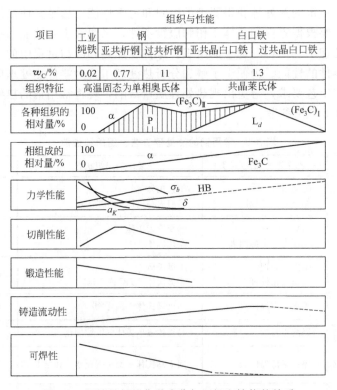

图 3-1　钢铁材料的化学成分与组织和性能的关系

$(Fe_3C)_I$——一次渗碳体　　$(Fe_3C)_{II}$——二次渗碳体

零件经过热处理后获得的组织和性能要求是否符合工艺和技术要求,需要通过对随炉试样质量检验来确定和检查,除了进行常规的硬度、屈服或抗拉强度等性能检验外,还有对性能、热处理的缺陷等进行分析,例如氧化、脱碳、耐磨性、抗腐蚀性、红硬性、过热和烧伤等,一般采用相关的热处理质量检验标准,有些零件的缺陷需要进行工艺方法和金相组织检验。目前国家相关的热处理检验标准,完全可以满足对零件热处理质量的控制,下面将其列于表3-2中。

表3-2　部分常见零件热处理标准和金相组织检验标准

序号	标准名称	标准编号
1	低、中碳钢球化体评级	JB/T 5074—2007
2	中碳钢与中碳合金结构钢马氏体等级	JB/T 9211—2008
3	钢件感应淬火金相检验	JB/T 9204—2008
4	珠光体球墨铸铁零件感应淬火金相检验	JB/T 9205—2008
5	钢的感应淬火或火焰淬火后有效硬化层深度的测定	GB/T 5617—2005
6	钢铁零件 渗氮层深度测定和金相组织检验	GB/T 11354—2005
7	高碳高合金钢制冷作模具显微组织检验	JB/T 7713—2007
8	热作模具钢显微组织评级	JB/T 8420—2008
9	薄层碳氮共渗或薄层渗碳钢件显微组织检验	JB/T 7710—2007
10	球墨铸铁金相检验	GB/T 9441—1988
11	球墨铸铁热处理工艺及质量检验	JB/T 6051—2007
12	工具热处理金相检验	JB/T 9986—2013
13	滚动轴承 高碳铬不锈钢轴承零件热处理技术条件	JB/T 1460—2011
14	滚动轴承 高碳铬轴承钢零件热处理技术条件	JB/T 1255—2014
15	钢铁零件渗金属层金相检验方法	JB/T 5069—2007
16	汽车渗碳齿轮金相检验	QC/T 262—1999
17	汽车碳氮共渗齿轮金相检验	QC/T 29018—1991
18	内燃机 进、排气门第2部分:金相检验	JB/T 6012.2—2008
19	钢件的正火与退火	GB/T 16923—2008
20	钢件的淬火与回火	GB/T 16924—2008
21	真空热处理	GB/T 22561—2008
22	金属制件在盐浴中的加热和冷却	JB/T 6048—2004
23	钢铁件的感应淬火回火	JB/T 9201—2008
24	钢铁件的火焰淬火回火处理	JB/T 9200—2008
25	灰铸铁件热处理	JB/T 7711—2007
26	钢铁件激光表面淬火	GB/T 18683—2002
27	钢件的渗碳与碳氮共渗淬火回火	JB/T 3999—2007
28	钢件的气体渗氮	GB/T 18177—2008
29	钢铁件的气体氮碳共渗	GB/T 22560—2008

抓好冷却过程的质量控制,从冷却介质的成分、温度、流动性,到零件在内部的运动等,以及零件的冷却时间和零件的具体形状、结构等方面进行充分考虑。零件的材料决定了

淬火加热和冷却方式的选择。在确保能够得到要求的组织和性能的前提下,尽可能地采用缓和的冷却介质,从而避免热处理缺陷的产生,提高零件的热处理产品质量。下面将钢常见的淬火缺陷和预防措施列于表 3-3 中。

表 3-3 钢的常见淬火缺陷和预防措施

缺陷分类		产生原因	预防和补救的措施
变形		①工件的形状不对称或厚薄悬殊 ②机械加工应力大,淬火前未消除 ③加热和冷却不均匀 ④工件的加热夹持方式不当 ⑤淬火组织的转变	①改进工件的结构设计,合理选材,调整加工余量,增加工艺孔 ②增加预热或去应力退火工艺 ③采用多次预热、预冷淬火、双液淬火、分级淬火、等温淬火等多种操作方法 ④合理支承捆绑淬火加热工件 ⑤对变形工件进行矫直
硬度低		①原材料有混料现象 ②加热温度低,保温时间短 ③冷却速度太慢 ④加热温度过高,保温时间过长,增加了奥氏体的稳定性,淬火后保留了大量的残余奥氏体 ⑤加热时工件表面脱碳 ⑥钢材内有超标的其他杂质	①对钢材进行火花鉴别 ②按正常的淬火工艺规范操作,重新淬火前应先正火或退火处理 ③以大于临界冷却速度的冷却速度快速冷却 ④采用冰冷处理提高硬度 ⑤对盐浴定期进行脱氧捞渣,或采用保护气氛加热 ⑥选用符合技术要求的钢材
开裂	淬火前的裂纹再淬火后裂纹的两侧可见到有氧化脱碳现象,断口发黑	由于轧制或锻造不当,出现缩孔、夹层和白点等	严格控制产品质量,确保原材料的合格
	冷却引起的裂纹断口红锈、透油或发紫色	①原材料非金属夹杂物偏析带状、网状、堆集等 ②原材料有混料现象 ③冷却不均匀,应力集中,零件形状复杂,截面厚薄不均,尖角、拐角和加工刀痕 ④冷却不当,冷却剂选择不当 ⑤重复淬火中间未退火处理,未及时回火	①用锻造降低碳化物的级别,热处理时采用预冷、分级淬火、等温淬火等,及时回火 ②进行火花鉴别 ③改进设计,确保厚薄均匀、无引起淬火开裂的缺陷 ④选用合理的冷却介质和淬火方法 ⑤淬火前应进行退火处理
	脆性引起的裂纹	①淬火温度过高,引起组织的过热、断口白亮光,晶粒粗大 ②原始组织中碳化物偏析严重或未球化	①严格控制加热温度,按工艺文件的规定执行,加强过程的金相组织检验 ②采取正火处理或进行球化退火
软点		①工件表面局部脱碳或附着有脏物 ②淬火介质中有杂质或使用温度过高 ③冷却介质冷却能力差 ④工件的冷却方法不当,工件之间互相接触 ⑤预备热处理不当,在钢中保留了大量的大块铁素体	①选择合适的预先热处理工艺 ②保持介质的清洁,合理降温,防止工件的脱碳 ③更换淬火冷却介质 ④工件要分散冷却 ⑤重新淬火,但应经正火或退火处理方可进行
脱碳		①在氧化性气氛中加热 ②盐浴脱氧捞渣不良 ③加热温度过高,保温时间过长	①采用保护气氛加热或表面涂料保护 ②定期对盐浴脱氧捞渣 ③按工艺规范执行 ④对已脱碳的淬火件采用渗碳的方法加以补救
腐蚀		盐浴中硫酸盐含量超过工艺规定范围	①选择符合技术要求的加热用盐 ②用镁铝合金或木炭除去盐浴中的硫酸盐

3.2 淬火应力分析

钢铁零件在热处理加热和冷却过程中，由于热胀冷缩和发生组织相变时新旧组织比体积（或比容）的差异，必然发生体积的变化。需要特别注意的是零件在冷却的过程中，表面和心部存在温度的差异，加上组织相变的不同时性和相变量的不同，将造成钢铁零件表面和心部的体积变化无法同步进行，因此产生内应力。按照内应力产生的原因和机理的差异，可将其分为两种，即热应力和组织应力，它们对于零件的热处理变形和表面的技术要求有十分重要的影响，下面分别介绍。

内应力的组成一是热应力，零件在热胀状态下快速冷却，进入冷却状态从而产生了热应力；二是组织应力，是指在冷却过程中，零件自奥氏体转变为马氏体组织，二者存在比容的不同，因此组织转变时同一零件的体积先后膨胀，引起了比容的变化以及组织转变的不同时性从而产生了组织应力。内应力为热应力和组织应力复合作用，从而引起工件的变形。另外零件的吊挂、装炉不当、冷却时的碰撞、产品形状设计缺陷、选材不当以及热处理工艺参数等也将会对零件的内应力有一定的影响，最终影响到零件的变形。

零件在热处理过程中，热处理应力是引起零件几何形状改变的原因。考虑到零件内应力既有有利的方面，也有需克服的致命缺陷，因此掌握控制内应力的方法对于生产出合格的产品至关重要。

3.2.1 热应力

热应力是指零件在热处理加热和组织转变过程中，零件各部分之间存在温差，造成热胀冷缩时先后不一致而产生的内应力。零件从高温冷却时，体积收缩，零件的表面冷却快，将首先收缩，而心部冷却慢，最后收缩。零件冷却的初期，表面的收缩会受到未转变的心部的阻碍，而心部受到表层的挤压，在冷却的后期则情况与此相反。因此在零件的冷却过程中，其各部分的收缩的不一致性，产生了内应力。由于零件内部产生内应力的作用，按作用性质分为张应力和压应力两种，按形成原因分为热应力和组织应力两类。我们知道热应力是其零件在加热和冷却过程中，其内部各点温度不同时性而形成的，因此温度越高，热应力越大，通常零件心部产生的热应力最大。热应力的形成是比较复杂的，其大小取决于材料的热导率和热膨胀系数，热应力的大小与热膨胀系数和热导率的比值成正比，表 3-4 为钢和铸铁中各种相的热导率和热膨胀系数。常用钢的热导率和热膨胀系数见表 3-5。

表 3-4　钢和铸铁中各种相的热导率和热膨胀系数

相组织名称	热导率/cal[1] · (s · cm · ℃)$^{-1}$	热膨胀系数(20~100℃)/a · 10^{-6}mm(mm · ℃)$^{-1}$
铁素体	0.18	12~12.5
珠光体	0.12	10~11
奥氏体	0.10	17~24
渗碳体	0.017	6.0~6.5
石墨	0.036	7.8~8.5

[1] 1cal＝4.18J。下同。

表 3-5　常用钢的热导率和热膨胀系数

材料牌号	热导率(100℃)/cal·(s·cm·℃)$^{-1}$	热膨胀系数(20～100℃)/10^{-6}℃$^{-1}$
08	0.193	14.6
40	0.141	14.6
70	0.162	13.8
50Mn2	0.0965	14.7
40Cr	0.078	15.3
30CrMnSi	0.07	14.22
12CrNi3A	0.074	15.3
30CrNi3A	0.097	13.5
GCr15	0.096	15.33
T13	0.093	14.3
Cr12MoV	0.047	12.2
W18Cr4V	0.062	10.4～15.3
1Cr13	0.06	12.0
1Cr18Ni9Ti	0.039	18.2
YT15	0.09	6.51
YG8	0.18	4.5
9Cr18Mo	0.07	12.0
1C23Ni18	0.038	17.5

　　从表中可以看出，热应力大小与热膨胀系数和热导率的比值成正比。由此可见材料的热应力与存在的组织状态有关，产生的应力塑性变形大小是有区别的，在实际的热处理过程中，应具体分析和采取必要的措施，控制零件的变形量使之符合技术要求，满足工作需要。热应力变形的实质是零件内外热胀冷缩的不同时性引起零件体积的重新分布，这将导致零件的变形。

3.2.2　组织应力

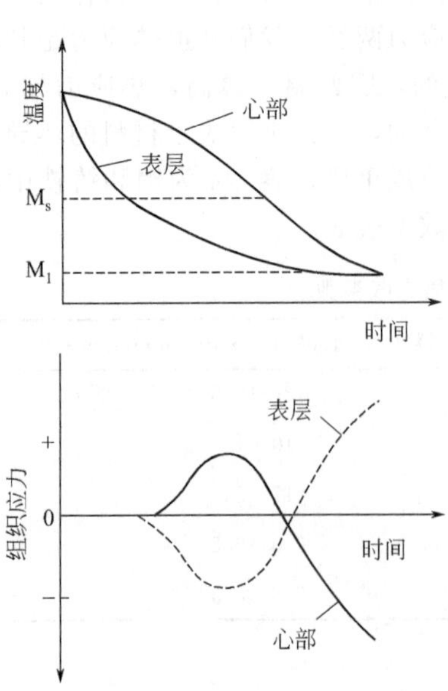

图 3-2　淬火过程中产生组织应力示意图

　　组织应力是在零件的加热和冷却过程中存在温度差，零件因内各部分组织转变非同时性和不一致性而形成的内应力，即为组织应力。淬火马氏体的比容比奥氏体大，因此奥氏体向马氏体转变时，必然引起零件的体积膨胀。在淬火过程中，为了获得马氏体组织，要采取大于临界冷却速度的冷速进行冷却，因此要产生显著的组织应力。零件各部分的冷却速度不同，表面温度冷到 M_s 点以下发生组织的转变和体积的膨胀，图 3-2 为在淬透的情况下，零件表层和心部产生的组织应力的变化过程。

　　零件在热处理过程中热应力和组织应力同时存在，因此两种应力相互作用。当两种应力在某一瞬间综合效果超过材料的屈服强度，引起组织不可逆的应力变形，就造成零件的变形。

　　组织应力引起变形的基本规律与热应力的作用情况相反，等温层面积使最后冷却的长度尺寸胀大，端面缩小，尖角突起，表面内凹，因此热处理过程引起组织应力变形,同时也造成热应力变形和体积的变形。影响淬火钢中应力分布的因素大致见表 3-6。表 3-7 列出了引起体积变化和形状变化的原因。

表 3-6　不同因素对淬火钢中内应力的影响

影响因素	引起的变化	造成的后果
奥氏体的成分	①碳和合金元素均降低钢的导热系数,增加零件的温差 ②合金元素提高奥氏体和马氏体的屈服强度 ③含碳量愈高马氏体与奥氏体的比容差愈大 ④改变了 M_s 点 ⑤马氏体相变塑性 ⑥改变 A_{c_1} 温度 ⑦改变钢的淬透性,影响淬硬与未淬硬区的范围	①增大热应力和组织应力 ②增大热应力和组织应力 ③增大组织应力 ④对组织应力有明显的影响 ⑤降低组织应力 ⑥对热应力有一定的影响 ⑦改变应力的分布
奥氏体化温度	①改变奥氏体化的成分和奥氏体的均匀度 ②改变温差	①改变组织应力的分布 ②对热应力有较明显的影响
零件的形状和尺寸	①影响冷却过程中零件内的温度差和相变的时间差 ②影响淬硬区的分布	改变热应力和组织应力
淬火介质	影响零件的冷却速度	
淬火冷却方法	改变零件内的温度场和相变的时间差	

表 3-7　引起体积变化和形状变化的原因

热应力作用	产生的过程	产生体积的变化原因	产生形状变化的原因
淬火	加热到奥氏体温度并保温一定的时间	奥氏体形成 碳化物的分解	残余应力的松弛 热应力 外加应力 组织应力
	冷却过程	马氏体的形成 非马氏体的形成	热应力 组织应力
冷处理	冷却到 0℃ 以下保温再升到室温	马氏体	热应力 组织应力
回火	加热到回火温度保温一定时间	马氏体的分解 残余奥氏体的转变 α 相的变化 碳化物的聚集长大	应力松弛 热应力 外加应力 组织应力(作用小)
	冷却	残余奥氏体的转变	热应力 外加应力 组织应力(作用小)

零件中内应力的消除方法是进行去应力退火,由于材料在塑性状态下,应力使工件"复苏"而变形,因此温度提高则材料的塑性越好,应力的消除越彻底。事实证明去应力退火的温度在 500℃ 以下没有效果,一般温度在 550～650℃,例如 45 钢采用 550℃,38CrMoVAl 使用 600℃ 进行退火处理。其去应力的温度与材料的屈服强度有关,屈服强度高则退火温度也需要提高,去应力退火多用于减小零件的变形,尤其是对减小零件渗氮后变形十分有益。

淬火时工件产生内应力,当零件的内应力超过了材料的弹性极限,则产生塑性变形。一般材料的热膨胀系数 $\alpha = 11.5 \times 10^{-6} ℃^{-1}$,弹性模量 $E = 205.8 \text{GPa}$,泊松比 $\mu = 0.3$,淬火温度为 $T_1 = 830℃$,冷却后 $T_2 = 180℃$。工件加热后快冷,由热胀到冷缩状态下工件的内应力的计算:$F = \dfrac{\alpha E}{1 - \mu}(T_1 - T_2) = 2197 \text{MPa}$,由此可见一般钢的弹性极限小于该数值,因此不可避免地产生塑性变形。

3.3 淬火裂纹及其他裂纹

3.3.1 淬火裂纹的特征

淬火裂纹是零件在加热和冷却过程中，受到热应力和组织相变时组织应力的双重作用，由宏观应力引起的宏观裂纹。零件的加热速度过快，导致零件各部分的温度存在差异，容易造成零件的淬裂、变形和软点等热处理质量缺陷，当热应力和组织应力之和超过钢的抗拉强度时，就会导致零件的开裂。因此零件产生淬火开裂不是单纯某一个原因造成的，了解其材料的机械加工流程和热处理状态，是热处理工作者分析和判断淬火开裂原因的重要依据。

淬火裂纹通常发生在淬火应力最大的区域，例如圆形零件两端的边缘圆周处、厚薄不均的结合处、尖角和棱角、键槽等位置。淬火裂纹的特征分为宏观和微观两种，下面分别介绍。

（1）淬火裂纹的宏观特征

① 淬火裂纹多起源于零件的棱角、空洞、凹槽、截面突变等应力集中处，有时因零件本身的几何形状、特殊的部位、具体的技术要求和受冷却速度的影响而产生于非应力集中的部位，这应当具体分析和判断。

② 淬火裂纹一般始端粗大，尾部细小，方向和分布没有一定的规律性，在零件的纵、横方向上均能出现，如果加热温度高则局部位置会出现龟裂。

③ 裂纹的深度和宽度与零件的内部残余应力的大小有直接的关系，事实表明残余应力越大，则淬火裂纹愈深和愈宽，当淬火应力过大时，超过了材料的脆断强度，导致零件的开裂。

（2）淬火裂纹的微观特征

① 淬火裂纹是沿着奥氏体的晶界而扩展，有时在裂纹的两侧还有细小的裂纹，故裂纹为曲折状，晶粒越大则裂纹扩展愈大，若零件的应力过大则造成穿晶断裂。

② 裂纹两侧的金相组织没有变化，即无氧化、脱碳现象（见图 3-3），假如进行高温回火则裂纹两侧可能出现轻微的氧化。

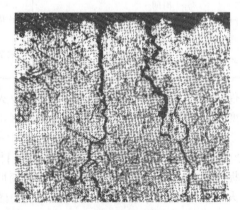

(a) 未侵蚀　　　　　　　　　　　　　(b) 4%硝酸酒精溶液侵蚀

图 3-3　钢中淬火裂纹　100×

一般而言淬火裂纹多是由淬火工艺中的热处理工艺参数不当造成的。除此以外，零件的原材料中的化学成分偏析、淬透性过高、存在大量的非金属夹杂物、粗大的晶粒等，都能增大零件淬火开裂的趋势，因此对出现的淬火开裂问题应具体分析，不可妄下结论。

3.3.2 淬火开裂原因和形式

零件在实际的热处理生产过程中，零件的冷却速度快，造成其内外温度存在温差，形成了热应力，在 M_s 点以下形成的马氏体的比容和奥氏体比容不同，则形成了组织应力，当二者的内应力的合力超过钢材的抗拉强度（或破断强度），将造成零件的开裂。除原材料自身的缺陷外，零件出现淬火裂纹还同零件的结构设计不合理、形状不规则（壁厚、截面突变、尖角等）、钢材选用不当、淬火温度控制不准确、冷却速度不符合要求（在 M_s 点附近未从淬火介质中提出）、操作不当、淬火后未及时回火、零件的表面粗糙、锻后未退火而直接淬火等因素有直接的关系。最常见的淬火裂纹的基本类型见图3-4。由于裂纹的形成原因不同，它在钢件中分布的状态和形式也有差别。钢件一旦产生宏观的淬火裂纹，将直接做报废处理，因此应特别注意避免出现开裂。

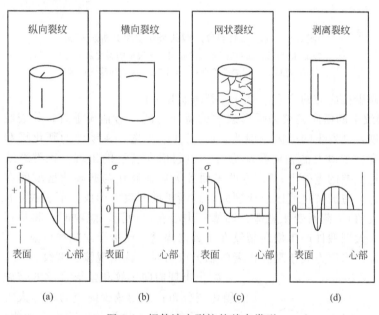

图3-4 钢件淬火裂纹的基本类型

纵向（轴向）裂纹主要是切向拉应力造成的［图3-4(a)］；横向（弧形）裂纹是拉应力引起的［图3-4(b)］；网状裂纹主要是表面在两向拉应力作用下形成的［图3-4(c)］；剥落裂纹产生在很薄的硬化层内，是径向拉应力过大造成的［图3-4(d)］。

① 纵向（轴向）裂纹是沿轴向分布，从表面向内部扩展，其走向与轴向平行，在淬透零件表层切向拉应力比轴向应力大时才能出现，原因为：工件被完全淬透，心部转变为马氏体导致表面切向拉应力过大。钢的含碳量越高则越容易形成纵向裂纹，如果零件的尺寸在淬裂的敏感尺寸范围内或原材料存在严重的带状偏析，也将导致裂纹的出现。W18Cr4V 钢制作的大直径的管螺纹机用丝锥，如果冷却过于激烈，容易出现该类裂纹。影响纵向裂纹的因素有钢的含碳量高，淬火温度提高，零件的尺寸大，空心圆柱或套筒，以及非金属夹杂物、碳化物、带状组织等将造成钢的横向强度和韧性的降低，在淬火冷却过程中，出现裂纹的概率增加。判断轴向裂纹原因的金相组织分析示意图见图3-5，从图中可以对裂纹是热处理前裂纹还是淬火裂纹进行正确识别，它们具有不同的特征。

防止出现纵向（轴向）裂纹的解决方案为：采用等温、分级淬火等冷却方法，使工件不

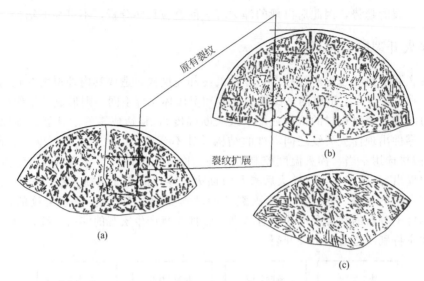

图 3-5　判断轴向裂纹原因的金相组织分析示意图
（a）高碳工具钢，原有裂纹两侧有脱碳层，无脱碳的裂纹是扩展产生的；
（b）低碳合金钢渗碳淬硬；（c）淬火裂纹，边缘无脱碳

被完全淬透，减少拉应力的产生；避开淬裂敏感尺寸区。

② 淬火裂纹中的横向裂纹和弧形裂纹的特征为断口与轴线垂直，其裂纹源于内部，呈放射状向外扩展，其发生的原因一般为：a. 工件未淬透，在零件的硬化层和非硬化层之间的过渡区存在有一个最大的轴向拉应力峰，引起横向裂纹的出现，该类裂纹多出现在直径大、材料的淬透性差的零件上；b. 零件表面淬火后在硬化与非硬化区域间存在较大的切应力或轴向拉应力，造成自过渡区形成裂纹，逐渐扩展到表面形成弧形裂纹，以及零件的表面上出现棱角（尖角）、截面变化悬殊、凹槽、中心孔、销孔、螺纹时，将造成应力集中，也形成弧形裂纹。大型锻件产生横向裂纹在于其未淬透，而冶金缺陷如白点、气泡以及夹杂物等易作为裂纹源，当应力大于裂纹扩展的临界应力时，就出现该类裂纹。

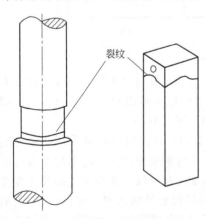

图 3-6　高碳钢中的弧形裂纹

防止出现横向裂纹和弧形裂纹的措施为：选择合适的硬化层分布；采用减少内应力的淬火方式（例如预热等）；进行合理的工件设计，减少应力集中；采用预热、预冷等减小应力的措施等。

弧形裂纹产生的原因与横向裂纹相类似，裂纹从内部开始出现，而有时在零件的棱角、截面突变处、尖角或凹槽等区域，常发生在未淬透或渗碳淬火的零件中。另外在销孔、槽、中心孔等处由于冷却慢，硬化层薄，因此在硬化层的过渡区内拉应力的作用下，出现弧形裂纹。高碳钢的弧形裂纹见图 3-6，这是在冷却速度最快的尖角附近所形成的裂纹，另外淬火钢件上存在软点也易形成裂纹，其特征是细小的裂纹围着软点，但范围很小。

③ 网状裂纹（龟裂）的形成与零件表层受轴向拉应力和切向拉应力有关，当具有的二向拉应力较大，而表层硬度高、脆性大、断裂强度低时容易出现这类裂纹。其外部特征见图 3-7。从图中可以看出，网状裂纹深度较浅，通常在 0.01～1.5mm，裂纹的走向无规律

性，与零件的外形无关。一般而言表面脱碳的高碳钢和渗碳零件淬火后极易形成该类裂纹，其原因在于脱碳后表面、外部形成的马氏体的含碳量低于内部的含碳量，故形成的内外马氏体的体积差大，从而造成表面产生很大拉应力的作用，造成表面形成网状裂纹；另外工件因过热或过烧，使晶界处强度降低，沿晶界开裂也会使表面产生网状裂纹。

采取的措施为：采用无氧化、脱碳加热设备和介质；采用充分脱氧的盐浴炉加热工件；渗碳后避免空冷；严格执行淬火工艺，防止出现工件的过热或过烧。

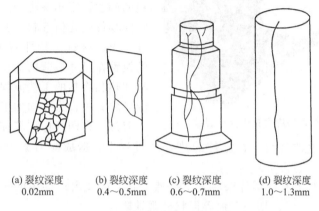

| (a) 裂纹深度 | (b) 裂纹深度 | (c) 裂纹深度 | (d) 裂纹深度 |
| 0.02mm | 0.4～0.5mm | 0.6～0.7mm | 1.0～1.3mm |

图 3-7　网状裂纹

影响网状裂纹形成的因素较多，但都同表面的两个拉应力有关，因此下列情况是容易出现此类裂纹的：

a. 零件表面出现脱碳，形成了特殊的应力分布，将表面的应力变成拉应力，如高碳钢脱碳后淬火出现网状裂纹；

b. 机械加工未将原材料的脱碳层去掉，高频或火焰加热淬火则出现网状裂纹；

c. 表面脱碳层的碳含量高于 0.4%，易于开裂，而小于 0.4% 则不会出现网状裂纹；

d. 高碳钢淬火后未及时回火或回火不良等，内部残余应力过大，在随后的磨削过程中，冷却不良会造成表层产生大的磨削应力，它与残余拉应力相互叠加，造成表面出现磨削龟裂。

④ 剥落裂纹常发生在零件的高频淬火、火焰淬火或其他的表面淬火过程中，如果零件的表面温度高，出现过热现象，沿淬硬层组织分布不均匀，容易形成剥落裂纹。

剥离裂纹与零件的表面平行，表面淬火件则沿圆形开裂。剥离裂纹产生于零件表层十分薄的区域内，在内部存在两向均匀的压应力，径向应力为拉应力，见图 3-8。

应力与硬化层内组织的不均匀有关，在过渡区的极薄的区域内，裂纹扩展严重时造成表层的剥落。产生裂纹的原因为表层和心部组织

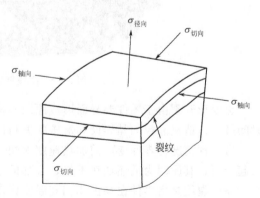

图 3-8　剥离裂纹的应力状态示意图

的比容不同，在表层形成轴向、切向压应力，而径向为拉应力，并向内部突变，裂纹产生于急剧变化的过程中。

采取的解决方案为：加快或减慢高频淬火、火焰淬火和渗碳等零件的冷却速度；使渗层或表面组织与基体组织过渡区均匀。

需要注意的是剥离裂纹具有很大的危害，因此在实际热处理过程中应尽可能地加以避免。对渗碳零件而言，加快或减慢冷却速度，可得到均匀一致的马氏体或托氏体组织，防止出现剥离裂纹。

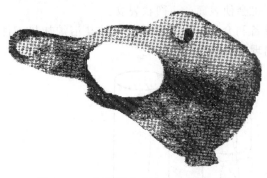

图 3-9　40 钢拉臂的应力集中淬火裂纹

除上述四种淬火裂纹基本形态外，还存在没有固定形态特征的应力集中裂纹。应力集中裂纹是零件在热处理过程中需要高度重视的问题，影响该类裂纹的因素较多，首先它同零件的几何形状、截面尺寸的突变、设计要求、材料的特性有关，图 3-9 为 40 钢的拉臂在尺寸最薄弱的位置出现开裂；其次与加热和冷却的工艺流程以及有无采取必要的措施有关；另外同加工的零件表面上的加工刀痕、打印的标记等存在直接的联系，图 3-10 为应力集中产生的裂纹。在零件的热处理过程中，造成应力集中的因素归纳为以下几条：

① 从零件的形状上看，零件壁厚发生突然变化，以及出现尖锐凹角、切口、凹槽、尺寸不均或急剧变化、凸缘、切削刀痕等形状外观缺陷；

② 材料内部出现带状、条状、网状非金属夹杂物；

③ 碳化物以及其他冶金缺陷等。

这些因素将造成钢材的脆化，造成淬火应力集中。

图 3-10　高速钢铰刀的应力集中裂纹

热变形开裂由于零件差异而形成原因不同，一种情况是零件成形前加热温度过高或保温时间过长，造成晶粒的晶界面和富碳的偏析区熔化，表面层和晶界面被氧化。

另一种情况是零件变形前加热速度太快，锻件中部存在横向裂纹，在半径方向由拉应力引起开裂，其原因为毛坯加热不足，心部的温度低，此时材料的延展性差。

淬火裂纹是指零件在马氏体相变温度区淬火时，由于应力的重新分布而产生的裂纹，一般在冷却的 5～7s 或 10～60min 开裂，是零件冷至 M_s 点时未及时把零件从冷却介质中提出，任其冷却到底造成的。淬火裂纹通常是在一段时间内发生，有时在未回火前或回火后从表面开裂，这多发生在淬透或淬硬深度大的工具等零件上，纵向裂纹始于表面终止于内部。对于低淬透性工具钢而言，当在水中急冷表面产生马氏体时与心部的温度高达 140～500℃，将会产生弧形裂纹。该类裂纹始于应力集中区（锐角、直角或孔的边缘），有时可能扩展到零件的表面。

从上面的分析可知，热处理裂纹就是在拉应力作用下产生的，其实质为零件内部热应力和组织应力下的脆性断裂，内应力大于材料的破断抗力时即发生开裂现象。当内应力大于破断抗力时，在淬火过程中开裂；当二者基本相近时，淬火后零件立即开裂；当内应力小于破断抗力，但接近破断抗力时，如淬火后不及时回火，放置一段时间将发生开裂现象。图 3-11 表示形成淬火裂纹的条件。

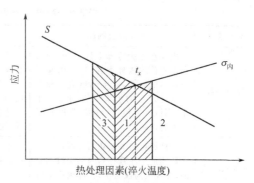

图 3-11　形成淬火裂纹的条件
S—破断抗力；1—强度约等于 S，立即开裂；
2—强度大于 S，淬火过程中开裂；
3—强度小于 S，表明如不及时回火也会开裂

3.3.3　淬火裂纹的一般特点

零件在加热保温结束后，进行快速冷却以完成组织的转变，获得要求的组织和力学性能等，满足零件的工作需要。理想的冷却方式为在 C 曲线"鼻尖"处快速冷却，而在 M_s 点以下缓慢冷却（如分级、等温、空冷等），避开危险区域，使零件的内外温度均匀一致，在冷却过程中同时发生组织的转变，减小热应力和组织应力的作用，可实现零件的无开裂和变形，符合零件的热处理技术要求。

如果零件淬火冷却过程中出现开裂，则应具有以下特点：

① 断面裂纹处有少许红色锈迹、梨黄色油迹或发现新的裂纹，则是冷却过程中发生的；

② 如断面出现黑色的氧化层，则是锻造过程中造成的；

③ 裂纹处晶粒粗大，发白亮光，是过热和温度过高引起的；

④ 磨削面呈现龟裂，为磨削后加工不良所致；

⑤ 凸起或粗细不均匀部分，发现裂纹，说明加热与冷却不均匀，或是设计上的原因造成的；

⑥ 尖角、槽部、刻印部分出现裂纹，则为应力集中造成的。

淬火裂纹与其他的裂纹是有区别的，淬火裂纹的断口是暗无光泽或略带有白色，稍微带有红色的铁锈（水冷时）或渗出油（油冷时），裂纹的部位在截面形状突变处、尖角、缺口、孔穴、模型接线飞边、机械加工刀痕等。从显微镜上看，裂纹沿奥氏体或马氏体晶界出现，可穿过或绕过"马氏体针"，具有瘦直而刚健的曲线、棱角性较强，在单条主裂纹两侧，沿晶界分布着细小裂纹等。

热处理后的工件是否有裂纹，常采用下列方法来辨别。

① 敲击听音法：将工件挂起轻轻敲击一端发出响声，如果声音不清脆而呈破哑的浊音，则表明工件内有裂纹。

② 油浸法：将工件浸入油（机械油等）中一定时间，取出后用棉纱擦干，再涂以白粉（粉笔末），如果工件表面有油渍线纹渗出，表示该处有裂纹存在。

③ 磁力探伤法：将工件放在磁力探伤机上，表面撒以铁粉通电，如有吸附铁粉处则存在裂纹。

淬火温度高出现的裂纹由粗变细，尾部细尖，周围呈现过热特征（晶粒粗大或粗大马氏体）；冷却速度快引起的裂纹是穿晶分布，比较直没有分支小裂纹。在热处理过程中产生的裂纹是多种多样的，其形成的机理也不相同，因此裂纹有淬火裂纹和非淬火裂纹两种，为便于区分现将二者的差异列于表 3-8 中，供参考。

表 3-8　热处理淬火裂纹与非淬火裂纹的特征

裂纹类型	裂纹形成的原因	宏观特征	显微组织特征
淬火裂纹	出现在淬火冷却后期或冷却后，由于零件的内外存在温差，引起了不均匀的胀缩，产生的热应力和组织变化产生的组织应力的综合作用，当拉应力超过材料的强度极限产生脆性断裂	①总是显现瘦直而刚健的曲线 ②裂纹深度不超过淬硬层，有断续串裂分布现象 ③裂纹端面可能有渗入水、油的痕迹	①沿奥氏体晶界或马氏体晶界出现，有时穿过"马氏体针"或绕过"马氏体针"，或出现在"马氏体针"中间等 ②存在有沿晶分布的小裂纹 ③裂纹两侧的显微组织与其他组织无明显区别，表面无氧化、脱碳现象
非淬火裂纹	工件原材料表面和内部存在因冶金和前道工序残存的内部裂纹和缺陷，在淬火前没有暴露，淬火冷却后由于内应力的作用扩大而呈现出来	①一般都显得软弱无力，尾部粗而圆钝 ②裂纹为锯齿形，则是非金属夹杂物引起的裂纹	①其裂纹两侧的显微组织与其他区域不同，有脱碳层存在 ②因夹杂物引起的裂纹两侧和尾部有夹杂物分布，但无脱碳现象

3.3.4　影响零件开裂的因素和解决方案

（1）零件的表面形状和状态的影响　零件的材质和尺寸大小是确定零件热处理工艺的基础，而截面的变化则直接对零件的热处理技术要求产生重要的影响。如设计的零件横截面突然发生变化，形状复杂，厚薄悬殊，出现直角、缺口或倒角半径过小，倒角尖锐，开孔位置不当等造成应力集中，这些因素将对冷却过程中产生的热应力和组织转变产生的组织应力起到不利的影响，造成内应力的增大，若超过材料的破断抗力，将引起零件的纵向和横向的开裂。因此对存在小孔、薄壁或凹槽部位等的形状复杂的零件，要防止出现过热或冷却过急，一般采用铁皮或石棉绳等进行包扎，或填充耐火土或石棉绳等，使该部位的加热和冷却均匀，防止出现淬火裂纹。

零件在机械加工过程中，产生在零件上的刀痕（伤）、划痕、毛刺，表面粗糙度差，矫直不当，以及打印的标记等，在热处理的过程中因为此处的内应力增大，同样可能会造成零件的开裂。另外零件的冷热加工质量，也有一定的影响。

所谓应力集中部位（stress raiser）就是淬火应力容易集中的位置，一般为零件上的切槽、刀纹、尖锐凸凹部位、打印标记痕迹和截面突变处等，因此要避免零件出现上述缺陷。棱角的棱是指内侧的圆角（fillet），而角（corner）为外侧的边缘，对于棱角处应做成半径至少 3mm 的圆弧，实践表明当半径为 15mm 时，可完全消除掉棱角效应。图 3-12 为常见的应力集中部位发生淬火裂纹零件。

引起淬火裂纹的零件的尺寸称为危险截面，一般零件直径 20mm、板厚为 15mm 最容易出现淬火裂纹，这一点应引起热处理工作者的高度重视。

零件的形状是影响淬火裂纹的主要因素，容易发生淬火裂纹的部位，大致是一定的：零件横截面形状突变、尖角、缺口、孔穴、模型接线飞边等，也充分说明零件的形状和结构不合理是造成淬火裂纹的主要原因。图 3-13 为几种存在上述情况时出现开裂的具体位置。从图中可以看出，设计人员对零件的形状的设计必须既要考虑零件的具体工作条件和使用目的，又要降低零件热处理过程中出现变形和开裂的概率，因此应消除和改进有可能出现淬火裂纹的问题。如果出现易于发生淬火裂纹的形状，不管热处理技术水平多高，也难以避免淬火裂纹的产生，因此零件形状的设计应本着均热均冷、均缩均胀的原则，即断面要均匀、没有缺口效应等。

零件的热处理对其形状有两点最基本的要求：一是尺寸的截面变化要尽可能地小，即使确实需要变化也应有过渡，零件的形状应规则；二是没有产生缺口效应的部位。若能满足以上要求，则零件的淬火裂纹就可以避免。截面积出现不均匀变化，零件的薄部位在淬火冷却

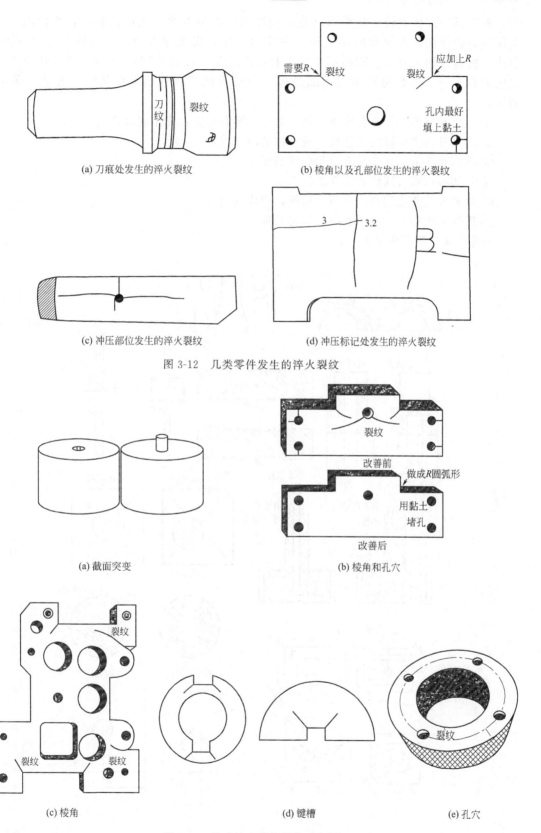

(a) 刀痕处发生的淬火裂纹

(b) 棱角以及孔部位发生的淬火裂纹

(c) 冲压部位发生的淬火裂纹

(d) 冲压标记处发生的淬火裂纹

图 3-12 几类零件发生的淬火裂纹

(a) 截面突变

(b) 棱角和孔穴

(c) 棱角

(d) 键槽

(e) 孔穴

图 3-13 发生淬火裂纹部位示意图

时，先进行马氏体的转变而得到硬化，而厚截面部分发生马氏体的膨胀，给薄的部分产生拉应力的作用，在厚薄的相连处产生应力集中，出现淬火裂纹。另外在零件的槽口、盲孔、粗糙的加工刀痕、凹凸不平处、打印标记等，在淬火时将有利于产生热应力和组织应力的集中。因此为避免在截面的尺寸上等方面出现问题，可从以下几个方面采取措施。

① 壁厚和壁薄部位不要连成一体，如果确实有必要，要作成组合式结构。

② 适当开调整壁厚的工艺孔，使零件的冷却均匀。

③ 将盲孔改为通孔，便于冷却介质的流动。

④ 把实心的粗大圆柱状零件改为筒状。

⑤ 使截面的变化均匀，壁薄处加筋，或作成斜坡。

⑥ 壁厚不均匀处，尽可能改为均匀对称。

具体截面改进图例见图 3-14。

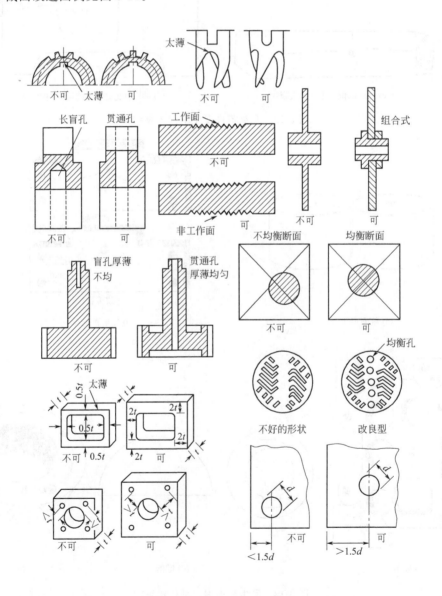

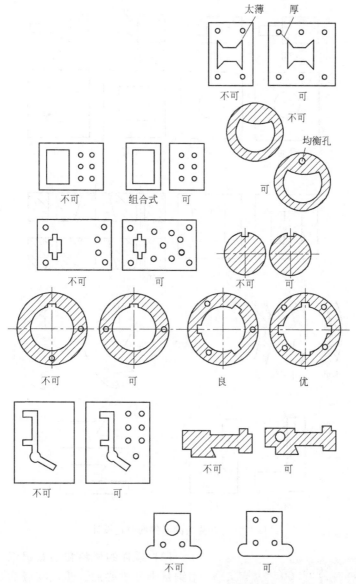

图 3-14 不均匀截面零件的改进设计实例

棱角产生淬火裂纹的主要原因是缺口效应作用的结果，因此在实际的零件设计中应将尖角、棱边处加工成圆弧形，圆角半径如为 15mm，则棱角效应可全部消除，半径为 5mm 时，可使尖角的影响减半，即使仅加工到半径为 1mm，也比尖角强。这样可有效避免裂纹的发生。图 3-15 是表示对有棱角的零件的改进思路或解决方案。

从以上分析可知，有效防止淬火裂纹出现的措施有以下三点：改正零件不合理的形状；使零件的内外部分同时冷却生成马氏体组织；马氏体化的速度尽可能地慢，确保内外组织转变的一致性。零件的断面均匀、圆角过渡可有效避免产生应力集中，因此良好的设计要求截面厚度均匀，形状对称，平滑过渡和加开工艺孔等，对形状复杂、尺寸大、大型凹模等建议进行分级淬火、等温淬火等，可避免应力集中。

零件的形状对零件的淬火裂纹有直接的影响，具体见图 3-16。对圆套或空心厚壁管等而言，淬火裂纹发生在内孔壁上。

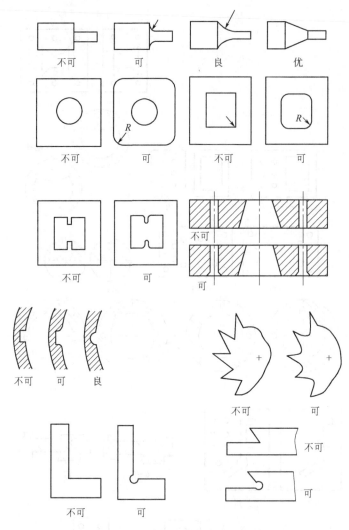

图 3-15　有棱角的零件的改进设计

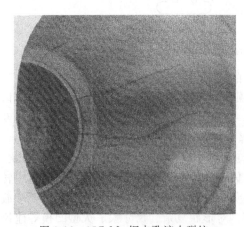

图 3-16　35CrMo 钢内孔淬火裂纹

（2）零件的材料和初始组织　正确选择零件用钢是十分重要的一步，其应满足零件的服役条件要求，具有较好的加工工艺性能、较好的经济性等，另外可确保热处理后容易达到设计性能要求，可防止开裂的倾向和减小零件的热处理变形。因此零件的材料是热处理过程中一切技术要求的根本，其质量的好坏直接决定了零件的使用寿命和工作状态，同时也会对零件的热处理工艺参数的确定带来很大的难度，原材料的质量决定了零件的热处理质量，因此原材料的入厂质量检验是十分重要的工作，不合格的原材料原则上不允许投产和使用，但如果在机械加工或其他工序中能够去掉或加以改善其质量缺陷，不影响零件的热处理和零件的具体使用等，也是可以使用的，但必须进行认真检查。下面将导致淬火裂纹的因素列于表 3-9 中。

表 3-9　导致形成淬火裂纹的因素

影响因素名称	各种相关的具体因素
材料因素	(1)原材料缺陷 ①宏观偏析;②固溶体偏析;③存在裂纹;④表面严重脱碳;⑤内部夹杂物超标;⑥内部疏松;⑦夹渣 (2)原始组织不合格 ①晶粒粗大;②魏氏组织;③组织应力大;④锻造流线差;⑤碳化物组织偏析严重;⑥出现铁素体＋珠光体带状组织 (3)出现锻造或轧制缺陷 (4)溶入了氢 (5)材料的选择不当
工艺因素	(1)机械加工不当 ①有打印的压痕;②刀痕或划痕;③磨削烧伤 (2)零件外形的设计不合理 (3)未进行预热,加热速度过快 (4)奥氏体的加热温度过高 (5)保温时间过长 (6)表面脱碳 (7)渗碳淬火处理中渗碳量过高 (8)淬火后的冷却速度过快 (9)加热或冷却不均匀 (10)淬火后未及时回火 (11)零件落入油槽底部的水中 (12)冷却介质和冷却方法不当

　　钢分为亚共析钢、共析钢和过共析钢。亚共析钢、共析钢的原始组织通常为粒状珠光体或马氏体组织,加热后形成更加饱和的奥氏体,而过共析钢为莱氏体组织,加热后内部的碳化物分布将十分均匀。原始组织中晶粒度细小、网状碳化物和共晶碳化物以及偏析符合材料的要求,则在加热和冷却过程中造成零件开裂的概率小。

　　对于钢中原始组织,如果存在碳化物不均匀(偏析)、化学成分不合格、组织不合格、原材料内部存在裂纹等,将会有可能在加热时造成过热或开裂,为此应当降低加热温度,尽可能地采用下限温度加热,必要时通过金相检查来确定合理的温度。另外需要特别注意的是需要重新淬火的零件,尤其是形状比较复杂、厚薄悬殊、合金元素多的零件,必须进行中间退火或正火处理,方可进行正常的热处理,否则将引起零件产生淬火裂纹,因此应引起热处理操作者的高度重视。另外零件表面严重粗化,形状复杂的大型锻件锻后不进行退火而直接进行淬火也容易产生淬火裂纹。需要注意的是含碳量在 0.40% 以上的碳钢是淬火危险的钢种,尤其是淬火时在 330℃ 以下最容易发生淬火开裂,这一点应当引起热处理工作者的高度重视。

　　(3) 淬火温度和加热时间等技术条件　为了使零件热处理后获得要求的硬度和组织,尤其片面追求高硬度,有时采用提高淬火加热温度或在淬火温度下长时间加热,零件加热不均造成奥氏体晶粒长大和变粗,使冷却后的组织强度降低,马氏体粗化,脆性增大,断裂强度降低,因此增大了零件开裂的概率。同时钢材的成分和淬火介质对淬火开裂的影响也不容忽视,因此从某种意义上讲出现淬火裂纹是各方面因素和质量缺陷综合作用的结果。另外淬火开裂与零件的淬火温度过高、加热不均匀等有一定的关系,因此严格控制加热温度、确保炉温的均匀性、合理放置零件等是热处理过程中应特别引起注意的几点,同时应遵循加热温度和时间的相互关系,必要时进行金相检验,以合理确定理想的热处理工艺参数。

　　因此尽量减少淬火硬化层的部位和程度,采用对零件进行局部硬化或调整局部的硬度,既能完成零件的热处理，又能避免零件的变形和开裂。如图 3-17 和图 3-18 所示。

　　热处理工艺的设计质量和现场的操作质量对零件的淬火开裂有十分重要的影响，因此应正确安排和实施冷热加工工艺，实现规范操作，确保加热和冷却质量。

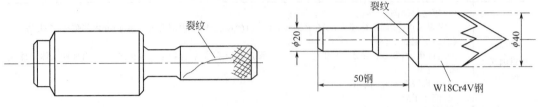

图 3-17　塞规的淬火裂纹示意图　　　　　图 3-18　扩孔钻的淬火裂纹示意图

　　零件截面尺寸较大，合金元素的含量较高，如高合金钢、高速钢、高铬合金钢等，由于本身具有较多的碳化物，因此导热性差，另外如果形状复杂，加热过度等，没有进行必要的预热措施或加热速度过快等，使加热过程中热应力增大势必造成零件的开裂，这一点务必注意。对于热处理后没有达到要求的返修件，如果未进行退火或正火处理而直接加热淬火，将会造成零件的二次淬火，增大了淬火开裂的倾向。

　　零件的加热没有根据零件材料的特点来进行合理的加热，加热温度高或加热速度快等，假如钢材的组织不良，造成零件表面和内部温差的增大，当淬火后内应力超过正断抗拉强度，零件将会出现开裂。

　　过热是一种常见的加热缺陷，通常表现为组织粗大、材料的性能降低，并成为淬火开裂的根源之一，低碳钢和低碳合金钢淬火后正常组织为呈有序排列的条状低碳马氏体，而过热后马氏体排列方向性明显，同时马氏体条粗大；中碳钢和中碳合金钢的正常淬火组织是条状马氏体＋少量片状马氏体，出现过热时则马氏体粗化，同时呈条束状分布。表 3-10 为 45 钢马氏体针长度与淬火加热温度的对应关系。

表 3-10　45 钢马氏体针长度与淬火加热温度的关系

淬火加热温度/℃	马氏体针的长度/µm		组织特征
	一般长度	较大长度	
765～770	<7	<7	细针马氏体＋30%铁素体
800～810	7～11	12	细针马氏体
830～840	11～14	18～21	少量马氏体呈条束状分布
860～865	11～15	18～21	少量马氏体呈条束状分布
890～900	18～28	52～56	约 1/3 马氏体呈条束状分布(过热组织)
950	32～48	70～105	马氏体显著呈条束状分布(严重过热)
980	40～70	70～105	马氏体显著呈条束状分布(严重过热)

　　淬火温度过高，形成的裂纹会沿晶界分布，在显微组织中有过热的特征，此时粗大晶粒形成的马氏体呈针状，热应力和组织应力增大，当其超过钢的抗拉强度，就会引起零件开裂，这种情况多出现在高碳钢和高速钢的淬火中。一般认为，淬火温度高容易发生淬火裂纹，这主要跟钢的淬透性，即钢的淬透深度有关，通常淬火温度和淬火裂纹之间有一定的关系，一类为温度越高，产生淬火裂纹的概率增加（指小零件）；另一类为温度越高，产生裂纹概率降低（指大型零件）；最后一类为随钢淬火温度的升高而变化。需要注意的是零件的过热容易发生在薄壁处、尖端处以及锐角处等。过热淬火开裂的一个重要原因是晶粒长大，

晶界强度降低，裂纹沿晶界分布。过热从温度上讲比正常淬火温度高100℃以上，过热容易发生在炉壁附近以及加热火焰的接触处，因此热处理现场出现工件的开裂，多是炉内温度分布不均匀造成的。发现过热应立即停止淬火，将工件取出炉外空冷，在火色消失后（约550℃左右）再加热至正常的淬火温度加热，此时应注意工件的尖端、锐角以及截面突变处，否则容易在该位置出现淬火裂纹。图3-19为45钢过热淬火后的显微组织，裂纹明显沿晶界分布，马氏体针比较粗大。

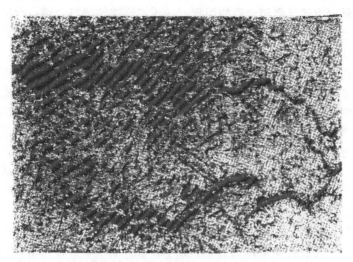

图3-19　45钢过热淬火裂纹的金相组织（4%硝酸酒精浸蚀，250×）

零件的加热过程中，在重视奥氏体化温度的同时，更要关注冷却方法，均匀的急冷可有效防止零件的开裂和弯曲，因此均匀搅拌冷却介质是实现零件获得要求的技术指标的重要条件之一。需要注意的是对于采用输送带型的冷却槽，其零件热处理后随着滑道送入淬火介质中后散落在输送带上，与输送带接触的下面部位冷却慢，而上面冷却快，因此造成冷却不均匀，容易引起淬裂或变形。针对此类问题可使冷却介质有足够的深度，使零件落在输送带前的温度已经低于M_s点，这样在输送带上不会出现高温的零件。关于冷却介质的搅拌有两种方式，一种是自槽底向上喷液，另一种是以螺旋桨自侧面搅拌。理想的状态是在热处理冷却槽内，当零件落入冷却介质的上面时，冷却介质自侧面横向流动为宜（自上而下则形成紊流，无法均匀冷却）。

（4）表面脱碳　零件在加热过程中，因为加热介质中存在氧化性气体，造成其表面发生氧化和脱碳，这将严重影响表面质量，如果脱碳层深在1.5～2mm，淬火后因内外组织成分的差异表面产生拉应力的作用，这是由于脱碳后表面形成的低碳马氏体的比容比心部金属小，将会产生表面裂纹。

高碳钢（指含碳量＞0.5%以上）发生表面脱碳是最危险的，该类钢内部发生马氏体相变，有相当大的体积变化，造成零件的表面产生拉应力作用，更容易产生淬火裂纹。

一般而言，如果零件表面存在脱碳，就有发生淬火裂纹的可能，其原因在于脱碳层的马氏体的膨胀量小于母体的膨胀量，二者存在差异。事实上表面脱碳未必就会出现淬火裂纹，应根据表面脱碳层残余碳量的多少来确定，当残余碳量小于0.3%，则不会发生淬火裂纹。而当残余碳量高于0.4%，则容易出现淬火裂纹。渗碳可以防止开裂，其原因在于过共析钢（含碳量在0.85%～0.90%）使马氏体的膨胀量变大，在表面产生了压缩残余应力。

关于脱碳的问题要进行正确认识和分析，如果裂纹两侧的脱碳层中铁素体呈大晶粒并与裂纹近似垂直时，为热处理加热裂纹；如果铁素体作无规则的排列，则为锻造缺陷；如果没有进行锻造，则为原材料本身具有裂纹。40Cr 制造的转子轴，经过锻造和淬火后发现裂纹，金相检查裂纹的两侧存在脱碳层，铁素体呈较大的柱状晶粒，晶界与裂纹基本垂直。由此可知此裂纹是在锻造过程中形成的，淬火加热中引起裂纹两侧的氧化脱碳，造成铁素体晶粒的形核。因此随着加热时间的延长，裂纹两侧的碳浓度降低，裂纹的开口向内部扩展，为铁素体的长大提供了便利条件。在实际热处理过程中，应对出现的裂纹进行正确分析和判断，才能指导零件的热处理工作。

(5) 冷却介质、冷却速度和介质的温度 为了实现零件的热处理，根据材料和技术要求要合理选择冷却介质使钢材与淬火介质的冷却强度相适应。一般而言，淬火方法的选择是防止淬火开裂的基础，水冷比油冷危险，盐水比油冷危险，盐浴（包括碱浴、硝盐浴等）的开裂倾向较小。对必须采用冷却强烈的介质，如能淬火前在空气中预冷，则会收到较好的效果。因此理想的手段和措施是降低钢在马氏体相变区的冷却速度，在相变点区域以上快速冷却，在马氏体相变区缓慢冷却，确保零件内外温度的一致性，避免产生组织转变的不同时性。冷却介质应作到均匀冷却，必要时加搅拌器，目的是确保零件在淬火过程中介质温度的一致，淬火内应力的大小、类型和分布将直接影响淬火钢的组织形态。零件在获得 50% M 时，即在 120～150℃会发生淬火裂纹，这可从钢的理想冷却曲线中找到原因，根据零件的材质选用盐浴淬火、等温淬火等。材料的相变点 $M_s=561-474\times\%C-33\times\%Mn-17\times\%Ni-21\times\%Mo$（℃），在 M_s 点附近进行冷却则可避免零件的开裂。$M_f=M_s-215\pm15$℃，M_s 点越低，则易于引起淬火开裂，而在 M_s 点以下快冷即水淬时间过长或分级淬火取出后立即进行清洗等，会直接造成零件的开裂。若 M_s 点下降 8℃，淬火裂纹则为原来的 6 倍。因此对零件进行分级、等温淬火就是减少开裂的方式之一，通常的淬火介质有硝盐浴、碱浴、硝盐和碱的混合液，常见的盐浴分级或等温淬火的介质成分见表 3-11。

表 3-11 常见盐浴分级或等温淬火的介质成分组成以及使用范围

序号	淬火介质的组成成分	熔点/℃	使用温度/℃
1	50% $NaNO_3$+50% $NaNO_2$	221	250～500
2	50% $NaNO_3$+50% KNO_3	220	240～500
3	50% KNO_3+50% $NaNO_2$	145	160～500
4	53% KNO_3+47% $NaNO_2$	140	150～400
5	25% $NaNO_2$+25% $NaNO_3$+50% KNO_3	175	205～600
6	50% $NaNO_3$+50% KNO_2	143	160～550
7	55% KNO_3+45% $NaNO_2$	137	150～550
8	55% KNO_3+45% $NaNO_2$+另加 3%～5% H_2O	130	130～360
9	50% KNO_3+40% $NaNO_2$+7% $NaNO_3$+3% H_2O	100	110～125
10	70%～80% $NaNO_3$+20%～30% KNO_3	—	300～550
11	80% KOH+20% $NaOH$+另加 3% H_2O	130	150～250
12	85% KOH+14% $NaNO_3$+1% H_2O	140	150～300
13	75%(35% $NaOH$+65% KOH)+20% $NaNO_2$+5% KNO_3	160	180～280
14	80% $NaOH$+20% $NaNaO_2$	250	280～350
15	95% $NaOH$+5% $NaNO_3$	270	300～350
16	70% $NaOH$+20% $NaNO_2$+10% $NaNO_3$	260	280～350

需要注意的是上述介质配比不同则其温度的使用范围有较大差异。在实际热处理过程

中，应根据工件的材质、技术要求、几何形状以及具体的组织和性能等合理选择淬火介质和冷却方法。从冷却设备的选择，到淬火工艺装备的应用，都应认真做好工艺验证工作，目的是确保工件淬火后的产品质量合格，降低或消除产品的变形和开裂，发挥出该材质的特性，满足零件的使用要求。

利用选择冷却介质来调整淬火应力的大小，零件自高温急冷下来产生较大的热应力，表层形成残余压应力，有利于防止淬裂；而在危险区产生相变应力，在零件的表面形成残余拉应力，则有利于淬火裂纹形成，因此是否发生淬火开裂取决于热应力和相变应力之和的大小和分布情况。

调整残余奥氏体的数量，有助于减少淬火裂纹的发生，如果工件淬火后存在5%～7%的残余奥氏体，它不会受外力而轻易改变，因而有缓冲作用，对于齿轮可使齿面间接触良好，用于轴承则有助于延长滚动寿命。由于残余奥氏体为软韧性相，在冷却过程中可很好地吸收马氏体形成时产生的畸变能，具有缓和相变应力的作用，因此，采用分级淬火、等温淬火或进行贝氏体淬火，可有效防止淬火裂纹的出现，也为零件的正确热处理提供了思路和方向。

碱浴和硝盐浴具有较大的冷却能力，淬火后的工件表面呈银灰色，洁净，如果加入水则可显著降低其熔点，提高冷却速度，水的具体加入量见表3-12。加水后冷却介质的冷却速度提高1倍以上，工件的硬度可提高1～2HRC，多用于进行贝氏体或马氏体的淬火或等温淬火。应当注意碱浴的缺点为有较强的腐蚀性，对皮肤有损伤，因此现场要加通风装置，炽热的工件浸入后，碱液会剧烈沸腾、飞溅。碱浴主要用于碳钢的淬火。

表 3-12 推荐碱浴和硝盐浴中可添加的水量

冷却介质的温度/℃	水的添加量(占整槽介质质量的比例)/%	冷却介质的温度/℃	水的添加量(占整槽介质质量的比例)/%
220	1～2	320	0.25～0.75
260	0.5～1	370	0.25

盐与碱、硝盐的混合液用于进行工件的淬火发蓝处理，可省去一道发黑或表面处理工序。其特点为处理后零件具有变形小、表面粗糙度好和有一定的抗锈蚀能力，多用于形状复杂、要求变形小的碳素工具钢、渗碳钢、工具钢和合金钢等淬火。

应当了解淬火的冷却速度与淬火裂纹的关系，对零件的快速冷却导致产生热应力，零件的外层为压应力，而内层为张应力（或拉应力），可以有效防止淬火裂纹的产生。但在组织转变的过程中（$M_s \sim M_f$），相变的应力增大，在该温度范围内，冷却速度越大，相变应力明显增加，也就容易出现淬火裂纹。

事实上任何零件的热处理过程都存在热应力和组织应力共同作用，其力的总和的正负决定了淬火零件是否发生淬火裂纹，具体见图3-20。从图中可知应力合成的结果为：在A或B区域内冷却速度过慢和过快应力均为负，而介于二者之间的应力为正，是淬火裂纹的发生区域。油冷不会产生裂纹，因此充分利用热应力来减少相变应力，是实现零件无淬火裂纹的重

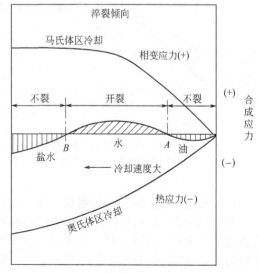

图 3-20 冷却速度与淬火裂纹的关系

要方法。

另外，为防止出现淬火裂纹，在零件冷却到接近 M_s 以上取出进行缓冷，即一般淬火到230℃左右提出空冷，是十分适宜的。此断续淬火将淬火裂纹发生的概率降为零，但应注意合理控制冷却速度，改变冷却速度的温度是在稍高于 M_s 点，否则反而会诱发淬火裂纹的产生。

水是常见的淬火介质，水的温度、零件的直径与淬火裂纹有一定的关系，直径越大和水温越低则愈难发生淬火裂纹，其原因在于水的温度升高，热应力减小，相变应力增加；直径增加则为有芯淬火，表面呈现压应力的作用，故不会造成淬火裂纹的出现。图 3-21 为水温、零件直径与淬火裂纹的关系，以及裂纹的形状。

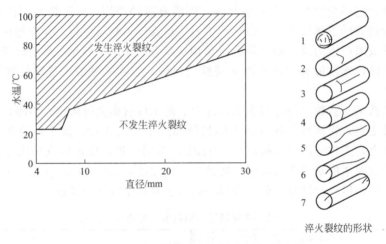

淬火裂纹的形状

图 3-21 水温、零件直径与淬火裂纹的关系
（材料成分：0.6% C、0.5% Cr、1.6% Si，直径为 4～30mm）

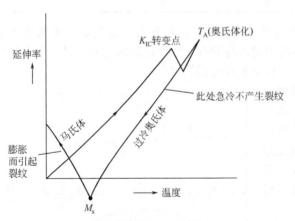

图 3-22 钢的加热、淬火引起
长度的变化（膨胀曲线）

淬火裂纹发生的时间并不是在淬火的瞬间发生的，是在其 M_s 点以下冷透时出现的。低温开裂的原因为自奥氏体化温度快速冷却而收缩的过冷奥氏体，在 M_s 点得到马氏体组织后体积膨胀，这种过分激烈的转变，最终造成淬火的开裂。图 3-22 表示钢的加热、淬火引起长度的变化曲线。

零件的冷却方法除上述外，根据零件的形状和技术要求，还可采用浸渍淬火、喷射淬火、压缩空气淬火等，但应注意的是要考虑尽可能地消除对零件的开裂和变形的影响，从而确保零件的热处理质量。

（6）残余奥氏体和回火的影响　残余奥氏体是零件冷却结束后存在的一种不稳定的组织，其余量随在 M_s 点区域的冷却速度的不同存在差异，因此在此温度缓慢冷却，则过冷奥氏体得到稳定化，含量增加。由于过冷奥氏体是一种软而韧的组织，其含量多则能吸收 M_s 造成的急剧膨胀等，缓和了相变应力，因此防止了淬火裂纹的发生。

零件的回火是确保尺寸稳定，获得要求的组织、硬度和力学性能的重要热处理工艺，在回火过程中要发生一系列的组织结构的变化，它消除了内部的热应力和组织应力的作用，零件微观内应力和宏观内应力会随之消除，淬火显微裂纹也会焊合等，减少了四方马氏体的晶格。另外碳化物的形成和残余奥氏体的转变，将会产生新的内应力，零件内应力可能会发生重新分布。如果回火不充分（温度过低、时间短、淬火后未及时回火等）、回火加热速度快或冷却速度过快等，组织的转变没有完成，不仅尺寸难以保障，更有可能造成零件的变形和开裂。高速钢制造的大型刀具，如回火不及时或不充分，极易发生开裂现象，造成零件的报废。

分析淬火开裂的零件，开裂绝大部分是在从冷却介质中取出空冷过程中出现的，在放置过程中一部分尚未转变的残余奥氏体继续向马氏体转变，也是淬火过程的继续。因此零件的内部组织转变应力增加，造成零件的淬火开裂。同时也应看到淬火内应力在放置过程中也会减小、重新分布，有可能在应力集中的部位出现开裂。因此及时回火既可降低淬火过程中产生的内应力，又能提高零件的破断强度，可有效避免零件的开裂。淬火后如来不及回火，最基本的原则是要将零件放在 100℃ 的热水中保温，也可防止零件的开裂。

关于回火加热速度的问题，需要注意淬火马氏体组织在 100℃ 和 300℃ 有两次收缩现象，而在以后的加热过程中则不会再次收缩，如图 3-23 所示，即缓慢加热到 300℃，不会有裂纹的产生。另外从工艺上来讲，采取断续淬火（余热 200℃ 左右）和分级淬火，以及立即回火同样可起到降低裂纹出现的概率的作用。

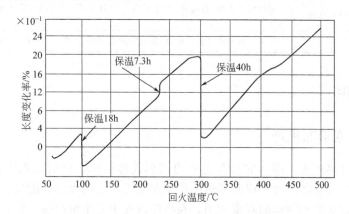

图 3-23　淬火碳素工具钢回火温度与长度的变化

（7）零件淬火前各工序对淬火裂纹的影响　对大型零件进行正确的锻造，有利于消除冶金缺陷（如偏析、疏松、夹杂物和发纹等），降低裂纹发生的概率。高速钢的碳化物不均匀性差，采用重新改锻，在 1100~1150℃ 加热、镦粗、拔长反复成形；均匀加热，采取轻锤快打，逐渐加大加压量。高碳钢锻造后冷却不良，将出现网状碳化物。

零件的预先热处理是为最终的热处理做好组织上的准备，一般有正火、退火、调质处理和球化退火等，对于要求十分严格的零件应在粗加工和精加工之间加上除应力退火处理，要根据零件的具体要求来选用热处理设备、加热速度和加热温度等，要充分考虑到零件的过热对性能的影响等。对中碳钢、高碳钢等的预备热处理时要特别注意，制作的高速钢冲模采用亚温淬火，保持一定的韧性和硬度，明显提高了冲头的使用寿命。同时缩短保温时间也是防止淬火裂纹发生的一种措施。

3.3.5　导致淬火零件裂纹的淬后加工

淬火零件在淬火后要进行表面的加工处理，才能满足零件的实际工作需要。按处理的性质分为热加工、机械加工和化学加工等，零件淬火后的加工不当将导致裂纹的形成，表3-13列出了淬火后加工因素对淬火裂纹的具体影响。

表 3-13　淬火后加工因素对淬火裂纹的影响

加工处理的类别	加工工序	产生淬火裂纹的因素和原因
淬火后热处理	回火	①淬火后停留时间长 ②回火时间短，组织未充分转变 ③回火温度过高 ④回火加热温度过快或冷却速度过慢
	冷处理	残余奥氏体在冷处理时发生马氏体的转变，体积膨胀而周围难以进行塑性变形，马氏体受到压缩作用，而周围组织区域产生拉伸内应力，造成裂纹的发生和扩展
淬火后机械加工	磨削	产生的磨削热使淬火组织回火，出现加工应力；渗碳件中残余奥氏体过高导致裂纹出现
	喷丸	采用机械撞击的方法，使零件表面的冷作硬化层、内应力以及表面精细结构发生变化，当丸粒速度过高、时间过长、喷丸面积大等，就容易引起裂纹的出现
	矫直	利用塑性变形将零件在宏观尺寸范围内发生不均匀的塑性变形等，在矫直过程中，由于外力的作用，又产生了新的微观内应力，导致裂纹的产生
	拉拔	零件产生明显的塑性变形，表面存在拉应力的作用，导致裂纹的出现
	研和	零件的表面受压应力的作用，同时应力的梯度很大，呈由外向里急剧下降的内应力，它与淬火应力的叠加形成了有害的合应力
淬火后化学处理	电镀、酸洗	零件进行电镀、酸洗时，产生具有内应力的表面覆盖层，造成淬火零件进一步吸收氢气
	化学活性介质	在酸或碱的化学介质中，停留时间过长，内应力升高，出现应力腐蚀开裂

3.4　淬火变形

3.4.1　热处理变形的机理

钢铁零件经过热处理，即要完成加热后得到奥氏体组织，然后根据零件的具体技术要求，选择合理的淬火介质冷却，得到要求的组织和获得理想的力学性能等。因此零件的热处理过程中，要受到加热和冷却的双重作用，在冷却过程中发生组织转变时，零件受到热应力和组织应力的综合作用，必然要发生零件形状和体积的变化。变形为热处理过程中常见的问题，它是无法消除的，只能采取必要的措施和合理的方法，来减小零件在热处理过程中的变形，并尽可能地使其变形量控制在要求的范围内，最大限度减少零件变形对其产品质量的影响和防止开裂，这也是热处理工作者的首要任务。在实际零件的热处理中，要充分考虑到影响变形的内在和外在因素，经过反复的工艺验证才能确定最佳的热处理工艺参数。

钢件在热处理过程中，要发生体积和形状的变化，称为热处理变形。将零件加热到较高温度，然后进行快速冷却，就会产生内应力。同时零件的形状、材料成分、机械加工和冷成形过程、工件自重以及摆放方式也会影响零件的变形，因此零件在热处理过程的变形是最常见的缺陷之一。淬火变形涉及三个阶段：加热过程（基于消除内应力）；保温（零件的自重，即下垂弯曲）；冷却（不均匀的冷却和相变）。三个阶段应力相互叠加将导致零件最终的淬火应变，前面已经对热处理内应力产生的原因进行了介绍，这里不再赘述。零件的变形按其特点及产生的原因通常分为体积变化和形状变化两类。

（1）体积的变化　零件经热处理后其金相组织发生了改变，各种组织的比容差异会引起零件呈比例的胀缩，体积变化不会影响该零件原来的形状，体积变化是由以下两个原因造成的。

① 热胀冷缩引起的体积变化。零件在受到加热和冷却的过程中，内外各部分的温度存在差异，故引起热胀冷缩的变化量不同。由于热处理前后零件的温度相同，因此热胀冷缩的作用对热处理后体积变化并无显著影响。

② 组织转变引起体积变化。钢铁零件在热处理过程中，必然发生金相组织的转变。由于零件内外组织转变的不同步，获得的组织不同，各种组织的比容存在差异而产生的应力叫做组织应力。零件淬火时冷却速度快，故组织转变前后比容差距较大，各种组织的晶体结构和晶格常数不同。尤其是钢自淬火过程产生的体积变化最为明显，淬火后马氏体的比容增大，而残余奥氏体使比容减小，因此淬火体积变化直接与残余奥氏体的数量和未溶解的渗碳体数量有关。

零件热处理前后组织变化必然引起体积的变化，这是热处理后零件体积变化的主要原因。需要指出影响淬火组织状态的因素，如钢的化学成分、原始组织状态、是否淬透、加热温度的高低和冷却方法等均对体积的变化有直接的影响。零件在不同组织状态下，其体积是不同的，常见组织的比体积见表 3-14。而常用的碳钢组织转变产生的体积变形或尺寸变化见表 3-15。

表 3-14　钢中各组织的比体积变化

组织名称	w_C/%	室温下的比体积/(cm³·g⁻¹)
A	0～2	0.1212+0.0033(C%)
M	0～2	0.1271+0.0025(C%)
F	0～0.02	0.1271
Fe₃C	6.7±0.2	0.130±0.001
ε-碳化物	8.5±0.7	0.140±0.002
石墨	100	0.451
F 和 Fe₃C	0～2	0.1271+0.0005(C%)
低碳 M 和 ε-碳化物	0～2	0.1277+0.0015(C%-0.25)
F 和 ε-碳化物	0～2	0.1271+0.0015(C%)

表 3-15　碳钢组织转变引起的尺寸变化

组织转变	体积的变化/%	尺寸的变化/%
球化 P→A	−4.64+2.21(C%)	−0.0155+0.0074(C%)
A→M	4.64−0.53(C%)	0.0155+0.0018(C%)
球化 P→M	1.68(C%)	0.0056(C%)
A→B_F	4.64−1.43(C%)	0.0156−0.0048(C%)
球化 P→B_F	0.78(C%)	0.0026(C%)
A→F+Fe₃C	4.64−2.1(C%)	0.0155−0.0074(C%)
球化 P→F+Fe₃C	0	0

零件的体积变形与各相组织转变时成分和含量有关，而与热处理应力作用的大小无关。体积变化的大小与下列因素和条件有关：淬火前后组织比容差愈大，体积的变形越大；提高淬火温度，奥氏体中合金元素的含量提高，使马氏体的比容增大，残余奥氏体增加；全部淬透后的零件体积变形最大，而线性减小；采用分级、等温的冷却方法，提高残余奥氏体的数量，可减少体积变形量；除促使残余奥氏体转变的回火外，其他的回火形式都使零件的体积尺寸收缩。

(2) 形状的变化　热处理时零件形状的变化是由于内应力和外加应力综合作用形成的，在加热和冷却过程中，零件的各部分温度有差异，热胀冷缩不均和组织转变不同时，内部就产生了内应力。热胀冷缩不均匀引起的内应力称为热应力，而组织转变不同时引起的为组织应力。对于形状复杂、截面尺寸相差大、尺寸大的零件产生的内应力更大，当内应力超过了材料的屈服强度，就要发生塑性变形，因此引起零件形状变化，包括零件的自重引起下垂和应力引起形状的走形，如翘曲、弯曲、扭曲等非正常变形，当达到材料的断裂强度，将导致零件的开裂。

零件在热处理过程中产生变形为体积变化和形状变化，最终是两种应力综合作用的结果。因此认真分析零件的变形的规律，对控制和减少零件的变形至关重要。

零件的热处理变形是热应力和组织应力共同作用的结果，体积的变化归因于零件相变前后体积差引起零件的体积的突变，而形状的变化是热处理过程中，各种复杂应力综合作用下不均匀的塑性变形，二者的作用机理不同。但二者一般是同时存在于零件热处理过程中，对于某一零件和相对固定的热处理工艺来说，是以一种变形为主的。

3.4.2　影响工件变形的因素

影响零件热处理变形的因素是很多的，其中包括材料的化学成分和原始组织，零件的尺寸、形状，采用的热处理工艺和实际的热处理操作，等。它们不但使零件本身的强度和形变抗力发生变化，而且也会造成热处理过程中热应力、组织应力和体积效应的作用发生变化，因此影响了零件的变形。从零件热处理变形的机理来看，在热处理的过程中，由于组织的转变，必然发生零件体积和形状的改变，其原因在于钢中组织转变时比体积变化所引起的体积的膨胀，以及热应力引起的塑性变形等。减小淬火应力和提高工件的屈服强度，将有助于控制零件的热处理变形。

零件热处理后的变形是十分复杂的，影响因素很多，例如零件淬火时产生的热应力、组织转变应力、零件的自重等，对于零件的变形都有一定的影响。图 3-24 为影响零件热处理变形的要因树枝图。

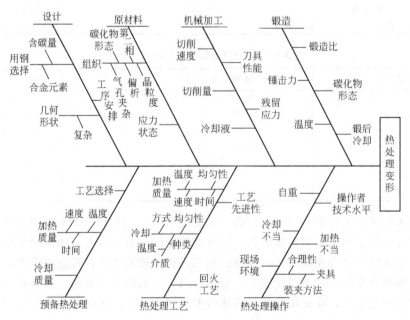

图 3-24　影响零件热处理变形的要因树枝图

因此控制和减小零件热处理变形，应从影响的众多因素入手，其基本思路为：摸清零件变形的规律，采用七种工具的分层法；分析具体零件；全面了解零件的加工流程；熟悉零件的热处理工艺、操作方法和现场（人员素质、设备状况、周围环境等）；采取措施，对症下药，解决变形问题。

（1）零件的形状与放置方式的影响 在零件的热处理过程中，各种各样尺寸的零件在热处理后的变形各有不同的规律，同样变形也存在不同的趋势，对于细长零件而言，在热处理炉内的加热放置方式对变形有较大的影响，如放在炉底的零件，以搭桥形式进行放置，将会因零件的自重而产生加热变形，相反垂直吊挂则变形较小。对板材零件的四周应加以保护，在分析材料的特性和具体的技术要求的基础上，掌握变形的特征，必要时添加辅助工艺孔或用石棉绳、水玻璃等堵塞孔或螺纹等，这样可避免零件出现热处理质量缺陷，提高热处理的产品质量。

如果零件经过调直，加上机械加工的车削或磨削量大，产生很大的加工应力，而最终热处理前的预先热处理工艺不当（如温度低、保温时间短等），以及操作者未能按要求吊挂或合理放置等，可能造成零件产生残余应力，在随后的热处理过程中将出现明显的变形甚至开裂。

（2）零件材料的化学成分的影响
材料的化学成分决定了零件的硬度和力学性能，同时零件的尺寸大小和具体形状也影响其变形。化学成分影响钢的屈服强度、M_s 点、淬透性、组织的比体积和残余奥氏体等，首先含碳量直接影响热处理后所获得的各种组织的比体积，一般而言，碳含量愈高则体积变形愈大，具体见图 3-25。同时应注意到碳含量不仅影响体积变化，而且对 M_s 点和残余奥氏体的量也有一定的作用，见图 3-26。从图中可知含碳量提高后，零件的体积增大，M_s 点降低，残余奥氏体的量增加，随之是材料的淬透性和屈服强度明显提高，造成比体积的变化，使组织应力减小，因此零件的热处理变形减小。

钢中的合金元素对零件热处理的变形体现在影响钢的 M_s 点和淬透性上。

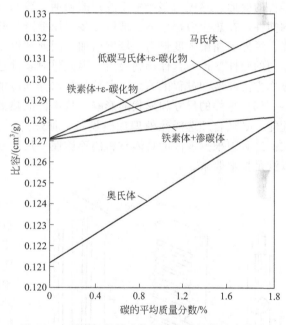

图 3-25 不同组织的比体积与含碳量的对应关系

大量的合金元素例如 Mn、Cr、Si、Ni、Mo 等明显降低 M_s 点，残余奥氏体含量提高，因此减小了比体积的变化和组织应力，另外零件的强度提高，使淬火的变形减小。同时也应清醒地看到合金元素的增加使钢的热导率降低，要求有较高的淬火温度，造成零件内外温差的增大，热应力的变形增加，同时也增加了热处理过程的复杂性，因此对于零件的变形控制又是不利的。

对于高合金钢、高速钢制造的零件，合金元素的含量较高，形成了合金碳化物，造成其加热时的导热性差，当淬火温度提高时，将降低材料的机械强度，增加热应力。如果对其快速加热，尺寸大和形状复杂零件的各部分的截面尺寸将不会得到均匀的加热，导致零件各部分的受热膨胀程度不同，热应力使零件出现不均匀的塑性变形，造成形状的变化。

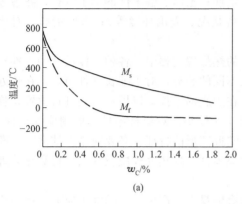
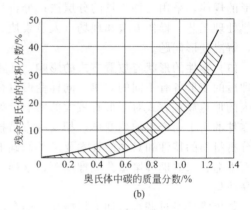

图 3-26　碳钢中的碳含量与 M_s 点、残余奥氏体量之间的关系

（3）零件冷却过程对变形的影响　零件的加热和冷却是完成热处理的重要环节，在冷却过程中奥氏体转变为马氏体或贝氏体组织，此时热应力和组织应力的复合作用将直接影响到零件的变形。热应力多产生于冷却的初期，冷却开始阶段其内部仍处于高温状态，具有一定的塑性，在热应力作用下心部因受多向压缩产生塑性变形；而在冷却的后期，零件的温度下降，零件的屈服强度提高，硬度增加，因此塑性变形十分困难。冷却到室温后，冷却初期不均匀的塑性变形一直保持到最后，因此要对零件选用的冷却介质和特性有充分的了解，掌握操作方法和冷却过程的关系，尤其是需水淬油冷的零件。

（4）零件的尺寸和形状的影响　从零件的热处理的目的来看，要获得零件的硬度和力学性能，必须合理选择热处理加热设备、加热介质、冷却介质、淬火方法以及合理的操作方式。这必须根据零件的具体材料的淬透性、尺寸和具体形状来确定，否则零件热处理后将难以满足技术要求。

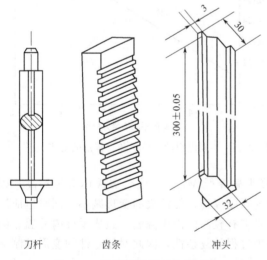

图 3-27　截面形状不对称的零件

对直径细小的零件以及片状或薄板状的零件，应垂直加热和在静止的介质中冷却，目的是尽可能降低因外力作用而造成变形超差，同时在操作过程中要避免零件与物体的撞击或脱落，将影响零件变形的因素控制在预期的范围内。对于带有键槽或凹槽的零件，根据其技术要求来确定如何采取一些保护措施，防止出现零件因截面的变化造成变形超差，一般该部位的硬度要求较低，故可以用石棉绳、键、螺栓等进行必要的填塞、捆绑等，这样可以使该处的变形控制在工艺要求之内，为最后的磨削加工提供可靠的基础。

对于形状复杂、截面形状不对称的零件（具体见图 3-27），由于其形状的特殊，其表面在淬火过程中，根据散热的基本规律可知，一个表面散热面积大，因此冷却速度快，相反另一表面散热面积小，冷却速度低，这样造成零件的两个表面冷却不均匀。对 Cr12MoV 钢制造的板状带薄刃面的不对称零件，在 1020℃加热后进行等温淬火（220～240℃），等温时间愈长则变形越小。另外如果采用在零件冷却速度较慢的一侧贴上铁板或其他部件，同样起到减小变形的目的。

零件的截面尺寸变化对其热处理过程中的变形有重要的影响，对高合金钢而言其变形和开裂的可能性增大。由于这类钢的合金元素多，因此热导率低，内外的温差加大造成热应力的增加。较大的直径或厚度零件在加热温度下产生的最大应力见表3-16。

表3-16 大件直接加热时可能产生的最大应力

材料牌号	直径或厚度/mm	加热炉温/℃	最大的拉应力/MPa
40Cr	400	850 950	441.6 607.6
40CrNi	600	850 950	627.2 735
34CrNiMo	800	850 950	627.2 735

此时的应力已接近强度极限，且有截面的面积增加，结构设计、成分等不均匀，铸造或锻压等存在的残余内应力，因此建议采用逐步升温、阶梯升温方式进行某些零件的热处理。

对套类零件的热处理而言，一般随着内孔的胀缩而胀缩，其基本规律为内孔在压应力作用下，圆周长度逐渐减少，内键槽随着缩小。表3-17为套环状零件的变形趋势。

表3-17 套环状零件表面淬火时的变形趋势

淬硬层深度/mm	淬火情况	变形的倾向			备注
		内径	外径	高度	
$\delta < \dfrac{D-d}{30}$	外圆淬火	微缩	胀大		
	内圆淬火		微胀	略有增加	
$\delta < \dfrac{D-d}{30}$	外圆淬火	缩小	胀大		
	内圆淬火	缩小	胀大	增加	薄壁套的内径也趋向胀大

注：其中 δ 为淬硬层深度，D 为外圆直径，d 为内孔的直径。

（5）零件的原始组织对变形的影响 零件进行最终热处理后变形的大小与其原始组织密切相关，如组织中碳化物形态、尺寸大小、数量以及具体分布，组织内成分的均匀性，部分合金元素或碳化物的偏析，锻造或轧制的纤维方向，残余应力的大小和分布等，都会对零件的热处理变形有不同程度的影响。因此对零件进行合理的预备热处理，可消除网状、带状组织偏析导致的奥氏体成分的不均匀，尤其是碳化物的偏析使淬火后的零件具有方向性，沿带状碳化物方向的胀量大于垂直状态的尺寸的现状，将粗大的晶粒细化，为零件的最终热处理提供组织准备，这样零件的热处理变形可控制在要求的范围内。

首先是钢中珠光体的具体形态，球状珠光体或调质处理的组织的比体积比片状珠光体的大，其抗拉或屈服强度高，因此零件经过预先热处理后获得球状珠光体（一般在2~4级为宜），则热处理后的变形小。对于高碳合金工具钢等如 CrWMn、GCr15、9Mn2V、9SiCr 等在调质处理后，得到索氏体组织，使零件淬火后的变形更小，有利于加强对零件热处理变形的有效控制。为了确保零件的热处理变形在要求的范围内，对重要的零件一般在粗加工后进行调质处理，使钢的原始组织比容增大。零件在最终热处理前获得索氏体组织的目的是改善组织的结构状态，获得一定的力学性能，得到一定比容的相结构，用以减少最后的热处理变形。

其次是钢中碳化物的形态，对沿着平行于碳化物条带的方向进行淬火，将造成零件的膨胀，在垂直方向收缩。碳化物聚集愈粗大，则变形愈难控制，因此只有消除钢中碳化物的偏析，才能有效合理地将变形控制在要求的范围内。

最后要指出作为过共析钢中如果存在网状碳化物，则碳原子和合金元素会大量地聚集在网的附近，造成内部成分的差异，别处的碳和合金元素含量明显降低，在淬火过程中造成组织应力的增大，零件的变形量增加。

(6) 零件的应力状态对变形的影响 零件的机械加工过程中主要包括塑性成形、焊接、矫直、堆焊以及车削、铣削、钻削、刨削、磨削加工等。对于形状复杂的零件，采用进给量较大的方法来加工零件，势必造成加工的残余应力增大，如果该类应力未得到及时消除，则在热处理过程中，将极大影响零件的淬火变形。零件的加热位置不当、夹具不良以及自重等因素直接影响零件的变形。对高速钢制造的 $\phi50\times350mm$ 的锥柄钻头如果取消消除内应力工序，则淬火后的变形量在 $0.70\sim0.75mm$，远大于 $0.15\sim0.25mm$ 的技术要求。

对于经化学热处理的零件，在粗加工与精加工之间进行除应力退火处理。表 3-18 列出 $\phi75mm\times1970mm$ 镗杆在不同的除应力退火工艺参数下的变形情况。

表 3-18　除应力退火工艺参数对镗杆的渗氮变形的影响

序号	类别	工艺参数				弯曲变形量/mm		
		使用的设备	加热温度/℃	加热时间/min	保温时间/h	冷却时间/h	头部	中部	尾部
1	1	盐浴炉	630	40~50	4	3~4	0.045	0.075	0.05
	2		600		4		0.045	0.075	0.05
2	1		620		5		0.18	0.06	0.13
3	2		620		8		0.08	0.07	0.11

从表 3-22 可以看出，高温短时间加热进行除应力退火处理即可满足渗氮零件的技术要求。

(7) 工艺参数对零件变形的影响 零件热处理过程中的主要工艺参数可分为加热过程和冷却过程的工艺参数，零件的加热过程有零件加热的均匀性、加热的温度和加热的速度；冷却过程是零件冷却的均匀性和冷却速度。这几个常见的工艺参数对零件的变形将有直接的影响，下面分别介绍如下。

① 不均匀加热引起的变形。零件在热处理加热介质中，因为加热速度快、加热温度不均匀以及操作不当等，将可能造成零件本身加热不均匀，使零件的变形十分明显。为了减少不均匀加热的出现，在实际热处理过程中要采取一定的措施，确保零件的变形量符合技术要求，也可根据零件的具体形状调整其加工余量。

a. 对于截面尺寸变化明显，形状比较复杂的零件，尤其是导热性差的高合金钢零件，要进行缓慢升温，必要时分段加热或预热，降低零件的加热速度，延长零件的加热时间，使表面和心部的温差减小，从而降低内外应力，使热变形减小。

b. 根据零件的具体形状和材质，对于以体积变形为主的零件，采用快速加热的工艺方法，如进行较高温度和短时间的保温，可以减轻零件在长时间自重作用下产生的变形；另外也可使零件的表层和局部区域达到相变温度，因此减小了零件淬火后体积的变化效应，有利于减小零件的变形。另外对于形状复杂、机械加工应力较大的零件，如果在最终热处理精加工前没有进行除应力退火处理，热处理过程中将不可避免地产生较大的变形甚至造成零件的报废，因此选用适当的材料、合理的热处理规范等，防止出现不均匀加热，才能使零件的热处理变形均匀一致或最小，也有利于热处理后零件的矫直。同时也应注意到零件截面对称、各处壁厚比较均匀时，各部分的冷却比较充分，其变形有一定的规律，这一点应引起设计者的高度重视。

② 加热速度对变形的影响。零件在加热过程中，加热速度的快慢对于零件的变形和热处理质量有重要的影响。加热速度快则工件表面与心部的温差越大，零件中将产生比较大的内应力，造成零件在加热过程中变形的可能性增加，因此从减少变形的角度出发加热速度不宜过快，尤其对于形状十分复杂、截面悬殊、具有键槽或棱角的零件显得更有必要。

但事物是一分为二的，对不同形状、材质和技术要求的零件而言，采用快速加热反而可能减小零件的变形：表面加热而心部处于冷态，故减少了热应力和组织应力；表面受压应力作用，内部受拉应力，因此使零件的变形减小；快速加热则奥氏体晶粒无法长大，细小的晶粒也有助于控制零件的变形。

③ 加热温度对变形的影响。零件的加热温度是依据材料的相变点和其技术要求而定。加热的目的是为了使零件获得成分均匀的奥氏体组织，晶粒得到细化，为淬火做好组织准备。通过改变零件冷却时的温差，控制 M_s 点和 RA' 的数量，来实现对淬火变形产生影响。对于实心零件和中空零件，其作用有所不同。对于低碳钢和中碳合金钢零件，为减少内孔收缩，应降低淬火加热温度，如有可能则进行局部加热。而对于采用 Cr12 等高合金工具钢制造的筒状零件，当加热温度提高后，将造成冷却后残余奥氏体数量增多，孔径缩小。

零件的预热温度的选择是有一定规律的，在 500℃ 左右进行预热，这是从弹性体到塑性体转变的温度区间，一旦产生塑性变形则不会回复到原有状态；另外也可将相变点以下作为预热温度，普通钢为 650～700℃，高速钢和高合金钢在 800～850℃，加热会出现膨胀，而在到达相变点又会突然收缩。因此对零件进行预热是减少热处理变形的重要举措，尤其是复杂结构零件、截面突变、存在尖角（或棱角）等，具有更明显的效果。

零件加热温度的选择应考虑材料的组织对热处理获得要求的组织和性能的影响、零件本身的化学成分、形状和尺寸等，因此在实际的热处理过程中，应进行一系列工艺试验和检测，以确保采用最佳的热处理工艺。

加热的温度提高，高温下抗拉强度和塑变抗力降低，因此高温下的变形量增大；同时温度提高与冷却介质的温度差增大，冷却时产生的热应力和组织应力增大，造成零件的变形增加。需要注意的是加热温度的提高，使零件的奥氏体晶粒长大，冷却后获得粗大马氏体，引起组织应力的增大，变形量明显加大，不利于零件的热处理质量的控制。因此零件的加热温度是热处理过程中一个十分重要的工艺参数，基本原则为在能确保奥氏体成分均匀、可获得要求的组织和性能的前提下，尽可能降低加热温度。

④ 保温时间对零件变形的影响。零件在加热介质中的保温时间是确保零件内外温度达到淬火加热温度，并形成均匀一致的固溶了一定量的碳和合金的奥氏体的关键。延长保温时间，则增加了零件与加热介质接触的时间，零件的变形和氧化脱碳倾向增大，同时奥氏体晶粒容易长大，因此造成零件变形的概率增加。

零件在加热过程中的保温时间的选择是取决于零件的化学成分、零件的形状尺寸、加热设备的功率、炉内装炉量的大小、原始的材料组织、加热方式以及是否预热等。过短的保温时间同样存在问题，这将造成奥氏体均匀化程度降低，碳和合金元素等未得到充分扩散，影响到零件的热处理质量，同时内外温度存在差异，即整个零件的组织和温度不均匀，无法满足零件的热处理技术要求等，产生不均匀的变形。

⑤ 冷却介质对变形的影响。在热处理过程中，淬火冷却是内应力最集中、体积效应最大，也是最易产生变形和开裂的工序，只有淬火冷却完成组织转变，零件才能获得要求的硬度和力学性能，因此应选择合理的淬火介质来满足热处理的技术要求。冷却介质应满足以下

技术要求：

  a. 具有良好的稳定性（不易分解、变质或老化）；

  b. 冷却均匀性好；

  c. 淬火后的零件表面保持清洁，无腐蚀现象；

  d. 工作过程中无大量的烟雾、有毒物质产生；

  e. 不易燃烧和爆炸，使用安全。

  冷却介质的冷却速度提高，零件截面温差增大，故淬火过程中组织转变产生的热应力和组织应力增大、零件的硬化深度增加，因此整个零件的变形增大。因此在确保零件硬度的前提下，尽可能减小冷却速度，是合理控制零件变形的重要途径，空冷是零件淬火变形最小的方法。在零件的 M_s 点以上提高冷却速度，使热应力增加，引起变形的增大；在 M_s 点以下增大冷却速度，由于奥氏体的稳定程度降低，而马氏体转变的数量增加，又使组织应力和组

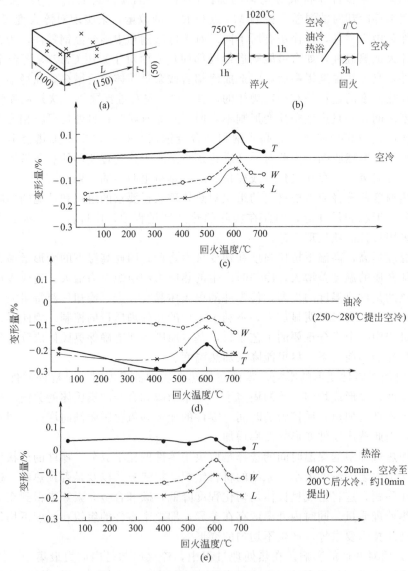

图 3-28　淬火冷却方法和热处理变形的关系

试验用钢的成分：C 0.40%，Cr 5.15%，Mo 1.40%，V 0.80%

织转变后的体积效应造成的变形倾向增加,因此在 M_s 点以下冷却速度降低则减小了组织应力产生的畸变,分级或等温淬火使热应力和组织应力明显降低。冷却介质的冷却程度与零件的材质、具体形状和结构尺寸以及零件内外不同的部位有直接的关系。图 3-28 中淬火介质分别为油、盐浴和空气,零件的内外和不同部位温差愈大,则产生的内应力增大,最终导致热处理变形加剧。从图中可知,在三种冷却介质中,油的冷却最快,空气最慢。就零件的整个变形而言,在回火过程中除了在空气和盐浴介质中在厚度方向胀大外,其长度和宽度方向均表现为收缩状态,因此其变形量相差不大。选用变形小的冷却介质如碱浴、硝盐浴等,可适当缩短水冷的时间。另外,为防止局部尺寸的淬火胀大,可在该位置捆绑铁皮、石棉绳等。应当指出淬火冷却速度对零件的淬火变形的影响是一个复杂的问题,在热处理过程中遵循的基本原则为在保证要求的组织和性能的前提下,尽可能地降低零件的冷却速度。另外在进行冷却的过程中,零件之间的距离对零件的变形有重要的影响,这一点在碳素钢零件进行水冷过程中表现得尤为突出。

除了空冷减少零件的变形外,采用调整淬火油的冷却温度、采用热油进行冷却、选择水冷的合理方式、进行马氏体或贝氏体等温淬火等,同样可获得满意的变形结果。

零件的冷却方法一般有多种,通常为空气、油冷、水冷、水淬油冷、分级或等温淬火等工艺方法,5CrMnMo 钢试样在不同冷却方式下的变形见表 3-19。而冷却方法对对 CrWMn 钢制小型模具变形的影响见表 3-20。

表 3-19   5CrMnMo 钢试样在不同冷却方式下的变形

试样尺寸/mm	冷却方法	直径变形率/%	厚度变形量/mm	硬度(HRC)
$\phi95.86\times13.23$ $\phi95.97\times13.23$	在油中冷透	+0.09	+0.02	60
$\phi99.09\times13.23$ $\phi96.02\times13.23$	水中冷透	+0.44	-0.04	61
$\phi96.02\times13.23$ $\phi96.00\times13.23$	320℃硝盐冷 30s 转水冷透	+0.23	+0.01	61
$\phi96.04\times13.23$ $\phi95.94\times13.23$	320℃硝盐冷 30s 空冷	+0.15	+0.01	57

从表中可以了解到 320℃硝盐分级后水冷的变形量是空冷变形的 1.5 倍,可见在马氏体转变范围内,进行快速冷却对零件的变形影响是十分显著的。因此为了减小零件的组织应力塑性变形,尽可能地设法减慢马氏体区的冷却速度,减弱相变的不等时性,使组织应力塑性变形消失。

表 3-20   冷却方法对 CrWMn 钢制小型模具型腔变形的影响

冷却方法	模具型腔的变化	
	形状的变化(扭曲)	尺寸的变化(胀大、缩小)
冷油	变形最大	有轻微的缩小
60~100℃热油	变形比冷油淬火小	有最大的胀大量
在 150℃油炉中等温 2~3h	变形最小	有极小的胀大量
在 150~190℃的硝盐浴液中分级	变形优于热油淬火	有较大的胀大量;不如在硝盐中等温效果
在 200~260℃的硝盐浴液中等温	变形优于 150~190℃硝盐分级; 同 150℃热油相同	有较小的胀大量;不如 150℃ 热油等温效果

（8）时效或冷处理对零件变形的影响 在零件的热处理过程中，为了确保某些精密零件或量具在放置、使用过程中，其尺寸和精度的稳定，必须进行零件的时效或冷处理，只有这样才能基本完成组织的完全转变，保持长期的组织稳定。一般而言低温回火和时效处理可促使ε-碳化物的析出和马氏体的分解，使零件的体积缩小，其引起的应力松弛，导致零件产生形状的畸变。而冷处理使残余奥氏体继续转变为马氏体，零件的体积发生膨胀。由此可见钢的化学成分、回火和时效温度是影响零件变形的重要因素，硬度计用标准试块、精密机床丝杠和部分量具等均进行时效或冷处理，以保证其组织和尺寸稳定不变。

（9）化学热处理对零件变形的影响 零件在热处理后（调质或正火等处理），为了强化零件表面或改善表面的物理性能和化学性能，如提高表面硬度、耐磨性和疲劳强度，提高零件的抗氧化性以及耐腐蚀性等，故需要对该类零件的表面进行化学热处理。一般是对零件表面进行渗碳、渗氮、氮碳共渗、碳氮共渗、渗铬等，这样完成化学处理后的零件的表面和心部具有不同的化学成分和组织，因此其变形与一般的热处理变形是有区别的。

零件的化学热处理分为两类，一是低温状态下元素进入渗层形成新相，但不会发生相变，如渗氮、氮碳共渗，因此零件的变形小；另一种为在高温下奥氏体状态下元素的渗入，发生了相变，因此零件的变形增大，例如渗碳、碳氮共渗、渗铬等。

① 渗碳零件的变形。进行渗碳的材料为低碳钢或低碳合金钢，其基本的组织为索氏体或铁素体＋少量珠光体组织。根据零件的化学热处理要求，在完成渗碳后，可直接进行淬火或其他的热处理。渗碳零件的变形规律和大小取决于渗碳钢的化学成分、渗碳层的深度，同时与零件的几何形状和尺寸，以及渗碳中制订的热处理工艺参数等有关。

渗碳零件的形状有细长件、平面件、立方体件等类型，根据热处理变形的一般规律，最大热处理内应力一般产生于最大长度方向上，而表面呈收缩趋势；对于截面尺寸相差悬殊、形状不对称的细长杆件或板件，则冷却快的一面呈凸面。

低碳钢和低碳合金钢的渗碳温度为 $920 \sim 950\,℃$，表面的碳含量的质量分数提高到 $0.6\% \sim 1.2\%$，表面形成了高碳的奥氏体组织。完成渗碳后零件自渗碳温度过冷到 A_{r_1} 温度，形成的共析成分的渗碳层未发生相变，高碳的奥氏体降温后发生热收缩。零件的心部受到压缩应力的作用，渗碳层则受拉应力的作用。心部在自 $\gamma \rightarrow \alpha$ 相转变时，相变应力的作用结果使零件的抗拉强度降低，导致零件的心部发生塑性变形。

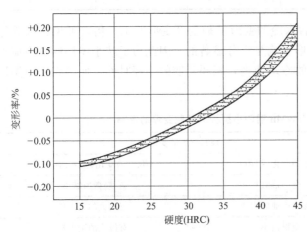

渗碳零件的淬火温度在 $800 \sim 850\,℃$，自淬火温度快速过冷到 M_s 区间，奥氏体发生热收缩，而心部低碳的奥氏体转变为铁素体＋珠光体、低碳贝氏体和低碳马氏体等，因此发生了体积膨胀，渗碳层与心部之间产生了较大的内应力。

因钢中合金元素增加，故提高了零件心部的硬度。图 3-29 表示渗碳工件淬火后心部硬度和变形率的关系。从图中可知心部硬度在 $28 \sim 32$HRC 时，渗碳零件淬火的变形最小。

如果提高渗碳件的淬火加热温度，

图 3-29 渗碳工件淬火后心部硬度和变形率的关系

选用冷却剧烈的淬火介质，提高了渗碳件的淬透性，导致零件心部硬度的提高，但随之而来的问题是变形量将明显增加。

　　渗碳零件的变形过量的原因比较复杂，一方面是钢件表面与心部的化学成分、组织和性能的不一致造成内应力，另一方面为渗碳件的残余应力。渗碳淬火后零件截面上热应力和组织应力综合作用的结果为：表面存在压应力，心部受到拉应力的作用。影响渗碳零件淬火变形的因素主要有以下几个方面：碳和合金元素的含量、表面渗碳层的形态、淬火的加热温度、淬火的冷却方式、截面的尺寸、回火加热温度等。下面将影响渗碳零件变形的主要原因和解决方案列于表3-21中。

表 3-21　影响渗碳零件变形的主要原因和解决方案

序号	工序/名称	主要原因	解决方案
1	零件的结构	①壁厚不均匀 ②几何形状不对称 ③渗层不均 ④不合理的尖角、棱角和凹槽等 ⑤截面突变	①壁厚设计均匀 ②几何形状简单、对称，可作成组合式结构 ③渗层的分布均匀、合理，必要时可车削或磨削掉 ④锐角和棱角倒钝，凹槽尽可能对称分布 ⑤改变截面的设计，使其均匀改变
2	材料	①表面的含碳量高 ②淬透性低 ③化学成分不稳定 ④存在5级以上的带状组织 ⑤锻造流线不对称、不均匀 ⑥晶粒粗大	①降低表面的含碳量 ②钢中增加Cr、Mo、Mn、Ni等合金元素 ③确保材料一定的淬透性 ④采用锻造以及高温正火消除 ⑤改变锻造工艺增加锻造比 ⑥采用正火细化粗大晶粒
3	预备热处理及切削加工	①加热不足或过热 ②冷却不均 ③切削用量大，刀痕深 ④工艺孔位置不当或尺寸过大	①采用高温正火(950~970℃) ②选择合适的淬火介质和方法，获得较为均匀的组织 ③减少切削用量，提高表面的光洁度 ④改变工艺孔的位置或缩小尺寸
4	渗碳过程	①工件放置不当：装炉、夹持、吊装、安装等不合理或不符合要求 ②供气、控温、炉温、炉压、碳势不稳，温度太高，时间过长 ③冷却速度选择不当	①吊装要保持平稳，重心要偏低；夹具有一定的刚度，预应力要均匀；装炉和出炉要平稳；温度符合技术要求 ②选用合理的供气系统、控温系统等，以确保炉温、炉内压力以及碳势的稳定 ③根据材料的淬透性选择不同的冷却介质和方法
5	淬火过程	①加热不均，细长杆或薄片零件的翘曲变形 ②淬火温度过高 ③淬火方法的影响：预冷直接淬火变形小，二次淬火变形大，双液、分级或等温淬火变形小 ④淬火操作方法的影响：零件加热时支承和装夹不当；进入冷却介质时方向和夹持不当 ⑤淬火介质对变形的影响	①选择合理的加热方法，工件的加热均匀，减少热应力影响 ②根据材料和技术要求等，适当降低加热温度 ③合理选择淬火介质和冷却方法，尽可能采用预冷直接淬火代替一次、二次淬火，采用双液、分级淬火等代替单液淬火 ④正确使用工具和夹具 改进支承和装夹方法 改正淬火方式 采用压床或夹板 ⑤适当提高淬火介质的温度(前提是确保淬透性)，采用合理的热矫直和冷矫直方法
6	回火、冷处理、磨削和时效过程	①淬火后未及时回火 ②冰冷处理易引起局部区域变形过量 ③零件的磨削量过大，同时未及时进行时效处理 ④零件的装炉方式不当	①淬火后立即回火 ②尽量不采用冰冷处理，如果必须进行则应紧接着进行低温回火 ③控制磨削量的大小，磨削后及时时效处理 ④对细长杆件要垂直吊挂，薄片零件平稳放置，减少应力的作用

　　② 渗氮零件的变形。零件的渗氮一般是在500~570℃的温度范围内进行渗氮和氮碳共

渗，由于是在相变点以下进行元素的渗入，故其变形较小，常用于要求表面硬度高而变形要求严格的精密零件。渗氮工艺大多用于提高零件表面硬度和抗疲劳性，在一定程度上改善了耐蚀性。该工艺作为零件加工的最后工序，除个别零件氮化后需要研磨或表面淬火外，一般不在进行任何的机械加工。

一般氮碳共渗气门的工艺流程为调质处理→进行机械加工→进行除应力退火→进行精加工→气门氮碳共渗。需要注意渗氮温度提高后，渗氮层愈深，表面硬度越低，造成变形量的增加；而渗氮温度降低与升高温度的情况相反。渗氮是没有发生相和组织应力的化学热处理，在相变点以下进行渗氮不会造成体积和形状的严重变形。

零件表面渗入氮原子后，零件表面体积膨胀，原因在于活性氮原子被钢的表面吸收和扩散，并溶解于金属基体中和合金元素形成氮化物。渗氮组织为索氏体（由较细铁素体和渗碳体组成），当氮原子渗入表面层后，使基体的晶格增加，因此渗入的氮原子越多，则晶格常数愈大，使表层胀大，此时表层受压应力作用，而心部存在拉应力，使轴类、杆类等零件在轴向产生伸长倾向，直径越细，屈服强度愈低，则伸长量越大。铁素体容易和氮原子结合，基体中含有铁素体的比例增大，则胀大变形量增加。影响内应力大小的因素有：零件的大小、渗氮钢的屈服强度、渗氮层的深度以及硬度等。氮化炉内温度的均匀性会引起尺寸的变化与翘曲变形等形状的改变。

零件经气体渗氮或氮碳共渗后，硬化层和心部的组织差异产生残余应力，渗氮层受压应力而心部为拉应力，由于两种组织的比容差大，故渗氮层部分压应力大。图 3-30 为各种直径的圆柱钢渗氮一定深度时，渗氮层和心部的平均应力，从图中可以看出直径愈大则表面的压应力越大。

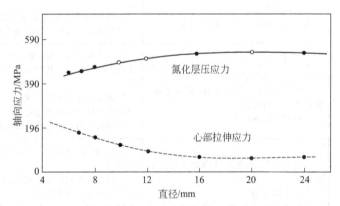

图 3-30　　（0.3％ C，1.3％ Cr，1.0％ Al 氮化钢气体渗氮到 0.65mm）热应力与直径的关系

轴类零件经渗氮后外径胀大，长度伸长，但最大的变形量在 0.055mm 以下。对于套筒类零件，其变形情况取决于壁的厚度，当壁薄时，外径和内径均膨胀，厚度增加则内孔有缩小的趋势。零件的弯曲和翘曲变形是渗氮过程中遇到的一些质量缺陷，内应力作用的大小取决于渗氮钢的屈服强度和渗氮层中的含氮量，加上渗氮前的残余应力，组成了引起工件形状变化的根源。另外炉内温度不均匀、零件在炉内分布和装炉方式不合理等将会造成弯曲和翘曲变形等，因此在实际的零件渗氮处理过程中，要根据零件的技术要求，制订热处理工艺规范，并严格执行避免零件之间的碰撞等，是零件进行热处理的重要环节。

3.4.3　减小变形的热处理工艺的选择

零件在最终热处理前的毛坯组织应为碳化物呈颗粒状状态并均匀分布，基体组织应为球状或细片状珠光体组织。零件进行预备热处理是为了消除或减少零件中的残余应力，改善切削加工性，改善组织，并为最后的热处理做好组织准备。因此毛坯退火后要获得要求的组织结构，才能满足零件的工作需要。事实表明索氏体组织的比容比退火的大，淬火后比容的变化最小。因此选择合理的预备热处理工艺方法，对于减小零件的变形量是十分必要的控制手段。在零件的材料、外形设计和工艺加工路线确定后，一般是按以下程序进行零件的热处理，来控制和减小热处理过程中变形：

① 对变形量要求严格的重要零件，在粗加工后和精加工前，应在450～650℃进行去应力退火处理，以彻底消除机械加工应力和附加（外在）应力；

② 控制加热速度，加热速度应缓慢，做到加热均匀，尤其是大型锻模、高速钢以及高合金钢零件等，另外对形状复杂、厚度不均、变形要求严格的零件等，在加热时要预热或淬火时预冷（如空冷等），以减少热应力的作用，为防下垂应采取吊挂、支撑等方式；

③ 选择合理的加热温度，从提高零件的耐磨性和综合性能以及减小变形的目的出发，加热温度不宜过高，尽量选择下限温度加热，以获得需要的奥氏体晶粒度，确保成分的稳定，同时也可减少冷却时的热应力作用，另外也可以防止组织粗大而引起的其他缺陷；

④ 胀大量与零件的尺寸大小成正比，因此要留有一定的变形加工余量；

⑤ 正确选择冷却方法和冷却介质，对低淬透性的材料制作的较大截面的零件，为方便淬硬，在要求尺寸精度的前提下，设法提高冷却速度，在120～140℃的硝盐溶液中冷却；

⑥ 为防止出现贝氏体组织，考虑到硝盐的冷却速度不足，应先在冷却速度快的低温盐浴中冷却，再转入温度高的硝盐中等温处理；

⑦ 为防止回火后的胀大变形，对硬度在52～60HRC的零件，应调整等温温度和时间，但禁止在240～300℃回火；

⑧ 对精度要求较高的零件，尽可能采用贝氏体等温淬火或分级淬火，但时间不宜过长，等温结束后要缓慢冷却，如有尺寸收缩，可提高回火温度进行补救；

⑨ 为防止零件等温淬火后胀大，不能在低温下长时间停留，应立即进行回火处理；

⑩ 对于硬度在60～64HRC的零件，应在130～150℃硝盐中等温至少40min，或等温后缓慢冷却；

⑪ 零件在热处理后进行粗磨，应控制好磨削工艺参数，防止出现磨削裂纹；

⑫ 进行零件的加压淬火（press hardening）或模压淬火（die hardening）；

⑬ 对易翘曲部位在反翘曲后进行淬火处理；

⑭ 对零件尺寸厚薄不均的部位捆绑加强筋或采取其他的措施；

⑮ 对壁厚不均匀位置要开工艺孔或作成可拆卸式，对棱角、键槽和孔等用石棉绳、黏土来填充；

⑯ 适当降低淬火加热温度或采用下限温度加热零件。

3.4.4 其他防止零件变形的方法

零件经过热处理后必然发生体积和形状的变化，因此在材料已经确定的前提下，应做好以下工作。

① 对于有尖角、截面较厚、边缘有孔的零件，要采取必要的措施。如图3-31所示，用铁皮保护边缘孔，钻辅助工艺孔等，或进行必要的堵塞等，均具有良好的效果。

② 合理布置孔洞的位置，要力求均匀、对称。另外可适当增加或减少变形的工艺孔，这一点尤其是适用于模具，从而减少工件的变形。

③ 采用封闭结构。作为有开口的零件，淬火时应力分布不均匀，尤其是开口处容易变

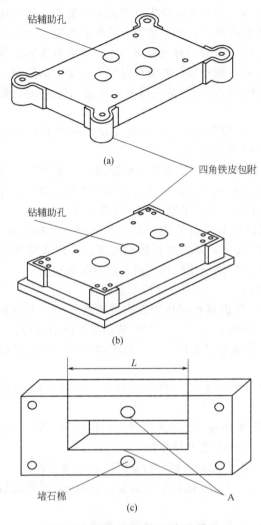

图 3-31　淬火前需采取的保护措施

形，应尽量使其封闭，使冷热加工密切配合。例如常见的弹簧卡头，如图 3-32 所示，在生产中加工后头部留有一定的加工余量，为了减小淬火时三瓣或四瓣爪的弯曲，淬火前口不铣通（卡头的一端连在一起），大大减小和缓解了淬火变形，待卡头淬火和回火结束，经过孔径的磨削，再用锯片砂轮把头部连接处剖开，保持了原来的尺寸，最后为减少磨削加工应力对变形的影响，在开口前进行消除磨削应力的低温回火。因此弹簧卡头往往先加工成封闭结构，待热处理后开口，确保变形符合技术要求，这一措施解决了变形的难题，在实际的制造过程中具有重要的意义。

3.4.5　工件热处理变形的矫直方法

　　在零件的热处理过程中，尽管采取各种方法来控制零件的淬火变形，但出现变形还是不能完全避免的。尤其是一些细长、薄片状或形状特殊的零件，即使在各道工序中均采取了一定的措施和控制方法，但最终还是不可避免要产生一定程度的变形，而采用机械加工又难以控制，必须采用矫直的方法，来挽救和弥补零件形状和尺寸的变化。因此零件的矫直工作也是热处理过程中的一道重要的工序，对于控制和解决变形有重要的作用和意义。

　　零件的矫直分为热处理前和热处理后两种类型，热处理前零件的变形一般是原材料本身或机械加工过程中产生了变形，这种变形比较容易矫直，这里不在叙述，下面仅对零件热处理后变形的矫直作重点介绍。

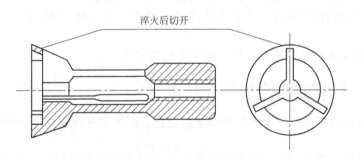

图 3-32　弹簧卡头的封闭热处理

　　零件在热处理过程中，通常的变形有弯曲、凸凹、畸变等，为确保后续机械加工的正常进行，必须对不符合技术要求的变形零件进行合理的矫直，来实现零件产品质量的过程控制。下面介绍几种常见的矫直方式，在热处理过程中应根据零件的具体变形情况而定，有时可以采用几种方法并用，以此达到矫直的目的。一般的矫直方法有机械矫直和热处理矫直，应根据零件具体的变形特征和状态，合理选择矫直的方法。机械矫直是指利用机械施加外力或局部加热的方法，使变形后的零件产生局部的微量塑性变形，同时使残余内应力释放以及充分分布，来达到矫直的目的。由于采用了外力的作用，即强制零件发生了变形，为防止出现零件在使用或加工过程中，因残余应力的作用可能有部分恢复和产生新的变形，因此必须进行去应力退火或低温回火处理。常用的机械矫直方法有喷丸、反击、正击和冷压等。而热方法是利用热应力实现矫直即热点矫直、磨削矫直等，利用相变进行压力回火、二次回火硬化、残余奥氏体的马氏体化、冷处理以及模压淬火、模压回火，模压冷处理等。

矫直应在零件淬火后立即进行，考虑到零件变形的各种趋势和特点，要求热处理操作者技术熟练，了解变形和矫直的规律，才能确保零件一次矫直的合格率提高。另外需要注意的是产品矫直后的磨削量应小于变形量的1/2，否则将造成加工到成品磨不出来的缺陷。在热处理生产中有许多物理机械法可以矫直宏观的局部变形，其中几种重要的方法如下。

① 轴类零件、板类零件的冷压矫直。

② 淬火冷却后趁热热压矫直。

③ 贝氏体等温淬火后高塑性状态下的趁热矫直和冷压矫直，以及在回火过程中加压矫直。

④ 利用相变超塑性条件的静压固定矫直。

⑤ 淬火和回火过程合并后进行淬火压力机床的矫直。

⑥ 氧-乙炔焰局部加热矫直。

⑦ 高频局部加热矫直。

⑧ 尖角锤锤击高硬度零件的凹面的反击矫直。

⑨ 特定条件下对高硬度的零件表面进行喷砂、喷丸矫直。

⑩ 电焊焊接应力矫直变形和外凸变形的电焊矫直。

采用机械化自动生产进行机械矫直是十分重要的途径和方法。

(1) 对零件外圆、平面的矫直

① 冷压矫直法。零件热处理后由于内应力的作用产生了扭曲变形，应对零件的凸出面最高点施加外力作用，使原伸长部分受到压应力，短边受到拉应力，使凸面在压应力的作用下产生塑性压缩，使凹面在拉应力作用下产生塑性伸长，外力去除后其塑性变形保持不变，达到对变形零件矫直的目的。

该方法适用于中碳钢及合金结构钢的退火件、调质件或淬火回火后硬度低于40HRC的零件的矫直，多为有色金属棒或板材制件，圆柱形和薄片型零件。同样适用于表面硬而心部软的渗碳件或高频淬火件。使用的矫直工具有油压机、螺旋压力机、锤头等，压力的大小应根据零件的大小、形状和弯曲量而定。对钻头的矫直是在通过借校钻头柄部来达到刃部的矫直，而小尺寸的轴、杆类零件用手锤矫直。对变形为"S"弯的零件应分段矫直，施压过程应当缓慢进行，防止零件的断裂等。具体的冷压矫直方法见图3-33。另外正击矫直，也能用于硬度在40HRC左右的零件，一般用铜锤敲击零件的突起部分。

② 热点矫直法（加热矫直法）。利用氧-乙炔焰对零件的局部凸起部位加热一点或数点到$600\sim700$℃，然后用水或其他冷却介质快冷，使受热点在冷却过程中通过热胀冷缩产生的热应力，使零件变形符合要求。热点矫直应用十分广泛，多用于硬度在40HRC以上零件的矫直，诸如含碳量在$0.35\%\sim1.3\%$的碳钢，低碳钢和低合金钢的渗碳件，用于圆柱形、板状零件和圆筒形零件，如轴类、管类、圆形零件、刀片等零件的矫直，事实表明零件的硬度越高则矫直的效果越好。

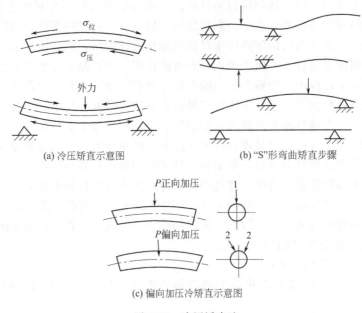

(a) 冷压矫直示意图　　　　　　　(b) "S"形弯曲矫直步骤

(c) 偏向加压冷矫直示意图

图 3-33　冷压矫直法

该方法是在回火后进行的，根据零件的材料性能和技术要求，禁止对同一部位进行二次加热，一般加热区域在 $10\sim15$mm。在实际生产中，热点矫直和冷压矫直相配合使用效果更好。采用加热矫直，其原理为利用局部的热塑性进行加压，达到矫直的目的，例如钻头、丝锥、铰刀、卡规、搓丝板等采用该类方法效果不错。具体矫直见图 3-34。

③ 锤击矫直法（反击矫直法）。使用高硬度的锤头，对零件的凹面进行敲击，使表面产生压应力的作用，使锤击的小块面积上产生塑性变形，敲击的凹面向两端扩展并延伸达到矫直的目的。

锤击矫直主要用于硬度在 50HRC 以上扁平零件或变形小、细长的圆柱件或片状板件，此法的原理为连续锤击零件凹处的各个小面积，使该处部位产生塑性变形，底面垫板受力后对凸面的反作用力使该处拉应力松弛，加上锤击的小块面积产生塑性变形，使锤击表面向两端延伸。

其操作要点为先从最低点锤击向两头对称延伸，不能集中某一部位，锤击方向与零件变形方向垂直，有规律的逐渐向两端延伸。锤击矫直多用于高速工具钢或高合金钢的矫直，为防止出现零件的应力过大，锤击要在回火后进行，锤击后消除应力回火温度为 $150\sim180$℃，保温 3h，从而消除零件的内应力，确保后续加工和使用过程中不产生变形。使用的锤头要采用高速钢、高碳钢或弹簧钢制造，硬度在 $60\sim65$HRC 为宜，垫板硬度为 $40\sim50$HRC，图 3-35 为反击矫直法示意图。

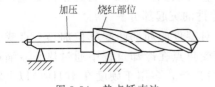

图 3-34　热点矫直法

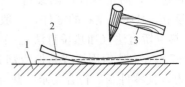

图 3-35　反击矫直法
1—平台；2—钢件；3—手锤

对部分回火抗力高的刀具而言，需加热到 $300\sim450$℃进行"热反击矫直"，在热状态下产生较好的塑性变形，例如刨刀、卡规、高速钢铣刀薄片等，通过热态冷击可达到矫直的目的。另外对硬度较低的零件也可采用正击法进行矫直，锤击零件的凸面部分即可达到矫直的要求。

④ 淬火矫直。淬火矫直的原理是在零件淬火冷却过程中，当零件的温度冷到 M_s 点附近时，奥氏体尚未开始或正在进行马氏体转变时，由于塑性良好的奥氏体的存在以及相变时的高塑性，此时零件具有较好的塑性，组织中保留大量的残余奥氏体利于矫直。此方法适用于所有淬火零件的矫直，矫直效果佳。淬火相变的超塑性效应发生于奥氏体向马氏体的冷却过程中，奥氏体的塑性为矫直提供了便利条件。

该方法用于易变形且硬度较高、难以矫直的零件，一般在冷却、分级淬火或等温淬火冷却过程中进行矫直。对于某些淬透性好、合金元素含量高的合金钢和高合金钢零件，如各种刀具、主轴及锯条、锯片等采用此法矫直效果明显。淬火矫直时的关键是控制钢在冷却介质（水、油、硝盐、碱浴、盐浴等）中的冷却时间，利用未转变的残余奥氏体的"大量塑性"，实现对零件的变形的矫直，具体的冷却时间参见表 3-22。

表 3-22　不同钢种在冷却介质中的冷却时间

钢种	零件要求的硬度（HRC）	冷却介质	冷却时间
高碳钢	≥61	10% NaCl 盐水	1s/(3～4mm)
合金工具钢	≥61	20～60℃油	1s/(0.12～0.16mm)
中碳钢	≥40	10% NaCl 盐水	1s/(5～6mm)
合金结构钢	≥45	20～60℃油	1s/(0.16～0.20mm)

淬火矫直法尤其适用于淬透性好的高合金钢零件，如高速钢和高铬钢零件。对于低合金钢和碳钢工件，在冷却到200℃左右取出矫直；而对于高合金钢零件，通过热处理后其奥氏体稳定化，淬火状态下仍保留大量的奥氏体，利用较高的温度和存在的大量高塑性的奥氏体，来实现零件的矫直，需注意以下几点：

a. 在冷却中不断测量和矫直，要控制开始矫直的温度，温度低（≤60℃）则塑性差，没有效果，容易压断；

b. 对薄板形零件要用平板夹住，在压力机上进行加压，为防止开裂应对夹板进行预热处理；

c. 矫直后的零件应垂直吊挂，确保均匀冷却；

d. 所有零件在完成矫直后应进行低温回火处理，目的是消除内应力的作用；

e. 应使零件的淬火和回火相互协调，既考虑到零件的淬火要求，又兼顾到回火后的实际效果，达到矫直的目的。

另外还可以在零件的凸的一面加压，另一面在凹部位加热，实现零件的矫直处理。

⑤ 回火矫直法。钢在回火过程中，淬火马氏体转变为回火马氏体，使零件的硬度下降，消除部分淬火应力。高合金钢淬火后存在大量的残余奥氏体，在回火温度下又具有高塑性，此时对变形工件施加外力加压，起到矫直的作用。事实证明作为工具钢在100～200℃进行矫直，可明显减少淬火变形。当高速钢在高温回火时（500～600℃），强化相弥散硬化一般不会引起尺寸的变化，实际上是冷却或加工时零件的各部位产生了不均匀的内应力，引起了塑性变形的结果。

该类矫直法常用于回火温度在300℃左右的薄片状、环状、长条板和圆盘状等零件，如摩擦片、碟形弹簧、圆锯片、锯片、铣刀等合金工具钢和高速钢零件等，通常是将零件装在专用回火夹具中，如图 3-36 所示，在回火过程中取出再施加压力。对于变形严重的零件先低温回火后再夹紧回火，作者采用此方法处理的材料为 65Mn，直径为 1584mm，厚度为 7.5mm 的金刚石锯片基体的变形量在 0.20mm 以下，省去了手工矫直工序，极大提高了生产效率。

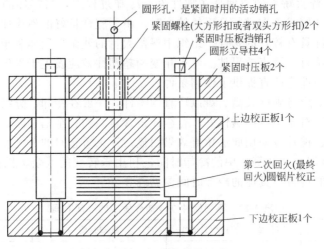

图 3-36 锯片基体的回火

零件要充分淬火避免预回火组织的转变，施加需要的压力产生一定的预弹性变形，采用上限回火温度，钢的碳含量越高则回火矫直的效果愈明显，回火矫直的温度在 300℃ 以上时才会取得较好的效果。另外还有零件的夹持回火、反弯回火等矫直方法。为了减少比较复杂的零件的淬火变形，可以根据零件的变形特点，综合运用以上方法，从某一方面入手找出合理的解决办法，也可几种方法并用完成零件的矫直。

（2）对套筒淬火变形的矫直 除采用外力对变形零件进行矫直，还可对热处理后膨胀或收缩变形超差的零件进行矫直。

①对于收缩变形的零件而言，在 A_{c_1} 温度下加热后快速冷却，零件没有发生组织转变，因此无组织应力的产生，只存在因零件心部和表面热收缩量的差异而形成的热应力作用。零件表面快速收缩，在塑性转变较好的心部施加压应力的作用，在主导应力的方向上产生塑性收缩变形。影响胀大或收缩的因素较多，需要在具体的热处理过程中正确分析和判断零件变形的具体状态，采取合理的方法达到控制套筒变形的目的。

化学成分不同则热处理的热导率和热膨胀系数存在差异，在 A_{c_1} 温度下塑性和屈服强度不同，碳素钢和低合金钢收缩明显，而含碳量高的合金钢收缩小。

加热温度应根据 A_{c_1} 选择，确保不发生组织的转变，即在水中冷却不允许淬硬为基本原则。碳素钢 A_{c_1}-20℃ ～ A_{c_1} ＋20℃；低合金钢 A_{c_1}-20℃ ～ A_{c_1} ＋10℃；低碳高合金钢 A_{c_1}-30℃ ～ A_{c_1} ＋10℃；耐热钢 850～1000℃。

该方法多用于各种不同的零件，套筒类零件的内孔、外圆、孔间距、外形尺寸等的控制，轴类零件伸长或局部尺寸收缩等的控制。

② 淬火胀大法，用于形状简单的收缩变形的零件，其原理为淬火后零件的过冷奥氏体表面发生马氏体相变，比体积增大，而未发生马氏体转变的部分或未淬透的心部受到拉应力作用，其拉伸的塑性变形致使零件沿主应力方向胀大或拉长。利用淬火时马氏体相变比体积增大，而实现胀大的结果。

该方法多用于低中碳钢和低中合金钢的零件，资料介绍采用较高的加热温度，水冷时，胀大 0.20％～0.50％，而对于过共析钢 9siCr、GCr15 可胀大 0.15％～0.20％，淬火后应进行 200～280℃的回火处理。

为了便于操作者正确选择和处理零件的变形，现将上述淬火变形的矫直方法归纳整理为表 3-23。可以看出每种矫直方法，都可按受外加载荷方式不同又分为许多矫直方法。

表 3-23　各种淬火变形方法汇总

类别	方法	操作类别
冷态矫直	冷压矫直法	①正向冷压矫直 ②偏向冷压矫直 ③砸弯冷压矫直
	冷态正击矫直法	①冷态正向锤击矫直 ②冷态预弯锤击矫直
	冷态反敲矫直法	①冷态反向锤击矫直 ②冷态反向喷砂矫直
热态矫直	热压矫直法	①烧红热压矫直 ②局部热压矫直
	局部烘热矫直法	局部烘热矫直
	热态反敲矫直法	热态反向锤击矫直
	热点矫直法	①热点矫直 ②热点、加压矫直
淬火状态矫直	淬火趁热矫直法	①趁热正向加压矫直 ②趁热镶嵌矫直 ③趁热滚搓矫直
	残余奥氏体稳定化矫直法	①淬火时残余奥氏体稳定化矫直 ②回火时残余奥氏体稳定化矫直
	局部速冷矫直法	①正向局部速冷矫直 ②反向局部速冷矫直 ③内孔收缩矫直
回火状态矫直	回火矫直法	①回火加压矫直 ②回火定型矫直 ③偶件配合回火矫直

3.5　淬火后硬度不均匀、硬度不足

零件在加热保温结束后，奥氏体内成分已经均匀化，迅速以大于临界冷却速度在要求的冷却介质中完成组织的转变，以获得足够的硬度和理想的组织（如马氏体或贝氏体）。因此在淬火过程中一切影响产品质量的因素，都会对零件淬火的硬度和组织产生重要的影响，而淬火后零件表面的硬度是最直接的缺陷特征，它将对零件的耐磨性、疲劳强度和使用寿命产生很大的影响。

3.5.1　淬火后硬度不均匀

零件经过热处理后出现硬度不均匀如软点或软带等，软点是指小区域出现硬度低的现象，而其往往成为磨损或疲劳损坏的中心，在十分重要的零件上是不允许出现的，其产生原因是多方面的。下面将造成硬度不均匀的原因和措施归纳如下。

（1）淬火后硬度不均匀的原因

① 原材料质量不合格，例如组织晶粒过于粗大或零件表面发生脱碳，淬火后出现硬度不均匀。

② 出现组织的严重不均匀，例如组织不合格（碳化物偏析、碳化物聚集等）、存在大块的碳化物或大块的自由铁素体等，它们直接影响表面硬度的均匀性，使材料的淬透性差，厚截面上下不易淬火，造成硬度不均匀。

③ 淬火加热温度低，保温时间短或炉温分布不均，炉内温差大，零件彼此接触阻挡了热量的传递，等，造成零件的加热不均，奥氏体成分不均匀，碳化物溶解不足，或者亚共析钢中铁素体未全部溶入奥氏体中，或者零件表面存在氧化皮和盐渣也可造成零件表面硬度的不均匀。另外含钨的合金钢在950℃以上温度进行长时间加热后，使钢中形成碳化钨而引起硬度不均。高碳钢、高硅钢则由于过热引起组织石墨化而产生硬度不均匀。

④ 零件的表面出现脱碳层或存在有氧化皮、锈斑等造成表面的脱碳，或者在冷却介质中未上下运动，造成零件的局部形成气泡，阻碍了冷却过程。

⑤ 淬火冷却不良，零件淬火时冷却速度不够快，在冷却介质中没有充分冷却；冷却介质老化、存在杂质，例如冷却水中存在油污、肥皂水、漂浮的杂物；冷却时零件表面存有气泡；或者冷却介质未进行强制循环而导致局部发生蒸汽膜，冷却介质性能下降，导致零件淬火后表面硬度不均匀。

⑥ 尺寸较大的零件冷却不均匀，一是零件在冷却介质中未作平稳的上下或左右运动，二是淬火出现零件堆集现象等，冷却介质未流动或搅拌，因此降低了冷却速度，造成硬度不均匀。

⑦ 在水中淬火冷却的零件由于蒸汽膜的作用，造成局部出现硬度不均，出现软点等，其检验方法有采用锉刀、盐酸腐蚀和研磨表面等几种方法，可根据具体情况选用合适的方法。通常用15～20cm的中纹平锉刀检查硬度，零件的硬度在60HRC以上锉刀打滑，硬度在58～60HRC范围则稍微锉的动，硬度在58HRC以下锉刀与零件之间有摩擦力。

（2）一般防止硬度不均匀的措施

① 在零件的加热过程中要采用合理的热处理设备和加热介质，例如采用可控气氛炉、盐浴炉、流动粒子炉或真空炉等，避免零件加热时表面出现氧化和脱碳现象。

② 碳素钢淬火时采用10%左右的氯化钠盐水或5%～10%的碱水作为冷却介质，可有效克服硬度不均匀的缺点。

③ 截面悬殊和比较薄的零件、有缺口和棱（尖）角的零件等应进行合理的加热和冷却保护，例如在上述部位进行捆绑、填塞等，削弱其质量效应。

④ 对于原材料存在脱碳层而未完全车削或磨削干净的零件，应重新加工除掉脱碳层后才能进行热处理。

⑤ 事先检查零件原材料的组织偏析和碳化物的聚集等缺陷，对出现质量问题的材料采取措施加以消除，例如补充退火或进行锻造等。

⑥ 对冷却介质进行良好的搅拌或喷水冷却，可确保冷却的均匀匀一致，消除硬度不均匀现象。

3.5.2 淬火后硬度不足

在热处理冷却过程中，整个零件或较大区域的硬度达不到技术要求等，即硬度不足，其产生原因与淬火后硬度不均匀大致相同。造成该类缺陷的原因是多方面的，根据零件在热处理过程中的具体工艺参数的执行情况，结合实际操作可从以下几个环节分析产生的具体原因。

（1）零件加热不足或欠热 零件在加热过程中，实际的淬火加热温度低或保温时间短，组织没有完全转变为奥氏体（得到奥氏体＋铁素体），造成零件内部奥氏体成分不均匀，碳化物和合金元素未充分扩散，内部各区域的成分差别很大，造成冷却后硬度的差别增大。

零件在热处理过程中执行了错误的工艺是造成硬度不足的原因之一。将合金工具钢在780～820℃范围加热，或将高速钢在1100℃以下加热淬火，即没有在要求的淬火温度内进行正常的热处理，则最终造成零件的加热不均匀、成分差异以及组织的变化不同，冷却后的组织中残留许多未溶的碳化物和合金碳化物等，整体硬度不一致。

零件选用的材料淬透性低，而截面尺寸大，造成零件内外硬度的差别很大，而碱浴成分中水分过少等也将对硬度产生一定的作用。因此零件的加热温度以及工件的形状、冷却介质稳定性等是工件热处理过程中必须关注的重点，要对其进行具体分析和探讨，制订出最佳的热处理工艺，发挥材料的组织性能和使用要求。

在零件的加热过程中，因控温仪表出现故障或失灵，造成加热设备停止供电，炉内的加热温度降低，会出现加热不透的现象。另外如果装炉量太大、造成加热时零件本身温度不均匀等，同样会出现零件加热不足的现象，因此在实际的热处理过程中，要定期检验仪表、确定合理的装炉量，确保加热的均匀有效和零件内外温度的一致。

（2）零件的过热 过共析钢因加热的温度高或保温时间长，出现过热现象（晶粒粗大），加热的奥氏体中存在过量的碳和合金元素，使M_s点大大降低，冷却后得到粗大的马氏体组织，组织的脆性增大，以致淬火后因有大量的奥氏体残余而降低了零件的硬度，对于工具钢而言在使用过程中会出现崩刃和折断。另外一类为材料的牌号混淆，导致淬火温度低的材料在高温下晶粒急剧长大，这种情况往往给操作者造成假象——加热温度高了，而很少怀疑材料出了问题，因此一旦发现过热现象，在检查温度和金相的同时，最直接和简便的方法是进行火花鉴别。

对高碳钢或高碳合金钢而言，如果淬火温度过高，则淬火后残余奥氏体过多致使硬度不足，因此在实际的热处理过程中，要严格执行工艺的规定，确保硬度的合格。表3-24为T10钢的淬火组织与淬火加热温度的关系，从表中可以看出，未溶碳化物的量随着加热温度的升高而减少，在温度达到860℃以后碳化物全部溶解于奥氏体。该钢在加热温度830℃以上则出现过热组织。

表3-24 T10钢淬火后组织与淬火加热温度的关系

淬火加热温度/℃	残余奥氏体量/%	马氏体/%	马氏体/μm	
			一般	最大
770	微量	3～4	隐针	—
800	1～3	1.5～2	7～11	12
830	5～10	0.5～1.2	18～21	28～35
860	10～15	无	18～21	28～35
890	10～15	无	28～35	35～52
920	15～20	无	28～35	35～52

（3）零件的冷却速度不够 零件在加热结束后，要以大于临界冷却速度进行迅速冷却，以获得要求的马氏体或贝氏体组织。如果冷却速度不够（或小）则发生或部分发生过冷奥氏体向珠光体的转变，出现该类缺陷的因素为冷却速度的选择不当，冷却介质的温度过高或老化，使用碱浴时水分太少或过多，易出现硬度不足或软点，以及零件的尺寸过大等。因此在实际的热处理中选择正确的冷却介质和确保冷却效果，其基本原则是既保证零件的淬火硬度符合要求，又要尽可能减小零件的变形量。在M_s点以上快冷，在M_s点慢冷，即可满足热

处理的要求。

(4) 零件表面脱碳 另外零件的加热温度过高，容易产生脱碳。零件原材料表面存在的脱碳层，在机械加工中必须去掉，否则零件在加热后的淬火过程中，因表层碳含量低造成淬火后硬度不足，零件内外组织不同产生的内应力增大，有可能出现零件的变形和开裂；同样零件表面本身无脱碳，但在加热过程中因加热介质具有氧化性，使零件表面受到氧化或脱碳的作用，造成表面碳和铁含量的降低，也会使零件淬火后硬度不符合硬度要求。

零件表面脱碳后将造成零件耐磨性和疲劳强度的降低，作为螺纹刀具螺纹表面出现了脱碳，其切削性能和精度将无法保证，切制的内外螺纹不合格，直接影响到使用要求。资料介绍汽车弹簧钢板在表面脱碳后，疲劳寿命降低了 60% 以上。由此可见零件的表面脱碳对零件的使用寿命影响很大，必须认真对待，确保热处理的零件表面无脱碳现象。

零件在锻造过程中不可避免地出现一定深度的氧化皮，如果在最终热处理前的机械加工中没有完全车削或磨削去，热处理后此处的硬度将受到严重的影响，因此为确保工件的热处理质量，严禁出现此类问题。

(5) 热处理过程中操作不当 严格执行零件的热处理工艺参数是对操作者的基本要求，许多质量缺陷是因操作不当造成的，如加热温度过高使淬火后的残余奥氏体过多、淬火温度低、保温时间短、淬火时预冷时间过长、双液淬火时在水中停留的时间太短、分级淬火时分级温度太高或停留时间长、奥氏体分解而在显微组织中出现非马氏体组织（如奥氏体组织）等，因此硬度降低，如果回火不足同样会造成硬度不足等。另外工件使用的原材料如果出现混料，则不可避免地造成硬度不合格，这可通过一般的钢铁火花鉴别知识区分开来，同时淬火后工件的表面颜色也有差异。因此一旦出现该类问题，要应用掌握的知识和技能等分析和判断，找出原因确保工件的产品质量合格。

经过锻造、退火和淬火回火处理后的 40Cr 花键轴，在工作过程中发生扭转疲劳断裂，经过分析表面的硬度低（23～26HRC），当技术要求更改为 32～35HRC 时仍存在断裂现象，将硬度提高到 40HRC 以上，则完全消除和避免了扭转疲劳断裂，使用寿命得到了保障。其原因为硬度低于 40HRC，花键基体的强度偏低，无法满足其抗扭转的工作需要，因此零件本身的硬度偏低是造成其早期失效的原因之一。

3.6 工具钢的淬火缺陷

零件进行机械加工，完成对加工件的车削，刀具是必不可少的重要加工工具。刀具在切削加工中的进给量、切削速度和转速都受到切削材料硬度、组织的影响，在车削时刀具由于摩擦的作用，同时要承受切削压力的作用，刀刃的温度可达 600℃ 以上，仍要保持高的硬度、强度和耐磨性，以及良好的红硬性，才能确保刀具的正常工作。因此为满足刀具的使用需要，必须选用合适的刀具材料，来满足其具体的加工要求。

在刀具的热处理中，其材料的选择十分重要，对刀具材料性能的基本要求为：

① 具有良好的淬透性；

② 高的硬度和耐磨性，硬度在 60HRC 以上，耐磨性决定了使用寿命；

③ 高的红（热）硬性，确保在高温工作条件下，仍保持高硬度和良好的切削性能；

④ 热处理后变形小；

⑤ 具有足够的塑性和韧性。

工具钢根据化学成分的区别，以及工具的具体工作条件和技术要求，一般分为碳素工具钢、合金工具钢、高速工具钢三类，三者的硬度均在 60HRC 以上。从其上述六个基本要求来分析,高速工具钢性能优于合金工具钢,碳素工具钢最差。因此在车削零件时要根据材料的硬度和具体技术要求选用合适的刀具材料,来满足实际工作需要。

工具热处理的类别有退火、正火、淬火和回火等几种,退火或正火的组织状态、硬度等是至关重要的,它必须为最终的热处理做好组织准备,否则将直接影响工具的热处理性能。淬火和回火对于工具的使用寿命和热处理缺陷有重要的影响,其工艺编制和具体的操作是热处理工作者在作业现场应当充分考虑的重点内容。

工具钢的热处理与其他零件的热处理相比,有以下几个方面的不同:

① 采用不同的热处理工艺方法对工具的使用寿命影响很大;

② 对工具热处理的质量要求较高;

③ 工具的形状和尺寸比较复杂,常出现细长或尺寸很大的工具等;

④ 工具的化学成分以及合金元素的含量对工具各种性能有直接的影响;

⑤ 工具热处理过程中,要充分考虑和预防产生的热处理缺陷(例如淬火裂纹、变形、硬度不良等)。

使用过程中出现早期的破坏和磨损等,这多半同淬火过热或回火不良有关。因此工具钢的热处理的难度高于其他的零件的热处理,认真分析和采取必要的技术措施,才能确保工具钢热处理后的技术要求满足切削加工的需要。

工具的热处理条件与韧性是首先要考虑到的,当要求工具有较高的韧性时,通常是通过降低硬度来满足韧性的要求。提高淬火加热温度则造成晶粒度增大、冲击韧性降低,随之带来的是工具耐磨性的提高和寿命的增加,将二者进行综合考虑制订出最佳的热处理工艺规范是热处理工作者的岗位职责和任务,因此在刀具的实际热处理过程中,要根据刀具的具体技术要求和使用条件确定合理的热处理工艺。

3.6.1 碳素工具钢和合金工具钢常见热处理质量缺陷

碳素工具钢和合金工具钢可制作一般的刀具,其耐热性差,在250℃以下其切削性能和硬度可完全满足需要,因此其适用于低温工作状态,例如手用丝锥、圆板牙、手用锯条、刨刀等通常选用这两类材料。下面将其在热处理过程中容易出现的缺陷归纳整理见表3-25。

表3-25 碳素工具钢和合金工具钢热处理常见缺陷和解决方案

工序	缺陷名称	产生原因	解决方案	处理方法
淬火与回火	硬度低、出现软点或软带	①淬火温度低或淬火温度过高、保温时间短 ②预热时间过短、预热温度过低 ③装炉量多,零件的排列密集,出现阴阳面 ④原材料存在严重的石墨析出或存在粗颗粒的碳化物 ⑤钢中存在碳化物偏析与聚集 ⑥原材料表面脱碳(或未切除干净)或加热过程中脱碳 ⑦冷却介质选择不当,淬火时冷却速度过慢,分级或等温淬火温度高或时间长,盐浴冷却介质恶化,双液淬火时在水中冷却时间短	①严格执行热处理工艺,确保淬火温度和时间符合要求,必要时进行金相检查 ②选择合理的预热温度和时间,确保零件内外加热的均匀一致 ③合理装炉,避免加热温度不同造成淬火硬度的不均匀 ④加强原材料的检查,使用符合要求的材料 ⑤选择合理的锻造工艺 ⑥采用车削加工等方法去掉脱碳层,盐浴要定期脱氧和捞渣,空气电阻炉加热时要加保护气氛,或采用真空加热 ⑦根据零件和设备特点正确制订和掌握淬火和回火过程温度、时间等参数,保证介质的清洁和成分的稳定。选用合理的冷却介质,并熟悉操作的工艺流程,对双液淬火的零件要把握好在第一种介质中的时间	①如果零件存在较多的残余奥氏体,可通过冷处理或采取重新回火来提高硬度 ②退火后重新进行加热和回火处理

工序	缺陷名称	产生原因	解决方案	处理方法
	硬度低、出现软点或软带	⑧回火温度高,回火不充分或空气炉内回火未循环 ⑨炉温加热不均匀,仪表指示值误差大 ⑩零件浸入盐浴面太浅,或零件插入盐渣中,造成零件本身的温度不均匀	⑧采用盐浴或油回火,并加以搅拌使其流动,确保回火温度的均匀一致,防止出现过大的温差,合理调整盐浴的冷却性能,控制水冷时间 ⑨根据零件的长短、大小等合理选用加热盐浴炉,将零件放在有效加热区内。定期校验仪表 ⑩盐浴炉要及时挖渣,认真检查零件的硬度不够的原因	①如果零件存在较多的残余奥氏体,可通过冷处理或采取重新回火来提高硬度 ②退火后重新进行加热和回火处理
淬火与回火	淬火脱碳	①在盐浴加热过程中,水分、氧以及杂质(如硫酸盐、碳酸盐等)含量超标 ②夹具或电极上的氧化皮、铁锈等带入炉膛内 ③炉内有硝盐的带入 ④脱氧不良或捞渣不彻底	①使用的氯化钡、氯化钾或氯化钠等在300~500℃进行2~4h的脱水处理,不纯物的含量符合规定 ②盐浴应定期脱氧,控制盐浴中氧化物的含量,对夹具进行抛丸或喷砂处理,也可酸洗,以除净氧化皮或锈迹等,经常清理电极上的氧化皮和附着物 ③放入盐浴中的零件或工装等必须清洗干净 ④每班脱氧和捞渣	①脱碳层小于磨削余量的零件可以使用 ②对脱碳层深度大于磨削量,而回火后表层硬度不低于55~60HRC的零件,可进行退火、渗碳等方法进行补救
	过热和过烧	①淬火温度过高或保温时间长 ②控温仪表失灵或示值不准 ③零件和盐浴炉的距离过近或靠近电热丝而局部烧熔 ④炉底的沉积物过多,电极插入其中,造成炉底温度过高,而零件在沉积物出现过热、过烧 ⑤零件在加热过程中脱碳或增碳 ⑥盐浴炉的电极分布不合理,造成炉温不均匀,出现局部过热 ⑦原材料球化组织不良	①正确控制和确定合理的淬火加热温度和保温时间 ②淬火夹具的设计应合理,仪表和热电偶应定期校对和鉴定,确保有效 ③零件要求在有效加热区,避免靠近电极和炉丝 ④定期捞渣,确保炉膛的深度符合要求,零件的放置要科学合理 ⑤盐浴及时脱氧,或在可控气氛内将碳势调整到要求的范围,检查淬火后零件的金相组织 ⑥改进电极的分布设计,使整个炉膛内盐浴的温度均匀一致 ⑦重新进行球化退火处理	①过热不严重者可重新退火处理和进行热处理 ②过烧零件一律报废
	畸变	①零件热处理前内部存在有残余加工应力或冷塑性变形应力 ②淬火前存在局部脱碳 ③淬火加热温度高且不均匀 ④加热和冷却速度过大 ⑤淬火时操作失误,零件摆动过大或相互碰撞等 ⑥轴杆状零件在回火时放置不当 ⑦原材料的化学成分不均匀,淬透性低,碳化物分布不均匀	①必要时进行消除应力退火处理 ②将脱碳层去除干净 ③严格控制热处理工艺要求,温度的均匀性应符合规定 ④淬火前预热,冷却时可进行适当的预冷,采用合理的冷却介质和淬火方法,必要时进行双液、分级或等温淬火 ⑤规范操作规程,采用合适的夹具或工装,或淬火断电,在淬火和冷却时要垂直放置,零件之间不要相互挤压和碰撞 ⑥轴杆状零件应垂直摆放回火,对薄片状零件在回火时可采用夹具夹紧回火 ⑦选用符合技术要求的原材料	①对发生畸变量小的零件进行矫直(反击法),也可进行热点矫直 ②对轴杆状零件弯曲超差严重时,可先进行退火,然后矫直后重新加热淬火

工序	缺陷名称	产生原因	解决方案	处理方法
淬火与回火	裂纹	①淬火时过热或过烧 ②加热速度快或加热不均匀 ③冷却介质选择不当,冷却速度过快,操作不当,或者在双液冷却时水中停留时间长 ④清洗过早 ⑤淬火后回火不及时,回火不充分 ⑥需重新淬火的零件未退火处理而直接淬火 ⑦零件表面脱碳、表面有加工的刀痕,厚薄悬殊大、断面尺寸变化大、形状过于复杂等而未采取相应的措施 ⑧原材料夹杂物过多,带状组织严重,有网状渗碳体或原材料存在微裂纹,存在粗片状珠光体 ⑨焊接零件的焊缝处存在气孔、夹杂或脱焊 ⑩矫直时用力过大,酸洗出现蔽击裂纹 ⑪磨削操作不当 ⑫零件设计时存在尖角、棱边、凹槽或截面急剧变化	①严格控制加热的工艺参数,加热温度和保温时间,可选用较低的加热温度,对截面变化处用石棉绳或采用特殊夹具,确保各部分冷速相近 ②进行预热或分段加热,炉内的装炉量要符合要求 ③合理控制冷却速度,在能满足硬度要求的前提下,应尽可能地选择冷却缓和的冷却介质,例如分级或等温淬火等 ④严禁零件过早的清洗,以防出现过大的内应力作用 ⑤对于容易开裂的零件,在淬火后冷至60~70℃左右要进行炉内回火,并且确保回火充分,回火升温速度要慢,可用阶梯式分段加热 ⑥需重新淬火的零件应首先退火处理后,才能进行二次淬火 ⑦合理选择加热温度,盐浴及时脱氧,形状复杂的零件要进行预热,硬度要求可适当降低,消除或改善容易造成开裂的外在因素,必要时选择油冷或盐浴淬火处理 ⑧加强质量检验,选用符合要求的原材料,严格控制原材料的内在质量,也可对材料进行正火+球化退火处理 ⑨加强焊缝的质量检验,避免处理该类缺陷 ⑩采用正确的矫直方法,矫直用力适当,一次锤击或压弯量不要过大,也可选淬火压床、特殊夹具以及回火夹具等 ⑪选用合适的磨削工艺,确保零件表面不发生组织的转变 ⑫改变设计形式,避免出现容易产生应力集中的部位,也可对上述位置进行捆绑、填塞或其他的保护措施	零件一旦出现裂纹,无法挽救,只能报废处理
	腐蚀	①盐浴中含有过多的杂质如硫酸钠、碳酸钠等 ②盐浴加热过程中混入了硝盐,其分解出的氧与零件的表面作用产生麻点 ③盐液面存在腐蚀性的介质 ④以硝盐作为直接分级冷却的介质(400~500℃) ⑤在空气炉中加热造成氧化 ⑥淬火时的残盐未去除干净或残盐潮解,而腐蚀零件的表面 ⑦盐浴炉脱氧不良或捞渣不彻底 ⑧在硝盐中冷却后残盐未清洗干净 ⑨零件与夹具接触处或零件上有铁锈或氧化皮 ⑩回火硝盐中氯盐含量过多	①严格控制淬火和回火用盐的纯度,防止杂质的混入 ②杜绝硝盐和淬火盐浴的接触 ③清理盐浴表面的浮渣等氧化性杂质 ④分级介质采用氯盐,但不宜用吸水性强、难于清洗的氯化钙 ⑤避免在空气炉内加热零件,可在盐浴、可控气氛、真空炉内完成加热工序 ⑥对淬火后的零件应在沸水中煮干净表面的残盐 ⑦认真进行盐浴的脱氧和捞渣 ⑧硝盐中冷却后在沸水中洗净残盐 ⑨零件应清洗或进行喷砂或抛丸处理 ⑩回火硝盐中氯离子控制在1.5%以下	①腐蚀轻微的麻点或凹坑可进行磨削处理 ②非工作部位出现腐蚀可做合格品处理

续表

工序	缺陷名称	产生原因	解决方案	处理方法
退火与正火	石墨碳（见图3-37）	①碳素工具钢退火温度高、保温时间长以及冷却缓慢,钢中出现片状珠光体、网状碳化物并析出石墨,在石墨碳周围出现大块铁素体,出现石墨碳或表面脱碳 ②承受冷塑性变形量较大或已经淬火成马氏体的钢,退火时更易产生石墨碳	①正确制订退火工艺的热处理工艺规范 ②进行预先冷变形处理,对已经淬火的零件采用较低的温度和较短的保温时间重新处理	进行扩散退火处理
	球化组织不良	①退火过程中加热温度低、保温时间不足,产生低级别的细片状或点状碳化物 ②加热温度高,加热时间长,产生大颗粒的碳化物以及粗片状珠光体	①正确制订球化退火的热处理工艺规范 ②合理装炉,确保炉内加热温度的均匀	球化不良的零件重新进行退火处理
	网状碳化物	①退火温度高(在A_{cm}以上) ②冷却速度太慢,沿奥氏体晶界析出碳化物 ③锻造始锻温度太高,锻后冷却速度太慢	①严格控制加热温度 ②加大冷却速度 ③控制锻造始锻温度,同时快速冷却	采用高温正火,消除网状碳化物后,再进行球化退火

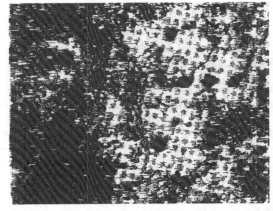

图 3-37　碳素工具钢退火时出现的石墨碳　500×

工具钢一旦出现上述质量缺陷,将对刀具的使用寿命产生致命的影响,尤其是对淬火处理后硬度低的刀具在没有进行退火、正火或高温回火的前提下,对其直接淬火处理,这不仅容易造成刀具的畸变,而且有可能出现淬火开裂。因此正确处理和妥善安排刀具的热处理是重要的技术工作,这应当引起热处理工作者的足够的重视。

对一般工具钢热处理质量的检验应从变形量、硬度、金相组织、力学性能等几个方面加以考虑,对处理的具体问题要求从原材料、热处理工艺、操作的具体过程、刀具的技术要求等分析和判断。运用相关的热处理知识和质量管理的方法比较容易找出缺陷产生的根源,同时也有助于提高对缺陷的认识程度,对于零件质量的控制是十分有利的。

3.6.2　高合金钢和高速工具钢常见热处理质量缺陷

高速钢具有二次硬化现象,其性能取决于淬火的加热温度,如淬火温度提高,组织粗化,硬度降低,而残余奥氏体增加;回火温度过高,韧性降低,但刀具的寿命和切削加工性以及耐磨性得到了提高。对车刀、滚刀而言应具有高的耐热性和耐磨性,要保温足够的时间以满足碳化物固溶于基体并发生均匀扩散的需要,而丝锥和拉刀则需要一定的韧性,故采用较低的淬火加热温度。因此根据刀具的工作条件和性能要求,合理设计刀具的热处理工艺,选择热处理设备和加热、冷却介质和冷却方法，同时考虑和采取一定的方法和措施避免和减少热处理质量缺陷，这是一项十分复杂的技术工作，要求工艺的设计者应具有一定的理论和实践经验。为了便于热处理工作者在处理零件的过程中，正确处理和应对可能出现的质量缺陷问题，现将高速工具钢常见缺陷介绍如下。

(1) 鱼鳞状断口 这是高速钢常见的缺陷之一，具体见图 3-38，其产生的原因一是在锻造后未及时回火，而直接进行淬火处理；二是精锻工艺温度不适当；三是淬火后零件没有退火而直接反复进行 2～3 次淬火。

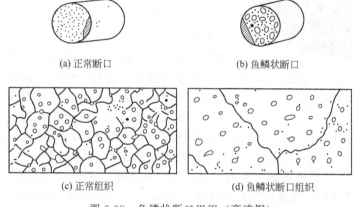

(a) 正常断口　　　　　　　　　(b) 鱼鳞状断口

(c) 正常组织　　　　　　　　　(d) 鱼鳞状断口组织

图 3-38　鱼鳞状断口组织（高速钢）

为防止鱼鳞状断口的产生，考虑其他原因需进行重新淬火处理，一般进行中间退火，也可采用高温加工使晶粒细化，再进行退火处理。

(2) 内氧化 多发生于渗碳过程中，渗碳气体中含有少量的含氧气体，淬火零件的表层下的锰和铬受到氧化作用。往渗碳炉内通入氮气，可起到稀释的作用，使含氧气体浓度降低。

(3) 裂纹

工具钢尤其是高速钢刀具热处理过程中，经常发生的热处理致命缺陷之一是裂纹，这将造成零件的整体报废，是无法挽救的缺陷。因此在高速钢的热处理过程中，要制订合理的热处理工艺参数，严格执行操作规程，与此同时采用原材料组织合格的钢材，对于需要锻造成形的刀具，要将其内部碳化物击碎和均匀化，消除成分偏析，不允许出现内部折叠、卷入氧化皮、裂纹等缺陷。更应注意的是锻造后的球化退火，通过退火降低硬度，改善切削加工性，细化组织为最后的热处理做好组织准备。

高速钢在热处理过程中出现裂纹，一是原材料本身或锻造存在缺陷，在热处理过程中由热应力和组织应力的双重作用导致零件的开裂；二是零件存在设计的缺陷，存在尖角、凹槽、不规则的形状等，冷却过程中造成该部位出现应力集中而开裂；三是零件的截面突变或厚薄不均匀，造成加热和冷却过程中，组织转变的不同时和不一致性从而使内应力增大，出现零件的开裂现象；四是零件形状复杂，在加热过程中没有预热或预热不充分，内外温差过大，或者冷却介质选择不当，冷却过于激烈，产生的内应力超过了材料的破断抗力而开裂；五是淬火或回火操作过程中零件未冷到室温而过早清洗等。因此影响高速钢刀具开裂的因素很多，应进行多方面的分析和判断，找出裂纹产生的根源才能保证刀具的热处理质量。为了便于了解和判断产生的裂纹，现将一般裂纹的形式和产生的原因分别介绍如下。

① 碳化物带状堆积造成的裂纹。如果高速钢中出现碳化物堆积，则在正常的淬火温度下出现过热现象，堆积处碳化物拖尾见（图 3-39），贫碳区域出现晶粒粗大。例如高速钢齿

图 3-39 W18Cr4V 钢的晶粒度的不均匀
长大（4%硝酸酒精侵蚀） 500×

轮铣刀淬火后在内孔壁上出现裂纹，经金相检验发现裂纹附近的碳化物呈不均匀的带状分布。当钢中的显微组织出现碳化物的聚集时，此处的碳和合金元素的含量较高，造成临界温度降低，这样按正常的温度加热必然使之出现过热组织，将造成钢的强度剧烈降低，同时碳化物堆积又造成各部分相成分的不均匀，因此增加了相变应力，加上碳化物带状偏析分布的方向性在淬火冷却时共同作用，很容易产生淬火裂纹。另外钢材的夹杂物多也同样是产生裂纹的根源。因此通过改变锻造比，进行反复锻造，并进行高温退火处理则可避免此类缺陷的发生。因为组织不良而造成零件出现这样或那样的一些质量缺陷，将直接影响到刀具的使用寿命。需要提到的是在高碳钢和高碳合金钢内其金相组织为珠光体＋二次渗碳体的混合相，同时内部存在一定量的共晶渗碳体等，如果呈颗粒状均匀分布于铁素体的基体上，将明显增强耐磨性，假如其呈网状或大块、带状分布，则基体的强度和韧性大大恶化。图 3-40 为直径 190mm 的 9Cr18MoV 高碳高铬不锈钢，未经适当的镦粗、拔长和反复锻造，在 1/2 半径处存在严重的带状渗碳体，其基体组织为球状珠光体。图 3-41 为 9Cr18MoV 钢制造的长切刀，淬火后发现零件表面呈树枝状裂纹，从图中可知裂纹存在于网状渗碳体和晶粒边界，沿渗碳体网络发展。

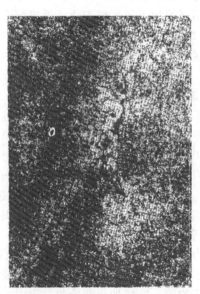

图 3-40 φ190mm 的 9Cr18MoV
高碳高铬不锈钢 500×

图 3-41 9Cr18MoV 钢长切刀淬火裂纹 500×

② 淬火过热或过烧造成的裂纹。高速钢过烧时在组织上出现完整的碳化物网、次生的莱氏体以及黑色的组织（δ 相的分解产物），具体见图 3-42。过烧造成的裂纹较深，无方向性而且裂纹十分粗糙。造成过烧或过热的原因除了淬火温度高、保温时间长以外，还同刀具距盐浴炉电极太近以及热电偶或控温仪表失灵等有关，因此要避免此类缺陷的发生。

③ 淬火时加热速度快造成的裂纹。由于刀具合金元素含量高，其导热性差，因此形状

图 3-42　W18Cr4V 钢的过烧组织（4％硝酸酒精侵蚀）　500×

复杂的刀具内外存在很大的温差，晶粒度的大小有较大差别。冷却时热应力和组织应力的复合作用，造成组织转变存在时间的差异，当内应力大于材料的脆断抗力则造成零件的开裂。对于形状复杂的工具或大型刀具以及细长薄片形刀具，应进行二次预热或分段加热，同时注意预热温度不宜太高。

④ 冷却速度过快造成的裂纹。高速钢刀具在淬火或回火过程中，如果在马氏体的转变区冷却过快，将造成零件表面张应力的增加，从而引起表面的开裂。如淬火或回火后零件内外温度有较高的温差、清洗过早、回火不及时，回火不足等，容易造成零件的开裂。齿轮滚刀和规格大的丝锥等，因回火冷却不当出现表面裂纹的现象时常发生，因此需要引起操作者的高度重视，必要时回火采用低温入炉，缓慢升温，细长零件垂直悬挂回火。内孔壁纵向裂纹出现在套、圈类的内孔壁上，从端面看裂纹呈放射状。图 3-43 为 W18Cr4V 钢制造的大模数铣刀淬火后开裂的情况，这是内外冷却速度不同造成的，内孔处淬火时冷却速度慢，热应力较小，内孔表面在组织应力的作用下处于拉应力状态，且切向拉应力较大，内孔越小则冷却速度越慢，热应力明显减小，切向拉应力相应地变得更大，从而造成裂纹的产生。据资料介绍，W18Cr4V 钢制作的热锻模在盐浴加热后油冷，发现了裂纹。通过分析认为锻模的截面尺寸较大，因此冷却时内外的温差较大，在表面转变为马氏体时，而内部仍处在奥氏体状态，在随后的冷却过程中转变为马氏体，因此内部膨胀，致使表层承受很大的拉应力，造成

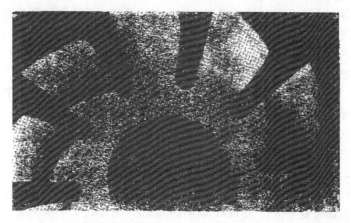

图 3-43　W18Cr4V 钢制造的大模数铣刀淬火后沿内孔壁形成的放射状裂纹

锻模的开裂。针对此缺陷，应当采用分级淬火或空冷，确保零件的内外温度一致性和转变的同时性，则可完全避免该裂纹的产生，也能为零件的热处理质量提供可靠的保障。

图3-44　表面脱碳产生的网状裂纹

⑤ 表面脱碳造成的裂纹。高速钢在加热过程中，若盐浴中氧化物的含量高，或在空气中加热，以及原材料本身的脱碳层没有完全车削掉等，均将造成零件表面出现氧化脱碳现象，如图3-44所示。脱碳层内碳含量的降低造成表面强度的下降，与此同时也增加了内外组织转变时的内应力，最终表面受到张应力的作用而开裂，该类缺陷的特征为裂纹浅、长度短、呈无规则分布。

⑥ 几何形状或切削加工不当造成的裂纹。对于形状复杂、结构设计时截面悬殊、有尖角或凹槽、表面不光洁（存在加工刀痕、打印标记等）的零件，在加热和冷却过程中加剧了相变的不同时性，截面变化处形成了应力集中。冷却条件选择不当（摆动终止时温度低或从冷却介质中提出的温度过低），回火的温度低或时间短等，都会造成零件的开裂。

⑦ 刀具矫直过程中的断裂。刀具在热处理加热和冷却过程中，无法避免变形的发生，因此热处理后应进行必要的矫直，才能满足刀具随后磨削加工的需要。热处理后的刀具硬度很高，通常采用趁热矫直、冷反击法矫直、压板矫直、热点矫直等控制变形的措施。特别需要提出的是对轴杆类和板状刀具等进行矫直时，如果采用反击法，钢锤的硬度应在HRC60以上，锤击面应呈圆弧形状（有一定的半径），同时绝对禁止在某一部位用力过猛，否则锤击造成刀具断裂，有时裂纹很小但在进行酸洗时可清楚地发现该类致命的缺陷，因此应引起操作者的高度重视。

⑧ 焊接刀具焊接不良或加热不良造成裂纹。为了节省价格较高的高速钢，通常刀具的柄部采用中碳钢或中碳合金钢，与刃部高速钢采用闪光焊或摩擦焊连为一体，以达到节约材料的目的。焊接过程中出现焊接面（或焊缝）有气孔、杂质、脱焊等，造成该处强度降低，易在使用过程中断裂；另外在对高速钢部分加热时，如果焊缝浸入盐液面内，造成柄部材料出现严重的过热甚至过烧，同样会出现裂纹现象。

⑨ 刀具的磨削裂纹。刀具热处理回火完毕后要进行最后的磨削加工，以得到要求的精度、尺寸和形状等。由于此时刀具的硬度在60HRC以上，因此在磨削过程中如果工艺参数选择不当，磨削进给量过大，或冷却不均匀等会造成表面温度的急剧上升，出现磨削退火、甚至淬火，表面的组织发生转变，表面产生拉应力的作用，导致刀具的开裂。在丝锥的磨槽、机用丝锥和滚丝轮磨螺纹工序中，若冷却不当则容易出现磨削裂纹，该类裂纹深度在0.01～0.05mm，通过再次磨削则可消除已有的裂纹。笔者处理过寒冬季节丝锥磨槽后，出现磨削裂纹的情况：当时水温在5℃左右，操作者对高速钢管螺纹丝锥进行磨槽，检验人员发现槽内有网络状的裂纹，通过对作业现场的调查，从影响产品质量的六大因素综合分析后，发现出现缺陷的原因是操作者对槽部的磨削量过大（达到0.3mm），产生大量的热，而冷却水温则过低，造成材料的过度冷却而产生磨削裂纹。

笔者曾分析过一批断裂的M18焊接丝锥，刃部材料为W6Mo5Cr4V2，钢柄部材料为45钢，技术要求：刃部硬度为63～66HRC，柄部为30～50HRC，回火充分。刃部已经处理完毕，现需对柄部进行淬火处理，柄部的具体热处理工艺为820～840℃，保温7～8min，采用流动的水冷却，随后进行 $180\sim220℃$ 低温回火，在检查柄部硬度时发现在焊缝高速钢部分出现裂纹。对本批丝锥进行全部的外观检查后发现裂纹比例高达 60% 以上，从裂纹的位置和形状来看，几乎没有差别，检查刃部和柄部的硬度和金相组织均正常，检查和分析裂纹处时发现其两侧无氧化和脱碳现象，裂纹均起于焊缝终止于螺纹处，距离为 30mm 左右，因此初步判断为淬火裂纹。

对柄部的热处理工艺每道工序进行跟踪，淬火夹具为专用丝锥退柄板，局部盐浴加热（焊缝在盐液面以上 $5\sim10$mm 位置）后，迅速在浅水槽中水冷。经过测量，水槽在冷却 M18 丝锥过程中，水面的高度大于该丝锥柄部的长度，由此可见本批丝锥的裂纹根源正是冷却时将高速钢部分也浸入了水中，造成刃部剧烈的冷却，内应力超过了材料的破断强度所致。

对于上述质量缺陷应当采取一定的预防措施，通常是原材料的碳化物不均匀性小、低倍组织合格，如需锻造则应有足够大的锻造比和锤击量；对于形状复杂的刀具进行多次预热；在满足零件红硬性的前提下，对于容易开裂的刀具等尽可能地采用较低的淬火温度，减少过热造成的零件变形和开裂；对开裂倾向大的零件应进行分级或等温淬火，同时冷却到 $100℃$ 左右及时回火，回火的升温速度应缓慢，可进行阶梯式分段加热；在马氏体的转变区内要缓

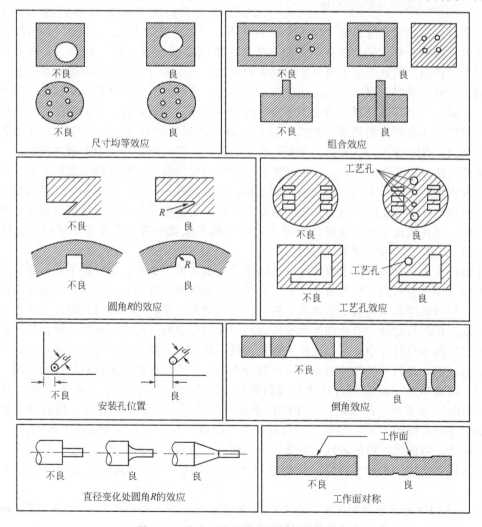

图3-45 防止工具钢淬火开裂的形状要求

慢冷却，严禁冷却过程中进行零件的清洗；对于需要进行冷处理的刀具等，必须冷到室温后才能冷处理，冷处理时应分段降温，首先在 $-30 \sim -20℃$ 停留 $2 \sim 3min$，再降到 $-75℃$，冷处理完毕后待温度回升到 $-30℃$ 左右，才能从炉内提出，回升至室温再进行回火处理；零件的截面变化处要避免骤然改变，将棱角倒钝、避免出现刻印痕迹，孔穴、键槽等采用堵塞等方法，应减少应力集中效应，图 3-45 为防止工具钢淬火开裂的形状要求。另外原材料的组织不良如球化退火组织不良、碳化物偏析等，将造成零件在热处理过程中出现开裂。

（4）表面腐蚀（麻点） 零件的表面腐蚀是由于加热介质与零件的相互作用，表面产生了腐蚀麻点，而严重的腐蚀会造成刀具的表面失去原有的性能，无法正常工作。钻头在盐浴加热过程中造成的腐蚀见图 3-46。

图 3-46　钻头表面的腐蚀麻点

产生该类缺陷的原因为：①杆状刀具如钻头、丝锥、拉刀等为局部加热时，暴露在盐浴面上的部分受氧、氯、氯化氢等气体的腐蚀，因此在盐浴面与刀具的交界处，空气将刀具表面氧化；②盐浴中含有硫酸盐等杂质，硫与刀具产生氧化作用；③盐浴内脱氧不良，存在大量的氧化物，使刀具脱碳和产生腐蚀麻点；④盐浴中混入了硝盐分解出的氧原子与刀具作用，产生麻点（氧化）；⑤在 100% 的硝酸钾中回火时，内部含有大量的氯离子，加上硝盐的使用温度过高（超过 600℃），造成硝酸钾在高温下的强烈分解，产生了氧气使刀具受到氧化，产生大量的电化学腐蚀麻点；⑥大型刀具高温出炉时在空气中预冷时间过长，与空气中的氧接触，产生斑状麻点，这是高温下空气氧化的结果；⑦刀具热处理后清洗不干净，或刀具的搁置时间过长，上面粘附有淬火残盐或残盐潮解等；⑧表面发黑处理时酸洗时间过长或酸洗温度过高等。因此出现刀具的表面腐蚀，应从以上几个方面查找原因，并采取相应的措施，即可避免出现表面腐蚀现象。

通常为防止刀具在热处理过程中出现表面腐蚀，可采取以下相应的措施和方法：严格控制热处理用盐的纯度，不允许杂质的含量超标；酸洗溶液用酸符合技术要求；刀具热处理后应进行煮沸清洗；必要时进行刀具喷砂或抛丸处理；盐浴脱氧要彻底；在硝盐浴中分级或等温淬火时，可在硝盐中加入质量分数为 2% ～ 4% 的氢氧化钾等。事实证明采取以上措施则可有效避免刀具表面腐蚀现象的发生。

零件产生表面腐蚀除以上原因外，还同零件在箱式炉中加热表面保护不良；零件加热结束后在空气中停留时间过长等有关。对于局部高温加热的零件而言，更应注意表面腐蚀带来的危害。笔者在用高温盐浴炉加热直柄钻头、接柄钻头、接柄丝锥等刀具时，在盐浴面处零件的表面出现严重腐蚀，造成即使磨削到成品尺寸仍存在麻点的质量缺陷。根据其产生的机理，在以后的加热过程中，采用先将零件整体浸入盐浴中，随后提出进行局部加热，由于柄部黏附有盐渍，起到保护作用避免了表面腐蚀现象的发生，解决了困扰热处理的难题。

（5）硬度不足 高速钢刀具热处理的硬度一般在 $63 \sim 66HRC$，一般工具钢的硬度在 $60 \sim 65HRC$，如果经过高温回火后硬度低于技术要求，则为硬度不合格。据资料介绍，高速工具钢淬火后的组织为 60% ～ 70% 高硬度的马氏体＋20% ～ 30% 残余奥氏体＋5% ～ 15% 未溶碳化物，因此淬火后的硬度只有通过高温回火，使残余奥氏体转变为马氏体组织，碳化物弥散析出，产生二次硬化现象，才能获得要求的硬度。产生硬度不足的原因有以下几个方面。

① 淬火温度低或加热时间短，钢中的碳和合金元素溶入奥氏体中的较少，高速钢的二次硬化效果差，造成淬火后马氏体的硬度降低。

② 热处理加热过程中因炉内盐浴氧化物超标，存在氧化性的物质造成刀具表面的氧化脱碳现象。

③ 淬火时的分级温度过高，造成合金碳化物自过冷奥氏体中析出或分解为非马氏体组织。

④ 回火温度低于或高于正常的高温回火温度，回火冷却不当（未冷却至室温进行二次回火），存在较多的残余奥氏体等。

出现硬度不足时，应确定是否是回火不充分造成的，因此要进行金相检查，以便确定硬度不足的根源，若淬火温度低则晶粒度细小，内部有较多未溶的碳化物；回火不足则有部分白色马氏体以及残余奥氏体存在；若为表面脱碳则表面出现铁素体组织等。因此要从以上几个方面分析和判断硬度不足的原因。表 3-26 列出了分析和判断产生硬度不足的原因、操作因素及解决方案。

表 3-26 高速工具钢硬度不足的原因、操作因素及解决方案

影响因素或原因	操作因素	解决方案
淬火温度过低或时间短，造成马氏体的合金度低	①淬火的温度选择不当,低于工艺规定的下限温度(仪表指示的温度低) ②淬火的温度控制不准(热电偶失去精度、插入的方法不当等) ③出现软点(装炉量过多、零件的加热方式不当)	①根据材料牌号和推荐的加热温度,同时考虑刀具的技术要求等选择合理的最佳加热温度,对仪表等定期检查 ②定期校验热电偶,检测放置的位置是否正确、保护套有无烧损等 ③调整零件的装炉量、确保零件在有效加热区域的温度均匀一致,零件之间应有一定的间隙等
淬火温度过高	①淬火温度选择不当(指示温度过高) ②淬火温度控制不当(热电偶失去精度、插入的方法不当等)	①根据材料牌号和推荐的加热温度,选择合理的最佳加热温度,对仪表等定期检查 ②定期校验热电偶,检测放置的位置是否正确、保护套有无烧损等
冷却不当	①出炉至冷却的时间间隔过长 ②冷却方法选择不合理 ③零件表面有氧化皮或粘有残盐 ④冷却介质的温度控制不当 ⑤冷却介质的流动性差、搅拌不良 ⑥零件自冷却介质中提出的温度过高	①选择合理的冷却方式和方法,调整加热炉和冷却装置间的距离,或减少间隔的时间 ②根据零件的热处理要求,选用符合要求的冷却介质和方法 ③采用可控气氛炉、表面涂附防氧化涂料,或迅速除去表面的残盐等 ④根据零件的技术要求,盐浴、碱浴、油温以及水温控制在工艺范围内 ⑤对冷却介质进行循环或加以搅拌等,确保冷却介质的温度的一致 ⑥在 M_s 点以上约 50℃ 提出空冷
回火时装炉温度过高、回火次数少、马氏体过分分解或残余奥氏体转变量少	于 M_s 点附近装炉回火	零件在冷却到 30～80℃ 时立即进行回火处理,确保刀具回火充分,残余奥氏体过多时则通过冷处理来提高硬度
氧化和脱碳	①原材料或锻造本身有残余的脱碳层 ②淬火加热过程中造成表面氧化脱碳(在氧化性介质中加热例如未脱氧的盐浴、空气电阻炉、保护气氛不良等) ③零件加热时温度过高出现过热现象 ④分级、等温淬火温度过高,等温时间过长	①加工时要完全去掉材料或锻坯上的脱碳层 ②采用脱氧的盐浴、保护或可控气氛加热 ③严格执行热处理工艺要求,避免在高的加热温度下加热或保温时间过长 ④执行工艺规定的分级、等温淬火温度(不超过 650℃)和时间
材料混料	在零件的加工或热处理过程中有另外的非高速钢材料混入	①严格材料的管理 ②必要时进行火花鉴别

（6）零件的尺寸变化和变形 高速钢在热处理过程要发生热应力和组织应力的共同作用，因此预防热处理的变形和尺寸变化是十分困难的，在操作过程中根据实际的经验加以解

决是一种可行的措施和方法。纵观影响零件热处理变形的众多因素可知，材料的种类、工具的形状、热处理的加热和冷却条件、操作过程等均会造成变形，因此掌握其变形的规律则有利于控制和改善尺寸变化和变形。表 3-27 为根据生产实际得出的控制要领。

表 3-27　防止高速工具钢热处理变形的控制要领

预防的措施	减小热处理变形的思路	实际操作的具体方法
改善或更换材料	①选择淬透性好的材料,可以采用冷却缓和的冷却介质,减小冷却速度,达到控制变形的目的 ②确定合理的下料方法,尽可能避免产生新的加工应力和硬化 ③使用硬化钢	①选用淬透性好的材料,例如用低合金工具钢代替碳素工具钢,高合金工具钢代替低合金工具钢,用微变形钢代替易变形钢等,其淬火冷却的剧烈程度大大降低(可选用盐浴、硝盐浴等) ②预先掌握原材料轧制的方向,在加工过程中不破坏其纤维走向,通常进行切割下料 ③采用马氏体时效钢等硬化材料等
改善预先热处理	①对锻造的材料进行退火处理,消除内部的组织不均匀和减小内部的应力 ②在热处理前对其进行除应力退火处理,以消除机械加工应力对热处理的影响	①对材料进行球化退火或进行调质处理,改善组织、细化晶粒等,为淬火做好组织准备 ②在粗加工后(车削、磨削等)进行消除应力退火处理
改进零件的形状的设计	①使零件的壁厚均匀、截面的变化要避免突变 ②对结构复杂的零件(孔穴、键槽等)要做到均匀对称 ③对容易弯曲的细长零件分割成几段 ④对于大型或要求尺寸精度高而又要求严格的零件采用组合设计,分别进行热处理,有利于对热处理的变形控制	①采用捆绑或做成形状变化均匀的零件,确保厚薄、截面变化一致,然后将不必要的部分去除 ②加必要的工艺孔、键槽等,确保零件的整体对称,加热和冷却的一致 ③可以进行局部加热和冷却,也有利于对变形的矫直 ④对组合零件分别热处理,可明显地控制和减小热处理的畸变和变形量
改善热处理条件	采用减小变形的热处理条件	①在满足零件热处理指标的前提下,尽量采用较低的淬火加热温度 ②根据零件的使用条件,采用局部加热硬化处理,或进行高频淬火
改善加热冷却方法	①均匀加热和防止因支持不当而引起变形 ②进行缓慢加热 ③采用加压淬火 ④进行均匀冷却 ⑤采用分级或等温淬火	①合理布置工具的间隔、相对热源位置和支承的方法或措施;确保工具在有效加热区内加热 ②进行预热或分段加热,缓慢加热以确保工具内外温度的一致性 ③对形状特殊、不对称的零件在 M_s 点附近加压冷却 ④确保冷却介质在冷却过程中能均匀流动;在大于临界冷却速度的条件下尽可能地缓慢冷却;零件的薄壁、截面突变处采用石棉包扎,薄壁处进行吹风冷却 ⑤采用适当的热浴温度和停留一定的时间,确保零件内外整体温度的一致,避免组织转变的不同时性

为防止热处理过程中出现高速钢刀具零件的畸变，还应注意以下几点。

① 淬火前加热局部脱碳造成马氏体相变点的升高，相变不均匀，产生了比较大的内应力作用。

② 加热温度高且温度不均匀。

③ 加热速度快，刀具内外温差过大，冷却速度过大，组织转变出现不同时和不一致。

④ 杆状刀具淬火时未垂直加热，出现摆动、晃动和刀具之间、刀具与炉膛或电极的碰撞等。

⑤ 杆状刀具进行回火时，未进行垂直摆放。

⑥ 原材料化学成分不均匀，碳化物偏析严重等。

⑦ 回火不充分，在矫直、酸洗时造成残余应力未得到彻底消除。

根据以上问题在实际热处理过程中应选用工艺规定的下限淬火加热温度，进行淬火前的预热处理，选择合理的冷却介质和冷却方式，采用变形小的分级、等温淬火工艺，杆状刀具等在加热和冷却过程中始终保持垂直吊挂，薄片状刀具采用专用夹具夹紧。

高速工具钢热处理后，进行磨削或刃磨加工可获得要求的几何尺寸和性能。为消除或降低在机械加工过程中产生的残余应力，建议再次进行热处理，使表面的局部组织得到改正。这是为了消除或减轻一些因素的影响，因为这些因素会引起刀具在保存或使用过程中发生不允许的尺寸变化或降低刀具的稳定性。一般是磨削加工后在 $200\sim230℃$ 保温 $1\sim2h$ 可部分消除在油冷过程中产生的内应力，也可在 $500\sim520℃$ 的硝盐（成分为 60% $NaNO_2+40\%$ KNO_3）中保温 1h。为了减少在今后保存时尺寸的变化，具有可靠的尺寸稳定性，刀具磨削可分为两道工序进行（粗磨和最终磨削），进行双重补充回火（粗磨后 $500℃\times1h$，最后磨削后 $200℃\times1h$）。为了提高完全磨削刀具的稳定性，可在空气循环电炉中进行 $275\sim300℃$ 的短时间回火，然后在干净的油中冷却，用布擦拭净后可得到外观匀称、漂亮的金黄色表面，此刀具具有高的耐蚀性。

(7) 氧化和脱碳 通常发生在高温加热过程中，其危害是不仅造成硬度不良、淬火开裂和热处理的变形等热处理缺陷，而且对刀具的疲劳强度、表面的硬度和耐磨性等工具性能也有很大的影响，也增大淬火开裂的倾向。其原因在于外界侵入盐浴中的水分、氧气的直接和间接作用，盐浴中的氧化性杂质，加热气氛中氧化性气体的存在等复合作用的结果，具体来讲是以下几项。

① 盐浴中水、氧以及硫化物、硫酸盐、碳酸盐等杂质的作用。

② 淬火夹具或刀具上的氧化皮或锈迹等带入盐浴中，造成炉内氧化物的含量增加。

③ 硝盐带进盐炉中。

④ 盐浴脱氧不良或捞渣不彻底。

⑤ 在空气炉中预热温度高于 550℃。

⑥ 在空气电阻炉退火时无相应的加热保护措施。

根据以上原因，在实际的热处理过程中要对氯化钡在使用前在 $300\sim500℃$ 烘干 $2\sim4h$，以脱去盐浴中的水分，经常清理电极和淬火夹具表面的氧化皮和残盐，定期更换旧的盐浴等。因此对盐浴炉定期脱氧是确保刀具表面无脱碳的基本条件，另外在其他加热介质中，应确保无氧化性气体的存在，对于加热过程中无法避免的脱碳，建议在机械加工中留出加工余量。常见脱碳情况见图 3-47。

(8) 萘状断口 萘状断口是进行热变形的最后一次加热后温度太高，转变终了的温度在 1000℃ 以上，同时形变量太小，接近临界变形度；热塑性变形后

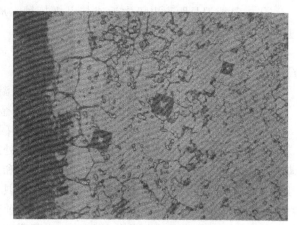

图 3-47 W18Cr4V 钢淬火脱碳组织
（4%硝酸酒精侵蚀） 500×

退火不充分；二次淬火没有进行中间的完全退火，钢内部奥氏体晶粒发生不正常的长大，促使刀具产生极大的脆性等造成的。该断口造成刀具的脆性大、强度低，直接影响到刀具的使用寿命，因此要严格执行工艺的技术要求。采取的措施为终锻温度不得高于 1000℃，最后变形量不小于 $5\%\sim10\%$；毛坯淬火前进行充分退火；返修零件或锻后零件退火处理后才能直接淬火，退火后硬度应控制在 28HRC 以下。萘状断口虽然可以通过热压力加工、多次中

间退火或稳定化处理加以消除或部分消除，但缺少实际价值。采用二退二淬处理的W6Mo5Cr4V2钢断口的宏观、微观组织均正常。高速钢萘状断口形成后难以消除，应是组织遗传的作用，只有通过控制碳化物的回溶，使之重新分布钉扎，才能彻底切断遗传途径，有效控制奥氏体晶粒的不均匀长大。常见的萘状断口和组织见图3-48。

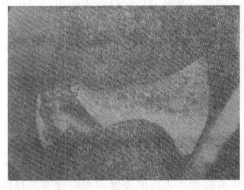

| (a) 萘状断口 | (b) 萘状断口的金相组织　500× |

图3-48　高速钢常见的萘状断口和金相组织

（9）过热和过烧

过热和过烧是指淬火加热温度高于工艺规定的上限温度，造成晶粒的过分粗大，甚至出现晶界的部分熔化等，丧失工具钢的特性，这是热处理过程中不允许出现的致命缺陷。其产生的原因如下。

① 淬火加热时温度高于工艺温度，保温时间长。

② 仪表测温误差大，热电偶线接触不良，辐射高温计镜头与盐浴面距离太近。

③ 仪表控温失灵，控制柜磁力开关粘合失去控制。

④ 夹具或刀具距离电极太近或与电极接触，加热过程中碰到电极等，将导致刀具局部过热或过烧。

⑤ 盐浴炉底部盐渣和其他沉积物太多，电极插入其中，造成炉内温度升高，刀具过热或过烧。

⑥ 盐浴炉的电极分布和布局不合理，造成炉温不均匀，出现局部温度过高。

⑦ 温度的控制不严，没有对刀具进行正确的金相检验。

⑧ 原材料碳化物偏析严重，造成局部区域含碳量过高。

针对上述原因在热处理过程中一要严格按热处理工艺操作；二是夹具的设计要合理，能满足刀具等零件的加热要求；三是每班进行仪表和热电偶校温，定期进行鉴定；最后是大型刀具出炉淬火时，应断电后进行，可有效避免刀具的过热或过烧，同时也有助于减少变形。关于过热的返修应进行退火处理，首先要求退火前作喷砂处理，以清除表面的氧化皮，防止在盐浴炉退火过程中造成氧化物的提高，出现脱碳和腐蚀麻点；刀具应合理摆放；退火盐浴要彻底脱氧；退火后矫直。其次选用较低的淬火温度，适当延长加热时间，并借助于金相组织检查，确保变形和组织合格。

以上列出了高速工具钢常见的热处理缺陷，可以看出淬火加热温度对其影响最大，关于高速工具钢淬火温度的选择应考虑以下几个方面的因素。

① 淬火后的硬度和韧性的合理匹配。不同刀具的工作受力状态和技术要求存在很大的差别，应根据其特点作具体分析，如需要高硬度和高的热硬性则采用较高的加热温度（如车刀等），对要求具有高的冲击韧性，减少崩刃概率的则采用较低的加热温度（如中心钻等）。

因此充分考虑选择合理的加热温度，是获得理想组织和性能的前提。

② 原材料的内部组织中碳化物对淬火温度有重要的影响。事实证明碳化物的偏析增大，将造成奥氏体晶粒的长大，在碳化物的堆积处出现过热现象，刀具容易出现变形和开裂，故必须采用较低的加热温度。表3-28为常见高速钢零件淬火组织与淬火加热温度的关系。

表 3-28　高速钢零件淬火组织与淬火加热温度的关系

淬火加热温度/℃	晶粒度级别(500×)	晶粒度级别(100×)
1200	晶界不明显,碳化物未充分溶解	—
1200	晶界不明显,碳化物未充分溶解	—
1240	7 级	12 级
1260	6 级	11 级
1270	5 级	10 级
1280	4 级	9.5 级
1290	3 级(轻微过热)	8 级
1320	2 级(过热组织)	7 级
1320	1 级(严重过热)	6 级

③ 淬火加热温度的高低对淬火晶粒度的大小有直接的影响。不同的高速钢材料淬火温度是有一定差距的，一般同钢中合金元素的含量和形成的碳化物的多少有关。在原材料正常的情况下，淬火的晶粒度是可作为判断淬火温度高低的主要参考依据。

④ 刀具的形状和复杂程度对淬火温度有一定的影响。对容易变形的刀具（薄片状和细长零件，如锯片、铣刀、铰刀、拉刀等），厚薄悬殊、存在尖角棱边、钻孔、凹槽以及其他不规则的刀具（例如三面刃铣刀、无心磨床支片等）应采用较低的淬火加热温度，可明显减小零件的变形和开裂。

另外刀具的加热时间在热处理过程中也有重要的作用。高速钢加热时，碳化物的溶解程度取决于加热温度和时间，在温度一定的前提下，应有最佳的加热时间，时间过长和过短均会对刀具产生不良的作用。这需要进行工艺试验，选择要求的加热时间，应当注意影响加热时间的因素较多，主要有淬火温度、装炉方式和装炉量、炉子的功率和炉膛大小、刀具的几何形状和尺寸大小、控温手段、预热温度以及原材料的碳化物的形态和分布等。通常推荐的加热系数一般为8~15s/mm，一般大型刀具选小的加热系数，小型刀具采用大的加热系数。应当注意最短的加热时间不少于30s。

实际热处理生产过程中，应通过试验得到适宜的加热时间，使刀具在淬火后得到高的硬度和热硬性，最好的力学性能和切削加工性能。经验表明在刀具的整个加热过程中，保温时间应占1/3~1/2，这有利于达到刀具的性能和技术要求。

对于工具钢的重复淬火是由于热处理过程中未能达到技术要求而进行的修复，但只有采取比较妥善的方法才可减少重复淬火后出现废品的概率。重复淬火一种是零件未经退火处理直接重复淬火，另一种是将不合格零件退火后再进行重复淬火。将已经淬火的零件经过退火后，可以使钢在上一次淬火过程中对奥氏体已固溶的碳化物再次析出凝聚，故重复淬火后的晶粒不会过分长大，否则钢组织中的碳化物因重复淬火加热而使奥氏体固溶，造成晶粒更加粗大，对钢的韧性有极坏的影响。

需要注意的是零件经过重复淬火后，产生了新的内应力，如果不经退火处理则进行二次淬火时常会出现淬火裂纹。另外由于零件经过多次加热和淬火，将造成表面脱碳层的增加，即降低了表层的含碳量。零件淬火后不会形成马氏体而是珠光体组织，内部的马氏体和外部的珠光体比容不同，致使零件表面受到强烈的拉应力而促使表层发生开裂。因此针对上述有可能出现的缺陷，应对需重复淬火的零件进行退火处理，同时要确保表面无氧化和脱碳现象。控制淬火温度和合理的加热时间是确保晶粒度合格的基础和前提，这一点务必要引起热处理工作者的高度重视。经过处理的零件重复淬火后既可确保韧性、硬度符合技术要求，同时也可有效防止淬火开裂。

3.6.3　工具钢热处理时的基本思路

工具钢的热处理是最为困难的，由于工具钢常被制成加工工具，因此要求其具有高的硬度和良好的耐磨性，同时有足够的强度和韧性，且不产生淬裂、变形脱碳、软点等热处理缺陷。因此只有充分掌握各种工具钢的热处理特性，规定适当的淬火和回火的条件，才能提高工具钢的稳定性和获得适于用途要求的良好的强韧性的配合。具体的思路见表 3-29。

表 3-29　工具钢热处理条件的考虑思路和方法

热处理的类型	工艺参数	技术要求	选择热处理工艺的思路	具体的实施方案
淬火	加热温度	耐磨性 耐热性 韧性 淬透性	提高淬透性，提高热处理硬度 促进碳化物的固溶 防止晶粒的粗化 促进碳化物固溶和晶粒的长大	进行高温淬火（控制 γ_R） 高温淬火（降低韧性） 低温淬火（注意淬透性） 高温淬火（降低韧性）
	冷却	韧性 防止淬裂和变形 防止表面粗化 淬透性	获得完全淬火的马氏体组织 进行均匀冷却 防止与空气接触 防止不完全淬火组织的形成	进行快速冷却（急冷、油冷） 淬火预热、热浴淬火等 在真空状态下或保护性、可控性气氛中冷却 采用冷却剧烈的介质
回火	加热温度	耐磨性 耐热性 韧性	提高热处理温度 稳定回火组织 降低硬度、稳定组织	进行低温回火 对二次硬化钢高温回火 高温回火 提高回火温度（注意避开低温回火脆性区）
	冷却	防止回火裂纹的产生	均匀缓慢冷却	采用慢冷、空冷等
	回火次数	韧性	稳定组织，降低残余应力	进行二次以上的回火

从工具钢的热处理特点来看，预先估计到可能产生的热处理缺陷，以便采取必要、合理的热处理工艺方法，把热处理缺陷产生控制在最小的范围内是十分重要的。工具钢的正火可改善热加工钢内存在的粗大网状碳化物；球化退火可改善钢的切削加工性、调整晶粒度和碳化物、消除机械加工和焊接等工序造成的残余应力等，为最终的热处理做好组织准备；除应力退火则可以防止出现淬火开裂和变形；工具钢的淬火和回火是确保获得要求的硬度和力学性能等，因此关注工具钢的加工和热处理是确保其质量合格的前提，对每一个环节都要高度重视，只有这样，工具钢的性能才能得到有效的保障。

本章介绍了零件在淬火过程中出现的几种主要缺陷，并进行了原因分析。材料的组织缺陷对零件的产品质量有重要的影响，因此对缺陷进行归纳和系统整理，能为防止和减少缺陷起到指导性的作用，现将其列于表 3-30 中。

表 3-30　材料的组织缺陷对热处理产品质量的影响

缺陷名称	产生的不良作用	原因分析	解决方案
残余奥氏体过多	①降低材料的强度极限、弹性极限、屈服极限 ②影响材料的弯曲吸收功和扭转变形 ③10%以下残余奥氏体对旋转弯曲疲劳极限有害 ④降低轴承钢滚动疲劳强度	①钢中 C、Mn、Ni、W、Mo、V 等元素的含量增加,降低了 M_s 点,残余奥氏体量增加 ②淬火温度高,会使奥氏体内碳和合金元素浓度提高,奥氏体的稳定性增加,造成残余奥氏体量过多 ③在 M_s 点以上温度停留时间过长、冷却速度慢,使奥氏体稳定化	①降低高碳钢的淬火加热温度 ②在满足尺寸要求的前提下,尽可能地加快淬火冷却速度 ③对零件进行及时的冰冷处理 ④应在 300℃ 以上进行回火
表面脱碳	①降低钢的表面硬度、耐磨性,以及零件的疲劳强度 ②高碳钢脱碳后在淬火过程中造成表面和心部的比容差 ③造成零件磨削裂纹的产生	①钢在氧化性气氛中加热,造成脱碳现象 ②钢在还原性氢气中加热至 700℃ 以上会产生 $[C]+2H_2 \Longrightarrow CH_4$ 的化学反应,引起强烈的脱碳作用 ③在未彻底脱氧的盐浴中加热	①在可控气氛或保护气氛炉、真空炉等热处理设备中加热 ②在脱氧充分的盐浴炉中加热 ③采用封箱加热
奥氏体晶粒粗大	明显降低零件的冲击韧性,抗拉强度低	淬火温度高,保温时间长则奥氏体晶粒迅速长大。而钢的化学成分含有难溶解于奥氏体的细小的氮化物或碳化物,将使晶粒的粗化温度升高	①采用含有 Al、Ti、Zn、Nb、Mo、W 等合金元素的奥氏体晶粒粗化温度高的材料或钢种 ②在粗化温暖度下进行压力加工,采用形变热处理 ③采用正火处理细化晶粒
铁素体晶粒粗化	强度极限和屈服极限降低,脆性转变温度上升	①在相变前奥氏体的晶粒度已经粗大 ②在临界变形区变形后再结晶造成晶粒粗大	①严格执行热处理工艺,获得细小的奥氏体晶粒 ②在临界变形区外进行冷变形
带状组织	沿轧制方向垂直方向的延伸率、断面收缩率以及冲击韧性有所降低	①钢中合金元素的偏析引起带状组织 ②凝固时产生树枝状偏析	①采用扩散退火 ②进行锻造处理
过共析钢网状碳化物	使钢的冲击韧性降低,容易造成淬火开裂和磨削裂纹	①锻造和热轧后冷却过慢 ②退火和淬火的温度过高	①进行锻造和正火处理 ②进行球化退火处理
亚共析钢魏氏组织	钢的力学性能明显降低,尤其是冲击韧性下降	加热温度高,奥氏体的晶粒粗大,冷却速度过快,造成钢中游离渗碳体沿晶界析出,有的伸向内部形成魏氏组织	①严格控制钢材的加热温度 ②进行退火处理来消除魏氏组织
碳化物带状偏析	①造成力学性能局部差异 ②硬度不均匀,抗磨损性能差	钢锭中存在严重的树枝状偏析,沿轧制方向生成	①对坯料进行反复镦锻,消除偏析 ②采用十字形锻造
过共析钢石墨化	①降低了钢的硬度 ②使钢的韧性变差	在进行 650℃ 附近退火,使部分渗碳体发生分解而形成石墨	①采用 A_{cm} 以上的温度进行正火处理 ②严禁在 650℃ 左右的温度区间内退火
奥氏体不锈钢碳化物析出	①降低了不锈钢的耐蚀性 ②容易产生晶界的腐蚀	完全固溶的奥氏体在 450～850℃ 温度下加热、焊接或在该温度下缓冷,使 $Cr_{23}C_6$ 类碳化物从晶界析出,晶界区附近的奥氏体中的铬的固溶量减少	①使碳化物完全溶解 ②降低钢的含碳量,使其在危险区也不能析出碳化物 ③加入与碳结合牢固的合金元素

3.7 实例分析

3.7.1 圆板牙的热处理及变形的控制

(1) 圆板牙的应用和材料的选择 圆板牙是用来加工外螺纹的专用工具，在切削过程中其切削锥部分必须有高的硬度和耐磨性，同时又要具有良好的韧性和强度。圆板牙属于薄刃工具，其刃部所受的冲击力不大，其制造材料的组织中含有均匀分布的细小合金碳化物颗粒，淬透性好，淬火应力和变形小。综合考虑到诸多因素，9CrSi 钢为常见的合金工具钢，为过共析低合金工具钢，其主要化学成分为碳 0.85%～0.95%，铬 0.95%～1.25%，硅 1.20%～1.60%。该钢的合金元素中硅不与碳结合，它在相变点 (A_{c_1}) 以上则完全溶入奥氏体，提高了过冷奥氏体在贝氏体转变区域的稳定性，而铬的加入形成的合金渗碳体同样与硅的作用相同，故明显提高了该钢的淬透性，同时采用分级或等温淬火的工艺方法，既获得了高的硬度，又减小了变形。

9CrSi 钢退火后由于硅能防止淬火马氏体析出的合金碳化物的聚集和回火时的分解，因此使其具有一定的回火稳定性，该钢在 250～270℃ 温度回火，其硬度仍保持在 60HRC 以上，表现出在较高的切削速度和温度下，还具有良好的工作状态。可以知道 9CrSi 钢具有热处理变形小、良好的切削加工性及耐磨性和高韧性等特点。

个别资料推荐采用 T12 碳素工具钢，只是出于考虑到 M1 以下的小板牙，通常用于加工仪器和仪表螺纹，在切削过程中不受冲击、螺纹尺寸小和切削力小。因此普遍采用 9CrSi 作为加工圆板牙的材料。

(2) 圆板牙的热处理工艺规范 一般的圆板牙制造厂家的热处理工序为：预热→加热→检查硬度和金相→冷却→清洗→回火→检查硬度→清洗→发黑。

圆板牙热处理后的具体技术要求：基体平面硬度为 60～63HRC；针状马氏体级别≤3 级；螺纹通规通、止规止，螺纹中径的变形量符合要求，即过端塞规全部通过；内螺纹表面无氧化和脱碳；发黑处理后为棕红色或棕黑色。

圆板牙的热处理工艺的制订应依据材料的淬透性、晶粒长大的倾向、球化组织的级别和具体的技术要求等，选用符合要求的热处理设备。分析该钢的 C 曲线可知其淬透性时间小于 10s，故淬透性好。考虑到 9CrSi 钢中含有硅元素，故在加热过程中容易出现脱碳现象，因此圆板牙应在盐浴炉、可控气氛炉或真空炉中进行热处理，才能确保产品的技术要求。淬火温度与晶粒度的关系见表 3-31。

表 3-31 9CrSi 钢的淬火温度与晶粒度的关系

淬火温度/℃	850～860	870～880	890～900
晶粒度/级别	8	7	5

从表中可知加热温度高，则奥氏体的晶粒粗大，力学性能变差，因此采用 850～860℃ 为宜。淬火冷却方式有分级淬火、等温淬火和油冷等。圆板牙的螺纹中径的膨胀量同冷却方法有直接的关系，为控制螺纹中径的变化量符合要求，在实际热处理过程中，采用分级淬火或等温淬火。表 3-32 为不同规格的板牙其淬火温度与分级温度的关系。从表中可以知道螺纹的直径大小与加热温度、分级淬火温度的关系。

(3) 圆板牙的热处理变形规律 关于硝盐的分级和等温淬火的规律为：当加热温度不变时，介质温度越低（要高于 150℃），螺纹的收缩越大；当分级和等温淬火温度恒定时，加

表 3-32　不同规格的板牙其淬火温度与分级温度的关系

规格	M1～M2.5	M3～M5	M6～M9	M10～M14	M16～M24	M27～M36
加热温度/℃	860～870			850～860		
分级温度/℃	160～170	170～180	180～190	190～210		

注：分级和等温淬火的冷却介质的成分为 50% KNO_3＋50% $NaNO_2$，该冷却介质的熔点为 137℃，正常使用的温度范围在 160～220℃。在淬火冷却时，由于工件和工装带进大量的热量，为保持冷却槽内介质温度的稳定，控制好螺纹中径的变形量，必须在硝盐槽中放入冷却水套或循环水管，同时要捞渣或及时过滤，以免降低硝盐的冷却效果。常见的 9CrSi 圆板牙的热处理工艺曲线见图 3-49。

热温度愈高（在工艺范围内），则螺纹越胀大。由此可见大规格的板牙比小规格的分级、等温淬火温度高。

由此可见淬火加热温度对螺纹的变形有重要的影响，降低加热温度则可明显减小螺纹中径的胀大变形量。变形的实质为由于加热温度的提高，奥氏体中碳和合金浓度增加，造成淬火后马氏体比容增大和组织应力塑性变形增加。另外对其进行分级或等温淬火，可以保持圆板牙内外温度的均匀一致性，有利于减少螺纹中径的胀量。提高加热温度，主导应力方向的胀大变形明显增加，尤其是超过一般加热温度（大于 870℃），螺纹的胀量变形增加，一般在 0.08%～0.18%。

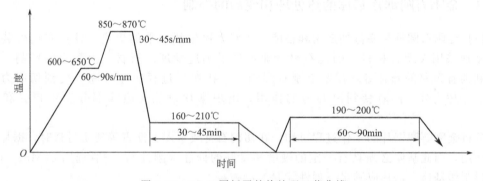

图 3-49　9CrSi 圆板牙的热处理工艺曲线

(4) 关于控制螺纹淬火的几点注意事项

① 采用挂架加热时，不允许调整槽口向上，那样会造成板牙开裂和变形概率的增加。

② 对特大型板牙（≥M80）而言，尽管用最低的分级、等温淬火温度（150℃），但螺纹孔依旧胀大（见图 3-50），其原因在于圆板牙外层的冷却速度快，而内部冷却条件差，故外层首先收缩，对内部产生一定的压应力，加上内部有较高的温度，塑性变形抗力低，容易产生塑性变形，即造成表面大的部位向外伸展，而表面小的部位内缩。将圆板牙放入 45 钢制作的淬火夹具套圈内（见图 3-51），由于套圈大大减小了外圈的冷却速度，使圆板牙内螺纹和外圆的冷却速度差缩小，故减小了内应力的作用，因此控制了圆板牙内径的胀大。另外降低加热温度（860℃），分级温度增至 180～190℃ 时，内径的变形也可控制在要求的范围内。

③ 大直径的圆板牙中心组织性能比小直径的差，为减小螺纹的变形应降低淬火加热的温度。

④ 理论分析，提高等温或分级淬火温度，可使圆板牙的螺纹中经胀大，反之起到缩小的作用。而在实际热处理生产过程中，大规格的螺纹中径缩小而小规格则胀大，即大规格的等温淬火温度高于小规格的等温淬火温度。

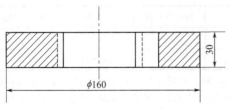

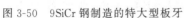

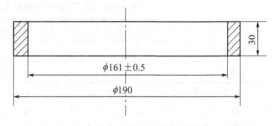

图 3-50 9SiCr 钢制造的特大型板牙

图 3-51 大型圆板牙用淬火夹具套圈

(5) 高速工具钢圆板牙的真空热处理 目前国内外工具制造厂开始生产高速工具钢圆板牙，它比 9CrSi 材料的圆板牙具有更大的优越性，如硬度高、耐磨性好，切出的螺纹粗糙度好，因此有广阔的市场。但由于盐浴炉处理的螺纹变形大，螺纹尺寸很难保证（符合要求）。

由此可见，真空炉处理的高速钢圆板牙既保证了精度和尺寸的要求，又减少了热处理后的磨削加工余量。真空炉处理的圆板牙的外圆直径和厚度的加工余量分别减少了 2/3，因此提高了生产效率和降低了成本，除此以外真空炉处理的高速钢钻头、铰刀、拉刀、丝锥等其变形量在 0.10mm 以下，无须矫直即可进行产品的磨削加工，极大降低了工人的劳动强度。目前真空炉得到国内外工具制造厂的青睐，并日益发挥其重要的作用。

3.7.2 金刚石圆锯片基体的热处理和变形的控制

(1) 金刚石圆锯片基体的应用和性能 随着人民生活水平的提高，住房室内外装饰越来越多地采用大理石材料，因此石材行业得到了迅速发展。石材、混凝土的切割，城市水泥和沥青道路的修补等均需要金刚石圆锯片。在切割过程中锯片除了受到切削力、冲击力、摩擦力外，同时受到离心力的作用，出现锯片发热、边缘部分发生膨胀和松弛现象。

分析金刚石圆锯片的工作过程可知，在切割石材或水泥、沥青等硬质材料时，锯片受到冲击作用，因此基体必须具有一定的硬度和良好的韧性（刚性），一般选用 65Mn、50CrV 等材料制作基体。锯片应满足下列性能要求：

① 具有足够的强度和硬度，以保证锐利的切削能力；

② 具有较高的韧性、延展性及良好的适张度，确保切削平稳；

③ 锯片平整、变形量小，无凹凸、软点等缺陷。

(2) 金刚石圆锯片基体的热处理工艺 圆锯片基体的机械加工流程为：等离子切割→校平→加工工艺孔→车削外圆及平面→钻削给水槽→热处理→矫直→精磨外圆及平面→精磨内孔→磨给水槽→电解标记→防锈包装。

对圆锯片基体的具体热处理技术要求为：整体硬度 38～43HRC；端面跳动≤1.2mm；平面跳动≤0.4mm；径向圆跳动≤0.08mm；基体无裂纹、无软点和软带；齿部无翘曲、毛刺等。

采用井式电阻炉、盐浴炉或可控气氛炉等加热，在碱浴中完成冷却，具体热处理工序如下：吊挂→箱式电阻炉加热→碱浴冷却→夹具矫直→压紧回火→检查硬度和变形→矫直。图 3-52 为金刚石圆锯片基体热处理工艺（以直径为 1584mm 的基体为例来编制热处理工艺）。

(3) 控制基体变形的措施 由于选用的加热和冷却设备的差异，在实际生产过程中工艺方法也各不相同，笔者根据自己设计的生产线制定了上述工艺。产品各项技术指标符合要求，同时免去了矫直工序。工艺参数的选择基于以下几点。

① 加热炉为深坑式扁长型电阻炉，确保基体垂直均匀加热以减少变形。

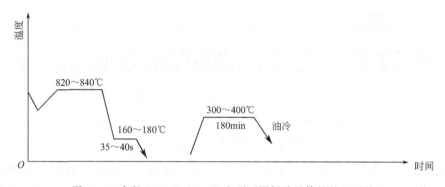

图 3-52 直径 1584mm 65Mn 金刚石圆锯片基体热处理工艺

② 碱浴介质的成分为 83% KOH+14% NaOH+3% H_2O，使用温度在 160～190℃，该冷却介质不易老化，有良好的冷却能力避免软点和硬度不均等缺陷的出现，有利于得到均匀一致的组织。

③ 在碱浴介质中冷却 15s，立即放入竖立的夹板中，在冷却中利用热塑性原理使奥氏体转变成马氏体的组织加压后定型，整个基体变形符合要求，即端面的跳动≤0.20mm。

④ 将 15～25 片基体叠压在一起放入回火夹具中加压后，吊进深坑式扁长型电阻炉中回火，在回火过程中吊出拧紧螺母，回火结束后在油中冷却。

采用上述工艺方法生产的锯片基体跳动量符合技术要求。有些厂家采用盐浴炉加热，单臂吊工位作业，油压机加压冷却等工艺，但劳动强度大、变形量不易控制，有时出现软点等，影响到基体的整体硬度的均匀性。

需要引起我们注意的是，如果出现基体平面凹凸不平，直线度不符合要求，应当改善加热或冷却的不均匀性；而齿部翘曲则是冷却时加紧速度慢，此时齿部的温度过低，已经发生了组织转变的缘故。

这里需要说明的是，20 世纪 90 年代，全国锯片基体制造厂家大多采用普通的油冷淬火方式，虽然可以满足基体的热处理淬火硬度的要求，但在热处理过程中出现的最大问题是变形大。为解决这个难题，众多厂家在基体的油冷时间、出油温度、挤压方式等方面做了大量的技术工作，但仍存在以下问题：出油的温度控制比较困难，过高则硬度不够，过低则发生马氏体转变无法控制变形；采用在专用淬火压力机上进行淬火冷却，容易出现冷却不匀现象，而且生产效率低。因此众多厂家正倾向于碱浴冷却，一是可确保基体的硬度均匀，二是利用夹具可方便进行矫直，三是冷却介质的寿命长。由此可见，控制零件热处理变形的措施应从变形产生的机理、热处理手段、冷却方式以及回火过程等几个方面着手，并经过实际的操作才能确定最佳的热处理工艺，笔者采用的碱浴淬火也正是反复试验的结果。

3.7.3 高速钢拉刀热处理变形与开裂的控制

(1) 拉刀的作用和工作条件 拉刀为一种低速切削内孔和外孔的刀具，为多刃阶梯形带齿工具，每齿都有独立的切削作用，是一种高效率的切削加工刀具，可以成批加工零件的内孔。拉刀在工作过程中要承受较高的切削力、摩擦力以及一定的冲击力作用，因此拉刀具有高的耐磨性和红硬性，同时有较高的力学性能，其结构见图 3-53。

根据拉刀的工作状况，采用高速工具钢制作符合其技术要求。热处理后切削齿和精切齿的硬度为 63～67HRC，前后导向部分硬度大于 55HRC，拉刀夹持部分即柄部为 40～52HRC。拉刀是典型的细长零件，在机械加工和热处理过程中，存在应力的作用，因此在

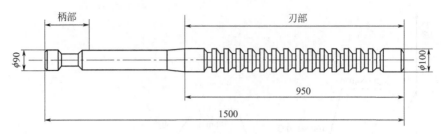

图 3-53　高速钢圆拉刀的结构

粗加工和精加工之间应安排除应力退火：600～650℃保温 2～3h，保温结束后随炉缓冷至 300～350℃以下出炉空冷。在热处理中采取必要的工艺措施和手段，确保拉刀的变形符合技术要求，故对拉刀的热处理后的变形量有严格的规定。

(2) 拉刀的热处理工艺和变形的控制　拉刀的热处理工序为：装卡→一次预热→二次预热→加热→冷却→热矫直→清洗回火→热矫直→回火→柄部处理→清洗→检查→表面处理。根据拉刀具体的热处理过程中的技术要求，来合理确定最佳的热处理工艺参数。

拉刀的矫直主要采用热矫直工艺，拉刀切削加工时发热量不大，因此对红硬性要求略低，淬火加热温度可比铣刀、滚刀等降低，这样也有利于控制拉刀的变形。拉刀的长度与直径的比值在 20 以下，因此根据拉刀的工作特性，热处理过程中的变形是影响质量的关键，如何合理控制是热处理工作者的重要任务。

拉刀的预热可采用箱式电阻炉（或井式炉）和中温盐浴炉进行，要求垂直吊挂加热，最后加热在高温盐浴炉中进行。拉刀的高温回火在硝盐炉或电阻炉中进行。为了更好防止零件的加热变形，在粗加工后进行除应力退火是控制拉刀变形的重要手段。

① 预热。按拉刀的直径不同可分为一次和二次预热，目的是消除机械加工时的车削和磨削应力，确保拉刀内外温度的均匀，有利于减小拉刀的淬火变形。预热温度分别为 550～600℃和 800～850℃，预热时间按最后淬火加热时间的 3 倍和 2 倍计算。需要注意拉刀的装炉量与吊挂方式等，避免出现人为的变形等。

② 淬火加热。拉刀的晶粒度应控制在 9～10 级范围内，加热时间系数为 8～15s/mm，拉刀的热处理工艺参数见表 3-33。

表 3-33　不同材料的拉刀的热处理工艺参数

拉刀直径/mm	材质和加热温度/℃			加热时间/min
	W18Cr4V	W9Mo3Cr4V	W6Mo5Cr4V2	
≤10				2.5
>10～25				3.5～4
>25～35				4.5～5.5
>35～50	1270～1280	1240～1250	1210～1220	6～7
>50～80				7.5～10
>80～110				11～12.5
>110～130				13～14.5

注：在保证晶粒度的前提下，尽可能取工艺的下限温度，温度愈高则拉刀的脆性增加，将降低其切削性能，也不利于对拉刀的矫直。

③ 采用分级淬火或等温淬火。拉刀加热结束立即放在 580～620℃的盐浴中冷却（简称 235 盐）一定时间（与淬火加热时间相同），待整体温度达到 650～700℃时，转入 220～250℃的硝盐中保温 30～40min。分级淬火有利于拉刀表面和心部温度的均匀一致，空冷时组织应力减弱，使轴向和径向的变形量减小。如果采用热油进行冷却，一是冷却过快，难以

掌握拉刀表面的温度，二是热应力和组织应力大，产生明显的弯曲变形，因此建议杜绝采用该类淬火介质。

④ 热矫直。将拉刀快速从250℃的硝盐分级盐浴中取出后，立即擦拭干净，测出弯曲最高点，在螺旋压力机上进行矫直。由于拉刀为刃口工具，因此加压时在刀刃上衬木块或铜片等，考虑到拉刀冷速太快，因此要在不低于200℃的温度下矫直，为防止其反弹，应采取压过的工艺措施。对跳动大于1mm以上的拉刀要轻压，不到0.5mm可以将两端支承横卧，凸面向上，利用自重矫直。对跳动在0.5~1mm的拉刀，两端支承利用自然变化进行矫直，如果继续上凸则压力矫直。

⑤ 清洗回火。在开水槽煮净拉刀表面的残盐，将拉刀垂直向上插入圆形回火筐中挤紧回火，高温回火在100% KNO₃溶液中进行。回火工艺为540~560℃保温80~100min重复3次。

⑥ 热矫直。将出炉后的拉刀在手动压力机矫直，一般是表面温度400℃左右开始加压矫直，冷到室温卸去压力。对于变形大的拉刀可采用回火加以补救，将两根变形的拉刀凸面相靠，两段用铁环定位，用螺栓拧紧后中间塞紧楔铁，然后一起放在回火炉中回火，加热一定时间后取出，根据变形量的大小再次拧紧螺栓，放进回火炉内继续回火较长的时间，也可收到良好的矫直效果。高速钢拉刀的回火矫直具体见图3-54。

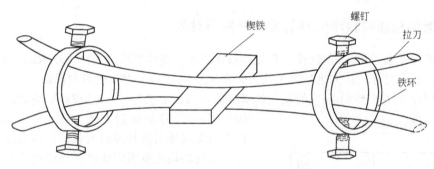

图 3-54　高速钢拉刀的回火矫直示意图

⑦ 柄部处理。将柄部在850℃的盐浴炉中加热到表面颜色与盐浴一致时，挑出后进行油冷或空冷。另外也可借柄部来矫直拉刀，将导向部分压弯来满足减少刃部偏摆的要求。对于热处理后仍有弯曲的部位可采用冷击凹处的矫直方法，常见的W18Cr4V拉刀的热处理工艺曲线见图3-55。

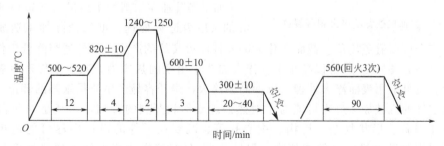

图 3-55　W18Cr4V拉刀的热处理工艺曲线

应当注意对于高速钢拉刀而言，原材料内部的碳化物较多，带状组织分布比较明显，在淬火过程中会出现沿带状碳化物方向的拉伸塑性变形，因此作为刀具的带状碳化物组织应符合相关的技术要求，才能够控制拉刀的热处理变形。

拉刀采用了分级等温淬火减弱了马氏体转变时的组织应力的作用，同时也减弱了在冷却过程中带状碳化物对周围奥氏体的拉伸应力的作用，从而使淬火的变形量减小，因此也有利于进行拉刀的矫直。趁热矫直就是利用热塑性的原理，其应该是同时充分利用热塑性和相变超塑性的效应的作用，达到控制拉刀变形的目的。

对拉刀采用"奥氏体稳定化矫直法"或"半贝氏体等温淬火法"进行淬火、矫直，对于控制其变形量具有明显的效果。该方法的工艺流程为淬火→矫直→回火→尾部调质处理→清理（或清洗）→矫直→发蓝处理→检验。该方法具有废品率低、操作周期短、便于操作等特点，不仅有利于减小变形，而且一旦出现变形也容易矫直，即使在冷态下也不会断裂。

（3）拉刀热处理工艺的探讨 拉刀在热处理过程中除控制其变形外，还要注意以下问题：

① 检查原材料表面有无纵向（或横向）裂纹，若有裂纹则在粗加工时必须车去，否则会在淬火过程中造成裂纹的扩展，或产生淬火裂纹，导致拉刀的整体报废；

② 盐浴炉要认真脱氧，将氧化物的含量控制在（主要指氧化钡）≤0.5%，防止拉刀刃口出现表面脱碳或贫碳现象；

③ 为提高拉刀的寿命，拉刀制造企业对拉刀进行 PVD 氮化钛物理气相沉积，可明显提高拉刀的使用寿命（3～5 倍）。

3.7.4 柴油机摆臂轴淬火剥落裂纹分析与对策

柴油机摆臂轴采用 45 钢制作，热处理技术要求：整体硬度为 50～55HRC，马氏体级别小于 3 级，回火充分。具体热处理工艺为：在 820～850℃的中温盐浴中保温 7～8min，冷却介质为温度在 30℃以下的 10%的氯化钠水溶液，回火工艺为在 200～240℃硝盐溶液中保温 60～90min。热处理后发现，在半径 2.5mm 与圆柱面的交接处出现开裂而剥落，具体见图 3-56。

出现缺陷的原因应从摆臂轴的整个机械加工的流程进行分析，半径 2.5mm 处与圆柱面采用车削加工完成，由于冷轧原材料存在严重的残留内应力，在加工后（边缘处）产生严重的加工应力（内应力），而在淬火前又未及时消除，在热处理过程中边角处产生裂纹，因此导致表面的剥落。

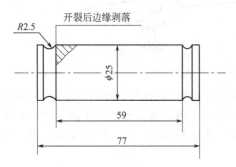

图 3-56 柴油机摆臂轴淬火剥落裂纹

如果摆臂轴在切削加工后进行（550～600℃）×3h 的去应力退火处理，彻底消除加工造成的残余应力，则完全可以避免棱角、截面变化大的零件淬火裂纹的产生。另外适当降低工件淬火加热的温度（780～800℃），可以减小工件淬火加热中出现的热应力，减少工件产生裂纹的隐患和危险。也可采用表面淬火处理，例如高频淬火，避开容易产生质量缺陷的部位。因此要充分考虑零件的机械加工过程可能对于对热处理变形和开裂的影响，尤其是对于薄壁、尖角、形状不对称、形状复杂、键槽、中心孔等，既要在零件的设计中尽可能避免，也要采取一些必要的防范措施（例如预冷、保护等），只有这样才能确保零件热处理后符合技术要求。

零件热处理前的原始组织状态和应力状态对零件的热处理质量有重要影响，一般零件在加工前应进行预备热处理（如退火、正火、调质处理等），为热处理提供合格的组织和为淬火做好准备，从而确保其基体的组织符合零件热处理的技术要求，同时改善零件应力状态，减少产生缺陷的因素。事实证明，对于形状复杂、截面突变、精度要求高、变形要求严格的零件，在热处理前或粗加工和精加工之间增加除应力退火工序是十分必要的。另外合理安排零件的工艺路线，即确定预备热处理、机械加工和热处理等工序的位置，是减少热处理过程中的变形和开裂的一个有效的措施。

3.7.5 接柄丝锥裂纹分析与对策

为了节约昂贵的高速钢，降低制造成本，高速钢接柄丝锥已成为丝锥产品的发展趋势，尤其是 M12 以上的高速钢丝锥，几乎是全部进行焊接而成，柄部材料为 45 钢。接柄丝锥的热处理工艺流程为：刃部盐浴淬火→清洗→回火（硝盐浴）→清洗→调直→方尾淬火→低温回火→清洗→发黑处理。在生产中发现，接柄丝锥在热处理淬火、清洗中容易出现裂纹，从而影响到正常的作业。为了防止和避免高速钢接柄丝锥的焊缝炸裂，一是要严防过热，防止工件表面脱碳，二是淬火后要及时回火，严格控制淬后冷却时间，从结构上尽可能消除焊缝附近的附加应力集中。以下从四个方面进行分析与预防。

① 刃根淬火裂纹。图 3-57 为 M42×1.5 刃部淬火后刃根裂纹，裂纹与焊缝夹角约为45°，宏观断口呈杯锥状，断口黑褐色并黏附有回火硝盐。进行金相检测刃部组织正常，焊缝区一侧为莱氏体组织，故该裂纹为刃部淬火时产生的。这是由于焊接时高速钢一侧出现过烧莱氏体组织，该区域成分差异大并发生组织畸变，而普通淬火很难消除；另外丝锥根部截面发生突变，有沟槽与棱角结构，在分级淬火过程中易出现应力集中，当组织应力与热应力叠加超过丝锥的断裂强度时，即出现刃根裂纹。防止裂纹产生的措施是接柄丝锥采用分级和等温淬火工艺，可有效避免丝锥刃根部出现淬火裂纹。

② 刃部脱碳裂纹。M58 接柄丝锥刃部端面脱碳层深 1.3mm，M20 接柄丝锥刃部脱碳，淬火后均产生裂纹，见图 3-58。刃部淬火时由于脱碳层部位含碳量低，马氏体转变为体积小的低碳马氏体，而未脱碳层则转变为比体积大的高碳马氏体组织，其相变组织应力导致丝锥刃部出现淬火裂纹，另外焊缝处表面脱碳也容易形成淬火裂纹，其裂纹的深度与方向取决于焊缝的位置。其防止措施是避免丝锥淬火时出现脱碳现象，如盐浴彻底脱氧处理，采用保护气氛加热或真空淬火等，另外也可在丝锥表面涂保护涂料，同样起到保护作用。

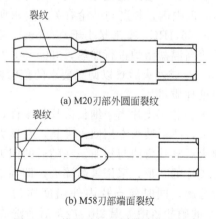

(a) M20刃部外圆面裂纹

(b) M58刃部端面裂纹

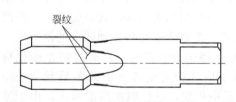

图 3-57　M42×1.5 接柄丝锥刃部淬火后开裂

图 3-58　接柄丝锥刃部脱碳淬火裂纹

③ 清洗裂纹。接柄丝锥淬火、回火后冷却时，因未冷却到室温进行清洗，则刃部容易产生水洗裂纹，具体见图 3-59 和图 3-60。刃部水洗裂纹为刃部裂纹。高速钢马氏体转变温度主要在 200℃至室温范围内，如果高于室温取出清洗，将造成丝锥的组织应力和热应力增

大，容易造成裂纹。淬火裂纹与刃部回火裂纹是有区别的，回火裂纹形态呈沿沟槽的纵向裂纹。防止出现清洗裂纹的措施是丝锥冷却到室温后清洗，可有效避免丝锥刃部出现清洗裂纹。

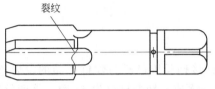

图 3-59　M42 接柄丝锥淬火后水洗裂纹

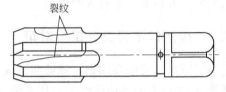

图 3-60　M76 接柄丝锥回火后水洗裂纹

④ 柄部方尾时产生淬火裂纹。方尾淬火时，如果水冷深度超过焊缝，则易在刃根部产生裂纹，见图 3-61。裂纹与焊缝平行，裂纹区呈深灰色并有水印形貌。因方尾淬火加热时间长，刃根部温度高，且淬水冷却深时，易造成刃部产生较大的淬火裂纹；丝锥入水过深或超过焊缝，除了刃根部外，丝锥焊缝区遇水也易产生淬火裂纹，见图 3-62。防止措施为严格控制丝锥淬火入水深度，掌握操作要领，即可避免淬火裂纹的产生，可制作淬火水槽，水是流动的，深度可根据丝锥焊缝的长度来确定，即确保放槽内水深在焊缝下 10～15mm 为宜，该方法十分有效。另外方尾 45 钢的加热温度在 834～850℃，当方尾的颜色与盐浴颜色一致即可冷却，避免加热时间过长容易出现的裂纹等缺陷。

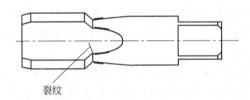

图 3-61　M40 接柄丝锥方尾淬火刃根部裂纹

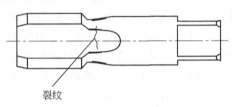

图 3-62　M40 接柄丝锥方尾淬火焊缝裂纹

3.7.6　高速钢制无心磨床支片变形的控制

各种无心磨床的支撑导板（支片）均采用高速钢或硬质合金制作，其厚度一般在 0.5～10mm 范围内，长度与砂轮有关，要求所用材料耐磨性好、不易变形，通常热处理后的硬度为 63～66HRC，变形量小于 0.2mm。考虑到支片属于薄片体，应采用垂直加热与冷却。通常采用高温盐浴炉进行加热，550～600℃分级淬火，冷却到室温后清洗，变形量达到 0.5～3mm，造成回火后难以调至要求的范围内，只能报废处理，合格率在 40%，极大影响了产品热处理质量。

无心磨床支片属于细长薄片状零件，在加热与冷却过程中均容易产生较大变形，采用分级淬火，然后装入专用回火夹具，在压力机上压紧，冷却后回火三次，效果较差，其原因在于淬火后支片弯曲与扭曲，在随后的回火中仅是压紧，难以将支片矫直到要求的范围内。为减小支片的变形，采用等温淬火，即在 580～650℃盐浴中分级淬火，可有效防止碳化物的高温分解，同时使支片内外温度均匀一致，消除了内外应力的差异。而随后转入 280～320℃的硝盐浴中等温 2h，冷却后清洗放入专用夹具中压紧，进行四次高温回火，由于贝氏体的比体积小于马氏体，故等温淬火后组织应力小，变形也得到有效控制。

其他的控制热处理变形的措施为加热完毕后，立即放在手动螺旋压力机上，放上压板后压紧，在压制支片颜色变黑过程中完成淬火处理，取出空冷，清洗干净后在专用夹具中压紧回火，即可确保硬度与变形量符合设计要求。

需要注意的是高速钢支片热处理应分散悬挂与冷却，目的是确保加热与冷却的均匀一致，将其变形量控制在要求的范围内。事实上利用相变热塑性是进行支片变形控制（矫直）的有效措施，在热处理中得到广泛的应用。

3.7.7 气门加热变形热处理原因分析与解决方案

气门进行调质处理（淬火＋高温回火）是正常的流程，个别制造厂采用高温井式炉或高温箱式炉进行加热淬火，绝大多数气门制造厂采用连续式网带炉进行淬火与回火处理。在热处理过程中容易产生的缺陷是严重热处理变形，必须进行控制。表3-34为气门调质处理变形原因分析与解决方案，可以看出气门的变形只要采取正确的措施是完全可控的。

表 3-34　气门调质处理变形原因分析与解决方案

序号	气门热处理变形	产生原因分析	解决方案
1	气门在高温炉淬火，井式炉回火过程中弯曲（图3-63）	①加热结束后工装与外界物体碰撞 ②加热结束后气门出炉时与炉体接触 ③淬火加热时气门斜放或横放 ④回火筐底部气门未平整摆放，超过筐高，被上面的气门筐压弯	①严格执行操作规范，避免碰撞现象的出现 ②执行正确的穿筐规定 ③气门在筐内平整摆放（见图3-64），严禁超高 ④气门退火后调直，再进行一次热处理
2	气门在网带炉淬火变形（图3-65）	①网带炉淬火口处积碳，气门被挤弯（见图3-66） ②气门淬火时与落料口内壁撞击而变形 ③气门加热时彼此叠压而变形 ④加热时间长或温度高	①定期清理淬火口处积炭，并进行烧炭处理 ②加大落料口的内腔，确保气门自由冷却 ③气门均单层摆放，无叠压 ④根据杆径或盘厚制定合理的加热温度与时间 ⑤将气门垂直摆放在网带上，进行加热

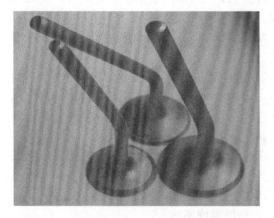

图 3-63　高温井式炉气门杆部淬火与回火后弯曲

图 3-64　马氏体耐热钢气门回火正确装筐方式

3.7.8 高速钢产生萘状断口原因分析与解决方案

高速钢产生的萘状断口，通常是经过淬火后未回火或退火处理，又重新进行二次淬火，没有将前次的淬火应力彻底消除而造成的，其晶粒很细小（晶粒度在9级以上），直接加热二次淬火时，极易造成晶粒粗大或粗细不均，增加二次淬火的开裂倾向。

图3-67为高速钢一次淬火后未退火而直接二次淬火产生的萘状断口情况，萘状断口就是粗大晶粒或粗细不均，有个别粗大晶粒（见图3-68），有萘的光泽，脆性极大的淬火组织状态，断口呈现粗糙的深黑色，从图3-68中可知，二次淬火时，适当调整淬火加热温度可

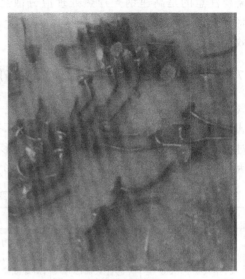

(a) 淬火网带上挤弯的气门　　　　　　　　　(b) 清理出的弯曲气门

图 3-65　网带炉落料口积碳而造成的气门挤压变形实物

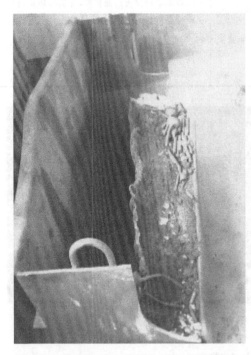

图 3-66　网带炉淬火落料斗内壁口严重积碳

以避免萘状断口的产生。需要指出的是高速钢出现萘状断口并非过热引起的。

萘状断口的特征为断口上有呈弱金属光泽的亮点或小平面，或呈现鱼鳞状的白色闪光，且晶粒非常粗大，是一种粗晶的穿晶断口，其性能极脆。

高速钢产生萘状断口的原因有以下几种情况。

① 高速钢在热锻、轧制、压延等热加工过程中，经过 1050～1100℃ 以上高温奥氏体化，热塑性变形量不足 5%～10%，则在冷却后极易产生萘状断口。

② 调质处理的毛坯在机械加工后未经过低温退火（或退火不充分）而直接淬火，易引起晶粒不均匀长大，从而形成萘状断口。

③ 精锻温度不当。

④ 高速钢表面脱碳，存在拉应力等。

⑤ 淬火返修件未经中间退火而直接进行第二次淬火（即使在较低的 1150℃ 下重复淬火），也将产生萘状断口。

解决方案为：①合理选择热加工温度，严格控制终锻温度（≤1000℃），成形后进行缓慢冷却，避免在 5%～10% 范围内热成形。②对于调质处理后的零件，在淬火前要进行退火处理或进行超细化晶粒的处理。③严格控制精锻温度，避免晶粒的粗大不均；④盐浴要脱氧处理，确保 BaO 含量不高于 0.5%。⑤重新淬火前充分退火处理。

对于已经产生萘状断口的工件，消除萘状断口的采用以下工艺流程：①加热到 1140～

1160℃，保温时间按 3～8min/mm 计，后随炉冷却到 720～800℃，保温 15～30min 后空冷至室温；②重复一次上述操作过程；③温度递减正火，加热到 880～900℃空冷→加热到820～850℃空冷→加热到 760～780℃空冷。

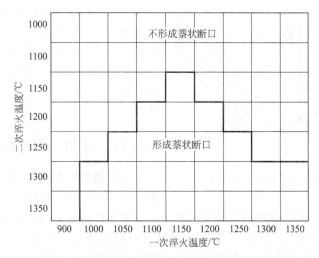

图 3-67　高速钢一次淬火后未退火而直接二次淬火产生萘状断口的情况

注：一次淬火采用空冷，二次淬火采用油冷

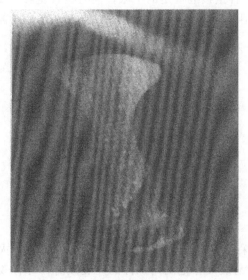

(a) 钻头的萘状断口　　　　　　　　　　(b) 萘状断口的金相组织(500×)

图 3-68　高速钢钻头的萘状断口

3.7.9　45 钢柴油机顶杆座淬火裂纹分析

顶杆座作为柴油机的重要零件，在工作过程中承受往复的冲击与磨损，采用 45 钢制造，要求整体热处理后硬度为 52～56HRC。采用的工艺为加热后在 5％～10％的盐水中冷却，发现 70％～80％的零件在厚薄交界处产生裂纹，具体裂纹形态见图 3-69 所示。

从图可知该零件是柱状结构，底部存在半圆的槽，正是开裂的部位。45 钢淬火虽然最高硬度可达 55～58HRC，但在生产中 45 钢工件的硬度值往往限于 48HRC 以下。在确定 45

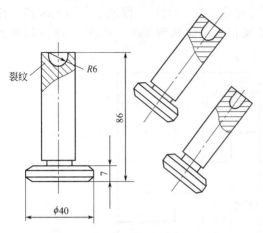

钢质零件的硬度时，不能以其达到最高硬度作为图样上规定的技术条件，在槽口处厚薄悬殊较大前提下，45 钢的淬火开裂的危险尺寸为 5～11mm，而要求的 52～56HRC 的高硬度对于 45 钢而言，只有采用盐水冷却才能满足硬度要求。但其自身结构的限制，使 45 钢顶杆座淬火后首先冷却发生组织转变，内外冷却的不均匀，产生过大的拉应力而淬火开裂。

图 3-69 柴油机顶杆座淬火后开裂

3.7.10　45 钢零件淬裂分析

（1）连杆螺母与喷油头紧帽　45 钢零件中壁厚不均匀（如凸台、凹陷、盲孔等）和有尖锐的工件，在淬火时容易变形开裂。另外某些形状既不复杂且壁厚均匀的部件同样存在这类问题，图 3-70 和图 3-71 为 45 钢连杆螺母与喷油头紧帽等工件坯料，要求淬火硬度在 50HRC 以上，调质硬度在 26～31HRC，采用常规 45 钢 810～830℃盐浴加热，在 3%～7% 的 NaOH 水溶液中淬火，造成部分工件开裂。其主要原因是工件截面尺寸处于 5～11mm 的易裂尺寸危险区，经对本批产品成分化验，碳含量接近规定的上限，同时铬含量在 0.2% 左右。实践证明，当 45 钢工件处于易裂尺寸范围（5～11mm），且 C、Cr、Mn 等元素含量处于规定含量的上限，就容易淬火开裂。

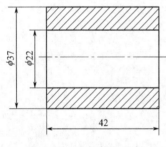

图 3-70　连杆螺母坯料

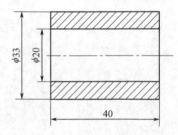

图 3-71　喷油头紧帽坯料

解决方案：

① 对于截面尺寸在易裂范围内的工件，采用 780℃±10℃淬火，即亚温淬火，淬火后硬度在 50HRC 以上，有利于减小热应力，减少易裂尺寸范围内工件的开裂倾向，可有效防止淬火开裂；

② 采用 0.2～0.3min/mm 的加热系数，即缩短保温时间，在确保工件的奥氏体化充分的前提下，有效防止工件的开裂；

③ 采用 $w(NaNO_3)25\%+w(NaNO_2)20\%+w(KNO_3)20\%+w(H_2O)35\%$ 的三硝水溶液作为冷却介质，其密度在 1.4～1.45g/cm³。三硝水溶液的冷却速度介于水、油之间，其冷却特性如图 3-72 所示，在 45 钢马氏体转变温度区（300℃左右）接近油的冷却速度，约为 40～100℃/s，从而使淬火零件马氏体转变比较均匀一致，有利于减少组织应力，减少淬火的变形与开裂。

（2）农机具零件　45 钢农机具结构零件应用比较广泛，如轴套类、环片板类、标准件等。图 3-73 为 45 钢半轴挡片，要求热处理后硬度在 40～45HRC，采用 830℃×20min 加热

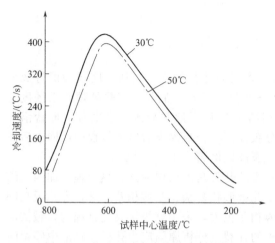

图 3-72 饱和三硝水溶液的冷却特性

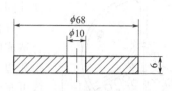

图 3-73 45 钢半轴挡片

后水冷，大多出现弧形裂纹。图 3-74 为 45 钢双联法兰，要求热处理硬度在 40～45HRC，采用 830℃×30min 后水冷，在 $\phi68×3mm$ 上口凸端和 $\phi152×9mm$ 部分出现严重弧形裂纹。图 3-75 为 45 钢驱动桥隔套，要求硬度为 26～32HRC，采用调质处理后，零件呈现纵向开裂。

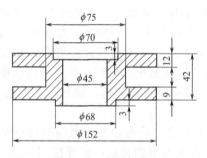

图 3-74 45 钢双联法兰

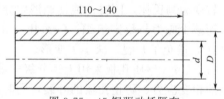

图 3-75 45 钢驱动桥隔套

淬火后 45 钢的金相组织为板条马氏体＋细针状马氏体，其淬火裂纹是由马氏体相变而引起的，而其应力大小与 45 钢的临界淬火直径相关：试样直径或厚度≤5mm，截面温差小，淬火产生的最大拉应力也小，故不会开裂；而试样厚度大于 11mm 或直径大于 13mm 以上，淬火产生的最大拉应力不在工件表面，不会开裂。

45 钢工件直径为 5～12mm 或厚度在 5～11mm 容易发生淬火开裂，而挡片厚度为 6mm、法兰厚度为 9mm、隔套壁厚为 4～6mm，均在 5～11mm 的危险开裂区域内。工件淬火组织应力和热应力作用产生的最大拉应力在工件表面，超过材料抗拉强度使工件表面产生纵向裂纹，裂纹皆起源于最先入水或表面缺陷部位形成马氏体处。淬火马氏体性能取决于淬火加热温度与冷却方式，加热温度适当，奥氏体晶粒细小，则淬火马氏体组织细密，马氏体强度高而脆性小。另外淬火过程中其过冷奥氏体与冷却介质的温差愈小，则形成马氏体的相变应力也减小，淬火工件的温度均匀，也有利于降低工件的变形与开裂倾向。

解决方案：①采用亚温淬火，即 780～790℃ 加热，获得均匀细小的奥氏体晶粒，降温到 750～760℃ 保温 10min，淬入 10% 的 NaCl 水溶液中；②改善调质前的组织，采用双重淬火、回火工艺，采用较低的淬火温度，缩短保温时间，有效减少热应力与组织应力；③改变易变形开裂部位的结构设计尺寸，即改变易产生应力集中的部位，或者改变淬火装夹方式或设计辅助夹具增加危险尺寸处的厚度，使冷却强烈部位减缓冷却速度，有效防止淬火裂纹的产生。

3.7.11　T7A 绞肉机孔板淬火开裂分析

T7A 钢质绞肉机孔板上（见图 3-76）分布许多相同孔径的孔，其加工路线为锻打成型→粗加工→调质处理→加工成形→淬火、回火→发蓝→平磨→油封。其热处理要求硬度为52～56HRC，采用图 3-77 所示原热处理工艺曲线，即盐浴加热，150～180℃分级淬火，分级淬火后冷却过程中或回火后发现孔间产生开裂，裂纹比例高达 10%～20%。

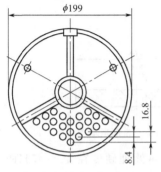

图 3-76　绞肉机孔板示意图

分析认为，孔板的开裂是由结构因素和热处理冷却因素综合造成的。考虑到孔板形状复杂、厚薄相差悬殊，即孔板孔间距和边缘四周厚薄相差很大，采用分级淬火是合理的，碱浴应该可有效防止孔板的开裂。分析原因应为孔板在碱浴中停留时间过短（1～1.5min），分级后取出空冷时，薄的部分已经完成马氏体转变，而较厚的边缘，仍在进行奥氏体向马氏体的转变，由于相变期的差异而产生组织应力，在最薄弱的位置可能产生裂纹，故孔板的开裂主要是分级淬火的马氏体转变过程中冷却不当造成的。

因此设法减小碱浴分级淬火后冷却过程中所产生的相变应力，可采取图 3-78 所示的热处理工艺曲线：①调整低温碱浴中的水分，将水含量控制在 14%～16%，在碱浴中的停留时间延长到 4min；②增加第二阶段的硝盐浴等温淬火工艺，目的是使部分奥氏体在等温过程中转变为马氏体，同时也能使碱浴中分级淬火以及空冷过程中形成的马氏体，可获得及时回火而减少应力与稳定组织；③采用（280～300℃）×3h 的回火处理，硬度可控制在 54～56HRC，避免了开裂，减小了变形。

对于 T7A 钢质孔板采用上述分级＋等温复合淬火工艺，可有效减小低温碱浴分级淬火产生的相变应力，防止孔板的开裂，同时也达到减少淬火变形的目的，硬度在 HRC54～56，满足了技术要求。

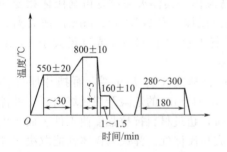

图 3-77　孔板的原热处理工艺曲线

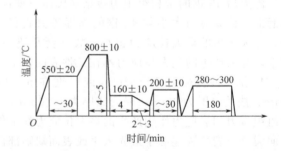

图 3-78　孔板改进后分级加等温复合淬火＋回火工艺曲线

3.7.12　35CrMo 钢螺栓淬火裂纹缺陷分析与防止措施

M24 高强度螺栓通常采用 35CrMo 钢制造，进行调质处理后硬度为 30～35HRC，由于具有高的力学性能要求，调质处理时采用水淬油冷，随后发现 40% 的产品有淬火裂纹，见图 3-79。经过化学成分分析，发现螺栓材料中硫含量超标；金相检验发现组织中存在严重偏析，呈带状铁素体形貌，裂纹沿带状铁素体延伸扩展，见图 3-80。

图 3-79　35CrMo 钢高强度螺栓的裂纹形貌

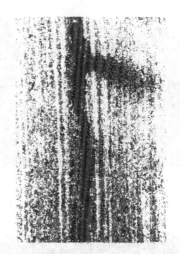

图 3-80　淬裂的 35CrMo 钢高强度螺栓的
显微组织　×100

　　该钢的带状组织为原材料在轧制过程中形成的，这与螺栓中硫含量超标以及硫化物作为铁素体的相变核心密切相关。螺栓在进行调质处理前未进行预备热处理将缺陷组织改善，或者在锻造过程中打碎硫化物及铁素体带状组织，使螺栓获得淬火前良好的预备组织，故造成螺栓淬火中出现淬火裂纹。

　　解决方案：①严格进行原材料的质量检验，严禁杂质超标（硫化物、磷化物等），不允许带状组织坯件投产；②对于出现带状组织坯料或杂质含量超标等，增加锻造工艺，以击碎杂质化合物和带状组织，使之在淬火前消除。

3.7.13　42CrMo 钢高强度螺母裂纹分析

　　用于水利工程叶轮连接用的成套高强度螺栓螺母，其中螺母采用 42CrMo 钢制造，规格为 M64，其工艺流程为：$\phi100mm$ 棒料下料→锻压、冲孔为 $\phi107mm \times \phi58mm \times 68mm$ 螺母毛坯→灰桶内冷却→正火、回火→粗车加工→调质处理→精加工→成品。热处理工艺为 $(850\pm10)℃ \times 1.5h$ 油冷，$(590\pm10)℃ \times 2h$ 水冷。

　　经过调质处理后的螺母在精加工过程中，有 20% 左右的，螺母两端面上均存在数条长短不等，呈同心圆状分布的裂纹，另外在内孔也分布 2～3 条不同长短的纵向裂纹，其中有的裂纹是从端面一直穿透于内孔表面。

　　进行化学成分分析与硬度检测，发现该批材料含硫量接近上限，硬度分布不均匀（26～33HRC）。金相检查分析表明，其含有较多的夹杂物，裂纹内部有氧化物，且塑性夹杂物级别为合格级别的上限。进行纵向剖面观察，可看到明暗交替的带状组织分布在裂纹与内表面之间，见图 3-81（a），其组织分布不均匀，与硬度波动对应。对带状组织放大，一半为针状回火索氏体，为低碳低合金带，另一半为细线状回火索氏体，是高碳合金区，中间有一条夹杂物带，如图 3-81（b）所示。

　　对于原材料棒料进行组织检验，观察钢材轴心纵剖面金相组织，肉眼即可看到有沿纤维方向分布、长短不等的灰白色条带状组织，轴心区域的条带略宽些。图 3-82（a）为原材料的带状组织，原材料组织为珠光体＋块、条状铁素体＋灰白色条带区，其中灰白色条带区组织为针状马氏体＋粒状贝氏体＋残留奥氏体，夹杂物 MnS 主要分布在马氏体与贝氏体条带上。图 3-82（b）为灰白色条带区放大组织，可见原材料存在严重的成分偏析，灰白色条带区为

(a) 100×　　　　　　　　　　　　　　　(b) 500×

图 3-81　42CrMo 钢螺母的带状组织

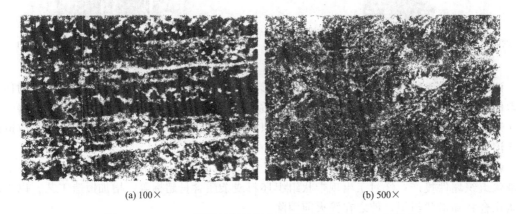

(a) 100×　　　　　　　　　　　　　　　(b) 500×

图 3-82　42CrMo 钢螺母原材料中的带状组织和灰白色条带区

高碳高合金区，造成显微组织极不均匀。

观察裂纹宏观形貌、显微形貌发现裂纹两侧无脱碳现象，为典型的淬火裂纹特征，裂纹中氧化物为调质处理中高温回火过程中产生的。严重的带状组织是螺母产生淬火裂纹的主要原因，带状偏析中存在夹杂物聚集诱发成分偏析，导致硬度测试结果极不均匀。在热处理过程中，工件自身尺寸较大，使内外温差悬殊和沿截面的冷却速度不同，从而加剧了组织的不均匀性，在热应力与组织应力的双重叠加下，螺母淬火开裂。

可见 42CrMo 钢高强度螺母裂纹为淬火裂纹，在调质处理前增加均匀化退火及正火处理，则可避免淬火裂纹的产生。

3.7.14　60Su2MnA 钢汽车悬架横向稳定杆的变形分析

汽车悬架横向稳定杆用于提高汽车行驶的稳定性，其选用 60Su2MnA 钢制造，零件简图如图 3-83 所示。其生产工艺流程为下料→锻压成形→矫直→退火→矫直→机加工→热处理→检验→喷丸→涂漆。要求热处理后硬度为 44～50HRC，不得有裂纹、斑痕及脱碳等缺陷。稳定杆属于细长零件，热处理过程中要严格控制变形。退火工艺为 850℃×1.5h，采用箱式炉进行，台架支撑，无叠加。淬火在箱式炉中完成加热，稳定杆炉底平放，其工艺为850℃×40min，保温结束后整体油冷，两耳平面垂直油面同时入油，油中静止冷却。回火工艺为 460℃×60min 水冷。

热处理淬火后多数零件严重变形超差，具体见表 3-35，需要退火后返修处理，成本提高，也造成了稳定杆表面质量的老化，疲劳寿命降低，影响了正常的生产工艺的进行。

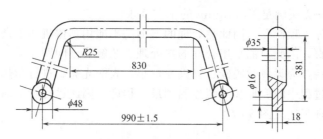

图 3-83　汽车稳定杆简图

表 3-35　汽车稳定杆热处理后变形情况

项目	大于中心距变形超差	小于中心距变形超差	两耳平面度变形超差
比例/%	21	34	5
平均超差/%	1.7	2.2	3.4

从表 3-34 中可以看出，小于中心距变形超差比例较高，表明组织应力是稳定杆变形的主要因素。变形是热处理过程中产生的组织应力、热应力及附加应力综合作用的结果，可见控制稳定杆的变形是比较困难的。

针对稳定杆的淬火变形超差问题，应采用以下措施，才能确保热处理后的产品满足技术要求。①合理装夹，采用专用淬火夹具，见图 3-84。②改进淬火加热温度，从 850℃ 提高到 880℃，出炉后在 30s 以内迅速在平台上矫直稳定杆，并装入夹具中，并确保零件淬火前温度在 850～830℃，立即入油淬火，改进后的工艺见图 3-85。采用以上措施后彻底解决了汽车稳定杆变形超差的问题。

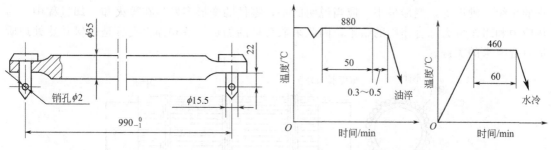

图 3-84　汽车稳定杆淬火夹具　　　　图 3-85　改进后汽车稳定杆热处理工艺曲线

3.7.15　50CrV 钢纺织钢针变形的控制

制造纺织机钢针的材料为 50CrV 钢，其形状见图 3-86。钢针的热处理技术要求为：热处理后增、脱碳深度≤0.075mm，弯曲变形量≤0.15mm，硬度为 45～50HRC。

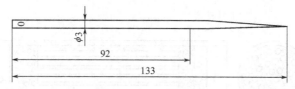

图 3-86　纺织机钢针形状尺寸

原热处理工艺为 850℃ 加热油淬，400℃ 回火空冷，采用盐浴炉或空气电阻炉涂料保护垂直加热，盐浴炉处理的钢针全长弯曲变形量（跳动量）为 0.32mm，空气炉处理的钢针变形量为 0.60mm，均无法满足 ≤0.15mm 的工艺要求。

钢针端头无法加工顶针孔，因此热处理的变形是不能用预留机加工余量的方法解决，热处理后不能单独矫直，因此只能采用合理的热处理工艺解决该问题。

真空热处理的特点为无氧化脱碳、淬火变形小、表面光亮，进行预热可以缩小零件的内外温差，可把加热过程中的变形和开裂控制到最低程度，因此进行真空油淬可以有效解决该工艺问题，其热处理工艺见图 3-87。

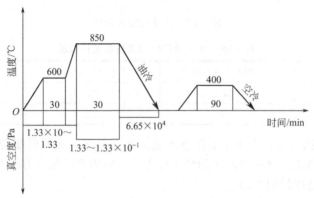

图 3-87　50CrV 纺织钢针的真空热处理工艺曲线

钢针属于特细长零件，50CrV 的淬火时间应小于 15s，才能确保淬火硬度符合技术要求。考虑到其淬火冷却时容易变形的特点，必须设计合适的淬火夹具，以对其淬火变形有良好的控制作用，即将钢针用钢丝串过钢针孔后，固定在合适的钢管外壁上，应确保沿钢管周向排列的间隙最小，具体可参见图 3-88。50CrV 钢针的淬透性高，在油中完全能够获得要求的组织、硬度等，变形量小。应当说明的是，零件的变形多发生在淬火和冷却过程中，为热应力和组织应力综合作用的结果，因此采取合理的加热设备和淬火夹具是确保其热处理质量符合要求的关键。

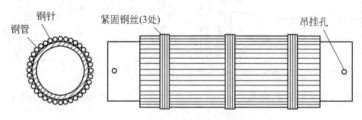

图 3-88　50CrV 纺织钢针的淬火时的专用夹具

淬火后的 50CrV 钢针的回火可以在空气炉中进行，但为了避免回火过程中出现氧化和变形，应采用图 3-89 所示的回火夹具，将钢针放入钢管内，周围用铁屑和木炭进行填充保护，管两端采用石棉绳或石棉布堵塞，垂直吊挂放入炉内。该措施可减少了热处理后的矫直

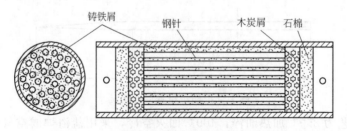

图 3-89　50CrV 纺织钢针回火时的专用夹具

和磨削等工序，热处理后完全符合技术要求，提高了作业效率，降低了成本，更为重要的是从根本上解决了盐浴、空气炉等无法进行热处理的难题，同时为要求十分严格的细长杆类零件的热处理提供了条件。

采用改进后的热处理工艺，钢针弯曲变形量在 0.15mm 以内，硬度和增、脱碳层厚度均符合要求，表明细长零件是可以控制其变形量的。

3.7.16 大型弹簧片淬火开裂分析

该大型弹簧钢片为薄平板零件（成品厚度为 2mm）（见图 3-90），是机车车辆上的重要零件，选用 65Mn 钢制造该弹簧钢片。要求该弹簧钢片具有高的抗拉强度（尤其是高弹性极限）、高的疲劳强度、高的冲击韧性和塑性，要求热处理后脱碳倾向小（43～48HRC），平面度≤0.7mm，脱碳层≤0.3mm，表面无裂纹等外观缺陷，同时具有一定的刚度。

其加工流程为 3mm 板材下料→冲压→修整→粗磨→热处理（淬火＋中温回火）→精磨→氧化处理→包装。热处理后发现部分弹簧钢片开裂。

从图 3-90 中可知，弹簧钢片的直径与厚度比值超过了 200。65Mn 弹簧钢片的含碳量高，所以淬火冷却后的组织为孪晶马氏体，该组织的脆性断裂倾向大，淬火过程中容易开裂。图 3-91 中为淬裂倾向与碳含量的关系，发生开裂钢片的碳的质量分数≥0.4%，M_s ≤330℃钢中，65Mn 的含碳量处于该范围内，因此其淬裂倾向明显。故在进行该钢的热处理时，应重点思考该"瓶颈"，采取必要的措施或工艺手段，确保其不开裂和变形符合要求等。

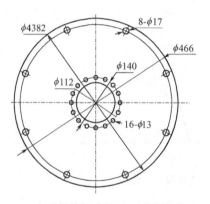

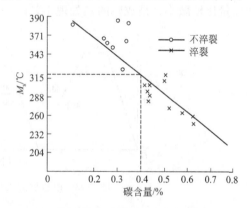

图 3-90 大型弹簧钢片简图（成品厚度 2mm）　　图 3-91 钢的淬火开裂与 M_s 点、碳含量关系

根据 65Mn 具有良好淬透性的特点，厚度 3mm 的钢片采用油冷即可获得要求的硬度和组织性能，原热处理工艺曲线见图 3-92，采用两次不同温度的回火工艺。淬火采用 RJX-75-9 箱式炉加热，保温结束后用 4t 的淬火压床喷油冷却，硬度高达 63HRC，再用 RJJ-75-6 井式回火炉加热回火。但由于该钢片的 ϕ466mm 的外边缘与 ϕ17mm 孔之间、ϕ112mm 圆周与 ϕ13mm 孔之间冷却先于其他部位，是淬火应力最集中的部位，冷却后的畸变很大（呈 S型），在 350～380℃回火压紧过程中，上述部位出现裂纹。

根据上述工艺流程，来分析裂纹产生的具体情况：①机械加工应力的影响，ϕ17mm、ϕ13mm 孔均是在热处理以前冲出，在粗磨过程中磨削量过大，两面在磨削过程中均存在较大的机械加工应力，热处理前未及时消除；②热应力的影响，该钢具有过热敏感性，淬火过程中产生较大的淬火应力，脆性增加，同时该钢具有第二类回火脆性；③小孔的设计位置不符合要求，小孔与内、外边缘的距离小于 1.5d（d 为加工孔的直径），造成冷却不均，应力增加。

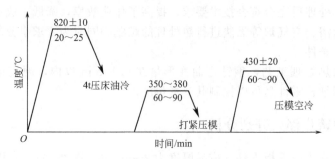

图 3-92　大型弹簧钢片的原热处理工艺曲线

根据以上分析，消除弹簧钢片开裂需要采取的措施为：①对粗磨后的钢片增加一遍500～600℃的高温回火，目的是消除磨削时存在的加工应力；②针对淬火应力和脆性大的具体情况，要消除淬火后产生的热应力与组织应力，将引起钢片微塑性变形的主要因素消除或明显减弱，则将淬火加热温度降低10℃左右，采用4t压床喷油冷却，减小淬火应力；③提高第一次回火温度，采用压模定型进行400～450℃的回火处理，使工件应力去除得更彻底，在保温结束后快冷以消除第二类回火脆性；④改变小孔的设计位置，要求小孔与内、外边缘的距离大于1.5d（d为加工孔的直径）。

采用以上措施改进的热处理工艺曲线见图3-93。采用改进工艺后，大型弹簧钢片的质量稳定，基本消除了工件的开裂现象，回火采用定形模使表面受力均匀，保证了弹簧钢片的翘曲量比较微小，是成熟的热处理工艺。

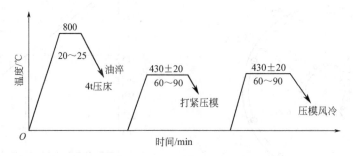

图 3-93　改进后的大型弹簧钢片热处理工艺曲线

3.7.17　杆状零件的热处理变形分析

杆状零件在淬火时主要产生弯曲变形，这与杆状零件的截面对称和非对称有直接的关系。对于截面对称的杆状件而言，这类零件在淬火冷却时，是比较容易发生变形的。一方面是零件自重的影响；另一方面工件在从加热炉提出到冷却介质过程中，发生工件的晃动；另外冷却中有先后的差异等，故要严格控制加热与冷却过程的操作。控制零件的变形需要注意以下几个问题：

① 加热时要垂直悬挂；
② 冷却前在空气中要缓慢移动，避免空气对流使工件的冷却不同；
③ 尽可能依靠自重进入冷却介质，斜向淬入会造成冷却不均匀，引起弯曲变形；
④ 工件的运动方向与冷却介质垂直，整体冷却均匀，就可以使零件的变形减小；
⑤ 不要使用流动性强的冷却介质。

图3-94所示为某齿轮轴，其淬火弯曲主要是由对称的方向上冷却不均匀，产生内应力

所导致。该零件材质为 50A，硬度要求为 37～41HRC，采用水淬硬度可以满足要求，但变形太大，考虑到该钢的淬透性较低，而要求又较高，采用提高淬火加热温度的方法，并采用冷却缓慢的油，则取得了满意的效果。油冷在高温区冷却慢，在低温区比碱浴分级淬火慢，可见此零件的弯曲变形主要是热应力引起的。

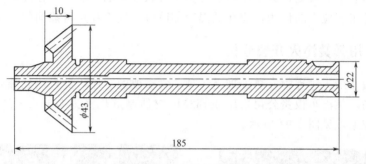

图 3-94　齿轮轴简图

截面非对称的杆状零件，一般指半圆形、梯形、有沟槽等的零件，具体见图 3-95 所示。该类零件在冷却过程中，工件本身就是不均匀冷却的。考虑到弯曲的主要根源是热应力或组织应力使工件发生了局部的塑性拉伸或塑性压缩，因此应分析原因，并找出解决的措施。

在热应力作用下，先冷部位受拉应力作用而产生塑性延伸，后冷却部位受压应力作用而塑性压缩。在不均匀冷却的前提下，由组织应力作用引起的变形，先冷却部位都形成马氏体，或快冷部位形成马氏体，而慢冷部分形成珠光体，则两侧形成了不同的组织形态。因此不对称零件的变形是比较复杂的，其最终是热应力与组织应力综合作用的结果。

在实际热处理过程中，在完全淬透的前提下，如果采用水冷（包括盐水、碱水等），多数为冷却快的部位产生凸起的变形，由于冷却速度快，故热应力显著；而油淬或硝盐分级淬火则多数为冷得快的一侧产生凹进去的变形，为组织应力作用较大的结果。热应力与组织应力引起的变形是相反的。

对于淬透性不大的非对称零件，一般淬透性层浅时热应力为主要的，弯曲形式表现为向薄的一面（冷却快的）凸出，可通过预冷和改变淬入冷却介质的方式来改变变形的程度。也可以采取将厚的一面加强冷却的措施，来抵消薄的一面在形成马氏体时发生伸长而导致的弯曲。

对于淬透性大的杆状零件，可能完全淬透或大部分淬透，即转变为相同组织，组织应力成为弯曲的主要原因，变形表现为向厚的一面（冷却慢的一面）凸起。可采取提前出水、出油或分级、等温处理，使其在 M_s 以上缓冷。

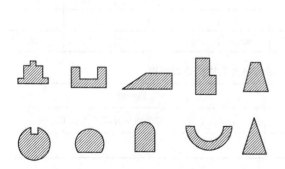

图 3-95　非对称杆状零件截面形状

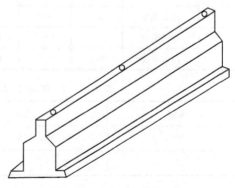

图 3-96　Cr12Mo 钢模具图

图 3-96 为 Cr12Mo 钢模具，为长条状非对称结构，要求硬度为 60～62HRC，三个孔间距变形要求十分严格，采用油淬、分级淬火等，都产生很大变形。采用如下工艺流程：600～650℃去应力回火→450～500℃一次预热→750～780℃二次预热→1020～1030℃加热→250℃硝盐浴中冷却，将硝盐炉断电，冷却至硝盐浴凝固后，再加热熔化，提出工件，硬度与变形符合技术要求。可见，为了避免热应力对杆状零件的影响，应在高温阶段的冷却上加以控制；为避免组织应力的作用，应在低温冷却阶段，使冷却尽可能均匀一致。

3.7.18 汽车用弹簧淬火开裂分析

汽车用弹簧在加工过程中，热处理是一项非常重要的工序，经过热处理后的弹簧使用寿命得到较大提高。某汽车板簧公司采用 60Si2Mn 材质制造规格为 80mm×20mm 的板簧时，出现淬火开裂现象，见图 3-97 所示。

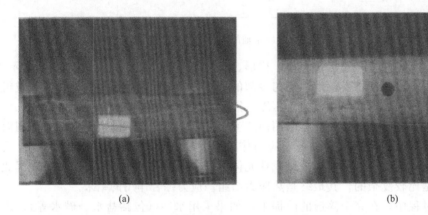

(a)   (b)

图 3-97　裂纹宏观形貌

该产品采用两条淬火生产线，采用 ZY-747-PAG 水溶性淬火液淬火，1# 线冷却速度实测为 74℃/s，2# 线为 66℃/s。两条生产线同时按正常工艺组织生产，加热温度为（960±20）℃，淬火温度≥860℃，淬火时摇摆时间设定为 100s，回火温度为（500±20）℃，保温时间为 2h。在 1# 与 2# 生产线各随机对其中的 8 片进行测温，具体淬火温度见表 3-36，热处理开裂情况统计见表 3-37。

表 3-36　加热与淬火温度实测情况

线别	序号	1	2	3	4	5	6	7	8
1#	加热温度	951	934	985	974	964	942	968	964
	淬火温度	873	862	877	886	887	893	841	853
2#	加热温度	1002	1006	1014	1007	1002	1001	1000	997
	淬火温度	979	947	1001	950	924	939	955	946

表 3-37　1# 线与 2# 线生产进行抛丸后挑出开裂情况

线别	生产吨位	开裂数量
1#	30.7337	总 7 片。其中 4 片纵向开裂，3 片为弧形开裂
2#	30.8839	0 片

两种裂纹形式各取样，见图 3-98 与图 3-99。

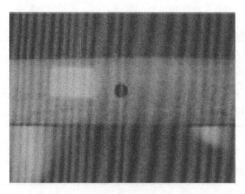

图 3-98　裂纹宏观形貌（纵向）

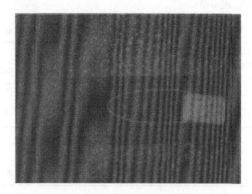

图 3-99　裂纹宏观形貌（弧形）的
回火托氏体　500×

　　对于 1# 生产线的纵向裂纹试样，裂纹边缘无脱碳现象，裂纹较深，在边上看到裂纹已经裂透，因此判断造成开裂的应力是表面切向拉应力，为后期组织应力引起的，说明原材料并无原始裂纹，裂纹产生于淬火后，是淬火裂纹。具体见图 3-100 与图 3-101。

　　对于 1# 生产线的弧形试样裂纹边缘有脱碳现象，从试样表面及金相可以看出原始裂纹，应为材质表面划伤。见图 3-102 与图 3-103。

图 3-100　裂纹宏观形貌（纵向）

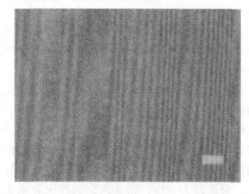

图 3-101　裂纹高倍形貌（纵向）中等细致的
回火托氏体　500×

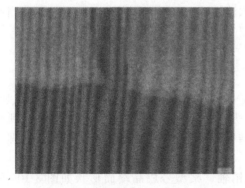

图 3-102　裂纹高倍形貌（弧形）　200×

图 3-103　裂纹高倍形貌（弧形）中等细致的
回火托氏体　500×

　　试验所采用的弹簧为同一炉钢轧制的同规格弹簧，材料化学成分符合国家标准，具体差异见表 3-38。

表 3-38　1# 与 2# 线的热处理工艺参数的差异对比

线别	化学成分	加热温度	淬火温度差异	淬火液的冷却速度
1#	符合要求	加热温度	淬火温度低，淬火温度平均值比 2# 线淬火温度平均值低 83.6℃	74℃/s，冷却速度快
2#	符合要求	加热温度偏高，高于最高温度 20℃ 以上，不符合工艺要求	淬火温度偏高	66℃/s，冷却速度稍低

对此裂纹产生的原因分析见表 3-39。

表 3-39　淬火裂纹产生裂纹原因分析

原因	原因分析
产品表面有缺陷	表面划伤，在冷却过程中强烈的拉应力会使材料沿划伤裂纹向内扩展。GB/T 1227—2008 弹簧钢标准规定，允许不超过公称尺寸公差之半的个别细小划痕、压痕存在，故一般细小的划痕不会影响到产品的加工性能。而该划痕深度为 0.07mm，未超过公差一般的要求，排除此淬火裂纹的产生
冷却速度过快	①淬火温度相对偏高，同时迅速放入常温淬火液中，在 M_s 转变温度以下时，工件表面首先发生马氏体转变，而心部还没有开始转变。随着温度的降低，心部进行马氏体转变，此时表层已经形成坚硬的壳层（淬火马氏体），奥氏体转变为马氏体时，要发生体积膨胀，此时内部处于压应力状态，表层处于拉应力状态，心部继续进行马氏体转变，体积胀大，此时表层就会以裂纹的形式展现出来，从而形成淬火裂纹。 ②从前面介绍可知，1# 线冷却速度比 2# 线冷却速度大

淬火裂纹一般是由于淬火内应力在工件表面形成的拉应力超过冷却时钢的强度而引起的，多发生在 M_s 以下的冷却过程中。此时钢发生马氏体转变，塑性急剧降低，而组织应力急剧增大，易形成裂纹。

2# 线在淬火过程中的过冷度更大，理论上讲应该更容易导致淬火开裂，而事实上 1# 线的冷却速度快，而出现了 2# 线产品淬火开裂反而比 1# 线少的现象。其原因在于冷却是淬火中最重要的环节，冷却速度影响淬火内应力的大小、分布类型，并影响到材料的组织形态，淬火冷却速度不当，必将引起裂纹，而裂纹往往呈穿晶分布，较直而没有分叉，沿截面的温度梯度会引起沿界面的组织转变的差异，从而增加内应力，增大了开裂的倾向。

根据以上分析，据此判定为淬火介质是导致淬火开裂的原因。为此调整工艺参数后，后续加工的产品未出现此类问题。

汽车用板簧的热处理是十分重要的环节，60Si2Mn 材质的产品淬透性稍差，厚截面的板簧采用此材质容易出现淬不透的现象，若采用水溶性淬火液时，因其冷却速度控制不当而易引起淬火开裂，故对于使用厚截面的板簧，建议采用 50CrVA 类淬透性较好的材料。

3.7.19　特殊结构销轴的热处理裂纹分析

工程机械多用于建筑、水利、电力、道路、矿山、港口和国防等工程领域，工况复杂。作为联接用销轴零部件，在服役过程中受强烈剪切、冲击、弯曲和扭转作用，同时受到摩擦，因此除为满足整机及环境应用需要设计复杂结构外，还要进行表面硬化等特殊热处理的方式保证销轴具有良好的综合性能。

联接成闭合环的最后一节履带的销轴称为主销轴，某型号成品端面形状如图 3-104 所示。该主销轴工艺流程：下料→车外圆→车球窝→车台阶→热处理→磨外圆→车端面。热处理的淬火工序中，在球窝内侧出现裂纹。部分裂纹贯穿整个球窝，致使球窝从销轴端部处掉落，裂纹形貌如图 3-105 所示。

(a) 主销轴球窝完全掉落

(b) 掉落球窝碎片

(c) 球窝内部裂纹形貌

图 3-104　主销轴的简图　　　　　　　　图 3-105　主销轴球窝裂纹形貌

针对此裂纹件，从原材料、热处理工艺、淬火液、工艺流程合理性进行分析。主轴销的化学成分见表 3-40，符合技术要求。

表 3-40　主轴销的化学成分（质量分数,％）

元素	C	Si	Mn	S	P	Cr	B
技术要求	0.44～0.48	0.15～0.35	0.6～0.9	≤0.02	≤0.015	≤0.3	0.00015～0.003
实测值	0.48	0.27	0.76	0.016	0.006	0.185	0.002

首先对淬火工艺与淬火液进行分析。淬火加热采用中频感应加热，横向对比相同规格的普通销轴，在淬火后没有发现裂纹，纵向对比降低和提高加热功率淬火裂纹仍然存在，因此判断裂纹与淬火加热功率无直接关系。

分析淬火使用的水温及某溶于水的有机淬火液浓度，工件入水时的水温在技术要求之内且淬火液浓度在技术要求的中限，故淬火裂纹与淬火液也无直接关系。

其次对工艺流程合理性分析。主销轴热处理前端面如图 3-106 所示，处理后加工端面时车掉部分端面并加工出台阶后呈现如图 3-107 所示的浅球窝。从加工流程可知，由于球窝的存在以及加工时产生的刀纹等因素使得球窝处形状复杂，横截面急剧变化，带有尖角沟槽，成为淬火时易产生组织应力集中及热应力集中的区域，易产生裂纹。

图 3-106　车外圆后主销轴端面　　图 3-107　车端面后主销轴端面　　图 3-108　改变工艺流程后
　　　　　　　　　　　　　　　　　　　　　　　　　　　　　　　　　热处理前端面

根据淬火时产生应力集中的原理及该型号的主销轴的工艺特点，理想的加工流程应为在热处理后再进行端面球窝的机械加工。

针对主销轴的裂纹，重新对工艺流程调整方案与可行性进行分析。调整后的工艺流程为下料→车外圆→热处理→磨外圆→车端面→车球窝→车台阶。车出外形后进行热处理，具体见图 3-108 所示,热处理后再进行车端面及球窝的加工,此端面形状平直,截面均匀,不易产生应力集中。对于热处理后的端面硬度进行检测,其硬度曲线如图 3-109 所示,在球窝处的硬度受热影响,硬度在 38~43HRC,轴表面处硬度较高,因此热处理后可以直接加工,但是需要采用陶瓷刀具加工。

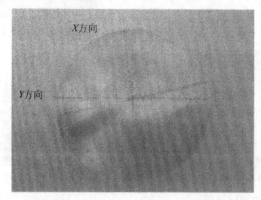

(a) 测定热处理后端面截面硬度位置点

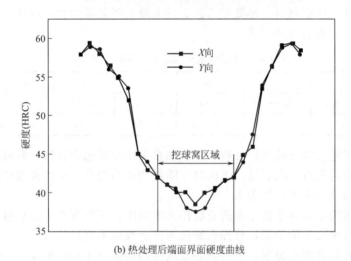

(b) 热处理后端面界面硬度曲线

图 3-109 热处理后主销轴端面 X、Y 方向硬度分布

采取调整后的工艺流程,从根本上解决了主销轴的热处理淬火开裂问题。

3.7.20 某型飞机综合挂架内 30Cr13 钢滚轮开裂失效分析

对某飞机进行维护性检查时,发现左侧综合挂架内的 30Cr13 钢制滚轮发生开裂,见图 3-110,使用时间为 1300h。该滚轮在挂架内的作用为:安装在滚轮轴上,通过自身的转动使释放摇臂与转接摇臂之间由滑动摩擦变为滚动摩擦。释放摇臂上有一处尖角,可导致滚轮表面产生压痕,另外释放摇臂的转动是一个冲击性动作,因而滚轮承受的挤压应力为冲击应力。30Cr13 钢为马氏体不锈钢,该滚轮的热处理工艺为淬火+低温回火,技术要求为热处理后滚轮端面抗拉强度为 1275~1475MPa。为此对该失效滚轮进行宏微观分析、金相检验等,以确定其失效的原因。

从图 3-111 可以看出滚轮表面断口平整,断口周围无明显的机械损伤,滚轮外表面可见有两处径向裂纹(图中分别标识为 a、b),裂纹已经扩展到上端面,另外表面存在多处挤压痕迹。

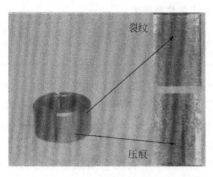

图 3-110 滚轮宏观裂纹

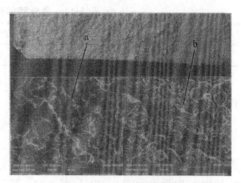

图 3-111 滚轮断口微观形貌

滚轮断口的微观形貌如图 3-111 所示，断口分为沿晶断裂区及准解理断裂区两个区域，其中沿晶断裂区占整个断口面积的 60%～70%，其余为准解理断裂区。整个断面较为平坦，无明显的源区及机械损伤痕迹，也无腐蚀迹象。断口上可见明显的沿晶区和准解离区分界线，准解离断裂区上存在始于沿晶/准解离交界处的扩展棱线。

对滚轮上端面进行抛光浸蚀后，在体视镜下对滚轮裂纹进行观察，见图 3-112。滚轮端面上除已知的图 3-112（a）（b）所示的裂纹外，还存在内部裂纹以及已扩展至表面的较小裂纹。4 条裂纹特征相似：裂纹形貌曲折，裂纹中间存在断裂的小颗粒。在 200 倍金相显微镜下对 3-112（b）所示裂纹放大后观察，可以发现裂纹呈

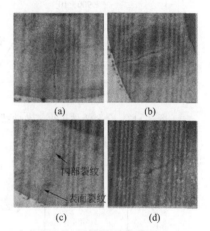

图 3-112 滚轮裂纹金相形貌

锯齿状延伸，无脱碳现象，断面呈沿晶特征，见图 3-112（d），滚轮基体组织为回火马氏体。在滚轮端面检查硬度为 45.6HRC，处于技术要求的上限。

以上断口分析表明，整个断口由沿晶区及准解离区组成，准解离区内的扩展棱线发源于沿晶/准解离区的交界处，说明沿晶区先于准解离区产生，而后沿晶裂纹尖端逐渐扩展形成准解离断口，最终断裂。根据已经存在的多条表面与内部沿晶裂纹，可以断定沿晶裂纹应为制造过程中产生的，即淬火裂纹，准解离裂纹是使用过程中裂纹继续扩展形成的。由于碳与铬含量较高，对于淬火温度、冷却介质等热处理工艺都有严格的要求，如果生产操作不当，极易产生淬火裂纹。

3.7.21 合金铸钢件淬火裂纹分析及工艺改进

某环球煤机公司的合金铸钢产品，结构复杂、截面变差大、加工精度高，铸造、热处理以及机加工制造过程控制难度较大，且热处理后性能要求较高，同时还要保证较高的冲击吸收能量指标。该产品结构复杂、壁厚不均、淬火过程中极易产生裂纹。该产品的化学成分要求，力学性能要求见表 3-41 与表 3-42。

表 3-41 合金铸钢件的化学成分要求（质量分数，%）

C	Si	Mn	P	S	Cr	Ni	Mo	Al	Cu	V	Ti
0.29～0.37	0.30～0.60	0.60～1.00	≤0.045	≤0.040	0.45～0.55	0.70～0.90	0.22～0.27	≤0.040	≤0.5	≤0.10	0.015～0.05

表 3-42　合金铸钢件的热处理后力学性能要求

抗拉强度/MPa	屈服强度/MPa	断后伸长率/%	断面收缩率/%	硬度(HBW)	压痕直径/mm	冲击吸收能量/J(0℃)
≥830	≥650	≥14	≥30	269～321	3.4～3.7	35

该产品的工艺流程为：造型/制芯→合箱/落砂→抛丸、切割、粗车→划线（验证模具尺寸）→正火→精加工、补焊→检验（外观、MT、UT）→热处理（调质）→精车、检验（外观、MT）→机加工→划线（全尺寸报告）整理报告→产品交货。

合金铸钢件的热处理工艺：正火温度 900℃±10℃，调质处理（淬火 870℃±10℃×3h，回火 600℃±10℃×4h），热处理加热设备采用台车式电阻炉。正火工艺曲线如图 3-113 所示，调质处理工艺曲线如图 3-114 与图 3-115 所示，采用专用淬火料盘工装进行起吊和淬火。

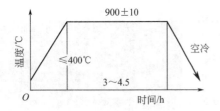

图 3-113　合金铸件正火工艺曲线

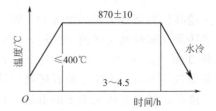

图 3-114　合金铸件淬火工艺曲线

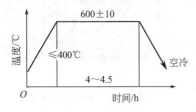

图 3-115　合金铸件回火工艺曲线

图 3-116　合金铸件淬火装炉图片

按图 3-116 所示方式装炉加热与淬火，为确保淬火质量，要求工件入水需控制在 35～40s，水温 20～30℃，利用水泵进行水循环控制，工件在水中上限晃动 1min 左右；为满足淬火后表面马氏体含量≥90%，淬火时间约 8min（冷却时间按淬火水槽大小及终冷温度调整），实测终冷温度控制在 100～150℃。样品调质后进行无损探伤发现表面裂纹，具体部位和裂纹形态如图 3-117 所示。

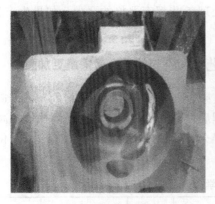

(a) 表面裂纹部位

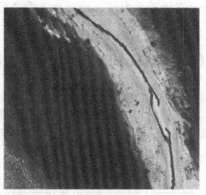

(b) 裂纹放大

图 3-117　合金铸件失效件表面裂纹

零件在淬火过程中表面与心部的冷却速度不同，形成马氏体的先后也不同，零件表面形成马氏体后，心部仍处于奥氏体状况，塑性很好，当这部分转变为马氏体后则先期形成的马氏体硬度高、脆性大、塑性差，形成的马氏体部分对它产生拉应力增大，一旦超过材料抗拉强度，就会引起开裂。如果材料内部的缺陷存在使其强度下降，也会引起淬火开裂。另外，形状不规则或截面过渡区厚薄相差较大，在淬火过程中因应力集中而产生裂纹，若零件的铸造流线分布不良，也可能造成淬火时产生脆裂缺陷，如图 3-118 所示，此零件淬火裂纹产生在截面变差最大处，此部位明显应力集中。

对裂纹部位进行金相检查，如图 3-119 所示，组织为 98％索氏体＋2％贝氏体，从图 3-119 与图 3-120 可见，淬火后金相组织比较均匀，淬火后效果良好，组织转变充分。但由于淬冷烈度较大，在工件薄壁处形成裂纹。

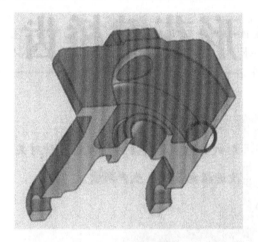

图 3-118　裂纹部位剖面

图 3-119　裂纹表面的金相组织　500×

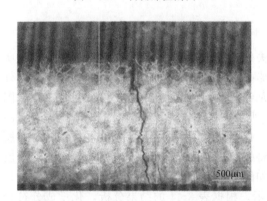

图 3-120　裂纹源处金相组织　500×

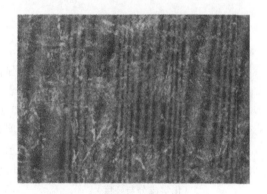

图 3-121　调整后表面金相组织　500×

解决方案：需要考虑适当降低淬冷烈度在保证淬火效果的前提下减弱裂纹倾向。

① 进行淬火水温及淬火过程调整。经多次利用残件验证，选择比较适中的淬火参数进行调整，确定淬火工艺过程。冷却水温调整到 30～38℃，保证淬火效果的同时，满足表面金相组织的要求；淬火时间为 4min，采用间歇式淬火，即入水 2min 出水缓冷 1min，表面温度返回到 350℃左右，重新入水冷却 2min，目的是减缓淬火过程中截面差较大引起的温度差和应力集中。

② 对于样品的力学性能进行检验，图 3-121 为调整参数后的表面金相组织，金相检测为 90％索氏体＋10％贝氏体。淬冷烈度降低后，工件表面金相组织依然可以满足技术要求。

表 3-43 为经过工艺改进后产品力学性能实测结果，其中强度指标和冲击吸收能量均较高。产品进入正式生产后，经过大批量生产实践未见裂纹出现，此种裂纹缺陷得到了有效控制，其力学性能满足了产品的技术要求。

表 3-43　零件调质处理后力学性能实测结果

性能指标	抗拉强度/MPa	屈服强度/MPa	断后伸长率/%	断面收缩率/%	硬度（HBW）	压痕直径/mm	冲击吸收能量/J(0℃)
技术要求	≥830	≥650	≥14	≥30	269～321	3.4～3.7	≥35
实测	923	735	21	38	302、294、298	3.55～3.50	53、58、62

3.7.22　20MnTiB 螺栓失效分析

某失效件为齿轮上的固定螺栓，其头部与本体断开，材质为 20MnTiB，热处理工艺为 860℃加热保温后淬火，420℃回火，成品硬度要求 33～40HRC，抗拉强度 $R_m \geq 1030$MPa，淬火后心部 90%以上为马氏体。调取热处理操作过程记录与监控，排除了工艺执行问题引发失效的可能性。

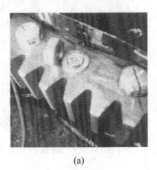
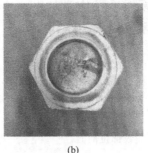

(a)　　　　　　　　(b)

图 3-122　失效螺栓宏观形貌

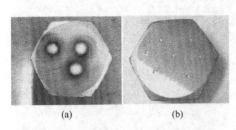

(a)　　　　(b)

图 3-123　失效螺栓外表面分析测试
（化学成分与硬度）

失效螺栓头部与本体断开，头部内端面有明显的撕裂失效形貌，且有明显贝纹线。该螺栓外表面是经过涂层处理的，有银色涂层存在，如图 3-122 所示。将螺栓头部外端面用铣床铣掉表层涂层进行化学成分分析和硬度测试，如图 3-123 所示，将螺栓头部沿中心轴线切为两半，进行硬度检验如图 3-124 所示，分析结果如表 3-44、表 3-45 所示。根据表 3-44 的结果分析，化学成分符合 20MnTiB 的要求，且无明显的成分偏析状况。根据表 3-45 的结果分析头部内外硬度均符合 32～39HRC 的要求，按照 DIN 50150 标准值推算强度也符合 $R_m \geq 1030$MPa 的要求。

表 3-44　头部外表面的化学成分分析（质量分数）

元素	C	Mn	Si	P	S	Cr	Ti	Ni	B
技术要求/%	0.17～0.24	1.30～1.60	0.17～0.37	≤0.035	≤0.035	≤0.030	0.04～0.10	≤0.030	0.0005～0.0035
实测值/%	0.22	1.35	0.23	0.019	0.006	0.03	0.06	0.01	0.0012

表 3-45　头部硬度检测结果　　　　　　　　　　　　（HRC）

检测位置	外表面1	外表面2	外表面3	内表面1	内表面2	内表面3
技术要求	32～39					
实测值	35.5	35.5	36	35.5	36	35.5

将剖切面进行金相分析，在剖切面一侧发现靠近内端面有一处裂纹。裂纹方向与内端面平行，裂纹距内端面最大距离为 $353.5\mu m$，距内端面最小距离 $54.25\mu m$，并且在裂纹扩展方向处存在超宽的硫化物夹杂，在裂纹附近也存在超尺寸的硫化物夹杂，如图 3-125 与图 3-126所示，其夹杂物评级结果见表 3-46。

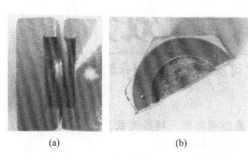

(a)　　　　　　　　　　(b)

图 3-124　失效螺栓头部剖切后分析测试

(a)　　　　　(b)

图 3-125　失效螺栓剖切面抛光后宏观形貌

表 3-46　剖切面夹杂物分析结果

项目	非金属夹杂物检验（GB/T 10561—2005）							
类型	A		B		C		D		DS
	细系	粗系	细系	粗系	细系	粗系	细系	粗系	细系
级别/级	1.0	0.5S	0	0	0	0.5	0.5	0.5	1.0
备注	在裂纹延伸处存在超宽硫化物夹杂，宽度 $13.61\mu m$，裂纹附近存在超尺寸硫化物夹杂，宽度分别为 $23.98\mu m$，$16.02\mu m$								

将剖光面采用 4% 硝酸酒精腐蚀后，可观察到内端面附近和外端面附近金相组织存在严重的脱碳现象（白亮区域），如图 3-127 所示。此处晶粒度为 7.5 级，如图 3-128 所示。但裂纹附近存在明显的脱碳现象，表征该位置处在淬火前存在缺陷，使得淬火加热过程中该位置存在氧化脱碳状况。

硫具有热脆性。钢进行热加工（锻造、轧制）时，加热温度常在 1000℃ 以上，这时晶界上的 $FeS+Fe$ 共晶熔化，导致热加工时钢的开裂，在裂纹扩展方向存在超宽的硫化物夹杂，因此判断硫化物夹杂是诱发裂纹扩展的重要原因。

钢中非金属硫化物在裂纹尖端的应力场中，若本身脆裂或在相界面开裂而形成微孔，则其与主裂纹连接使裂纹扩展，从而使断裂韧度降低。

硫的有害影响主要取决于 MnS 的数量、延伸程度和分布状况。钢中夹杂物属于与基体结合较弱的脆性相，加之最大应力往往集中在夹杂物与钢基体界面上，少量的应变便会使夹杂物与钢基体界面形成孔洞，塑性较好而与基体结合较弱的硫化物在应力作用下会较早地在硫化物与基体间的界面处开裂，形成分离裂纹。裂纹先于应力轴呈一定角度扩展到组织偏析带内，然后沿偏析带扩展。

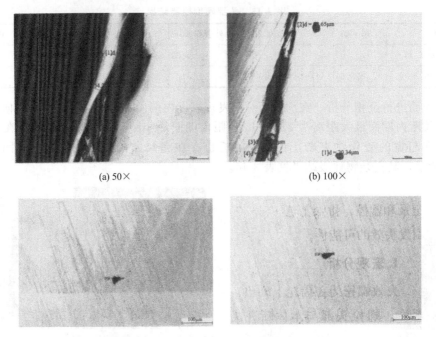

(a) 50×   (b) 100×

图 3-126　失效螺栓剖切面抛光后微观形貌

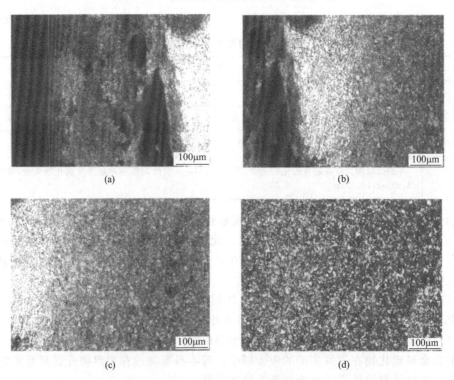

(a)   (b)

(c)   (d)

图 3-127　失效螺栓内端面和外端面（从左到右）金相组织（4％硝酸酒精腐蚀）　100×

　　靠近内端面的该处裂纹在淬火前段产生，并在淬火后和使用过程中产生裂纹扩展和瞬断。螺栓断裂失效的原因为：近内表面存在缺陷，淬火过程中缺陷加剧，形成裂纹，导致螺栓短期服役时间内产生裂纹断裂；超尺寸的硫化物夹杂使得工件在热成形时极易产生微孔或裂纹，使得裂纹在硫化物附近形成，此为主要原因之一；工件经过淬火后加剧裂纹的扩展，使得断裂韧度加剧降低,大大降低了螺栓服役时间,此为失效的重要原因。因此,在执行热处理工艺前,应对待处理工件进行 MT 或 UT 检测,确保工件满足淬火处理的条件。

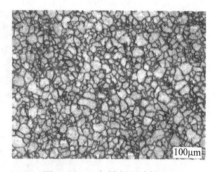

图 3-128 失效螺栓剖切面
晶粒度(7.5级)

3.7.23 铝合金压铸模具龟裂失效原因分析

H13 为热作模具钢,具有优良的淬透性、淬硬型和良好的室温、高温性能而广泛应用于要求高韧性和冷热疲劳抗力的压铸模、热锻模和热挤压模等。H13 钢铝合金压铸模采用真空热处理进行淬火+回火,之后进行电火花加工成形,在使用过程中,都会出现不同程度的早期龟裂,为此进行原因分析。

首先取 H13 钢真空淬火与回火后没有使用的模具,进行金相分析,如图 3-129 所示,热处理后基体存在不均匀组织。图 3-129(a)中有分散分布的浅色区域,放大后在图 3-129(b)中可以看到这些区域有较多的颗粒状碳化物析出,且该区域碳化物比周围正常组织中的碳化物颗粒粗大,出现了偏析。浅色区域有较多的碳化物及合金碳化物析出,导致了周围碳与合金元素的贫乏。而正常淬火加热时,偏析处碳化物颗粒粗大,不易溶解,该处仍处于贫碳和贫合金状态,淬火时易产生过热得到粗大马氏体组织,且该处区域基体不易得到回火,导致模具脆性大,材料的强度、韧性受到严重的削弱,增大了发生脆性断裂的倾向。

观察其真空淬火前退火后的材料,金相组织如图 3-130 所示。图 3-130(a)显示其基体中也存在不均匀组织,放大后在图 3-130(b)中可以看到该偏析区域存在较大颗粒的碳化物,存在偏析,其对于材质的均匀性有很大影响,而在真空淬火过程中又不能得到改善而被保留了下来。

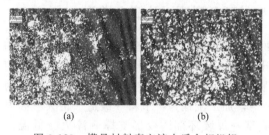

图 3-129 模具材料真空淬火后金相组织

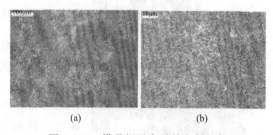

图 3-130 模具钢退火后的金相组织

该批模具仅使用 30000 余次,就在模具表面发生龟裂,如图 3-131 所示,图 3-131(a)为单独一条裂纹,该裂纹基本是沿晶断裂。图 3-131(b)为多条裂纹交汇处长期冲蚀剥落后形成的凹坑,其裂纹的周围区域同样存在偏析组织和明显的晶界,如图 3-131(c)和图 3-131(d)所示。原材料本身的冶金缺陷在球化退火和真空淬火阶段都无法被改善,在液态金属冲刷和表层受循环热应力的作用下,这些偏析的区域最为薄弱,最容易发生剥落。

另外模具需要在热处理后,铝合金压铸前进行电火花加工,其电火花加热重熔区大概在 $2.1\sim9.5\mu m$,如图 3-132 所示。压铸前模具采用煤气炉进行烘模(烤模),并不能改变局部区域的金相组织,但会造成电火花热重熔区产生微裂纹,如图 3-133 所示。由于重熔区和基体结合不牢固,容易剥落而加快磨损,如果微裂纹延伸至热影响区,影响区本身存在组织应力和热应力等残余应力,微裂纹得到进一步扩展,同样加剧模具表面的龟裂。

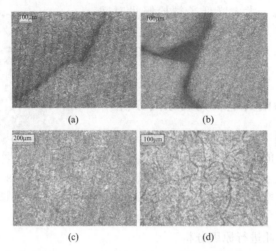

(a)   (b)

(c)   (d)

图 3-131   模具使用后的模具型腔表面

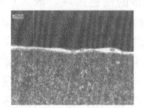

图 3-132   电火花加热重熔区

图 3-133   热锻模产生微裂纹

解决方案：对于原材料的金相进行检验，去除电火花加工所造成的热重熔区，并且对模具进行电火花后回火处理，以减少热影响区的残余应力。

3.7.24   OU 型吊环开裂原因及解决措施

OU 型石油单臂吊环是石油和天然气工业钻井、修井和采油作业中提升装置，是下管柱提升用的必备工具，在使用中将会有一瞬间受到巨大的拉伸力。该吊环的材料为20SiMn2MoVE 钢，加工流程为：下料→锻造→正火→高温回火→粗加工成型→焊装环部防变形支撑→淬火→低温回火→磁粉与超声波探伤。OU 型单臂吊环的使用情况如图 3-134 所示，其与销轴的组装情况示意图见图 3-135。图 3-136为生产 OU 型单臂吊环中进行磁粉与超声波探伤时，发现吊环方头表面内侧有异常裂纹。

图 3-134   使用中的 OU 型单臂吊环

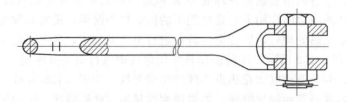

图 3-135   OU 型单臂吊环和销轴组装示意图

为此进行吊环开裂的原因分析,对有裂纹的吊环的冷热加工工艺、宏观形貌、显微组织和化学成分等进行检查与分析。

如图 3-136 所示,裂纹位于环部与顶部的中间部位,并向纵向延伸,深 20mm 左右,裂纹形态刚健、无分叉,具有明显的脆性裂纹的特征,只有一条裂纹呈横向分布。失效吊环的化学成分见表 3-47,可见其成分符合技术要求。

表 3-47 失效吊环的化学成分(质量分数)

项目	C	Si	Mn	Mo	V	P	S
技术要求/%	0.17~0.23	0.90~1.20	2.20~2.60	0.30~0.40	0.05~0.12	≤0.02	≤0.02
实测值/%	0.22	0.99	2.39	0.34	0.11	0.015	0.0013

从开裂的吊环上取纵向试样进行分析,结果表明其组织为回火马氏体(见图 3-137 及图 3-138),裂纹口细小且有脱碳现象(见图 3-139),全脱碳层深度约为 0.1mm,此外裂纹呈锯齿状,两侧无脱碳(见图 3-140),裂纹尾部有不连续的孔洞(见图 3-141),有链状分布的不被浸蚀的圆形脆性夹杂物(见图 3-142),图 3-143 为脆性夹杂物的高倍形貌。

图 3-136 吊环上裂纹的形态

图 3-137 吊环的显微组织 100×

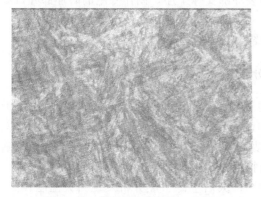

图 3-138 吊环的显微组织 600×

图 3-139 裂纹的局部形貌 100×

从形态上看,裂纹口细小,中间较宽,说明裂纹源于内表面,是在淬火冷却时形成的。裂纹尾端的孔洞可能是由脆性夹杂物所致,还可能是由锻造温度偏高或焊装支撑不当造成的。从总体上看,因淬火前 OU 型单臂吊环方头内部已经出现孔洞或显微裂纹,这些孔洞或显微裂纹是应力集中区,最终导致吊环开裂。

针对以上分析,明确吊环开裂的原因后,采取解决方案:①改进冷热加工工艺;②对于

图 3-140 裂纹两侧的显微组织 100×

图 3-141 裂纹的端部形貌 50×

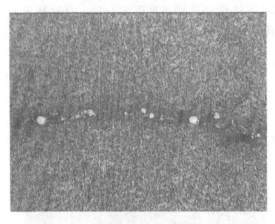

图 3-142 吊环中的脆性夹杂物 50×

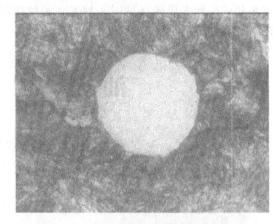

图 3-143 脆性夹杂物的高倍形貌 600×

原材料增加入厂低倍与高倍组织检测；③严格控制锻造工艺，采取远红外测温仪在线随时监测锻件的加热温度、始锻与终锻温度；④取消焊装环部支撑工序，制作专用的防环部开口畸变的工装，热处理时由热处理专职安装和拆卸。

采取以上措施后，OU 型单臂吊环方头内侧裂纹问题彻底解决。

3.7.25　发动机排气管连接螺栓断裂失效分析

某型号发动机用于增压器与排气管联接的螺栓，工作环境温度约为 530℃，材质为25Cr2MoVA，技术要求为调质硬度 215～255HBW。该螺栓的加工流程为：下料→头部镦锻→热处理→机加工螺纹（滚丝）。该螺栓在发动机考核试验过程中突然发生断裂。为准确找出断裂原因，从化学成分、裂纹宏观形貌、金相组织等进行分析。

螺栓的热处理为调质处理：930℃油淬、750℃回火后空冷。经分析发现回火温度较高，在此温度回火后的渗碳体可能发生聚集粗化，螺栓出现颗粒状珠光体组织，与球化退火组织基本相同，其强度、硬度较低，性能较差。

进行宏观断口观察发现，断口的部分区域存在灰黑色氧化皮，断面可见有海滩辉纹的疲劳扩展区以及较粗糙的最终断裂区，如图 3-144 所示，裂纹源位于表面裂纹处（图示箭头处），断口形貌符合韧性断裂特征。在螺栓上取样进行基体硬度检测，硬度为 164～180HBW，低于技术要求，基体硬度不合格。

对于螺栓进行化学成分检测，结果见表 3-48，化学成分符合技术要求。

表 3-48　断裂螺栓的化学成分（质量分数）

项目	C	Si	Mn	S	P	Cr	Ni	Cu	Mo	V
技术要求/%	0.22～0.29	0.17～0.37	0.40～0.70	≤0.0205	≤0.025	1.50～1.80	≤0.30	≤0.25	0.25～0.35	0.15～0.30
实测值/%	0.25	0.287	0.51	0.012	0.019	1.57	0.086	0.13	0.31	0.21

在螺栓断口处取样进行金相组织观察，螺栓的基体组织为细小粒状珠光体，螺纹部分已脱碳，如图 3-145 所示。

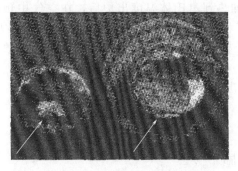

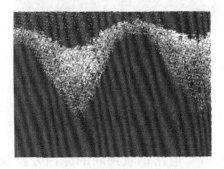

图 3-144　断裂螺栓的断口形貌　　　　图 3-145　断裂螺栓的脱碳形貌

通过测试及观察发现，排气管连接螺栓的化学成分合格，材质不存在问题。但经过调质处理后其金相组织、力学性能不符合要求，说明螺栓热处理调质工艺或环境出现异常。

螺栓的回火温度偏高，使正常回火索氏体组织转变成粒状珠光体组织。发动机排气管螺栓联接处正常的工作温度约 530℃，但此型号发动机的配套厂家要求对排气弯管进行隔热包扎，导致螺栓联接处温度接近 700℃。螺栓在工作过程中始终处于高温状态，超出正常的适用范围，导致 25Cr2MoVA 材质的联接螺栓不能满足使用要求。而且螺栓螺纹部位存在氧化、脱碳现象，使其强度、硬度大幅降低，低于其基体性能，造成裂纹在此形成，再经疲劳扩展导致螺栓的最终断裂。

解决方案：

① 由于 25Cr2MoVA 材质及热处理工艺不能满足要求，因此选用 42Cr9Si2 马氏体耐热钢，其热处理工艺为 1020℃加热油淬，700～750℃回火后油冷或水冷。

② 为确保机械加工后螺纹没有氧化脱碳，热处理后在盐浴炉中进行加热。

采取以上措施后，此型号的发动机排气管连接螺栓的性能满足了使用要求，未再出现断裂现象。

3.7.26　推土机变速箱操纵轴裂纹分析

推土机变速箱操纵轴采用 45 钢制造，过渡区有花键，具有较大的淬火裂纹敏感性，在热处理淬火过程中存在较高的废品率，主要形式为裂纹。

该轴为调质处理，整体硬度要求 248～302HBW（22～34HRC）。对有裂纹的操纵轴进行检验并进行金相分析，金相分析结果为：组织为索氏体＋细珠光体混合组织，分布有大量的半网状铁素体，如图 3-146 所示。该 45 钢调质处理是淬火＋高温回火，采用箱式炉加热，淬火介质采用 10%的盐水溶液，冷却到 180℃左右采取缓冷，淬火后硬度为 55～59HRC，回火采用 560～600℃，水冷后硬度在 22～34HRC 范围内。图 3-146 所示金相组织中出现的索氏体甚至铁素体仍然保留在基体中，就是保温时间不足（40min）和加热温度不高

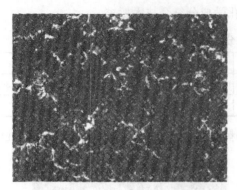

图 3-146 裂纹轴的金相组织

(450℃) 造成的。

操纵轴淬火硬度 50～55HRC，过渡区有键槽，具有较高的淬火裂纹敏感性。经分析裂纹原因属于应力集中裂纹，因生产批量大，无法更换材料，针对热处理工艺进行改进，盐浴炉淬火采取以下解决方案：

① 进行 200～300℃ 一次预热，减少零件表面温度造成的热应力；

② 加热到奥氏体温度出炉后，在空气中预冷到稍高于相变点温度再进行淬火，减少淬火应力，预冷对于易产生应力集中裂纹的特殊结构零件效果明显；

③ 淬火冷却到 200～300℃ 时立即从盐水中取出零件，进行自回火；

④ 及时回火处理，这是防止开裂的有效措施。

采取以上措施，使零件的淬裂率降至 2% 以下，达到要求的目标。

3.7.27 道岔钢轨顶断的原因分析及控制措施

铁路用道岔是将钢轨通过加工制成的，道岔轨件的加工流程为：锯切下料→跟锻压形→钻孔→轨件铣削加工→淬火→矫直（顶弯）→组装。在顶弯过程中常出现折断现象，造成一定的经济损失。

针对道岔轨件实际加工过程中产生的顶断现象，在轨件断口裂纹源附近取样并经金相显微观察，分析其断裂原因。

(1) 原材料断口缺陷与分析 按其断口产生的原因，通常可将其分为三类，即折叠断口、轧痕端口以及应力断口。

① 折叠断口。在道岔轨件加工过程中，因原材料缺陷引起的钢轨在矫直（顶弯）过程中发生断裂时有发生，常见如轨头和轨底折叠、轧痕及轨头内部核伤等，图 3-147 为钢轨轨

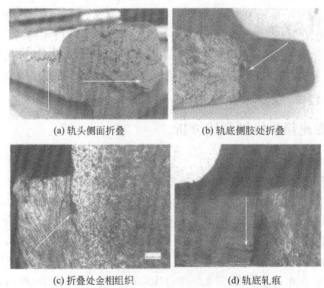

(a) 轨头侧面折叠 (b) 轨底侧肢处折叠

(c) 折叠处金相组织 (d) 轨底轧痕

图 3-147 钢轨轨头与轨底侧肢外表面处缺陷宏观形貌

头与轨底侧肢外表面处缺陷宏观形貌，图 3-147（a）箭头所指为钢轨轨头侧面折叠，可看到断口处放射纹在轨头侧表面的聚集末端为断裂源；图 3-147（b）箭头所指为钢轨轨底侧肢处折叠导致的断裂；图 3-147（c）为折叠处的金相组织，箭头处为显微裂纹，可看到折叠处裂纹附近金属脱碳较严重，此处裂纹在外力作用下易萌生及扩展，从而导致钢轨断裂。

② 轧痕断口。图 3-147（d）箭头所指为钢轨轨底侧肢处轧痕，乃轧制过程中轧辊粘有氧化皮或孔型掉肉以及轧件被其他附属设备刮伤等，在表面形成的凹坑或凸起，在导轨加工过程中及使用中产生断裂。

③ 应力断口。钢轨在轧制及后续加工中轨底会产生拉应力，在顶弯时，当外力超过轨底的拉应力时，钢轨就会从轨底产生断裂。图 3-148 所示为钢轨短支侧轨底断口宏观形貌，可以看出为降低断裂的概率，除了控制好矫直变形量及矫直力，对于矫直较大的弯折支矩的钢轨时，采用钢轨预热（控制在 300℃ 以下）。

图 3-148 钢轨短支侧轨底断口宏观形貌

（2）加工断口缺陷与分析 在实际生产过程中，从钢轨轨腰螺栓孔的位置产生断裂的概率达 60% 以上，断裂原因主要是孔的边缘无倒角或倒角不均匀，毛刺未清理干净，在外力作用下，此处产生局部应力集中，从而萌生裂纹即裂纹失稳扩展，最后导致钢轨开裂。图 3-149 所示为钢轨轨腰孔缺陷的断口宏观形貌与金相组织，孔附近为索氏体，箭头所指为未倒棱角，因此钻孔完毕后倒角并将毛刺清理干净，可明显降低断裂率达 90% 以上。

为了满足钢轨道岔轨件的使用要求，有些钢轨需要进行切削加工（刨切或铣削），如果进给量过大，加工面粗糙，会产生局部棱角及鱼鳞从而造成尖角应力效应，在矫直（顶弯）时容易断裂，即钢轨刨切面的表面粗糙度过大导致断裂。图 3-150 为钢轨轨头及轨底铣刨缺陷的断口宏观形貌，建议采用铣床加工。

(a) 钢轨轨腰孔的断口宏观形貌　(b) 螺栓孔附近的金相组织　　(a) 钢轨轨头刨切鱼鳞纹　(b) 钢轨轨底铣削的刀纹

图 3-149　钢轨轨腰孔缺陷断口宏观形貌与金相组织　图 3-150　钢轨轨头及轨底铣刨缺陷断口宏观形貌

钢轨感应淬火硬化层不足及异常也会导致其断裂。对钢轨进行中频感应加热，获得要求的钢轨硬度、硬化层深度及内部组织，当钢轨淬火变形较大，硬化层深度较浅、组织不均匀及过渡段出现异常组织时，易导致在矫直（顶弯）过程中发生断裂。图 3-151 所示为由硬化层深度只有 3mm（技术要求大于 8mm）而导致的钢轨在矫直过程中产生的断口宏观形貌，硬化层微观组织为索氏体。另外，热处理过程中由于加热或冷却不当，轨头硬化层内部会产生异常组织。图 3-151（d）所示轨头内部异常金相组织为马氏体＋贝氏体＋残留奥氏体，其局部硬度达 45HRC，在矫直（顶弯）过程中此脆性相极易导致钢轨断裂。可见严格执行工艺线束，增大硬化层深度，细化组织与降低应力，通过顶弯和热处理参数的调整减小钢轨变形，避免异常组织的产生，从而可以减少钢轨矫直（顶弯）过程中产生的断裂。

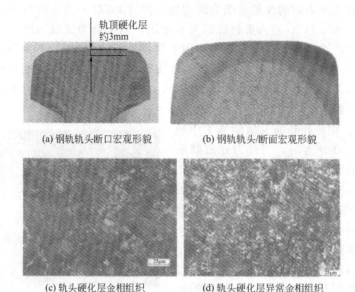

（a）钢轨轨头断口宏观形貌　　　　　　（b）钢轨轨头/断面宏观形貌

（c）轨头硬化层金相组织　　　　　　（d）轨头硬化层异常金相组织

图 3-151　硬化层不足的钢轨轨头在矫直过程中产生的断口宏观形貌与金相组织

综上所述，道岔钢轨在实际生产过程中，折叠、轧痕、残留应力、螺栓孔棱角毛刺、铣刨棱角、热处理硬化层及异常金相组织为钢轨矫直（顶弯）断裂的原材料及加工缺陷方面的原因。针对以上原因制定有效措施，尤其是加强钢轨原材料检验、钻孔后的棱角打磨以及热处理过程中控制，显著降低了钢轨矫直（顶弯）的顶断率，提高了钢轨加工效率，节约了道岔钢轨制造成本。

3.7.28　40Cr 钢管开裂的原因分析

某单位使用 40Cr 加工汽车半轴套用钢管，其生产工艺流程为：铸坯→加热穿管→下料→机械粗加工→热处理（淬火＋回火：850℃加热油冷，560～580℃回火水冷）→机械精加工→成品。某生成批次中 40Cr 圆管坯穿管规格为 $\phi115mm\times28mm$，在调质处理后有 30% 的钢管存在裂纹缺陷，严重影响使用。

为此对开裂钢管进行分析检测。

① 宏观形貌如图 3-152 所示，表面存在交叉裂纹，裂纹形态刚直，沿轴向扩展，裂纹较深且长、尾部尖细，形态符合淬火裂纹特征。

图 3-152　40Cr 钢管裂纹的宏观形貌

图 3-153　40Cr 钢管组织形貌

② 对于裂纹钢管取样作光谱化学成分分析。分析结果表明，该钢管的碳含量超出技术要求的上限（要求碳含量 0.40%～0.44%，实测为 0.53%），其他元素含量符合技术要求。

③ 对于裂纹件进行金相检验，其组织为铁素体＋珠光体，如图 3-153 所示。根据其铁素体与珠光体的数量比例，可判断该材料含碳量高于普通 40Cr 钢含碳量，铁素体沿晶界呈网状分布，且分布不均匀，珠光体含量较多。对于钢管裂纹严重的部位取样，裂纹向基体延伸扩展，裂纹深度 3mm，主裂纹旁有多条次生裂纹，其尾端曲折且尖细，如图 3-154 与图 3-155 所示，主裂纹尾部及次生裂纹内充满氧化物产物，裂纹呈沿晶开裂，两侧未见明显脱碳现象，如图 3-156 所示。经金相检验，调质处理后 40Cr 钢管的基体组织为回火索氏体。

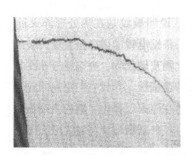

图 3-154 裂纹形貌

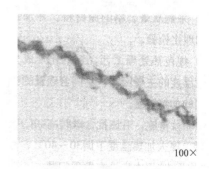

图 3-155 裂纹尾部形貌

图 3-156 裂纹处显微组织

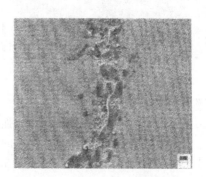

图 3-157 裂纹处夹杂物形貌

④ 利用扫描电镜对裂纹位置进行观察。裂纹向心部扩展，裂纹中有灰色夹杂物，裂纹处夹杂物形貌如图 3-157 所示。经能谱检测分析，灰色夹杂物为铁元素与氧元素，分析表明灰色夹杂为铁的氧化物，能谱分析如图 3-158 所示。裂纹附近有尺寸较大的复合型夹杂物，其高倍形貌如图 3-159 所示，经能谱分析，夹杂成分为 Al、Ca、Si、Mg、Fe 和 O。能谱定性分析如图 3-160 所示，可见裂纹缺陷附近分布着一定量的氧化物夹杂。裂纹附近存在一定量的条状夹杂物，其高倍形貌如图 3-161 所示，条状夹杂物的尺寸一般在 10μm 左右，能谱分析条状夹杂物中的 S、Mn 的含量较高，初步分析条状物为硫化物，能谱定性分析如图 3-162 所示。

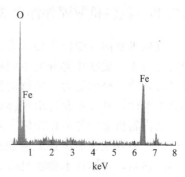

图 3-158 夹杂物能谱分析

综上所述，40Cr 钢碳含量超标，导致淬火形成马氏体含碳量高，增大马氏体的脆性，降低了钢的脆断强度，增大了淬火裂纹倾的倾向。钢管热处理后金相组织正常，裂纹周围无氧化脱碳，说明裂纹发生在淬火过程中。能谱分析发现裂纹周围有条状大尺寸的氧化物与硫化物，于是在淬火过程中，钢管夹杂物增大了内应力的不均匀，这是导致钢管开裂的主要原因。

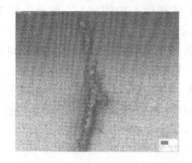

图 3-159　裂纹附近夹杂物形貌

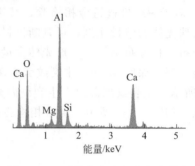

图 3-160　裂纹非金夹杂物能谱分析

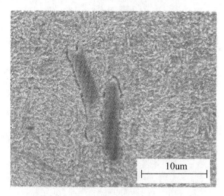

图 3-161　裂纹附近夹杂物的形貌

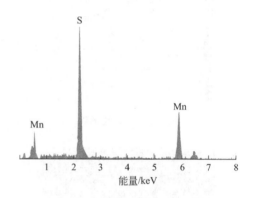

图 3-162　裂纹附近夹杂物的能谱分析

解决方案：

① 采购质量合格的原材料，并加强原材料进厂后的理化检验；

② 规范热处理工艺，不同含碳量的材料采用不同的加热温度；

③ 对于本批钢管，淬火温度下调 30~40℃ 加热淬火，调质处理中均无开裂，使用中也没有发现问题。

3.7.29　汽轮机紧固件淬火裂纹分析及改进措施

汽轮机紧固件螺栓主要承受拉应力，在应力松弛和高温长时间的应力集中条件下工作，同时也由于与被联接部分的不同膨胀量或微小的不同心度，引起很大的弯曲应力，因此要求其具有高的抗松弛能力、足够的强度、低的缺口敏感性，以及在高温下具有一定的持久强度和高温塑性，并且不允许出现淬火裂纹。

某汽轮机紧固件毛坯棒料（外形尺寸为 $\phi 60mm \times 260mm$）经过热处理调质处理后，在检验过程中发现表面出现纵向裂纹（见图 3-163）。棒料材料采用 2Cr12NiMoWV 铁素体马氏体耐热钢，具体技术要求见表 3-49，紧固件棒料调质工艺见表 3-50。

表 3-49　2Cr12NiMoWV 钢制紧固件的技术要求

项目	力学性能						显微组织/级	晶粒度/级
	$R_{p0.2}$/MPa	R_m/MPa	A/%	Z/%	A_{KU}/J	基体硬度（HBW）		
技术要求	≥760	≥930	≥12	≥32	≥31	293~331	回火索氏体 1~3	≥4

表 3-50 紧固件棒料调质工艺

设备型号	淬火	清洗	回火
	RJJ-105-9T 型井式气体渗碳炉	60kW 圆形清洗槽	DL150 型井式回火炉
工艺	见图 3-164(a)，油冷 20～30min	(70～80)℃×5min	见图 3-164(b)，水冷

图 3-163 紧固件纵向裂纹形态

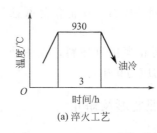

(a) 淬火工艺

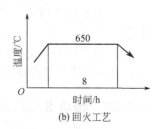

(b) 回火工艺

图 3-164 紧固件棒料调质工艺曲线

对失效件进行宏观检查发现，裂纹形式均为纵向裂纹，表面裂纹 1～3 条不等，大部分裂纹深至中心（见图 3-163）。任取裂纹件进行化学成分分析，其主要化学成分符合技术要求。将裂纹件轴向中部机械加工成宽 60mm、深 2mm 的平面，采用 HB-3000 型硬度计检测其硬度，检测结果为 310HBW、315HBW、312HBW，硬度合格。将带有裂纹的棒料横向切割，发现裂纹从表面到中心深 10～30mm。对裂纹附近外廓至心部进行金相检验时发现分布较均匀的回火索氏体组织（3 级合格），晶粒度为 5 级，合格。将带有裂纹的棒料切取的试块做 900℃×1h 的缓慢退火处理，结果发现：裂纹是沿带状组织的铁素体带起裂并扩展，裂纹与带状组织方向平行 [见图 3-165(a)]。对裂纹附近金相组织检查结果为：带状组织粗大，大于 4 级 [见图 3-165(b)]。

裂纹

(a)

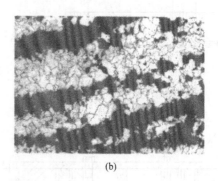

(b)

图 3-165 带有裂纹紧固件棒料的退火组织 100×

采用线切割将带有裂纹的试块沿裂纹面剖开，检查断口，发现裂纹面上无氧化色，裂纹四周也没有脱碳现象，说明裂纹是在淬火及随后产生的。裂纹面较为光洁细密，而非灰色及粗糙的状态，因此可以判定不是淬火加热温度过高或原始组织粗大所致。

通过以上检查可知，紧固件的材质正确，裂纹产生非加热温度、加热时间以及原始组织等原因造成的。由于铸态组织中存在比较严重的带状组织，增大了紧固件的畸变与开裂的倾向，在热处理过程中，带状组织相邻的显微组织不同，组织应力与热应力在这些成分不均匀的偏析微区将会产生应力集中，最终导致棒料在热处理淬火过程中沿此薄弱区开裂。由此可以判定棒料产生轴向裂纹主要是由带状组织严重超差造成的。2Cr12NiMoWV 属于高淬透性马氏体钢，在其热处理过程中，组织应力较大，促进了裂纹的产生。现场调查还发现，此批产生裂纹的棒料表面比较粗糙，沿轴向表面有细小垄沟，分析认为这是棒料在轧制过程中产生的，此区域易形成应力集中，是诱发淬火裂纹产生的薄弱环节。

解决方案：

① 要求轧钢厂采用电渣重熔，增大钢液结晶速度，增大锻轧比，提高终轧温度等技术来改善或避免带状组织的产生；

② 按照技术协议要求，严格原材料入厂检验，杜绝不合格产品入厂；

③ 钢材投产前进行紧固件棒料一次低倍热酸蚀检查，防止原始锻轧裂纹件流入到下面工序；

④ 对于表面粗糙度较差的紧固件棒料，在热处理前进行一次粗车加工，以提高表面质量，消除后续热处理调质的应力集中源。

3.7.30 制动盘的热处理变形及矫正

一种制动器中使用的制动盘形状如图 3-166 所示，材质为 65Mn。为提高制动器的耐磨性，需要对制动盘进行淬火处理，令其硬度为 42~47HRC，此硬度的制动盘既有较高的硬度，又有很好的弹性，充分满足制动器的使用要求。制动盘的加工流程为：下料→锻造→退火→粗车→去应力退火→精车→淬火＋回火→粗磨→时效→精磨。

从制动盘的结构分析，零件有一圈很薄的区域，厚度为 2mm，淬火后造成很大的变形，而且变形很不规律。淬火后变形趋势如图 3-167 所示，翘曲高度达 0.7mm，厚 5mm 圆盘部位虽呈整体向下变形的趋势，但有 1/3 的盘面形成严重的上凸，最大量达 0.8mm，已超出端面加工的余量。

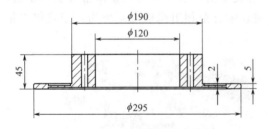

图 3-166 制动盘

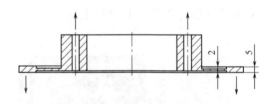

图 3-167 制动盘的变形趋势

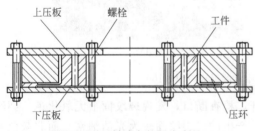

图 3-168 制动盘的回火夹具

针对制动盘的热处理变形问题，考虑到 65Mn 钢随着回火温度的升高，过程的延长，塑性将会增加，而脆性降低，可利用回火过程进行加压矫正，夹具如图 3-168 所示。制动盘使用夹具回火后，有部分在最薄处发生了开裂，分析其原因应为制动盘淬火后处于脆性较大的马氏体状态，淬火变形较大，直接使用夹具后矫直力超出了零件的承受范围，

因此造成制动盘的开裂。

解决方案：

① 先进行一次 45min 的预回火；

② 使用夹具进行矫正回火 2h，夹具夹紧后应立即回火，避免矫正力过大产生裂纹。

采用此措施后，制动盘的平面度在0.2～0.3mm，满足磨削加工的要求。

3.7.31 圆盘剪失效分析

某钢厂冷轧薄板线制造的5H13钢圆盘剪，出现早期的失效，而进口的相同规格的圆盘剪使用正常。失效圆盘剪在外圆刃口部位有一椭圆形崩口，崩刃刃口外形呈贝壳状，沿圆周约长14mm、宽4mm、深1.5mm，如图3-169所示。断面呈黑灰色，无金属光泽，有明显的沙滩状疲劳扩展纹。

在圆盘剪的外圆刃口处取样，如图3-170所示，失效的圆盘剪为1#，进口的圆盘剪为2#，采用光谱仪、显微镜、硬度计等进行检测与分析。表3-51为试样的化学成分，对比可见，1#试样的S元素含高于2#，2#试样的Mo含量较高，从合金设计研究分析，低Si、高Mo的合金化设计，且严格控制S、P含量，既能保持此材料良好的热强性，又可以提高冲击韧度。

表3-51 圆盘剪的化学成分（质量分数）

编号	C	Si	Mn	P	S	Cr	Mo	W	V
1#/%	0.515	0.950	0.322	0.021	0.009	4.515	1.082	0.148	0.760
2#/%	0.447	0.950	0.430	0.019	0.004	4.350	1.527	0.055	0.459

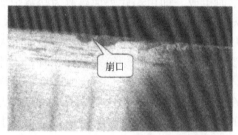

图3-169 5H13圆盘剪刃口崩刃形貌

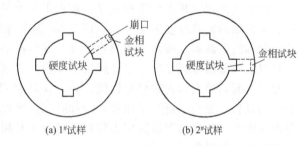

图3-170 圆盘剪取样部位

采用4%硝酸酒精腐蚀1#、2#试样，在100倍与400倍显微镜下进行组织观察，结果见表3-52。国产5H13钢普遍存在碳化物带状偏析，这种带状组织淬火＋回火后在带状组织之间会产生严重的应力集中，造成使用过程中冲击韧度、塑性和断裂韧度的降低，碳化物聚集区域最容易成为疲劳裂纹源。

表3-52 1#、2#圆盘剪的金相组织与硬度检测

编号	100倍	400倍	硬度（HRC）
1#	呈现暗区和亮区相交叉,有不均匀带状偏析组织	仍见到不太明显的暗、亮区域	59～60(高于硬度要求)
2#	组织非常均匀,为均匀分布的隐针状回火马氏体＋细小碳化物		54～58(符合54～58HRC要求)

综上所述，组织中带状偏析严重，同时基体硬度偏高是造成5H13钢圆盘剪早期失效的原因。

3.7.32 带轮轴淬火开裂分析及预防措施

亚玛斯汽车空压机传动拉紧装置中的传动拉紧带轮轴如图3-171所示，材质为45钢，调质后硬度要求25～32HRC，调质工艺为箱式炉840℃×1.5h加热，冷却介质为5%～

10％的 NaCl 水溶液，540℃×2.5h 回火，空冷。该带轮轴的工艺流程为：下料→锻造→粗加工→调质处理→精加工→镀锌→入库。

某批 100 件带轮轴经过上述工序加工至成品时，发现有 50 余支发生开裂，开裂率超过 50％，且开裂形式、部位均相同。工件轮缘上的裂纹从截面突变接近倒角处产生，裂纹绕轮轴向外扩展至一半，轮缘几乎要整个掉下来，类似于脱肩、脱缘，如图 3-172 所示。

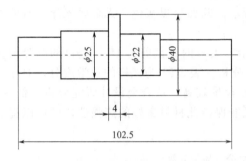

图 3-171　带轮轴尺寸

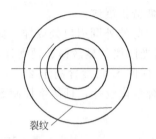

图 3-172　带轮轴开裂示意图

从带轮轴的开裂形式来看，裂纹属于典型的淬火裂纹，所有的工件热处理调质工艺相同，其中一半开裂。从开裂与未开裂的工件分别检测硬度，开裂工件硬度为 28～30HRC，未开裂的为 28～31HRC，硬度基本相同，进行化学成分分析可知成分正常。

检查热处理工艺参数监控记录，调质工艺做过临时更改，即由箱式炉加热改为盐浴炉加热。带轮轴的轮缘厚度为 10mm，正是 45 钢的淬火临界尺寸，淬火时全部转变成马氏体，轮缘和轴的过渡属于截面尖角突变过渡，这些都增加了局部附加拉应力，当拉应力叠加至大于材料的局部断裂强度时，工件就发生开裂。之前没有发现开裂是由于箱式炉加热时，工件堆放在一起，淬火时先转移至铁筐，再整筐转移到 5％～10％的 NaCl 水溶液中，整个过程中时间较长，相当于进行了预冷，冷却时工件堆放在一起又降低了冷却速度，减少了热应力与组织应力，使局部附加拉应力降低，减少了开裂的倾向。因此原来调质处理的带轮轴基本没有发生开裂现象。

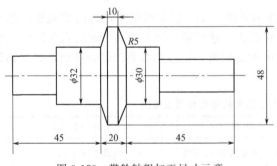

图 3-173　带轮轴粗加工尺寸示意

解决方案：

① 更改粗加工尺寸，在不影响硬度的前提下，将带轮轴粗加工时的截面突变改为斜面过渡，尖角处倒钝（见图 3-173），可抑制开裂的发生；

② 改进热处理工艺，盐浴加热冷却前没有预冷，会对开裂起到促进作用，为此淬火前应预冷，改盐水为油冷，以降低冷却速度，减少热应力；或采用先冷却几秒再提出液面进行自回火，使其整体产生

托氏体，以减少热应力与组织应力，可明显减少或杜绝开裂的倾向。

3.7.33　高速钢滚刀的失效分析

在加工 M5 齿轮过程中，W18Cr4V 材质的滚刀突然崩齿，生产线被迫中断。通常高速钢刀具的正常失效为磨损失效。导致刀具崩刃的原因有：①操作不当使切削刃受到突然的机械冲击或热冲击；②硬度过高；③碳化物严重偏析等。对生产线进行调查后，排除了操作不

当的因素。

对崩齿失效件进行化学成分、硬度测试以及金相分析。表 3-53 为化学成分分析结果，其成分符合标准要求。

表 3-53　崩齿的 W18Cr4V 滚刀的化学成分（质量分数）

元素	C	Cr	W	V	Mo
实测值/%	0.74	4.01	17.93	1.20	0.18

在齿块的纵切面沿齿廓和近齿根部位进行硬度测试，检验结果为：66HRC、65.8HRC、66.2HRC、65.8HRC、66HRC、66.5HEC、64HEC、65HRC、66HRC、66.5HRC，平均值为 65.8HRC，与工艺要求 64.5～66HRC 较为一致。但从 10 点测试值来看，该刀具硬度均匀性较差，最高值与最低值相差 2.5HRC。

在齿根断裂处沿加工方向磨削抛光，用 4% 的硝酸酒精溶液浸蚀，进行金相观察：①放大 100 倍观察，显微组织为黑色回火马氏体，基体上分布有稍变形的网状碳化物＋小颗粒二次碳化物，基体颜色较浅，在网角处有碳化物堆积现象，且该部

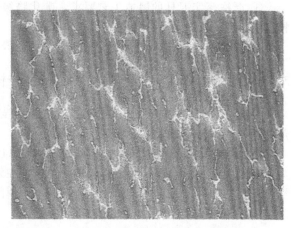

图 3-174　稍变形的网状碳化物及网角处的碳化物堆积现象　100×

位呈浅褐色，共晶碳化物不均匀度为 7 级（见图 3-174）。②放大 500 倍观察，共晶碳化物呈封闭的网状分布，网角碳化物密集处有少量多角形共晶碳化物，局部可见细针状马氏体，且基体隐约可见晶界 [见图 3-175(a)、图 3-175(b)]。

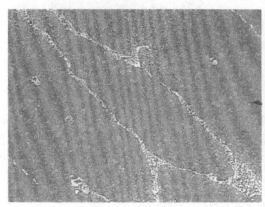
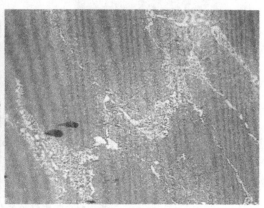

(a) 呈封闭网状的共晶碳化物及隐约可见的晶界　500×　　(b) 少量多角形共晶碳化物、局部细针状马氏体和隐约可见的晶界　500×

图 3-175　局部碳化物形态

碳化物不均匀度为 7 级，其稍变形的网状碳化物为淬火前锻造时因变形量不足形成的，该偏析是热处理无法改变的，增加了刀具的脆性。刀具显微组织基体颜色较淡，网状碳化物堆积处呈浅褐色，局部可见细针状马氏体及基体隐约可见晶界等特征，表明失效刀具回火不充分，使的刀具组织不稳定，内应力不能彻底消除，增加了刀具的脆性。失效件显微组织中

局部可见针状马氏体，与碳化物不均匀分布有关，马氏体组织细长，组织不均匀导致附加内应力的产生，是引起刀具崩齿和脆断的重要原因。失效件的硬度均匀性较差，严重的碳化物偏析也是导致这一现象的主要原因。

综上所述，该失效件共晶碳化物不均匀度差，破坏了钢的基体的一致性，成为刀具崩齿的主要原因；局部马氏体粗大、回火不充分，导致刀具脆性增加，成为崩齿的诱因；硬度不均匀性使基体各处性能出现差异，成为影响刀具寿命的又一不利因素。

解决方案：

① 严格落实刀具的锻造工艺要求，碳化物级别应符合工艺要求，并改善球化退火工艺，提高材料的力学性能；

② 按要求执行淬火、回火工艺制度，并进行金相检查。

3.7.34 20CrMnB 高强度螺栓断裂原因分析

某使用中的钢桥掉落断裂的高强度螺栓 3 支，该螺栓材质为 20CrMnB，经滚丝成形，热处理工艺为 870℃淬火＋200℃回火。

断裂螺栓宏观形貌如图 3-176 所示，断裂源在螺栓第 1 节螺纹牙处。整个断口绝大部分为扩展区，未见纤维区，最后的瞬断区很窄，在宏观上未见疲劳特征，见图 3-177。放射线平行于裂纹扩展方向，垂直于裂纹前端（每一瞬间）的轮廓线，并逆向裂纹源，因此可判断裂纹源应在图 3-177 所示处。

图 3-176 断裂螺栓宏观形貌

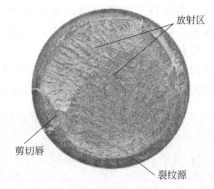

图 3-177 螺栓断口宏观形貌

将断裂的螺栓进行化学成分检测，结果符合标准要求（见表 3-54）。对同批次螺栓取 ϕ10mm 的纵向拉伸试样及 10mm×10mm×55mm 的夏比冲击试样。冲击试验取 3 个试样的平均值，结果见表 3-55，该批螺栓的屈服强度、抗拉强度、延伸率以及冲击功均符合 GB/T 3077 的要求。

表 3-54 断裂螺栓的化学成分（质量分数）

项目	C	Si	Mn	Ti	B	P	S
技术要求/%	0.17～0.24	0.17～0.37	1.30～1.60	0.04～0.10	0.0005～0.0035	≤0.035	≤0.035
实测值/%	0.18	0.24	1.38	0.083	0.0015	0.011	0.016

表 3-55 断裂螺栓的力学性能试验结果

部位编号	抗拉强度 R_m/MPa	屈服强度 R_{el}/MPa	伸长率 Z/%	冲击功 A_{kv}/J
标准值	≥1100	≥930	≥10	≥55
实测值	1165	935	12	66

断裂螺栓的显微组织为回火索氏体，见图 3-178，符合 20CrMnB 淬火＋中温回火的工艺要求，断口处的显微组织也未见异常，未见明显的脱碳现象，见图 3-179。

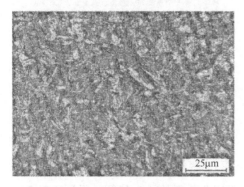

图 3-178　微观组织形貌

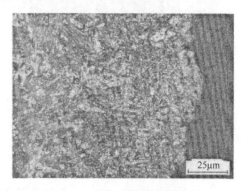

图 3-179　断口附近的微观组织

将断口超声波清洗后，在第 1 螺纹牙根部，发现图 3-180 所示的缺陷处于断口的断裂源处，检查该螺栓的其他螺纹牙部，见图 3-181，未见此类缺陷。将图 3-180 中一个缺陷剖切后微观检查，见图 3-182，发现这些缺陷仍是螺栓金属，而非氧化皮，延续至螺牙根部，图中该缺陷上侧为刮痕。图 3-183 为该处腐蚀后的形貌，未见此缺陷附近有脱碳现象，据此推断该缺陷非热处理过程中产生的。

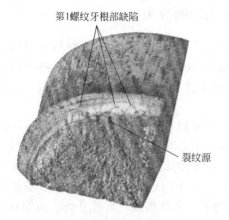

图 3-180　缺陷形貌和位置

图 3-181　第 3 螺纹牙根部形貌

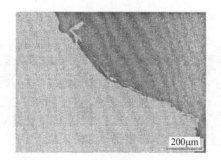

图 3-182　缺陷微观形貌（未腐蚀）

图 3-183　缺陷微观形貌（腐蚀后）

将该断口作 SEM 扫描分析，图 3-184 是断口的裂纹起始区 SEM 形貌，左上角为第 1 节螺纹牙根部的表面缺陷，明显可见断裂源正是起源于该处，图 3-185 是图 3-184 表面缺陷的放大，从缺陷的形貌看应为碾压造成的表面缺陷，而非淬火产生的裂纹，整个断口扩展区未

图 3-184　裂纹起始区 SEM 形貌
（图左上为螺纹牙根部缺陷）

图 3-185　螺牙根部缺陷 SEM 形貌

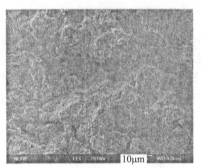

图 3-186　扩展区 SEM 形貌

发现疲劳弧线等疲劳断裂的微观特征，见图 3-186。

综上所述，螺栓的材质和热处理工艺均未见异常，第 1 节螺纹牙根部存在一些螺牙滚丝成形时的表面缺陷，螺纹牙根部螺栓的有效截面最小，应力最大，这些表面缺陷正好位于螺栓应力最大部位，这是导致螺栓断裂的主要原因。

3.7.35　汽车前轴断裂失效分析

多种重型载货车的中二桥前轴在车辆行驶过程中发生断裂，其材质为 50 钢，加工流程为：下料→锻造→正火→调质处理→机械加工。该前轴技术要求为：无裂纹与缺陷，晶粒度 5～8 级，去飞边无台阶，调质硬度 23～30HRC。

前轴的断口宏观形貌如图 3-187 所示，断口表面粗糙不平，有明显的放射纹，见图 3-188，为典型的脆性断口。断口可分为三个区域：中心偏左约 $\phi8mm$ 的明显灰黑色平坦区域Ⅰ；中间位置大片深灰色污染区域Ⅱ；以及断口两侧的银白色区域Ⅲ，见图 3-188 中标注。断口放射纹收敛于Ⅰ区，裂纹起源于Ⅰ区，图 3-188 中白色箭头所指方向为裂纹扩展方向。当裂纹扩展到工字梁两侧最窄处开放后有污染物沿着裂纹渗入，形成Ⅱ区。前轴有效承载面积逐渐减小，最后过载断裂，Ⅲ区为最后断裂形成的静断区。对于Ⅰ区进行低倍组织缺陷检测未见异常。

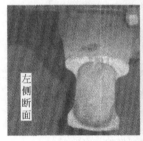
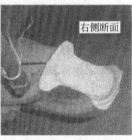

图 3-187　前轴断口宏观形貌

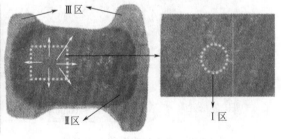

图 3-188　断口分区示意图

在扫描电镜下观察断口，中心Ⅰ区微观形貌呈脆性疲劳断裂特征，见图 3-189(a)，Ⅱ、Ⅲ区均为解理断裂形貌，见图 3-189(b)。整个断口在微观上明显为脆性断裂。

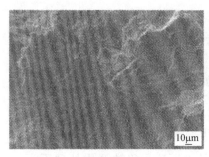

(a) Ⅰ区

(b) Ⅱ、Ⅲ区

图 3-189 Ⅰ区和Ⅱ、Ⅲ区微观形貌

观察断口Ⅰ、Ⅱ、Ⅲ区域内的显微组织，发现没有明显区别，结果见图 3-190。从图中可以看出，前轴金相组织为珠光体＋网状铁素体＋针状铁素体，晶粒度 0～4 级，有混晶现象。该轴必须进行调质处理，其组织应该为回火索氏体。调查发现此前轴供应商因更改工艺参数，导致调质处理加热时超出工艺温度，从而使组织出现了不应有的网状和针状铁素体，并且晶粒粗大。

对前轴断口Ⅰ、Ⅱ、Ⅲ区域分别进行化学成分检测，结果均符合 50 钢的成分要求，裂纹源位置Ⅰ区与Ⅱ、Ⅲ区，在化学成分上没有明显的差异。

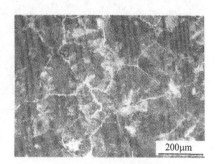

图 3-190   断口微观组织

在贯穿裂纹起源Ⅰ区的一条直线上以 1mm 为间隔取 20 个点进行硬度检测，检测结果也符合 50 钢的要求。

在上述检测中均未发现裂纹起源区域Ⅰ与其他区域的差异。在前轴Ⅰ区以及其他区域取样，分别编号为 a、b，又在前轴Ⅰ区外的其他区域取样（编号为 C）重新进行热处理，热处理工艺为 860℃×30min 淬火＋540℃×4h 回火。依此模拟正常生产工艺，处理后再做拉伸与冲击试验，试验结果见表 3-56。

表 3-56   拉伸与冲击试验模拟结果

部位编号	R_m/MPa	R_p/MPa	R_{el}/MPa	A/%	Z/%	A_K/J
a	965	685	—	8.5	13.0	14.5
b	990	710	—	11.5	23.0	17.0
c	810	—	565	19.0	56.0	62.0

对比试样 a、b，Ⅰ区的塑性和抗冲击性能均比其他区域差，证实裂纹是起源于力学性能较差的Ⅰ区。对比试样 c 与试样 a、b，未重新调质处理的前轴样品的力学性能表现出明显的脆性。图 3-191 为冲击试验的样品断口宏观形貌，可看到试样 a、b 的断口比试样 c 的断口更脆，可以判断材料的性能恶化是调质处理不当造成的。

在三个冲击试样上取样磨削后观察金相组织，试样 a、b 的组织为珠光体＋魏氏倾向的网状铁素体，晶粒度 0～4 级，有混晶，与之前的检测结果一致，试样 c 的组织为回火索氏体，见图 3-192，是正常的调质处理组织。

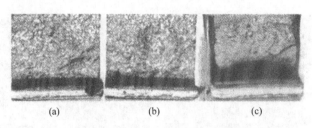

图 3-191 冲击断口宏观形貌

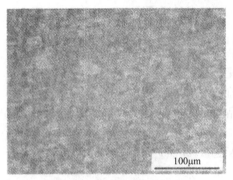

图 3-192 50 钢正常组织

综上所述，前轴调质处理不当，导致材料性能严重下降；裂纹从心部起源，然后疲劳扩展，在疲劳扩展区发展到约 ϕ8mm 后，快速失稳扩展，在极短时间内断裂。前轴断裂的宏观与微观特征均是脆性断裂特征，前轴裂纹从心部起源，为心部存在严重的内应力所致，该内应力是加工过程时其心部区域出现的，导致前轴在使用过程中在内、外应力的双重作用下开裂。

3.7.36 轴承钢球的失效分析

钢球是球轴承中承载载荷的滚动体，是球轴承中最重要的零件之一，钢球的制造质量会直接影响轴承的使用寿命。某 ϕ6.747mm 规格的失效钢球，材质为 GCr15 钢。该钢球在进行寿命试验时表层发生剥落现象，剥落部位呈现为壳体状。钢球寿命试验分为三个阶段进行：第一阶段 72h；第二阶段为 24h；第三阶段为 80h。前两个阶段试验均未发现异常，第三阶段试验至约 20h 时轴承失效，未达到预定时间。

图 3-193 与图 3-194 为轴承钢球的剥落形貌。钢球表面光亮、色泽无异常；剥落呈现为壳体状，局部有缺损；内壁较粗糙，呈现为灰黑色；脱壳后的钢球表面光亮、完整，呈椭圆形，局部有凸起，长、短轴直径分为 6.2mm 与 5.5mm。

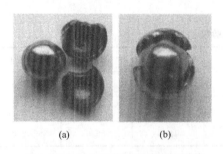

图 3-193 送检剥落层钢球宏观形貌

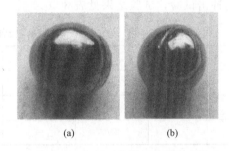

图 3-194 表面剥落层后的钢球形貌

将钢球剥落壳体和钢球采用超声波清洗烘干后放置于扫描电镜下变倍观察发现，剥落壳体内壁粗糙且不平整，无积压、磨损痕迹，剥落壳体内壁的高、低倍形貌见图 3-195。脱壳后钢球表面凸起部分附着在钢球表面，色泽光亮，但边缘处有轻微的剥落痕迹。见图 3-196 与图 3-197。

对剥落钢球进行常规项目的检测如下。

① 对剥落壳体进行硬度检测。将剥落壳体镶嵌后，采用显微硬度计检查硬度，载荷为

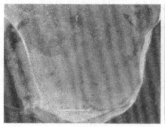  

(a) 低倍形貌　　　　　　　(b) 局部放大形貌　　　　　　　(c) 局部高倍形貌

图 3-195　剥落壳体内壁

(a) 脱壳后钢球表面凸起　　　(b) 表面凸起边缘剥落形貌

图 3-196　剥落层剖面形貌　　　　　　　图 3-197　表面凸起形貌

9.8N，自表面至内壁硬度依次为 64.7HRC、62.9HRC、61.7HRC、62.0HRC，符合要求（技术要求为 61～66HRC）。

② 进行金相检验。钢球剥落壳体厚度为 0.13～0.70mm，内壁存在最大深度为 0.063mm 的白色异常组织层，组织内晶界清晰可见，其余部位无异常，两部分材质连为一体，金相组织无过渡区（见图 3-198）。将脱壳后的钢球的凸起部位解剖腐蚀后发现凸起部位与钢球母体间有间隙，为附着部分，两部分之间金相组织相同（见图 3-199）。另外，还发现脱壳后钢球表面多处有圆弧状烧伤，其金相组织为二次淬火层＋高温回火层（见图 3-200）。将钢球剥落壳体剖面采用 4％硝酸酒精溶液浸蚀

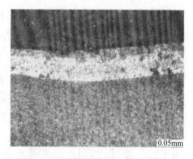

图 3-198　钢球剥落壳体金相组织

后，评定淬、回火组织为 3 级，网状碳化物为 1 级，符合标准要求。

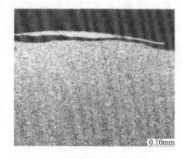 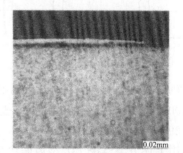

图 3-199　脱壳后钢球凸起部分　　　　　　图 3-200　钢球表面局部烧伤形貌

③ 进行能谱分析。为确定钢球剥落壳体内壁异常白色组织层的成分，采用能谱仪对其微区成分与正常组织进行对比分析，结果表明：带有晶界白色组织层的成分主要为 Fe、O、

Cr，正常组织区域成分主要为 Fe、Cr，两部分材料微区成分的能谱分别见图 3-201(a) 与图 3-201(b)，由此可以确定白色组织为 GCr15 的全脱碳组织层。

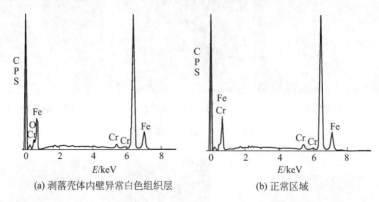

(a) 剥落壳体内壁异常白色组织层　　　(b) 正常区域

图 3-201　钢球材料能谱曲线

根据扫描电镜观察，硬度、金相及能谱分析的结果得出如下结论：①送检的钢球的硬度和淬、回火组织均符合技术要求；②钢球的失效形式是疲劳失效，其内部存在一层最大深度 0.0563mm 的全脱碳组织，破坏了材料的连续性，严重影响了钢球的性能，是造成钢球在运转中发生剥落、脱壳的主要原因；③钢球内部的全脱碳组织层属于翻皮冶金缺陷；④剥落后的钢球表面的凸起及烧伤是钢球剥落层后继续运转形成的。

3.7.37　大型齿圈畸变原因分析

大型齿圈外径为 6159mm，内径为 5030mm，模数 28mm，精度等级 8 级，材料为 ZG335Cr1Mo。齿顶圆表面硬度为 190～240HBW。

大型齿圈正火温度为 880℃，530℃ 回火后精加工滚齿时发现，半齿圈接合面处已产生畸变，齿圈端面一端凹进 7mm，另一端胀大 9mm，大小径差 16mm，而齿圈的表面单边加工量只有 0.25～0.30mm。解决方案如下。

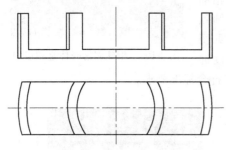

图 3-202　热定形工装示意图

① 机械初步矫正齿圈外形。采用 8m 立式车床把接合面处夹在立车卡盘爪中间，通过对针和卡盘爪加力调整到要求尺寸，并采用 180 槽钢焊接成米字形定型工装进行加固。从卡盘爪卸下后测量大齿圈对点变化量为 1mm，初步达到矫正外形要求。

② 热态矫正定形回火。对已初步矫正外形的齿圈进行定形回火，由于该齿圈属于薄壁铸钢件，受热后膨胀量较大，为此在大齿圈接合面处采用钩头式铸造定形工装（材质为 ZG310-570 钢，经 840℃退火），里外控制其畸变。图 3-202 所示为热定形工装。齿圈 460℃×6h 回火，炉冷至 150～200℃ 出炉空冷，冷至室温后去掉铸钢定形工装，测量尺寸基本没有变化，硬度为 190～239HBW，最后精加工外圆。

采用上述方案解决了大型齿圈畸变的问题。

3.7.38　φ200mm 及以上锯片铣刀热处理变形开裂分析及对策

φ200mm（图 3-203）及以上锯片铣刀是一种通用的金属切削工具，工件材质为

W18Cr4V 或 W6Mo5Cr4V2 等高速钢，技术要求铣刀具有高硬度、高耐磨性和良好的热硬性。生产中发现，ϕ200mm 及以上锯片铣刀属于薄片状工具，淬火时极易发生翘曲变形，且不易矫平，回火矫平仍有部分工件残留应力存在，磨削困难，严重变形者往往造成铣刀开裂报废。

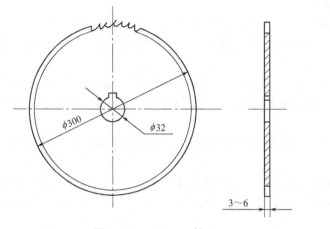

图 3-203　ϕ200mm 铣刀

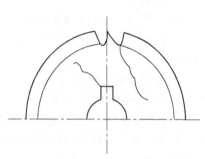

图 3-204　铣刀开裂部位

锯片铣刀淬火变形量从 0.1～0.2mm 到 0.6～0.8mm，工件变形数量占批量的 30%～50%，成为铣刀热处理生产中的主要缺陷，其原因有以下几点。

① 铣刀坯料原始组织不均匀。碳化物不均匀性达 5～6 级，板材碳化物不均匀性也达到4～5 级。

② 机械加工不当。若坯件两端加工量不同，则使两端面残留脱碳层不同，淬火后造成不均匀的残留应力。铣刀在机加工中产生加工应力，而 400℃×2h 回火后，内应力不能完全消除。

③ 热处理工艺不当。锻坯退火中存在大量团絮状大块碳化物，而若提高淬火温度意图去除这些碳化物缺陷，则会使工件的断裂抗力显著降低，如表 3-57 所示。此外，铣刀分级淬火后堆放冷却，易导致组织转变应力和内应力不均衡。铣刀热矫平后应立即回火，若回火不及时，工件停放，铣刀会因内应力过高而开裂失效。

表 3-57　W9Cr4V2 钢淬火温度对断裂抗力的影响

淬火加热温度/℃	1200	1220	1240	1260
破断抗力/(×10N/mm²)	200	180	150	90

检验发现，铣刀热处理中常见的另一缺陷为开裂，铣刀开裂部位绝大部分在键槽处或刃部槽根处，如图 3-204 所示。

为防止铣刀变形开裂，可采取预防内应力产生和使内应力充分消除的两类解决方案。

① 消除应力集中因素。齿形铣刀刀齿尖端，圆弧半径必须达到工艺要求，圆滑过渡，防止出现应力集中。

② 改善坯件碳化物不均匀性。棒料锻造毛坯，碳化物不均匀性≤5 级，否则应反复镦拔，以改善碳化物均匀性。

③ 消除坯件两端面的脱碳层，两端面均需加工。

④ 提高去应力退火温度。为了使工件充分去除应力，去应力退火工艺应是缓慢加热至530～550℃，保温 2h 后出炉空冷。

⑤ 降低淬火加热温度，使奥氏体晶粒度提高 1～2 级，达到 10～11 级，分级淬火后工件冷透后再拆卸挂具。

⑥ 改善回火前矫平工艺。工艺改为 400℃×2h，增加 1h 来使工件透热，矫平后立即入炉回火，入硝盐炉时炉温应不高于 500℃，入炉后缓慢升温至正常回火温度。也可采用 (350～380)℃×3h 装夹回火热矫平处理。

⑦ 采用两次预热。第一次预热为 550～650℃，时间按 2min/mm 计算，第二次预热为 860～870℃，时间以 1min/mm 计算。该方案可减小热应力，缩短保温时间，减少氧化、脱碳及过热倾向。

⑧ 预冷淬火。对于 $\phi200mm×(3～6)$ mm 铣刀，出炉后应空冷 5～12s；对于 $\phi220mm×8mm$ 的铣刀，出炉后应空冷 13～15s，随后淬火处理，可有效减少热应力，减少铣刀变形与开裂倾向。

⑨ 等温淬火。采用 (260～280)℃×2h 等温贝氏体淬火，贝氏体比体积比马氏体小，贝氏体等温淬火工件变形小。

在生产中采取上述解决方案及改进措施后，高速钢薄片铣刀消除了淬火裂纹，变形超差明显下降，经回火矫平后铣刀变形量符合技术要求，硬度大多在 64.5～65.5HRC，切削性能良好。

3.7.39　磨床钳口件开裂分析及对策

M6020 磨床钳口零件采用 T8A 钢制造，热处理要求硬度为 58～61HRC。生产中发现某批 120 件产品中，有 88 件出现开裂，其中 80% 的钳口件出现纵向和横向裂纹，且裂纹较深甚至断裂，有 20% 的工件上无横向裂纹。裂纹部位及形貌如图 3-205 所示。

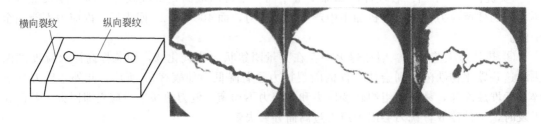

图 3-205　开裂钳口件裂纹部位及形貌示意图

金相检验发现，工件组织为细针状马氏体＋少量残留奥氏体，属于正常组织，但在宽裂纹处，发现脱碳明显，脱碳层约为 0.05mm，主裂纹边界周围出现不规则折线状裂纹及微裂纹形貌。金相组织正常表明工件淬、回火工艺没有问题，主裂纹边界处与主裂纹贯通的发纹应是在淬火前已存在的微裂纹。从工件出现明显的脱碳层和主裂纹及和主裂纹相贯通的发纹特征判断，钳口件裂纹系锻造裂纹，锻造工艺不当造成微裂纹成为淬火开裂的裂纹源。分析认为，T8A 钢终锻温度为 850℃，当工件低于 850℃锻造时，由于工件塑性下降而变形很大产生微裂纹，俗称"打冷铁"。工件锻造时，终端温度低（低于 850℃）是工件开裂的根本原因。钳口件横向裂纹既宽且深，比纵向裂纹严重。工件边缘的冷速快，裂纹开裂程度和深度大，因而横向裂纹开裂严重；另外，工件小时，锻造变形充分，不易出现裂纹，大件开裂概率高于小件，同一工件也如此，钳口件长度方向比宽度方向裂纹多，因而有近 20% 开裂工件宽度方向无裂纹；在工件同一方向上，工件外部塑性变形优于内部，因而工件开裂均在中间部位出现。

综上所述，改进了锻造工艺，缩短锻造时间，使锻造终锻温度≥850℃，从而消除了产生裂纹开裂的主要原因，热处理后钳口件性能优良，无开裂缺陷的出现，满足了技术要求和生产需要。

3.7.40 柴油机连杆早期断裂分析及调质工艺优化改进

连杆是柴油发动机机构的重要部件，连杆及连杆螺栓材质均为40Cr钢。螺栓对接后的连杆如图3-206所示，连杆造工作中除受交变拉、压应力外，还承受弯曲应力作用。因此连杆件要求具有优良的综合力学性能，除应具有高的抗拉、抗压和抗弯强度和疲劳极限外，工件还应具有较高的刚性和优良的韧性。生产中发现，某458型柴油机运行450h后出现捣缸破坏事故，检查发现系因连杆及螺栓断裂引起机体、缸套破损和曲轴脱落。

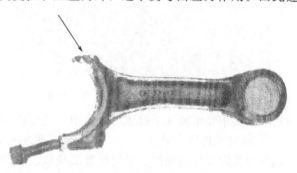

图3-206 螺栓对接后的连杆（箭头所指处为连杆断口）

检验发现，连杆螺栓变形严重并向断口对侧偏斜，断口断裂区很大，表明断裂应力大，裂纹失稳扩展很快导致工件断裂，该断口为正断口。连杆断口部位在连杆与螺栓结合部处，该处有一个直角台阶，其过渡圆角半径$R=0.1mm$，因过渡圆角太小，该处应力集中严重，存在易萌生裂纹的极大隐患。宏观断口观察，连杆裂纹源不明显，但发现直角台阶处区域有许多台阶与放射状棱线，呈多源疲劳形貌特征。

分析认为，连杆在工作中受交变拉、压应力外，还受到弯曲应力作用，并且工件局部（直角台阶处）应力集中明显，但断口特征呈平坦、光滑、致密和瞬断区小的特点，表明连杆工作中未受到过大应力，而是在正常较低应力下疲劳积累扩展造成工件断裂的，其失效为高周疲劳断裂。连杆断口直角台阶部位SEM微观形貌如图3-207所示，可见裂纹扩展区直接连接到直角台阶处。观察发现，裂纹扩展区有一条脊状形貌，该脊状系因不同疲劳源出现裂纹扩展会合后产生的割阶，明显反映出工件断裂是多源疲劳失效。此外，检验发现直角台阶处机加工十分粗糙，这也是该处产生应力集中的重要原因之一。综合分析指出，直角台阶区域是连杆疲劳裂纹萌生的裂纹源处，断裂连杆力学性能见表3-58，比较可知，该断裂连杆强度、硬度偏高，而塑性、韧性偏低，因连杆高强度、高硬度使其缺口敏感性增大，使工件疲劳裂纹失稳扩展门槛值降低，裂纹更易扩展，此外，该连杆强韧性匹配差使工件断裂韧性下降，促使工件裂纹扩展速率加大。

表3-58 断裂连杆的力学性能检验结果

检验项目	抗拉强度σ_b/MPa	伸长率δ/%	硬度(HRC)
实测值	990	13	32~34(300~302HBW)

金相检验发现，连杆断口部位组织为回火托氏体，如图3-208所示，该组织为4级，表明工件回火温度偏低。分析认为，连杆断裂后，相对一侧的连杆螺栓承受全部载荷应力，该处在较高弯曲应力下先变形随后断裂破坏，形成连杆宏观正断口形貌，这和连杆螺栓的断口形貌特征是吻合的。

综上所述，针对此断裂连杆的解决方案如下。

① 增大直角台阶处圆角半径，并且进行精磨加工，圆角附近部位磨削加工，防止该处

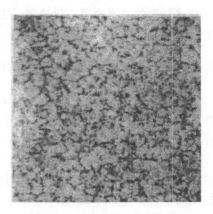

图 3-207　连杆断口直角台阶部位 SEM 微观形貌　70×　　　　图 3-208　连杆断口金相组织

圆角半径太小和粗糙加工造成应力集中，诱发疲劳裂纹源。

② 提高工件回火温度，使工件强度、硬度符合技术要求，并且提高工件韧性和塑性，防止和避免因工件高强度、低韧性造成缺口敏感性大和抗裂纹扩展能力明显下降，防止裂纹高速率扩展导致工件早期断裂失效。

3.7.41　高碳马氏体钢球淬火开裂失效分析及工艺改进

钢球是球磨机的重要零件，其材质为 T7 或 T8 钢。球磨机钢球要求耐磨性高，并且韧性良好，钢球表面硬度≥60HRC，某厂生产直径为 120mm 钢球，采用锻后余热淬火处理，锻造温度为 1050℃，终锻温度为 850℃，随后钢球淬入 40～60℃水中。生产中发现，该方式处理的钢球超过 50% 出现裂纹开裂失效，严重影响产品质量和经济效益。

开裂钢球宏观检验发现，原材料方坯断面平整，呈脆断特征；工件断裂面位于钢球中心部位；钢球中心线上裂纹平直，上下两方向裂纹线为弧状；断面中间发现木纹状断口，距表面 20mm 部位断口平齐，有金属光泽，呈晶粒粗大脆性断口特征。扫描电镜观察断口形貌，开裂钢球微观断口为解理断口形貌；而距表面 20mm 区域，以脆性断裂为主，并有少量韧性断裂。另一断裂钢球观察发现，断面附近出现裂纹，局部断口呈棕红色，其断裂方式为沿晶断裂，晶粒十分粗大。这表明钢球锻造加热过程中，存在热脆或过烧缺陷。淬火钢球金相组织如图 3-209 所示，钢球表面组织为低碳板条马氏体，出现表面脱碳现象，亚表面组织呈片状高碳马氏体形貌，如图 3-209(a) 所示；心部组织如图 3-209(b) 所示，特点是组织粗大，层状特征明显；如图 3-209(c) 所示，心部组织为片状马氏体＋珠光体（托氏体、索氏体），该组织形成与压力加工中元素发生偏析有关，随深度加大，马氏体比例下降。

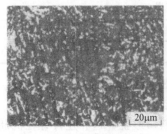

(a) 淬硬层　　　　　　　　(b) 心部层状特征　　　　　　(c) 心部马氏体+珠光体组织

图 3-209　淬火钢球金相组织

分析认为，钢球淬火开裂与锻造及热处理工艺密切相关。锻造加热温度或加热时间控制不当，造成钢球过热或过烧，故晶粒粗大，工件韧性下降。另一方面，$\phi120mm$ 钢球中心部位锻造变形小，冷却速度也较小，因而该部位再结晶晶粒粗大，造成钢球裂纹断裂最易先在中部发生。从热处理工艺分析，由于进行锻后余热淬火，钢球未进行球化退火处理，故晶粒粗大，并存在带状组织，如图 3-209(c) 所示。同时，淬火马氏体中碳含量很高，锻后淬火中入水温度偏高，使钢球淬火应力增大。分析认为，$\phi120mm$ 钢球采用水冷淬火，温度分布很不均匀，形成很高的组织应力，其表面呈压应力状态，内部为拉应力是造成工件断裂的主要原因；此外，钢球水淬冷却能力强，且工件内层状组织粗大，接近心部处存在较硬的组织，使工件心部韧性差，存在裂纹开裂隐患；工件生产中淬火后未及时回火，淬火后应力很高而没有得到消除和释放，从而导致钢球开裂损坏。

综上所述，提出高碳马氏体钢球防止开裂的解决方案如下。

① 加大钢球的锻造比，严格锻造工艺控制，防止淬火后心部组织粗大。

② 淬火前增加球化退火，细化组织，使工件淬火后呈细针状（细片状）马氏体，防止淬火后产生粗大组织。

③ 降低钢球淬火入水温度，提高出水温度，可使工件淬火应力明显减小和缓和。

④ 淬火后及时回火，消除淬火应力，稳定组织，进一步消除工件产生开裂的隐患。

采用上述改进措施后，钢球开裂失效现象消除，工件热处理质量优良，生产运行良好。

3.7.42 掘进机（TBM）盘形滚刀磨损早期失效分析及工艺改进

盘形滚刀是全断面隧道掘进机（FFRTBM）设备的关键部件，其材质为 50SiMnCr5MoV 钢（各成分质量分数为：C0.45～0.55％，Si0.80％～1.20％，Mn0.30％～0.80％，Cr4.50％～5.5.％，Mo0.80％～1.50％，V0.60％～1.20％）。盘形滚刀是采矿破岩工具，滚刀楔形刀圈楔入岩石体将其破碎，因而滚刀破岩中一方面承受很高的径向破岩力，同时还要承受岩石的剧烈摩擦。盘形滚刀要求具有高强度、高硬度，并且韧性好，耐磨性高，同时具有很好的抗冲击磨损和抗疲劳磨损性能。生产中盘形滚刀往往由于剧烈摩擦而造成工件过磨失效，使滚刀频繁更换。

滚刀刀圈磨损表面宏观照片如图 3-210所示，可以看出刀圈边缘处产生明显塑性挤压变形和块状剥落痕迹，同时发现表面较平整，存在微小裂纹，部分区域出现小麻坑。这表明滚刀工作中压应力很大，表面产生疲劳坑，刀圈边缘剥落明显。采用扫描电镜（SEM）观察发现，试件出现较多疲劳裂纹，如图 3-211(a)、图 3-211(b) 所示，这说明失效形式为微观变形疲劳磨损。如图 3-211(c) 所示，磨损表面存在与滚刀运动方向相同的裂纹，同时可看出其梨沟状

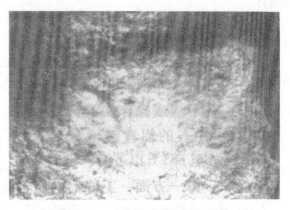

图 3-210 刀圈磨损表面宏观照片

磨料磨损形貌。此外，在图 3-211(d) 中发现，磨损表面有月牙凹坑，属于磨料磨损形貌。滚刀磨损面金相检验观察发现，刀圈表层有严重变形层组织特征，晶粒被压成纤维状，并且该区域有与变形方向一致的裂纹，在变形区与未变形区交界处也出现了裂纹。分析认为，上述裂纹在高应力下失稳扩展，使工件出现断裂，出现麻坑，同时存在磨粒梨沟磨损和磨粒冲

击磨损作用，最终导致滚刀剧烈磨损破坏失效。

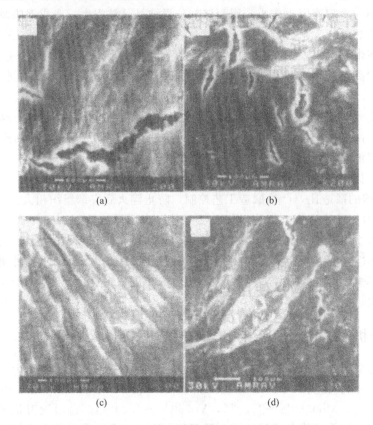

(a)

(b)

(c)

(d)

图 3-211　磨损表面 SEM 分析结果　200×

综上所述，提出掘进机盘形滚刀断裂的解决方案如下。

① 采用具有高强度、高韧性、高耐磨性，并且具有优良抗冲击磨损和抗疲劳磨损性能的钢材。

② 采用表面强化处理工艺对盘形滚刀进行处理，以提高其耐磨性能、抗冲击磨损性能等，提高工件表面的工作寿命。

③ 可以采用表面涂覆层技术，使盘形滚刀表面形成一层高硬度强化层，以提高工件表面强度和耐磨性，延长工件的工作寿命。

3.7.43　铆钉头部台阶断裂分析及对策

自行车撑脚铆钉材料为 15A 碳钢，直径约为 5.8mm，杆部长约 12mm。该工件采用热轧线材经冷拉加工制成，铆钉铆接后发现沿头部断裂，断口宏观形貌如图 3-212 所示。

检验发现，铆钉断面与轴线垂直，断口在颈部沿转角扩展，未发现变形，呈瓷状平滑断口。在断口头部观察到二层断面，呈台阶形貌，如图 3-212 所示。金相低倍观察可见，工件头部为梯形，金属流向均匀分布，在底部转弯，而底部断面沿流线发展，流向分布正常。金相微观观察可见，断面与原珠光体流线呈垂直态，并沿变形铁素体晶界发展，在头部侧面，金属流线转折交会处，也就是底部断面扩展区，裂纹向两侧扩展，呈刚直、断续形貌，如图 3-213所示。金相观察可见，碳化物沿晶界分布，基体组织是铁素体＋珠光体＋渗碳体（沿晶界分布）。头部断口扫描电镜分析发现，上层断面处发现断口呈阶梯状扩展形貌，断口显示解理断裂和沿晶形貌特征，并发现有二次裂纹，如图3-214所示。底层断口面积最大，大部分呈受挤压晶界滑移面，有少量解理花样形貌，并发现层间挤压开裂形貌，如图3-215所示。第一垂直断面处发现韧窝及撕裂纹，有明显方向性，如图3-216所示。

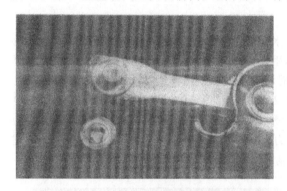

图3-212　断口宏观形貌

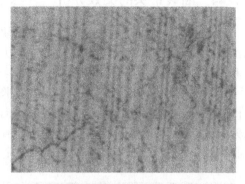

图3-213　金属流线转角相会处开裂形貌　150×

图3-214　上层断面形貌（SEI）　200×

图3-215　底层断面形貌　500×

　　从宏观与微观断口分析可知，铆钉开裂不是由外表面引起的，主断面位于金属流线转折交会平面，其开裂与微观组织缺陷及分布密切相关。由金相和扫描电镜微观分析可以看出，铆钉头部冷镦加工时，受剧烈变形形成的金属流线带状组织产生不均匀变形，出现层间错位。这样促使头部金属流线转折处萌生裂纹，由于该处应力集中最大，在外部应力作用下裂纹延伸扩展并导致工件开裂。从金相组织分析可知，低碳钢中三次渗碳体多呈细条状或以链状在铁素体晶界上分布，从而导致晶界出现脆化，工件冲压性能

图3-216　第一垂直断面形貌（SEI）　600×

差。当铆钉头部冷镦变形时，由于变形量高达80%，工件承受变形应力大，变形剧烈，使工件产生层间错位与沿晶开裂，并最终使工件断裂。

　　为防止铆钉产生头部开裂缺陷，需要改善工件显微组织和三次渗碳体分布，防止沿晶分布的渗碳体引起工件脆化。生产实践和试验表明，当铆钉组织中珠光体由片状转变为球状时，其性能大为改善，强韧性提高，消除工件脆性，因而可防止上述铆钉头部开裂危险。为

此解决方案及改进措施为：增加球化退火工艺处理工序，提高工件的强韧性，并消除工件脆性隐患，使铆钉加工中不再产生开裂缺陷。

3.7.44 断裂铲头的失效分析

电动铲车为日常生活中清除瓦砾、石块、水泥块等障碍物的用具，工作时铲头部分与地面接触，受到地面及障碍物的摩擦与冲击力作用，因此要求其具有足够的强度、良好的耐磨性和抗冲击疲劳性，其材质为调质处理的 45 钢，工作过程中出现铲头断裂。

图 3-217 为铲头断面的宏观形貌。从图 3-217 可知铲头裂纹起源于表面，图 3-217(b)中的 1 处可看出裂纹的起始位置和扩展方向，断口部位为典型的贝纹线特征，表明铲头断裂为疲劳断裂。从扩展的痕迹发现工作表面存在有应力集中，随裂纹扩展的推进，边缘的扩展速度超过心部。图 3-218 为铲头断口的扫描电镜照片，显示为河流花样脆性断裂的微观形貌特征。

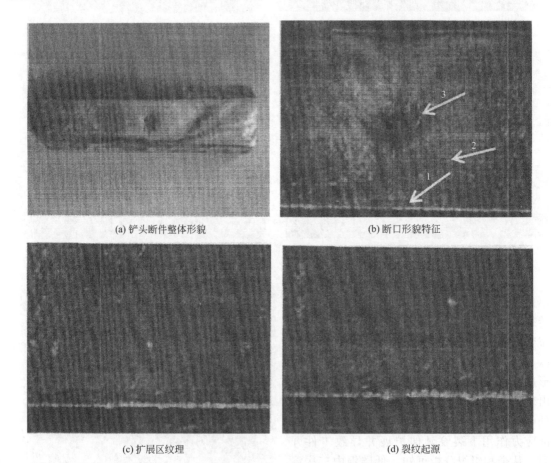

(a) 铲头断件整体形貌   (b) 断口形貌特征

(c) 扩展区纹理   (d) 裂纹起源

图 3-217　铲头断面宏观形貌

从铲头断口处取样制备金相试样，金相组织形貌如图 3-219 所示，低倍金相照片中显示出显著的带状组织特征，且晶粒较为粗大，约 70% 为铁素体组织。可以看出铲头锻造后，后续的预备热处理工艺不当，没有消除带状组织，对于头部承受冲击载荷的铲头极为不利，易在表面应力集中处形成疲劳裂纹，过早发生断裂失效。同时从金相组织中珠光体和铁素体的比例上也可判断其非调质处理组织而是正火态，且材料含碳量低，非 45 钢材质。

对铲头作硬度测试，其表层到心部的硬度分布如图 3-220 所示。工件的硬度值很低，其

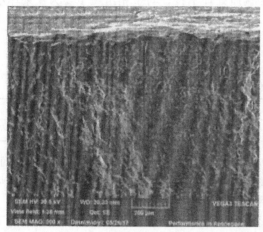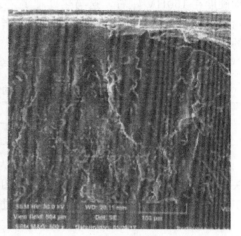

(a) 铲头裂纹源及扩展区 　　　　　　　　　　(b) 铲头裂纹源

图 3-218　铲头断口微观形貌图

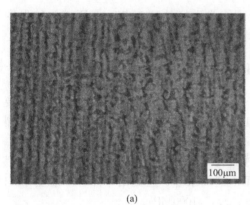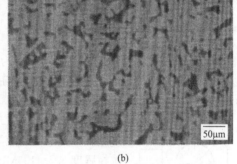

(a) 　　　　　　　　　　　　　　　　(b)

图 3-219　铲头断口部位金相组织形貌

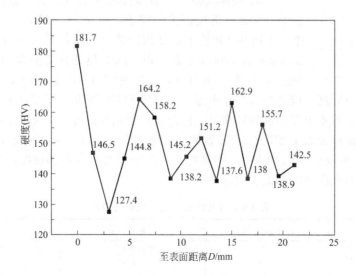

图 3-220　失效铲头断面硬度分布

平均硬度在 150HV 左右，这与热处理工艺为调质处理不符，与金相组织主要为铁素体组织相吻合，说明材质有误，且热处理工艺不当，硬度、组织均不符合要求，难以承受铲车工作时的冲击力的作用。

对铲头进行化学成分检验结果如表 3-59 所示。

表 3-59　铲头的化学成分（质量分数）

元素	C	Si	Mn	Cr	Ni	Cu	S	P
含量/%	0.22	0.17	0.47	0.032	0.011	0.006	0.004	<0.0005

从表 3-58 可知，铲头的平均含碳量仅为 0.22%，远低于 45 钢的平均含碳量，说明制作铲头的原材料是 20 钢而非 45 钢，这与金相组织分析结果相吻合，说明铲头存在用材和热处理工艺不当的问题，以至于在后期的使用过程中难以承受工况而发生断裂失效。

由以上分析可知，铲头属于疲劳断裂，裂纹起源于工作表面，锻造后的预备热处理工艺不当，没有消除带状组织，从而使铲头在使用时形成疲劳裂纹，过早发生断裂失效。

针对铲头断裂的问题，解决方案如下。

① 严格控制材料的化学成分，正确选用材料。

② 铲头锻造后增加正火工序为预备热处理，改进热处理工艺，保证铲头的强度与耐磨性。

3.7.45　机车十字销头断裂原因分析与工艺优化改进

图 3-221 为机车万向节十字销头，材质为 20CrMnTi 钢，要求渗碳淬火，其技术要求为渗碳层深度 1.3~1.8mm，表面硬度 56~60HRC。该零件在机车运行中发生严重断裂，造成运行事故。

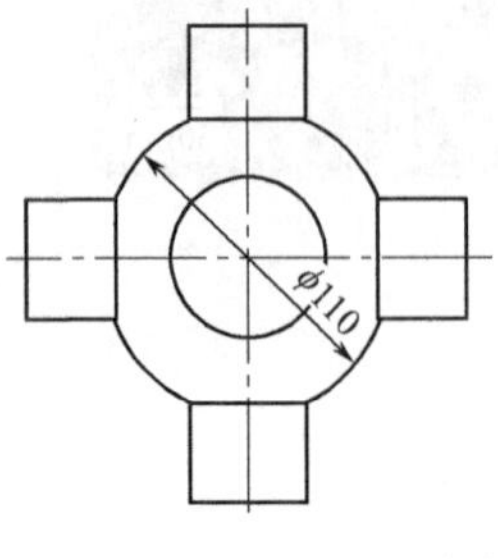

经失效分析，发现断裂的主要原因为零件心部硬度不足，整体强度差。因此设计上除了上述要求外，还提出零件心部硬度≥35HRC，抗拉强度 σ_b≥1100MPa，$\sigma_{0.2}$≥1000MPa。

为此进行材料及加热工艺试验，试验过程如下。

① 改变淬火温度。该零件的加工流程为：备料→锻坯→机械加工→渗碳→机械加工→淬火、回火→机械加工→探伤→成品入库。采用井式炉渗碳，盐浴炉淬火。试棒尺寸为 ϕ40mm×200mm 和 ϕ50mm×200mm 各 2 根，随炉热处理后采用渗碳后一次淬火。

图 3-221　万向节十字销头

原来的淬火温度为 780~800℃，从表 3-60 可知，心部硬度为 25~28HRC，硬度值偏低。为提高零件的强度与硬度，应适当提高淬火温度，采用 850℃ 淬火，即零件加热到稍高于 A_{c_3} 温度淬火，此时心部不出现游离的铁素体，使合金元素充分溶解到奥氏体中，以提高钢的淬透性。试验后距试棒表面 1/2R 与 1/3R 处侧 3 点硬度值，见表 3-60。表 3-61 为所列力学性能值。从表 3-60 和表 3-61 数据得知，提高淬火温度并没有提高心部硬度，也没有提高力学性能，抗拉强度与屈服强度都低于设计要求。

表 3-60　20CrMnTi 钢淬火后的硬度

样品编号	淬火温度/℃	(1/2R 处)HRC	(1/3R 处)HRC
1-1	800	25,25,25	28,27,28
1-2	850	25,25,25	28,26,27
2-3	800	25,26,26	26,26,26
2-4	850	24,25,26	25,25,26

表 3-61   20CrMnTi 钢的力学性能

样品编号	淬火温度/℃	σ_b/MPa	$\sigma_{0.2}$/MPa	δ(%)	ψ(%)
1-1	800	810	550	18	64
1-2	850	800	570	17	70
2-3	800	820	485	18	56
2-4	850	825	490	17	57

② 进行改变材料试验。提高淬火温度并没有提高十字销头的心部硬度和力学性能，故重新选择材料，材料为 20CrMnTi 钢，该材料比 20CrMnTi 钢淬透性及综合力学性能好。12Cr2Ni4 钢的等温转变曲线比 20CrMnTi 钢的右移程度大，故过冷奥氏体等温转变的孕育期长，钢的淬透性好。表 3-62 为 12Cr2Ni4 钢 $\phi40mm\times200mm$ 和 $\phi50mm\times200mm$ 试棒渗碳淬火后的 3 点硬度测定值，从表 3-62 数据可以看出，零件心部硬度≥38HRC，满足技术要求。

众所周知，钢中合金元素 Cr、Ni 不仅可提高钢的淬透性，改善渗碳零件心部组织和性能，还能提高渗碳层的强度、韧性和塑性，Ni 的作用比 Cr 好。表 3-63 的数据可以看出，12Cr2Ni4 钢比 20CrMnTi 钢的综合力学性能好，满足设计要求。

表 3-62   12Cr2Ni4 钢试样渗碳淬火后硬度

样品编号	(1/2R 处)HRC	(1/3R 处)HRC
3-2	39,40,40	40,41,40
4-2	38,40,39	38,39,39

表 3-63   20CrMnTi 钢的力学性能

样品编号	σ_b/MPa	$\sigma_{0.2}$/MPa	δ/%	ψ/%
3-2	1280	1120	10	63
4-2	1240	1020	12	63

从表 3-61、表 3-62 的试验结果可以看出，改用 12Cr2Ni4 钢后试棒心部硬度和综合力学性能明显提高，但材料价格是 20CrMnTi 钢价格的 3 倍，从经济角度考虑，用 12Cr2Ni4 钢成本太高了，不是解决问题的最佳途径。

解决方案：改变淬火冷却介质。20CrMnTi 钢属于中等淬透性钢，而十字销头轴颈部及其他部分的截面尺寸大，生产现场在 N32 机油中淬火，心部硬度（28～30HRC）偏低，而改用柴油后冷却速度远远大于 N32 机油，也比水溶性介质成本低。

经过试验，改用 0 号柴油淬火冷却后，十字销头的心部硬度提高到 38～42HRC，而且综合力学性能也明显提高，成本低且经济效益好，零件在服役期内没有再发生质量事故。

3.7.46   D6 钢制大圆刀片热处理工艺研究

D6 钢系美国牌号，属于 Cr12 系列，是广泛应用的冷作模具钢，热处理得当是刀具的理想材料。它是高碳高铬类型的莱氏体钢，该钢具有很高的淬透性、淬硬性和耐磨性，热处理畸变小。该钢含碳量极高（＞2.0%），故冲击韧度不高、脆性大，而且易形成不均匀的共晶碳化物，变形呈多向性且不规则，这是组织不良的主要缺点。D6 钢中存在大量的铬元素，主要形成了 (Cr、Fe)$_7$C$_3$ 型碳化物，而渗碳体碳化物极少。淬火加热时碳化物大多溶入奥氏体中，得到高硬度的马氏体，回火时马氏体析出大量的弥散碳化物。钢中加入 W，提高了钢的耐磨性，形成了一定的二次碳化物。加入 W 的钢熔点较高，可承受较高的淬火温度，不易过热，同时降低了钢的脱碳敏感性；加入少量的 Si 对 D6 钢的高温硬度、红硬性都是有利的。以下介绍 D6 钢制作的圆刀片的热处理工艺。

D6 钢的化学成分见表 3-64，为便于比较，也将 Cr12 钢化学成分列于表中。从表 3-64 可知，D6 钢是在 Cr12 钢的基础上加入少量的 W 和 Si，但 C 含量有点下调，有利于提升综合力学性能。

D6 钢制圆刀片一般都要经过改锻，锻后退火有两种工艺：普通退火工艺为 870～890℃×（2～4）h，以≤20℃/h 冷却速度冷却至 550℃以下出炉空冷；另一种等温退火工艺为870～890℃×（2～3）h，炉冷至 720～740℃×（3～4）h，以≤20℃/h 冷却速度冷至 550℃出炉空冷，退火后硬度为 217～255HBW。

表 3-64 D6 钢和 Cr12 钢化学成分（质量分数）

钢号	C	Cr	W	Si	Mn
D6(Cr12WSi)/%	2.0～2.20	11.50～12.50	0.6～0.9	0.70～0.90	0.20～0.40
Cr12/%	2.0～2.30	11.50～13.0	—	—	≤0.40

该类圆刀片规格为 φ200～φ400mm，厚度 5mm 或 10mm，内孔为 φ145～φ254mm，硬度要求 62.5～64HRC。热处理畸变要求为：平面度≤0.15mm、垂直度≤0.10mm。成品刀片精度要求非常高，平面度≤0.002mm，垂直度≤0.005mm。盐浴热处理工艺为：去应力退火→预热→加热→冷却→压平→清洗→回火→检验。

D6 钢圆刀片淬火后硬度与淬火温度的关系见表 3-65，采用 210℃硝盐分级冷却后空冷，测其冷却至室温后硬度。从表 3-65 可知，D6 钢在 940℃左右淬火时硬度最高，随淬火温度的提高，组织中的残留奥氏体增加，淬火硬度逐渐下降。D6 钢圆刀片在 960℃淬火后金相组织如图 3-222 所示，共晶碳化物呈大块状且有棱角，细粒状残余碳化物较粗大，数量较多，隐针状马氏体和残留奥氏体很难分辨清楚。D6 钢圆刀片 960℃淬火后回火温度对硬度的影响见表 3-66。

表 3-65 D6 钢圆刀片淬火硬度与淬火温度的关系

淬火温度/℃	920	940	960	980	1000
硬度（HRC）	65.2	65.8	65.4	64.7	64.3

表 3-66 回火温度对 D6 钢圆刀片硬度的影响

回火温度/℃	淬火态	150	200	250	300	400
硬度（HRC）	65.4	65.3	64.5	62.2	61.1	60

D6 钢制 φ249mm×5mm×170mm（内孔）圆刀片盐浴淬火实况记录，其淬火步骤如下。

① 绑扎。用 5～6 股 22# 细铁丝（直径大约 0.5mm）绑扎，在高温加热时，细铁丝贴在刀片表面，在加热和随后的进出炉过程中，刀片不会晃动，为面接触，可有效减少变形。

② 去应力退火处理。450～500℃×3h，在井式炉中进行。

③ 加热。在盐浴炉中进行 965℃×200s 加热，炉中放置 2 串，每串 3 件刀片。

④ 冷却。在硝盐浴中分级温度为 222～226℃，分级冷却 12s，淬火硬度 64.5HRC，淬火晶粒度为 10.5～11 级。

⑤ 压平。从硝盐槽中提出后迅速清洗表面盐渍，剪掉铁丝，放到液压机上压平，利用马氏体相变超塑性的原理，变形不多，极易矫直。当叠压到 50 片后换另一台压力机。

⑥ 清洗。待压力机上的刀片冷却到室温后在热水中清洗干净。

⑦ 夹直回火。根据淬火后的金相及硬度，选用 200℃×2h 的回火工艺，回火 2 次，回火后实测硬度为 64～64.5HRC。

⑧ 检验。回火后检查硬度、金相及畸变，合格率 100%。

⑨ 深冷处理。根据刀片的实际使用情况，精度要求非常高，虽经两次回火处理，但组织中仍有不少的残留奥氏体，经（-120～-100）℃×1h 的深冷处理，硬度上升 0.5～1.2HRC。

可见 D6 钢圆刀片经 965℃盐浴加热，210～220℃硝盐分级淬火和 200℃×2h 回火 2 次，回火硬度为 64～64.5HRC，精磨之前增加深冷处理，尺寸更加稳定，可投入批量生产。

图 3-222　D6 钢圆刀片 960℃
淬火金相组织　500×

3.7.47　42CrMo4 风机空心主轴数字化淬火设备解决淬火开裂

目前风能的大力开发和使用，使得风电行业蓬勃发展，风机装量不断增加，风电行业对大的 MW 级风机需求较高。MW 级风机 42CrMo4 空心主轴淬火开裂的概率较高，报废的风险极大，开发新的工艺以保证其力学性能和解决淬火开裂问题片迫在眉睫。

MW 级风机空心主轴质量一般在 15t 左右，绝大部分材质为 42CrMo4。选取此型号的六个试验产品，技术要求为符合标准 SEW550《大型钢铁锻件　质量指标》，原材料为 42CrMo4 钢，钢锭锭型为 25t 八角锭，其成分如表 3-67 所示。

表 3-67　产品的化学成分（质量分数）　　　　　　　（%）

产品编号	C	Si	Mn	P	S	Cr	Mo	Ni	Cu
标准值	0.38～0.45	≤0.40	0.50～0.80	≤0.035	≤0.035	0.90～1.20	0.15～0.30	≤0.6	—
①	0.41	0.27	0.73	0.007	0.002	1.09	0.21	0.44	0.07
②	0.43	0.26	0.73	0.008	0.002	1.11	0.20	0.47	0.07
③	0.42	0.31	0.76	0.006	0.002	1.08	0.19	0.43	0.06
④	0.43	0.24	0.69	0.006	0.002	1.15	0.19	0.46	0.06
⑤	0.42	0.24	0.78	0.006	0.002	1.12	0.20	0.42	0.05
⑥	0.41	0.23	0.76	0.006	0.003	1.11	0.20	0.42	0.05

产品的锻造加热工艺曲线如图 3-223 所示，锻造完成后的毛坯热处理工艺曲线如图 3-224 所示。

产品的最终热处理工艺为调质处理，原热处理工艺曲线如图 3-225 所示。

取样图如图 3-226 所示。

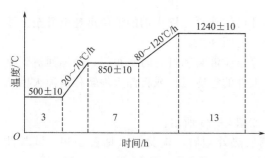

图 3-223　锻造加热工艺曲线

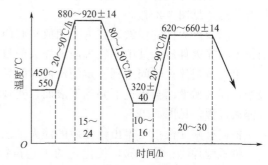

图 3-224　锻后毛坯热处理工艺曲线

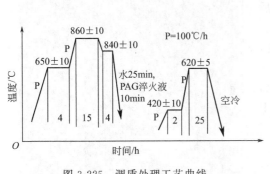

图 3-225　调质处理工艺曲线

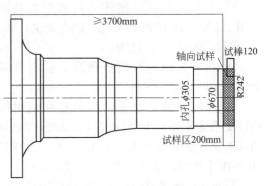

图 3-226　取样图

对于样件的力学性能和外观检验结果如表 3-68 所示，检测标准为 GB/T 228.1—2010，GB/T 229—2007。

表 3-68　力学性能和外观检测结果

产品编号	R_m/MPa	$R_{p0.2}$/MPa	A/%	Z/%	A_{KV_2}（−30℃）/J				备注
技术要求	≥740	≥550	≥16	≥59	≥27（单个值≥19）			平均值	
①	824	606	17.5	66	43	48	34	42	有裂纹
②	824	616	17.5	63	43	50	42	45	有裂纹
③	827	617	20.0	65	51	35	34	40	有裂纹

经过排查和分析，产品出现的裂纹为淬火裂纹。主要原因是产品蓄热量较大，且形状为中空，在浸入水池淬火时，内外表面冷却能力不同，外部冷却速度较快，空心部位水流不通畅，冷却速度较慢，从而形成较大的热应力，加之组织应力的影响，应力集中导致产品开裂。原有工艺的矛盾点在于，由于取样位置较深，目前采用水和 PAG 淬火液交替冷却的方式淬火，水淬时产品产生的应力集中大，开裂风险较大，但改为 PAG 淬火液全程淬火，则冷却能力不足，淬透性较差，淬火后会得到较多的非淬火组织，例如贝氏体、铁素体、珠光体等，导致不能满足较高的力学性能要求。

为了解决产品裂纹导致的报废同时满足产品力学性能的要求，采用数字化控时淬火冷却工艺及设备，核心内容主要是通过计算机模拟水-空气交替淬火工艺，并通过由计算机控制的淬火设备完成淬火处理。工艺与设备介绍如下。

将编号④、⑤、⑥的产品进行数字化淬火工艺和设备的试验。淬火冷却设备实现淬火件浸出液的工作处理过程如下。

第一步将淬火件转移到淬火槽的支撑台上，此时淬火槽液面处于下液面，防水阀门处于打开状态，见图 3-227。

第二步淬火件的浸液过程为关闭放水阀门和开启注液泵，淬火槽的液位迅速上升至上液面位置将淬火件浸入其中，实现浸液淬火的目的，见图 3-228。

第三步当淬火时间达到预定的浸液时间后，停止注液泵和打开防水阀门，液体回流到供液槽，淬火槽液面会迅速下降到下液面，实现淬火件的空冷过程或将淬火件转移出淬火槽结束淬火过程，见图 3-227。

根据有限元模拟，得出优化后的淬火工艺，如图 3-229 所示。

将试验件④、⑤、⑥，按优化的工艺执行调质热处理后，检验结果见表 3-69。试验件均无裂纹，且力学性能合格，强度合格，韧性增加。

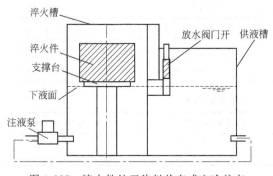

图 3-227 淬火件处于待料状态或空冷状态

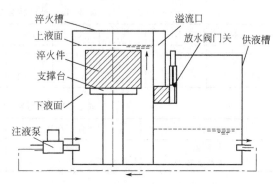

图 3-228 淬火件处于浸液状态

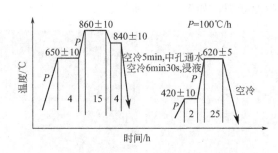

图 3-229 优化后的调质处理工艺曲线

表 3-69 力学性能和外观检验结果

产品编号	R_m/MPa	$R_{p0.2}$/MPa	A/%	Z/%	$A_{KV_2}(-30℃)$/J			平均值	备注
技术要求	≥740	≥550	≥16	≥59	≥27(单个值≥19)				
④	802	614	18.5	69	63	58	47	56	无裂纹
⑤	800	615	17.0	65	47	54	58	53	无裂纹
⑥	790	586	18.5	68	62	47	52	54	无裂纹

　　从以上试验结果可知，数字化淬火设备和工艺有效解决了 42CrMo4 风电空心主轴淬火开裂和力学性能矛盾，以水-空气交替淬火技术为理论依据，结合数字化的软件模拟和智能化设备，大大提高了产品合格率，降低了报废风险。

3.7.48 镍钛合金医疗器械产品疲劳测试断裂原因分析

　　NiTi 合金具有良好的形状记忆效应和超弹性，以及较长的疲劳寿命、优异的抗腐蚀性、抗打结性、较好的生物相容性等特性，在医学领域广泛应用于医疗器械。镍钛合金医疗器械，在进行疲劳测试（运行 3.8 亿次振动周期）结束时，外观检查发现个别波峰区域出现断裂。而该产品技术要求是运行 3.8 亿次振动周期后，产品无断裂。该产品的工艺流程为：镍钛丝材→退火→编织→定型热处理→成品检验。

　　对于断裂的失效产品进行断裂原因分析。

　　① 对镍钛合金产品原材料进行化学成分分析，结果见表 3-70 所示，化学成分符合 GB 24627—2009《医疗器械和外科植入物用镍-钛形状记忆合金加工材料》的要求。

　　② 对镍钛合金产品原材料进行力学性能测试，结果见表 3-71 所示，从结果可知，性能满足产品技术条件要求。

表 3-70　原材料化学成分（质量分数）　　　　　　　　（%）

元素	Ni	C	Co	Cu	Cr	H	Fe	Nb	N+O	Ti
实测值	55.72	0.0406	0.0001	0.0003	0.0050	<0.0050	0.0100	0.0001	0.0420	余量
技术要求	54.5~57.0	≤0.050	≤0.050	≤0.010	≤0.010	≤0.005	≤0.050	≤0.025	≤0.050	余量

表 3-71　原材料丝力学性能测试结果

项目	屈服强度/MPa	抗拉强度/MPa	延伸率/%
检测值	1280	1871	50.4
技术要求	—	1654~2034	4.0~8.0

③ 宏观分析。断裂发生在波峰附近，断裂起始于丝材编织弯曲波峰内表面，断口平坦，未见明显塑性变形，为脆性断裂，如图 3-230 所示。

(a) 断裂位置

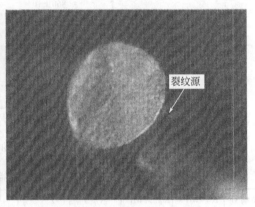
(b) 裂纹源

图 3-230　断裂产品局部图

④ 微观分析。将断口及非断裂波峰样品，用乙醇溶液经超声波振荡清洗后，在 JSM-6510 扫描电子显微镜下观察断口全貌、裂纹源区及未断波峰内表面。

断丝裂纹源起始于丝材外表面，可明显看到裂纹源区、裂纹扩展区及瞬间断裂区，裂纹从丝材外表面向内延伸扩展；扩展区断口可看到疲劳辉纹，瞬间断裂区为韧窝形貌，见图 3-231。

观察裂纹源侧面，发现裂纹源起始于波峰内表面，并且存在多条与断裂面平行的微裂纹，见图 3-232。

针对以上检查情况，进行分析与讨论。

断口分析：产品疲劳断裂起始于丝材波峰弯曲的内表面（材料超塑性变性区），断口明显由裂纹源、扩展区及瞬间断裂区组成，裂纹源侧面存在与断口面平行的微裂纹，扩展区有疲劳辉纹，瞬间断裂区为韧窝形貌，具有典型的疲劳断裂特征。

微裂纹产生原因分析：编织产品疲劳测试后出现断丝，并且断丝裂纹源起始于波峰内表面微裂纹区，未断波峰内表面同样产生微裂纹（见图 3-233），说明丝材预热处理效果不佳，导致丝材在非马氏体组织状态（即硬度较高的状态）下编织，使丝材在波峰弯曲区域发生了塑性变形，导致了微裂纹。

正常预热处理丝材编织波峰分析，对同批次的丝材，经过正常预热处理后编织波峰样品，观察波峰内表面，未发现异常，见图 3-234，充分证明出现断丝的产品，编织使用的镍钛丝预热处理不佳。

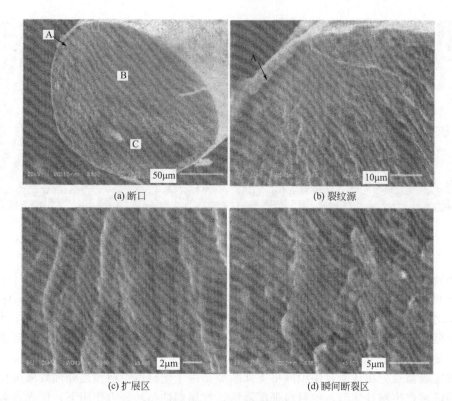

(a) 断口　　　　　　　　　　　　　(b) 裂纹源

(c) 扩展区　　　　　　　　　　　　(d) 瞬间断裂区

图 3-231　断口微观形貌

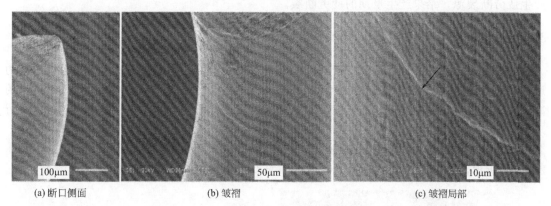

(a) 断口侧面　　　　　　　(b) 皱褶　　　　　　　(c) 皱褶局部

图 3-232　裂纹源侧面微观形貌

(a) 内表面　　　　　　　　(b) 皱褶　　　　　　　(c) 皱褶局部

图 3-233　未断波峰内表面微观形貌

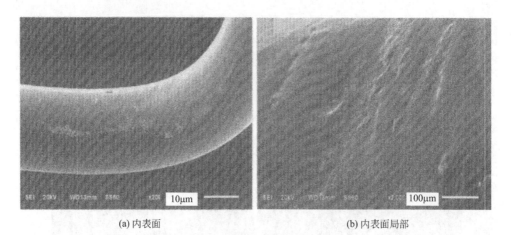

（a）内表面　　　　　　　　　　　　　（b）内表面局部

图 3-234　正常波峰内表面微观形貌

预热处理的目的：镍钛丝的直径为 0.2136mm，温度为 $-21.7℃$，室温下丝材组织为奥氏体，不利于直接用于编织产品。丝材经 400℃预热，保温 1800s（即退火）后，At 温度达到 40℃，丝材的 At 点升高（高于室温），即室温下为马氏体形态，镍钛合金马氏体强度、硬度明显低于母相，因此变形时必须使合金组织为马氏体。在 M_s 温度附近，合金的屈服应力最小，是最理想的变形加工范围。

通过宏观微观分析认为，编织网格支架断裂是由于丝材编织前预热处理效果欠佳，导致编织波峰区域产生塑性变形，使材料强度降低，在周期性循环外力作用下，优先在微裂纹处产生疲劳断裂源，结果产生早期的疲劳断裂。

3.7.49　减速电机主轴断裂分析

减速电机一般用于低转速大扭矩的传动设备，把电动机、内燃机或其他高速运转的动力通过减速机的输入轴上的齿数小的齿轮啮合输出轴上的大齿轮来达到减速的目的。某型号的减速电机主要承担动力输出，在使用过程中多次发生主轴断裂，为寻找断裂原因，对其进行理化分析。

减速电机主轴宏观断口如图 3-235（a）所示，其断裂源位于轴的键槽根部附近，如图 3-235（b）所示，沿电机主轴的表面，断面与轴向约呈 45°角，无明显塑性变形，断面粗糙。

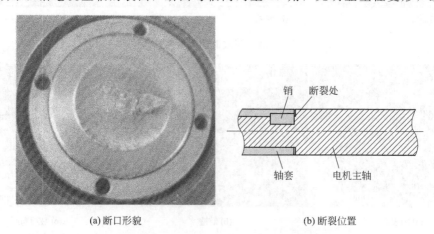

（a）断口形貌　　　　　　　　　　　　（b）断裂位置

图 3-235　断裂电机主轴宏观断口形貌和断裂位置

经检测主轴直径为 20mm，轴肩直径为 30mm。

对断裂电机主轴进行光谱分析，样品 1 与样品 2 的分析结果如表 3-72 所示。根据 GB/T 1220 标准要求，断裂电机主轴的化学成分相当于 Y12Cr13 钢，为马氏体型易切削不锈钢。

表 3-72　断裂电机主轴化学成分分析结果（质量分数）　（%）

样品	C	S	Si	Mn	P	Cr	Mo	Ni
1	0.121	0.217	0.512	1.16	0.0135	12.67	0.134	0.392
2	0.12	0.25	0.53	1.17	0.016	12.69	0.12	0.29
Y12Cr13 钢	0.15	≥0.15	≤1.0	≤1.25	≤0.060	12.0~14.0	≤0.6	≤0.6

对断裂主轴横截面进行硬度检验，测试 3 点的硬度值分别为 24.5HRC、23.5HRC、23.0HRC，硬度值换算成强度数值，其屈服强度约为 650MPa，抗拉强度约为 770MPa。

将断裂主轴的断口磨后抛光检查，可以看出硫化锰夹杂分布均匀（见图 3-236）。采用 3% FeCl₃ 溶液侵蚀后，观察样品的组织（见图 3-237），可以看出除板条马氏体外，样品局部区域存在沿晶分布的铁素体和大块铁素体，样品组织不均匀。

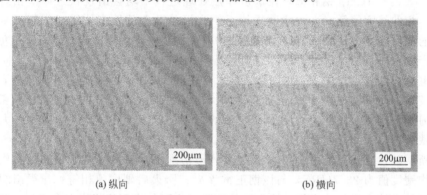

(a) 纵向　　　　　　　　　　　　　　(b) 横向

图 3-236　断裂电机主轴上的硫化锰夹杂

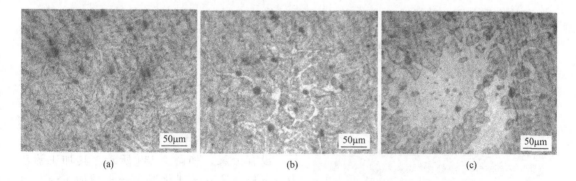

(a)　　　　　　　　　　(b)　　　　　　　　　　(c)

图 3-237　断裂电机主轴中的板条马氏体＋沿晶分布的铁素体分布

采用扫描电镜对断裂主轴断口进行观察，图 3-238 为断口中部区域形貌，断口呈层状，这可能与主轴存在带状组织有关，断裂机制为解理和韧窝。

Y12Cr13 切削性能好，硫在钢中与锰形成硫化锰夹杂，能使切屑易于折断，从而在切削时促使断屑形成小而短的卷曲半径，而易于排除，减少刀具磨损，降低加工表面粗糙度。同时硫化锰具有润滑作用，本身硬度低，能减少对于刀具的磨损，提高刀具寿命。由于硫化锰具有较好的塑性，在轧制过程中容易被拉伸，会使钢的横向性能降低，横向塑性、韧性差，疲劳性能也有所降低。

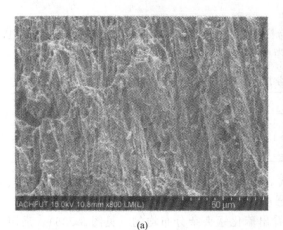
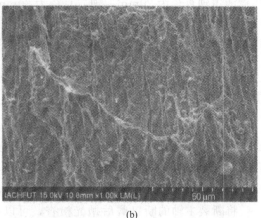

(a)   (b)

图 3-238　主轴断口中部区域的形貌

　　Y12Cr13 钢与 1Cr13 钢相似，在锻造和热处理过程中均会出现铁素体，相对于马氏体相，铁素体相的强度较低，大块状铁素体组织和沿晶分布的铁素体组织割裂了基体的连续性，使钢的强度和冲击性能降低。生产过程中需要制定合理的淬火工艺以尽量避免或者减少铁素体的产生。

　　减速电机在服役过程中，主轴间歇性地承受扭转应力和弯曲应力，在键槽处，主轴横截面积相对较小，而且键槽根部属于应力集中区域，因此断裂发生于主轴的键槽根部。虽然断裂主轴的力学性能符合 Y12Cr13 钢热处理后的指标，但由于其显微组织中存在大块的铁素体和网状铁素体，因此其韧性和疲劳强度降低。

　　可见断裂减速电机主轴由 Y12Cr13 马氏体易切削不锈钢材料制造，其化学成分符合要求；其平均硬度值为 23.7HRC，与该钢正常淬火、回火后硬度值相符；显微组织为板条马氏体＋块状铁素体＋沿晶铁素体。该主轴的断裂，主要是由于组织中存在大块的铁素体＋网状铁素体，主轴的韧性和疲劳强度降低所致。

　　解决方案如下。建议锻造成形后，合理选择热处理制度，控制铁素体的形态和数量。

3.7.50　Cr12MoV 钢冷冲模失效分析

　　某企业制造的 Cr12MoV 钢冷冲模凸模，在磨削过程中发生开裂，从失效件的成分、硬度以及断口形貌等方面对失效凸模进行分析。

　　Cr12MoV 钢冷冲模凸模的裂纹从头部向心部进行扩张，裂纹较粗大，占据凸模长度的

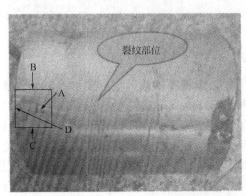

图 3-239　失效凸模宏观形貌及取样说明

2/3，且只有一条主裂纹，裂纹方向与轴向平行，没有分叉，如图 3-239 所示。其加工流程为：下料→锻造→球化退火→机械加工→热处理→磨削精加工。该凸模在磨削加工时出现了开裂，其热处理工艺为：550℃×10min 一次预热＋840℃×20min 第二次预热＋1020℃×8h，在油基淬火液中冷却至室温取出，随后进行 515℃×1.5h×2 次高温回火处理。

　　采用线切割在失效模具上取样，取样部位为开裂凸模的头部，并沿裂纹纵向取样，如图 3-239 所示，其中 A 处为取样部位，B 面为采用

直读光谱仪进行成分分析的部位，C、D 面为金相检验区，其中 C 面为纵截面，D 面为凸模底面。分别对试样的 C 面和 D 面进行金相组织观察并根据相关标准对大块碳化物、共晶碳化物不均匀度、淬火晶粒度、马氏体和回火程度进行评级，判断是否符合标准要求。

在试样的 B 面取两点采用直读光谱分析仪进行成分分析，其成分符合标准要求。如图3-240 所示为试样底面的显微组织，从图 3-240 可以看出裂纹附近仍然分布有较多的碳化物，与基体的组织差异不大，没有形成脱碳层和氧化层。该裂纹应为淬火热处理后的磨削精加工过程中出现的，结合图 3-239 可知裂纹并没有垂直于磨削方向，表面也没有出现较多的微细裂纹，可以判断不是由于磨削工艺不当产生的裂纹，初步判断为淬火裂纹。

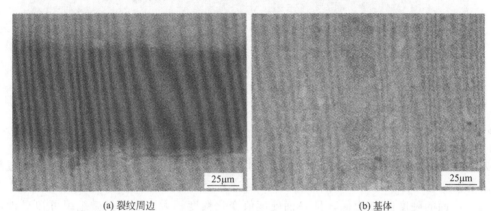

(a) 裂纹周边   (b) 基体

图 3-240　凸模底面（D 面）显微组织

大块碳化物分布如图 3-241 所示，存在碳化物堆积现象，并且大块碳化物呈角状，碳化物等级为 5 级，大于标准规定的小于 3 级的要求，因此大块碳化物分布评定为不合格。从图3-241 可知，模具的显微组织为回火马氏体＋大块共晶碳化物＋少量残留奥氏体，另外，大块碳化物沿模具轴向轧制方向延伸分布，而且大块碳化物边角尖锐，容易造成应力集中。大块碳化物的存在，会降低钢的韧性、强度和硬度等力学性能，增大钢的脆性和热处理过热敏感性，同时也是微裂纹形成的源头。

图 3-241　凸模纵截面（C 面）的显微组织

共晶碳化物的分布如图 3-242 所示，共晶碳化物呈条状分布，可知带状碳化物沿模具轴向延伸分布，另外发现裂纹的地方，共晶碳化物不均匀度要比没有裂纹的更明显，大块碳化物数量也比较多。共晶碳化物的级别为 6 级，超过合格级别 3 级的要求，与标准不符，其共晶碳化物不均匀度不合格。原材料在锻造过程中，共晶碳化物未被完全破碎，呈聚集分布或呈带状分布，该区域强度低，塑性和韧性差，在组织应力和淬火应力的共同作用下，碳化物晶界处易出现微裂纹，虽然淬火后没有立即开裂，但在随后的磨削加工中产生的残余拉应力，促使模具刃口应力集中区的应力进一步增大，达到材料的断裂强度值，导致了该处产生裂纹并快速扩展。

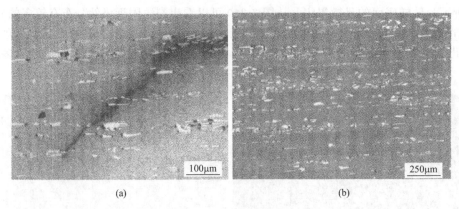

(a)   (b)

图 3-242　凸模纵截面（C 面）的低倍组织

采用截点法和比较法测出淬火晶粒度为 9 级，符合标准细于 6 级的要求，没有过热现象。用洛氏硬度计在试样的 C 面沿裂纹方向测试 8 个点的硬度，硬度值见表 3-73。从表 3-73 可知，C 面的硬度比 D 面低，且 C 面硬度值变化幅度较大，观察显微组织可知 C 面的碳化物呈条状分布，材料的组织分布不均匀，容易产生局部欠热或过热，造成材料硬度不均匀，导致在热处理过程中产生组织应力集中，造成模具开裂。

表 3-73　C 面与 D 面裂纹方向的硬度值（HRC）

位置	1	2	3	4	5	6	7	8	平均值
C 面	57.6	57.4	58.3	58.2	58.6	58.8	59.0	59.5	58.4
D 面	59.9	60.2	60.4	59.6	60.4	60.6	60.4	59.4	60.1

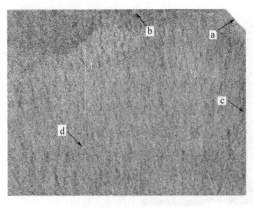

图 3-243　断口的体视镜显微照片

采用体视镜对断口进行观察，结果如图 3-243 所示，裂纹源在 a 处，根据断口呈河流状花样，初步判定裂纹源在 a 处形成后，快速向 b 处和 c 处扩展，b 处对应的平面为凸模的横截面，最后裂纹沿轴向方向向心部扩展。分别对图 3-243 所示的照片中的 a、b、c、d 这四点进行扫描电镜观察，结果如图 3-244 所示。由图 3-244(a) 可知 a 处为一次裂纹源，裂纹产生时间不长，裂纹较宽，产生泥状花样，a 处是应力集中处，倒角降低了应力集中，但是如果材料存在偏析等缺陷，材料的断裂强度将减低，使得淬火时组织应力导致该处产生裂纹。

图 3-244(b) 中的河流花样和图 3-244(c) 中的解理台阶可以判断该断口为典型的脆性断口，由于碳化物颗粒的存在，显微裂纹往往产生在碳化物集中处，属于准解理断裂。在图 3-244(d) 中箭头所指处为微裂纹，裂纹沿碳化物边界扩展，最长显微裂纹长度在 0.01mm 左右，裂纹处可见大块的碳化物颗粒，与图 3-241 所测大块碳化物结果一致。结合热处理工艺推

断，这是淬火裂纹中的淬火直裂。细长零件在心部完全淬透的情况下，由于组织应力作用而产生纵向直线淬火裂纹，裂纹为穿晶扩展，一般起源于应力集中处、第二相质点和夹杂处，裂纹尾端尖细。

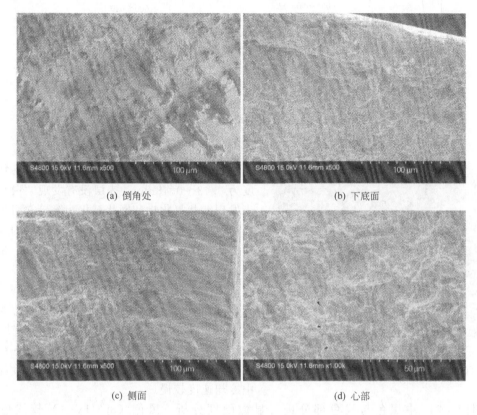

(a) 倒角处   (b) 下底面

(c) 侧面   (d) 心部

图 3-244　断口形貌 SEM 照片

综合以上理化检验分析结果可知，Cr12MoV 钢冷冲模凸模开裂的最重要的原因是大块碳化物和共晶碳化物不均匀度不符合标准，造成凸模的组织与硬度不均匀，导致热处理过程中产生组织应力集中，在大块碳化物的尖角处和工件的边缘处应力集中更严重，而磨削过程中表面产生的磨削残余应力进一步增大了淬火开裂的可能性，最终导致了模具在尖角处等应力集中处发生了开裂，即该类裂纹为淬火裂纹，属于准解理断裂。

解决方案如下。加强淬火前的原材料的检验，根据大块碳化物的分布等原材料组织缺陷，进行热处理工艺调整，必要时进行重新合理锻造。

3.7.51　38CrMoAl 钢镗杆断裂原因分析

某公司制作的 38CrMoAl 钢镗杆热处理工艺曲线如图 3-245 所示，该镗杆装配后在使用过程中，个别镗杆发生了突然断裂，为此分析其产生原因。

在断裂的镗杆上取样，采用光谱仪测量镗杆的化学成分，其成分符合 GB/T 3077 标准要求。

采用扫描电镜对断口进行观察（见图 3-246）。分析表明，该断裂是在外力作用下造成的脆断，并非正常的疲劳断裂，裂纹源的位置为图 3-246 箭头所示。在裂纹源位置及其附近没有发现非金属夹杂物、外伤或机加工缺陷。

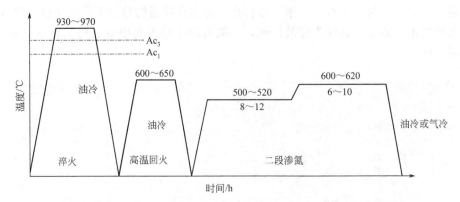

图 3-245　38CrMoAl 钢镗杆热处理工艺曲线

断裂源

图 3-246　38CrMoAl 钢镗杆断裂部位宏观形貌

对镗杆的渗氮组织进行检验，测量渗氮层深度为 0.43～0.48mm，表层没有发现"白亮层"，未发现针状氮化物和网状氮化物等异常组织，白色的脉状氮化物评定为 1 级，测量镗杆的表面硬度为 913～922$HV_{0.1}$，基体硬度为 383～410$HV_{0.1}$，符合图纸技术要求。

观察镗杆的基体组织 [见图 3-246(a)]，并测量不同组织的显微硬度。镗杆的显微组织为索氏体＋少量的贝氏体组织。镗杆的晶粒度较粗大，平均晶粒度为 4 级，部分区域为 2.5 级，说明镗杆淬火时加热温度偏高，并且淬火冷却过程中冷却速度较慢。

对图 3-247 中黑色与浅色部分进行显微硬度分析，黑色（353$HV_{0.1}$）较浅色部分（396$HV_{0.1}$）低 43$HV_{0.1}$，两者显微组织差异明显。

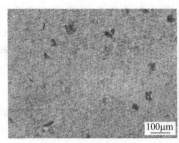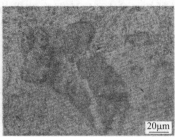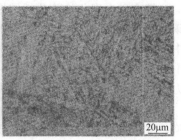

| (a) 显微组织 | (b) 图(a)中黑色部分放大的组织 | (c) 图(a)中的浅色部分放大的组织 |

图 3-247　38CrMoAl 钢镗杆的显微组织

在断裂的镗杆上取样测试力学性能，结果见表 3-74。结果显示，冲击吸收能量特别低，塑性指标也偏低。观察冲击试样宏观断口形貌为明显的脆性断口 [见图 3-248(a)]，扫描电镜观察亦为解理断口 [见图 3-248(b)]，说明该镗杆的韧性非常低，与冲击吸收能量非常低相对应。

表 3-74　38CrMoAl 钢镗杆的力学性能

性能	R_{eL}/MPa	R_m/MPa	A/%	Z/%	A_{KU_2}/J
技术要求	≥810	≥950	≥14	≥40	≥55
实测值	935	1020	15.5	37.0	6.0

 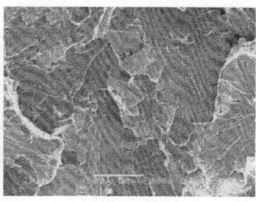

(a) 宏观形貌　　　　　　　　　　　　　　　(b) SEM形貌

图 3-248　冲击试样断口的宏观和 SEM 形貌

根据对破断的 38CrMoAl 钢镗杆的分析与测试，其成分符合标准要求，但镗杆断口为脆性断口，组织异常，冲击吸收能量非常低。镗杆断口显微组织有明显的上贝氏体组织，而且晶粒粗大，是镗杆发生突然断裂的原因。形成这种不良组织的原因是镗杆在淬火工序中出现了加热温度偏高和冷却速度偏低的情况。

解决方案如下。①按 930～940℃ 的范围严格控制好淬火工序的加热温度。②加强油池淬火油的搅拌，迅速带走镗杆的热量，提高冷却速度可以避免晶粒粗大和异常组织产生。

第4章
淬火钢在回火过程中产生的缺陷分析与解决方案

4.1 硬度不足

零件经过热处理后的硬度没有达到工艺文件或标准的要求。出现该类问题的情况十分复杂，从零件热处理本身的角度出发，除混料外，应从影响产品质量的六大因素入手，对与零件硬度有关的参数逐一分析，找出原因和根源，避免硬度缺陷的发生。零件的热处理分为加热和冷却两个基本过程，在加热阶段加热速度、加热温度和保温时间是重要的工艺参数，而冷却阶段冷却介质的冷却温度、特性和冷却时间直接影响零件整体硬度的均匀性，因此对上述几个重要的工艺参数要严格控制和把关，排除一切影响硬度不足的问题，使零件热处理后的硬度均匀一致，提高零件的使用寿命。

4.1.1 加热温度和保温时间的影响

零件在热处理过程中因选用的淬火加热温度偏低或保温时间短，造成零件的加热不足、奥氏体成分未均匀化、碳化物溶解不良等，将导致零件淬火后的硬度不足。因此根据零件选用材料的特性、热处理的技术要求、化学成分（尤其是合金元素的含量）、零件的形状、装炉量和装炉方式、热处理炉的加热方式、炉内温度的均匀性以及有无保护涂料等，进行合理选择加热温度和保温时间，必要时采用正交法确定工艺参数。图4-1为手用碳素工具钢丝锥在加热温度低或保温时间短情况下的显微组织。

从图4-1中可以看出，由于加热温度低或保温时间短，钢中的珠光体转变为奥氏体，而铁素体仍被保留下来，奥氏体淬火后转变为马氏体，此时的铁素体也呈现为蚕食状。当亚共析钢加热速度快或保温时间短时，将会造成形成的奥氏体的含碳量不均匀，淬火后形成黑白相间的马氏体，具体见图4-2。其中因为奥氏体含碳量不均匀，原来铁素体网络处含碳量比较低，故淬火后形成的马氏体含碳量低。而低碳马氏体的 M_s 点较高，具有自回火现象，因此其为黑色。含碳量较高的奥氏体淬火形成未被回火或回火程度轻微的片状马氏体，呈现较白的颜色。

4.1.2 回火温度的影响

零件的回火温度高于正常要求的温度，造成马氏体的分解而降低了硬度。对高速工具钢

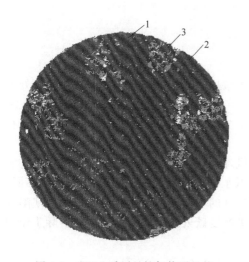

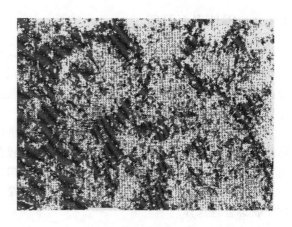

图 4-1　T12A 手用丝锥加热不足的
显微组织　320×
1—细针状马氏体；2—淬火托氏体；3—珠光体

图 4-2　亚共析钢淬火黑白相间的马氏体

而言，一般是回火温度低于要求的 540～560℃ 的温度，而在 300～400℃ 进行了回火，无二次硬化现象出现，造成零件的整体硬度低于热处理的要求，如果在 580℃ 以上进行高温回火也将造成硬度的不足。因此根据零件的具体硬度和组织的性能要求，并进行具体的实践，才能得出正确的热处理工艺参数。

对高合金钢而言，零件内部合金元素增多，形成了大量的合金碳化物，在冷却过程中其具有高的淬透性，因此可得到较多的残余奥氏体组织。只有通过回火或 2～3 次的高温回火，才能使未转变的残余奥氏体组织转变为马氏体，提高零件的硬度。

零件回火不足也是硬度不符合要求的一种原因，马氏体淬火组织未充分转变为回火马氏体，淬火后残余奥氏体仍存在于基体中，由于残余奥氏体具有较好的塑性和韧性，因此它造成硬度的不足。对于该缺陷应进行重新淬火和回火，即可达到零件的热处理硬度要求。根据零件的大小、材料和具体的技术要求等确定回火时间的长短，基本原则为使组织完全发生转变，减少内应力，确保组织尺寸的稳定。

4.1.3　冷却速度、冷却介质以及化学成分的影响

零件出现硬度不足同冷却不当有直接的关系。零件加热结束后至淬火前的预冷时间长；冷却介质选择不当、冷却介质的温度控制超出工艺要求、介质中混有杂质等，导致其冷却性能的降低；另外零件在加热过程出现氧化脱碳现象，表面存在氧化皮或黏附盐渣等；零件在冷却介质中时间短，零件提出介质的温度仍然过高，导致过冷的奥氏体组织在 C 曲线的珠光体转变区域分解，形成了托氏体和铁素体的混合组织，这些因素均会造成基体硬度不足。

由于零件冷却后仍存在大量的残余奥氏体组织将会造成零件淬火后的基体组织硬度降低，因此除上述原因外，还应考虑零件的原材料的化学成分。残余奥氏体的数量与奥氏体的化学成分有关，尤其是含碳量的影响十分显著。钢中的奥氏体碳含量的质量分数在 0.5%～0.6%，可在淬火组织中观察到残余奥氏体，碳含量越高则残余奥氏体越明显。体积分数 20% 的残余奥氏体将使淬火后的硬度降低 8.5HRC，可见控制零件淬火后残余奥氏体的含量，是热处理冷却过程中确保硬度合格的关键。因此在实际热处理过程中，应充分考虑到这一点，采用合金钢则提高了材料的淬透性，冷却后的残余奥氏体的数量反而减少，不会

出现零件硬度不足的现象。

4.1.4　零件表面脱碳

零件使用的原材料本身具有较厚的脱碳层，在机械加工过程中没有去掉；或者在热处理加热过程中或冷却过程中出现了表面氧化脱碳现象，导致零件表层的碳含量低于内部，在冷却过程中表面形成了低碳马氏体组织，而内部获得了要求的硬度。因此内外组织中碳含量存在差异，造成了淬火后表面硬度的不均。

在第 2 章中，重点介绍了零件产生氧化脱碳的机理和需要采取的保护或防范措施，在实际的热处理过程中要认真对待。表面脱碳后不仅降低了表面的硬度，造成内外变形量不同，而且影响到零件的使用寿命，降低力学性能，造成零件的早期失效，因此要避免此类缺陷的出现。一般挽救的措施一是将脱碳层去掉，二是可进行复碳处理，可根据零件的实际工作和加工状态合理选择。

4.2　硬度偏高

零件在热处理后检查硬度超过工艺（图纸）或标准规定的上限硬度值，不符合要求，即为硬度偏高。在材料的化学成分确定的前提下，按照编制的热处理工艺进行零件的处理，除了出现上述硬度不够的情况外，另一种为硬度高于要求的范围。因此认真分析其产生的原因，采取有效的技术措施和控制手段，可以完全避免此类缺陷的产生。

零件回火后出现硬度偏高，应从材料淬火后的硬度加以考虑，同时结合其具体的硬度要求、工作的特点和服役条件等几个方面，从影响硬度的主要因素入手，围绕着可能起到关键作用的条件，程序化和系统化的进行正确分析和判断硬度高的根源。只有这样热处理工作者才能为零件的热处理质量把好关，为生产出优质的产品提供保障。

一般而言碳钢和碳素工具钢、低合金钢和低合金工具钢热处理后硬度高，其原因如下。

① 材料的含碳量或合金元素的含量高于标准的上限要求，淬火后硬度明显偏高，按正常的温度回火则出现硬度高。

② 材料的成分正常，而在回火时温度过低或时间过短，淬火马氏体未完全转变为回火马氏体，组织中存在淬火马氏体，造成硬度的偏高。

③ 控温仪表出现故障，指示温度高于实际要求的温度。

对于高合金钢或高速工具钢而言，由于合金元素含量高，因此与碳结合形成了大量的碳化物，回火后的硬度相对较高，明显提高了零件的耐磨性和红硬性，常用来制作模具和刀具等。该类钢种如高铬合金工具钢（3Cr2W8V、Cr12、Cr12Mo、Cr12MoV 等）和高速工具钢（W18Cr4V、W9Mo3Cr4V 等）的淬火温度高于 $1000℃$ 以上，此时溶解了大量的合金碳化物，因此在高温回火过程中，形成了特殊的碳化物而发生"二次硬化"现象，高合金钢或高速工具钢等淬火后残留的奥氏体较多，且十分稳定，其中一部分残余奥氏体在回火后未充分分解，但冷却后转变为马氏体，使零件的硬度升高，因此回火后硬度高于淬火的硬度值。回火后硬度高于要求的原因可归纳为以下情况。

① 同种材料的淬火温度不同，而回火温度一致，则势必造成高温淬火的零件回火后硬度高。

② 回火温度规定错误，零件在二次硬化区进行回火，势必造成硬度的提高，因此应避开此温度回火，通常高速工具钢在 $540～560℃$ 回火将达到硬度的最高值，对要求硬度不是很高、韧性较好的零件可采用 $570～600℃$ 的温度回火。

③ 零件淬火后应进行低温回火处理，而工艺编制错误，实际进行了高温回火产生了"二次硬化"，造成硬度高于工艺的要求。

笔者处理过一批气门用锻造上模，材质为3Cr2W8V，要求硬度在50~55HRC（一般为46~50HRC）。通常采用1080~1100℃加热，静止机械油冷却，采用普通570~580℃回火，则基体硬度在50HRC以下，难以获得要求的硬度。根据锻模的工作特点和硬度要求，制订了预热、加热、冷却和回火的热处理工艺：500~550℃×90min＋800~850℃×25~30min＋1130~1150℃×15~20min，油冷至200℃出油空冷（锻模整体冒青烟而不起火）后立即放进200~300℃的炉内进行时效处理，回火工艺为610~630℃×6h二次回火。热处理后的硬度符合技术要求，同时明显提高了上锻模的使用寿命，其红硬性、耐磨性以及抗咬合性效果显著，不失为一种延长气门锻模寿命的良好措施和工艺方法。

4.3 回火裂纹

回火裂纹是指淬火后的零件在随后的回火过程中，零件上有锐角、棱边、凹槽等，由于热处理工艺参数不当（例如回火介质、回火温度、保温时间、加热速度和冷却速度等），回火后急冷或加热过快，或组织变化而发生裂纹，通常回火裂纹产生于应力集中处。零件淬火后长时间放置、回火温度过快以及回火温度不均匀等，表面体积的收缩和二次淬火是造成零件出现回火裂纹的根源。体积的收缩多体现在高碳钢和高合金钢中，快速加热时零件表层马氏体中的碳逐渐析出，造成体积的收缩，表面产生了拉应力的作用，故加热速度应缓慢；而二次淬火出现回火过程中，残余的奥氏体向马氏体转变，此过程如同淬火一样，因此冷却时速度不要太快。

回火裂纹一般多出现在高速钢和高合金钢中，这类钢具有回火脆性，在回火脆性温度区间内回火，会产生回火脆性，将在随后的校正和使用过程中开裂。其原因在于零件已经全部转变为马氏体组织，快速加热、快速回火或相变化而发生淬火裂纹。若表面脱碳则马氏体中的碳含量大大降低，表层体积收缩，表面受到很大拉应力作用而导致开裂。回火裂纹有两类即由低温快速加热回火裂纹和自回火温度快速冷却回火裂纹。

由低温快速加热出现的回火裂纹特征为：回火裂纹与纵向垂直或呈直角时，裂纹浅，形状与磨削裂纹相似；回火后快速冷却的裂纹与淬火裂纹一样。图4-3所示为其两种形态。

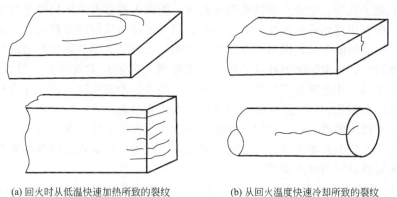

(a) 回火时从低温快速加热所致的裂纹　　　(b) 从回火温度快速冷却所致的裂纹

图4-3　回火裂纹的两种形态

同时需要指出，假如零件表面出现脱碳层，表面形成了低碳马氏体，会造成表面的收缩。而内部形成的马氏体膨胀，这样表层产生很大的拉应力作用，出现网状开裂，因此对于出现的脱碳层，应在回火前将其磨削掉。

在回火后的冷却过程中，残余奥氏体仍然向马氏体转变，如果冷却速度过快，则形成的马氏体膨胀，形成表面裂纹。

因此零件在回火过程中，加热速度要尽可能的慢；对于有脱碳层的零件，在热处理前要去掉脱碳层，要采取可靠的保护措施，避免零件表面氧化和脱碳现象的发生；回火后要缓慢冷却，如有必要可在炉内冷却。掌握好回火工艺参数，是确保零件性能合格的重要条件和前提。

4.4 回火脆性

回火脆性是指钢在淬火后进行回火的过程中，随着回火温度的提高，钢的基体硬度和强度降低，而塑性和韧度得到提高和改善，但在某一温度范围内回火时，出现韧度随回火温度的升高而存在低谷或降低的现象。一般脆性是由于回火温度偏低或回火时间不足造成的，可选择合理的回火温度与充分回火加以预防和补救。图 4-4 所示为结构钢的回火脆性示意图。

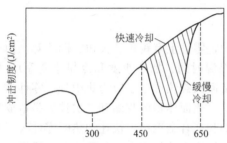

图 4-4 结构钢的回火脆性示意图

在普通镍钢和铬钢中，回火脆性十分明显。钢在回火过程中，可能发生两种类型的脆性：一种脆性通常在 200～400℃ 回火温度范围区间内，时间越长则越明显，而与回火后的冷却速度无关，通常在碳钢和合金钢中出现，该类回火脆性即使回火后快冷或重新加热回火均无法避免，称为第一类回火脆性，也称不可逆回火脆性、低温回火脆性或马氏体回火脆性等；另一种脆性发生在某些合金结构钢中，为直接在 450～550℃ 温度区间加热回火或高于 600℃ 回火而在 450～550℃ 区间内缓慢冷却，与保温时间无关，而与冷却速度有关，对于这类脆性的消除方法是重新加热到 600℃ 以上，迅速冷却可予以消除，能防止回火脆性的发生，这种脆性为第二类回火脆性，又称为可逆回火脆性、高温回火脆性或回火脆性等。

（1）第一类回火脆性 钢铁零件淬火后的夏比冲击功随着回火温度的变化曲线在第一类回火脆性区出现了低谷，钢的力学性能指标对第一类回火脆性有不同的敏感程度，同时与加载方式有关。应当注意如果零件存在应力集中、承受的冲击或扭转载荷较大，而要求较大的塑性和韧度与强度的配合时，则第一类回火脆性的出现将增大零件脆性开裂的危险性，因此是一种热处理缺陷。该类缺陷的补救措施为按热处理工艺规范重新淬火，避开回火脆性区。一般认为是由于马氏体分解出碳化物，从而降低了晶界的断裂强度，适当提高材料中硅的含量可降低低温回火脆性，这一点在材料的选择上要认真考虑。

（2）第二类回火脆性 第二类回火脆性主要产生于含铬、镍、锰、硅等合金元素的合金结构钢中，由于晶界上富集了锑、磷、锡、砷等杂质元素，故加强了晶界的脆性造成回火脆性。该类回火脆性具有的特点如下。

① 淬火钢在脆性温度范围内（500～650℃）回火或缓慢通过时，即会出现回火脆性，停留或保温时间越长则脆化现象越明显。

② 导致零件在室温下冲击值明显下降。

③ 回火脆性与回火后的冷却速度有关，迅速冷却则可抑制或减弱脆性。

④ 该类回火脆性是可逆的，对于产生脆性的钢重新高温回火后快冷可消除脆性，而对

已经消除回火脆性的钢在脆性温度范围内回火，又将出现回火脆性。

⑤ 该类回火脆性将造成钢沿晶界脆断。

第二类回火脆性的抑制和防止措施如下。

① 在钢的冶炼过程中，减少钢水中 P、Sb、Sn、As 等有害杂质的含量，防止其在晶界的偏聚。

② 向钢中添加 0.2%～0.5%Mo、或 0.4%～1.0%W，钼用来减缓 P 等杂质元素向晶界的偏聚和扩散，或选用含钼或钨的钢种，两种元素通过阻止杂质元素的扩散而削弱它们在晶界的富集。

③ 高温回火结束后快速冷却，或尽量缩短零件在脆性温度下的停留时间。

④ 采用不完全淬火或两相区淬火，可获得细小的晶粒，减轻和消除回火脆性，同时使杂质能够集中于铁素体内，避免了向晶界的偏聚。

⑤ 进行奥氏体晶粒的细化。

⑥ 采用高温形变热处理，可消除钢的回火脆性，从图 4-5 中可以看出作用比较明显。

⑦ 零件进行长时间渗氮处理时，应选用回火脆性敏感程度较低的钼钢。零件的气体渗氮是在 500～550℃ 范围内进行的，时间长（40～70h），渗层较厚，通常在 0.3～0.6mm。氮化用于要求耐磨性好、疲劳强度高的精密零件的热处理工艺，但需要注意的

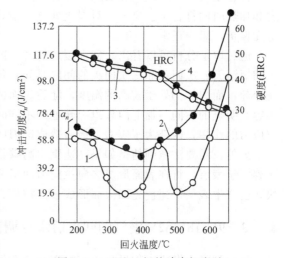

图 4-5 40CrNi4 钢的冲击韧度随
回火温度的变化关系
1——般淬火工艺下的冲击韧度；2——高温形变
热处理下的冲击韧度；3——般淬火工艺下的硬度；
4——高温形变热处理下的硬度

是为了降低零件的表面脆性，在达到要求的渗层后，应进行退氮处理 [(540～560)℃×(2～3h)，氨的分解率在 80% 以上]，这一过程是十分重要的环节，否则将造成零件的早期失效，直接影响到零件的正常使用。

4.5 实例分析

4.5.1 M56 高速钢丝锥热处理回火硬度不足原因分析

该大型机用丝锥材质为 W9Mo3Cr4V，经过淬火和回火后，丝锥方尾和端面的硬度值为 58～60HRC，不符合 63～66HRC 的技术要求，需要进行球化退火后，才能进行重新返工处理。

经过对仪表记录和丝锥实物的检查，发现其淬火的温度低于规定的温度（要求 1210～1230℃，实际上为 1190℃），晶粒度在 10.5～11 级，细于工艺要求的 9.5～10 级，组织中存在部分未溶解的碳化物，表明淬火的温度低，碳化物溶解较差。另外丝锥在进行分级淬火（50% BaCl₂＋30% KCl＋20% NaCl）时的温度在 640～650℃，高于规定的 560～590℃ 的分级淬火温度，因此造成碳化物的部分分解，影响了丝锥高温回火后的产品硬度。最后对该批丝锥在脱氧彻底的盐浴炉中重新进行球化退火，退火后的硬度在 250HB 以下，第二次淬火的温度与第一次相同淬火温度基本一致。返工后丝锥的硬度在 63～65HRC，符合技术要求。

4.5.2 高速钢滚刀产生的回火裂纹原因分析

笔者在对高速钢（W6Mo5Cr4V2）滚刀冬季进行正常的盐浴淬火后，将整筐滚刀清洗干净转入高温回火炉回火，进行三次高温回火后，冷至室温后检查硬度和晶粒度时发现滚刀的齿根处有裂纹，造成本批滚刀全部报废。

检查滚刀的金相组织和硬度，晶粒度为 9.5～10 级，回火充分，没有粗晶现象，加热温度和加热时间符合工艺要求。对裂纹处进行检查，裂纹两侧晶粒均匀，无氧化脱碳，材料本身无偏析，组织正常。

通过以上分析可以看出，回火裂纹的产生同回火过程中快速冷却有关。调查中发现，为了缩短滚刀二次回火和三次回火的间隔时间，每次回火后均用电风扇强力吹风，滚刀表面快速冷却，而内部仍处于较高的温度，随后表面的残余奥氏体迅速转变为马氏体，二者之间的比容有明显的不同，加上内外组织转变的不同时性和不一致性，造成表面体积膨胀，表面受拉应力的作用，内部为压应力，最后造成滚刀的表面开裂。

另外，需要注意到的是如果高速钢、高碳钢零件淬火后出现表面脱碳，则在回火时内层比容大于表层，将在表面形成多向拉应力而形成网状裂纹。同时由于回火时表面加热速度过快，会产生表层快速优先回火而形成多向拉应力，也会形成网状裂纹。

4.5.3 9Cr18Mo2V 钢气门回火后水冷调直断裂分析

气门是在内燃机工作过程中密封燃烧室和控制内燃机气体交换的精密零件，是保证内燃机动力性能、可靠性和耐久性的关键部件。进气门主要承受反复冲击的机械负荷，其工作温度在 300～400℃。排气门除承受冲击的机械负荷外，还受到高温氧化性气体的腐蚀以及热应力、锥面热箍应力和燃烧时气体压力等的共同作用，排气门的工作温度达 600～800℃。只有具备以下性能才能满足气门的苛刻的服役要求。

① 具有高的热强性和良好的耐腐蚀性。

② 具有良好的综合力学性能。

③ 具有良好的减磨和耐磨性。

马氏体耐热钢气门高温回火结束后要快冷（如水冷或油冷），可有效防止 4Cr9Si2、4Cr10Si2Mo、X45CrSi93 等马氏体耐热钢在 450～720℃ 范围内出现第二类回火脆性，冷却水温低于 80℃。

9Cr18Mo2V 和 80Cr20Si2Ni 钢是气门专用高碳马氏体耐热钢，未执行工艺要求而直接与马氏体耐热钢一样，回火结束后水冷处理。在抛丸后的调直过程中，操作者对于杆部变形气门锤击时全部断裂，从其断口处可以看出为脆性断裂。

9Cr18Mo2V 钢制气门多在 720℃ 以下回火，组织为回火索氏体，9Cr18Mo2V 钢的铬含量高达 18%，总合金含量在 20%，加上含碳量较高，故是特殊的高碳高合金钢。回火后的冷却介质为空冷，硬度要求在 30～42HRC 范围内，空冷可确保气门基体内外冷却的均匀一致性，由于其碳含量高和铬含量高，故形成的合金碳化物数量增多，热导性差，在冷却过程中尽管不会发生组织的转变，但如果快速地冷却（水冷或油冷等），将造成内部热应力增大，而在外力作用下出现脆性断裂。

4.5.4 GCr15SiMn 钢制高压阀体开裂分析与解决方案

某高压二次阀阀体为液压机构心脏部分的关键部件，采用 GCr15SiMn 材料制造，其结构见图 4-6。其在工作过程中要具有高强韧性和高疲劳抗力，同时具有良好的耐磨性和耐腐蚀性能，要承受油压为 32～34MPa，因此要求热处理后的硬度为 57～59HRC，其热处理工艺见图 4-7，随后进行镀锌处理，在使用过程中发生开裂漏油事故。

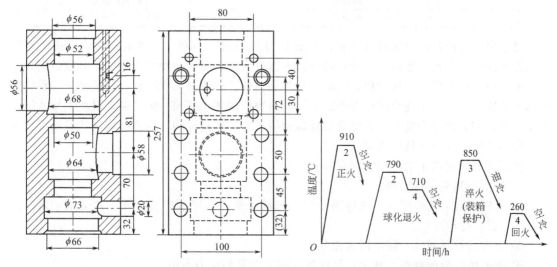

图 4-6　高压二次阀阀体结构　　　　　　图 4-7　高压二次阀阀体热处理工艺曲线

开裂的断口呈银灰色，阀体开裂位置在油孔边缘，长度约为 30mm，裂纹平直，断口处未发生氧化与腐蚀，断口为瓷状断口，为脆性断裂。从进一步检查的情况来看，裂纹断口上呈现多条放射状纹理裂纹，存在两处裂纹源，同时均出现二次裂纹，其以沿晶断口形貌为主，微观裂纹有沿晶断裂面存在孔洞和颗粒析出物。通过 X 射线分析，颗粒析出物的铬含量较基体高出 1 倍，为（Fe、Cr）$_3$C 型碳化物。

由此分析可见，二次阀阀体开裂是滞后性开裂，可能为氢脆造成的，同时联系到该钢的第一类回火脆性温度区间为 200～400℃，而阀体的回火温度为 250～270℃，故发生第一类回火脆性不可避免。检验证实阀体开裂为氢脆断裂失效，试验表明阀体开裂是第一类回火脆性引起的。

针对此失效分析，可采取的解决方案如下。

① 阀体镀锌后增加去氢工序，防止氢脆的发生。

② 改变回火工艺参数，适当降低热处理硬度，将回火温度提高到 420～440℃，避开第一类回火脆性温度范围，防止脆性的产生。

4.5.5　ML22CrMnB 低碳合金钢制冷镦高强度螺栓裂纹分析与解决方案

考虑到高强度螺栓采用中碳合金钢制造，其本身由于氢脆和应力腐蚀敏感性强，故容易出现早期的断裂。而采用 ML22CrMnB 低碳合金钢制冷镦高强度螺栓，尽管淬透性好，强韧性好，但生产中出现大量裂纹及断裂现象。

螺栓的热处理工艺为：870～890℃加热，在 8%～12%NaCl 的水溶液中冷却，350～400℃回火后水冷，硬度要求为 41～46HRC。

从检验螺栓宏观特征来看，可根据裂纹形貌分为三类，见表 4-1。轴向裂纹在近表面处出现程度不同的氧化脱碳并向心部延伸，其组织为回火托氏体；斜裂纹有灰白色镶嵌物；而横裂纹齿侧面有呈规律出现的鼠尾状裂纹，并有灰白色组成物。同时在斜裂纹与横裂纹向中心延伸部位均产生细小断续裂纹。采用电子探针分析夹杂物成分，三种裂纹均呈沿晶断口形貌，裂纹为沿晶断裂，裂纹附近存在许多细小裂纹。

表 4-1　ML22CrMnB 低碳合金钢制冷镦高强度螺栓裂纹类别

序号	名称	特征
1	直裂纹（轴向裂纹）	沿轴线分布
2	斜裂纹	与轴线成倾斜角
3	横裂纹	沿螺纹齿根分布

对轴向裂纹两侧的脱碳进行分析，其成分为 FeO 和少量的 Cr、Mn 氧化物，表明裂纹在热处理前已经存在，原因在于原材料残留或钢材内非金属夹杂物严重超标，其脆性夹杂物在变形中引起应力集中，从而使裂纹萌生与扩展。而斜裂纹两侧无脱碳，是在淬火过程中发生马氏体转变产生的相变组织应力造成的。横向裂纹两侧无脱碳，则是回火温度不均或回火不足，没有彻底消除内应力，在原裂纹处镀锌后继续扩展造成的。齿侧面鼠尾状裂纹为螺纹加工应力集中，导致出现淬火裂纹。

针对此裂纹应当采取的解决方案如下。

① 严格控制夹杂物级别。

② 根据材料的化学成分，进行热处理工艺的调整，采用水淬油冷等工艺措施，以降低其在 M_s 点的冷却速度。

③ 淬火后及时回火，保证回火充分。

④ 进行搓丝板的修整，减少和消除螺纹加工引发的应力集中。

4.5.6　控制阀芯冷处理裂纹原因及工艺改进

转向器控制阀芯（见图 4-8）是动力转向器中的重要零件，其作用是通过轴向前后移动，接通油缸左右油腔，进入油缸的高压油推动活塞本体轴向运动，活塞本体的齿条带动垂臂轴的主齿作径向正反转动，通过转向垂臂、横拉杆，实现汽车的左右转向。

该控制阀芯采用 GCr15 钢制造，要求在长期使用过程中耐磨、尺寸稳定性好，但热处理后会有 10%～15% 的残留奥氏体存在于淬火组织中，虽经常规回火处理，仍不能将其全部转变和稳定，当零件在使用过程中，其尺寸会因残留奥氏体的转变未变化，满足不了尺寸精度的需要。

为此工艺要求淬火后需要进行冷处理，即"淬火＋冷处理＋回火"流程，盐浴加热（850±10）℃后，采用 32 号机械油冷却，空冷到室温后再进行 −70℃ 左右保温 1h 的冷处理，冷处理后温度回升至室温立即进行低温回火处理。但 90% 以上批次均或多或少出现裂纹，见图 4-9 所示，裂纹率最大到 60%，尽管采取多种措施仍未能杜绝裂纹的产生，经济损失严重。

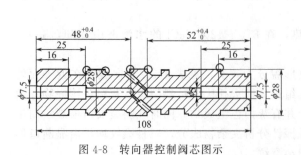

图 4-8　转向器控制阀芯图示　　　　图 4-9　裂纹件的宏观形貌

裂纹发生位置一是在零件外圆部位，呈细条状或细网状分布，如图 4-9(a) 所示；二是在台阶沟槽处，呈纵向裂纹分布，裂纹数量较多，如图 4-9(b) 所示。

对于裂纹件进行低倍与化学成分分析，原材料无明显缺陷，结果见表 4-2 与表 4-3。对未淬火零件进行球化退火情况检查，组织为球状珠光体＋颗粒状碳化物，退火组织为 1～2 级，退火组织正常，如图 4-10 所示。

表 4-2　阀芯裂纹件的低倍组织

样品号	低倍组织
1	一般疏松 1 级,中心偏析 1 级
2	一般疏松 1 级,中心偏析 1 级

表 4-3　阀芯的化学成分（质量分数）

元素	C	Cr	Si	Mn	S	P
技术要求/%	0.95～1.15	1.5～1.8				
实测值/%	1.02	1.5	0.36	0.31	0.007	0.008

截取与裂纹垂直的面磨制金相试样，裂纹两侧无脱碳迹象，金相组织与基体一致，为回火马氏体＋颗粒状碳化物＋极少量残留奥氏体，在零件内部有内裂纹产生，裂纹为沿晶裂纹。由此可断定裂纹主要是由于零件内部组织发生马氏体转变时组织应力较大，并在多处应力集中所出现的淬火开裂，实际上是一种淬火裂纹。

GCr15 钢淬透性好，但同时也增加了奥氏体的稳定性，使淬火后保留了 10%～15% 的残留奥氏体，它是一种不稳定的组织。零件淬火后从油中提出在铁板上摊开冷却到室温，该过程需要 2～3h。此过程中残留奥氏体会发生转变，但速度缓慢。而在随后的冷处理过程中，残留奥氏体会加速转变，残留奥氏体量越多则转变成马氏体就越多，相变应力越大，此应力与既存的淬火应力叠加，引起与淬火裂纹相同的裂纹，即冷处理裂纹。

阀芯冷处理后出现批量裂纹的根本原因在于淬火及冷处理时均产生了表层为拉应力，心部为压力应的残留应力，相互叠加后超过材料脆断抗力。且淬火后形成的残留奥氏体量越多，则越容易产生裂纹。如果已经存在显微裂纹，则可能导致裂纹的长大或扩展为宏观裂纹。

消除裂纹的验证试验具体见表 4-4，目的是避免冷处理裂纹，应该在冷处理前把淬火应力减少。100℃与 200℃回火可消除 25% 与 50% 的淬火应力，本次进行验证对于裂纹的影响程度。

表 4-4　消除裂纹的验证试验情况

序号	工艺验证方案	加工数量/件	裂纹数量/件	裂纹率/%
1	淬火+100℃热水预回火 1h+冷处理 1h+回火,金相组织如图 4-11 所示	20	0	0
2	淬火+180℃煮油预回火 1h+冷处理 1h+回火,金相组织如图 4-12 所示	20	0	0
3	淬火+冷处理 1h+回火,金相组织如图 4-13 所示	28	4	14.29

从表 4-4 可知，序号 1 与 2 冷处理前消除了一部分淬火应力，剩余淬火应力与冷处理过程中残留奥氏体的马氏体化产生的相变应力叠加后未超过材料的脆断抗力，故无裂纹产生。

对于"淬火+180℃煮油预回火 1h+冷处理 1h+回火"，进行进一步改进，将淬火温度降为（840±10）℃；缩短油冷到冷处理的时间不超过 2h，冷处理后到回火停留时间不超过 4h；提高回火温度至 200℃。改进后的工艺验证情况见表 4-5，采用磁粉探伤检测裂纹情况。

图 4-10　原材料的退火组织　500×

图 4-11　回火马氏体＋粒状碳化物（2 级）＋
无明显残留奥氏体（1）　400×

图 4-12　回火马氏体＋粒状碳化物（2 级）＋
无明显残留奥氏体（2）　400×

图 4-13　回火马氏体＋粒状碳化物（3 级）＋
无明显残留奥氏体　400×

表 4-5　消除裂纹改进后工艺验证方案情况

验证方案	序号	工艺验证方案	加工数量/件	裂纹数量/件	裂纹率/%
第一次	1	淬火 840℃＋180℃煮油预回火 1h＋冷处理 1h＋200℃回火×4h×2 次,金相组织如图 4-14 所示	20	0	0
	2	淬火 840℃＋冷处理 1h＋200℃回火×4h×2 次	30	3	10
第二次	1	淬火 840℃＋180℃煮油预回火 1h＋冷处理 1h＋200℃回火×4h×2 次,淬冷到冷处理间隔 2h,金相组织如图 4-15 所示	20	0	0
	2	淬火 840℃＋冷处理 1h＋200℃回火×4h×2 次	50	4	8

(a)　　　　　　　　　　(b)

图 4-14　回火马氏体＋粒状及点状碳化物＋无明显残留奥氏体（1）　400×

可见控制阀芯冷处理裂纹是由淬火应力与冷处理过程中残留奥氏体的马氏体化产生的相变应力叠加超过材料的脆断抗力引起的，通过在淬火后冷处理前增加 180℃油炉预回火 1h 消除部分淬火应力，降低淬火温度，减少淬火后残留奥氏体量，缩短淬火后到冷处理的停留时间，防止残留奥氏体陈化稳定，提高回火温度，增加回火次数确保回火稳定性等措施，有

(a)　　　　　　　　　　　(b)

图 4-15　回火马氏体＋粒状及点状碳化物＋无明显残留奥氏体（2）　400×

效避免了裂纹的产生，取得了显著的经济与质量成效。

4.5.7　42CrMo 钢拉杆矫直开裂分析与解决方案

42CrMo 为中碳合金结构钢，具有高强度、高韧性、良好的淬透性，没有明显的回火脆性，调质处理后具有良好的抗疲劳性，抗多次冲击能力好，低温冲击韧性良好，适合制造强度大、韧性强的机械零件。某企业断裂的拉杆应用在磨煤机上，拉杆机构是磨煤机上的重要组成部分，起到连接和支撑的作用，其中拉杆是其机构中重要构成，拉杆在工作中存在振动现象，所以设计对拉杆的强度要求较高。

拉杆材质为 42CrMo，调质处理后硬度为 286～321HBW，水淬油冷，回火后进行矫直处理，在矫直过程中发现拉杆断裂。为此对断裂的拉杆进行理化检验和分析，以保证后续产品性能稳定。

① 进行宏观断口检验。拉杆已经断成两段，其宏观断口形貌如图 4-16 所示。从断口形貌看，拉杆断裂时在直径方向收缩很小，无明显塑性变形，存在人字纹花样，属于脆性断裂。

② 进行化学成分分析和硬度检测。从拉伸断口未氧化部分取样，利用高频红外碳硫仪、电感耦合等离子体发射光谱测试化学成分，结果表明拉杆化学成分符合 42CrMo 材质标准要求。利用 320HBS-3000 数显布氏硬度计检测试样硬度，结果为 345～375HBS，拉杆硬度要求为 286～321HBS，可见硬度高于图纸要求。调质处理的目的是获得良好的综合力学性能，即强度、塑性和韧性均较好，而材料硬度越高，则塑性越弱，脆性越大。

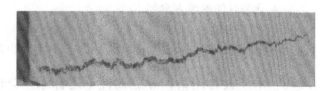

图 4-16　拉杆开裂宏观断口形貌　　　　　图 4-17　试样内部裂纹　50×

③ 进行金属夹杂物评级与组织检验。在拉杆开裂位置处切取试样，利用 QLYMPUS-GX51 金相显微镜，将未侵蚀的试样在显微镜下放大 50 倍观察试样内部的裂纹，其整体形貌如图 4-17 所示，可见裂纹处存在非金属夹杂物。放大 100 倍对裂纹附近的非金属夹杂物

进行评级（GB/T 10561—2005），非金属夹杂物 D 类 3 级，C 类 2 级，如图 4-18 所示。另一个视场检验非金属夹杂物为 D 类 3 级，如图 4-19 所示。可见非金属夹杂物对钢的塑性和韧性指标影响比较显著，严重时将导致热处理时产生裂纹。

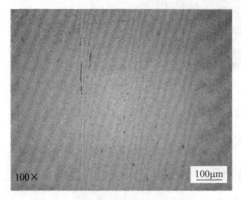

图 4-18　未腐蚀的试样表面 D3，C2

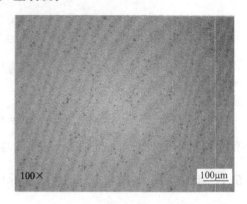

图 4-19　未腐蚀的试样表面 D3

④ 用 4% 的硝酸酒精溶液腐蚀试样的抛光表面，用显微镜对试样组织进行观察，确定显微组织是否符合调质处理要求。腐蚀的试样在 500 倍下观察到的显微组织如图 4-20 所示，显微组织为回火索氏体＋回火贝氏体（白色区）。粒状贝氏体是由块状的铁素体基体及富碳的岛状区域所组成的组织，粒状贝氏体高温回火会析出碳化物，形成复相组织，其组织均匀度较回火索氏体差，粒状贝氏体会降低产品的强韧性。

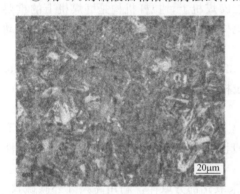

图 4-20　42CrMo 钢拉杆的显微组织

综合以上检查进行分析：

① 断裂的拉杆采用水淬油冷的冷却工艺，满足拉杆的高硬度的要求，但与此同时，其淬火产生的内应力较油冷或水溶性介质冷却速度快，容易引起工件开裂；

② 工件淬火后的回火过程中主要是消除或降低淬火冷却过程中产生的内应力，得到稳定的回火组织，满足零件所要求的力学性能指标，回火转变的快慢主要取决于温度，从拉杆的金相组织和硬度分析，拉杆的回火温度低、组织不均匀，存在一定的残余应力；

③ 拉杆的非金属夹杂物在一定程度上降低了拉杆的基体强度，再加上拉杆存在内应力，即使矫直时承受的工作应力很低，也容易造成断裂。

针对此裂纹的解决方案如下。

① 严格控制夹杂物级别。

② 及时与充分回火处理，检查金相组织，避免出现回火贝氏体组织。

4.5.8　承压设备用铬钼焊缝韧性不达标原因分析与解决方案

12Cr2Mo1R 是工业用低合金钢，具有较高的抗蠕变、抗氢蚀能力，同时具有良好的力学性能和淬透性，广泛用于核电、火电设备、压力容器以及石化炼油行业的加氢反应器等。某批次筒体用 12Cr2Mo1R 钢板在进行焊后性能测试时，发现冲击韧性远未达到标准要求，通过化学分析、焊接工艺校对、显微组织分析、硬度测试以及断口观察等方法查找其不合格原因。

① 进行理化检验。该批次 12Cr2Mo1R 钢板厚度为 60mm，开 U 形坡口，采用埋弧自动焊接，焊后进行超声波探伤，检测无缺陷后进行去应力退火处理（温度 600℃，保温 8h），退火后的焊板加工成 55mm×10mm×10mm 标准冲击试样，在 450J 冲击试验机上进行夏比 V 形断口冲击试验，试验结果如表 4-6。可以看出室温即低温下母材和热影响区的冲击功满足 GB/T 713—2014 的要求，而焊缝的冲击功低于标准要求。

表 4-6 12Cr2Mo1R 焊件不同温度、不同位置冲击功

试验温度/℃	取样位置	冲击功/J	平均值/J	技术要求/J
-30	母材	196、226、238、172	208	≥54
	焊缝	24、20、12、12、10	15.6	
	热影响区	171、244、188、227、179	202	
20	母材	212、218、224、181、225	212	≥47
	焊缝	41、77、37、42、20	43.4	
	热影响区	197、209、215、178、207	201.2	

② 进行化学成分分析。焊板的母材及焊缝进行成分分析，结果见表 4-7，可见其符合 GB/T 713—2014 以及 NB/T 47016—2011 的要求。

表 4-7 12Cr2Mo1R 钢板不同位置化学成分（质量分数）

项目	取样位置	C	Si	Mn	Cr	Mo	S	P
实测值/%	焊缝	0.12	0.07	0.53	2.30	1.02	0.002	0.004
	母材	0.12	0.07	0.52	2.27	1.04	0.002	0.005
标准值/%		0.08~0.15	≤0.5	0.3~0.6	2.0~2.5	0.9~1.1	≤0.01	≤0.02

③ 进行显微组织分析。取冲击试样纵截面进行磨削、抛光，抛光后观察到焊接接头的各区域非金属夹杂物等级为：A 0.5 级；B0.5 级；C0.5 级；D0.5 级；DS 0.5 级。均满足不大于 1.5 级，且 A+C≤2.0，B+D≤2.5，A+B+C+D≤4 的要求。横截面焊接接头各区域无裂纹、气孔等焊接缺陷。试样经 4% 硝酸酒精浸蚀，在 GX2 倒置式金相显微镜下观察，显微组织如图 4-21 与图 4-22 所示，可见 12Cr2Mo1R 钢母材显微组织是贝氏体，晶粒度细小均匀，晶粒度为 8.5 级。图 4-22 左侧是焊缝显微组织，右侧是热影响区组织，焊缝晶粒较粗，晶粒度等级为 7.5 级，有柱状晶形态但不明显。由于在进行多道焊时，后一焊道对前一焊道进行了热处理，焊缝部分区域进行了重结晶，右侧热影响区为均匀细小的贝氏体回火组织。

④ 进行硬度检测。焊接接头各区域进行维氏硬度检测，检测结果见表 4-8，焊缝的硬度平均值达到 265HV$_{10}$，远高于母材的热影响区的硬度值。

表 4-8 12Cr2Mo1R 钢焊接接头各区域维氏硬度

检测位置	维氏硬度值/HV$_{10}$	平均值/HV$_{10}$	技术要求/HV$_{10}$
母材	204、206、207、200、213	206	≤225
焊缝	268、264、263、262、267	265	
热影响区	206、199、195、198、203	200	

⑤ 进行扫描电镜断口观察。对韧性不达标的冲击试样（缺口开在焊缝）进行断口观

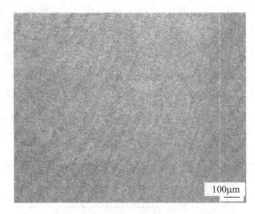

图 4-21 12Cr2Mo1R 钢母材显微组织   图 4-22 12Cr2Mo1R 钢焊缝/热影响区显微组织

察，见图 4-23(a)，是典型的脆性断口，解理面大小不一，解理台阶有高有低，且存在大量的撕裂棱。在高倍下观察，解理面上存在二次裂纹，撕裂棱上有少量的韧窝，表现出准解理断裂的特征，见图 4-23(b)。

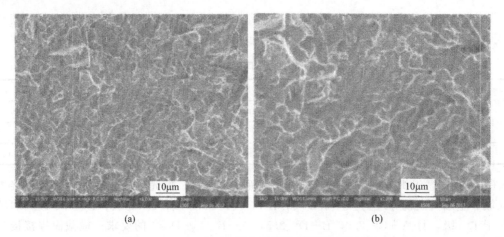

(a)   (b)

图 4-23 12Cr2Mo1R 钢在焊缝区冲击断口的组织

由以上检查与分析可知，12Cr2Mo1R 焊件母材和焊缝的化学成分均满足要求；焊接接头横截面上非金属夹杂物等满足技术要求，焊接接头纵截面上无焊接缺陷；焊缝、母材和热影响区的显微组织均为贝氏体，焊缝区的晶粒粗大，且硬度远高于母材和热影响区；焊缝处冲击断口为典型的脆性断口。

焊缝冲击韧性不合格，硬度高于母材和热影响区，其原因在于焊接残余应力引起的晶格畸变，热影响区存在焊接残余应力，但由于其晶粒细小，改善了残余应力对于性能的影响。

焊接应力主要来源于焊接过程中温度的不均匀性分布而产生的热应力以及固态相变产生的组织应力，是焊件产生变形与开裂的主要原因。焊接残余应力不可避免但可以通过优质的结构设计、合理的焊接工艺以及适宜的去应力热处理来得到控制，该批次工件设计的去应力退火温度为 690℃，保温 8h。经实际勘查发现，在热处理过程中由于断电，温度升至 620℃即停止加热，之后随炉降温，去应力退火温度低，焊接残余应力消除不彻底，最终导致此批焊缝的韧性未达标。

12Cr2Mo1R 钢焊件韧性不达标的主要原因是去应力退火温度低，焊接残余应力残留在焊缝中，使得焊缝处硬度高，韧性变差。

针对此类缺陷采取的解决方案如下。

① 严格执行去应力退火工艺要求，进行现场测温与校温，确保满足工艺要求，每 2h 进行检查与记录。

② 发现温度异常或加热时间短，应及时汇报，以采取必要的防范措施。

③ 对于焊缝处进行硬度检测，符合要求后方可转入下道工序。

4.5.9 发动机气门断裂分析与解决方案

某发动机气门在正常使用过程中盘部与杆部连接过渡处经常发生断裂，气门材料为 5Cr21Mn9Ni4N（盘部）和 4Cr9Si2（杆部），从金相组织及硬度分布方面分析气门断裂原因。

图 4-24　气门断裂的形貌　2.5×

气门断裂部位为杆部与盘部连接的过渡圆弧面，如图 4-24 所示。盘部上的断口由于受冲击与撞击，形貌严重失实，杆部的断口也留下很多刻划的痕迹，难以观察断口形貌及寻找裂纹源。杆部上的断口较平整，且无明显缩颈现象，由此可认为气门的断裂基本上属于脆性疲劳断裂。在距离断口约 1mm 处有一圆形凹坑，如图 4-24 中箭头所指，盘部上断口的侧面可见清晰的车削刀痕。

纵剖杆部磨平、抛光后在显微镜下检测，靠近断口处存在较多的疏松及夹杂物，如图 4-25 所示，观察经氯化铁盐酸溶液浸蚀后的显微组织，靠近断口处（约 2～3mm）为回火马氏体＋托氏体＋碳化物，如图 4-26 所示；远离断口的其他部位金相组织为马氏体＋碳化物。沿杆部纵剖方向测试硬度分布，结果如表 4-9 所示。

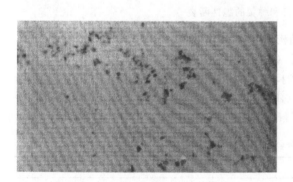

图 4-25　疏松及夹杂物　400×

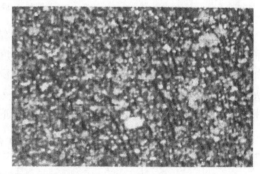

图 4-26　断口处的金相组织　400×

表 4-9　气门杆部纵剖面上的硬度分布

至断口距离/mm	0.2	0.4	0.6	0.8	…	2.0	2.2	2.4	2.6	2.8	3.0	3.2	…
硬度值/HV	530	441	421	428	428	428	441	463	487	513	413	530	535

根据气门金相及硬度检测结果发现，断裂气门组织是不均匀的，在断口处的组织出现回火托氏体。而且硬度也是不均匀的，在断口处的硬度比其他位置低 100HV（约相差 8HRC）。

气门在工作时的环境及受力情况是极其恶劣与苛刻的，由于断口处组织不合格以及硬度偏低，将显著降低其力学性能。同时，由于断口处的表面未磨光，在如此苛刻的服役条件下，这些刀痕难免成为疲劳裂纹源。根据断口处的凹坑（图 4-24）和组织中存在过多的疏松和夹杂物（图 4-25），可以认为气门盘部和气门杆部的焊缝质量欠佳，这些缺陷会加速裂纹的扩展。

据此可将造成气门断裂的原因总结如下：①气门盘部与杆部交接处存在疏松及夹杂物，金相组织不合格且硬度偏低；②气门盘部与气门杆部交接处表面粗糙，有明显的车刀痕，在服役条件下，成为疲劳裂纹源。

针对此缺陷解决方案如下。

① 严格进行原材料的质量检验与热处理检验，符合要求后方可投产。

② 按工艺要求控制杆部粗糙度，杜绝杆部车削刀纹的出现。

③ 摩擦焊后在 1h 内进行退火处理，杆部热影响区硬度应不高于基体硬度 100HV。

4.5.10 30CrMnSiA 钢回火脆性控制与预防技术研究

含有 Cr、Mn、Si 的合金结构钢具有回火脆性。世界航空航天史上，由金属材料回火工艺不当引发的脆性裂纹和断裂的案例频发，如国内某型机的紧急迫降、美国 F35 战斗机发动机裂纹导致全面停飞。在国内直升机零部件制造生产过程中，由于回火脆性导致的螺栓、导杆和弹簧的断裂时有发生，如图 4-27 所示。

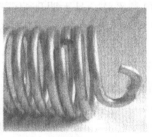

图 4-27　螺栓、导杆和弹簧的脆性断裂

直升机零部件大量选择 30CrMnSiA 合金结构钢制成的板件、棒件在热处理后会发生变形，通常采用静压矫形处理后，在低于原回火温度 30℃进行去应力回火，但回火温度的高低、冷却方式等对变形回弹量、力学性能等都会有影响，因此要寻求最佳的工艺参数，控制并预防回火脆性的发生。选取 30CrMnSiA（GJB1951 及 GJB2150）合金结构钢，加工成板件、棒件、力学性能试样，按表 4-10 做对比试验，对于变形量、力学性能、金相组织进行检测。

表 4-10　30CrMnSiA 合金结构钢工艺试验流程

试样数量	试样形式	热处理	后处理	测试项目
9 件	板件	35～41 HRC	校形回火	变形量
9 件	棒件	35～41 HRC	校形回火	变形量
35 组	标准试样	σ_b 780～980MPa	不同温度回火（炉冷）	σ_b、$\sigma_{0.2}$、δ_5、α_{ku}
12 组	标准试样	σ_b 780～980MPa	不同温度回火（空冷、油冷和水冷）	HRC、α_{ku}

(1) 回火温度对于变形量的影响　按流程要求选取 9 件 30CrMnSiA 合金结构钢的板材与棒材，热处理后硬度在 35～41HRC，采用静压矫正至合格变形量后，分别采用 460℃保温 1h 回火、220℃保温 1h 回火和不回火，对于三组试样的变形量进行测量。零件在室温放置 3 个月后，再次进行变形量测量，对比结果如图 4-28 所示。零件实际生产过程中，静压矫正后采用 240～300℃回火、保温 180min，空冷（如图 4-29 所示）。

研究表明，矫正后的去应力退火、回火温度对零件的回弹量有直接影响，当不进行去应力回火，应力无法释放导致零件回弹、变形量增大；采用低温回火，应力释放不完全导致零件变形量几乎无变化；而中高温回火使应力充分释放，在随后的放置过程中零件逐渐室温时效，很好地解决了热处理零件变形量大的技术难题。可见在零件矫正后应尽可能采用较高的温度进行去应力回火，以彻底释放矫正应力，达到变形量最小化，但面对 30CrMnSiA 结构钢材料，为了避免回火脆性，应尽量避开脆性温度区回火。

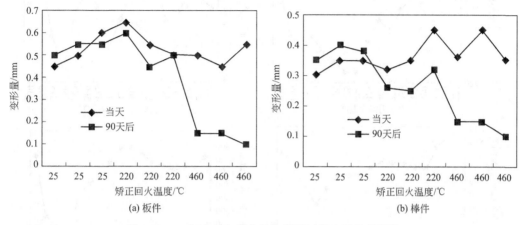

图 4-28　30CrMnSiA 合金结构钢矫正回火后的变形量

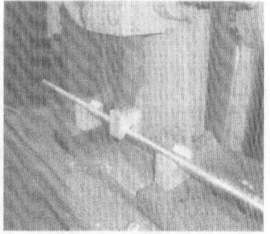

图 4-29　30CrMnSiA 合金结构钢零件静压校正示意图

（2）回火温度对材料性能的影响　30CrMnSiA 结构钢在 250℃、500℃左右有回火脆性，选定 30CrMnSiA 钢的热处理强度 $\sigma_b = 880 \pm 100\text{MPa}$，按照 GB/T 229—2007 标准要求，30CrMnSiA 试样加工成 12mm×12mm×65mm 规格。热处理工艺为：900℃淬火、630℃回火，然后选择不同温度去应力回火、炉冷。进行力学性能测试包括：抗拉强度、屈服强度、延伸率以及冲击韧性。将冲击韧性与去应力回火之前的进行对比，当下降幅度超过 10% 时即可断定出现了回火脆性。

试样经过淬火、回火后，在 225～600℃ 范围内每间隔 25℃ 选取一个温度点进行去应力回火，保温 2h 后随炉冷却。试样最终的力学性能如图 4-30 所示。与回火前的力学性能相比，去应力回火后试样的力学性能数值均无明显变化，但在 460～620℃ 去应力回火后的冲击韧性显著降低，降温均超过 10%；550℃ 回火后的冲击韧性值为 1068kJ/m²，降幅高达 37.5%；在低于 450℃ 回火后，冲击韧性值几乎没有减少。对于淬火、回火后和 550℃ 去应力回火后的试样进行金相组织分析，见图 4-31 所示，组织均为回火索氏体＋少量铁素体＋碳化

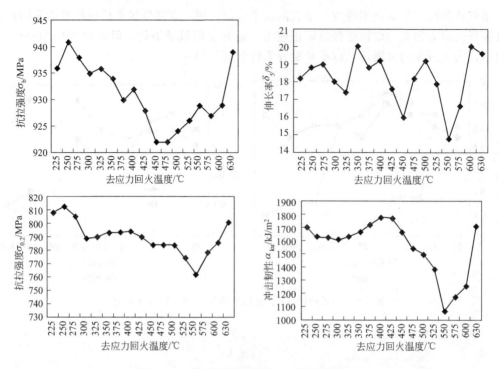

图 4-30　去应力回火温度与力学性能的关系

物，与其调质后的组织形貌相符，碳化物颗粒弥散分布在晶界和晶粒内部。经去应力回火并长时间随炉冷却后，铁素体会聚集并分布于相邻的晶粒之间，残余奥氏体发生回火，碳化物持续析出，故金相组织在显微镜下呈现黑色组织，从图 4-31(b) 中可以清楚地看到这些黑色组织主要集中在晶界处，能围出细小的原奥氏体晶粒。同时缓冷的过程中合金元素发生偏析，微量杂质元素偏聚分布于晶界上，弱化晶界，最终导致材料冲击韧性急剧降低。结合力学性能和金相组织分析，可以断定 30CrMnSiA 钢在 460~620℃ 温度范围内回火会导致脆性危害。

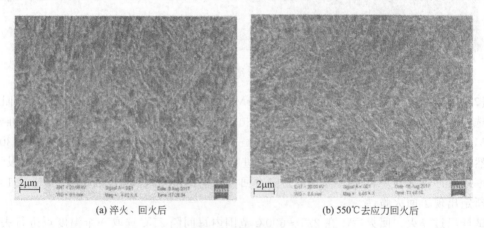

(a) 淬火、回火后　　　　　　　　　　　　(b) 550℃去应力回火后

图 4-31　试样金相组织

　　在相同强度的条件下，经过最初的淬火与回火的 30CrMnSiA 钢具有较高的冲击韧性，具有极佳的强韧性、强塑性等配合。随着矫正后去应力回火温度的升高，冲击韧性在 550℃ 时最低，这与该组织残余奥氏体大量分解的温度被推向高温，以及钢断裂时的解理面的尺寸和应力集中程度均较小有关，并且无论何种处理的冲击试样，当断口上出现沿晶断裂区时，

其沿晶面上均存在大量的质点和小孔洞。因此高温回火脆性主要原因是：置换型固溶原子（P、Sb、Sn、As 等）与间隙型固溶原子（C、N）一起在位错线上形成柯氏气团，使晶内强化晶界相对弱化。

（3）回火冷却速率对材料性能的影响　试样在 460～620℃温度范围内每隔 25℃选取一个温度点进行去应力回火，保温 2h 后分别采用空冷、油冷以及水冷，并对最终的硬度和冲击韧度进行检测，结果如图 4-32 所示。随冷却速度的增大，冲击韧度逐渐提高，而硬度逐渐降低。以 550℃去应力回火为例，采用水冷、油冷与空冷后，硬度值分别为 25.5HRC、24.5HRC 和 26HRC，与原始硬度 27HRC 相比出现下降；冲击韧性分别为 1475.13kJ/m²、1390kJ/m² 和 1193kJ/m² 较最初的冲击韧性 1708kJ/m² 下降依次为 13.6%、18.6% 和 30.2%，均超过了固定的 10% 的要求，因此判断发生了回火脆性。

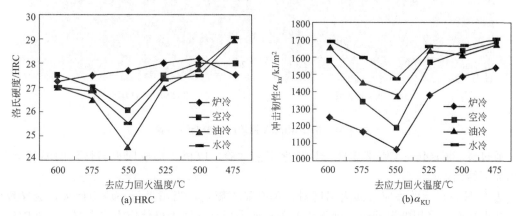

图 4-32　去应力回火冷却方式与力学性能的关系

对 550℃去应力回火后分别采用炉冷和水冷的试样进行金相组织分析，见图 4-33。组织均为回火索氏体、铁素体和碳化物，铁素体均聚集并分布于相邻的晶粒之间，550℃长时间回火使残余马氏体发生相变，金相组织转变为回火索氏体和珠光体，同时碳化物在晶界和晶粒内弥散分布。炉冷后由于回火马氏体容易腐蚀，在金相观察下为黑色，主要集中在晶界；而采用水冷等快速冷却后，碳化物溶于回火索氏体中，金相组织不易被腐蚀，故表现为灰色，如图 4-33(b)。由于 550℃为 30CrMnSiA 钢的回火脆性温度点，不论以何种速率冷却，均会发生合金元素偏析，微量杂质元素偏聚，致使晶界弱化，最终导致材料冲击韧性急剧降低。结合力学性能和金相组织分析可知，不论采用何种冷却速率，30CrMnSiA 钢在 540～

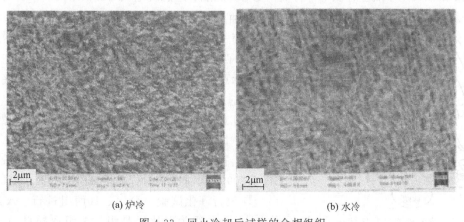

(a) 炉冷　　　　　　　　　　　　　　　(b) 水冷

图 4-33　回火冷却后试样的金相组织

580℃范围内回火会导致脆性危害，因此应避免此温度范围内回火。

（4）材料断口形貌的分析 30CrMnSiA钢试样在550℃保温2h去应力回火并炉冷后，进行冲击试验，在扫描电镜下观察这两个试样的断口形貌，如图4-34所示。断口主要为沿晶形貌，呈典型的脆性断口特征，通过冲击韧性结果和金相组织分析可以进一步确定，均符合回火致脆性断裂特征和条件。

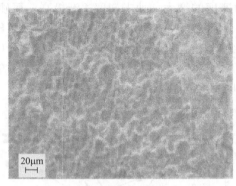
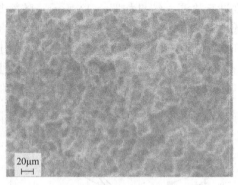

(a) 淬火、回火后   (b) 550℃去应力回火后

图4-34 30CrMnSiA钢炉冷冲击断口形貌

通过对30CrMnSiA钢试样进行热处理工艺试验，取得了形成回火脆性区的温度范围，得出如下结论：

① 零件校正后的去应力回火温度对回弹有显著影响，当不进行去应力回火，会导致回弹、变形加剧；采用低温回火，变形无改善；而采用高温回火可使应力完全释放，在随后的放置过程中零件缓慢时效。

② 30CrMnSiA钢在460～620℃范围内去应力回火，抗拉强度、屈服强度、伸长率、硬度值均无明显变化，但冲击韧性会急剧降低，460～620℃为回火脆性温度区。

解决方案如下。30CrMnSiA钢去应力回火后采用空冷或更快速率冷却（如油冷、水冷），能有效抑制和预防回火脆性带来的冲击韧性降低。但不论何种冷却速率，540～580℃回火会导致脆性危害，因此应避免在此温度范围内回火。

4.5.11　柴油机润滑油泵高强度螺栓断裂失效分析与解决方案

大型柴油机用于航空、核电等行业，主要为船舶、应急发电机等提供动力。某公司发生断裂的柴油机是一台多缸、废气涡轮增压、水冷、四冲程、直喷式大型柴油机，输出功率为4182kW，现场配置A、B两列柴油发电机，其中A列发生螺栓断裂。设备结构示意图如图4-35所示。断裂螺栓为公共底座5颗螺栓的左上和右下的2颗螺栓，螺栓型号为M16×45mm的10.9级高强度双头螺栓，中间段为无螺纹的光杆。文中将左上角螺栓定为1号螺栓，沿顺时针方向依次编号。制造标准按GB/T 898，强度与化学成分标准按GB/T 3098.1，加工钢材标准按GB/T 3077执行。

① 进行理化试验。分A、B两组进行，A组为断裂样品组，B组为对比样品组，A组取样自A列柴油

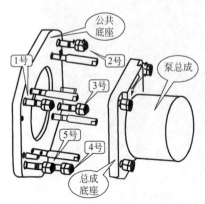

图4-35　柴油机油泵联接结构示意图

机机带润滑油泵螺栓，B组取样自B列柴油机机带润滑油泵螺栓，两组的工作条件一致。

② 进行宏观检查。A1螺栓断于螺母与螺栓啮合的第1个螺牙，一半螺栓连带螺母断裂掉落至地面，另一半螺栓留在设备内，有3～5mm露出设备本体。A2螺栓断于公共底座螺栓孔螺柱和螺纹过渡的第1个不完整螺牙位置，断裂位置如图4-36所示。

断裂的A1与A2螺母未见明显松动的迹象，无明显的金属缺失、宏观弯曲和缩颈等塑性变形特征，属于典型的脆性断裂。A1螺栓断裂于螺母啮合的第1螺牙处，断口平齐，表面光洁无污物。在断口上的A1区可见放射性纹线，为裂纹起裂区；B1区可见小的剪切唇，为断口的终断区。A2螺栓断裂于安装在公共底座螺栓孔内的光杆之下第1个不完整螺牙处，断口平齐，表面有黑色油污，透过油污，从断口纹理走势上看见裂纹起裂于A2位置，在对面的B2处断裂。A2螺栓由于断裂在设备本体内，采取了钻孔的方式取出，最终A2螺栓一端有一个钻孔，如图4-37所示。

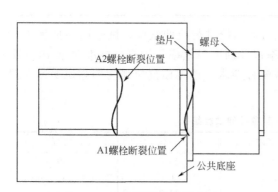

图 4-36　螺栓断裂位置示意图

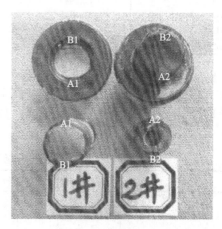

图 4-37　断裂螺栓照片

由于螺栓齿根处较为尖锐发生了应力集中现象，所以断裂均从齿根处开始。开裂后沿着齿根形成的斜切面进行扩展，最后贯穿螺栓发生断裂。同时螺栓属于高强度螺栓，使用应力并未超过螺栓屈服强度，所以螺栓未发生明显的屈服变形现象，属于脆性断裂。

③ 进行化学成分分析。对失效件取样进行化学成分分析，结果表明，A、B组化学成分相同均为35CrMo钢，属于高强度螺栓制造的常用螺栓材质，成分符合标准要求。

④ 显微组织检验。在A、B组螺栓纵向取样，A组典型显微组织如图4-38(a)所示，B组典型显微组织如图4-38(b)所示。A、B组显微组织均保持着马氏体位向，可以观察到明

(a) A1螺栓的显微组织

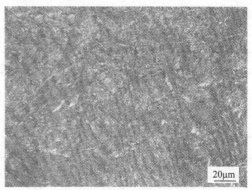

(b) B1螺栓的显微组织

图 4-38　A1 螺栓与 B1 螺栓的显微组织

显的板条群，属于典型的板条状回火马氏体组织。螺栓应进行中高温回火，其对应组织为回火索氏体，据此判断螺栓存在回火不足现象。研究发现，35CrMo 钢疲劳门槛值在 200～300℃回火时处于较低水平，而 A、B 组螺栓回火温度均处于 200～300℃范围内，疲劳门槛值低、抗疲劳性能差。

⑤ 硬度试验。在螺栓横向截面上进行布氏硬度试验，试验结果见表 4-11 所示。A、B 组两组所有螺栓硬度与 10.9 级标准要求相比，硬度均超标，硬度达到 12.9 级螺栓的程度。同时发生断裂的 A 组超标为 1.25％、2.93％，未发生断裂的 B 组超标为 7.73％、8.8％，B 组超标明显大于 A 组。硬度超标说明回火温度不足（回火温度低）。

表 4-11　试验螺栓硬度试验结果

试样	硬度/HBW	10.9 级超标比例/%	10.9 级螺栓标准/HBW	12.9 级螺栓标准/HBW
A1	386.0	2.93		
A2	379.7	1.25	316～375	380～492
B1	404.0	7.73		
B2	408.0	8.80		

⑥ 拉伸试验。对于 A、B 组中的 A3、B1、B2 螺栓进行拉伸试验，试验结果见表 4-12 所示。螺栓的抗拉强度、延伸强度、断口伸长率以及断面收缩率等均符合标准对于 10.9 级螺栓的要求，但其数值达到了最高级的 12.9 级螺栓要求，该螺栓抗拉强度偏高说明回火温度不足。

表 4-12　试验螺栓的室温拉伸试验结果

试样	R_m/MPa	$R_{p0.2}$/MPa	A/%	Z/%
A3	1315	1208	13.5	50
B1	1330	1228	9.5	51
B2	1315	1241	14.0	56
B3	1317	1217	12.5	48
10.9 级螺栓标准	≥1040	≥940	≥9	≥48
12.9 级螺栓标准	≥1220	≥1100	≥8	≥44

⑦ 冲击试验。采用 A4 和 A5 螺栓进行试验，加工成 5mm×10mm×55mm 试样；为了对比两种尺寸对冲击试验的影响，使用同一根合格的高强度螺栓加工了 1 个 5mm×10mm×55mm 和 1 个 10mm×10mm×55mm 试样，分别编号为 C1 和 C2。试验结果见表 4-13 所示。从表 4-13 中可知，A5 螺栓冲击能量仅为 A4 螺栓的 63％，说明不同螺栓个体差异较大，C1 试样的冲击吸收能量是 C2 试样的 42.60％，说明不同尺寸的试样之间冲击性能有较大差异。A 组螺栓性能略高于国标要求，冲击性能不佳说明回火温度不足。

表 4-13　试验螺栓冲击试验结果

试样	KV_2/J	试验条件
A4	23.0	
A5	14.5	温度为−20℃，锤刃半径为 2mm，
C1	59.0	摆锤角度为 150°，打击能量为 150J
C2	138.5	
8.8/10.9/12.9 级螺栓冲击标准	≥27	试样尺寸 10mm×10mm×55mm

⑧ 脱碳层试验。对于 A、B 组螺栓取纵向试样，使用金相法进行脱碳层检测，结果如图 4-39 和表 4-14 所示，2 个螺栓螺牙均成形完整，未见表面裂纹等缺陷，表面均存在不完全脱碳层，未见完全脱碳层，脱碳层深度满足要求。可以排除螺栓因脱碳层不符合要求，导

致的螺牙表面硬度不足，进而导致在螺牙处形成表面开口裂纹，最终导致断裂的可能。

(a) A1形貌

(b) B1形貌

图 4-39 A1 及 B1 螺栓的脱碳层形貌

表 4-14 试验螺栓脱碳层测量结果

试样	未脱碳层高度 E /μm	螺牙总高度 H_1 /μm	未脱碳层 比例/%	10.9级未脱碳层 高度最低要求
A1	930.64	1188.87	78.28	
A2	913.02	1231.19	74.16	$2H_1/3$
B1	931.66	1248.79	74.60	
B2	1067.51	1241.74	85.97	

⑨ 非金属夹杂物。对 A、B 组螺栓进行非金属夹杂物评级，结果如表 4-15 所示。A 组螺栓非金属夹杂物数量和尺寸都明显大于 B 组螺栓，夹杂物大量存在显著降低了 A 组螺栓的抗疲劳性能。

表 4-15 试验螺栓非金属夹杂物评级结果

试样	A 类(硫化物类)	B 类(氧化铝类)	C 类(硅酸盐类)	D 类(球状氧化物类)	DS 类(单颗粒球状类)
A1			粗系 2.5 级	粗系 2 级	2.5 级
A2		细系 2.5 级	1.5 级,宽度超尺寸	粗系 1.5 级	3 级
B1				细系 2 级	
B2		细系 1 级			

⑩ 扫描电镜试验。对 A1 断裂螺栓经超声波清洗后，使用扫描电子显微镜观察其形貌。螺栓宏观形貌如图 4-40(a) 所示。1 区为起裂区，为准解理形貌，可见明显的呈平行分布的疲劳条带特征，未见存在原始微裂纹和表面缺陷特征，如图 4-40(b) 所示。2 区和 3 区为稳态扩展区，即裂纹在 1 区起裂后向 2 区与 3 区扩展，这些区域在微观上同样为准解理＋疲劳特征，如图 4-40(c、d) 所示。裂纹稳态扩展到 4 区，该区为快速扩展区，断口微观上表现为细小韧窝特征，并可见少量的疲劳二次裂纹，如图 4-40(e) 所示。裂纹最终在图中 5 区断裂，微观上表现为更细小韧窝形貌，如图 4-40(f) 所示。

结论：①通过对比试验发现，A、B 两组螺栓在非金属夹杂物尺寸与数量上不同，即 A 组远大于 B 组；②螺栓在泵的振动载荷下受到交变应力作用，在较为尖锐的螺牙根部发生了应力集中现象，由于回火温度不足导致螺栓抗疲劳性能较低加之非金属夹杂物尺寸大、数量较多，最终导致了脆性断裂，确定非金属夹杂物为螺栓断裂的主要原因。

解决方案：建议在后续螺栓制造和采购过程中加大对非金属夹杂物的控制，并按照标准要求提高回火温度，以便提高螺栓的抗疲劳性能。

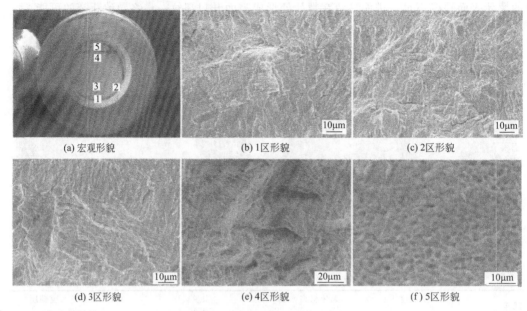

(a) 宏观形貌	(b) 1区形貌	(c) 2区形貌
(d) 3区形貌	(e) 4区形貌	(f) 5区形貌

图 4-40　A1 螺栓断口 SEM 形貌

4.5.12　12.9 级高强度螺栓断裂原因分析与解决方案

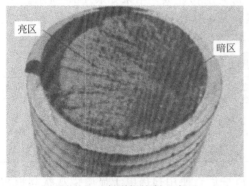

图 4-41　断裂螺栓断口表面

某零部件生产商的压力容器用 12.9 级高强度螺栓在使用一段时间后发生断裂。该螺栓材质为 35CrMo，是高强度螺栓常用材料，规格为 M30×140，性能等级为 12.9 级，工艺流程为：下料→粗加工螺栓→调质处理→精加工→除油→酸洗→电镀锌→钝化→去氢处理。对失效的高强度螺栓进行检测。

① 断口的宏观观察。断口未见明显的塑性变形，呈现明显的暗区与亮区。从裂纹放射线扩展方向来看，裂纹源位于暗区的边缘靠近螺牙根部处，见图 4-41 所示。

② 进行化学成分分析。采用 SPECTRO 直读光谱仪测试螺栓的化学成分，结果如表 4-16 所示，测试结果符合 GB/T 3077 中的 35CrMo 钢成分要求，表明螺栓材料的化学成分符合标准规范。

表 4-16　螺栓的化学成分（质量分数）

元素	C	Si	Mn	P	S	Cr	Mo
实测值/%	0.37	0.20	0.60	0.017	0.006	1.05	0.21
标准值/%	0.32~0.40	0.17~0.37	0.40~0.70	≤0.025	≤0.015	0.80~1.10	0.15~0.25

③ 非金属夹杂物评定及螺栓加工状态观察。在断裂面附近取纵向剖面试样，经磨削抛光后在显微镜下观察，材料较纯净，仅含 0.5 级细系 A 类硫化物，0.5 级细系 D 类及 0.5 级 DS 单颗粒夹杂物。抛光状态下观察螺牙及根部，发现在根部有较多的小缺陷存在，缺陷沿

根部呈约 30°方向伸入到螺栓内部，最深的缺陷约 50μm，如图 4-42 所示。钢制螺栓材料表面存在的缺陷，如轻微裂纹、夹杂都有可能是诱发和导致其镀锌后发生断裂的裂纹源。

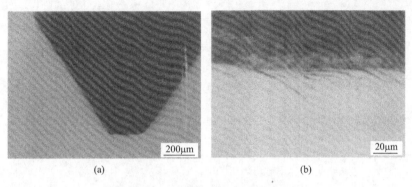

图 4-42 断裂螺栓螺牙根部折叠缺陷

④ 金相检验及晶粒度检测。从断口附近的横截面制取试样，用 4% 的硝酸酒精腐蚀观察显微组织，组织为回火索氏体，如图 4-43 所示，属于典型的正常调质处理组织。采用饱和苦味酸加热到 40℃ 测定材料的奥氏体晶粒度，通过截点法测试晶粒度为 8.5 级，属于正常要求的范围。

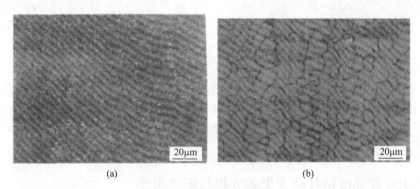

图 4-43 螺栓的显微组织

⑤ 扫描电镜断口分析和 EDS 成分分析。使用 Hitachi S4700 场发射扫描电镜分别在暗区和亮区作断口分析，如图 4-44 所示。螺牙根部暗区裂纹源附近断面呈沿晶断口特征，在裂纹源附近有几处折叠的异常小平面，未发现疲劳现象或腐蚀产物。亮区发现较多韧窝存在，选取裂纹源附近其中一个典型的小平面区域做 EDS 能谱分析，从分析结果来看，Zn 元素和 O 元素含量较高，分别达到 24.55% 和 12.95%，说明根部折叠缺陷处在镀锌过程中有锌元素沿着缺陷形成的裂纹渗入到内部。

⑥ 分析与讨论。根据以上理化检验结果分析，螺栓断裂过程分为两个阶段，呈现明显的暗区与亮区，暗区部分为先形成的裂纹及其扩展区，裂纹起源于螺牙根部 Zn 及 O 元素含量非常高的加工折叠区，呈沿晶断裂特征。考虑到该螺栓为 12.9 级的高强度螺栓且经过镀锌处理，推断第一阶段为折叠缺陷处萌生裂纹，由于氢脆形成沿晶扩展。实际使用中，4 个同样的螺栓起紧固作用，分但到每个螺栓的受力较小，所以裂纹扩展较慢，没有一次性断裂。经过进一步了解，这套压力容器由于出现非技术维修，暂时停用了一段时间，在停用的过程中，第一阶段裂纹及其扩展区由于长时间氧化呈暗色，后重新启用，螺栓剩余部分可能经受异常较大的受力，加上已生成的裂纹尖端引起很大的应力集中，导致第二阶段表现为过载一次断裂，其断口呈韧窝状，颜色较亮，断口较新。

(a) 异常小平面 　　　　　　　　　　　　(b) 异常小平面

(c) 小平面处能谱分析位置 　　　　　　　(d) 白亮区断口形貌

图 4-44　螺栓的扫描电镜断口分析

可见，螺栓根部加工折叠缺陷引起应力集中，裂纹在此处萌生，之后由于氢脆产生沿晶裂纹，在压力容器维修时已经生成的裂纹被氧化成暗色，重新启用导致过载韧窝断裂。

解决方案如下。建议厂家检查并改进螺栓加工工艺，可随机抽样观察螺牙加工缺陷，并且在镀锌后及时做好除氢处理。

4.5.13　V150 高强度钻杆断裂失效分析与解决方案

国内外钻具厂家相继开发了 V150 高强度钻杆，并得到初步应用。某超深井下套管过程中，发生一起 V150 钻杆管体断裂事故，断裂位置距外螺纹接头密封面约 323mm。为了弄清钻杆断裂原因，对失效钻杆样品进行失效分析。

失效钻杆规格为 ϕ149.2mm×9.65mm，钢级为 V150，该钻杆第一次投入使用，从一开至三开累计使用了 133 天，进尺约 4705.5m，纯钻时间约为 1517.3h。

(1) 进行断口宏观观察　该钻杆断裂位置距外螺纹接头起始点约为 63mm。断裂位置正好处于摩擦焊区，见图 4-45(a)，断口平齐，无明显塑性变形，为脆性断裂。断口大致分为裂纹源区及裂纹失稳扩展区，断口裂纹源区颜色较深，呈月牙形，其余区域均为裂纹失稳扩展区，见图 4-45(b)。裂纹源区周向长度约为 45mm，径向深度约为 10mm，存在由外向内发散的放射状纹路，见图 4-45(c)，说明裂纹起源于外壁。裂纹失稳扩展区面积大，且靠近裂纹源区放射状纹路较少，扩展速度较慢，扩展后期断口明显呈人字形形貌，人字纹收敛于裂纹源区方向，裂纹扩展速度快，形貌见图 4-45(d)，裂纹从两侧失稳扩展汇合形成的台阶。此外，断口内外壁边缘存在少量剪切唇。对断口附近内外径进行测量，断口附近内外径尺寸未发生明显变化，见表 4-17，根据断口宏观形貌可以判断，该钻杆焊缝部位裂纹萌生并迅速失稳扩展，发生脆性断裂。

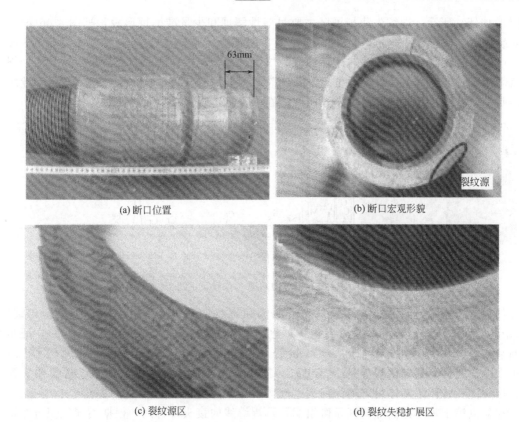

(a) 断口位置

(b) 断口宏观形貌

(c) 裂纹源区

(d) 裂纹失稳扩展区

图 4-45　失效钻杆的断裂位置及断口宏观形貌

表 4-17　失效钻杆焊径尺寸测量结果

项目	外径/mm	内径/mm
断口附近	152.60	112.60
	152.64	112.70
	152.80	112.80
要求	153.6	113

（2）进行断口的微观分析　首先进行微观形貌观察，扫描电镜观察发现，裂纹源区主要为受泥浆腐蚀后的准解理形貌，且存在显微二次裂纹，如图 4-46(a) 箭头所指。裂纹源区局部存在灰斑缺陷，该处断口平整，放大后为浅、平的等轴韧窝形貌，韧窝底部为点状夹杂，

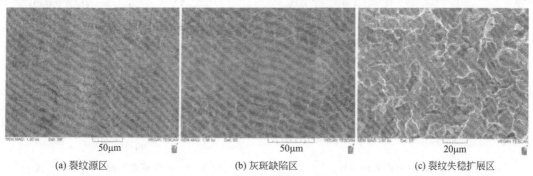

(a) 裂纹源区

(b) 灰斑缺陷区

(c) 裂纹失稳扩展区

图 4-46　断口的微观形貌

如图 4-46(b) 所示。裂纹失稳扩展区主要呈脆性解理和少量准解理形貌，见图 4-46(c)。其次对裂纹源区进行能谱分析，结果见图 4-47，裂纹源区主要含有 O、Ca、Mg、Si、S 等元素，可能为裂纹萌生初期钻井液逐渐渗入裂纹内形成的泥浆腐蚀产物或泥浆残留物质。根据断口微观形貌及能谱分析结果，可以推断断裂起源于焊缝灰斑区域，在此次下套管作业之前已经萌生，且少量泥浆已经进入裂纹内部。在下套管过程中，裂纹迅速失稳扩展。

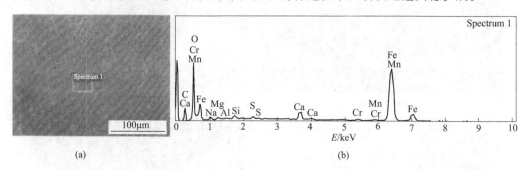

图 4-47　裂纹源区 EDS 采集位置及 EDS 图谱

(3) 进行显微组织分析　在断口裂纹源区和裂纹失稳扩展区沿纵向分别取金相试样，4％硝酸酒精溶液腐蚀后，在裂纹失稳扩展区可观察到明显的焊缝线（见图 4-48），证实钻杆断裂在焊缝部位。钻杆管体和接头焊接后采用感应加热进行淬火＋高温回火，回火后空冷＋水冷。正常热处理后焊缝熔合区组织为回火索氏体，双相区组织为回火索氏体＋铁素体，接头侧和管体侧基体组织均为回火索氏体，正常焊缝组织分布示意图见图 4-49(a)。

在显微镜下观察样品焊缝区显微组织，从焊缝线向接头母材区，根据不同组织分布情况分为 5 个区域 [见图 4-49(b)]：①焊缝线附近熔合区、管体侧和接头侧显微组织主要为马氏体＋铁素体，见图 4-50(a)(b)，可见焊缝部位已经发生"过回火"现象（是指回火温度高于规定的温度，甚至超过了 A_{c_1} 相变点）；②熔合区与热影响区的过渡区，显微组织主要是托氏体＋铁素体＋少量马氏体，见图 4-50(c)；③"过回火"热影响区显微组织为回火索氏体＋托氏体＋铁素体，见图 4-50(d)；④正常热影响区其组织主要是回火索氏体＋铁素体，见图 4-50(e)；⑤接头母材区显微组织为回火索氏体，见图 4-50(f)。断口附近显微组织观察结果表明，该钻杆焊缝回火温度过高，超过 A_{c_1} 相变点，淬火得到的马氏体组织重新发生奥氏体化。在冷却过程中，如果空冷时间不足直接采用水冷处理，冷却速度较快的区域形成马氏体组织，冷却速度较慢的区域则发生珠光体转变得到片层细小的托氏体及部分铁素体。

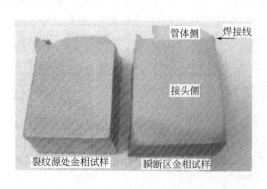

图 4-48　断口金相试样照片

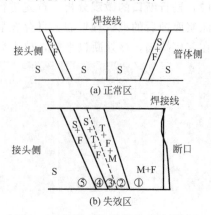

图 4-49　钻杆正常焊缝区和失效焊区组织分布示意图

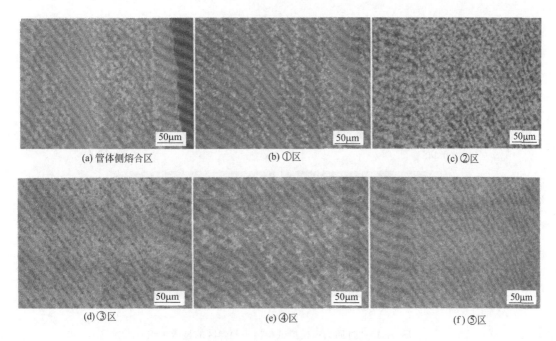

图 4-50 断口焊区各个区域的显微组织

（4）进行硬度分析 该钻杆断裂位置为其焊缝部位，无法进行拉伸与冲击试验，对断口附近试样纵剖面进行硬度测试（见表 4-18）。该失效钻杆焊缝附近局部硬度为 43～45HRC，外壁区域硬度比内壁略高，原因在于焊缝熔合区已经形成马氏体且外壁马氏体含量要多于内壁，而焊缝熔合区与热影响区之间的区域组织主要为托氏体＋铁素体，硬度较低。对接头侧熔合区中的马氏体组织进行显微维氏硬度测试，结果为 $538HV_{0.5}$、$530HV_{0.5}$、$517HV_{0.5}$。由于焊缝处发生"过回火"形成马氏体＋托氏体＋铁素体等组织，因此其硬度分布不均匀，焊缝接头侧硬度已经超过参数控制要求。

表 4-18 焊缝处硬度测试结果 （HRC）

位置	熔合线		熔合线与热影响区之间		热影响区		母材	
	测点 1	测点 2	测点 1	测点 2	测点 1	测点 2	测点 1	测点 2
壁厚外部	45.1	43.8	14.9	19.0	17.7	21.5	27.5	29.0
壁厚中部	44.0	43.6	17.4	20.7	21.5	20.3	28.5	28.3
壁厚内部	43.3	43.8	18.3	18.0	19.0	23.0	29.2	26.3

（5）进行"过回火"模拟试验 为了验证上述分析，进行钻杆焊缝"过回火"模拟试验。钻杆焊缝经淬火处理后，在 730～740℃进行相同时间（230s）的回火处理。当回火温度为 740℃时，钻杆接头侧缝区组织与该失效钻杆接头侧焊区显微组织的分布情况相似 [各个区域组织分布示意图如图 4-49(b)]：①熔合区组织为 M＋T＋F，见图 4-51(a)；②熔合区与热影响区的过渡区之间组织为 T＋F＋M（少量），见图 4-51(b)；③"过回火"热影响区组织为 S＋T＋F（少量），见图 4-51(c)；④正常热影响区组织主要为 S＋F，见图 4-51(d)；⑤接头母材区显微组织为 S，见图 4-51(e)。经试验在"过回火"焊缝局部形成马氏体情况下，焊缝夏比（V 型缺口）冲击吸收能量约为 22J。

（6）进行综合分析 断口分析及显微组织分析结果表明，断裂起源于钻杆摩擦焊焊缝部

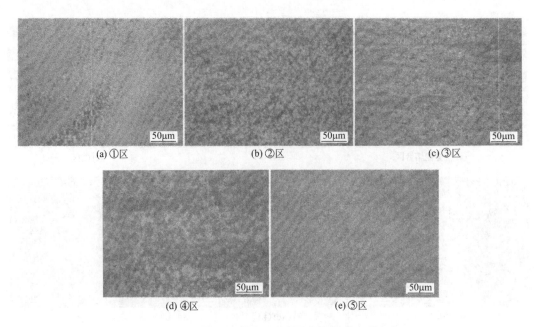

图 4-51　"过回火"模拟试验接头侧焊区的显微组织

位的灰斑缺陷处，同时由于钻杆焊缝部位存在马氏体脆硬组织，韧性较低，在裂纹形成后便迅速发生失稳扩展，产生脆性断裂。焊缝灰斑缺陷是钻杆摩擦对焊时，焊缝熔池内的氧化夹杂物在顶锻过程中绝大部分被挤出，但仍有极少量残留造成的。其弥散分布时对焊缝的强度、韧性影响不大，如果其残留的夹杂物聚集在一起，极易形成裂纹形核区，降低焊缝结合力，断裂后形成细小浅平的等轴韧窝。此失效钻杆焊缝处表面附近存在少量灰斑缺陷，在钻井过程中，首先成为裂纹形核区，形成裂纹源。此失效钻杆裂纹未穿透壁厚时便发生失稳扩展脆性断裂，主要是由于焊缝热处理异常，回火温度超过了管体和接头母材的相变点 Ac_1，焊缝淬火后又重新发生奥氏体化，随后空冷时间较短便进行水冷，冷却速度较快的区域得到马氏体，较慢的则得到托氏体、铁素体正火组织，"过回火"形成的硬脆相组织降低了钻杆焊缝的夏比（V 形缺口）冲击性能。

可见，焊缝"过回火"形成的硬脆相组织降低了焊缝韧性，在裂纹源深度达到临界尺寸时，裂纹迅速失稳扩展，导致钻杆发生脆性断裂。

结论与解决方案。

① 该失效钻杆断裂性质为钻杆摩擦焊焊缝脆性断裂。

② 钻杆断裂起源于摩擦焊焊缝外表面附近的灰斑缺陷，同时由于焊缝热处理回火时超温，熔区存在马氏体等非正常组织，降低了焊缝韧性，在拉伸载荷作用下裂纹深度达到临界尺寸时，迅速发生失稳扩展，导致脆性断裂。

③ V150 高强度钻杆强度高、水眼大，可大幅度提高钻井效率。随着超深井的使用越来越广泛，建议对 V150 高强度钻杆的裂纹源敏感性、疲劳性能等进行深入研究。

4.5.14　三角杆自攻螺栓断裂分析与解决方案

三角杆自攻螺栓，规格 M6×13，强度 10.9 级，用于汽车座椅的座盆与骨架连接上，螺栓从装配到下线，48h 后发现有 20% 的螺栓断裂掉在地面上。该螺栓生产工艺为：冷镦成形→搓丝→热处理→表面处理，材质为 SCM435，热处理工艺为（875±5）℃×80min，碳势为（0.9±0.05）%，回火工艺为（490±10）℃×120min，表面镀锌白色钝化＋（200～230）℃×6h去氢退火。为此进行断口检查、金相检查、硬度以及氢含量的测定，确定螺栓断裂性质，对其断裂的原因进行分析。

（1）断口分析 断裂的三角杆自攻螺栓裂纹均发生于螺栓靠近头部的最后一道螺纹的根部，断口四周有凸起，边界局部有擦伤，未观察到肉眼可见的变形。将断口清洗后，置于扫描电镜下观察，图4-52(a)是自攻螺栓断口的低倍形貌，可见围绕断口四周的裂纹台阶，快速断裂区约占断口的80%。图4-52(b)是A区的低倍形貌，图4-52(c)是A区的高倍形貌。可见A区断裂特征为沿晶和准解理断裂，高倍下晶面可见鸡爪纹形貌。图4-52(d)和图4-52(e)是B区的低倍形貌，断口边缘具有沿晶和准解离断裂特征，B区的其他部分主要断裂特征为韧窝形貌［图4-52(f)］。检查合格批次人工扭断后的断口形貌，断口有明显的擦伤，断裂特征以剪切韧窝为主，表现出一定的韧性。

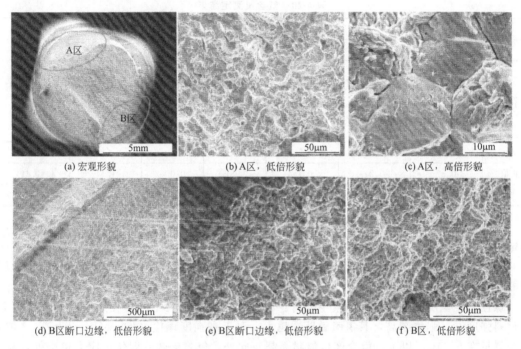

(a) 宏观形貌　(b) A区，低倍形貌　(c) A区，高倍形貌

(d) B区断口边缘，低倍形貌　(e) B区断口边缘，低倍形貌　(f) B区，低倍形貌

图4-52　断裂自攻螺栓的断口形貌

（2）金相检验与分析 对断裂的螺栓在100倍显微镜下进行组织观察，未见明显缺陷和成分偏析，夹杂物1级，见图4-53。对断裂件制备检验试样进行组织观察，发现主裂纹起源于最后一道螺纹的根部，与断口方向有一定的角度，并存在与断口相平行的二次裂纹，且二次裂纹较直。主裂纹和表面二次裂纹内部都未见氧化，应为热处理后产生的裂纹。试样侵蚀后，表层可见渗碳层，组织为回火针状马氏体，心部组织为回火索氏体。

（3）硬度测试 根据GB/T 3098.1标准要求，螺栓的表面渗碳深度0.1～0.28mm，表面硬度≥45HRC，心部硬度33～39HRC，抗拉强度

图4-53　断裂自攻螺栓
中夹杂物形貌　100×

≥1040MPa。对断裂的螺栓最后一道螺牙根部进行硬度测试，测定结果见表 4-19，硬度符合要求。

表 4-19　断裂螺栓硬度测试结果

距螺牙根部表面距离/μm	30	70	130	200	230	330	2000
硬度（$HV_{0.3}$）	529	590	524	453	386	380	375
硬度（HRC）	51.0	54.7	50.7	45.5	39.4	38.4	38.3

（4）氢含量的测定　从断裂的螺栓外部切取试样进行氢含量的测定，结果见表 4-20。测试结果表明，基体材料氢含量大于 8×10^{-6}，远远超出技术要求。根据 GB/T 3098.17 标准做预载氢脆试验，有断裂。

表 4-20　氢含量测定结果

测定值/10^{-6}	平均值/10^{-6}	技术要求/10^{-6}
9.1、9.4、7.2、9.9、6.5、7.0	>8	≤2

（5）螺栓材料化学成分分析　螺栓规定材料为 SCN435M，测试结果见表 4-21，化学成分符合 Q/BQ 517 标准的要求。

表 4-21　断件材料的化学成分测试结果（质量分数）

元素	C	Si	Mn	P	S	Cr	Mo
实测值/%	0.37	0.24	0.74	0.009	0.005	1.14	0.19
标准值/%	0.33～0.38	0.15～0.35	0.60～0.80	≤0.030	≤0.030	0.90～1.20	0.15～0.30

从以上检测与分析可知，螺栓裂纹断口呈沿晶断裂特征，而人工断口呈韧窝特征，可以判定为延时脆性断裂。从螺栓使用情况来分析，用于自攻的钢板硬度（规定为 75～100HBW）远低于螺栓硬度，钢板会产生微变形，缓解应力状态，在一定程度上降低了氢脆的概率。

螺栓发生氢脆断裂的影响因素主要有：材料强度、应力集中、应变速度以及氢浓度等。从材料强度看，强度越高，其氢脆敏感性越大。对于高强度螺栓（1000MPa 以上），一般钢中含氢量在 5×10^{-6} 以上，就会产生氢脆断裂。此外，氢脆失效一般位于应力集中处，螺栓裂纹起源于螺栓与骨架配合处，两者之间装配时产生摩擦，导致该部位应力进一步增大，促进氢脆裂纹的萌生。

螺栓中的氢一般来自 3 个途径：①热处理过程中进入的氢；②使用环境下渗入的氢；③酸洗和电镀过程中进入的氢。该螺栓在网带炉中进行自动连续式热处理，回火温度达到 500℃保温 2h，能很好地去氢。螺栓在室内环境装配，不存在氢气氛。螺栓表面处理时经过酸洗和电镀，供应商是作坊式操作，其去氢工艺是经过大批量验证的，不存在问题。经过现场调研，基本确定为部分螺栓遗漏去氢造成的。

结论与解决方案。

① 螺栓断裂性质为装配后氢脆延时断裂。断裂与螺栓氢含量高有关，螺栓心部硬度较高，表层渗碳且硬度超过 50HRC，对氢脆相当敏感，在较高的氢含量下，极易发生断裂。建议此类高强度自攻螺栓，渗碳层深度、表面和心部硬度，最好控制在中下限范围。

② 为确保表面处理质量，增加人员在现场进行过程管控，加强现场管理，另外寻求自动化程度高、过程稳定的新供应商作为外协厂家。

③ 从源头上避免氢问题，针对此类特殊螺栓及用途，建议客户在设计时考虑氢脆问题，表面处理不用酸洗、电镀方式，采用表面达克罗涂覆，从而杜绝表面处理造成的氢脆断裂。

4.5.15　齿轮轴断裂原因分析与解决方案

某齿轮轴材质为 20CrMnTi 钢，加工工艺为：锻造毛坯→正火→粗车→渗碳、淬火→低温回火→热点矫直→精磨→安装套管（套管材料为 45 钢，采用过盈配合）。装配使用约 1 年后，数根齿轮轴发生断裂，且断裂部位均位于钢套端面与齿轮轴接触处。产品如图 4-54 所示，断裂部位见图中箭头处。

图 4-54　失效齿轮轴照片

(1) 宏观形貌的观察　齿轮轴断裂处宏观形貌如图 4-55 所示，由图 4-55(a) 可见，套管端部采用倒直角形式，断面与套管和齿轮轴接触边界处齐平；由图 4-55(b) 可见，断面贝纹线清晰可见，呈典型的单源弯曲疲劳断裂特征，裂源位于箭头处；疲劳扩展区断面细腻、平滑，且瞬断区仅约占整个断口的 10%，说明断裂部位名义应力很小。

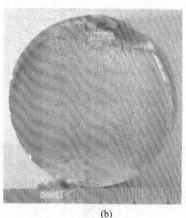

(a)　　　　　　　　　　　　　　　　(b)

图 4-55　失效齿轮轴断裂处宏观形貌

(2) 微观形貌的观察　齿轮轴断口采用乙醇及超声波清洗后放入 S-3700N 扫描电镜下进行微观形貌观察。源区疲劳弧线清晰可见，见图 4-56(a)；裂源附近（2mm）扩展区疲劳辉纹密集分布，间距小于 $0.5\mu m$，见图 4-56(b)。结合宏观分析可知该断口属于低应力高周疲劳断裂。

(3) 化学成分检查　在送检齿轮轴上取样进行化学成分分析，结果见表 4-22，满足 GB/T 3077 标准要求。

表 4-22　失效齿轮轴化学成分（质量分数）

元素	C	Si	Mn	P	S	Cr	Ti
实测值/%	0.20	0.29	1.00	0.016	0.018	1.11	0.06
标准值/%	0.17～0.23	0.17～0.37	0.80～1.10	≤0.035	≤0.035	1.00～1.30	0.04～0.10

图 4-56　失效齿轮轴断口微观形貌

（4）显微组织分析　在齿轮轴轴身 R/2 处取样，进行非金属夹杂物评级，如图 4-57 所示，说明原材料的清洁度一般。沿图 4-55 中虚线处切割取样通过显微镜进行金相检查，结果发现裂源处无夹杂物、夹渣、疏松等原材料缺陷，见图 4-58(a)；组织为针状马氏体＋较多量的残留奥氏体，见图 4-58(b)。值得注意的是，裂源处组织不易被 4％硝酸酒精浸蚀，推测其可能回火不足。远离裂源处轴身表面组织为回火马氏体＋极少量的残留奥氏体，见图 4-58(c)。为进一步证实上述推测，特对齿轮轴表面及裂源处浸蚀后观察其低倍形貌，结果显示轴身表面呈灰黑色，裂源处则呈灰白色，见

图 4-57　失效齿轮轴非金属夹杂物形貌

图 4-58(d)、(e)。热点矫直是采用氧乙炔火焰加热弯曲工件的凸面，利用热胀冷缩的作用使弯曲的工件得以矫直。通过图 4-58(f) 可知，裂源处为约 φ15mm 的灰白色圆斑，应为热点矫直所遗留。

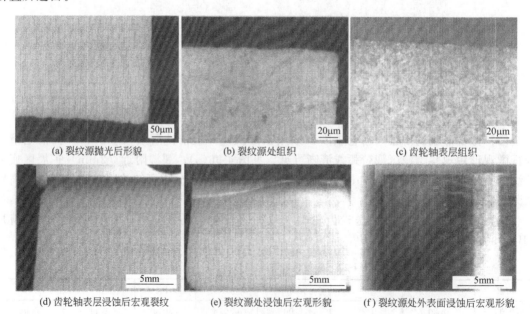

(a) 裂纹源抛光后形貌　　(b) 裂纹源处组织　　(c) 齿轮轴表层组织

(d) 齿轮轴表层浸蚀后宏观裂纹　　(e) 裂纹源处浸蚀后宏观形貌　　(f) 裂纹源处外表面浸蚀后宏观形貌

图 4-58　失效齿轮轴显微形貌

(5) 硬度测试 结果见图4-59所示,裂源处表面硬度为810HV(换算约为64.5HRC),超出技术规范(58~62HRC),而齿轮轴正常部位表面硬度为700HV(换算约为60HRC)。可见通过金相法与硬度法均证明裂源处确有回火不足现象。

由图4-59可知,齿轮轴淬硬层深度约为0.763mm,满足技术要求(0.5~0.8mm)。但其心部组织为贝氏体+马氏体+约5%未溶铁素体,为淬火浅热组织,基体硬度为26.0HRC、26.0HRC、25.5HRC,远低于技术要求(30~42HRC),基体奥氏体晶粒度为7.5级,局部存在混晶现象,见图4-60。

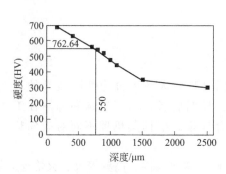

图4-59 失效齿轮轴硬度梯度

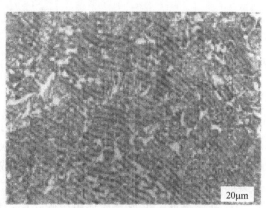

图4-60 失效齿轮轴基体显微组织

(6) 失效原因分析 综合上述检验结果,齿轮轴化学成分合格,原材料清洁度一般。断裂起始于热点矫直所遗留的"淬火斑点",该处存在回火不足的现象。一方面淬火马氏体和残留奥氏体均为不稳定相,在室温下有向稳定组织转化的趋势;另一方面淬火马氏体硬度高、脆性大,使齿轮轴局部保留高的组织应力和热应力,二者综合表现为残留应力较大。不稳定组织和残余应力造成齿轮轴在弯曲载荷作用下,"淬火斑点"处首先萌生裂纹,低的心部强度及硬度则加速了裂纹的扩展,直至齿轮轴发生断裂。

结论:

① 该齿轮轴开裂的直接原因是热点矫直遗留的"淬火斑点"回火不足;

② 热处理工艺异常使得心部形成强度、硬度较低的淬火浅热组织,加速了裂纹的扩展,造成其早期断裂。

解决方案:①优化淬火工艺,适当提高淬火温度或延长淬火保温时间,消除淬火浅热组织;②热点矫直后及时进行充分回火,以降低脆性,消除残余应力;③套管端部的倒角改为圆角。

采用优化的工艺后,该齿轮轴再无此类事故发生,证明方案有效。

第5章

表面淬火缺陷分析与解决方案

为了改善钢铁材料的表面耐磨性而进行的表面处理，大致可分为使摩擦面的表面层硬化方法和在摩擦面上形成非金属性表面层两种。显然后者是为了控制和抑制在工作过程的摩擦中发生金属直接接触而产生黏着或热胶合现象。根据其机理不同对表面热处理分类如下。

① 在摩擦面上形成马氏体组织硬化层，例如渗碳、碳氮共渗、高频淬火、火焰淬火等。

② 在摩擦面上形成具有非金属性硬化层，例如渗氮、渗硼、碳化物扩散渗透处理、化学气相沉积（CVD法）、物理气相沉积（PVD法）等。

③ 在摩擦面上形成具有非金属性表面层，例如软氮化、氮氧共渗（oxynitriding）、碳氮氧共渗（oxynitrocarburizing）、硫氮碳共渗、渗硫、过热蒸汽氧化处理等。

零件的表面淬火是一种十分重要的热处理工艺方法，是在不改变零件表面材料成分的前提下，通过对零件表面的快速加热，并在短时间内迅速冷却，获得表面具有高硬度，而内部有足够强度和韧性的复合材料。该工艺具有以下特点。

① 快速加热使相变过程中铁、碳原子来不及扩散，相变温度范围扩大，使钢淬火温度提高。

② 加热速度快，保温时间短，使奥氏体晶粒细小而均匀，淬火后获得极细或隐晶马氏体组织，具有较低的脆性和高的疲劳极限。

③ 钢中的奥氏体晶粒明显细化。

④ 节约了能源，降低了热处理成本，改善了劳动作业环境。

⑤ 表面硬度和疲劳强度优于其他的普通热处理工艺，使用寿命成倍提高。

按照零件的表面淬火使用的热源分类，有感应加热淬火、火焰加热淬火、电接触加热表面淬火、电解液淬火等，以及激光加热淬火、电子束加热淬火和等离子加热淬火等新工艺。它们各有各的特点，在零件的热处理时应根据材料的性能、具体的技术要求、零件的使用环境和失效的方式等几个方面，综合考虑并结合使用的加热设备、加热介质以及冷却方法和冷却方式等进行合理的选择，既要确保零件的热处理产品质量，满足其工作要求，又要使热处理生产效率高、成本低、设备简单、操作方便等。因此，要通过必要的实践验证，来正确选择切合实际的成熟表面热处理工艺。

零件的表面淬火是表面强化技术，希望获得最佳的表面硬化层，提高零件的疲劳强度、弯曲强度，获得良好的耐磨性、抗腐蚀性能等。因此，硬化层深度不足或过厚等，都会造成零件的早期失效。

5.1 高频和中频感应淬火缺陷

5.1.1 感应淬火的意义和作用

高频和中频感应淬火即感应表面热处理是利用感应电流对工件的表面进行加热淬火处理，加热冷却后表面获得硬度高的马氏体组织，而内部组织仍然具有良好的韧性、塑性和较高的强度等，以确保零件在交变载荷作用下具有高的使用寿命。感应加热与热处理炉加热的方式完全不同，工件感应加热的实现不是依靠外部热源，而是交变电流通过感应器时在工件表面产生了交变电流，工件表面上形成了封闭回路，依靠金属对通过电流的阻力实现加热。感应加热所需的热能来源于两部分：涡流热效应——这是主要的热源；磁滞热效应——该热量比涡流热效应小得多。在现代化的汽车生产中，零件表面淬火技术的应用已经十分广泛，中型载重车、轻型车和轿车等有 200～300 种零件需要表面淬火。感应淬火技术是目前最经济、最有效、最直接的热处理手段，它是一种良好的零件表面强化方法，可明显提高零件的疲劳强度和使用寿命。

零件表面淬火的目的就是提高零件的表面硬度，心部仍具有足够的强度和韧性，来满足机械零件耐疲劳工作的需要。采用表面淬火进行零件的硬化，可显著提高耐磨性，如提高零件的含碳量，则耐磨性更好。而渗碳淬火（如 20Cr 渗碳后表面含碳量达到 0.9%～1.2%）比高频感应加热淬火（含碳量在 0.45% 的 45 钢）的耐磨性要明显提高，因此二者的使用条件和工作要求不同。一般高频感应加热淬火多用于要求综合力学性能好、抗疲劳强度高的结构钢零件，零件的含碳量大多在 0.37%～0.47%。进行该工艺之前要对其进行调质处理，为最终的热处理做好组织上的准备。高频感应加热淬火常出现的缺陷为：硬化层深度不合格、表面硬度低、软点与软带、硬化层组织不合格、变形大、开裂、残余应力大、尖角过热等。感应加热的淬火工艺与一般的淬火工艺相比，具有自己的特点，设备的性能、感应器的质量和形状、零件的材质与形状、冷却方法以及加热速度和加热温度等，都将直接影响到淬火质量，因此在生产过程中要认真控制。

一般对于要求不是整体热处理的工件，尽可能采用高频和中频感应加热工件，该方法具有效率高、质量稳定、节省能源等优点，这一点是别的工艺所不能替代的。高频和中频感应加热淬火工艺的制定与普通热处理工艺基本一致，应考虑到设备的特点、性能（功率与频率）、感应器的质量、工件的材质和形状、冷却方式、加热温度与加热速度等。而工件的含碳量和原始组织是确定工艺参数的关键和重要依据，必须认真对待，通过实验确定零件的最佳感应淬火热处理工艺参数，达到高频感应淬火的目的。需要注意的是高频和中频感应加热淬火工件的原始组织应为调质处理后的回火索氏体，该组织晶粒细小，韧性和塑性好，具有较高的综合力学性能。

感应淬火的材料分为两类即钢和铸铁，其中钢又分为优质碳素结构钢如 35、40、45、50 等；合金结构钢如 30Cr、35Cr、40Cr、45Cr、40MnB、45MnB、30CrMo、35CrMo、40CrMo、35CrNiMo、40CrNiMo、45CrNiMo 等和铸钢 ZG270-500、ZG310-570 等。钢件淬火后表面硬度与钢中含碳量的关系为硬度（HRC）$=20+60(2C-1.3C^2)$，其中 C 为钢件的含碳量，淬火介质为水。应用高频和中频感应淬火的零件种类很多，如各种齿轮、主轴、曲轴、凸轮轴、气缸套、活塞销、接合器、履带销、机床导板、蜗轮和蜗杆、气门挺杆、各种工具等，因此其以成本低、效率高、变形量小等优点得到了十分广泛的推广和应用。

有三类铸铁可以进行感应淬火：常见球墨铸铁如 QT600—3、QT700—2、QT800—2、

QT900—2 等，常用作汽车零件如曲轴、凸轮轴、刹车蹄片、轴承座等；常见可锻铸铁 KTH350—10、KTH270—12、KTZ450—06、KTZ550—04 等，用于制作摇臂和刹车蹄片等；常见灰口铸铁如 HT200—40、HT250—47、HT300—54、HT350—61 等，用于制作汽缸套和汽缸盖等。

在零件的实际热处理过程中，各种要处理的材料成分、零件的形状大小、技术要求等有所区别，各专业热处理厂使用的感应处理设备各有特点，常用的高频设备型号有 GP60、GP100-C3、GCT10120、CYP100—C 型等；中频设备型号为 DGF-C52 ～ 252、GC100/2.5 等。

中频感应淬火包括加热淬火、中频连续加热淬火两类，中频感应加热的频率一般为 8000Hz 和 2500Hz，其加热频率与高频感应加热相比，具有频率低、效率高、电流透入深度大等特点，故感应器的壁厚增大。中频感应电源设备的电参数有发电机空载电压、发电机负载电压、发电机电流、有效功率、功率因数、变压器匝比、电容量等。这些电参数与工件的形状和大小、技术要求、加热方法、感应器结构等有密切的关系，其他参数则包括加热时间、淬火冷却时间和冷却液压力等。

5.1.2 感应加热表面质量的检查

零件的感应加热表面质量的检查，通常是在回火后在以下几个方面进行。

(1) 表面质量和硬度 目测检查外观有无淬火裂纹、局部烧化等，硬度检查比例为 5%～10%，用 HR-150A 洛氏硬度计进行，个别可使用维氏硬度计、便携式硬度计或笔式硬度计，对形状不规则的部位用锉刀检查，产品硬度应在 55HRC 以上。

(2) 淬硬层深度和淬硬区长度 淬硬层深度采用硬度法和显微组织观察法（金相法）检查，一般规定是从低温回火状态淬硬层表面的断面上至规定的界限硬度位置的距离，具体规定的表面最低硬度（≥48HRC）的界限硬度值见表 5-1。

表 5-1 表面感应淬火最低硬度≥48HRC 时的界限硬度值

零件的含碳量/%	维式硬度（HV）	洛式硬度（HRC）
0.25～0.32	350	36
0.33～0.43	400	41
0.43～0.53	450	45
0.53 以上	500	49

用显微组织观察法检查淬硬层的深度，是在 100 倍的显微镜下，按照界限金相组织来测定有效硬化层的方法，在实际热处理过程中应用较多。

淬硬区长度的测定同样有硬度法和显微组织观察法两种，硬度法是检测淬硬区两端的硬度至边界点，二者之间的距离为淬硬区长度；显微组织观察法是在 100 倍的显微镜下测至淬硬区边缘的半马氏体处，两端半马氏体点的距离为淬硬区长度。

(3) 金相组织 在 400 倍的显微镜下按 JB/T 9204—2008《钢件感应淬火金相检验》标准进行。钢制零件淬硬层的金相组织分为 10 级，1～2 级为过热组织，3～7 级为合格组织，8～10 级为加热不足的组织。其中 4～5 级细马氏体为感应淬火的正常组织，6 级为细微马氏体是最理想的淬火金相组织。而球墨铸铁的感应淬硬层金相组织的评级，可根据 JB/T 9205—2008《珠光体球墨铸铁零件感应淬火金相检验》进行。

(4) 变形量和裂纹 对轴类零件检查挠曲变形量，用中心支架和百分表来测量，齿轮零件查齿向的变形，其余零件按技术要求检查。表面裂纹通常采用磁粉探伤和荧光探伤检查，而感应淬火后零件的磨削裂纹的形态和鉴别与淬火后表面开裂有明显的差异。磨削裂纹一般是因感应淬火后，零件的表面硬度高，内应力很大，加上磨削参数不当（如磨削速度太快、砂轮硬度太高、密度太大或冷却过于剧烈等），将会出现磨削裂纹。淬火裂纹在光滑表面不会产生龟裂，即使出现单条或多条平行裂纹存在，它们都是在圆周方向的存在。而磨削裂纹出现在光滑表面上，其形态为龟裂、垂直于磨削方向、组织中有二次淬火组织。二次淬火层的金相特征是具有白亮层，其内侧是黑灰色的回火层（托氏体），最后为感应淬火层（回火马氏体）。

5.1.3 常见的高频和中频感应表面淬火缺陷

零件进行感应加热表面淬火，具有许多优点，如加热时间短、生产效率高、节约能源、易于实现自动化等。更重要的是明显提高了零件的疲劳强度和表面硬度，其表面和内部的组织性能不同，满足了许多零件既要求表面耐磨而心部又需要具有较高的塑性和韧性的要求，而常规的整体热处理是无法实现的，因此充分显示出巨大的优越性。同时感应热处理零件的产品质量稳定，因此得到了较为广泛的应用。但任何零件的热处理总是有它的质量缺陷，感应加热淬火同样如此。影响零件热处理质量的因素较多，出现形式多样化，因此解决该类质量问题十分困难。探讨感应淬火后出现的质量问题，对于指导我们的实际生产和操作有重要的意义。通常一方面是钢材自身的原因，另一个为热处理工艺是否合理的问题，因此要慎重考虑。

(1) 淬火裂纹（或开裂） 零件进行高频和中频感应淬火为在其外部加热的表面淬火，由于零件外表面淬火后产生残余压应力作用，通常不会有淬火裂纹的产生。裂纹一般产生在应力集中等部位。只有当零件本身存在棱角、键槽、孔穴、厚薄不均或突变等部位出现过热时，才会发生淬火裂纹。一般为避免此类缺陷的发生，在进行零件的机械设计时要进行改正，棱角做成圆弧，键槽、孔穴等处填充铜片以防止裂纹等，因此冷热加工要认真协调，在能够确保零件设计满足要求的前提下，零件本身截面均匀、具有对称性、避免出现容易造成应力集中的部位等，减小和尽可能消除质量效应，这对于预防淬火开裂具有重要的作用。高频感应淬火裂纹通常为淬火时组织转变特点和内应力所致，加热温度不均匀、局部过热、加热层过深、冷却过于剧烈或不均匀、加热速度快以及电加热的参数选择不当等，都有可能成为淬裂的原因，因此在实际热处理过程中要认真对待该类缺陷，采取必要的技术规范防止出现淬火开裂。

出现开裂的原因同淬火层加热不均匀有关，其组织形成与零件本身的化学成分，尤其是内部的含碳量有关，即淬火开裂与在温度梯度条件下沿淬硬层形成的不均匀组织有关。

高频感应淬火出现淬火裂纹的原因是比较复杂的，但一般情况下不会造成该类缺陷。如果零件本身形状不对称，厚薄不均，个别部位存在棱角、键槽、孔洞边缘等，零件的夹角效应将会引起局部的过热或开裂，即感应加热产生的热量容易在这些地方产生过热，此处温度过高，晶粒粗大，在冷却时出现较大的热应力和相变应力的综合作用，造成淬火裂纹的产生。

零件进行高频和中频感应淬火，则产生了热应力和组织应力，两种应力同时作用。零件表层加热而未淬透，表层产生拉（张）应力，如果淬透则表层的相变应力小于热应力，二应力合成的结果使表层产生压应力。图 5-1 表示了上述内应力的作用结果。淬透时（A 点右侧）不大发生淬火裂纹。如果只加热到临界点温度以上，而冷却速度低，或加热到临界点温度以下（B 点左侧），快速冷却，则发生淬火裂纹。因此防止淬火裂纹出现的措施为：改变容易过热的部位，在要求的奥氏体温度下加热和充分冷却，淬火后立即回火，磨削加工前进行 180～200℃ 的回火。

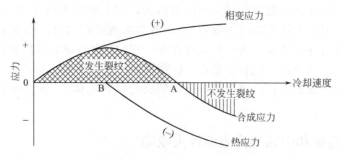

图 5-1　高频和中频感应加热时发生的裂纹

对高频和中频感应淬火后出现的热处理质量缺陷进行系统分析，有利于采取必要的设计改进措施和技术规范确保零件的表面质量，也有利于通过具体的质量问题来反映缺陷产生的根源，以便进行防范和控制。现将一般造成淬火裂纹的原因归纳如下，供热处理工作者参考。

① 零件加热温度不均匀。通常进行高频和中频感应淬火的为圆柱形、圆盘、套筒、轴类、齿轮、花键轴、部分丝杠、蜗杆和蜗轮等中碳钢零件。零件本身在高频感应淬火前已经进行了预备热处理，如正火、调质处理等，整体得到了均匀一致的索氏体组织等，从而确保基体组织的强度和韧性，来满足零件的耐磨要求，并具有高的抗疲劳强度。零件加热不均匀将造成表面的耐磨性差，使用寿命降低。一般而言，下列因素影响到加热的不均匀性。

a. 高频和中频感应装置、控制装置不当，高频和中频感应加热的电加热工艺参数选择不当，如功率过低、电流过小等，造成零件的加热不足或加热温度过高。加热温度不均匀的原因包括设备频率选择不当、感应器的设计不合理、操作程序不合理、预热温度不适宜、预先热处理质量不佳等。因此，要合理选择加热工艺，如设备的频率、功率，加热方式和加热顺序等。

b. 预热温度不适宜、加热温度高或出现过热现象，造成晶粒粗大，要严格执行工艺规定，加强硬度和金相组织的检查。

c. 淬火操作规程不当，出现了人为因素的影响。

d. 零件的预备热处理质量不合格。

e. 感应加热器设计缺陷或制造不良、感应器不对称或与零件间隙不均匀，造成加热不均匀或局部过热等。

f. 加热时间过长造成硬化层深度过大。

g. 淬火前机械加工应力很大，没有进行预先热处理，加工表面粗糙存在严重的刀痕等，因此应在感应淬火前进行去应力退火处理。

高频和中频感应淬火时由于过热而造成零件淬裂的现象是经常发生的，其原因在于局部的急冷和急热、组织转变等将会形成很大的内应力。过热不仅使淬火的内应力增加，而且使材料本身变脆，造成淬火裂纹的出现。在零件的尖角、键槽、圆孔的边缘等处最容易过热，此处应力集中，图 5-2 为 45 钢轴在高频连续感应加热淬火后头部键槽处掉角的情况，因此在高频和中频感应淬火时应采取相应的措施，避免过热现象，才能防止淬火裂纹的出现。

② 零件的原材料质量不良。

a. 含碳量高于上限要求或含有较多的锰元素，含碳量在 0.30% 左右的钢很少发生淬火裂纹，而在含碳量在 0.50% 左右很容易产生该类缺陷。

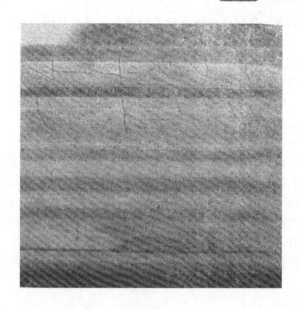

图 5-2 45 钢轴高频淬火后掉角

b. 有严重的成分偏析和方向性，在加热和淬火过程中出现局部的淬火裂纹。

c. 晶粒粗大、粗细不均，加热冷却时产生不规则的热应力和组织应力，造成淬火开裂。

d. 原材料内部存在质量缺陷（组织不均匀、晶粒粗大、成分偏析、有害杂质、大量的非金属夹杂物、内部裂纹等），材料淬硬性能过高，将会造成淬火开裂，因此要加强原材料的检验，严格控制钢材的成分。

e. 材料的淬透性过高或冷却速度过快，造成零件在 M_s 温度区间迅速发生组织的转变，而零件的内外存在较大的温差，出现组织转变的不同时性，零件的内应力过大，造成淬火开裂。

f. 表面的脱碳层未加工除掉。

③ 零件形状和机械加工不良。

a. 表面加工粗糙，存在严重的刀痕、打印标记等，容易产生应力集中。

b. 在硬化区范围内有尖角、销孔、键槽等，淬火零件截面存在急剧变化，造成加热温度存在大的差异，对此应调整淬火加热温度，降低比功率或对部分喷水孔堵塞。

c. 存在盲孔和棱角，应尽可能改变设计，也可堵塞或保护。

d. 零件的几何因素如零件的形状不均匀对称、截面尺寸变化大，容易引起应力的集中；

④ 淬火冷却不当。

a. 冷却操作规程不合理、冷却速度快等，造成零件冷却不均匀。

b. 冷却介质选择不当，冷却速度过大，冷却介质的成分含量、温度及压力等选择出现问题。

c. 淬火冷却器的喷水孔设计不合理，改进感应器和冷却系统的设计，使喷水孔布置合理，选择合适的冷却介质，控制冷却介质的各项技术要求符合工艺的规定。

d. 喷水孔堵塞或水压过大。

e. 冷却时间长或水温过低。

⑤ 回火不足。

a. 淬火后未及时回火或回火不充分等造成表面应力过大。

b. 硬度不合格，进行返工前没有进行退火或正火而直接重新淬火，或工件的回火不及时，重新淬火时操作不当。高频感应淬火后及时回火，可采用炉内或自回火方式，正火或退火后再感应淬火。

c. 回火时加热速度过快、保温时间短、冷却过快。

另外重复淬火时没有进行正火或调质处理等，直接进行二次淬火，造成硬化层热应力和组织应力的综合作用，内应力超过材料的破断强度则形成了淬火裂纹。

⑥ 磨削开裂（或裂纹）。

零件在淬火状态或低温回火状态下磨削，局部产生磨削热引起第一次和第二次回火收缩等，使周围的金属受拉应力作用，并形成裂纹。如果出现表面软点呈回火色，即为磨削烧伤。其原因在于零件上存在的残余奥氏体在磨削过程中转变为马氏体，因磨削产生的热量过多，因此零件表面上局部出现二次淬火。图 5-3(a) 为 GCr15 钢制造的磨床主轴，经中频感应淬火后磨削过程中出现严重的磨削裂纹，从图中可知既有龟裂、也有单条裂纹，对裂纹处垂直取样分析，发现有二次淬火的白亮层和回火托氏体组织，如图 5-3(b)。这是由于磨削用量大，表面温度过高，瞬间达到了淬火温度，经冷却后出现二次淬火现象。磨削开裂的原因有以下几点。

a. 砂轮粒度等选择不当。

b. 磨削规范不当、冷却过于激烈或不足、吃刀量过大、砂轮不锐利等。

c. 零件未充分回火、有残余奥氏体存在。

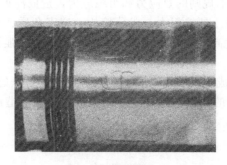 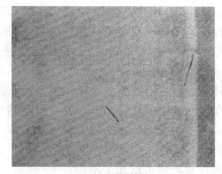

(a) 磨削裂纹　　　　　　　　　　　　　　　　　　(b) 金相组织

图 5-3　GCr15 钢制造的磨床主轴的磨削裂纹和金相组织　100×

因此在实际零件的设计过程中，既要考虑零件的具体结构尺寸的作用和热处理要求，又要克服可能产生的热处理缺陷，对高频和中频感应淬火零件要求形状对称，对某些部位应改进设计，避免产生过热、应力集中等热处理缺陷。

⑦ 二次淬火造成淬火裂纹。

零件在一次高频或中频感应淬火后，因工艺参数调整不当，造成表面淬火硬度低，需要重新进行淬火处理。零件未退火、正火处理而再第二次高频或中频感应淬火，必将产生淬火裂纹。图 5-4 为 45 钢花键轴（此轴已经淬硬）二次淬火后的严重开裂情况，由此可见如果进行二次淬火必须进行预备热处理，否则将直接造成零件的淬火裂纹的产生。

（2）硬度不足、软点或软带　高频和中频感应淬火多用于对中碳结构钢和低合金结构钢的热处理。零件的高频和中频感应淬火有两种形式，一种是整体加热后浸入水中或油中冷却，另一种是边加热边进行喷淋冷却，例如轴、大型齿轮、丝杠等。如果加热温度不均匀、喷淋孔被堵塞和水孔的大小以及分布的数量不当等，将可能造成冷却不均，在零件的表面出现暗紫色带，呈螺旋带状，着色部分淬火不均，此处的硬度低于标准的要求。软点的出现将造成零件的耐磨性下降、疲劳强度降低，零件出现早期失效等，因此在高频感应淬火中是应

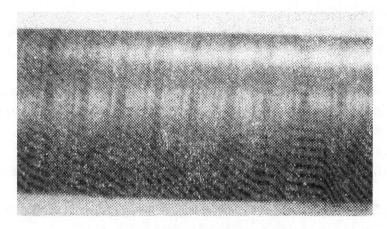

图 5-4　45 钢花键轴二次淬火严重开裂

当杜绝的。采取的补救措施为重新正火或退火后，进行高频感应淬火处理。

高频和中频感应淬火零件的软点包括表层局部没有得到硬化的残留软点、硬化层深度不均匀的深度软点两种。钢中碳化物的类型、形态、尺寸以及分布对高频感应淬火件的质量有很大的影响，其主要原因如下。

① 原材料质量不佳。

a. 原材料的碳含量低（≤0.3%）或表面严重脱碳或贫碳，形成了低碳马氏体组织；表面不清洁，存在氧化皮和锈迹、油污等；材料表面局部脱碳、预先热处理过程中脱碳。去掉表面脱碳层或更换钢材、改善预备热处理的炉内气氛的控制，可进行补碳处理。钢淬火后的硬度决定于含碳量，含碳量越高，则淬火硬度越高，尤其是含碳量在 0.4% 以下时，淬火硬度与含碳量成线性关系，见图 5-5。而感应淬火多为表面淬火，由于加热温度高、冷却激烈和晶粒细化等因素的影响，因此其淬火后硬度要高于图中 2～5HRC。

b. 钢材的化学成分不符合技术要求，或原材料的含碳量低于技术要求，材料的含碳量偏差大。

c. 零件的材料选用不当或错误，造成淬透性很差。

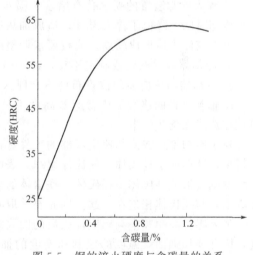

图 5-5　钢的淬火硬度与含碳量的关系

d. 钢材的原始组织过于粗大不均、原始组织不良，预备热处理（调质处理或正火）后仍然存在组织不良缺陷，如带状组织、偏析、成分不均匀、碳化物呈网状分布等，直接造成零件淬火后硬度的明显差异，因此应严格控制原材料的成分和组织，挑选符合要求的材料，或进行正火处理，改善原材料的组织状态。

e. 含有 Cr、Mo、W、V 等合金元素的钢的相变点高，而碳又来不及充分均匀化扩散，产生软点和硬度不均匀。

f. 原始组织有粗大的块状铁素体存在，采用正火或调质等预先热处理，获得均匀而细小的组织结构则可避免出现硬度不足。

② 加热温度不足或不均匀。

a. 加热比功率小，淬火工艺控制不当，零件表面加热温度低或加热时间过短，零件的旋转和移动速度不匹配，多容易出现暗紫色条带，呈螺旋状形态，也可能是与喷水孔堵塞，孔的大小、数目选择不当等有关。

b. 感应加热器和冷却器设计不合理、存在结构缺陷或制造不良，感应器的内径与工件不一致，造成加热和冷却不均。应根据零件的具体形状设计或选择符合要求的感应器，合理选择设备的功率和感应圈的尺寸，确保零件表面得到充分加热和冷却。

c. 设备的加热功率不当，淬火温度低，造成表面温度的加热不均。

d. 淬火操作规程不当，加热工艺不合理等造成加热温度不均匀，出现了人为因素的影响。

e. 感应器内有存水，加热时水流出后附在工件的表面上，致使该位置淬火温度降低，淬火火后形成软点。

关于加热温度不足的解决办法是采用高的感应器，或提高加热温度和加快零件的移动速度等，并严格执行操作规程，确保淬火硬度的均匀一致性。

③ 冷却不良或冷却速度不够。

a. 淬火时冷却工艺不合理，如冷却速度过低。由于只是表面加热，因此工件在淬火冷却时加热层同时向内外散热，因此降温较快。如果加热后未及时冷却，发生非马氏体组织转变，补救措施为可退火后重新淬火处理。

b. 淬火液喷射压力过低、淬火液的流量太小或冷却介质性能差，不符合工艺规定。

c. 淬火冷却装置的喷水孔有堵塞、喷水孔大小和数量不适当或喷射角度不当，延迟了淬火冷却时间，降低了淬火温度，造成加热后零件表面冷却不均匀。感应器内存有水，附在工件上造成淬火后形成软点。应按要求调整冷却介质的压力和流量，并清理喷水孔。

d. 冷却器设计缺陷或制造不良，冷却喷水孔与感应加热区的距离过大，冷却速度减小。

e. 冷却器与感应器的位置布局不合理。

f. 轴类零件的连续加热感应器高度不足，或零件的旋转太慢而移动过快，或走速不稳等往往造成螺旋状软带。

对于冷却不良或冷却速度不够的工件进行金相检验，如果在淬火马氏体晶界周围有托氏体析出，即形成了马氏体＋托氏体组织，表明为冷却速度不够或冷却不良。假如冷却速度更为缓慢则会形成马氏体＋托氏体＋铁素体的混合组织，其特征为铁素体的形态较瘦，分布于晶界上，与托氏体相连在一起。因此要采取必要的措施和手段，避免出现该类缺陷。

另外零件高频和中频感应淬火后的回火温度和加热时间不合理，同样影响到硬化层的深度，因此要加强回火温度的控制和硬度的抽查，采取必要的防范措施，确保产品质量的稳定。从以上几个产生硬度不足、软点或软带的原因来看，在实际的高频和中频感应淬火过程中严格执行相关的技术要求，并注意检查产生缺陷的原因，就可避免该类质量问题的发生。

(3) 硬化层浅或深 高频和中频感应淬火后的重要技术要求为硬化层的深度和表面硬度等，作为需淬火的零件，应在调质或正火后首先获得合格的组织和综合的力学性能基础上进行高频和中频感应淬火，以满足表面具有较高的硬度、良好的耐磨性，具有高的疲劳强度等要求。因此对于硬化层的深度有严格的规定，过深、过浅则表层组织与基体组织的结合强度差，因此应特别注意。产生的原因一般如下。

① 频率的选择不当，如加热温度不足、感应频率过高等，直接影响了加热层的深浅，造成硬化层深度不符合要求。

② 加热的时间短或长，会对表面加热的温度和加热深度有较大的作用，决定着硬化层

的深度。

③ 单位功率过高或过低，加热时间长，影响到表面加热温度和加热速度以及材料的奥氏体化温度，要调整加热的工艺参数。

④ 感应器与零件的间隙过小或过大，二者之间的大小造成加热的深度不同，因此硬化层的深度明显不同。

⑤ 材料淬透性过高或过差，冷却介质选择不当，造成表面硬度有较大的差异等，应更换材料或选择合理的冷却介质。

(4) 表面剥落 高频和中频感应淬火的材料均经过调质处理或正火处理，保证加热温度的一致，淬透性均匀，得到良好的综合力学性能。经过高频感应淬火的零件表面具有高的硬度和良好的耐磨性，而内部有足够的强度和韧性，因此其具有很高的疲劳强度。高频感应淬火适合于轴类零件的热处理工艺。

在淬火过程中，需要注意零件的原材料组织粗大，存在尖角过热，以及淬硬层断面硬度梯度变化太陡或硬化层过浅，将会造成零件截面硬度急剧变化，内外组织的结合处的强度存在很大的悬殊，在工作过程中，零件受到反复的弯曲载荷的作用，将产生表层的剥落。因此淬火层深度应根据零件的具体工作要求来定，同时结合材料的性能，确定合理的硬化层深度，来满足其工作需要。针对上述缺陷，应采取对原材料进行正火或调质处理，尽可能将零件尖角设计成圆角，同时也要对感应器进行合理的改进，以确保零件高频和中频感应淬火的质量。

造成高频和中频感应淬火零件硬化层浅的原因如下：材料的淬透性差；截面的变化大；零件的直径与感应圈的间距过大；加热的时间过短，表面的奥氏体化温度过低；冷却速度低或冷却不良。

(5) 组织过热和硬化层过深 零件在高频和中频感应淬火过程中，出现表面组织的过热和淬硬层过深等，将造成表面脆性的增大和疲劳强度的明显降低，直接影响到使用寿命。因此预防此类缺陷也是热处理工作者的重要任务之一，探讨产生的具体原因，将有助于检查和指导零件的热处理质量。下列几条为原因分析。

① 淬火时操作不当。

② 频率的选择不当，电流频率过高或过低。

③ 原材料的过热倾向大。

④ 加热温度过高。

⑤ 加热时间过长。

⑥ 尖角过热是感应器的高度过高所致。

⑦ 冷却方法不当或加热器的形状不当。

(6) 硬化层不均匀

① 零件在同时加热时位置偏心。

② 感应器的喷水孔不均匀。

③ 淬火机床上下不同心。

④ 原材料内部组织不合格（如网状碳化物、球状碳化物的尺寸等不合格），需进行正火处理或调质处理。

(7) 零件的变形 零件经高频和中频感应淬火后，淬火表层集中了很大的压应力，它对钢的疲劳强度性能产生有利的影响，但在钢的内部存在很大的拉应力，对钢的力学性能产生不利的影响，因此容易引起变形甚至开裂。零件的变形是热应力和组织应力作用的结果，尤其是轴类零件产生的弯曲、变形、硬化层不均匀造成零件弯向淬硬层较浅的一层或无淬硬层一侧。齿轮变形主要为内孔胀缩和齿形的变化。这同加热和冷却不规范有关，一般采取的措施为在满足淬硬层深度要求的前提下，使轴类零件在加热过程中旋转；采用大的比功率和缩短加热时间；选用适当的冷却方式和介质；进行合理的设计和工艺制订，避免截面突变，使形状对称等。必要时采取相应的措施，对于预防零件的变形具有良好的效果。需要注意的是零件加热的不均匀，淬火前的机械加工应力较大，同样将造成零件的淬火变形，因此要改进感应器的设计和淬火操作方法，采用旋转加热，对形状复杂的零件增加高温回火或去应力退火工序。而对齿轮粗加工后进行一次高频感应正火可解决淬火齿轮的内孔收缩问题。

对于模数大于 4 的齿轮淬火而言，通常采用逐齿加热，其淬火后的变形情况为齿高增加。如果加热温度偏低，不到相变温度即进行喷水冷却，其变形以热应力为主，此时会发生齿顶收缩、节圆胀大、硬度不高等，因此要合理控制加热温度，确保一次淬火合格，严禁重复淬火后造成更大的变形。高频和中频感应淬火加热是零件局部的瞬间加热，组织转变发生在表层，因此其变形规律与整体热处理有明显的不同，在分析和判断零件的变形问题时，要调整思路和正确辨别变形的位置、长短、变形量的大小等，采取有效措施避免此类缺陷的发生。

（8）局部烧熔或烧坑

① 感应器结构不合理，加热时间过长，应选择合适的感应器，严格控制加热温度。

② 零件带有尖角、槽和孔等，应对易造成缺陷的部位采取屏蔽或保护的措施。

③ 消除表面缺陷或报废零件。

④ 高频感应淬火设备性能与零件的要求不匹配，应根据工件的硬度和渗层选用合理的频率、功率以及加热和冷却工艺的配合。

⑤ 感应器未固定好，与零件接触，应严格控制感应器与零件的间隙，并加以紧固。

需要注意的是关于淬火开裂的问题，至于孔洞的淬火开裂可采取以下几种方式：在孔洞中打入销塞或用紫铜管插入；在孔洞内塞入湿的软木塞或石棉绳；在有效圈上对零件孔洞嵌入适宜尺寸的硅钢片导磁体。

零件必须满足下列条件才能允许进行返工：零件表面硬度低和有大片的软点；淬火层深度和宽度不符合技术要求等。一般返工前要在感应器中加热到 700~750℃，或者将工件放进 550~600℃ 的炉中，加热 60~90min，然后在空气中或其他介质中冷却，进行退火或高温回火以确保返工后工件的产品质量合格。

5.1.4　提高高频和中频感应淬火件性能的措施和要求

在实际零件的高频和中频感应淬火过程中，为了确保获得要求的性能和技术要求，除了防止出现以上缺陷外，重要的是通盘考虑零件热处理前后的的状态、技术要求等，根据设备特点、感应器结构、零件的工作条件等，结合以下几个注意事项，正确设计工艺流程和工艺参数，生产出合格的产品。

① 合理确定硬化层的深度与分布，这影响到零件的应力分布和表面的疲劳强度等。

② 原始组织应为正火或调质状态，能够确保硬化层均匀，降低加热温度。

③ 合理设计和选用感应器，它是保证加热和冷却均匀的重要手段。

④ 对易淬裂的零件应选择冷却性能缓和的淬火介质。

⑤ 对零件上的螺纹孔、销轴孔和油孔等要进行保护，如用铜料堵塞，避免零件在该处过热和淬火开裂等。

⑥ 为稳定组织，消除内应力，高频感应淬火后必须马上进行回火处理。

5.2 火焰加热表面淬火缺陷

5.2.1 火焰加热表面淬火的意义和应用

火焰加热表面淬火是指在强烈的火焰中进行零件的加热，使零件表面迅速加热到淬火温度（奥氏体状态），然后快速将冷却介质喷射到表面或将零件浸入冷却介质，获得预期的硬度以及硬化层深度的一种热处理工艺。作为一种操作方便、生产成本低、设备简单的工艺方法，零件进行火焰加热表面淬火时，由于材料不同、内部的化学成分的差异、组织状况、火焰加热的工艺参数以及随后的冷却和回火等，会出现一些热处理缺陷，这将直接影响到零件的使用条件和寿命，因此应正确对待，并制订相应的对策来预防和解决。火焰加热表面淬火具有设备十分简单、使用和操作方便、成本低廉、生产效率高、不受工件体积大小空间的限制、可灵活移动、表面清洁、无氧化脱碳以及变形小等特点，因此在热处理领域占有一席之地，也得到了比较广泛的推广和应用。

用火焰在工件的表面上某些部位加热，越来越多地得到了热处理行业的认可。通常是利用氧-乙炔焰或其他可燃性混合气体通过喷嘴使其燃烧，对工件的表面进行加热的，它是一种局部淬火方法，可获得预期的硬度和淬硬层，深度一般在 1~12mm。作为火焰加热的气体除乙炔外，还可使用煤气、液化石油气、天然气、丙烷等，它们具有燃烧热量高、成本低的特点，因此多用于中碳钢（中碳合金结构钢）、工模具钢、渗碳钢、灰口铸铁和球墨铸铁、马氏体不锈钢等材料的表面淬火。一般火焰加热的钢的含碳量为 0.3%~0.7%，铸铁为 2.3%~3.5%，含碳量过低则不易淬硬，而碳含量过高会造成零件的变形甚至开裂，因此只有选择符合要求的材料和考虑具体的技术要求，才能进行火焰淬火。

火焰加热的温度比普通的淬火温度要高 50~70℃，加热速度快，因此零件经火焰淬火后的硬化层不厚，不适合处理十分重要的零件。硬化层的深度主要取决于零件的淬透性、尺寸、加热层深度、冷却条件等因素。实际热处理过程中要控制加热温度和时间，同时要确保喷嘴的移动速度均匀，冷却介质的压力和流量符合要求。一般推荐水压在 0.1~0.2MPa，或整体浸入水或冷却油，另外根据零件的硬度也可采用压缩空气、乳化油等冷却介质，淬火后必须进行回火，回火温度为 180~200℃。火焰的加热方法通常有固定位置加热法、工件旋转加热法和连续加热法，在实际的加热过程中，应根据零件的形状和技术要求等合理选择。

5.2.2 火焰加热表面淬火常见缺陷和解决方案

根据火焰加热表面淬火的特点，结合零件在加热过程中的现状，常见的热处理缺陷为硬化层深度不合格、表面硬度低、软点与软带、硬化层组织不合格、变形大、开裂、残余应力大、尖角过热等，下面分别介绍如下。

(1) 表面剥落 火焰加热零件的表面，出现表面硬度梯度的急剧变化，硬化层过浅（或无中间层），因此表面与内部组织的结合强度差，在工作过程中会出现表面剥落。

对此类缺陷可根据零件的具体情况采取延迟淬火、对零件进行预热等方法来加以预防。

(2) 表面龟裂 出现表面龟裂的原因有以下几种。第一种是在对旋转的零件进行淬火时，淬火的终点与起始点出现重叠而产生的裂纹，该位置二度淬火，发生组织转变，造成热应力和组织应力的增大。第二种是对淬火后的零件进行表面磨削时，由于磨削热的作用，零件表面的温度升高，造成马氏体的分解，残余奥氏体转变为淬火马氏体，表面体积膨胀，导致零件表面的开裂。最后一种是零件未经过回火处理而直接磨削，造成内应力的增大而出现开裂。

(3) 硬化层深度不合格 火焰表面淬火后硬化层深度过深、过浅或不均匀是其常见缺陷，其主要原因有以下几点。

① 火焰喷嘴和零件的间距不合理，过远则深度浅和硬度低，而过近硬化层深度过深，常出现表面温度高、过热现象，推荐距离为6～10mm。

② 喷嘴的相对移动速度不合理，容易造成零件的加热不均。移动速度快，表面没有得到充分加热，加热深度过浅，硬化层深度不足，硬度低；反之硬化层过深。一般移动速度为50～300mm/min。

③ 可燃气量选择不合适，淬火温度低。

④ 冷却介质的冷却能力不足，造成硬化层浅。

(4) 淬火开裂 开裂是火焰淬火常见的缺陷之一，其原因之一是过热，多出现在含碳量高的零件、零件的尖角或边缘等处，这些部位处于加热温度高的位置，冷却速度快，发生组织转变时淬火应力过大；另一个原因在于零件未退火或正火又进行了重新淬火，裂纹大多是在环状零件的开始和终结处；另外零件淬火后不及时回火同样会出现开裂现象。

淬火开裂是火焰淬火过程中加热温度过高或不均匀造成的。该类致命质量缺陷，在实际的热处理生产过程中是最为忌讳的，因此应避免出现。通常发生淬火裂纹的原因如下。

① 火焰加热的温度过高，造成晶粒的粗大，冷却后生成的马氏体针粗大，出现较大的热应力和组织应力的综合作用，表面受拉应力而开裂。因此应力争加热均匀，零件表面光滑无过热现象，正确控制火焰的强度、加热的距离以及喷嘴的移动速度等，严防零件过热。

② 出现局部回火。多出现在零件旋转淬火时，由于起始点和终止点重叠或靠得过近，产生了局部回火带，在距终止淬火点15～20mm处容易产生淬火裂纹。对于这种缺陷，开始加热时淬火温度应低，接头区域的硬度应适当控制，形成30～35mm宽的低硬度区，使终止的淬火点处于低硬度区中，此时距离淬硬区20～25mm，这样即可避免出现局部回火造成淬火开裂。淬火一周将要结束时，喷嘴位置应在接头区内15～20mm处熄火，并迅速水冷，避免局部回火区扩大。

③ 喷嘴点火时，在开始加热的30～35mm的长度上加热温度过高，造成淬火开裂，在实际加热中必须采用较低的加热温度，随后在逐渐升高到正常的淬火温度，淬火硬度也达到正常的技术要求。

④ 淬火时突然停火或断火、断水等，出现重复淬火，应使起点与收尾留有5～10mm的软带。

⑤ 零件的结构不合理，如存在尖角、孔穴、凹槽、截面突变、零件不对称等，另外原始组织不良也会造成淬火裂纹的产生。

⑥ 齿轮使用的材料为合金结构钢，本身淬透性好，使用的冷却介质过于激烈，则容易造成齿轮齿顶出现密集的淬火裂纹，因此要采用合成淬火剂，避免此类缺陷的产生。

⑦ 火焰淬火时在零件的边缘或尖角出现淬火开裂。这是因为此处加热温度高，淬火应力大而出现裂纹。

(5) 硬度低或不均匀 火焰淬火后出现淬火硬度不合格是以下几个方面造成的。

① 硬度不足在于零件的材料含碳量过低、淬透性差，无法达到要求的硬度。

② 火焰加热后冷却介质选择不当或冷却能力差（例如水压低、水量不足、喷水孔堵塞等），表面冷速过慢没有全部得到马氏体组织，造成表面硬度不足。

③ 火焰的加热温度低于奥氏体化温度，或火焰孔有部分堵塞等，造成奥氏体未充分转变和均匀化，内部成分存在很大的差别，冷却后组织有非马氏体存在，造成硬度低。

④ 硬度不均匀多是冷却喷嘴堵塞、喷水孔大小不一致、排列不规则。

⑤ 烧嘴与工件之间的距离不合理。

⑥ 烧嘴与工件移动速度不合适，移动速度过快，加热深度浅等。

（6）软点 零件在淬火时由于加热或冷却不均匀，水压小或流量低，造成冷却效果差；而零件的表面存在锈蚀（或氧化皮）、不清洁以及脱碳等缺陷，同样会造成冷却不均出现软点。

（7）过热和过烧（或熔化） 火焰加热淬火的零件在加热过程中，由于火焰焰心的温度高达 3000℃左右，如果火焰在零件的某个部位加热时间长，则容易造成该处出现过热甚至过烧缺陷，因此要求操作者具有熟练的操作技术，同时对常见材料的淬火温度有感性的认识和颜色辨别能力，从而避免过热现象的发生。

另外如果火焰的移动速度慢或在某处停留，火焰调节不合适等将造成该处组织熔化，尤其是在零件的尖角、孔的边缘等位置，因此要特别注意。该缺陷将造成零件的整体报废。

（8）零件表面熔化 表面呈"汗珠状"是由火焰喷嘴移动过慢，或在某一位置停留造成的，也同喷嘴火孔变形有关。此外零件的尖角、内孔的边缘受热温度高也会造成熔化。

（9）变形（畸变） 火焰淬火极易造成零件的变形，大多同加热和冷却不均匀有关的。通过改进喷嘴形状、尺寸，改进加热和冷却的措施来控制淬火变形，如使工件旋转等可减少零件产生畸变的可能，提高零件淬火后的变形合格率。另外通过改进零件的设计，避免出现截面厚薄悬殊、不对称以及尖角、凹槽、孔等，也可有效防止出现零件的畸变。

火焰表面淬火后的零件，尤其是扁平零件，其单边淬火后是有一定变形的，变形规律与感应加热淬火相似。为了减少淬火后的变形，可预先将零件加压成反弯曲形状，也可将零件放在循环水中，仅对水面以上的表面进行火焰加热淬火。具体操作和变形情况见图 5-6。另外可以通过改变加热的条件，及时调整喷嘴的尺寸等来减少变形。除上述措施外也可对零件用单面夹具固定后进行长时间的回火来消除变形，对火焰淬火产生的变形，采用加热校直可恢复零件的尺寸精度。

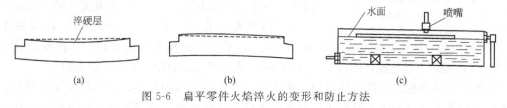

图 5-6 扁平零件火焰淬火的变形和防止方法

5.2.3 影响火焰淬火表面质量的因素

火焰淬火的质量检验应包括零件的外观、表面的硬度、有效硬化层的深度和硬化区的范围以及表面的金相组织等，因此在实际淬火过程中要严格执行有关的技术要求，确保热处理后的表面符合图纸的规定。

零件在进行火焰加热前，需对其进行整体的调质或正火处理，确保淬火后的组织和性能符合技术要求。另外淬火的部位不允许存在氧化皮和脱碳现象，零件在淬火后必须在 180～200℃低温回火。

① 火焰的影响。加热温度、淬硬层深度、过渡区域组织和晶粒都与火焰有直接的关系，为保证零件的受热部分温度均匀，应采用多嘴喷式的喷头。

② 喷嘴与零件加热面的理想距离为 6～15mm 左右。

③ 喷嘴与零件的移动速度应根据零件的技术要求来确定。喷嘴移动速度与淬硬层深度有一定的对应关系，原则为淬硬层深则速度要慢，一般速度为 50～150mm/min。中碳钢零件移动速度与淬硬层之间的关系见表 5-2。

表 5-2　中碳钢零件的移动速度与淬硬层的关系

淬硬层深度/mm	2	3	4	5	6	7	8
移动速度/(mm/min)	166	145	125	110	111	90	80

④ 喷水器与火焰的合适距离　一般保持 15mm 左右，但不大于 20mm。

⑤ 冷却介质的温度　在 15~18℃，回火温度在 180~220℃，回火时保温时间应在 1h 以上。

5.3　电接触加热表面淬火缺陷

为了提高零件如机床导轨的耐磨性，通常采用合金铸铁进行电接触加热表面淬火，以获得要求的硬度。电接触加热表面淬火是采用电接触来加热工件的表面，并通过工件本身的热传导（或进行风冷）迅速冷却，达到表面淬火的目的，图 5-7 为电接触加热表面淬火装置示意图。从图 5-7 中可以看出铜滚轮（或石墨电极）在与工件表面接触时，由于接触面积较小，因此在接触处存在很大的接触电阻，低电压大电流通过时，在局部将产生很高的热量（$Q = 0.24I^2Rt$），此时接触点的热量与接触电阻（R）、输入电流（I）以及加热时间（t）成正比。另外接触电阻取决于滚轮直径和宽度、滚轮表面的花纹形状（波浪形或锯齿形等）、导轨表面的粗糙度等因素。因此可以通过调节电流的大小、滚轮的移动速度以及接触压力来控制工件的淬火加热温度。通常采用低电压（2~5V）大电流（80~800A）的电源，铜滚轮的直径一般为 50~80mm，移动速度在

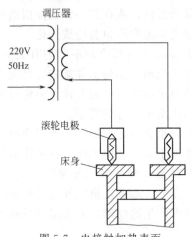

图 5-7　电接触加热表面
淬火装置示意图

1.5~3.0m/min，加在滚轮上的压力为 40~60N。手工操作用碳棒或纯铜，其硬化层深度在 0.07~0.13mm，自动化操作则为 0.2~0.3mm，表面淬火后的硬度为 50~62HRC。

根据电接触加热表面淬火的原理，滚轮与工件的接触面积很小，因此其加热区域窄，靠工件本身的热传导将加热区域迅速冷却而淬火成马氏体组织。该工艺具有处理后的零件变形小、表面硬度高、耐磨性好，同时装置设备简单，操作方便等特点，因此在实际的热处理工艺过程中也得到了较为广泛的应用。

电接触加热表面淬火后获得的显微组织为隐针马氏体、残余奥氏体和少量的莱氏体，一般淬硬层的深度在 0.2~0.3mm，表面硬度在 54HRC 以上。需要说明的是表面的淬硬区实际是不连续的，这与滚轮的花纹形状有直接的关系，淬硬层剖开的横截面呈半圆形，与基体组织之间没有明显的过渡区。电接触加热表面淬火的零件表层的耐磨性与未淬火相比，耐磨性提高 1~3 倍，抗擦伤能力也明显提高。

电接触加热表面淬火具有设备简单、操作灵活、零件的变形小、淬火后不需回火等特点，因此在复杂零件的表面局部淬火中得到了较为广泛的应用，多用于精加工后机床导轨的表面淬火。

由于加热速度比高频感应加热速度快，因此要求电接触加热表面淬火前的零件的基体组织应为细片状珠光体与均匀分布的小片石墨，铁素体的量应少于 5%，这样可确保零件淬火后获得理想的组织和硬度要求，满足零件的需要。电接触加热表面淬火常用于缸套、曲轴、工模具、机床导轨等零件的表面硬化，在冶金和建材领域使用的 65Mn 冷热切锯片的齿尖采

用此淬火工艺，表面硬度达到 64HRC 以上，硬度分布均匀，无氧化和脱碳现象，经对比磨损试验，电接触加热表面淬火的锯片的使用寿命比普通锯片提高 30 倍。

根据电接触加热表面淬火的工艺特点，不难发现其存在下列淬火缺陷：硬度不均匀；淬硬层较薄。

这两类热处理缺陷是其自身的淬火特点决定的，因此在实际的热处理过程中应根据零件的工作特点和工作条件，选择适当的淬火方法，尽可能避开其不足，发挥出最佳的优势，合理利用电接触加热表面淬火方法，为零件的热处理提供服务。

5.4 激光表面淬火缺陷

5.4.1 激光表面淬火的原理和特点

(1) 激光表面淬火原理 激光表面淬火是利用高能激光束扫射金属零件的表面，$500 \sim 10000W$ 的 CO_2 激光器使表层金属以极快的速度加热，当高密度能的激光斑在金属表面以一定的速度扫过时，表面温度达到相变点以上（奥氏体状态），停止加热后零件表面的热量迅速向内部金属传递，则表面快速冷却从而实现零件的表面淬火。热处理后获得了极细的硬化层组织，显著改善了耐磨性等。其关键设备为激光器。该工艺是表面淬火的一种，激光表面淬火钢件表层可获得极细的马氏体组织，合金钢硬化区组织为极细板条状或针状马氏体、未溶碳化物及少量的残留奥氏体，激光硬化区与基体交界处呈现复杂的多相组织，利用激光表面淬火可以改善模具的表面硬度、耐磨性、热稳定性、抗疲劳性以及临界断裂韧性等力学性能。

激光表面淬火（Laser Surface Quenching）又称为激光相变硬化，其加热速度与冷却速度快，故可获得极细的马氏体组织，因此大量用于发动机缸体和缸套内壁的处理，以提高其耐磨性和使用寿命，此外，还可用于曲轴、齿轮、模具、刀具、活塞环等表面硬化处理。

(2) 激光表面淬火的特点

① 激光表面淬火加热速度快，硬化层很薄，可实现自冷淬火。

② 工件淬火变形小，无污染、无辐射和低噪声。

③ 工件淬火后表面粗糙度无变化，可不用再加工。

④ 可精确控制淬火工艺参数，便于自动化生产，同时可控制加热部位，可对微孔、沟槽、不通孔的底部及拐角等部位局部淬火。

⑤ 结合状态好，表层与基体呈致密的冶金结合，不易剥落。

激光表面淬火多用于灰铸铁、球墨铸铁、碳钢、合金钢以及马氏体不锈钢的表面热处理，可使硬化层残留有较大的压应力，完成模具表面一定深度的硬化处理，大大提高了模具表面的耐磨性、疲劳强度等。模具在承受预压应力的条件下，通过激光表面淬火后，可显著提高模具的表面残余压应力，同时也提高了模具的抗压、抗蚀与疲劳强度等，提高了模具的使用寿命。激光表面淬火可使马氏体点阵畸变提高，特殊碳化物的析出物增加及硬化层晶粒超细化，使激光表面淬火比常规淬火具有高的硬度，可比高频感应淬火高 $15\% \sim 20\%$ 以上。

5.4.2 激光表面淬火的应用

根据激光表面淬火的特点可知激光加热的时间极短，奥氏体晶粒来不及长大，因此对于要求表面硬度高、耐磨性好、疲劳强度高和变形小的零件是十分适合进行激光热处理的。一般照相机上的主动环、推板等薄壁的小零件等，在某个部位要求具有高的硬度和耐磨性，采用激光处理则可满足技术要求，同时其工艺简单、效率高，淬火后的硬度比普通淬火高 5 ～

10HRC，其中铸铁件激光淬火后耐磨性提高了 3～4 倍。对高速钢盘形铣刀、大功率柴油机的活塞环、齿轮摇臂钻床外柱内滚道等可选用激光表面淬火。

激光扫射后的金属表面发生了微观结构的变化，因此其性能也有不同。激光表面淬火后获得了由高密度位错型和孪晶型混合的超细隐针马氏体组织，前者具有良好的塑韧性，而后者有高的强度和硬度，因此淬火形成的颗粒碳化物分布均匀细小，可提高其耐磨性、疲劳强度等，由此可见激光处理零件有很大的优越性。

5.4.3 激光表面淬火常见缺陷

激光表面淬火常见缺陷参见高频感应淬火部分，这里不再赘述。

5.5 实例分析

5.5.1 齿轮的表面淬火开裂

齿轮是机床制造，汽车、拖拉机等生产过程中必不可少的重要零件，根据齿轮的工作特点，应选用低碳合金钢或中碳钢等。齿轮经过正火或调质，最后进行渗碳或化学热处理，既保证了齿轮基体组织的综合力学性能，又增加了齿轮的耐磨性、抗咬合性，提高了齿轮的疲劳强度和冲击韧性，延长了齿轮的使用寿命。齿轮工作时，通过齿面的接触来传递动力，其承受主要载荷作用在齿轮牙顶上，汽车齿轮的齿根部受到弯曲应力的作用，其大小在0.7～0.8GPa，其周期性变化的应力使齿疲劳断裂或脆性折断。而齿面受到接触应力的作用，接触应力是由于两个齿面的相互接触产生的，此时最高应力达到250～300GPa。因此齿轮的受力状态十分复杂，必须经过热处理才能满足其工作需要。

齿轮齿顶进行高频感应淬火时，如果操作不当则容易出现密集裂纹，具体见表 5-3。

表 5-3　齿轮淬火裂纹及防止方法

序号	裂纹形式	裂纹成因	防止措施
1		全齿淬火时,齿顶温度过高,冷却过于激烈	改进工艺参数,控制加热温度,采用缓和冷却介质,控制出水或停喷温度,采用自回火或及时回火
2		齿端面过热及急冷	防止端面过热
3		沿齿面同时淬火时,加热温度过高,冷却过急,产生龟裂	改进工艺参数,控制加热温度,采用缓和冷却介质,控制出水或停喷温度,采用自回火或及时回火
4		沿齿面连续淬火时,齿顶温度过高,冷却过急	增大感应器与齿顶间隙,注意齿顶和齿面的温度均匀性,控制出水或停喷温度,采用自回火或及时回火

　　齿轮的淬火开裂的缺陷分析，一是从齿轮选用的材料、设计的具体结构、高频感应淬火的温度和均匀程度、选用的冷却介质、回火的方式和方法的分析和判断；二是深入生产现场了解和确定出现淬火裂纹的时间、具体部位以及裂纹的形状和大小、具体的形态等，必要时进行金相分析，采用因果分析图进行排查可能存在的因素，为避免该类缺陷提高科学的依据，也为今后的实际高频感应淬火制订出切实可行的热处理规范。

5.5.2　60钢轴的高频感应淬火出现螺旋状软带

　　该轴经调质处理后，要求高频感应淬火和低温回火后的硬度在58～64HRC。工艺选用GP-100高频感应淬火机床进行旋转连续加热淬火、喷水冷却，加热温度在860～880℃之间，喷水冷却后轴表面形成了螺旋状软带（黑色带），此处的硬度在40HRC左右，不符合技术要求。图5-8为60钢轴的高频感应淬火后产生的螺旋状软带情况，其中图5-8(a)为形成的软带的形状，可以看到黑白相间的条纹，二者之间存在很大的硬度差。图5-8(b)为该轴的纵向剖面，浸蚀后可以看到上下两边有淬硬层和非淬硬层相间存在。图5-8(c)为螺旋状软带的显微组织，图中白色的区域为马氏体，黑色部位为非硬化区。

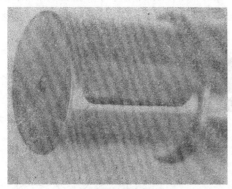

(a) 未浸蚀的实物

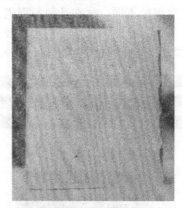

(b) 纵向剖面(4%硝酸酒精溶液浸蚀)

(c) 横截面的显微组织(4%硝酸酒精溶液浸蚀) 25×

图5-8　60钢轴高频感应淬火后的螺旋状软带

　　该轴的化学成分、原始组织等合格，因此产生螺旋状软带的原因只是同高频感应淬火的整个过程有关，结合具体的实际操作流程和感应圈的形状，对产生的原因进行归纳，现总结如下：

① 感应圈的高度太低，造成冷却不足或造成已经淬火的区域发生自回火；

② 感应圈的汇流条之间的距离太大，出现工件表面的加热不足，故造成硬度存在差异；

③ 轴一边旋转一边移动，二者之间的速度存在不协调，一般多是移动速度过快，轴未加热到奥氏体化温度，而进行了冷却的结果；

④ 感应器上的喷水孔出现堵塞，或喷水孔的角度不一致；

⑤ 感应圈本身有变形，呈非圆形状，或者是轴在感应器内出现偏心旋转。

5.5.3 感应淬火时孔洞的边缘出现淬火裂纹

工件的圆柱面或平面上如果有孔洞，在进行高频感应淬火时，孔洞的边缘则很容易产生放射状的淬火裂纹。其裂纹的一般形式见图 5-9，分析裂纹的原因是存在孔洞，感应淬火时其致使感应电流无法穿过孔洞，而只能在孔洞轴线的两侧绕行通过，因此就造成孔洞周围的电流分布的不均匀。根据感应加热的原理可知，孔洞轴线两侧的涡流密度明显比与轴线垂直的两侧的涡流密度大，因此前者形成了高温加热区，后者区域温度较低，具体见图 5-10。由此可见孔洞周围的加热温度有较大的差异，因此淬火组织转变的过程有快慢之分，势必造成硬化层深度的不同，故在孔洞的周围产生了热应力和组织应力等，这是孔洞出现开裂的根源。另外工件上孔洞的大小、结构以及边缘的冷却等因素的影响，将造成该区域冷却速度加剧，也增加了产生裂纹的敏感性，这一点已经得到了证明。

(a) 汽车钢板弹簧销孔裂纹

(b) 发动机曲轴油孔裂纹

图 5-9 感应淬火时孔洞边缘产生的淬火裂纹

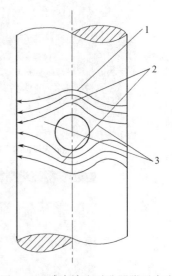

图 5-10 感应淬火时孔洞附近产生
涡流以及温度的分布情况
1—涡流线；2—高温区；3—低温区

对于孔洞在感应淬火后容易出现淬火裂纹的问题，要采取有效的措施和手段，即确保孔洞周围的温度一致。热处理操作者和技术人员在生产实践中总结出以下方法，其实用性强、操作方便，得到了广泛的应用。

① 在孔洞中塞进低碳钢销子，使销子的顶面与孔洞的表面平齐，这样感应加热时孔洞的周围通过的电流密度均匀一致，因此加热温度相同，从而有效避免了孔洞边缘淬火裂纹的产生。

② 将孔洞对应的喷水孔堵塞，以此来改善孔洞周围的冷却条件，由喷水冷却变为了流水冷却，降低了冷却速度，因此也可有效防止淬火裂纹的发生。

③ 孔洞中填入石棉绳或湿的木塞，尽管不能改变孔洞周围的加热温度的不均匀性，但可以降低孔洞边缘的淬火冷却速度，因此在一定程度上起到防止孔洞边缘裂纹产生的作用。

5.5.4 汽车半轴花键淬火裂纹

汽车半轴为传动扭矩的零件，要求有较深的硬化层（4～7mm）。中型载重汽车半轴花键为渐开线花键，材料为中碳合金钢（40Cr、40MnB），其过去均是采用调质处理，为了防止淬火裂纹，采用浸油或浸水或先浸水后浸油的冷却方式。在中频感应淬火时，使用自来水进行喷射冷却，时常出现淬火裂纹，裂纹形态见图 5-11 所示。

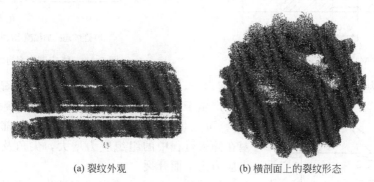

(a) 裂纹外观   (b) 横剖面上的裂纹形态

图 5-11 汽车半轴花键淬火裂纹

图 5-12 为 28℃水喷射冷却与浸液冷却的能力对比，从图中可知前者的冷却速度大，因此图 5-11 所示的半轴花键裂纹系淬火冷却剧烈造成的。

采用冷却能力比较缓和的聚乙烯醇水溶液（浓度为 0.2%～0.4%）和聚醚型水溶液（浓度 10%～15%）进行冷却，均可有效消除半轴花键的淬火裂纹。

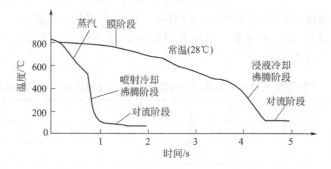

图 5-12 28℃水喷射冷却与浸液冷却的冷却能力比较

5.5.5 机床活塞超音频感应加热淬火开裂

机床活塞一般采用 45 钢制造，其经过车削加工→热处理→磨削加工→检验等工序加工而成，其中热处理可采用盐浴炉加热整体淬火或感应加热表面淬火，其中感应加热应用十分广泛。

图 5-13 为 M1080 无心磨床活塞，热处理技术要求为 $\phi45$mm 圆柱面淬火处理，淬火深度为 2.5～2.89mm，选用超音频感应加热淬火时，采用的感应器如图 5-14 所示，同时感应加热水冷淬火，活塞常在尖角处崩裂，甚至沿 $\phi30$mm 台阶根部开裂（图 5-15）。

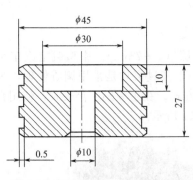

图 5-13 M1080 无心磨床活塞简图

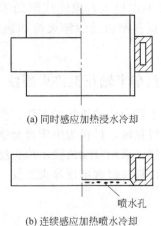

(a) 同时感应加热浸水冷却

喷水孔

(b) 连续感应加热喷水冷却

图 5-14 感应器形状示意图

活塞裂纹为横向弧纹，宏观断口为灰白色，具有金属光泽，粒状组织明显，可以看出裂纹均产生于活塞上部尖角和截面积较大突变处（见图 5-15）。可见 45 钢活塞开裂的原因在于局部过热，造成活塞在淬火过程中的组织应力增大，尖角及尺寸突变处产生应力集中而开裂。

为了找出合理的感应器和淬火方式对于活塞开裂的影响，采用图 5-14 所示的两种方式进行比较，淬火试验结果见表 5-4。

采用图 5-14(a) 所示感应器，加热时间长，活塞上下温差较大，上部尖角处温度明显较高，故造成淬火开裂，而水冷前预冷，会造成活塞下半部温度偏低，淬火硬度不够，使表面硬度不均匀，而缩短水冷时间，提高活塞的出水温度，对改善硬度是无益的。而采用图 5-14(b) 所示感应器，则所需时间短，整个活塞的温差小，故淬火后表面硬度均匀，大大降低了开裂的概率。

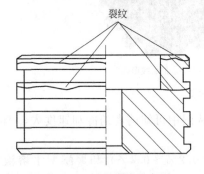

图 5-15 活塞裂纹示意图

表 5-4 45 钢活塞同时感应加热浸水冷却与连续感应加热喷水冷却的试验对比

感应器编号	试验序号	淬火件数/个	开裂件数/个	废品率/%	说明
a	1	26	15	57.7	
	2	49	39	79.6	圆柱面上硬度不均匀
	3	47	7	14.9	
	4	27	7	29.9	
b	5	48	2	4.2	
	6	40	2	5.0	硬度均匀
	7	198	2	1.0	

图 5-14(a) 所示感应器比图 5-14(b) 所示感应器的高度约大 3 倍，故图 5-14(a) 所示感应器加热活塞的比功率比图 5-14(b) 所示感应器连续加热时小，为此要将工件加热到淬火温度，需要延长加热时间，造成活塞上部尖角处的过热，同时使硬化层深度显著增加，导致热应力和组织应力的增大而开裂。而图 5-14(b) 所示感应器的连续加热提高

了活塞的实际比功率，提高了加热速度和缩短了工作温度，故明显减小了淬火开裂的概率。

5.5.6 凸轮轴中频感应淬火桃尖开裂

凸轮轴选用45钢制造，其作用是使气门按一定的时间开启和关闭，工作过程中主要承受交变挤压应力以及挺杆的摩擦作用，为此应采用圆形感应器中频感应加热淬火表面强化。在淬火中发现桃尖处淬裂，切向方向淬硬层达不到技术要求，废品率较高。

凸轮轴中频感应加热淬火感应器示意图见图5-16，检验发现宏观断口呈金属光泽、粒状结构，其裂纹沿桃尖圆弧处崩落，表明裂纹起源于淬硬层内部。

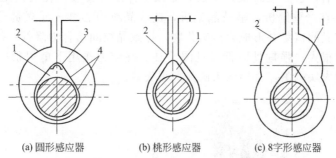

图5-16 凸轮轴中频感应加热淬火感应器示意图

1—凸轮；2—感应器内圈；3—裂纹；4—切线方向

凸轮桃尖部位产生淬火裂纹与以下因素有关。

① 凸轮桃尖部位截面尺寸变化较大，淬火加热引起该处应力集中。

② 原材料缺陷。检验发现38.5%的凸轮轴中碳含量超标，增加了淬裂的倾向。

③ 机械加工产生残留应力，与凸轮轴感应加热淬火热应力、组织应力叠加，造成凸轮轴淬裂，机械加工残留应力增大淬裂危险。

④ 感应器设计形状、尺寸的影响。原感应器为$\phi 58mm \times 12mm$，见图5-16(a)和图5-16(b)，造成桃尖部位温度偏高、温差大。喷水冷却后淬硬层组织中出现大量含碳不均的马氏体组织，其中低碳马氏体呈黑色，白色区为含碳较高的马氏体组织。由不同组织造成淬火后组织应力、热应力及凸轮轴机械加工残留应力叠加形成的桃尖处拉应力峰值过大并位于淬硬层内侧，造成凸轮轴的淬裂。

针对以上分析，改进措施与解决方案如下。

① 严格控制凸轮轴的化学成分和力学性能，使碳的含量控制在0.43%~0.48%之间。

② 优化预备热处理工艺，机械加工后增加一道去应力退火处理（550℃×2h）。

③ 采用8字形感应器，使桃尖处与其他部位温差小，感应器有效圈制成大倒角状，倒角部位设有喷水孔，冷却均匀，淬火组织正常，其淬火硬化层见图5-17。

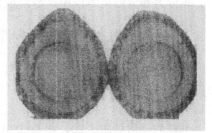

(a)淬火凸轮　　(b)淬火、回火凸轮

图5-17 凸轮轴中频感应加热淬火硬化层

5.5.7 4Cr5WMoSiV钢大圆弧剪刃激光淬火表面剥落

4Cr5WMoSiV钢大圆弧剪刃用于对热轧钢板的冲击剪切加工，在工作过程中承受冲击应力、压应力和弯曲应力等负荷，刃口和 1000℃ 左右的高温钢板接触切割，虽采取水冷但仍处于较高温服役状态，故要求其具有高强韧性、高抗氧化性和高空热疲劳性以及高工作寿命。其工作尺寸为 1720mm×147mm×90.25mm，采用激光对失效剪刃进行修复处理，发现少数剪刃出现大块剥落。

对剥落区域进行分析，其长度为 200～800mm，深度约 5～8mm，剥落面形貌粗糙与高低不平，断裂纹理不明显。激光淬火前组织为回火托氏体＋回火马氏体，晶粒度为 8～9 级，硬度为 42HRC，组织中呈现少量弥散分布细小合金碳化物（MC、M_2C、M_7C_3），分析检验热疲劳裂纹处组织中有许多黑色夹杂，见图 5-18。夹杂中含有 Al、S、O、Ca 和 Mg 等，夹杂物聚集处有裂纹产生，夹杂分布不均，硬度很低，很容易引起应力集中形成众多微裂纹。而在激光修复处理后，这些裂纹快速扩展，导致工件断裂失效。在失效工件中 Si、V、Cr、Mo 和 W 等元素存在严重偏析，呈枝晶偏析，造成晶粒中心合金元素贫乏，降低了钢的热硬性；合金元素在晶间富集并形成合金碳化物，导致晶粒间结合力降低；偏析导致激光淬火过渡区硬度值下降很大，强韧性降低，见图 5-19。在应力作用下剪刃很容易产生疲劳裂纹并迅速扩展，出现大块剥落，并导致大圆弧剪刃失效。

图 5-18　剪刃面的热疲劳裂纹
及钢中夹杂×480

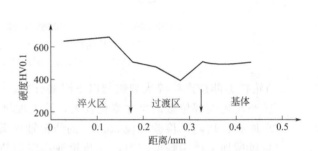

图 5-19　4Cr5WMoSiV 钢在失效区硬度曲线

通过以上分析可知，剪刃存在夹杂和偏析等严重缺陷，在晶界处存在合金碳化物富集，钢的韧性和抗疲劳性变差，夹杂使应力集中加剧，而剪刃在工作过程中受冲击应力、拉应力、压应力和弯曲应力作用，易形成裂纹，而激光淬火使缺陷和裂纹扩大。

5.5.8　冷激铸铁挺杆高频感应淬火开裂

挺杆是发动机上的关键部件，与凸轮轴形成高应力接触，摩擦较大，要求其表面具有高硬度和高耐磨性，同时基体有一定的综合力学性能。某挺杆采用高频感应淬火或盐浴整体淬火后，常出现裂纹、变形及表面性能不足等缺陷，影响到产品质量。

挺杆的外形见图 5-20，材料为铬钼铜冷激合金铸铁，高频感应淬火时，采用圆弧感应器，挺杆上下加热运动。由于半径 3mm 的棱角存在，该位置加热温度偏高，存在过热倾向，而冷却后组织应力增大，超过了材料的抗拉强度而开裂。

采用图 5-21 所示的火焰淬火设备对挺杆进行火焰加热表面淬火可有效防止淬火开裂等缺陷，其工艺参数为：火焰加热温度为 860～900℃，挺杆的旋转速度 30～60r/min，乙炔压力 0.04～0.06MPa，氧气压力 0.5～0.7MPa，喷嘴距加热表面的距离为 50mm，180～200℃×120min 的回火处理，硬化层深度≥3mm，冷激层深度≥4mm，底面硬度为 63～69HRC，杆部硬度 93～104HRB。

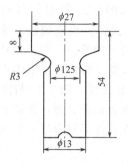

图 5-20 挺杆外形尺寸

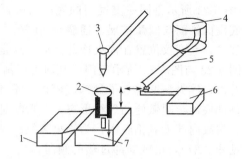

图 5-21 挺杆火焰加热表面淬火装置组成示意图

1—油槽；2—挺杆；3—乙炔加热喷枪；4—振动料斗；

5—排列槽；6—送料机构；7—旋转打料装置

5.5.9 内燃机气门锥面高频感应淬火裂纹

内燃机气门进行锥面淬火的目的是满足其耐磨性，通常规定其锥面硬度在 48HRC 以上。某型号的内燃机气门材质为整体马氏体耐热钢（X45Cr9Si3），采用六工位高频感应淬火机床进行气门的锥面淬火。该产品的技术要求为：锥面硬度 550～700HV30，硬化层深度 ≥2.8mm，晶粒度细于 8 级，淬火实景见图 5-22。在某天操作者发现有 300 余支气门锥面淬火后开裂，具体形状见图 5-23 与图 5-24，可以看出该裂纹在气门的底窝与圆弧长度均较长。此淬火介质采用浓度为 10%～15% 的淬火液进行桶内喷射冷却，淬火介质温度为 26℃，经检查高频感应淬火工艺参数正常。

图 5-22 六工位淬火实景

图 5-23 气门底窝裂纹

图 5-24 气门圆弧与锥面裂纹

气门锥面淬火后产生淬火裂纹，该类缺陷是致命的也是绝不允许的，一旦出现将造成十分严重的后果，即造成发动机的早期失效，甚至会发生重大人身伤亡事故。对此批出现淬火裂纹的产品进行如下几个方面的分析，目的是找到其裂纹产生的原因并采取预防措施。

(1) 检查气门的化学成分 对该产品的盘部采用光谱分析，检测结果见表 5-5，其化学成分符合要求。

表 5-5 开裂气门的化学成分（质量分数）

化学元素	C	Si	Mn	S	P	Cr
标准要求/%	0.40～0.50	2.70～3.30	≤0.60	≤0.030	≤0.040	8.80～10.00
实际检测/%	0.46	2.84	0.48	0.0025	0.0031	9.23

(2) 外观与金相分析 为了分析其裂纹的特征，首先进行外部宏观部分的观察与分析。

图 5-23 与图 5-24 所示是同一支气门的底面与圆弧的裂纹形式，从图 5-23 与图 5-24 可知淬火裂纹从底窝向锥面与圆弧扩展（通裂），在气门底窝或锥面与圆弧位置出现裂纹，这通常是批量的裂纹，其裂纹位置在淬火冷却区域，这是此处截面差别较大的部位，裂纹形状基本一致。从图 5-23 与图 5-24 所示气门（端面有底窝）锥面淬火后的裂纹形式（采用淬火液冷却）可以看出，淬火深度进入了盘部底窝内，造成此处应力集中而开裂。图 5-25 与图 5-26 所示为其盘部底面与圆弧处的裂纹形态，其形状是头粗尾细，淬火表面裂口宽，越向心部延伸越细小，裂纹内部无氧化脱碳，为淬火裂纹。经检查其晶粒度在 6 级不符合细于 8 级的工艺要求（见图 5-27），出现局部过热的倾向。

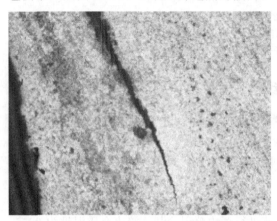

图 5-25　气门盘部底面淬火裂纹

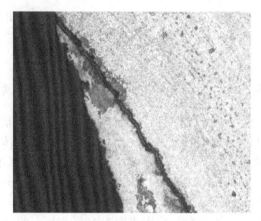

图 5-26　气门圆弧处裂纹

图 5-27　淬火裂纹处晶粒度
局部粗大（6 级）　400×

从裂纹件金相图片分析，裂纹不是淬火过烧裂纹和淬火前裂纹，是淬火后造成的裂纹，经淬火冷却后裂纹扩展。对开裂的与不开裂的两支气门进行淬硬层深度检查，具体见图 5-28 与图 5-29。

从图片可知，正常的气门淬火硬化层深度为 4～5mm，锥面硬度为 620～680HV30。锥面开裂的气门淬火硬化层深度为 7mm（裂纹位于淬火过渡区附近），硬度 635～647HV30。可以看出二者的差异在于硬化层深度的不同。工艺规定硬化层深度是大于 2.8mm，没有上限要求。

出现淬火裂纹的产品硬化层深度比正常产品深 2mm，另外检查发现开裂的气门盘厚比正常的盘厚厚 0.3mm。

一同淬火的两种气门的盘部外圆是一样的，唯一区别为发生淬火开裂的气门底窝直径大，具体见图 5-30。二者的具体尺寸比较见表 5-6。可以看出二者区别在于当硬化层深度大于 5mm 后，则底窝大的气门淬火区进入气门盘部厚薄交界处。

表 5-6　两种锥面淬火气门外部尺寸比较

项目	盘部直径/mm	底窝直径/mm	二者直径差/2（菱形长度）	锥面角度	盘厚/mm	杆径/mm
A 气门	φ34	φ16	9	45°	4.2	φ6.5
B 气门（产生淬火裂纹）	φ34	φ24	5	45°	4.5	φ6.5

图 5-28　正常的淬火硬化层深度

图 5-29　锥面淬火裂纹（上）与无裂纹（下）的硬化层深度对比

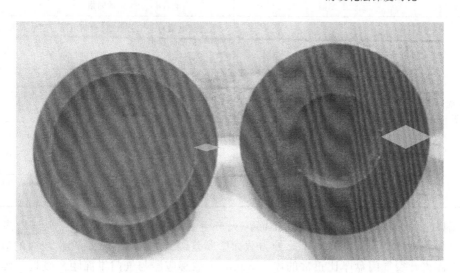

图 5-30　两种锥面气门盘部与底窝的对比

（3）检查淬火感应器与气门锥面的间隙　因气门锥面淬火采用杆端定位，气门总长不变，盘部厚势必造成气门锥面与感应器的距离近，在加热过程中，加热深度较深，进入截面厚薄交界处，淬火后造成此处局部过热，淬火应力过大而开裂。图 5-31 为淬火过程中加热的气门与夹持的夹具。

（4）现场实际检查与判断　同时检查六个夹具的跳动情况，发现其中一个夹具（弹簧卡头）跳动大，在设备运行中，造成锥面淬火加热温度不均匀，造成硬化层过深，进入产品底窝内（底窝为应力集中区），在冷却过程中因应力过大而造成气门锥面开裂。

根据以上几个方面的分析，在气门锥面淬火过程中，若严格落实表 5-7 要求，则可有效避免此类裂纹的产生，这是在生产过程中经验与教训所得。另外对于有底窝的该类气门要考虑硬化层深度有一个合理的范围，决不允许硬化层深度进入盘部底窝内。可通过首件进行验证，并确定最佳的硬化层深度。

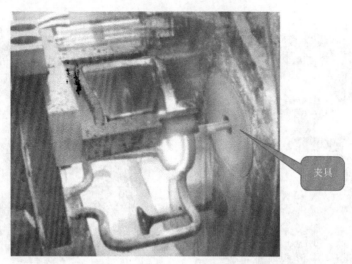

图 5-31　加热的气门与夹持的夹具

夹具

表 5-7　气门锥面或圆弧淬火开裂的原因分析与预防措施

缺陷名称	产生原因	预防措施
锥面或圆弧淬火开裂	盘部有折叠,造成淬火后沿此处开裂,延伸到锥面或圆弧上	①气门电镦时按工艺参数(包括电压、电流、油压、时间、砧子缸与顶端缸后退速度、夹持力等)进行调整 ②气门杆部无划痕,钳口定期进行更换
	加热深度进入盘部底窝,此处为应力集中区而开裂	①首件进行晶粒度与淬火深度的检测 ②淬火深度应以未进入盘部底窝内为准(金相法) ③工艺规定硬化层深度应在 2.8~4.5mm
	气门与感应器相对位置不正确,加热温度不均匀或过热(或产品存在内部缺陷)	①首件进行晶粒度与淬火深度的检测 ②生产过程中进行产品质量检查 ③对弹簧卡头进行检查,跳动大则立即更换
	冷却液的浓度低,冷却不良,造成冷却速度过快	每班进行浓度或折光系数的检测,符合要求后方可进行淬火处理

根据以上的分析可知,该批气门锥面淬火产生裂纹的原因在于局部淬火温度高出现过热,淬火深度进入了盘部低窝内,此处为截面壁厚差距最大处,淬火后产生较大的应力集中而开裂。淬火开裂气门盘厚比正常的厚 0.30mm,故感应器与气门锥面距离较近,淬火深度深;夹持气门杆部的弹簧卡头跳动大(一个工位),是造成局部过热、淬火深度深,产生此次淬火开裂的原因。此批产品锥面淬火开裂是各种因素综合作用的结果。

5.5.10　42CrMo 钢汽车前轴淬火开裂

汽车前轴采用 42CrMo 钢制造,前轴外形如图 5-32 所示,其工艺流程为:下料→中频感应加热→模锻成形→余热淬火→高温回火→喷丸→探伤。在对某锻件调质处理后经过磁粉探伤检查发现有大量的裂纹,裂纹宏观形貌如图 5-33 所示。为此从裂纹形态、化学成分、显微组织等方面进行了淬火开裂的原因分析,同时提出了有效的改进措施。

对其化学成分进行检查,常规化学成分符合 GB/T 3077—1999《合金结构钢》中的 42CrMo 的要求,但残留的硼含量异常为 0.0034%,并已达到硼钢所要求的 0.0005%~ 0.0035%硼含量范围的上限,后经过复检(采用全谱直读电感耦合等离子体发射光谱仪,简称 ICP)测定钢中沿晶界分布不均匀的硼,其含量为 0.0026%,仍然达到硼钢的含硼量

(a) 前轴头部 （b) 工字梁截面

图 5-32　重型车前轴外形图

图 5-33　前轴头部和工字梁截面的裂纹宏观形貌

范围。

　　低倍酸蚀分析符合标准要求，对前轴工件试样沿裂纹人工敲开获得断口后，采用 XL30-TMP 型扫描电镜的二次电子图像对比观察分析表明，原裂纹试样的旧断口的微观形貌为沿晶加腐蚀坑，表面氧化较严重，有些部位仍可看见白色 Al_2O_3 颗粒夹杂，见图 5-34 属于晶界弱化的沿晶脆性断裂，而人工新断口的微观形貌则为准解理加韧窝，见图 5-35。

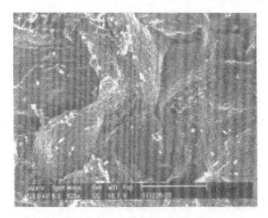 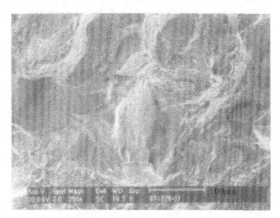

图 5-34　原旧断口的微观形貌

图 5-35　新断口的微观形貌

　　截取与裂纹垂直的面磨削成金相试样，抛光后经 4%硝酸酒精腐蚀，在 XJL-02 型立式金相显微镜下观察裂纹浸蚀前后的微观形貌，裂纹的横断面形貌见图 5-36。裂纹呈弯曲形状，沿径向方向扩展，并且裂纹两侧无脱碳现象，见图 5-37，为热处理裂纹，裂纹处的非金属夹杂物级别为 A0.5、B0.5、C1.0、D0.5，裂纹内外及其周围无异常夹杂。

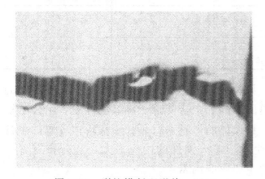 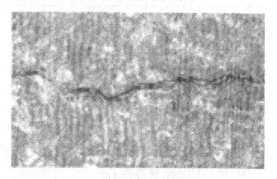

图 5-36　裂纹横断面形貌　50×

图 5-37　裂纹两侧无脱碳　100×

　　经浸蚀后的观察分析，裂纹两侧的金相显微组织为保留马氏体位向的粗大回火索氏体，见图 5-38，可以看到材料有较为严重的成分偏析带。为进一步验证偏析，从同一炉及同一规格的未锻造及热处理的原材料上取样观察，原材料的金相显微组织为珠光体＋（贝氏体＋马氏体）＋铁素体，见图 5-39，同样存在严重的成分偏析带，见图 5-40。带状偏析造成的组织差异见图 5-41，经分析带状组织为贝氏体＋马氏体。

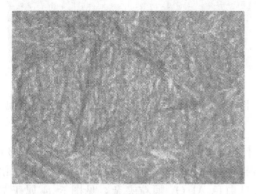

图 5-38　裂纹两侧的显微组织　500×

图 5-39　原材料的显微组织　100×

图 5-40　原材料的带状组织偏析　100×

图 5-41　带状偏析造成的组织差异　100×

采用 X 射线能谱分析仪对裂纹件与原材料的偏析带与基体进行定性半定量成分分析，发现偏析区的主要成分为 Fe、Si、Cr、Mn，偏析带的合金成分含量高于基体，其中 Cr、Mn、Si 含量超出 GB/T 3077—1999《合金结构钢》标准中对于 42CrMo 钢成分要求的范围上限，具体见表 5-8。

表 5-8　裂纹件与原材料的偏析带与基体的能谱分析结果　　　　　　　%

元素		Si	Cr	Mn	Fe
裂纹件	偏析带	0.43	1.48	1.44	96.65
	基体	0.34	1.38	0.95	97.32
原材料	偏析带	0.39	1.56	0.95	97.23
	基体	0.34	1.40	0.82	97.49

通过以上分析可知，原材料中硼含量异常，该钢实际上成为 42CrMoB 钢。当一定量的硼以固溶体的形式存在于钢中时，因硼偏聚在奥氏体晶界上，降低了晶界的能量，阻碍了铁素体晶核的形成，因而降低了先共析铁素体和上贝氏体的形核率，延长了奥氏体分解的孕育期，使 C 曲线右移，提高了钢的淬透性。淬透性对于淬火钢件的内应力大小和分布有着重要的影响，在大多数情况下成为产生淬火裂纹的主要影响因素。

前轴裂纹的形状是沿轴向由工件的表面裂向心部的深度较大的裂纹，裂纹两侧无明显的氧化与脱碳，裂纹沿奥氏体晶界开裂，说明裂纹是在淬火过程中形成的，是由淬火冷却后期马氏体相变组织应力而引起的表面切向拉应力所致的纵向裂纹，常发生在工件未淬透的情况下。

从原材料带状偏析的方面对淬火开裂的金相检验分析。前轴原材料中的带状偏析严重，组织不均匀，带状组织的存在进一步加大了工件的淬火开裂倾向。带状组织中相邻显微组织的不同，使得工件在热处理淬火过程中因相变前后的比容差异增大引起膨胀，从而产生很大的组织应力，最终增加工件淬火开裂倾向，也容易造成工件的开裂。

另外前轴锻造余热淬火、回火后的显微组织晶粒粗大，因组织的遗传性，说明锻造成形终锻后且淬火前的奥氏体晶粒也粗大。钢的晶粒大小对于钢的破断抗力有显著影响。

综上所述，消除前轴裂纹的解决方案如下：

① 钢厂在炼钢过程中要严格控制残留硼的含量，同时避免成分偏析引起的组织偏析；

② 更换原材料生产厂家，并严格进行入厂检验，尤其是对产品质量有影响的残留元素和成分偏析；

③ 严格控制锻造温度和缩短锻后至淬火的预冷停留时间，以获得细的晶粒；

④ 针对原材料的缺陷，热处理采用调整聚合物淬火液的冷却特性、淬火后立即入炉回火、延长回火保温时间等工艺手段；

⑤ 对于原材料缺陷较严重的工件，采取锻造后进行正火处理，然后重新进行淬火与回火热处理。

可见，造成42CrMo钢前轴锻件淬火开裂的主要原因是钢中残留硼元素含量异常，而原材料中的带状偏析和热加工中粗大的显微组织加大了工件开裂的倾向。通过采取控制原材料质量和调整工艺，改善显微组织，并根据对原材料的常规和微量成分及成分偏析的检验结果来调整热处理工艺的改进措施，其后续的42CrMo钢前轴锻件的批量热处理没有出现淬火开裂现象。

5.5.11 回转支承感应淬火后软带裂纹

6t挖掘机的回转支承，其回转中心直径为730mm，滚动直径为22mm。为测试回转支承的使用寿命，采用图5-42所示的方法模拟实际使用工况进行承载试验，加载30000转后发现软带区裂纹。

该零件材质为S48C环件，采用圆柱连铸连轧圆钢锭，经碾环成形，再进行调质处理。其产品加工流程：毛坯超声检查→粗车外形→加工堵塞孔→配堵塞→钻锥销孔→配锥销→粗车滚道→滚道淬火→回火→磁粉检测。该产品工艺采用扫描感应淬火，后进行180～200℃低温回火处理以及磁粉检测。考虑到扫描感应淬火工艺原因，必须在堵塞处预留一工艺软带，如图5-43所示（两条线之间），该产品在进行无损检验未发现裂纹后进行后续加工。

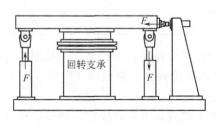

图5-42 承载试验示意图

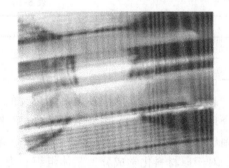

图5-43 工艺软带

该产品经加载试验后拆检，发现存在两条裂纹，一条位于堵塞孔边缘处，另一条位于热处理过渡区。两条裂纹均位于工艺预留软带区，且软带区存在明显的磨损痕迹，滚道其余位置与内置滚动体未见异常。将裂纹沿着滚道圆周方向线切割后进行金相检验，并在滚道未见异常区域取样验证扫描感应淬火质量。裂纹外观形貌及裂纹显微形貌如图 5-44~图 5-46 所示。

淬火质量检测见表 5-9，淬硬区金相组织如图 5-47 与图 5-48 所示，无异常。

表 5-9　淬火质量检测结果

检测项目	硬度（HRC）	淬硬层深度/mm	金相组织级别	无裂纹
技术要求	55~62	≥2	3~7	无裂纹
实测	55.9~56.4	3.03~3.26	4	无裂纹

从表 5-9 可知，淬火质量符合技术要求。

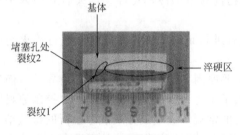

图 5-44　裂纹位置

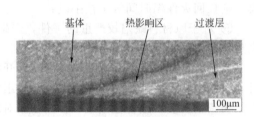

图 5-45　裂纹 1 金相照片　100×

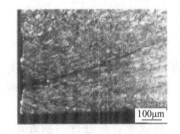

图 5-46　裂纹 2 金相照片

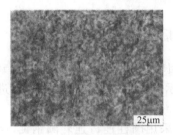

图 5-47　淬硬区金相照片（1）

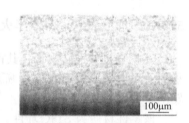

图 5-48　淬硬区金相照片（2）

软带宽度检测见表 5-10。JB/T 2300—2011 与 JB/T 10839—2008 标准对于软带具有明确的要求，软带宽度是指软带两端滚道中部硬度为 50HRC 处之间的距离，带有堵塞孔的套圈软带宽度应不大于堵塞孔直径加 35mm。实际检测情况符合技术要求。

表 5-10　软带宽度检测结果

检测项目	软带宽度/mm	备注
技术要求	≤62	
实测	44.2	合格

裂纹原因分析：感应淬火产生裂纹的原因主要包括原材料质量不合格、热处理工艺参数不合理等。从图 5-44~图 5-46 裂纹位置来看，裂纹不在淬硬区，裂纹 1（见图 5-45）位于淬硬层起始位置，裂纹 2（见图 5-46）在堵塞孔边缘处。

对于原材料化学成分、基体组织和力学性能进行了检测，未发现异常，均符合标准和技术要求，具体见表 5-11、表 5-12 与图 5-48。

表 5-11 原材料的化学成分（质量分数）

元素	C	Mn	Si	Cr	Mo	Ni	Cu	P	S
标准值/%	0.47～0.51	0.65～0.90	0.15～0.35	0.10～0.20	≤0.25	≤0.20	≤0.30	≤0.020	≤0.020
实测值/%	0.488	0.834	0.236	0.147	0.0214	0.0325	0.0169	0.0121	0.0055

表 5-12 原材料的力学性能

检测项目	冲击吸收能量 A_{KU_2}/J	下屈服强度 R_{el}/MPa	抗拉强度 R_m/MPa	断后伸长率 $A/\%$	断面收缩率 $Z/\%$	硬度（HBW）
标准值	≥33	≥390	≥645	≥14	≥37	207～262
实测值	65	501	799	21.5	61	222～235

如前所述，淬火与回火结束后进行全面的磁粉检测，未见工件裂纹，在工件加载荷后发现肉眼可见的裂纹，可确定为裂纹是由于承载受力后产生的。

首先对裂纹 1 进行分析。图 5-45 中裂纹处在基体与淬火过渡区，基体组织区域发生严重的塑性变形（见图 5-50），过渡区出现了少量马氏体（见图 5-45），并逐步向淬硬区过渡，直至马氏体区（见图 5-48），屈服强度逐渐增强。反复的碾压过程中容易在基体与过渡区之间造成应力集中，达到该区域内的极限屈服强度后产生裂纹，并沿过渡区扩展。

图 5-49 基体组织（索氏体）

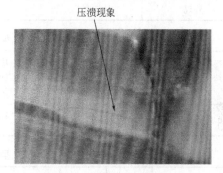

图 5-50 软带区的压溃图片

其次对裂纹 2 进行分析。工件进行感应淬火时在图 5-49 处为工艺预留回火带，未经过淬火，组织为基体组织。从图中可发现此处存在着与加载运转方向一致的塑性变形，组织发生严重的流线状变形。由于工件承载后，此处未淬火屈服强度较低，当应力超出材料的屈服强度时引起塑性变形，经反复碾压后晶粒发生滑移，在应力作用下沿滑移面分离而造成滑移面分离剥离。

可见该产品所产生的裂纹是工件软带区承载后产生的工件承载失效裂纹，根据行业的试验研究可采取如下措施预防软带区裂纹的产生：严格控制堵塞与堵塞孔的配合间隙；对于软带区进行磨凹处理。

5.5.12 钟形壳感应淬火裂纹

等速万向节是汽车传递扭矩到车轮的重要部件，由变速器轴端的滑动万向节、车轮端的固定万向节及中间的传动轴构成。某 55 钢制两种钟形壳实物见图 5-51 与图 5-52，其淬火的部位是花键杆部及内球道。

对钟形壳实物进行感应淬火，工艺图样如图 5-53、图 5-54 所示，技术要求见表 5-13，回火工艺为（160±10）℃×3h，淬火工艺参数分别见表 5-14 与表 5-15。

图 5-51 501 型钟形壳

图 5-52 507 型钟形壳

表 5-13　钟形壳的技术要求

位置	C1	C2	C3	A1	A2	A3	A4
距端口/mm	6	17	30	花键根部	花键根部	花键根部	花键根部
硬度（HRC）	58~62	58~62	58~62	58~62	58~62	58~62	58~62
有效硬化层深度/mm	1.0~2.6 (550HV1)	1.5~3.0 (550HV1)	1.0~2.6 (550HV1)	2.5~5.0 (550HV1)	2.5~5.0 (550HV1)	1.5~4.0 (550HV1)	2.5~5.0 (550HV1)
金相组织/级	3~6						
外观	无裂纹、烧伤、锈蚀等						

表 5-14　501 型钟形壳感应淬火工艺参数

淬火冷却介质浓度/%	淬火冷却介质温度/℃	淬火冷却介质压力/MPa	淬火冷却介质液位	机床冷却水压力/MPa	冷却水温度/℃	变压器匝数比	补偿电容器个数/个	直流电压/V	直流电流/A	频率/kHz	加热时间/s	冷却时间/s	工件转速/(r/min)
10	14	0.2	上下限之间	0.3	21	10:2	9	460	375	8	5.1	6	50

表 5-15　507 型钟形壳感应淬火工艺参数

淬火冷却介质浓度/%	淬火冷却介质温度/℃	淬火冷却介质压力/MPa	淬火冷却介质液位	机床冷却水压力/MPa	冷却水温度/℃	变压器匝数比	补偿电容器个数/个	直流电压/V	直流电流/A	频率/kHz	冷却时间/s	工件转速/(r/min)
6	14	0.3	上下限之间	0.3	21	15:2	18	418	267	12	10	50

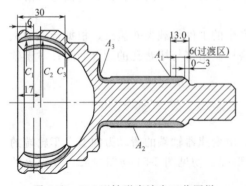

图 5-53　501 型钟形壳淬火工艺图样

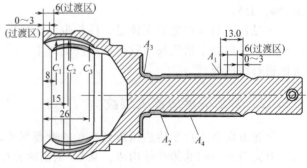

图 5-54　507 钟形壳淬火工艺图样

按此工艺生产的 501 型钟形壳共 2750 件，发现 1750 件口部出现裂纹，其中口部纵向裂纹为 1215 件，口部横向裂纹为 535 件，裂纹形态见图 5-55、图 5-56 所示。

裂纹主要集中在钟形壳口部，一种是纵向裂纹沿沟道端部向下，长度 3～6mm，深度 2mm 以下；另一种是横向裂纹，长度 4～8mm，深度 2mm 以下。杆部台阶处存在圆周裂纹，如图 5-57 所示，裂纹件实测数据见表 5-16。

图 5-55 501 型口部纵向
裂纹形态

图 5-56 501 型口部横向
裂纹形态

图 5-57 台阶处圆周裂纹

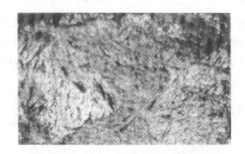

图 5-58 内圆尖角处组织 400×

图 5-59 杆部台阶处组织 400×

表 5-16 裂纹件的检测数据

项目	杆部	内圆与六槽		
表面硬度 HV1	(杆部硬度:58～60HRC) (0.1mm)698、694、685	内圆表面处:718、717、735		
		六槽表面处:675、698、708		
淬硬层深度/mm	测至 450HV1 处	测至 524HV1 处		
	花键中部:2.85 杆部中部:2.89 R 部:2.20 台阶最深处:2.97	位置	端面	中间	尾端
		内圆	3.67	2.91	3.18
		六槽	2.74	2.19	2.73
		六槽端面裂纹处:2.74		
硬化区范围/mm	六槽淬火起始位置:距端头	0		
	花键端淬火起始位置:	8.7		
金相组织	端面内圆尖角处:组织过热明显，马氏体 1～2 级(见图 5-58) 台阶处:马氏体 1～2 级(见图 5-59) 六槽端面裂纹处:马氏体 2～3 级(见图 5-60)			

从检验结果来看，裂纹处组织具有过热倾向，该处淬火起始位置允许端头处有 5mm 的非淬火区。而裂纹零件非淬火区为零，一直淬到端头，端面硬化层达到了 2.74mm，从而引起了端面淬火裂纹，因此端头保留未淬火区可以从根本上避免发生钟形壳六槽端面裂纹。

从杆部内圆与六槽淬火组织来看，多处位置的组织出现了过热，形成了粗大的马氏体组织，导致零件性能急剧恶化，极易在淬火时发生开裂。

从台阶无裂纹的 501 型与有裂纹的 507 型钟形壳硬化层分布（见图 5-61、图 5-62）形状对比可以看到，合理的设计感应器与工件位置关系，形成合理的硬化曲线，可以有效地避免裂纹的产生，提高感应淬火的质量水平。

图 5-60　端面裂纹处组织　400×

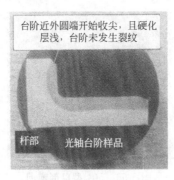

图 5-61　501 型钟形壳台阶处硬化层

图 5-62　507 钟形壳台阶处硬化层

根据以上检验结果，对于 501 型钟形壳的内腔裂纹制定试验方案：口部端面淬硬层深度 ≥3mm，应减少口部淬硬层深度，在其他工艺参数不动的前提下，向下移动感应器，移动距离分别为 1mm、2mm、3mm，各生产 2 件，口部未见裂纹，移动 4mm 时在靠近底部球道出现了裂纹。内球道检查结果见图 5-63～图 5-66 所示，具体见表 5-17。

表 5-17　501 型钟形壳感应器向下移动与内球道检验结果

图号	感应器向下移动距离/mm	口部淬硬层深度/mm	产生裂纹倾向	试验 1	试验 2
图 5-63	0	3.1	最易产生裂纹	—	—
图 5-64	1	口部有较尖的淬硬层	裂纹倾向明显减小	—	—
图 5-65	2	口部有 1mm 的未淬硬区	口部不会产生裂纹	继续淬火 40 件，发现有 2 件开裂，此时介质温度为 12℃，浓度 6%	将介质温度提高 22℃，浓度提到 10%，连续检验 2400 件，无裂纹产生
图 5-66	3	口部有 5mm 的未硬区	口部 6mm 处监测点淬硬层深度不够	—	—

针对 507 型钟形壳的台阶处呈圆弧裂纹问题，具体试验结果见表 5-18。

表 5-18　507 型钟形壳用感应器与台阶断面的距离调整结果

试验序号	感应器与台阶端面的距离/mm	开裂情况	表面硬度和淬硬层深度	继续试验
1	0.2	2 件中 1 件开裂		—
2	0.4	2 件无裂纹	各相指标合格，靠近边界金相组织 3 级	—
3	0.6	2 件无裂纹	各相指标均合格，A3 处淬硬层深度 2.0mm，台阶处表面硬度 61HRC，金相组织 5 级，各相指标处于安全范围	连续生产 2400 件，均无开裂
4	0.8	2 件无裂纹	各相指标合格，A3 处淬硬层深 1.53mm，处于要求的边界	—

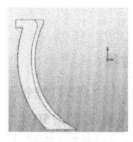

图 5-63　感应器
未移动

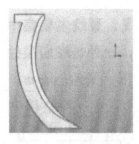

图 5-64　感应器
下移 1mm

图 5-65　感应器
下移 2mm

图 5-66　感应器
下移 3mm

综上所述，501 型与 507 型钟形壳的感应淬火裂纹主要与加热温度、淬硬层深度以及冷却速度有关，合理的加热温度使金相组织尽量靠近合格（3～6 级）的中间段（4～5 级），在满足淬硬层深度要求的条件下，必须严格淬火介质控制浓度、温度，在满足硬度要求的前提下，尽量降低冷却速度，即提高淬火介质的浓度与温度，同时要严格执行技术规范与要求。

5.5.13　微型载货汽车半轴的结构优化

某微型载货汽车的半轴在运行一段时间后，连续出现半轴早期断裂事故，半轴结构见图 5-67，技术要求为杆部表面硬度≥52HRC，有效硬化层深度（5±0.7）mm，圆角淬硬范围最小 $\phi50$mm，淬硬层最大深度 8mm。热处理工艺为：中频感应加热淬火（连续加热淬火法，频率为 3500Hz）＋180℃低温回火。

对断裂半轴进行外观分析，发现断裂均发生在圆角处，具体分布见图 5-68 所示。从图 5-68 可知，图样要求圆角淬硬范围最小为 $\phi50$mm，而实际其圆角部位淬硬层范围为 $\phi35$mm，其形状未达到产品技术要求，半轴断裂的主要原因是圆角处薄弱。该半轴最大直径为 32mm，感应器的内孔最小尺寸应为 $\phi38$mm，感应器的厚度为 15mm，则感应器外径应为 68mm。检查原感应器，见图 5-69，由于感应器进入部位较浅，无法达到图样的硬化区形状。

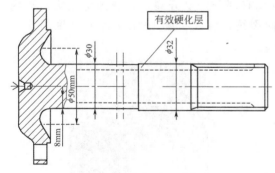

图 5-67　半轴结构图样

图 5-68　半轴原淬硬层分布情况

解决方案：①对半轴结构重新设计，改进后的半轴结构如图 5-70 所示；②采用原设计感应器放入改进后的半轴中，其感应器达到部位如图 5-71 所示。

对于改进后的半轴采用原感应器进行中频感应淬火，其淬硬层分布如图 5-72 所示。从图 5-72 可知，该半轴圆角处已经淬硬，达到图样要求。

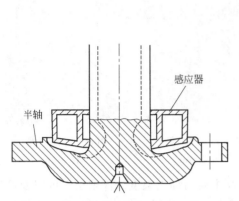

图 5-69 原感应器进入半轴部位

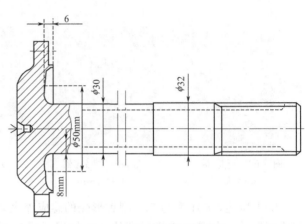

图 5-70 改进后的半轴结构

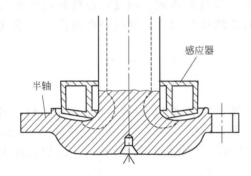

图 5-71 改进后感应器进入半轴部位

图 5-72 改进后半轴的硬化层分布情况

5.5.14 汽车半轴法兰盘内端面开裂

汽车半轴是重要的传动部件,使用过程中需要承受较大的交变载荷,因此半轴必须具有较高的强度,即要求半轴表层具有较高的硬度,心部具有较高的韧性。选用 40Cr 钢制造半轴,并经过整体调质和中频感应淬火处理,才能满足其在服役过程中的性能与要求。18040B 型汽车半轴调质件,在加工过程中,发现有部分产品开裂,开裂部位在法兰盘内端面 R 部位。距法兰盘外圆 30mm 处形成周向裂纹,裂纹长度 100mm 左右(见图 5-73与图 5-74)。

图 5-73 半轴失效件(实物)

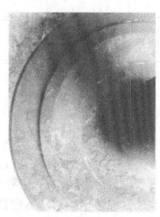

图 5-74 半轴开裂部位(实物形态)

半轴的加工流程为：圆钢下料→法兰盘锻造→切削粗加工→调质处理→切削精加工→中频淬火处理→磨削加工→成品入库。

从该批原材料上截取试样进行理化检测。其化学成分与力学性能检测结果见表5-19和表5-20，符合技术要求。沿半轴开裂的垂直方向取样，经过抛光浸蚀，在显微镜下可观察到裂纹端部开口处、裂纹两侧有明显的脱碳层，而且全脱碳层较深（见图5-75），裂纹中间部位两侧脱碳层更为严重，脱碳层深度达0.50mm。全脱碳层的铁素体基体呈柱状晶分布，是典型的高温氧化脱碳转变产物，该柱状晶铁素体是在锻造过程中产生的（见图5-76）。

表5-19 40Cr钢原材料的化学成分（质量分数）

元素	C	Si	Mn	Cr	S	P
技术要求/%	0.37～0.45	0.17～0.37	0.50～0.80	0.80～1.10	≤0.035	≤0.035
实测值/%	0.408	0.199	0.612	0.932	0.018	0.009

表5-20 40Cr钢原材料的力学性能

项目	抗拉强度 σ_b/MPa	屈服强度 σ_s/MPa	断后伸长率 δ/%	断面收缩率 ψ/%	冲击吸收能量 /J
技术要求	≥980	≥785	≥9	≥45	≥47
实测值	1120	845	12	49	51

图5-75 裂纹端部开口部位 100×

图5-76 裂纹中间部位 100×

裂纹两侧的脱碳层没有随裂纹继续向前延伸，而是呈椭圆状包围在裂纹两侧。在脱碳层消失的过渡区，裂纹首先沿45°角开裂，然后沿晶开裂，如图5-77所示。淬火裂纹的尾部尖锐，裂纹两侧无脱碳层，裂纹附近有晶间熔洞组织，为低熔点硫化物熔融的孔洞（见图5-78），为锻造温度下形成的。

图5-77 裂纹扩展部位 100×

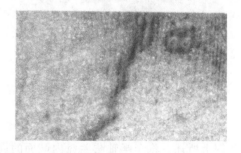
图5-78 淬火开裂部位 100×

材料基体组织中非金属夹杂物很多，整个视场布满了各种形态的夹杂物。图5-79与图5-80中所示浅灰色条状组织属于塑性硫化物夹杂，深灰色块状组织属于略显塑性的硅酸盐夹杂物，这两类组织在锻造过程中，割裂了基体组织的连续性，使材料的强度与韧性显著降低，极易沿夹杂物边缘形成应力集中而产生裂纹，由此形成锻造开裂。

 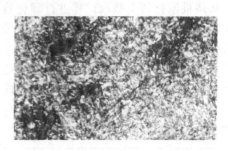

图 5-79　非金属夹杂物（1）　400×　　　　　图 5-80　非金属夹杂物（2）　400×

在淬火裂纹尾部的分叉部位，晶粒有整颗剥落的现象，开裂处可见沿晶界析出的浅灰色硫化物夹杂。硫化物夹杂在锻件加热温度偏高的情况下固溶，锻后缓冷过程中沿晶界析出，调质淬火应力使组织沿脆弱的晶界开裂（见图 5-81）。在裂纹处明显可见，非金属夹杂物呈长条状曲折状分布，这是硫化物夹杂物沿晶界析出的典型特征（见图 5-82）。

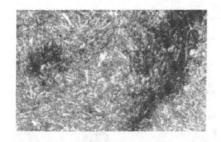 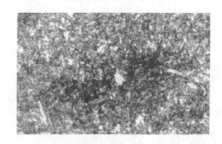

图 5-81　夹杂物沿晶析出（1）　400×　　　　　图 5-82　夹杂物沿晶析出（2）　400×

图 5-75 所示，裂纹开口处两侧表面都有圆弧状的凹坑，裂纹右侧表面凹坑边缘还出现圆弧状二次裂纹，裂纹左侧的脱碳层内同样存在次生的二次裂纹。对于试样表面进行观察，整个法兰盘内端面 R 部位表层，布满了大小不等的圆弧状的凹坑（见图 5-83），有些部位的凹坑粗大且较深，凹坑的底部断续分布点状的黑色孔洞，并已经扩展成连续的二次裂纹（见图 5-84）。初步推测，这种圆弧状的凹坑属于非应力状态下的腐蚀坑。

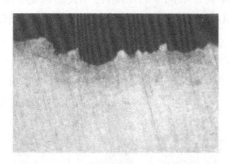 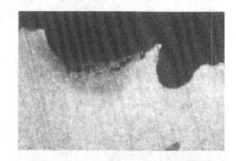

图 5-83　酸洗腐蚀凹坑（1）　100×　　　　　图 5-84　酸洗腐蚀凹坑（2）　100×

综上所述，汽车半轴法兰盘内端面的周向裂纹，属于锻造开裂的裂纹，是原材料中非金属夹杂物过多造成的。锻造加热温度偏高，使非金属夹杂物锻造后缓冷析出形成曲折的条状组织，脆性增大。调质淬火造成应力集中，使锻造裂纹继续扩展，并沿析出的条状硫化物边缘开裂。

5.5.15 叉车桥半轴工艺改进

叉车桥半轴材料为40Cr，形状如图5-85所示，技术要求为：调质硬度28～32HRC，花键及 $\phi42mm$ 杆部至法兰 $\phi80mm$ 处表面感应淬火硬度52～57HRC，淬硬层深度3～6mm，具体位置及淬硬层分布见图5-86。

对于叉车桥半轴三个失效件进行检测，具体结果见表5-21，断口处没有淬硬层。

表5-21 叉车桥半轴失效件检测结果

检测项目	基体调质硬度（HRC）	花键表面硬度（HRC）	花键处淬硬层深度/mm	轴颈表面硬度（HRC）	轴颈淬硬层深度/mm
技术要求	28～32	52～57	3～6	52～57	3～6
失效件1号	20	51	2.05	55	3.0
失效件2号	21	51	2.05	56	3.0
失效件3号	21	52	2.05	56	3.0
判定	基体硬度不合格	仅3号合格	不合格	合格	合格

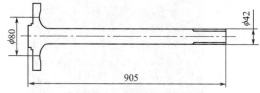

图5-85 叉车桥半轴零件

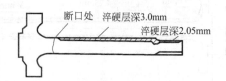

图5-86 叉车桥半轴断裂位置及淬硬层分布

从以上检测与分析可知，半轴断口处为淬硬层过渡区，此处受到感应淬火时的热影响，表面硬度比本体调质硬度更低，造成此处强度大大降低，这是零件断裂的主要原因；另外调质硬度、淬硬层深度均未达到技术要求。

解决方案如下。

① 改进调质工艺的顺序。原先保留的加工余量太大，造成调质硬度低，为此在粗车后进行调质处理，保证了零件调质硬度达到技术要求。

② 感应淬火工艺参数的确定。正确选择设备的频率，按设备频率选择经验公式：

$$4\delta^2 < \Delta_{热}^2 < 16\delta^2 \tag{5-1}$$

式中 $\Delta_{热}$——电流的透热深度（mm）；

δ——规定的淬硬层深度（mm）。

对于一般碳钢：

$$\Delta_{热} = \frac{500}{\sqrt{f}} \tag{5-2}$$

由式(5-1)和式(5-2)有：

$$\frac{25 \times 10^4}{16\delta^2} \leqslant f \leqslant \frac{25 \times 10^4}{4\delta^2} \tag{5-3}$$

式中 f——设备的频率，Hz。

故当3mm $<\delta<$ 6mm时，450Hz $<f<$ 7000Hz。

通过不断试验，最终选用频率为6000Hz进行工艺调试，功率为65kW，杆部移动速度为F700，淬火冷却介质选用3%～7%AQ251溶液。改进后零件淬硬层分布要求见图5-87，中频感应淬火后硬度见表 5-22 所示，符合技术要求。对半轴局部热酸蚀宏观检验，感应淬火淬硬区已连接到弧形变径区域，保证了变径区硬度，使得半轴原断裂处失效倾向消除。

表 5-22　改进感应淬火工艺参数后叉车桥半轴表面检测结果

检测项目	杆部表面硬度（HRC）	杆部淬硬层深度/mm	花键硬度（HRC）	花键处淬硬层深度/mm	$\phi80$ 淬硬层深度/mm
技术要求	52～57	3～6	52～57	3～6	3～6
实测值	56、57、56	4.25	54、54、53	3.5	5.0
判定	合格	合格	合格	合格	合格

对于改进后叉车桥半轴进行金相组织检查，如图 5-88 所示，淬硬区为均匀的马氏体组织（4 级），具有良好的耐磨性和高硬度，$\phi80$mm 处表面感应淬火，大幅度提高了半轴变径处的强度，完全可以适应半轴所承受扭矩的工况，从而达到防止断裂失效、工艺改进设计的技术要求。

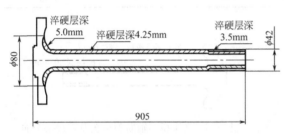

图 5-87　改进后零件淬硬层分布（阴影部分为淬硬层）

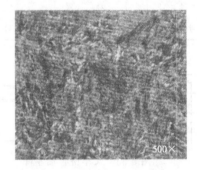

图 5-88　淬硬区金相照片

5.5.16　采用中频感应热处理控制枪管尾座的变形

枪管尾座采用箱式炉进行整体热处理，热处理后存在表面脱碳，硬度不均匀，枪管尾座外形不对称，淬火后变形难以校直等问题。枪管尾座材质为 42CrMo，枪管尾座形状如图 5-89 所示，要求局部硬度≥45HRC，感应部位壁厚 4.5mm，周边壁厚仅 1.5mm。如果采用高、中频感应加热，由于透热深，当厚处达到要求的温度后，薄处已经过热或熔废了。

枪管尾座感应器如图 5-90 所示，专用感应器形如葫芦，以葫芦内圆弧感应加热尾座两处闭锁槽，相邻闭锁槽薄壁处恰好位于葫芦口与底层，远离感应器铜管而不致过热。

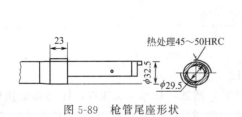

图 5-89　枪管尾座形状

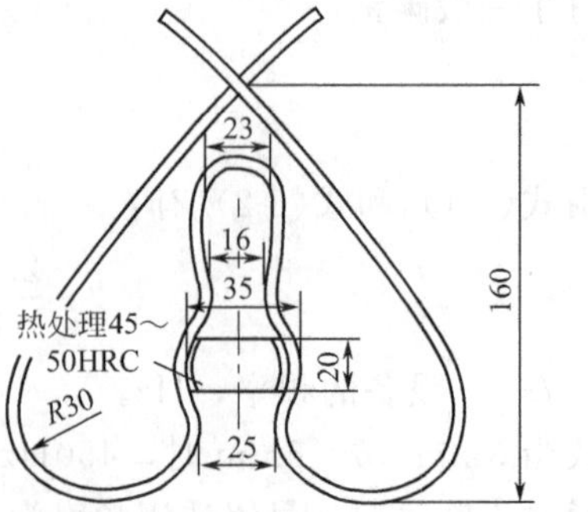

图 5-90　枪管尾座用感应器

感应淬火输入功率为 60kW（VA），输出振荡电流为 1000A，淬火加热温度提高到（870±10）℃，感应加热时间为 15～20s，淬火冷却介质为快速淬火油，确保局部感应加热硬度大于 45HRC。回火采用 RJJ-35 井式电阻炉，装量为 100 件，回火工艺为：加热到（180±10）℃，保温 1.5～2h。枪管尾座局部热处理新工艺曲线如图 5-91 所示。

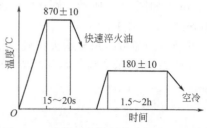

图 5-91　枪管尾座局部热处理新工艺曲线

枪管尾座采用原来工艺热处理时，表面氧化脱碳，导致硬度不均，采用新工艺无氧化脱碳，硬度均匀，达到 45～50HRC，满足设计要求。枪管尾座采用原工艺淬火后变形 0.15～0.20mm，矫直困难，采用新工艺以来，工件局部热处理无变形超差现象，全部达到设计要求。

5.5.17　减速器小齿轮轴断齿

小齿轮轴是 600 泵减速箱关键零件之一，该零件在油田使用不到一年即发生齿部断裂（见图 5-92）。失效齿轮轴材质为 42CrMo，技术要求为：齿面硬度 54～60HRC，齿部硬化层深度 1.0～1.4mm，齿轮轴芯部调质硬度 28～32HRC。齿轮轴加工流程为：下料→锻造→正火（870℃×3h 空冷）→粗车→调质处理（860℃×3h 油淬＋560℃×4h 水冷）→精加工→齿面高频感应淬火→成品。

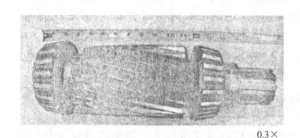

0.3×

图 5-92　失效的齿轮轴

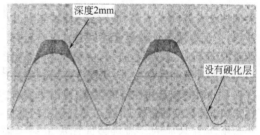

图 5-93　齿部硬化层分布示意图

从断齿上取样，进行化学成分分析，结果如表 5-23 所示。从分析结果可知，材料符合 42CrMo 国家标准要求。

表 5-23　齿轮材料的化学成分（质量分数）

项目	C	Mn	P	S	Si	Cr	Mo	Cu
技术要求/%	0.38～0.45	0.50～0.80	≤0.030	≤0.030	0.17～0.37	1.00～1.30	0.15～0.25	≤0.20
实测值/%	0.44	0.61	0.011	0.006	0.30	1.00	0.16	0.10

对于齿轮轴进行显微硬度测试，测试结果见表 5-24 所示。

表 5-24　齿轮轴的显微硬度测试结果

距齿冠距离/mm	HV	HRC	技术要求（HRC）
0.051	579	54	54～60
0.457	599	55	54～60
1.768	543	52	54～60
4.699	287	30	28～32

硬化层厚度经光学测量为齿冠处 0.05mm 到 2.85mm，齿根处为 0mm，齿节线侧为 0.02mm，如图 5-93 所示。硬化层的深度很不均匀，齿根处不符合图纸中硬化层深度 1.0～1.4mm 的技术要求。

开裂齿的显微组织显示齿的硬化层的微观组织为马氏体＋奥氏体，有低合金钢硬化特征，如图 5-94 所示。齿轮芯部的微观组织为回火马氏体＋少量铁素体，如图 5-95 所示。

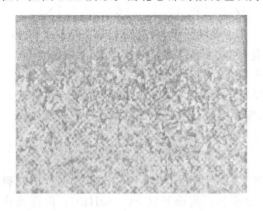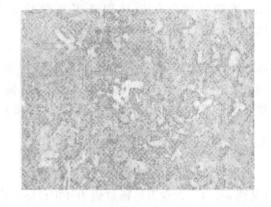

图 5-94　开裂齿的显微组织　920×　　　　　图 5-95　齿轮芯部的显微组织　400×

齿轮横截面硬化层厚度测试结果表明，硬化层的深度很不均匀，齿根处几乎没有硬化。疲劳损坏的根本原因是硬化层的不均匀和齿根部的应力集中。一个齿损坏，裂纹慢慢朝根部的零应力点发展，由于根部没有被硬化，裂纹在根部表面产生，并向外延伸。当两个齿间接触应力足够大时，导致齿的塑性变形及粘连，发生齿间粘连性磨损。随着磨削热的增加，齿面变软，粘连的趋势变大，更多的塑性变形发生，导致齿表面的微观组织变形。小齿轮轴上的一些机械不对称问题导致齿根部承受周期性的冲击载荷，持续的冲击导致轮齿产生裂纹。

综上所述，齿轮轴表面淬火方法不当，使齿面硬化层很不均匀，尤其是根部没有硬化，导致齿轮轴提前断裂失效。

解决方案如下。改进表面淬火工艺，采用中频或超声频感应淬火，使齿部得到均匀的硬化层深度。特别要提高齿根部硬化层深度，淬火前可以先用模拟试块进行工艺调试，解剖试块，测试性能合格后再正式投产。

5.5.18　40Cr 钢链轮开裂

某公司采用 40Cr 钢制造链轮，其工艺流程为：下料→锻造毛坯→粗车→探伤→调质处理→精车→铣齿→中频感应淬火→回火→精加工内孔→成品。链轮中频感应淬火要求硬度为 45～50HRC，要求淬硬层深度为 2～3mm。回火后转到加工车间，在精加工内孔时产生明显的贯穿基体的连续裂纹，其宏观形貌如图 5-96(a) 所示，裂纹跨过内孔凸出的台肩，横穿了表面淬火的齿沟位置，使链轮报废。对失效件进行分析。

(1) 成分检测　链轮裂纹附近的成分检测结果如表 5-25 所示，开裂链轮各元素含量均符合 GB/T 3077—2015《合金结构钢》标准要求。

表 5-25　开裂链轮化学成分（质量分数）

元素	C	Si	Mn	S	P	Cr
实测值/%	0.44	0.22	0.56	0.002	0.016	0.87
标准值/%	0.37～0.44	0.17～0.37	0.50～0.80	≤0.035	≤0.035	0.80～1.10

（2）断口分析　从图 5-96（a）中可以看出，裂纹在内孔的端面处相对比较平直，在经表面淬火的齿沟附近呈不规则的锯齿状。切割下裂纹断口部位，如图 5-96（b）所示。从断口的宏观形貌来看，无明显的塑性变形，断口整体平齐，呈亮灰色，具有脆性断口形貌特征，一方面说明了链轮在开裂时承受了较大的应力，另一方面也说明了材料的脆性较大。另外在链轮表面淬火的齿沟附近有裂纹扩展纹路，对应图 5-96（a）中锯齿状裂纹位置，裂纹源位置不是很明显。

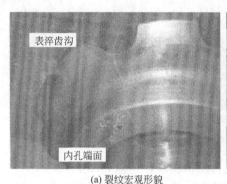

（a）裂纹宏观形貌　　　　　　　　　　（b）断口形貌

图 5-96　40Cr 钢链轮裂纹宏观形貌和断口形貌

（3）齿沟感应淬火层深度检测　感应淬火有效硬化层深度为零件表面到硬度值等于极限硬度的垂直距离，由此计算出链轮的极限硬度为 348.8HV，即从试样的表面测试至硬度为 348.8HV 处即为链轮齿沟处的有效硬化层深度。采用载荷 1kg，保压时间 5s，结果如图 5-97 所示。可见链轮的表面淬火有效硬化层深度为 2.3mm，满足链轮的技术要求。另外试样的表面硬度低于技术要求，而后硬度值突然升高，硬度梯度值过大造成表面淬硬齿沟处强度较弱。图 5-98 为显微硬度压痕图片，压痕尺寸大小与硬度值有较好的对应。

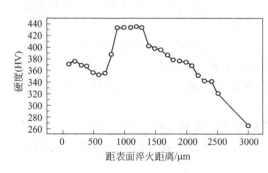

图 5-97　表面淬火区显微硬度曲线　　　　　图 5-98　试样显微硬度压痕

（4）非金属夹杂物检测　非金属夹杂物大于 3 级，有些超标。

（5）显微组织检测　对链轮开裂处表面淬火的表层、过渡层和芯部的显微组织分别进行观察，如图 5-99 所示。在图 5-99（a）上，链轮表面淬火的表层显微组织为细针状马氏体，是表面奥氏体晶粒细小且喷水冷却速度快形成的，显微组织级别为 5 级。在图 5-99（b）上，链轮表面淬火的过渡层组织为细针状马氏体＋未溶铁素体＋少量屈氏体，该区域淬火温度低，冷却温度梯度小，有部分先共析铁素体残留，形成了少量托氏体。在图 5-99(c) 上，链轮芯部组织为索氏体及沿晶分布的铁素体。网状铁素体产生的原因主要包括：钢件淬火温度不足，奥氏体转变不完全，导致钢中原有的网状铁素体未消除；钢件出炉转移到冷却池的时间过长，淬火冷却速度较慢，导致铁素体沿晶界析出形成网状。

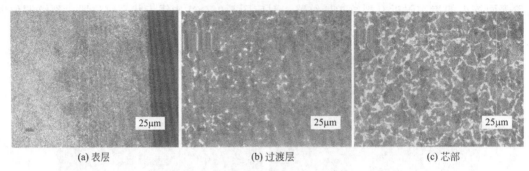

(a) 表层　　　　　　　　(b) 过渡层　　　　　　　　(c) 芯部

图 5-99　链轮表面淬火硬化层显微组织

（6）低倍检验　断口低倍试样热酸洗后进行低倍检验，结果如图 5-100 所示。从图中可知低倍试样的中心处存在较多发纹状裂纹。链轮在调质处理后没有开裂现象，齿沟表面淬火

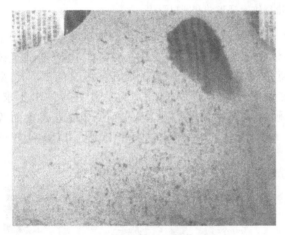

图 5-100　链轮断口低倍组织

时也没有裂纹产生，链轮是在精加工内孔时发生开裂的。开裂的链轮存在以下特征：断口附近没有明显的宏观塑性变形，所以是一种低应力脆性断裂；链轮的断裂是在精加工内孔时出现的，而精车加工的应力不会导致工件开裂；裂纹在链轮内孔端面的走向平直，没有树枝状分叉。氢脆通常表现为应力作用下的延迟断裂现象，内应力较大时，有些工件在酸洗时便产生裂纹，从链轮的开裂特征来看，其与氢脆断裂现象很相似。

综上所述，40Cr 钢链轮的开裂原因如下：

① 链轮非金属夹杂较严重，破坏了金属基体的连续性，降低了金属基体的强度，受力时易于产生裂纹；

② 链轮齿沟表面淬火区域硬度梯度值过大，存在较大的组织应力，降低了链轮齿沟的表面强度，易于裂纹扩展；

③ 链轮芯部组织存在网状铁素体，降低了钢的基体强度和塑性，极易变形开裂；

④ 从链轮的断口低倍组织和开裂时间来看，链轮开裂的主要原因应为氢脆引起的延迟断裂。

针对链轮开裂的解决方案如下。

① 对于原材料进行检查，确保非金属夹杂物复合要求后方可投产。

② 改善中频感应淬火的感应器结构，链轮齿沟处的硬度呈正常的硬度降低趋势。

③ 调质处理确保硬度满足技术要求，组织应为回火索氏体组织，防止出现网状铁素体。

④ 中频感应淬火后及时进行回火处理，消除内部的组织应力。

5.5.19　变速箱拨叉轴断裂

某重型卡车变速箱，样箱在进行台架试验达到 1400km 时发生挂挡失效，经过拆解发现换挡拨叉轴发生断裂。为此对拨叉轴断裂原因进行分析，并找出解决和改进措施。通过宏观观察、化学成分分析、金相组织及表面和心部硬度检测、零件断裂部位显微镜观察和扫描电镜观察分析等手段对断裂拨叉轴进行全方位的失效分析。该拨叉轴材料为 45 钢，加工流程为下料→粗车→调质处理→机加工→局部高频感应淬火→回火→磨削加工。热处理技术要求为：调质处理后表面硬度 25～30HRC，金相组织为回火索氏体＋少量铁素体，高频淬火区域表面硬度 50～55HRC，有效硬化层深度 1.2～3.0mm，金相组织为 3～7 级。

检验内容及分析。

(1) 断口形貌　观察断裂拨叉轴整体形貌如图 5-101(a) 所示，断口宏观形貌如图 5-101(b) 所示，断裂位置在拨叉轴定位槽上的销孔处，断口分为四个平面，在销孔上下两侧对称分布两个断口平面，而且左右平面之间的裂纹呈贯通状态，断裂面平整光滑，初步判断为疲劳断口。

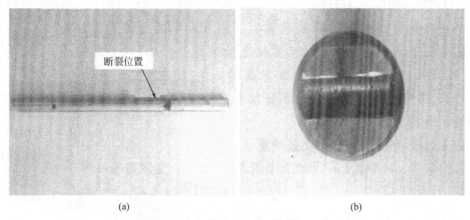

(a)　　　　　　　　　　　　　(b)

图 5-101　断裂拨叉轴及断口宏观形貌

断口制样在扫描电镜下观察，进一步确定四个断面均为疲劳断裂面，断裂源均位于尖角位置，两个疲劳断面在中间汇合处发生瞬断，断口微观形貌见图 5-102(a) 与图 5-102(b)。根据疲劳纹的宽窄及瞬断区的大小，该断裂为低应力高周疲劳断裂。

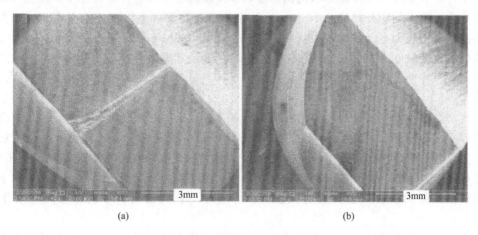

(a)　　　　　　　　　　　　　(b)

图 5-102　断裂拨叉轴微观形貌

以上宏观及微观的断口形态分析，确定拨叉轴断裂原因为疲劳断裂，后续在设计时在断口位置需要进行针对性的改进与优化，防止或抑制疲劳裂纹源的产生。

(2) 化学成分分析　在失效拨叉轴上取样，用直读光谱仪进行化学成分检测，材质成分符合 GB/T 699—1999 中 45 钢的成分要求。

(3) 硬度和有效硬化层深度检测　在拨叉轴高频感应淬火区域检测表面硬度，除定位槽外其余位置硬度值均为 53~54HRC，而且比较均匀，淬火区域的尺寸也满足技术要求。调质部位硬度为 25.0HRC，也符合技术要求。根据 GB/T 5617—2005 的规定，在高频感应淬火区域取样采用维氏硬度计自表面垂直向心部检测硬度，一直测到 381HV 处的垂直距离作为拨叉轴的有效硬化层深度，具体的测试见图 5-103 所示，有效硬化层深度为 1.3mm，硬度梯度分布均匀，梯度平缓，符合技术要求。

(4) 金相分析　将拨叉轴高频淬火区域进行金相取样，表层组织为细针状回火马氏体，组织级别为 4 级，心部组织为回火索氏体，组织符合要求。

(5) 受力分析　从设计上分析拨叉轴的受力情况，其主要承受轴向拉应力和压应力，在定位槽处可能存在应力集中的情况。为了更好地分析应力的实际分布情况及大小，使用有限元分析软件对拨叉轴的受力情况进行分析，将相关数据输入后，按照工况对拨叉轴施加轴向的拉应力，分析结果如图 5-104 所示。销孔与定位槽交汇处即为拨叉轴受力最大的部位，实际断裂位置也在此处，说明分析结果与实际使用失效情况相符，经分析该部位受到的实际拉应力达到 829MPa。

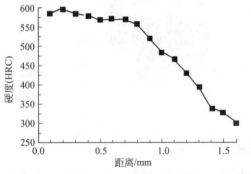

图 5-103　失效拨叉轴硬度梯度曲线　　　　图 5-104　失效拨叉轴断裂部位受力图

从工件断裂处分析计算此处的机械强度，拨叉轴高频淬火的有效硬化层深度为 1.3mm，但断裂处定位槽半径比光杆处小 2mm，故该定位槽表面没有进行有效的高频感应淬火。根据测得的定位槽表面显微硬度，换算得到抗拉强度为 930MPa。根据经验公式，$\sigma_0 = 0.55 \times \sigma_b$，该处的疲劳强度为 511MPa。由数据可知，有限元分析该处拉应力为 829MPa，没有超出零件的抗拉强度，但该位置疲劳强度严重不足，只有 511MPa，远低于实际应力值，故发生疲劳断裂。

经过金相、硬度检测及材质分析检测，该零件的表面与心部硬度、金相组织均符合热处理技术要求；分析断口，四个疲劳面均起源于定位槽与销孔的交点，说明该处应力集中较大，加速了裂纹的萌生与扩展；分析拨叉轴的受力状况，该轴在使用中仅受到拉、压应力，不承受弯矩、扭矩等，进一步判断该轴的断裂形式为低应力高周疲劳断裂。经计算位于销孔与定位槽交汇处的断裂位置抗疲劳强度较低，实际工作时受力大于疲劳强度故发生疲劳断裂。

综上所述，该拨叉轴断裂的主要原因为定位槽处疲劳强度不足，销孔引起的应力集中加速了裂纹的萌生与扩展从而产生断裂。进一步分析可知，断裂处的表面组织不达标、表面硬度不足又是造成疲劳强度不足的主要原因。

针对拨叉轴断裂的解决方案如下。

① 调整拨叉轴的高频感应淬火工艺，提高工件淬火区域的有效硬化层深度，同时保证定位槽处也进行有效的淬火，使其表面组织也为马氏体组织，且表面硬度达到 50HRC 以上，从而使疲劳强度达到 936MPa 以上，超过零件极限受力条件，根本上保证零件受力情况下仍然安全。

② 在不影响使用性能的前提下，更改设计图纸，取消销孔或改变销孔的位置，缓解定位槽处应力集中的情况，进一步提高零件的可靠性。

③ 重新设计验算，增大拨叉轴的轴颈尺寸，提高工件整体的机械强度。

5.5.20 活塞杆断裂

某单位生产的活塞杆型号为 $\phi110mm \times 1000mm$，材质为 45 钢，加工流程为：棒材下料→调质处理→一次矫直→车外圆→高频感应淬火＋低温回火→二次矫直→精磨杆→镀铬→杆部抛光。检查发现 10% 的成品存在开裂现象，且裂纹呈轴向趋势扩展，为此进行理化分析，目的是确定活塞杆断裂的根本原因。

(1) 进行理化检测与分析 进行化学成分分析，结果满足 45 钢标准要求。进行宏微观形貌检查及能谱分析。活塞杆宏观形貌如图 5-105(a) 所示，开裂处为图中红色虚线区域，裂纹整体沿轴向分布，深度未知，总长约 50mm，周围光亮无异常，未见氧化、腐蚀、磕碰及擦伤等缺陷。将开裂区域线切割采用三点弯曲方法打开进行断口观察，如图 5-105(b) 所示，断口包括深色旧裂纹区和银灰色新鲜的人为打开断口区，旧裂纹面整体呈波浪状，且"波浪"为等距分布，测量显示波峰对应的最大深度约 2mm，与表面感应层深相近。

 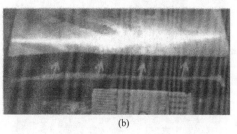

(a)　　　　　　　　　　　　　　　　(b)

图 5-105　活塞杆外观及断口宏观形貌

将图 5-105(b) 中断口超声波清洗后，采用扫描电镜观察微观形貌及进行能谱分析，结果如图 5-106 所示，可以看出：①旧裂纹区与人为打开断口区的界线分明，呈波浪状，与宏观检查一致，且每节波形宽度约 8mm，最大深度约 2mm，波形与波形之间的交汇台阶清晰可见；②旧裂纹面靠近表面的局部区域检查发现有熔融态的铬成分，说明活塞杆在电镀前已经发生开裂；③旧裂纹面微观形貌包括较为明显的两个区域，靠近表层约 1mm 范围为沿晶断裂特征，断面存在大量的晶间裂纹，说明该区域应力较大，次表层约 1mm 范围则以等轴韧窝为主，表现为拉应力作用下的开裂。

(2) 进行低倍及显微组织分析 在开裂处附近沿图 5-105(a) 中虚线（左侧矩形部分）取样进行横截面低倍腐蚀检查，检验结果如图 5-107(a) 所示，裂纹仅存在于感应层范围内，与前述分析一致。沿图 5-105(a) 中虚线（右侧上部矩形部分）取样进行纵截面低倍腐蚀检查，如图 5-107(b) 所示，感应层呈波浪形分布，波形之间界线清晰。观察发现，波形之间的交界处与感应层和基体之间的交界处宏观腐蚀后呈现灰白色，推测感应淬火层轴向存在不连续性现象。对图 5-106(b) 中试样进行金相检查，结果如图 5-108 所示，从图中可得出以下结论。

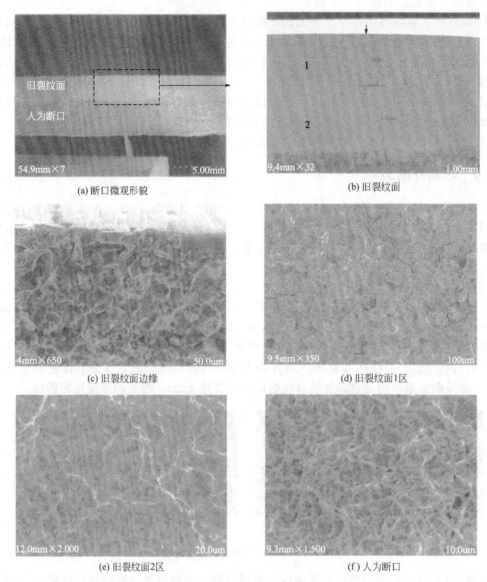

(a) 断口微观形貌

(b) 旧裂纹面

(c) 旧裂纹面边缘

(d) 旧裂纹面1区

(e) 旧裂纹面2区

(f) 人为断口

图 5-106　断口微观形貌检查结果

① 活塞杆镀铬层均匀、连续，厚度约 $16\mu m$，满足产品技术要求（$\geqslant 15\mu m$）。

(a) 横截面　　(b) 纵截面

图 5-107　低倍检验

② 波浪形区域组织为回火马氏体，表面硬度约为 54HRC，有效硬化层深度约 1.6mm，二者均低于技术要求（$\geqslant$55HRC，$\geqslant$1.8mm）。

③ 波浪形交界处组织同感应层与基体过渡区组织为回火马氏体＋屈氏体＋较多量共析铁素体，表现为亚温淬火组织特征，该区域表面硬度仅为 400HV1，远低于正常区域的 575HV1。而 JB/T 9201—2007 明确规定对于表面硬度大于 500HV 的

单件产品，维氏硬度差值不得大于 85HV1；对于有效硬化层深度在 1.5～2.5mm 的单件产品，层深波动范围不得大于 0.4mm。

④ 仔细观察发现，感应层次表面（1.5～2.5mm 范围）组织为屈氏体＋断续网状铁素体，仍保持调质态组织特征，为该区域微观形貌为韧窝的主要原因。

⑤ 活塞杆基体组织为珠光体＋断续网状铁素体，奥氏体晶粒度约为 7.5 级。

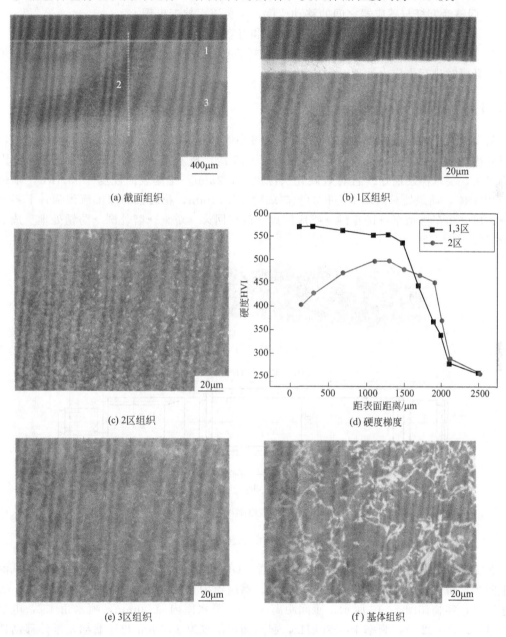

(a) 截面组织　　　　　　　　　　(b) 1区组织

(c) 2区组织　　　　　　　　　　(d) 硬度梯度

(e) 3区组织　　　　　　　　　　(f) 基体组织

图 5-108　金相检验结果

从检测结果可知，活塞杆开裂发生于杆身中部最大变形处，裂纹沿轴向连续分布，总长度约 50mm，深度约 2mm（感应层深度），断裂面边缘可见熔融态铬。

宏观、微观形貌及金相检验结果显示，旧裂纹面表现为拉伸断裂特征，活塞杆轴向均匀间隔分布着淬火软带，其表面粗糙度及有效硬化层深度的波动大大超出行业标准规范。

结合制造工艺可判断：活塞杆的感应淬火过程存在异常，导致感应区出现较多的残余拉应力和淬火软带，一方面使得该处强度不足，另一方面局部产生残余拉应力。局部在矫直拉应力的作用下，最大变形处的感应层最先开裂。而造成淬火软带的根本原因是零件与感应器之间的移动速度不协调。

解决方案如下。

① 调整活塞杆与感应器之间的移动速度，避免淬火软带出现。

② 适当增大感应加热功率，使表面硬度和有效硬化层深度满足产品技术要求。

③ 热处理后对需要矫直的工件应当确保矫直产生的残余应力不妨碍后续的机械加工与使用，必要时进行去应力处理。

5.5.21 花键轴的失效

某车间生产的花键轴（见图 5-109），经过高频感应淬火、回火、校直后装配使用，在客户使用过程中发生磨损失效。花键轴材质为 45 钢，技术要求为花键轴长 410mm 范围内感应淬火，要求淬硬层连续且有效硬化层深度≥1.2mm，花键表面硬度≥50HRC，轴颈硬度≥42HRC，轴颈处对两端中心孔的径向跳动≤0.10mm。花键轴的加工流程为：下料→锻造→调质→粗车→精车→铣花键→感应淬火→低温回火→矫直→磨外圆→防锈处理→成品入库→装配。

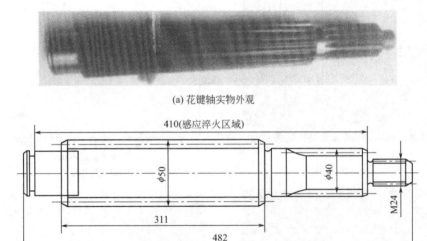

(a) 花键轴实物外观

410(感应淬火区域)

$\phi 50$

$\phi 40$

M24

311

482

(b) 花键轴结构

图 5-109　45 钢制花键轴

花键轴用感应淬火采用高频 ZP-65 型电源，GCLY1040 数控淬火机床，回火采用低温井式电阻炉，矫直设备为 10TY41-10A 矫直机。感应器为自制 $\phi 8mm$ 铜管匝成 $4 \times \phi 65mm$ 圆环感应器，实物如图 5-110 所示，匝间距离 3mm，喷水圈内径 90mm，喷水角 45°，电参数为：电流 180～220A，频率 19～20kHz，起始加热位置为 $\phi 40mm$ 花键端部，零件移动速度为 F460，预热 2s 后开始连续淬火，在 $\phi 40mm$ 与 $\phi 50mm$ 花键变径处延时加热 2s，轴颈处冷却延时 6s，淬火冷却介质为 PAG 淬火剂。回火温度为 180℃，保温 120min 后出炉空冷。

进行失效原因分析。①宏观形貌观察。图 5-111 为失效零件，失效部位集中在 $\phi 50mm$ 花键中间处，该处变形严重且形变方向保持一致，其余部位无异常，该失效位置与花键轴配合的零件为高低档啮合套，对其外观检查时未发现有磨损异常。②采用线切割方式，在花键轴失效部位取样分析，化学成分符合要求。③硬度检查。对于失效零件进行硬度分析，如图5-112所示，沿箭头方向分别设置1、2、3、4、5测试点，其硬度分析的结果见表5-26。④在失效部位进行金相组织观察及淬硬层深度的确定。表层金相组织为微细马氏体和少量铁素体，显微组织为8级，符合技术要求。有效硬化层深度的检测结果见表5-27，说明零件的有效硬化层深度未达到要求，且变径处层深不连续。失效件淬硬层宏观形貌如图5-113所示。⑤检查原始淬火冷却介质AQ251的记录，浓度为13%，冷却特性如表5-28所示。从表中可知尽管介质无老化，但是氮气浓度较高，低温阶段的冷却速度偏低，一定程度上影响了产品的淬硬层深度与表面硬度。⑥进行回火炉温度检验，满足使用要求。

图 5-110 圆环感应器实物

图 5-111 花键轴失效部位

图 5-112 花键轴不同位置的硬度分布

表 5-26 失效件不同部位的硬度值

测试位置	失效处(切面)	大花键中间1	大花键边缘2	花键变径处3	小花键中间4	小花键边缘5
零件表面硬度(HRC)	50	51	51	50	50	51

表 5-27 失效件淬硬层深度分布情况

淬火部位	$\phi 50mm$ 花键	$\phi 40mm$ 花键	轴颈处	$\phi 50mm$ 与 $\phi 40mm$ 花键联接处
淬硬层深度/mm	1.0	0.9	0.9	无
组织级别	8	8	7	—

表 5-28 淬火冷却介质的冷却特性

最大冷却速度 /℃·s⁻¹	最大冷却速度 所在温度/℃	在300℃的冷却 速度/℃·s⁻¹	冷却到600℃ 时间/s	冷却到400℃ 时间/s	冷却到200℃ 时间/s
124.4	538.4	76.3	8.9	10.6	13.5

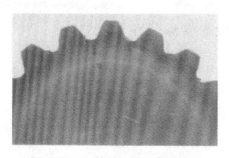

图 5-113 失效件淬硬层宏观形貌

图 5-114 感应器实物

对于以上检查结果进行分析讨论。

① 花键轴表面磨损失效与其化学成分、硬度均匀性、相配套件无关。

② 导致花键轴磨损失效的直接原因为感应淬火有效硬化层深度未达到要求，且在变径处淬硬层不连续，降低了感应淬火表面硬度高、耐磨的特性。

针对造成花键轴失效的原因分析，其解决方案如下。

① 采用中频 KGPS250/8000 晶闸管电源，GCLY1225 数控机床，设备频率为 1～8kHz，感应器与轴的间隙为 5mm，以最大轴颈 50mm 计算，确定感应器内径为 60mm，高度为 20mm，喷水孔向下倾斜 15°，喷水圈内径 90mm，设计的感应器实物见图 5-114 所示。

② 确定优化的工艺参数：感应频率为 6000Hz，电源功率选 100kW，零件移动速度 6.66mm/s，电参数为电压 400～450V，冷却方式采用连续加热淬火，喷液冷却，淬火液采用 0.3%聚乙烯醇。测其淬火冷却介质的冷却特性，最大冷却速度为 159.6℃/s。装载时螺纹端向下，预热 3s 后以 F400 速度开始移动淬火，在变径处延时 1s 后以 F460 速度移动至花键末端，加热延时 2s 后以 F320 速度移动至轴颈末端，然后以 F1000 速度下落至喷水盒，喷液延时 15s。

优化结果检查。零件淬火后探伤检查，结果无缺陷，显微组织级别检验、淬硬层深度及区域分布检测结果如图 5-115、表 5-29 所示。可以看出，ϕ50mm 花键、ϕ40mm 花键及轴颈段淬硬层满足产品技术要求，且台阶处感应淬火硬化层连续。轴类零件台阶交界处是感应淬火硬化的薄弱环节，经过感应淬火后硬化层连续的部位，使得台阶处的强度、硬度等得以提高，达到技术要求。

表 5-29 花键轴中频感应淬火后检查结果

淬火部位	ϕ50mm 花键	ϕ40mm 花键	轴颈处	ϕ50mm 与 ϕ40mm 花键联接处
淬硬层深度/mm	3.5～3.6	2.5～2.6	2.8～2.9	1.3
组织级别/级	5	5	5	5
表面硬度(HRC)	57、58	55、56	52、53	—

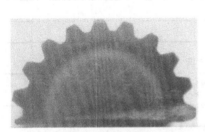

(a)ϕ50mm花键处淬硬层　　(b)ϕ40mm花键处淬硬层　　(c)ϕ50mm与ϕ40mm连接处淬硬层

图 5-115 ϕ40mm 与 ϕ50mm 花键位置的淬硬层

第 **6** 章

渗碳热处理缺陷分析与
解决方案

钢的化学热处理是将工件在一定温度的活性介质中保温一段时间，使一种或几种金属或非金属原子渗入钢件的表面，以改变其表面成分、组织和性能的一种热处理工艺。化学热处理的目的是强化零件表面，提高其力学性能，保护零件表面，该工艺在工业生产中得到了极为广泛的应用。

根据渗入元素的不同，化学热处理的类型有渗碳、渗氮、碳氮共渗、硫碳氮共渗、渗硼、渗铬、渗铝、渗硅等。近年来发展了辉光离子渗氮、高温真空渗碳、物理化学气相沉积、氮化钛镀层等工艺方法，根据需要可进行脱碳处理和脱氢处理等。通常按零件在不同工作条件下的目的和要求不同，将化学热处理分为两类。

① 提高零件表面力学性能的化学热处理。如渗碳、渗氮、氮碳共渗、碳氮共渗、硫氮碳三元共渗等，目的是用于提高工件的疲劳强度、硬度、耐磨性、抗咬合性等。镗杆、机床丝杠、机床主轴、气门等经化学热处理后明显提高了抗拉强度，降低了缺口敏感性和提高了使用寿命。

② 提高零件表面化学稳定性的化学热处理。如渗铬、渗铝、渗硅等，可使工件表面具有抗腐蚀性、抗黏着性和提高化学稳定性。该工艺用于量具、工具及汽车行业零部件的化学热处理。

6.1 渗碳及其热处理

6.1.1 渗碳的作用

钢的渗碳是指将低碳钢零件放在富碳气氛的介质中进行加热（温度一般为 880～950℃），保温一定时间，使活性碳原子渗入零件表面，从而提高表层碳浓度的过程，零件的表面获得高碳的渗层组织。

渗碳处理后表面到中心的碳含量分布适当，由表层高碳（0.8%～1.05%）逐渐过渡到基体组织成分。缓冷后的组织为表层由珠光体与碳化物所组成的过共析组织，次表层为珠光体组成的共析组织，其次为珠光体和铁素体组成的亚共析组织，最后为基体组织。渗碳后的工件必须进行适当的淬火和回火，才能改善工件的表面及心部组织，处理后表层为回火马氏体，提高表面硬度及耐磨性，增强工件的疲劳强度；心部具有足够的韧性和塑性，以满足工件工作过程的需要。

该工艺增加了钢件表面的含碳量和形成一定的碳浓度梯度，经淬火和回火后获得高的表面硬度和耐磨性，提高了钢的疲劳强度。

从钢的渗碳过程和形式来分析，钢的渗碳过程通常分为三个基本阶段。

① 渗碳介质的分解。渗碳介质在一定的温度下，发生分解反应析出活性碳原子。

② 钢件对碳原子的吸收。分解出的活性碳原子被吸附在零件的表面并渗入表面。

③ 碳原子的扩散。零件表面吸收活性碳原子，碳浓度大大提高，沿着碳梯度的下降逐渐向内部渗入，完成零件表面的碳成分的变化，获得理想的技术要求。

零件的渗碳分为三类：固体渗碳、气体渗碳和盐浴渗碳。根据生产过程中实际的设备条件、技术水平、生产能力、对零件的具体技术要求以及其他的一些条件要求，合理选择渗碳工艺。当渗碳零件的表面含碳量达到要求，碳浓度的梯度分布均匀后，进行零件的热处理。目前采用固体渗碳和盐浴渗碳的工艺逐渐减少，而代之的为离子渗碳、真空渗碳、可控气氛渗碳等，气体渗碳作为已经成熟的渗碳工艺得到了广泛的应用，例如滴注式渗碳等。几种渗碳工艺具体的优缺点比较见表 6-1。

表 6-1 几种渗碳工艺的优缺点

序号	具体项目	气体渗碳	固体渗碳	离子渗碳	真空渗碳	可控气氛渗碳
1	渗碳温度/℃	920～950	910～950	930～960	980～1035	930
2	渗碳速度/(mm/h)	<0.2	<0.1	>0.60	>0.60	<0.30
3	表面粗糙度	一般	粗糙	洁净光亮	洁净光亮	一般
4	变形程度	中	大	小	大	中
5	晶粒度	一般	一般	一般	必须经细化处理	一般
6	狭窄小孔渗碳	一般	差	优	良	一般
7	脱碳层	有	有	无	无	有
8	耐磨性	一般	差	良	良	一般
9	防渗方法	遮蔽或涂防渗涂料	遮蔽或涂防渗涂料	遮蔽	遮蔽	涂防渗涂料
10	碳的控制	控制液体和气体的流量	控制木炭的新旧和数量	控制放电时间，气体碳的流量	控制气压脉冲	控制碳势
11	渗碳气氛的消耗	大	大	低	中	不好
12	节约能源	一般	差	好	中	差
13	劳动条件	差	差	好	好	好
14	公害	有	有	无	无	有

从表中可知从质量的区别、渗碳的成本、设备的投入、生产效率、碳势的控制以及作业环境等几个方面来看，上述几种渗碳方式各有优缺点，在具体的渗碳工艺、设备的选择上，应慎重考虑，力争以最低的投入获得最佳的渗碳效果。

6.1.2 渗碳后的热处理

渗碳结束后的零件，进行热处理后才能获得要求的硬度、耐磨性和力学性能。渗碳钢的含碳量一般在 0.25% 以下，有的含碳量达到 0.35%。渗碳零件大多为比较重要的零件，要求力学性能和可靠性较高。为了便于操作者选用材料、渗碳工艺以及随后的热处理工艺，现将其归类见表 6-2。

表 6-2 常见结构钢的渗碳、淬火、回火热处理规范及性能

钢号	渗碳温度/℃	淬火		回火		表面硬度（HRC）
		温度/℃	介质	温度/℃	介质	
10	920～940	890～780	水			62～65
15	920～940	760～800	水	160～200		—
20	920～940	770～800	水	160～200		—
25	920～940	—	—			—
20Mn	910～930	770～880	水	160～200	空气	58～64
20Mn2	910～930	810～890	油	150～180	空气	≥55
15MnV	900～940	降至820～840	油	180～220	空气	≥55
20Mn2B	910～930	800～830	油	150～200	空气	≥56
25CrTiB	930	降至830～860	油	180～200	空气	≥58
20Mn2TiB	930～950	降至830～860	油	180～200	空气	56～62
20SiMnVB	920～940	860～880	油	180～200	空气	56～61
23SiMn2Mo	930	850～880	油	180	空气	≥58
24SiMnMoVA	900～940	840～860	油	160～200	空气	≥58
15SiMn3MoA	930	760～800	油	150～200	空气	≥58
12SiMn2WVA	930	780～800	油	160～180	空气	≥58
15Cr	900～930	780～820	油	170～190	空气	≥56
	900～930	降至870		180～200		≥54
20Cr	920～940	770～820	油或水	160～200	油或空气	58～64
20CrV	920～940	770～820	油或水	180～200	空气	—
20CrMo	920～940	810～830	油或水	160～200	空气	—
25CrMo	920～940	770～810	—	160～200	—	—
15CrMn	920～940	780～920	—	160～200	—	—
20CrMn	910～930	810～830	—	180～200	—	—
15CrMnMo	900～920	780～800	油	180～200	—	≥53
20CrMnMo	900～930	810～830	油	180～200	空气	58～63
20Cr2Mn2Mo	920～940	870～880	油	620～650		—
		810～830		160～180		
20CrMnTi	920～940	降至820～850	油	180～200	空气	—
	920～940	830～870		—		56～63
20CrNi	900～930	800～820	油	180～200	—	58～63
12CrNi2	900～940	810～840	油	150～200	油或空气	≥56
12CrNi3	900～920	810～830	油	150～200	空气	—
12Cr2Ni4	900～930	770～880	油	160～200	空气	≥60
20Cr2Ni4	900～930	780～820	油	160～200	空气	≥58
	900～950	810～830		150～180		
18Cr2Ni4WA	900～940	840～860	油	150～200	空气	≥56

钢号	渗碳温度 /℃	淬火		回火		表面硬度 （HRC）
		温度/℃	介质	温度/℃	介质	
20CrNiMo	920～940	780～820	油	180～200	空气	58～65
20Ni4Mo	930	780～840	油	150～180	空气	≥56
20Cr2Mn2SiMoA	920～950	降至890	油	600～620	空气	≤269HBW
		810～830		150～180		58～60

零件渗碳后进行一次淬火或二次淬火的温度有很大的差别。由于渗碳后的零件是一种复合材料，等于两种钢在同一温度下进行热处理，要求淬火温度应同时满足渗碳层和心部的技术要求等，因此确定使渗碳层获得良好的显微组织的淬火温度，以及使非渗碳部分获得良好的显微组织和力学性能的淬火温度，是渗碳零件必须面对的客观问题。通常推荐的一次淬火温度为840～860℃，此时的力学性能为最佳状态；二次淬火分两步进行，首先在880℃进行淬火，然后在820～840℃进行二次淬火。根据工件的成分、形状和力学性能的要求不同，渗碳后常采用以下几种热处理方法。

(1) 直接淬火＋低温回火 该工艺仅用于细晶粒钢。渗碳后晶粒不易长大，渗碳后由渗碳温度降至860℃左右，将零件自渗碳炉中取出直接淬火，然后回火以获得表面所需的硬度。该方法优点是：操作方便，生产效率高，零件的变形和脱碳较小，减少加热和冷却的次数，节约零件重新加热淬火的能源。该方法多用于处理变形小和承受冲击载荷不大的零件。直接淬火在气体渗碳和液体渗碳中应用较多，渗层组织为回火马氏体＋残余奥氏体，心部为低碳回火马氏体，应力较大，需立即回火以减少脆性，降低内应力，提高力学性能。但进行直接淬火的条件有两点：渗碳后奥氏体晶粒度在5～6级以上；渗碳层中无明显的网状和块状碳化物。该方法的缺点是：淬火温度较高，晶粒粗大，表层残余奥氏体量增多，降低了表层硬度。20CrMnTi、20MnVB等钢在气体或液体渗碳后大多采用直接淬火，淬火油温为80～100℃，工件在油槽中上下移动距离至少要大于一个渗碳罐的高度。

(2) 预冷直接淬火＋低温回火 渗碳后对零件先进行预冷到800～850℃，再进行淬火。预冷的目的是减小淬火变形，使表面的残余奥氏体因碳化物的析出而减少。预冷有两种方法，一是随炉降温，在周期式渗碳炉中将炉温降到规定的预冷温度后出炉淬火，在连续作业炉中，工件被送入预冷区随后淬火；二是在空气中预冷淬火，其缺点为温度不易掌握，操作不便，易造成表面脱碳，故应用极少。预冷直接淬火表面硬度略有提高，但晶粒没有变化，预冷温度应高于钢的 A_{r_3}，防止心部析出铁素体。预冷温度是控制零件质量的关键，温度过低心部出现大的块状铁素体；温度过高影响预冷过程中碳化物的析出，残余奥氏体量增加，同时也使淬火变形增大。该工艺易于操作，零件的氧化脱碳及淬火变形均较小，多用于细晶粒钢制作的零件。

(3) 一次加热淬火＋低温回火 将渗碳件快冷至室温后再重新加热进行淬火和低温回火，适用于淬火后对心部有较高强度和较好韧性要求的零件，它是现实生产中广泛采用的方法。淬火温度应略高于钢的 A_{c_3}，对于只要求表层有较高耐磨性而不考虑心部强度的零件，淬火温度一般在 $A_{c_1} \sim A_{c_3}$ 之间，通常用820～850℃，淬火后心部组织为低碳马氏体，使心部与表层组织都有所改善；而对于要求较高的采用780～810℃加热来细化晶粒。淬火温度要根据渗层的组织来选择，假如有网状碳化物且十分严重，就必须采用高的淬火温度来消除网状碳化物。该工艺适用于以下情况。

① 固体渗碳的碳钢和低合金渗碳钢零件，也用于气体、液体渗碳后的粗晶粒钢及渗碳

后不能直接淬火或需机械加工的零件（若为两相区加热，当下区冷至 900～800℃时即可出炉转入倒有一定量煤油的缓冷坑中，将坑内空气排出）。

② 容易发生过热的碳钢和只含锰的合金钢。

③ 某些不宜直接淬火的零件以及因设备条件限制不允许直接淬火的零件。

④ 对于形状复杂和变形要求较严的渗碳件也可进行分级淬火处理。

该工艺可细化晶粒，确保心部不会出现游离的铁素体，表层也不会出现网状渗碳体，提高了工件的力学性能。

(4) 高温回火＋淬火＋低温回火 该工艺的渗碳温度为 850～860℃，经高温回火后残余奥氏体分解，渗层中碳和合金元素以碳化物形式析出，易于机械加工，同时残余奥氏体减少。主要用于 Cr-Ni 合金钢零件。

(5) 二次淬火＋低温回火 渗碳工件冷却至室温后，再进行两次淬火，然后低温回火。这是一种使心部与表面都获得高性能的热处理方法。第一次淬火加热心部到 A_{c_3} 以上，目的是消除网状碳化物或细化晶粒，碳钢通常为 880～900℃，水冷；合金钢为 850～870℃，油冷；第二次淬火是为改善渗层组织和性能，获得针状马氏体和均匀分布的未溶碳化物颗粒及少量的残余奥氏体，心部是细粒状的铁素体＋珠光体（指碳钢）或低碳马氏体＋少量铁素体（指合金钢）。两次淬火有利于减少表面的残余奥氏体的数量，达到对硬度和耐磨性的要求。该工艺的缺点是工艺周期长，能源消耗大，工艺较复杂，容易造成零件的氧化、脱碳及变形，生产成本较高，主要适用于有过热倾向的碳钢和要求表面具有高耐磨性，心部具有高冲击性的重载荷零件，即对力学性能要求很高的重要渗碳零件的处理。

(6) 二次淬火＋（冷处理＋低温回火） 高合金钢减少表层残余奥氏体量的热处理。对于 12CrNi3A、20Cr2Ni4A、18Cr2Ni4WA 等高强度渗碳钢，因合金含量较高，采用一般的淬火、回火，其表层组织中会形成大量的残余奥氏体，使零件的表面硬度和疲劳强度降低。为了减少渗碳层残余奥氏体量及改善切削加工性，一般采用下列工艺。

① 高温回火。由于高合金钢淬透性好，渗碳空冷也会较硬，零件不易加工，故一次淬火时在淬火前增加一次高温回火；采用两次淬火则在第二次淬火前增加一次高温回火。其目的在于高温回火使残余奥氏体析出合金碳化物，降低其稳定性，淬火时转变为马氏体和使渗碳层表面硬度降至 30HRC 左右，同时减小淬火时的变形。回火温度一般为 640～680℃，保温 3～8h。

② 分级淬火＋高温回火。对渗碳件的心部韧性要求较高时，通常采用此方法。零件经高温回火和机加工后再加热到 850～860℃，在 260℃×25min 分级淬火，其表层为奥氏体而心部得到了淬火马氏体，然后 560℃回火 2h，表层奥氏体稳定性降低，心部是回火索氏体组织。

③ 冷处理＋低温回火。高强度的渗碳件在分级淬火＋高温回火后，需进一步减少表面的残余奥氏体量，通常在低温回火前增加冷处理工序，用于进一步提高表层硬度。对直接淬火的高强度钢经渗碳、淬火后再进行冷处理，同样可达到提高硬度的目的。高于 A_{c_1} 或 A_{c_3}（心部）温度淬火，淬火后随之降到 −70～−80℃进行冷处理，残余奥氏体减少，促使奥氏体转变充分，从而提高表面硬度和耐磨性，然后进行低温回火以消除内应力。该工艺用于渗碳后不需进行机械加工的高合金钢零件。

(7) 渗碳后感应淬火＋低温回火 对于心部强度要求不高而表面主要承受接触应力、磨损以及扭矩或弯矩作用的零件，可在渗碳缓冷后进行高频或中频感应加热淬火，细化渗碳层及渗碳层附近区域的组织，使其有较好的韧性，淬火变形小，非硬化部位不必预先做防渗处理（如齿轮的轴孔、键槽等），多用于齿轮和轴类零件。该工艺由于生产效率高，操作简便，应用较普遍。

　　渗碳件的加热可在井式炉、箱式炉和盐浴炉中进行，为防止加热时氧化脱碳，在井式炉、箱式炉中应滴入煤油或通入保护气氛，盐浴炉应脱氧充分。根据材料的成分、性能要求等不同，应选用合理的淬火介质（油或盐水等），对于形状复杂、有尖角和沟槽、厚度悬殊较大的工件，为防止开裂和变形，可采用分级淬火。

　　采用上述方法，可使渗碳后工件达到表面硬度高、心部韧性好的目的，在使用过程中发挥良好的作用，因此应用比较广泛。

6.2　渗碳零件的加工工艺路线分析

　　(1) 应用范围　渗碳一般适用于含碳量在 0.25% 以下的渗碳钢，个别含碳量达到 0.35%，只有经过淬火＋低温回火后才能获得所要求的高的硬度、良好的耐磨性和力学性能等。渗碳零件应用比较广泛，大多为比较重要的零件，例如齿轮、机床主轴、滚珠丝杠、机床导轨、弹簧夹头、多孔钻具板、凿岩机钎尾、高速钢刃具、高速钢螺母冲头、渗碳型模具、（偏心）卡规、卡板、样板、长板状量规等。由于渗碳后制作的零件表面具有高的硬度而提高了耐磨性，而心部仍具有良好的韧性，提高了零件的疲劳强度，与合金钢等相比，也降低了材料（制造）费用，因此渗碳零件在机床配件、工模量具等领域的应用十分广泛。

　　(2) 工艺路线分析　渗碳零件的形状不同，其加工流程也是有差异的。其基本加工工艺路线如下。

　　① 弹簧夹头夹具：备料→锻造→退火→粗加工→正火或调质处理→半精加工→渗碳处理→淬火→回火→精加工（磨削加工）→时效处理→头部开口。

　　② 卡规（量具）：备料→机加工→渗碳→正火→矫直→淬火→回火→矫直→磨削→研磨量口→发蓝处理→检验→入库。

　　③ 夹具套筒：备料→锻造→退火→粗车全形和钻孔→调质处理→磨削加工→镗孔→渗碳处理→淬火→回火→精加工（磨削加工）。

　　在编排渗碳零件的工艺路线时，首要任务是选择零件的加工方法、确定加工顺序、划分工序等，尤其是冷热加工的顺序问题。根据工艺路线，可以选择各工序的工艺基准、确定工序尺寸、设备、工艺装备、切削（磨削）用量，目的是确保渗碳后的零件的技术要求达到设计要求，即表面硬度、基体硬度、硬化层深度、变形量（长度、孔径、弯曲、收缩等）、无开裂、无网状或大块碳化物等。

　　① 首先在零件加工方法的选择上，要考虑加工方法的制造精度，应能满足工序要求，同时要根据零件的结构形状，选择合理的加工方法，即在设计时要分析渗碳零件的加工方法与制造精度的关系。

　　② 对渗碳零件的热处理要求要具体。依据零件的热处理技术要求，针对渗碳前后零件的硬度、变形量等存在的差异，应采用合理的加工方法。热处理后或过程中应控制变形程度，要确保采用磨削加工可以满足精度或尺寸要求，并能进行适宜的时效处理。

　　③ 在加工效率与经济性方面，所选择的加工方法除保证零件的质量和精度要求外，应采用高效率的先进加工方法、工艺手段和设备，尽可能实现少切削、无切削加工，一是提高材料的利用率，二是减少加工余量。

　　从工艺路线方面而言，渗碳零件的加工流程一般含有三个阶段即粗加工阶段、半精加工阶段和精加工阶段。粗加工阶段是切除加工表面上的大部分余量，使毛坯的形状与尺寸尽量接近于产品；半精加工为主要表面的精加工做好必要的精度和余量准备，并完成一些次要的表面加工；精加工使精度要求高的表面达到其规定的质量要求。

将加工流程划分为三个阶段还具有以下作用。

① 可保证产品质量，三个阶段依次进行，可有效逐步减小或消除切削用量、切削力和切削热，有助于减小或消除先行工序的加工误差，减小表面粗糙度。另外加工的各阶段有一定的时间间隔，相当于自然时效，有利于减小或消除零件的内应力，对于减少渗碳与热处理过程中的变形具有重要的作用。

② 可充分发挥加工设备的性能、特点，做到合理使用。粗加工采用功率大、刚度好、精度低和效率高的机床进行加工，而精加工可采用高精度的机床与工艺装备，严格控制工艺因素，保证加工零件的质量要求，从而延长高精度机床的使用寿命。

③ 合理安排冷热加工顺序，减少物流与控制热处理变形。在编制加工流程时，要便于在各加工阶段之间穿插安排必要的热处理工序，这样既可发挥热处理的性能，也有利于切削加工（或磨削加工）和保证产品加工质量。对于变形要求严格的渗碳零件，要在粗加工或半精加工后安排去应力退火，从而减小内应力引起的零件的变形对于加工精度的影响。

④ 分阶段加工，有利于及时发现毛坯缺陷和保护已加工表面。对于毛坯缺陷（气孔、砂眼和加工余量不够等），便于修补、调整加工余量或直接报废，节省工时与制造费用。

(3) 加工工序的合理安排 关于加工工序的安排，可分为以下三个方面：切削加工方面的安排、热处理工序的安排和辅助工序的安排。

① 在切削加工方面的安排中，应遵循先粗后精的加工原则、先加工基准表面原则和先主要表面后次要表面原则、先平面后内孔原则或先内孔后平面原则。

② 热处理工序的安排中，应本着零件热处理的目的为原则，将改善金属组织和加工性能的退火、正火和调质处理安排在粗加工之后。容易变形的渗碳零件，应将去应力退火安排在粗磨后，目的是消除加工应力，同时要在淬火或回火过程中采用合理的工艺装备，控制渗碳零件的变形。

③ 辅助工序的安排中，包括检验、清洗、抛丸或喷砂等，要及时去除废品，防止浪费工时，同时提出减少废品或返工品的措施与计划，提高产品质量与降低制造成本。

6.3 渗碳后常见的热处理缺陷和解决方案

低碳钢或低碳合金钢经过渗碳后，表面得到了高的含碳量，经过淬火和回火后获得高的硬度和良好的耐磨性，而内部的成分基本没有改变即保持了原材料的组织性能，内部仍具有高的塑性和良好的韧性（具有综合的力学性能）。渗碳后的质量检查包括原材料、渗层深度、心部游离的铁素体级别、渗层和心部硬度、变形量的检查等。影响渗碳质量的因素很多，为便于操作者分析渗碳过程中出现质量缺陷的原因，及时处理存在的问题，从而指导渗碳的工艺技术，现将一般渗碳过程中常见热处理缺陷和解决方案归纳为表6-3。

表6-3 渗碳后常见热处理缺陷和解决方案

缺陷名称	产生原因	解决方案
渗碳层过深（或过渗碳）、渗碳层浓度梯度太陡	①渗碳温度过高，保温时间过长 ②固体渗碳的渗碳剂活性过分强烈或气体渗碳碳势高 ③钢中含有铬、钼等强碳化物形成元素	①按正常的渗碳工艺执行 ②固体渗碳采用新渗碳剂时，应放入60%～70%的旧渗碳剂 ③对碳浓度梯度太陡而渗层厚度不符合要求的零件，在中性介质中加热至正火温度并保温适当时间，在油中或空气中冷却可减少碳浓度梯度

续表

缺陷名称	产生原因	解决方案
气体渗碳渗入困难,甚至表面脱碳	①排气不足,炉内气氛未能达到正常的气氛 ②风扇旋转方向错误 ③热短路。挡板装反、风扇叶轮两端的间隙过大,零件与风扇之间距离远、风力不足等造成炉内气氛循环不良 ④渗碳前曾进行回火或软氮化处理 ⑤马弗罐内或料架不清洁 ⑥在扩散期内炉内的碳势过低 ⑦出炉温度过高,在空气中引起氧化和脱碳 ⑧渗碳后出现多次加热	①加大加高排气管,延长排气时间,堵塞炉盖上的其他孔洞间隙,防止空气进入炉内 ②重新接好风扇的导线 ③根据实际情况调整
渗碳层深度不够,渗碳层的碳浓度过低	①渗碳温度太低,保温时间短 ②固体渗碳剂的活性差或碳势低 ③气体渗碳剂的滴量不足(浓度低)、炉气碳势低或炉子密封不严(漏气) ④装炉量过多或渗碳罐、夹具、吊具有变化,使用了新工装或第一次启炉 ⑤炉内气压偏低 ⑥表面被炭黑或灰覆盖 ⑦零件表面有氧化皮等或碳含量低、心部硬度低 ⑧冷却水套漏水 ⑨零件表面有氧化皮	①调整渗碳工艺 ②在固体渗碳剂中添加30%~40%的新渗碳剂,增大气体渗碳的流量 ③可重新进行渗碳处理 ④严格控制各种工夹具符合技术要求,装炉量合适,对新工装要进行预渗 ⑤加大渗碳气氛的流量或重新渗碳处理 ⑥对炉内气氛进行稀释或重新清理后渗碳 ⑦重新进行渗碳处理 ⑧修复水套 ⑨渗碳前进行表面清理
渗碳层深度厚薄不均匀	①炉温不均匀或温度过高 ②零件表面的氧化皮、锈迹等没有清理干净,存在油污等 ③零件的装load方法不合理,工件之间距离太近,无气流通道,放置不当,循环不良或搅拌性差,局部有死角或气体供应渗碳不足 ④固体渗碳时渗碳剂搅拌不均匀,或渗碳箱的尺寸太大、温差过大,或碳势不均 ⑤渗碳时炉气恢复太慢,或炉内气氛循环不良 ⑥零件表面沉积炭黑	①改善炉温的均匀性和控制工艺温度,改进炉丝的分布 ②渗碳前清理干净零件表面,确保表面清洁,渗剂滴量恰当 ③装料合理,零件之间应有一定的距离,确保渗碳的正常进行 ④渗碳剂搅拌均匀,控制渗碳箱的尺寸 ⑤加大渗碳气氛的流量,进行气体的搅拌,确保碳势稳定 ⑥降低碳势,或重新渗碳
渗碳层表面脱碳(图 6-1)	①固体渗碳时密封不严 ②气体渗碳时炉体漏气,流量小,炉内压力小或出现负压 ③渗碳后期渗剂浓度减小过多造成碳势过低 ④固体渗碳后冷却过慢 ⑤在冷却坑内及淬火加热时保护不当等产生脱碳	①提高渗碳箱或气体渗碳炉的密封性,确保无空气进入 ②渗碳后零件应以较快的速度冷却或进行直接淬火,改善冷却条件以及淬火加热保护 ③在正常的渗碳温度下作短时间的表面补碳(或复碳),也可进行抛丸处理,去掉脱碳层
渗碳层淬硬后有剥落	①渗碳零件表面碳浓度梯度太陡或急剧变化,硬度不均 ②淬火时冷却介质选择不当	①采用活性较弱的渗碳剂 ②合理确定和掌握渗碳过程中的扩散期 ③采用冷却比较缓慢的冷却介质 ④采用扩散退火处理后再进行淬火
表面淬火硬度偏低或不均匀	①淬火冷却速度慢和冷却不均匀 ②高合金渗碳钢渗碳层的碳浓度太高,渗碳不均匀,淬火温度偏高或过低,保温时间太长,油温过高,造成渗碳层保留大量的残余奥氏体组织或表面形成了托氏体,回火温度高 ③材料使用不当或碳含量低 ④表面出现内氧化层、网状物,加热时表面脱碳严重,残余奥氏体量过多形成托氏体组织、晶界氧化 ⑤零件表面不清洁,或被炭黑、氧化皮、污物覆盖等,渗碳不均匀 ⑥表面的碳浓度低(炉温低或渗剂浓度不足)	①选择合适的冷却介质,确保应有的冷却速度 ②控制渗碳层表面的碳浓度,按正常的渗碳工艺正常操作 ③高合金渗碳钢渗碳后,在680℃左右进行长时间的高温回火,然后低温(780℃)左右淬火,可明显降低残余奥氏体的含量 ④重新渗碳进行渗碳处理 ⑤清理干净零件的表面,重新进行渗碳,同时确保均匀加热、气流通畅等,另外注意固体渗碳箱的大小、渗碳剂的填充方法等符合相关要求 ⑥对出现过多残余奥氏体的工件进行冰冷处理 ⑦重新补渗

缺陷名称	产生原因	解决方案
心部硬度高或低	化学成分不稳定,淬火温度变化,加热时间有变化,淬火冷却介质的温度和流动性等	①改变材质 ②严格控制和调整淬火的加热温度 ③改善冷却介质的冷却能力、温度和流动性应符合要求,合理装卡,加强零件的上下运动
表面有麻点腐蚀和氧化	①渗碳剂中含有 0.3% 以上的硫或硫酸盐、渗剂不良 ②渗碳后零件表面黏附有残盐 ③渗碳件淬火加热盐浴脱氧不良 ④渗碳件高温出炉或等温淬火 ⑤炉子严重漏气或水套漏水 ⑥滴油管堵塞	①控制渗碳剂中硫酸盐的含量、选用合格的渗剂 ②对工作表面及时清理和清洗 ③确保盐浴炉内氧化物的含量符合工艺规定 ④避免出现高温氧化现象 ⑤确保炉子密封良好,修复水套 ⑥滴油管应垂直、通畅
表面出现玻璃状凸瘤	在固体渗碳过程中,渗碳剂混有 2% 以上的二氧化硅(即砂石)	①确保渗碳剂的纯净 ②采用旧的渗碳剂要彻底清除砂石以及封口用耐火黏土
晶界氧化或内氧化 (见图 6-2)	①含有微量的水和二氧化碳的吸热气体进行渗碳时,因水和二氧化碳与钢反应而在晶界形成氧化物 ②钢中的铬和锰极易氧化,当氧从钢的表面侵入时,晶界或晶粒附近硅、铬和锰比其他元素优先扩散到晶界,与固溶在表面的微量氧结合成氧化物,在钢的表面形成氧化物,金相观察晶界处的氧化物呈网状分布	①严格控制渗碳过程中水和二氧化碳的含量,使渗碳气氛中不存在微量的氧,避免形成晶界氧化物 ②在渗碳能够满足要求的前提下,缩短渗碳时间,或降低渗碳气氛活性碳原子、氮原子的含量
表面有鳞状腐蚀	①渗碳剂中有硫和硫酸盐等低熔点的夹杂物存在,黏附在零件的表面上,阻碍渗碳的进行 ②渗碳零件表面不清洁,有锈斑、残留切削油等;催渗剂的数量和混合状态、渗碳剂中的水分等不符合工艺要求	①采用合格的渗剂或将渗碳剂加热到 900℃ 焙烧 10~30 小时 ②清理干净零件的表面,选用质量合格的渗剂,严格控制相关的渗碳因素等
表面存在的残余奥氏体过多(见图 6-3)	①渗碳速度过快 ②渗碳或淬火时的温度高,奥氏体中碳及合金元素的含量过高 ③炉内的碳势过高 ④淬火冷却介质的温度过高	①控制渗碳速度 ②严格执行加热的热处理规范或淬火后进行冷处理、回火等,降低渗碳或淬火加热的温度 ③调节炉内扩散期的渗剂的滴量和时间 ④降低冷却介质的温度 ⑤高温回火后重新加热淬火
晶粒或马氏体针粗大	①炉内的碳势过高 ②渗碳加热温度高、保温时间长 ③与冶炼方法、原始的化学成分不均匀等有关 ④渗碳后的热处理方法不合理	①调整炉内的渗碳剂的分解速度 ②合理确定渗碳工艺,加强金相组织的检查 ③选用脱氧完全的合金钢,淬火前进行高温回火或正火处理 ④正确选用淬火方法 ⑤对粗大晶粒采用重新加热淬火处理,细化晶粒
过共析层及共析层深度过大或过小	①强渗阶段碳势过高 ②扩散时间短,而强渗时间长	①严格控制炉内碳势 ②调整两段渗碳工艺的时间
表面碳化物过多,呈大块或网状分布 (图 6-4)	①炉内碳势高,扩散时间长,造成表面碳浓度过高 ②采用渗碳直接淬火,预冷时间长,表面温度过低 ③采用一次淬火时,淬火温度太低,预冷形成网状、块状碳化物 ④渗碳后冷却速度过慢	①降低渗碳剂活性,或重新在低的渗碳气氛中扩散一段时间 ②先正火后再进行淬火处理 ③若碳化物级别低于 2 级,进行正火处理,否则报废 ④渗碳结束后进行快速冷却

缺陷名称	产生原因	解决方案
表面出现托氏体或出现非马氏体组织（图6-5）	渗碳介质中含有少量的氧向钢内扩散，表层下的Mn、Cr、Si等被严重的氧化形成氧化物，出现贫Mn、Cr、Si区域，淬透性降低，淬火后出现黑色组织（托氏体）	①改善炉气的成分，控制气氛中氧、二氧化碳和水的含量 ②减少渗剂中硫等杂质的含量 ③保持炉内压力的稳定 ④在排气期尽早恢复炉气的碳势 ⑤防止炉子漏气和风扇停止运转 ⑥向渗碳炉内通入氮气 ⑦减少加热次数，选择合理的加热时间 ⑧喷丸处理
心部铁素体过多（图6-6）	淬火加热温度低或保温时间不足	按正常的工艺重新加热淬火
磨削裂纹	未经100～200℃回火，即进行零件的磨削	应在回火后进行磨削加工
脆断	①材料本身存在缺陷，如疏松、晶粒粗大等 ②有折叠、重皮等锻造缺陷 ③淬火开裂 ④回火不良	①采用合格的钢材 ②改进锻造工艺参数 ③调整淬火工艺参数 ④改善或调整回火工艺参数，确保回火充分
开裂（渗碳缓冷，在冷却过程中产生表面裂纹）	渗碳后缓冷时组织转变不均匀，如20CrMnTi钢渗碳后空冷在表层托氏体里面有一层未转变的奥氏体，随后的冷却中转变为马氏体，渗层完成了共析转变	①采用合理的工艺确保组织均匀转变 ②渗碳后缓冷，确保整个层深获得均匀一致的珠光体 ③渗碳后快冷，得到马氏体＋残余奥氏体组织，或快冷到150～200或450～500℃，将零件及时转入650℃的炉中高温回火，得到珠光体
反常组织	①原材料中含氧量较高 ②固体渗碳时冷却速度过慢，在渗碳层中出现共析渗碳体的周围有网状或大块铁素体，淬火后出现软点	提高淬火加热温度或适当延长淬火加热时间，使奥氏体均匀化，同时进行快速冷却

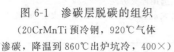

图6-1 渗碳层脱碳的组织
（20CrMnTi预冷钢，920℃气体
渗碳，降温到860℃出炉坑冷，400×）

图6-2 22CrMnMo钢渗碳淬火齿轮棱部的晶界氧化
（左图：抛光状态；右图：2％硝酸酒精浸蚀）

需要提到的是零件渗碳后渗层不均匀的类型如图6-7所示，通常产生的原因如下：炉内气氛循环不良；炉气中不饱和的碳氢化合物过多，形成炭黑或结焦；零件的装炉方式不当等。

6.3.1 渗碳热处理零件的变形

渗碳零件的变形有渗碳过程中的变形和淬火后的变形两类。影响变形的因素较多，变形

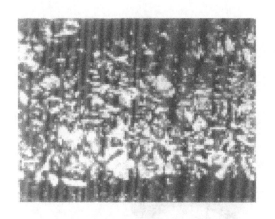

图 6-3 表面存在大量的残余奥氏体
（20CrMnTi 钢 940℃液体渗碳，
后直接淬火，低温回火，400×）

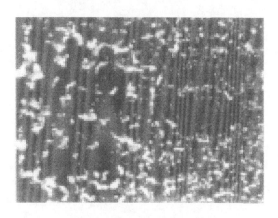

图 6-4 表面粗大块状碳化物
（20CrMnTi 钢 940℃液体渗碳，
预冷后直接淬火低温回火，400×）

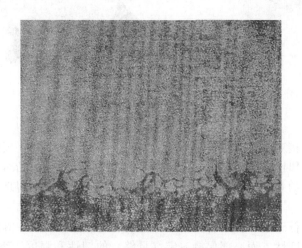

图 6-5 渗碳层中非马氏体组织
（20CrMnTi 钢，940℃液体渗碳，在 840℃中性
盐浴中保温 30min，油冷，抛光，400×）

图 6-6 渗碳件心部出现过多的铁素体

(a) 渗碳层不均匀

(b) 齿顶无渗碳层

(c) 齿面无渗碳层

(d) 各齿的渗层厚度不同

图 6-7　几种常见的齿轮渗碳层不均匀形态

量超过工艺要求则直接对零件的热处理的矫正和磨削加工带来困难，因此根据渗碳零件具有一定的一般变形的规律性，在实际热处理过程中正确认识和合理判断对于减少零件的渗碳和热处理变形具有重要的意义，采取必要的方法和措施是完全可以获得理想的变形要求的。下面分别介绍如下。

（1）渗碳变形　低碳钢和低碳合金钢零件渗碳后进行淬火处理，其目的是为了使表层获得高的硬度和高的耐磨性，而心部保持一定（足够）的韧性和强度，满足零件的工作需要。在实际生产过程中常采用的渗碳工艺有气体渗碳、固体渗碳和液体渗碳等三种形式，一般考虑到生产效率、质量特点、操作方便等采用气体渗碳工艺。渗碳变形一般表现为两种形式：一种为有规律的收缩或胀大变形，另外为不对称零件的规律性弯曲、椭圆等畸形变形，因此研究这两类零件的渗碳规律，对于我们正确认识和解决变形问题，具有极其重要的作用。

① 普通零件的收缩或胀大变形。零件的具体类型和形状是决定渗碳后零件变形的根本，影响渗碳变形的因素有形状和材料以及具体的条件等，应进行综合分析，才能得出正确的结论。常见典型渗碳零件和材质见图 6-8，渗碳后的变形见表 6-4。

表 6-4　部分零件渗碳后的变形情况

零件的图号	材质	渗碳工艺规范	渗层深度 /mm	变形情况	
				在长度或直径方向	在厚度方向
靠模	15Cr	920～940℃×5～6h 气体渗碳后空冷	0.8～1.2	内腔长度方向和宽度方向分别缩短 0.32mm 和 0.16mm	均有少量胀大
套筒	15	920～940℃×5h 气体渗碳后空冷	1.0～1.1	内孔和外径分别收缩 0.35mm、0.40mm	
辅具	20CrMo	920～940℃×6h 固体渗碳后,冷至室温	0.8～1.0	在 252mm 尺寸内孔距上的收缩量为 0.12～0.14mm	

续表

零件的图号	材质	渗碳工艺规范	渗层深度/mm	变形情况	
				在长度或直径方向	在厚度方向
量规	20	920～940℃×6h 气体渗碳后空冷	1.0～1.0	长度方向收缩 0.26mm	均有少量胀大
靠模板	12CrNi3A	920～940℃×5h 气体渗碳后空冷	0.8～1.0	内径缩小 0.02mm	

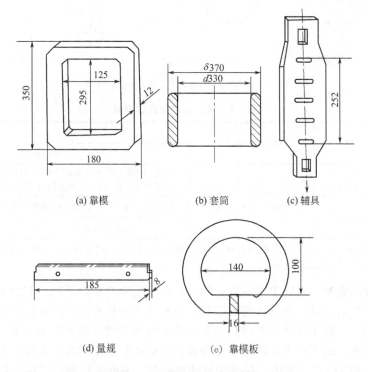

(a) 靠模　　　　(b) 套筒　　　　(c) 辅具

(d) 量规　　　　(e) 靠模板

图 6-8　几种渗碳变形的典型

从表中可以看出，低碳钢和低碳合金钢在渗碳后，在沿主应力方向呈现为收缩变形，其变形量的大小与零件的截面尺寸和材料有关，低碳合金钢的收缩较小。另外零件的含碳量增加，则变形的程度增加，通常含碳量在 0.2% 以下的低碳钢比高碳钢的变形要小。

② 不对称零件的渗碳变形。渗碳零件本身出现截面突变、厚薄不均、形状不对称等，渗碳后空冷均将产生弯曲变形或畸变，在加热或冷却过程中因热应力和组织应力导致变形，其变形的方向同零件的材质，尤其是具体的截面变化有关。因此零件的设计者要在满足其性能要求的条件下，尽可能避免截面和壁厚的急剧变化，这是减少和控制零件在渗碳过程中不规则变形的重要手段和措施，另外锻造零件的流线的分布要均匀和对称，也起到减少变形的作用，见表 6-5。图 6-9 为部分形状不规则、渗碳后易于变形的零件。

③ 夹具选择和装炉方式引起的变形。渗碳零件的形状和尺寸不同，所选用的夹具有很大的区别，而零件的装炉方式同样在渗碳过程中对变形有一定的作用，这里是要考虑到零件的自重对变形的影响。因此零件的吊挂和捆绑方式、摆放状态以及装炉量的大小、夹具变形等，将对渗碳零件的变形产生重要的影响。合理吊装等是预防渗碳变形的有效措施，需要操作者认真对待，有清醒和正确的思路才能确保零件的变形符合技术要求，也为热处理的矫正减少了工作量。另外零件本身的形状厚薄不均，也会在加热和冷却过程中因热应力和组织应力导致变形。

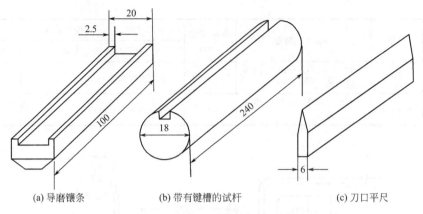

(a) 导磨镶条   (b) 带有键槽的试杆   (c) 刀口平尺

图 6-9　容易产生渗碳后弯曲变形的零件

表 6-5　不对称零件渗碳变形

零件的图号	材质	渗碳工艺规范	变形情况
			弯曲特征
导磨镶条	15Cr、15、12CrNi3A	920～940℃×5～6h 气体渗碳后空冷	①采用 15Cr、15 钢,两薄筋面呈凹形弯曲 ②采用 12CrNi3A 钢,两薄筋面呈凸形弯曲
带有键槽的试杆	15Cr		圆柱面上 4×4 的键槽凸起,弯曲量在 0.25～0.36mm
刀口平尺	15		在刀口一面都是弯曲呈凹形

注：对于导磨镶条而言，如果将带筋的一侧扣在一起，则冷却后的变形量明显减小，很少出现弯曲变形；另外零件全部进行垂直吊装渗碳，有助于减少变形。

(2) 热处理后变形　零件渗碳后进行淬火，除了受零件自身形状、截面变化、渗碳层表面含碳量等因素影响之外，还同热处理冷却介质和冷却方法有关，渗碳层的存在对于淬火变形有明显的影响，一般而言将使零件在主导应力方向淬火的收缩变形率增加。

渗碳淬火后变形的实质为低碳钢零件渗碳后表面的碳浓度增高，水冷后表面组织为马氏体，但在温度高到 M_s 点区域内，呈现明显的热收缩。表面渗层和心部在冷却过程中，其应力处于对立的状态，心部是否淬硬决定了零件沿主应力方向的变形，通常零件在冷却时只能获得塑性较好的铁素体组织，在表面奥氏体热收缩的压缩应力作用下，使零件在主导应力的作用下产生收缩变形。而在表层冷至 M_s 点以下，产生马氏体转变后体积增大，可弥补部分尺寸的收缩，使零件的厚度方向增大。

渗碳或淬火温度过高，使零件表面碳浓度过高，加上炉内气体循环不良、炉温不均匀等将造成淬火后的零件变形增大，另外材料的淬透性不稳定等同样会引起淬火后的变形。

应当注意渗碳零件经过热处理后出现变形是重要的质量缺陷，在第 3 章中已经作了部分介绍，其影响因素较多，需要注意渗碳层不对称分布、形状复杂等因素的影响。渗碳零件淬火后都会出现明显的畸形变形，特征为渗碳层一侧呈凹形弯曲，无渗碳层呈凸形弯曲。其变形的原因为：淬火冷却时有渗碳层的一面在奥氏体区线长度急剧收缩，无渗碳层部分转变为低碳索氏体、贝氏体或马氏体，组织的比容增大，使线长度伸长，导致零件两对立面间产生弯曲应力和变形，渗碳层一面呈凹形弯曲。在零件冷却到低温马氏体相变区，即使表层体积增大，也难于使已存在的塑性变形改变，因此渗碳层一面最后呈现凹形弯曲。如果出现因零件不对称而出现的变形是畸形，将难以矫正，常见不对称零件见图 6-10。

(3) 渗碳零件淬火变形的控制　根据影响渗碳零件变形的因素，首先应在零件的具体设计时要避免出现该类致命问题，同时加强对渗碳零件淬火变形的控制。渗碳层的厚度应控制在0.8～1.2mm，保持高耐磨性的渗碳层厚度应在0.2～0.4mm，从这个思路出发应首先选择合理的渗碳零件用钢，如15Cr、20Cr、15MnV、20MnV、15MnB等低碳合金钢制造零件。其次要合理确定零件渗碳前的加工余量，由于渗碳件的磨削余量过大，因此对渗碳零件的热处理变形要求严格，不允许收缩过多和胀大等，对弯曲、椭圆等畸变都有限制，一般单边留磨削量在0.3～0.4mm是最佳的。再次是淬火的加热温度和冷却方式等，低碳钢在780～800℃低温加热，较薄截面的零件在810～830℃下加热，并进行硝盐冷却，对部分零件采用水淬油冷等均可起到减小渗碳零件变形的作用。对变形零件要尽可能去挽救，对15Cr、20Cr钢可采用控制加热温度、淬火介质的方法，尺寸收缩量过大采用水冷，而对膨胀的重新加热进行油冷或硝盐冷却等；对Q235、15钢利用热处理工艺方法奏效不大，只能采取锤击法对尺寸缩小的零件用尖角锤锤击平面，使该尺寸胀大，也可先进行渗碳前淬火，待零件尺寸胀大后再进行渗碳处理。

零件的畸变有两种情况，一是零件的形状结构本身是有规则和对称的，由于热处理时内外因素和选择的热处理工艺方法，以及操作方法的失误或不妥等（例如加热不均匀、残余内应力未消除等），将产生零件的弯曲、椭圆等畸形变形；另一方面是零件结构本身存在明显的不对称、不规则等形状特征，从而引起零件热处理时产生具有普遍规律的畸变。

影响淬火弯曲变形的因素：截面的形状和不对称程度；加热温度、速度和加热方式；淬火冷却介质和冷却方式；钢的淬透性和M_s点温度的影响；基体中碳和合金元素的含量；表面的渗碳层的状态等。因此在实际的热处理过程中，要将影响弯曲变形的因素逐一排除，力争做到基本消除该类影响，减少或消除渗碳零件的淬火变形。对热处理后容易变形的渗碳件采用压床淬火或淬火时趁热矫正，是目前处理变形的一种快捷方式。

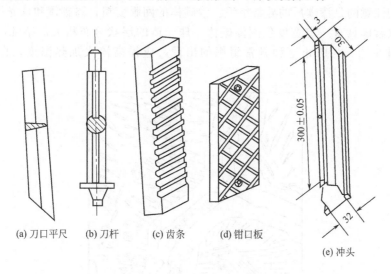

(a) 刀口平尺　(b) 刀杆　(c) 齿条　(d) 钳口板

(e) 冲头

图6-10　不对称杆状、板状典型零件

分析以上产生变形的原因，明确预防的方法和措施，对于渗碳零件的变形控制具有重要作用。预防变形应着眼于以下几个步骤。

① 对零件进行分段加热或缓慢加热，确保零件温度的一致，可避免内外热应力和组织应力对零件的复合作用。

② 对形状不对称的零件，或截面突然变化的零件要进行表面覆盖，薄截面处用铁皮保护，也可进行局部加热，可起到很好的效果，具体见图6-11。

③ 零件采用局部冷却，水冷前对容易变形的凸弯部分进行局部预冷。

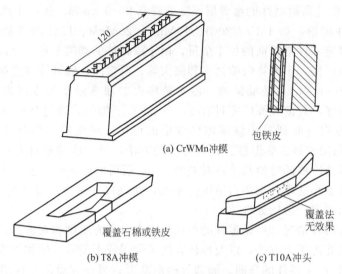

(a) CrWMn冲模

包铁皮

覆盖石棉或铁皮

覆盖法
无效果

(b) T8A冲模　　　　　　　　　(c) T10A冲头

图 6-11　用覆盖保护法预防变形的典型实例

④ 控制零件的入水方向和冷却方式，要先冷冷却慢的部位。

⑤ 采用硝盐或碱浴淬火，硝盐温度在 120～150℃，碱浴温度为 150～180℃，可实现对零件的变形的控制。

⑥ 进行表面高频淬火处理。

⑦ 进行等温淬火，获得贝氏体组织。

需要特别注意的是渗碳后的异常组织：渗碳体的网眼变粗，渗碳体和珠光体之间无直接的界限，而铁素体具有一定宽度包围渗碳体，珠光体的层状分布粗大而杂乱，层状也不整齐。具体见图 6-12。为防止这种异常组织的出现，应提高淬火加热温度，也可提高冷却速度。

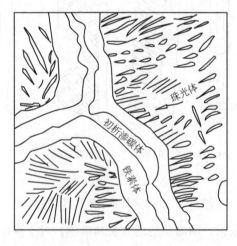

图 6-12　渗碳件的异常组织　500×

6.3.2　渗碳热处理零件裂纹的形成及解决方案

渗碳零件热处理后除上述缺陷外，其裂纹也是一个十分重要的质量问题，这是渗碳零件在热处理过程必须加以避免的，它将导致零件的报废，出现人力、物力和财力的浪费。渗碳零件的热处理与其他正常的一般零件的淬火、退火、正火等相比，具有如下特点：

① 表面与心部碳元素的含量不同，热应力和组织应力的作用复杂；

② 渗碳零件的淬火冷却方式依据于原材料和渗碳层的化学成分和渗层深度，同时要综合考虑到具体的硬度和力学性能的要求，因此选择冷却方法比较复杂；

③ 渗碳零件的大小、形状、结构、缺口和尖角等对淬火有直接的影响，这些因素将加剧零件的淬火变形和开裂。

一般而言，低碳钢和低碳合金钢不进行热处理则无开裂的倾向，而一旦渗碳后进行热处理就增大了零件的变形和开裂的可能，因此研究其产生的机理和原因，不仅有利于帮助热处理工作者制定合理的热处理工艺，而且能为预防和避免该类缺陷的发生，提供必要的措施和保障。

渗碳件的裂纹有四种，即显微裂纹、宏观裂纹、淬火裂纹和磨削裂纹，它们对产品的质量带来致命的影响，下面分别介绍如下。

(1) 显微裂纹 这是一种表面裂纹，随着奥氏体晶粒的长大而出现概率升高，多出现在高碳的马氏体组织中，其原因在于晶粒冷却后得到的粗大马氏体针，此时材料的组织内应力超过了本身的破断强度。因此严格控制炉内的淬火加热温度和保温时间等，可避免出现此类缺陷，如果有可能可对该类零件先进行正火处理，起到细化晶粒的作用，然后进行最后的热处理。

(2) 宏观裂纹 渗碳件在 $10 \sim 15h$ 内冷却到室温，由于长时间的缓慢冷却，外层产生托氏体和碳化物即渗层组织转变不均匀，造成宏观开裂。例如 20CrMnMo 钢渗碳后空冷时在表层先形成极薄的一层托氏体组织，在下面保留一层未转变的奥氏体，在随后的冷却过程中转变为马氏体，使表面产生拉应力的作用，导致了渗碳零件的开裂。只有表面受到压应力的作用，才能阻止裂纹的产生。另外也应注意到表层有薄的脱碳层，也将导致表面的开裂。其防止办法通常为减慢冷却速度使渗层全部发生共析转变，或快速冷却使零件的表面得到马氏体和残余奥氏体组织。

引起开裂的另一个原因是材料内部存在"白点"。对 12CrNi3A 钢气体渗碳后，随炉冷至 650℃ 左右进行等温淬火，使氢缓慢的扩散逸出，表层起泡和裂纹消失，可消除该类宏观裂纹的出现。

宏观裂纹多出现在高碳合金钢中，其表现形式为表面龟裂或剥落等，而在极慢或极快冷却时不会出现此裂纹。从等温转变的曲线来分析，渗碳后表面的含碳量提高，在加热到奥氏体状态后奥氏体十分稳定，只有大于临界冷却速度才能获得马氏体组织，表面冷却到 600～400℃ 奥氏体转变为铁素体＋渗碳体，而在 400～230℃ 范围内，奥氏体转变为贝氏体组织，因此马氏体的转变是在较低的温度下进行的（一般 M_s 点在 120℃）。在室温下，奥氏体转变进行得并不彻底，保留了较多的残余奥氏体，为宏观裂纹的产生创造了条件。

(3) 淬火裂纹 该类裂纹出现在 20CrMnTi、20CrMo 等低碳合金钢中，在冷却或回火、冷处理等过程中，因热应力和组织应力的综合作用超过了零件的破断强度，而出现裂纹，下列因素直接影响到淬火裂纹的产生。

① 渗碳层中的碳浓度厚薄不均匀或者碳浓度过高，形成了严重的网状碳化物。

② 淬火温度过高或冷却速度太快。

③ 渗碳件的截面厚薄悬殊，有尖角、凸台、凹槽等。

④ 表面有车削加工的刀痕，并有一定的深度等。

⑤ 对于复杂的零件没有缓慢加热，而直接快速加热。

⑥ 淬火后未及时回火，内部应力过大。

⑦ 冷处理不当，未进行一次回火而直接冷处理。

⑧ 零件的淬透性过高。

为防止出现淬火裂纹，可采取以下措施：一是渗碳后缓慢冷却，以保证沿整个渗碳层厚度内均得到均匀的珠光体组织；二是采取渗碳后快冷的方法，使渗碳层得到马氏体＋残余奥氏体组织；最后为渗碳后快冷到 $150\sim200℃$，或冷却到 $450\sim500℃$ 后迅速转入 $650℃$ 的炉内进行高温回火。

（4）磨削裂纹　渗碳零件在热处理后要进行的机械加工多为磨削，一般渗碳零件的加工流程为锻造→正火→切削加工→渗碳处理→淬火和回火→磨削加工等，磨削成型后可直接装配使用。淬火和回火后的渗碳零件表面仍然存在部分残余奥氏体，在砂轮磨削的过程中，残余奥氏体转变为马氏体，造成表面的体积膨胀，磨削温度达到 $250\sim300℃$ 时，组织转变加快，渗碳层的脆性增大，加上冷却不及时等造成磨削裂纹甚至烧伤缺陷的产生，该裂纹的特征为裂纹是沿着网状渗碳体而形成的。

磨削裂纹的形式为波纹状，其中表面有网状碳化物是产生龟甲状裂纹的主要原因，因此在渗碳零件的磨削过程中应采取以下措施。

① 适当选择磨削余量、砂轮硬度和改善冷却条件，尽可能减少磨削热的产生。

② 避免出现粗大的网状碳化物，残余奥氏体的含量不宜过高，严格控制渗碳层的碳浓度，对合金钢而言，碳含量在 0.7% 左右，碳钢则控制在 0.9% 左右。

③ 渗碳淬火后要立即进行回火，而且要求回火温度尽可能的低。

除采取上述三种措施外，建议渗碳件采取下列热处理工艺方法：一种为零件在 $900\sim920℃$ 渗碳后箱中冷却，$900℃\times0.5h$ 水冷淬火，$220℃\times2h$ 回火后空冷；另一种为 $900\sim920℃$ 渗碳后箱中冷却，$800℃\times1.5h$ 箱中冷却，$780℃\times0.5h$ 水冷淬火，$220℃\times2h$ 回火后空冷。这两种工艺处理后的渗碳零件均不会出现磨削裂纹。通过对两种工艺结果的比较来看，第一种得到的组织细而均匀，是较好的组织，但弯曲量比第二种大。在热处理生产中通常采用第二种工艺。

6.4　零件渗碳后的机械加工

经过渗碳和热处理后的零件要进行机械加工，获得所要求的高的表面硬度和表面粗糙度，提高零件的疲劳强度，来满足零件的工作需要。渗碳后的机械加工一般为以下几种。

（1）车削和磨削加工　渗碳后零件的表面含碳量高，热处理后表面存在大量的残余奥氏体，在磨削过程中极易形成磨削裂纹，例如烧伤和裂纹。如果存在粗大碳化物、网状碳化物或碳化物膜等也会产生磨削裂纹。因此在机械加工中应结合渗碳零件的技术要求，针对具体的特点等来选择正确的工艺参数，分析和预见可能产生的缺陷则有助于提高零件的质量水平，并能够指导实际的机械加工。

（2）喷丸处理　将热处理后的渗碳零件在喷丸机或抛丸机中进行喷丸处理，丸粒以 $50\sim70m/s$ 的高速与零件撞击一定时间后，在表面深度 $0.1\sim0.25mm$ 范围内，获得了均匀的冷作硬化层，提高了表面硬度。其作用的效果与材料表面的原始组织有直接的关系，如果淬火后表面有多余的残余奥氏体组织，则有明显的硬化效果。一旦出现表面有网状碳化物，将造成表面裂纹的出现，因此对渗碳零件的表面的淬火组织有比较严格的控制和要求。

（3）滚压或抛光　为提高渗碳零件表面的疲劳寿命，提高表面的强化效果，除了进行喷丸处理外，还可进行滚压或抛光处理。滚压或滚动摩擦抛光是表面冷作硬化强化工艺的一种，具有以下几个特点。

① 提高了表面硬度，改变了残余应力的大小和分布。

② 提高了表面光洁度。

③ 提高了弯曲疲劳强度和接触疲劳强度。

在零件的沟、槽、圆角等部位施行滚压或抛光，与其他部位相比则效果更为明显，因此进行滚压或抛光是提高渗碳零件使用寿命的重要举措。部分汽车零件渗碳后进行该类工艺处理取得了良好的结果。

6.5 实例分析

6.5.1 渗碳齿轮的磨削裂纹

18Cr2Ni4WA钢齿轮渗碳淬火后磨削出现裂纹，齿面裂纹与磨削裂纹方向垂直，呈细丝状分布，个别出现树枝状或龟皮状严重裂纹形貌。齿面在磨削过程中有4种拉应力产生，它们使齿面出现磨削裂纹。第一种为磨削径向拉应力；第二种为磨削热产生的拉应力；第三种为渗碳硬化后残留奥氏体转变产生的组织应力；第四种为低温回火不充分时，未消除的淬火残留拉应力。正是这四种应力叠加减去齿面的残留压应力，其应力值大于齿面断裂强度则出现磨削裂纹。

进行金相检查分析，齿面磨削裂纹深度和残留奥氏体最多处相当，即该处为回火马氏体＋淬火马氏体＋少量残留奥氏体。磨削裂纹除了4种拉应力作用是主要原因外，还与齿轮渗碳硬化层中的应力集中大小和严重程度、渗碳硬化层中残留应力状态有关，如果渗碳硬化层应力集中程度高，则齿轮的断裂韧性降低，磨削裂纹则易于产生和扩展。而渗碳层中应力集中程度又与未溶碳化物的形态、大小和数量有关，粗大网状碳化物或粗粒聚集碳化物易造成应力集中与磨削裂纹。另外马氏体形态及粗细对裂纹产生有一定的影响，渗碳齿轮淬火后转变为粗大孪晶马氏体，产生显微裂纹。

渗碳齿轮淬火与回火后，硬化层残留应力为压应力，其值约为$-400 \sim -100$MPa，最大压应力处于共析层尾部，假如渗碳后出现显微裂纹或回火不足，则渗层表面将呈拉应力状态，磨削时产生磨削裂纹并使裂纹扩展。

采取的措施如下。

① 如果磨削裂纹主要因磨削工艺不当引起，则应采取降低磨削拉应力和磨削热的措施，如选择合理的粒度的砂轮和小磨削量，砂轮应锋利，磨削冷却条件应改善使齿面磨削时冷却良好。

② 如果是因热处理工艺不当造成的，则应降低渗碳齿轮表面碳含量至$0.7\% \sim 0.9\%$，防止碳化物粗大和形成网状；残留奥氏体量控制在体积分数小于1%，淬火前高温回火使残留奥氏体转变，必要时多次回火；锻坯组织晶粒度应细小，采用下限渗碳温度和淬火温度。在保证齿面硬度$\geqslant 58$HRC的前提下，适当提高回火温度与保温时间，充分回火以消除工件淬火残留拉应力，对减少以至消除磨削裂纹是十分有效的方法。

6.5.2 大型渗碳齿轮热处理畸变

大型重载渗碳齿轮圈（见图6-13）为焊接重载齿轮的外圆工作部分，其齿顶外径为$2000 \sim 2500$mm，圈厚240mm的环形结构，质量约$4 \sim 5$t，采用20CrMnMo或17CrNiMo6钢制造，要求渗碳层深$5.0 \sim 5.5$mm，其余淬硬层深约$15 \sim 20$mm。在热处理过程（长时间高温渗碳→空冷后高温回火→再淬火回火）中出现明显的外圆齿顶长大和节圆尺寸外扩，形状出现椭圆和锥度变化，由于渗碳层的加工余量很小，增大了随后机械加工的难度。

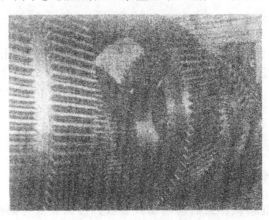

图 6-13　大型重载渗碳齿轮圈实物

该齿轮圈的工艺流程为：钢锭锻造（3 镦 3 拔→冲孔→心轴扩孔）→消除锻造组织应力的预备热处理（正火＋回火）→锻坯粗加工→渗碳、淬火、回火→将齿轮圈与 ZG310-510 铸钢轮毂或板辐堆焊组接为大型重载渗碳齿轮→去应力退火→磨齿及精加工→装配。

通过对 ϕ2375mm，ϕ2165mm 和 ϕ2040mm 三个规格的齿圈渗碳与淬火前后的尺寸对照，分析认为如下。

① 热处理畸变主要来源于渗碳工序产生的上小下大的锥形畸变。由于自重与长时间的高温渗碳引起蠕变，导致齿轮圈渗碳后上小下大，产生锥形畸变，以及淬火与回火的外圆长大和椭圆畸变。

② 膨胀度主要发生在淬火阶段，齿轮圈淬硬层深度有限，表层转变为马氏体的金属量依然很大，淬火后体积膨胀；淬火过程中因外圆与内圆热收缩与相变膨胀的方向相反，产生齿轮圈外圆的径向力和切向力；渗碳降低了渗碳层齿面的 M_s 点，外表面的马氏体转变时间较内表层迟，引起尺寸的变化。

③ 椭圆度是由于材质不均匀，加热与冷却不当，造成热处理时出现不均匀胀缩，不对称畸变，形成椭圆。

针对此类缺陷，建议采用通过预留 4～5mm 膨胀量的方法，以保证齿顶节圆的加工精度；采用下限淬火温度以及降低 M_s 点以下的冷却速度，以减少椭圆度；淬火时按上小下大的方向入油，以减少锥度；采用合适的垫片进行压力淬火；消除残余应力。大型齿轮圈的热处理畸变控制涉及材料与制造，零件设计、锻压机机械加工对于齿轮圈热处理畸变有直接影响，要综合考虑。

6.5.3　渗碳导轨淬火变形

精密机床导轨的尺寸为 30mm×30mm×600mm，选用材料为 20Cr 低碳合金渗碳钢，要求导轨表面具有高的硬度、高的强度、良好的耐磨性和变形小、尺寸稳定性好等，采用 930℃×（12～14h）固体渗碳，渗层深度为 1.6～2.1mm，基本工艺流程为渗碳→机械加工→淬火＋回火。导轨热处理后的技术要求为工作表面硬度≥60HRC，全长弯曲变形量 ≤0.4mm。而生产中发现导轨渗碳后在淬入质量分数 5%～10% 的 NaCl 水溶液中冷却后，导轨渗碳表面产生下凹弯曲变形，变形量达到 3mm 以上，采用压力矫直易发生断裂造成废品。

导轨渗碳淬火时，低碳面首先发生马氏体转变，使渗碳面出现下凹，继续冷却渗碳面发生马氏体转变，体积增大，但低碳面已经形成马氏体并且硬化，故难以变形，只能使原来的渗碳面下凹变形加大。导轨要求热处理硬度在 60HRC 以上，应采用 140～160℃的低温回火处理，渗碳马氏体在回火过程中转变为回火马氏体并析出碳化物，比体积减小，表面产生收缩，导轨渗碳面下凹变形加大，其淬火温度、回火温度与变形量的关系如图 6-14 所示。

通过以上分析可知，应采取的措施如下。

① 淬火前非渗碳面点水激冷，以减少和消除导轨变形，即在导轨淬火前，将非渗碳面在水中激冷数下后提出，使其受冷收缩，表面下凹，渗碳面则呈微凸变形，此时组织为奥氏体＋铁素体转变为珠光体＋铁素体或索氏体＋铁素体。由于珠光体或索氏体比马氏体比体积小得多，故非渗碳面发生的组织转变增大不多，不易造成表面的凸起。

② 导轨再次整体淬入水中，只有渗碳面发生马氏体转变，使体积增大和表面凸起，容易进行矫直。

③ 加热温度与点水激冷控制适当，可使变形微小。为防止回火变形，淬火后将导轨渗碳面通过矫直使其凸出一定尺寸，回火时产生下凹使其恢复，从而达到无变形或极小变形的效果。

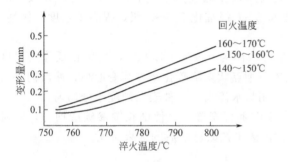

图 6-14 淬火温度、回火温度与变形量的关系

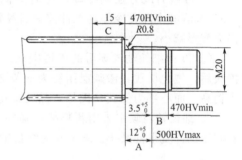

图 6-15 渗碳齿轮轴螺纹部位技术要求

6.5.4 渗碳轴螺纹淬火崩牙

变速器轴为汽车上的重要零件，材料为 20CrH，渗碳后淬火处理，渗层硬度为 58～63HRC，硬化层深度为 0.6～0.9mm，轴上螺纹部位技术要求见图 6-15 所示。而生产中发现渗碳轴上螺纹部位易渗透碳，淬火后脆性大，易出现崩牙等缺陷。

从图 6-15 中可知，在 A 处最高硬度为 500HV，主要作用是使 R 处推刀部位不会产生应力集中，也降低螺纹紧固区的脆性等，目的是避免工作中发生崩牙、断轴等失效问题。在 B 区规定最低硬度为 470HV，是减少螺纹部位装卸中产生的磨损。基于以上两点技术要求，渗碳淬火后采取感应加热退火或渗碳前采用防渗处理方法。第一种方法容易出现退火后硬度超高缺陷，原因在于渗碳后合金碳化物分解慢，时间长，而感应加热退火速度很快，时间短，此外感应加热温度易偏高，易于导致二次淬火处理，退火效果不佳。故采用第二种防渗处理渗碳轴螺纹部分是比较妥当的方法。

采用 Ac-2 涂料对渗碳轴螺纹部位进行防渗处理，试验表明涂料涂层厚度与防渗及漏渗效果有一定的关系，并与渗碳后的硬度呈一定的关系，即涂层越薄，漏渗碳层越深，其硬度越高，反之涂层越厚，漏渗碳层越浅，硬度越低。当渗碳轴的涂层厚度≥1mm 时，漏渗碳层厚度接近于 0，此时漏渗碳层硬度接近渗碳轴基体组织的硬度，效果最佳。

对于表面不同部位的硬度或渗层要求，涂不同厚度的防渗碳涂料，目的是渗碳淬火后在不同的部位或区域获得要求的硬度或渗层深度。根据螺纹防渗标准规定的漏渗层最大深度值，低碳合金钢渗碳时，其渗碳层深度（H_c）定义为：H_c＝过共析层＋共析层＋全部过渡区深度。在生产过程中按漏渗碳层渗碳不得超过渗碳层深度的 10% 为宜。将 A 处空刀与螺纹部分涂防渗碳涂料后进行淬火处理，既确保了硬度要求，又避免了螺纹部分出现崩牙，是十分可行的热处理工艺方法。

6.5.5 细长轴零件渗碳淬火开裂

低碳钢（如 20 钢）细长轴渗碳淬火零件的品种较多，其中在纺织机械零件热处理中占有重要的地位，细长轴（$L/D \geqslant 30$）渗碳淬火后，变形一般在 1～5mm。工件磨削前进行矫直，而淬火后硬度高，矫直十分困难，同时存在矫直断裂失效的概率，另外容易出现硬度不均匀的现象。

一般细长轴的原渗碳淬火工艺规范见图 6-16，为改变原工艺工件变形大、矫直易于开裂以及淬火后硬度不均匀等缺陷，提出改进渗碳淬火工艺规范（见图 6-17）。其解决方案如下。

① 渗碳后改为强风冷却，然后降低淬火温度，在低温加热后在 10%（质量分数）的 NaCl 水溶液中淬火冷却，工件淬火后晶粒度从 5～6 级细化至 6～7 级，提高了强度、韧性，淬火变形减小。

② 20 钢细长轴渗碳后的表层碳元素质量分数约为 0.9%～1.05%，采用较低淬火温度淬火后，硬化层浅，渗碳层组织为板条马氏体＋细点状未溶碳化物，其变形小，冲击韧性大为提高，而心部为低碳马氏体，晶粒细化。采用盐水淬火，工件表面硬度十分均匀。

③ 细长轴渗碳中采用新料架，确保单个零件垂直安置，可使细长轴渗碳层均匀，同时有利于工件变形的减小。表 6-6 为细长轴工件渗碳工艺改进前后的效果对比。

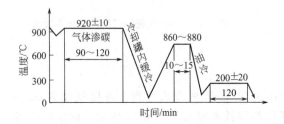
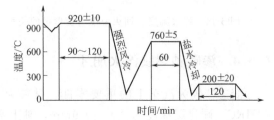

图 6-16　细长轴原渗碳淬火工艺规范　　　　图 6-17　细长轴改进后渗碳淬火工艺规范

表 6-6　细长轴工件渗碳淬火工艺改进前后的对比

项目	改进前情况	改进后情况
渗碳后冷却方法	冷却罐内缓冷	强烈风冷
渗碳后心部晶粒度	5～6 级	6～7 级
渗碳后表面脱碳层/mm	0.01～0.03	0.02～0.05
淬火后表面金相组织	马氏体(3～4 级)＋残留奥氏体	马氏体(1～2 级)＋细点状碳化物
淬火后心部金相组织	少量托氏体＋铁素体	少量低碳马氏体＋铁素体
淬火后心部晶粒度评级	5～6	7～8
淬火后全长变形量/mm	1～5	0.5～1.5
冲击韧性/($\times 10$J/cm²)	0.75～1.5	5～8
双辊矫直	断裂 10～15 根/40 根	无断裂

项目	改进前情况	改进后情况
反击法手工矫直工效/[根/(h·人)]	3～4	15～20
表面硬度（HRC）	有软点	硬度均匀
返工率	10%～15%	0

6.5.6 滚珠丝杠渗碳淬火变形

滚珠丝杠是机床重要的传动机构零件，其要求加工精度高，对变形要求严格，热处理质量和变形直接影响到产品质量。522-181型滚珠丝杠（见图6-18）采用18Cr2Ni4WA钢进行渗碳处理，要求热处理后表面硬度为58～62HRC，心部硬度为36～40HRC，滚珠丝杠全长弯曲变形量≤0.1mm。采用原热处理工艺处理（见图6-19）后，丝杠全长变形达1～3mm，总螺距收缩达1mm，冷处理后变形量增大，热处理后加工中也存在较大变形，常出现表层断裂等，直接影响到生产进度。

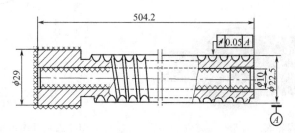

图6-18　522-181型滚珠丝杠结构简图

注：渗碳层深度为1.0～1.4mm；×××表示非渗碳面

对变形与断裂的丝杠进行分析，其变形断裂的主要原因在于热处理工艺不当以致应力过大，应在产生热应力和组织应力的主要环节进行分析与改进。

改进后的热处理工艺（见图6-20）：降低了二次淬火加热温度，以减小丝杠加热与冷却中产生的组织应力与热应力，减少变形程度；在热处理工序间增加矫直和时效工序，目的是减少变形和应力并稳定组织；增加一次冷处理，以降低残留奥氏体量，稳定组织，减少并消除丝杠变形（磨削变形），同时在磨削前、后增加时效处理工序，提高组织稳定性和尺寸稳定性。

采取改进工艺后，丝杠断裂现象消失，变形量大大减少，其全长弯曲变形量≤0.1mm，符合技术要求。

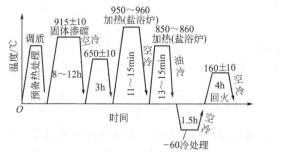

图6-19　滚珠丝杠原热处理工艺曲线

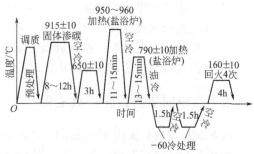

图6-20　滚珠丝杠改进后的热处理工艺曲线

6.5.7 汽车后桥主动锥齿轮热处理裂纹

主动锥齿轮是汽车传动机构的重要部件，选用 20CrMnTi 钢制造。其加工流程为镀铜→渗碳淬火→清洗→回火→抛丸→矫直→退铜。在热处理生产中发现有部分齿轮有纵向裂纹。

对于失效件进行分析与检验：①齿轮化学成分中的钛含量偏低，低倍组织、正火组织正常；②裂纹均为纵向直线状，平行于轴线，贯穿轴颈与花键部位，沿花键底尖角棱线延伸，有较宽的裂纹，各齿轮裂纹数量在 1～2 条，见图 6-21；③轴颈处金相组织为马氏体（6 级）＋残留奥氏体（6 级）＋碳化物（5 级）；④花键镀铜部位裂纹处组织为粗大板条状马氏体；⑤裂纹延伸走向呈沿解理混合花样形貌。

图 6-21　齿轮裂纹外形

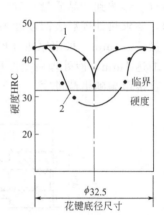

图 6-22　开裂齿轮与不开裂齿轮
花键截面硬度分布
1—开裂齿轮；2—不开裂齿轮

渗碳淬火后产生纵向裂纹是由切向拉应力造成的，而钛含量偏低是纵向裂纹产生的主要原因。钛含量偏低造成渗碳中奥氏体晶粒粗化，淬火后形成粗大马氏体，降低了断裂韧性，也改变了花键部位应力分布。从图 6-22 可以看出，开裂齿轮花键部位淬透，花键表面呈拉应力集中。另一方面花键根部产生应力集中，裂纹极易在该处尖角部位产生与扩展。裂纹产生和发展的另外原因是回火不充分与不及时，以及退铜时应力腐蚀造成退铜中产生齿轮裂纹。检验可知，齿轮轴颈部渗碳后最高硬度位于次表面，使表面为拉应力状态，从而使轴颈处裂纹发展，贯穿于轴颈甚至齿部和螺纹，造成齿轮严重开裂。

采取的解决方案如下。
① 降低齿轮渗碳温度和淬火加热温度。
② 减少渗碳时煤油的滴量。
③ 及时充分回火处理。
④ 严格落实退铜工艺，控制退铜的工艺参数。
⑤ 严把质量关，防止原材料中的钛含量低于规定要求。

6.5.8 汽车同步器齿轮淬火变形

汽车同步器齿轮采用 20CrMnTi 钢制造，碳氮共渗后淬火处理，发现其变形较大，尤其是圆度超差在诸多变形中最为严重，其中某产品齿套圆度超差比例占总数的 30%，为解决圆度超差问题，不得不采用压淬处理，浪费了大量的人力、物力。齿套圆度超差的原因需要从原材料、热处理工艺及设备情况几个方面进行分析。

首先对于原材料进行检验，检查项目包括化学成分、硬度、低倍组织、带状组织、晶粒度、非金属夹杂物等各项。检查结果表明除带状组织比较严重外（已达到3级，见图6-23），晶粒度有混晶现象（图纸要求不大于2级）。

其次进行分析：严重的带状组织是由成分的微观不均匀引起的，带状组织使材料产生各向异性，使淬火变形增大；混晶也是一种组织不均匀现象，其成因同样与偏析有关，对于变形也影响较大，此两项必须严格控制。

重新进行工艺验证，发现有些产品的渗层深度控制得不理想，如7A五档［见图6-24(a)］及S170F01齿套［见图6-24(b)］，渗层要求0.4～0.7mm，实际深度平均值达到0.6～0.8mm。其原因在于共渗时间过长，后检查发现原工艺为860℃×220min强渗；860℃×30min扩散，然后将炉温降至815℃×30min淬火。

图6-23 带状组织3级 100×

(a) 7A五档齿套

(b) S170F01齿套

图6-24 两种齿套的结构形式

可以看出强渗时间过长是导致渗层深度过深的原因。由于齿套的有效厚度只有2.5mm左右，而原来的渗层单边为0.8mm，两边加起来则为1.6mm，几乎要渗透了，整个截面硬度很高，热处理应力很大，从而使淬火变形增大，最终使圆度变形超差。

另外淬火油槽内的残渣及氧化皮和污泥长期没有清理，其沉淀在底部，降低了淬火油的流动性，造成淬火时零件各部位冷却不均，增大淬火变形。同时对炉温进行测试，其中淬火加热炉实际温度比设定温度高17℃，即为877℃。

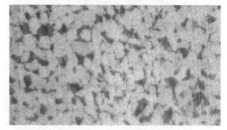

图6-25 带状组织级别1级 100×

解决方案如下。

① 严格控制原材料的带状组织级别，要达到≤2级。经过严格控制，目前的带状组织如图6-25所示。

② 将7A一二挡齿套强渗时间减到200min，三四挡及五挡齿套强渗时间减到180min。检查试验结果，其齿套渗层的平均深度为0.65～0.9mm（要求0.6～0.9mm），三四挡及五挡齿套渗层深度为0.46～0.65mm（要求0.4～0.7mm），得到的渗层深度比较理想。

③ 清理淬火油内的残渣及氧化皮和污泥等。

采取以上措施后，淬火后齿套圆度超差率降低到10%～15%，减少了经济损失。

6.5.9 20CrMnMo 活塞失效

某 7655 型（外径 ϕ40mm，内径 ϕ8mm）凿岩机活塞，在工程使用中活塞寿命较短，提前损坏，其失效形式多半为凹陷、剥落，也有部分损坏件从中间断裂，活塞的技术要求见表6-7。活塞的加工流程为：下料→锻造→机加工→渗碳→直接淬火→高温回火→二次淬火→低温回火。

表 6-7　活塞的技术要求

项目	渗碳层/mm	表面硬度（HRC）	心部硬度（HRC）
技术要求	1.7～2.1	58～63	43～47

图 6-26 为活塞端头的断裂形貌，杆部没有变形，外表面有锈蚀，前段凹陷、剥落，凹陷区域内有翘起的金属碎片，表面被撞击得较平、光亮，凹陷的深度为 4.6mm，内孔直径的边缘被击碎、掉块，侧面 8 个齿的齿顶已经都损坏。

损坏的活塞端头 4 个检测点硬度分别为 57HRC、58HRC、57HRC、57HRC，心部硬度43HRC，表面硬度不合格，心部硬度为下限值。对活塞齿部的渗层进行金相组织检查，齿根的渗碳层内有块状和颗粒状的碳化物，在齿的棱角处，块状碳化物聚集集中，齿顶的碳化物为块状，渗层内的金相组织为块状碳化物（3 级）＋回火马氏体与少量残留奥氏体（2级），如图 6-27 所示。活塞心部组织有少量的游离铁素体（2 级），金相组织为回火马氏体（8 级）＋少量的铁素体，如图 6-28 所示。心部马氏体组织比较粗大，不符合技术要求。图6-29 所示为活塞的晶粒度，可以看到沿晶界分布的成串的小晶粒，其形状呈圆形，小晶粒是在二次淬火时沿晶界新形成的晶粒，还没有足够的时间长大，原始材料晶粒较粗大。

图 6-26　活塞端头断裂形貌

图 6-27　活塞渗层内部的金相组织

图 6-28　活塞的心部金相组织

图 6-29　活塞的晶粒度

活塞的损伤是使用中受到冲击力作用，产生的冲击疲劳断裂。活塞顶部渗碳层存在块状碳化物，其形成与渗碳时间长短和碳势有关，其渗碳工艺为 930℃×25h，势必造成材料本身的晶粒粗大，直接淬火得到粗大的组织。二次淬火表面晶粒得到改善，但保温时间不够，心部的晶粒还没有长大与均匀化，增加了材料的脆性。

可见活塞在使用中受到反复的振动力作用，由于零件在渗碳层中有块状碳化物存在，同时心部的马氏体组织的晶粒粗大，降低了活塞的使用寿命。

解决方案（改进措施）如下。

① 渗碳设备由井式渗碳炉，改为 IPSEN 可控气氛炉，直接保证渗层的碳化物形态，消除了网状和块状碳化物。

② 延长二次淬火的保温时间，使心部的晶粒得到长大与均匀化，保证金相组织。

6.5.10 主动齿轮裂纹

某齿轮厂热处理车间生产一批载重汽车后桥主动锥齿轮（简称主动齿轮），在热处理渗碳、淬火、回火、抛丸、卡簧槽中频感应退火及矫直后，在检查过程中发现部分主动齿轮卡簧槽圆角 R 处及槽边出现裂纹，严重时出现开裂，最终成为废品。

产品为 EQ-153 型"东风"牌载重汽车后桥主动锥齿轮（见图 6-30），齿轮模数为 11.131，采用 22CrMoH 钢制造，材料成分执行 GB/T 5216—2007 标准，材料淬透性要求 J15＝36～42HRC。技术要求见表 6-8，表 6-9 为热处理中使用的设备。热处理工艺路线为：70～80℃清洗→450～500℃预处理→氮-甲醇渗碳（见图 6-31，推料周期为 40min）→70～80℃清洗→180℃×6h 回火→30min 抛丸处理→卡簧槽中频感应退火处理→矫直→检验。

表 6-8　22CrMoH 钢主动齿轮的技术要求

项目	渗碳有效硬化层深度/mm	金相组织（碳化物）/级	马氏体、残留奥氏体/级	表面硬度（HRC）	心部硬度（HRC）	带状组织/级
技术要求	1.70～2.10	1～5	1～5	58～64	30～40	1～3

表 6-9　22CrMoH 钢主动齿轮的热处理设备

工艺	渗碳、淬火、回火	主动齿轮卡簧槽中频感应退火
设备型号	LS15 型双排连续式气体自动生产线	KG-PS100 型中频感应加热炉

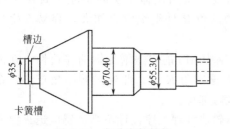

图 6-30　主动齿轮结构

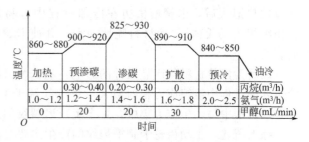

图 6-31　主动齿轮渗碳工艺曲线

对主动齿轮卡簧槽裂纹进行宏观裂纹检查，裂纹起源于齿轮卡簧槽圆角 R 处，并沿槽底 $\phi33$mm 圆进行扩展。每个齿轮裂纹长度不等，有的齿轮裂纹从 R 处扩展至 $\phi35$mm 外圆卡簧槽槽边，如图 6-32 所示。对有裂纹的主动齿轮进行化学成分检验，结果符合技术要求。

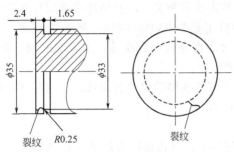

裂纹　　R0.25　　　　　裂纹

图 6-32　主动齿轮卡簧裂纹示意图

对主动齿轮的表面硬度与心部硬度进行检测，结果分别为 63HRC、38HRC，符合产品技术要求，卡簧槽边硬度 52～54HRC。现场检查发现感应热处理后，部分齿轮卡簧槽圆角 R 处产生裂纹，并沿槽底 φ33mm 圆扩展，有部分齿轮卡簧槽槽边出现裂纹。主动齿轮在装夹、转序过程中，不小心磕碰到齿轮卡簧槽槽边，个别齿轮出现卡簧槽槽边开裂"掉渣"情况。

检验齿轮卡簧槽圆角 R 处裂纹及槽边裂纹两侧的金相组织，未发现有渗碳层，判断此裂纹是在热处理渗碳、淬火后产生的。采用线切割从齿轮卡簧槽圆角 R 处裂纹及槽边裂纹附近各截取一块试样，用于渗碳、淬火及回火状态下的金相检验，上述两处的碳化物均为 4 级，马氏体与残留奥氏体均为 4 级，如图 6-33 所示。其渗碳淬火有效硬化层深度均为 1.88mm，金相组织合格。该批次的剩余主动齿轮热处理前带状组织为 2 级，合格，如图 6-34 所示。

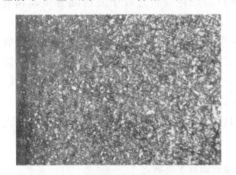

图 6-33　卡簧槽槽边金相组织　400×

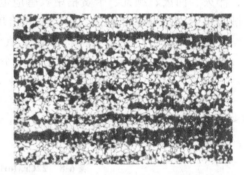

图 6-34　主动齿轮热处理前的带状组织　100×

首先分析渗碳工艺的影响：主动齿轮卡簧槽槽边厚度为 2.4mm，而齿轮渗碳层深度 1.70～2.10mm，卡簧槽槽边（两侧）已经全部渗碳并淬透，成为高碳淬火组织，硬度在 58HRC 以上，为脆性状态，导致卡簧槽圆角 R 处应力加大，而且卡簧槽槽边厚度薄，冷却速度快，该处应力集中，是产生延迟裂纹的危险部位，加上卡簧槽槽边厚度偏薄、抛丸清理钢丸粒度尺寸偏大及抛丸时间过长等，容易在齿轮卡簧槽槽边圆角处出现裂纹，从而成为裂纹源。

其次分析感应热处理的影响：卡簧槽中频感应加热温度高，由于该钢淬透性较高，感应加热退火后，卡簧槽槽边在冷却过程中容易形成二次马氏体（实际检验卡簧槽裂纹金相组织为马氏体），使材料脆性加大，并使卡簧槽圆角 R 处组织应力加大，容易产生延迟裂纹。

最后为齿轮材料与产品设计的影响：22CrMoH 钢中 Mo 能强烈增加钢的淬透性，在齿轮热处理过程中组织应力相对较大，裂纹起源于卡簧槽圆角 R 处，此处过渡圆角过小，在热处理过程中易产生应力集中，是产生延迟裂纹的危险部位。

综上所述，主动齿轮卡簧槽裂纹的产生主要是齿轮热处理工序设计不当、感应退火温度偏高、材料淬透性相对较高等诸多因素叠加造成的。

解决方案如下。在主动齿轮渗碳前增加防渗碳工序，以降低材料硬度与脆性；改进感应热处理工艺，降低加热温度，避免急速冷却，具体见表 6-10。该方案杜绝了主动齿轮卡簧槽裂纹的产生，提高了产品质量，大幅降低了废品率。

表 6-10　对主动齿轮卡簧槽的改进方法与措施

方法	措施	目的	检测要求
齿轮渗碳前增加防渗碳工序	将主动齿轮清洗干净后,在卡簧槽槽边(包括卡簧槽圆角 R 处)涂刷防渗碳涂料,涂层厚度为 0.3～0.5mm,自然干燥后方可进入渗碳炉进行渗碳等热处理	防止形成高碳淬火组织,以降低脆性,减小组织应力及热应力	卡簧槽槽边无渗碳层,硬度检验为 44～48HRC,表明防渗碳合格
改进感应退火工艺	中频感应退火时进行一次预热和一次加热,温度控制在 650～700℃,空冷。或采用超音频感应加热进行连续循环加热退火处理	有利于减少 R 处应力集中的产生	硬度控制在 40～48HRC
提高原材料的质量	按技术协议与检验要求对原材料进行检验	确保原材料各项指标合格	按要求检测
改进零件设计	卡簧槽圆角 R 处圆角过渡,降低表面粗糙度值	避免因此产生应力集中	按要求倒角过渡

6.5.11　曲轴芯孔断裂

某型号四缸内燃机曲轴,在取样做疲劳试验过程中,所有子样运行 20 多万次后于曲轴的芯孔断裂,图 6-35、图 6-36 中箭头所指为裂纹源,属非正常断裂,且疲劳强度远没有达到客户要求。其材质为 QT800-3,疲劳强度要求承载 1900N·m 弯矩载荷循环 10^7 次以上。其加工路线为:金属砂型铸造→正火→机加工→圆角滚压。

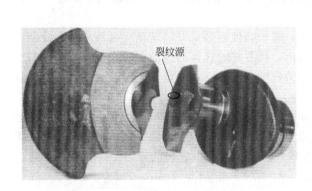

图 6-35　曲拐断面 (1)

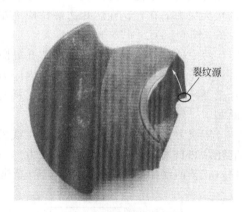

图 6-36　曲拐断面 (2)

图 6-35 所示断口特征,裂纹源位于靠近曲轴端的芯孔,裂纹扩展至曲柄梢断裂,沿断口取样,检测结果:球化 2 级,石墨 6 级,珠光体 90%,抗拉强度 860MPa,伸长率 4%,符合技术要求。断口金相组织如图 6-37、图 6-38 所示。

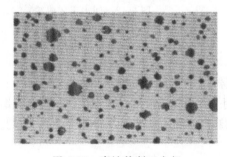

图 6-37　腐蚀前断口金相

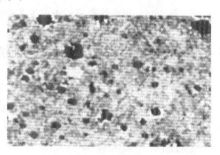

图 6-38　腐蚀后断口金相

图 6-39 为曲轴的流水线正火工艺曲线，要求出炉后喷雾吹风约 30min 快冷冷却到室温，实际喷雾是喷水冷却，不符合工艺要求，造成曲轴本身的残留内应力非常大。对曲轴圆角进行滚压处理，表面形成一种硬化层并保持残留压应力，提高整体疲劳强度。曲拐在疲劳试验过程中，如出现断裂，裂纹源位置一般如图 6-40 所示，产生于连杆圆角最薄弱的部位，并沿圆角约呈 45°方向往曲柄梢端扩展至断裂。

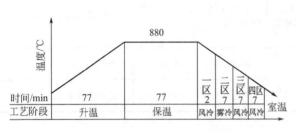

图 6-39　流水线正火工艺曲线

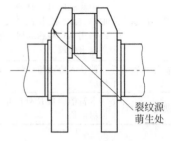

图 6-40　曲拐断裂示意图

原正火工艺（见图 6-39）是 880℃保温结束后出炉冷却，实际采用喷水冷却，芯孔部位有水流流过，致使其冷却迅速，造成残留应力极大，且因芯孔表面比心部冷却块，使芯孔表面承受拉应力。另外经机加工后产生极大的残留应力，没有得到及时消除。曲轴圆角经滚压强化后，在疲劳试验中，连杆轴径圆角以及与圆角处于同一受力平面方向的芯孔同时承受拉压循环载荷，致使疲劳源裂纹的产生扩展不会按图 6-40 所示进行，而是由于有正火所残留的极大应力的存在，在芯孔边缘拉应力最大的部位萌生裂纹并扩展至曲轴梢端断裂（见图 6-35、图 6-36）。

综上所述，疲劳试验中曲拐芯孔处断裂，属于脆性断裂，原因是正火过程中喷雾冷却不合理，冷却时间太短，造成极大的内应力残留，且芯孔处残留的拉应力最大，在疲劳试验中承受循环拉压应力，使其在远低于材料的疲劳强度的情况下，残留拉应力最大的芯孔边缘处断裂。

解决方案如下。①对于正火流水线的正火工艺进行改进，如图 6-41 所示，采用风冷并利用余热自回火消除或减少组织应力、热应力。②在粗加工后和精加工前，增加高温回火工序（工艺曲线如图 6-42 所示），以消除热处理及机加工所产生的残留应力。

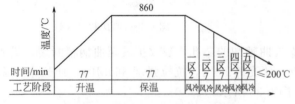

图 6-41　流水线改进后正火工艺曲线

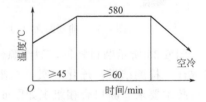

图 6-42　回火工艺曲线

6.5.12　越野车后桥主动锥齿轮轴螺纹断裂

某越野车行驶时传动轴脱落，检查发现主减速器主动锥齿轮轴螺纹断裂（见图 6-43），发生事故时行驶里程 10800km。该主动齿轮轴选用 20CrMnTi 钢制造，加工流程为：锻造毛坯→正火→机械加工→渗碳淬火→回火→抛丸→螺纹高频感应淬火→研磨中心孔→矫直→精磨→配对研磨→成品检验。

该齿轮轴的热处理技术要求为：渗碳层深 1.0～1.4mm，碳化物、马氏体、残留奥氏体级别为1～4级，表面硬度58～64HRC，心部硬度32～45HRC，心部无明显铁素体。

螺纹前端第五扣位置正是螺母前第一扣的位置，裂纹起源于环形带内约80°×(1～2) mm（见图6-44），裂纹源有三个位于螺纹根部，受力时正是负荷最高的牙，应力集中（升高）是最大位置的3～4倍。裂纹源区（在扭转扩展区边缘）主要由拉应力或弯曲应力叠加一定的剪切力生成，放射状纹理由螺纹根部向中心发展1～2mm，而后左旋以25°角方向扩展（螺旋角），形成120°×(1～2)mm环带（剪切力、扭矩逐步升高），内人字形塑变纹理指向裂纹源区，在外圆上有0.1mm×8mm的小剪切唇。这些现象充分说明裂纹扩展的速度很快（比如一次性扩展），这正是剪切力（扭矩）增大的结果（扭转断裂见图6-45）。从约200°×(1～2)mm环带向内，属于快速断裂区，面积约80%；中间小台阶高约0.5mm，系瞬间扭断；最后合成台阶高7mm（见图6-46），裂纹深入台阶底部约12mm，破坏总周期较短。

另外，对螺纹底部及花键根部进行显微检查，同时也对花键的横剖面进行浸泡与酸洗，放大100倍与400倍进行观察，其根部圆角呈银白色，未见宏观裂纹，同时也未见酸洗裂纹。

图6-43 断口状态

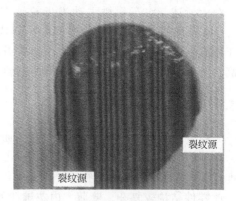

图6-44 裂纹源

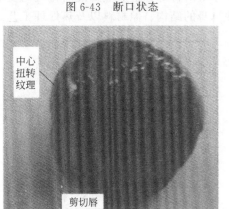

图6-45 扭转断裂

图6-46 合成台阶

对于裂纹件进行金相与硬度的检测，结果见表6-11。

表6-11 裂纹件的金相与硬度检测结果

项目	退火后表面硬度(HRC)	渗碳层深度/mm	表面组织	螺纹芯部硬度(HRC)
技术要求	32～45	0.9～1.3	索氏体组织	32～45
实测值	35.5、36.5、36	1.05	退火态组织	22、25、25.5
判断结果	合格	合格	合格	硬度偏低,不合格

另外，在距螺纹 2mm 处取横截面检验，从外观上看，表面有约 0.2mm 的亮带；向内为 1～1.5mm 的黑色环，说明黑色环是渗碳区；再向内为 4～5mm 的淬火组织，渗碳、淬火及回火工艺正常，在显微镜下可见到环形（波纹），说明回火后硬度正常。

正常工作条件下的螺纹应该是不受力的，但是在装配时要保证主动齿轮的前后两个轴承的同轴度（靠差速器的两个轴承位来控制），否则将会引起附加应力。如果螺纹处于预紧状态，螺纹内就会受到拉伸态的预紧力，在螺纹上产生应力集中；如果螺纹不预紧（螺纹不传递扭矩），则轴向在两轴承前后（外侧）存在间隙，此时花键则成了传动轴的一个支点，在车辆行走过程中会产生冲击负荷，在路况不好、颠簸摇摆等时，花键承受冲击载荷会增大，尤其是一个车轮陷入泥潭时最差，这时后桥与前桥间倾斜变形大，即螺栓将受到大的扭转与弯曲应力。

对于越野车而言，其零件承受随机载荷，受路况及操作特性的影响很大。由于车辆的功率大，一旦一个车轮陷入泥坑，突然前进或后退，尤其在泥坑中变向，就会产生较大的非设计应力，出现该处螺纹断裂的问题。

综上所述，汽车后桥主动锥齿轮轴在过应力下断裂周期较短，先有多个裂纹源产生 80°、1mm 宽的裂纹，在很短时间内扩展成约 200°×1mm 环形裂纹（剪应力升高造成的），由于偏载（不对中），附加应力（力矩）升高而扭断。裂纹源位于螺纹根部，应力集中系数较高，具有弯曲应力（正应力）叠加扭转应力破坏的特征。

6.5.13　内花键齿轮热处理变形

某载重汽车的一种内花键齿轮，其材质为 20Cr2Ni4A，内花键的基本参数为：径节12/24、压力角 30°、齿数 14 以及跨棒距 24.32～24.41mm。技术要求为：齿轮整体渗碳淬火、表面硬度 58～62HRC，结构见图 6-47 所示。

此零件结构较复杂、壁薄、内花键孔的两端壁厚不对称等，造成热处理后花键的变形没有明显的规律，因此影响其变形的主要因素是零件自身的结构、原材料以及热处理工艺。

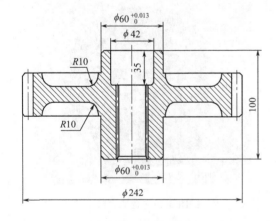

图 6-47　内花键齿轮

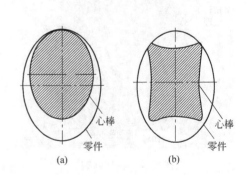

图 6-48　内花键齿轮内孔的变形规律

针对此质量问题，采用改变结构的方法来消除热处理的变形极不现实，故要从原材料、冷加工工艺、热处理等三个方面加以解决，解决方案如下。

① 严格控制原材料和锻造质量。对于原材料应检查低倍组织（包括一般疏松、中心疏松、方框疏松与边缘疏松），非金属夹杂物数量，碳化物级别，钢材晶粒度（细于 6 级）；对锻造质量的要求要确保工艺合理，不允许出现过烧或过热，对锻造后低倍、高倍组织（包括

非金属夹杂物、晶粒度以及碳化物级别）进行检查，确保指标合格。

② 合理选择正火工艺。粗车后增加了二次正火处理，将正火温度提高到950℃，炉冷至350℃以下出炉空冷，表6-12为内花键跨棒距的变形规律：跨棒距平均缩量为0.13mm，花键孔进出口带0.08mm的锥度。

表6-12　内花键齿轮跨棒距的检验数据表　　　　　　　　　　　（mm）

抽检零件序号	工艺未改进前（十字形测量）	工艺逐步改进后（十字形测量）			
		原材料和锻造质量改进	控制正火质量	挂装（O形）	挂装（X形）
1	24.50～24.64	24.48～24.56	24.46～24.52	24.30～24.42	24.36～24.40
2	24.52～24.70	24.42～24.58	24.42～24.54	24.32～24.40	24.30～24.36
3	24.50～24.62	24.42～24.60	24.50～24.60	24.32～24.44	24.32～32.36
4	24.46～24.58	24.40～24.50	24.44～24.56	24.30～24.42	24.38～24.41
5	24.42～24.56	24.42～24.54	24.50～24.58	24.36～24.44	24.36～24.41
6	24.40～24.58	24.42～24.56	24.40～24.46	24.32～24.42	24.32～24.38
7	24.38～24.54	24.42～24.48	24.42～24.54	24.36～24.44	24.34～24.38
8	24.40～24.56	24.46～24.60	24.42～24.48	24.34～24.42	24.32～24.36
9	24.48～24.66	24.44～24.56	24.42～24.54	24.42～24.54	24.32～24.38
10	24.44～24.68	24.40～24.54	24.44～24.54	24.36～24.46	24.38～24.42

③ 冷热尺寸的配合。适当将拉刀的 M 值调整到24.48～24.53mm，试验数据见表6-12，可以看出产品收缩量达到预期的效果。

④ 齿轮装夹方式的合理性。采用挂装比平叠放置变形小，穿挂齿轮的心棒大小和形状对齿轮花键孔变形有明显的影响，用圆棒（O形）穿挂时，圆棒与孔的支撑是一条线接触［见图6-48(a)］，造成孔的变形出现椭圆和反腰鼓形；而采用 X 形棒穿挂［见图6-48(b)］，心棒与孔为两条支撑线接触，心棒与孔壁之间的间隙呈90°均匀分布，变形沿孔圆周方向比较均匀，淬火后椭圆与锥度都减小了，从表6-12可知，用此种挂装方式取得了满意的效果。

6.5.14　Ⅱ级齿轮轴裂纹

一件直径1050mm、齿宽500mm左右、模数为24的Ⅱ级齿轮轴（见图6-49）经过渗碳淬火后，在磨齿过程中产生大量的裂纹。该齿轮轴材质为17Cr2Ni2Mo钢，渗碳淬火、回火后有效硬化层深度为 3.7～4.2mm （530HV），齿面硬度 57～61HRC，心部硬度33～42HRC。

Ⅱ级齿轮轴制造工艺流程为：下料→锻造→正火→粗车→无损检测→滚齿→渗碳→高温回火→去脱碳层→淬火→低温回火→喷丸。

该齿轮轴渗碳工艺为：650℃×2h＋880℃×2h＋930℃渗碳（采用循环渗碳工艺），炉冷至860℃×2h，出炉坑冷至零件表面400℃以上，再进行高温回火10h。淬火、回火工艺为：650℃×2h＋810℃×6h油冷，200℃×24h。

齿轮轴的裂纹的宏观形态如图6-50、图6-51所示，可以看出裂纹具有以下特点：①裂纹仅处于磨削后的一侧齿面，且集中处于齿面根部磨削量较多的部位，另一侧磨削量少的部位和其他部位均未发现裂纹；②裂纹集中在齿面的同一方向，而另一方向没有裂纹，形态呈弯曲状和少许网络状。通常情况下，磨削裂纹只存在于磨齿加工的齿面上，有时呈平行条状或呈弯曲网络状，其方向垂直于磨削方向，其宏观形态大致相同。

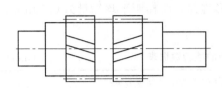

图 6-49　Ⅱ级齿轮轴形状

图 6-50　裂纹的宏观形态

将齿面进行酸蚀烧伤检查，结果如图 6-52 所示，裂纹处的齿面有比较严重的淬火烧伤，而无裂纹的齿面无淬火烧伤特征，在靠近齿根处只有轻微的回火烧伤。对齿轮轴的成分进行化验，其符合 JB/T 6305—1992 标准的要求，具体见表 6-13 所示。

图 6-51　有裂纹齿面的另一面

(a) 裂纹处淬火烧伤(白色)
和回火烧伤(深灰黑色)

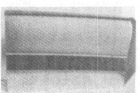

(b) 无淬火烧伤和裂纹，
仅有轻微回火烧伤

图 6-52　不同部位的烧伤情况

表 6-13　17Cr2Ni2Mo 材质化学成分（质量分数）

项目	C	Si	Mn	Cr	Ni	Mo	S	P
技术要求/%	0.14～0.9	0.17～0.35	0.40～0.60	1.50～1.80	1.40～1.70	0.25～0.35	≤0.035	≤0.035
实测值/%	0.17	0.29	0.54	1.70	1.58	0.31	0.026	0.031

对齿轮轴进行热处理质量检测，具体结果见表 6-14。裂纹处渗碳层表面硬度梯度见表 6-15，裂纹处硬化层深度约 3.2mm，不符合要求。

表 6-14　对齿轮轴进行热处理质量检测

裂纹齿面硬度（HRC）	裂纹处渗碳层深度/mm	无烧伤渗碳层组织	无烧伤中心组织	裂纹烧伤处齿面组织	无裂纹侧齿面硬度（HRC）	无裂纹齿面的有效硬化层深度/mm	非金属夹杂物/级
50.5～52.0 不合格	3.2 不合格	回火马氏体（2级）+少量残留奥氏体（1级）+碳化物（2～3级），碳化物呈断续的网络趋向分布（见图6-53）	粒状贝氏体+少量低碳马氏体（见图6-54），合格	淬火烧伤组织为淬火马氏体，回火烧伤组织为托氏体+索氏体。裂纹贯穿于淬火和回火烧伤区（见图6-55），经放大其淬火和回火烧伤的过渡区组织（见图6-56）合格	57.5～58.5 合格	3 合格	1 合格

表 6-15　裂纹处渗碳层表面硬度梯度

距表面距离/mm	0.03	0.10	0.20	0.40	0.60	0.80	1.00	1.20	1.40
硬度（HV）	520	545	570	626	643	668	681	693	672
距表面距离/mm	1.60	1.80	2.00	2.40	2.80	3.20	3.40	3.80	心部
硬度（HV）	667	648	622	585	563	543	495	432	330

图 6-53　齿面无烧伤处渗碳组织　400×

图 6-54　中心组织　500×

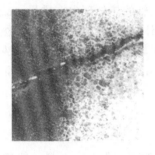

图 6-55　齿表面烧伤区组织
和裂纹形态　100×

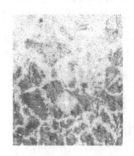

图 6-56　淬火烧伤和回火烧伤
过渡区的组织形态　500×

在淬火烧伤处切取试样，表层有 0.07～0.08mm 的淬火烧伤层，下面 0.8mm 处为回火烧伤层。裂纹由表面淬火烧伤层开始向中心扩展，贯穿回火烧伤层后呈"人"字形，深度为 1.0～1.3mm，平行于表面沿晶扩展（见图 6-57）。裂纹起始位置和裂纹尾部如图 6-58、图 6-59 所示，裂纹起源于表层淬火马氏体区，穿过回火烧伤区，尾部处于渗碳、淬火、回火的马氏体区。

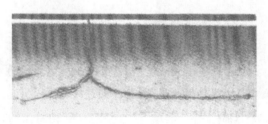

图 6-57　表层白色为淬火烧伤区，黑色为回火烧伤区　50×

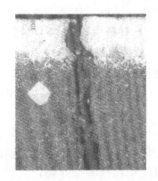

图 6-58　裂纹起始部位形态　400×

图 6-59　裂纹尾部形态　400×

综上所述，Ⅱ级齿轮轴化学成分和金相组织合格，没有发现其他冶金缺陷。无裂纹的齿面表面硬度和硬化层深度合格，而裂纹处表面硬度和有效硬化层深度不符合技术要求，表明由于裂纹处变形较大，造成磨削量增加而使得表面硬度下降和有效硬化层深度减小。

齿两面的齿根部位磨削量明显不同，磨量较多的一侧出现裂纹，而磨量少的另一侧无裂纹，裂纹出现在较严重的淬火烧伤部位，表明磨削量较大的一侧，由于砂轮与齿面剧烈摩擦，产生很高的温度，随后被切削液迅速冷却，使得齿面局部淬火，产生很大的热应力和组织应力，引起齿面的塑性变形。从断口微观形态可以看出，裂纹处的齿面确实存在磨削烧伤，与金相组织和硬度检测结果完全一致，微观检查断口沿晶断裂也与磨削裂纹以沿晶断裂为主吻合，说明裂纹的产生与磨削有关。

减少磨削裂纹发生的解决方案如下。①严格控制齿轮轴的热处理内在质量，碳化物控制在1～3级，保证获得弥散分布的细颗粒状碳化物，马氏体与残留奥氏体为1～4级，获得细针隐晶马氏体，防止产生较大的组织应力。②提高整体齿轮轴的温度均匀性，减少变形与磨量，将回火次数由1次改为2次。③改进磨削工艺，减小磨削量，改善冷却条件，防止磨削温度的升高。

6.5.15　小齿轮渗碳层剥落

某工程车辆使用的小齿轮，材质为20CrMnMo钢，加工流程为：下料→机械加工→渗碳→高温回火→淬火→低温回火→抛丸。在抛丸后发现26件小齿轮中有9件小齿轮的渗碳层有剥落、开裂现象，如图6-60所示，该现象在以往的渗碳零件中很少出现。

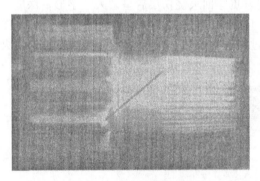 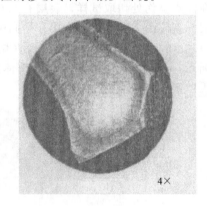

图 6-60　齿轮的剥落部位　　　　　图 6-61　齿轮的断口形貌

零件渗层剥落、开裂均在零件的凸起、尖角部位，剥落处断口形貌如图6-61所示，其剥落部位位于渗碳次表面处，有的绕过过渡区呈硬壳状剥落。另取一件表面开裂的零件，在裂纹处用钼丝切取金相试样，在磨制过程中该试样沿裂纹处剥落，断口形貌与第一件完全相同。

对断裂件进行化学成分检测，结果符合标准要求。进行表面与心部硬度检测，表面硬度62～66HRC（图纸要求≥60HRC），心部硬度370HBW（图纸要求269～380HBW），内外硬度符合要求。

基体非金属夹杂物评定为A1.5级，B1级，D1级，符合技术要求。渗碳层深度为2.3mm（图纸要求2.0～2.3mm），渗层组织为马氏体＋残余奥氏体＋碳化物，剥落处碳化物为5级，过渡区组织为粗针状马氏体＋残余奥氏体，裂纹均在此部位开裂，且裂纹两侧无脱碳现象，如图6-62所示。

失效件组织为孪晶马氏体。其次该失效件是2009年1月进行处理的，气温比较低，以至于淬火油温度较低。马氏体针比较粗，说明奥氏体晶粒粗大，该批零件具有形成淬火裂纹的因素。剥落处渗碳体为5级，说明该处碳含量高。在零件淬火冷却后，渗层组织全部为孪晶马氏体，心部为非马氏体，由于马氏体比奥氏体体积大，在相变时产生体积膨胀，在接近马氏体区的极薄层中具有较大的径向拉应力，剥离裂纹也就产生在应力急剧变化的次表层，裂纹严重扩展时造成表层剥落。

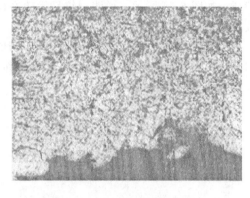

图 6-62 4％硝酸酒精浸蚀 400×

综上所述，该批零件渗碳层剥落、开裂现象是淬火时形成的剥离淬火裂纹造成的。

解决方案如下。加快渗碳件的冷却速度，使渗碳件获得均匀一致的马氏体组织，或者减慢冷却速度使其获得均匀一致的托氏体组织（或珠光体＋铁素体），则可防止剥离裂纹的产生。

6.5.16 传动渗碳齿轮断裂

某型号变速器传动齿轮装车行驶5000km时发生断齿崩齿失效，该齿轮材质为8620H，加工流程为：下料→毛坯锻造→等温退火→滚齿→渗碳淬火→磨端面、磨齿。热处理技术要求为：根据伊顿公司TES-003标准，CZ2级渗碳淬火，表面硬度80～83HRA，心部硬度30～42HRC，有效层深0.84～1.34mm。

对发生断裂的传动齿轮采用线切割取样，进行宏观断口观察，化学成分和金相组织分析。采用PDA-5000H直读光谱仪检测失效齿轮化学成分，结果表明化学成分符合技术要求。该传动齿轮断齿位置及宏观断口形貌如图6-63所示。该齿轮有52个细齿，其中不相连的两个齿发生断裂，断齿均位于小端，1#齿沿齿根至齿顶断裂约1/2齿宽，2#齿沿齿高中线至齿顶断裂约1/3齿宽。断口上有较粗糙的辐射状花样，断口呈闪晶状金属光泽，为宏观脆性断口。另外，齿顶局部有小崩齿，宏观观察表明，断口面除少部分有剪切唇为最后断裂处外，基本无明显塑性变形，呈脆性断裂特征，见图6-63。在一个断齿的齿根部以上有一条横向裂纹，裂纹深度1.02mm，垂直于表面。放大500倍观察，裂纹内部及附近的组织与远离裂纹区无大的差异，无氧化脱碳，也无增碳，裂纹走向平直，尖端不连续，为淬火裂纹

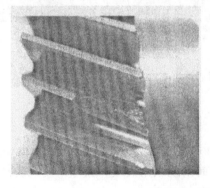

图 6-63 齿轮宏观断口形貌

特征，如图 6-64 所示。说明裂纹是齿轮在淬火及随后过程中产生的，不是锻造折叠和外裂纹所致。

实测断齿的表面硬度为 80.9～81.3HBA，心部硬度 40.5～42HRC（测 1/2 齿高处），均符合技术要求。根据渗碳层形貌及实测维氏硬度曲线（见图 6-65），渗碳有效硬化层深约 0.99mm，均符合技术要求。

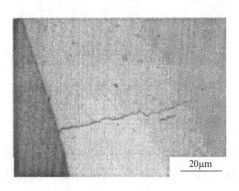

图 6-64　齿轮断口裂纹

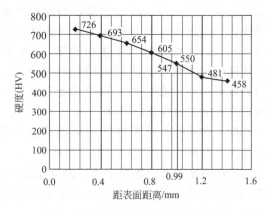

图 6-65　渗碳层显微硬度-深度曲线

渗碳齿轮齿面表层组织为细针状马氏体（已低温回火）＋细颗粒弥散分布的碳化物＋少量残余奥氏体。根据 QC/T 262 标准，判定齿面各种组织级别为：回火马氏体 1 级，残余奥氏体 1 级，碳化物 1 级，齿顶碳化物 1 级，残余奥氏体 4 级，齿顶马氏体 2 级。齿顶的残余奥氏体级别偏高，但仍属于合格范围。心部组织为板条状马氏体＋少量铁素体（图 6-66），表面的非马氏体组织深 0.017mm（要求为≤0.02mm）。

综上所述，该传动齿轮的断裂是由淬火裂纹引起的。

解决方案如下。①齿轮在淬火冷却时，在冷透前不中断冷却，特别是在马氏体开始转变到转变终了之间，应使其缓慢冷却。②避免加热时过热和晶粒粗大，采用热浴淬火和等温淬火，在 M_s 点以上的温度放在热浴中淬火，在零件内外达到一定温度后空冷。③淬火后立即回火，去除应力。④控制原材料质量，合理选择预热，改善原始组织。

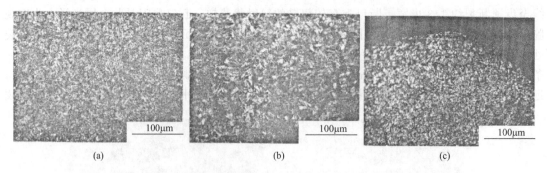

(a)　　　　　　　　　　(b)　　　　　　　　　　(c)

图 6-66　渗碳层不同部位的金相组织

6.5.17　8M 型风机斜齿轮轴开裂

8M 型风机斜齿轮轴（见图 6-67），材质为 20CrMnTi，技术要求为渗碳淬火处理。在渗碳、空冷后发现轴径 ϕ106mm 及 ϕ101mm 处表面出现纵向裂纹，齿部未发现裂纹。8M 型风机斜齿轮轴热处理工艺及裂纹情况见表 6-16。

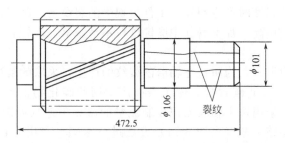

图 6-67 斜齿轮轴渗碳后空冷时形成的裂纹示意图

表 6-16 8M 型风机斜齿轮轴热处理工艺及裂纹情况

渗碳炉次	1～2	3～5	6～9
渗碳温度/℃		910	
淬火温度/℃		840	
回火/(℃×min)		160×240	
渗碳后裂纹	一定产生纵向裂纹	未出现裂纹	一定产生纵向裂纹,每件上裂纹数量少于1～2炉

进行齿轮轴裂纹原因分析。现场检测发现,渗碳齿轮表面裂纹是在渗碳后空冷至 100℃以下开始的,并且在 40℃左右开裂最为严重。从渗碳炉冷至 30℃,需要 11～12h。

对裂纹齿轮轴切块检验发现,表层为托氏体＋碳化物,次表层为马氏体组织（距表面 0.70mm 处开始）,次表层向里为索氏体组织。正是由于珠光体转变孕育期不同会造成齿轮表面出现托氏体组织,次表层出现马氏体组织,并因马氏体相变使表层产生的拉应力大于材料的断裂强度（20CrMnTi 渗碳后空冷表面硬度≥45HRC,断裂强度为 1500MPa）,最终导致齿轮表面形成裂纹。

6.5.18 主动锥齿轮崩齿

某 817 型车床主轴采用 20CrMo 钢制造,技术要求为：渗碳层深度≥0.9mm,渗层表面硬度≥59HRC,主轴振摆变形≤0.30mm。817 型车床主轴如图 6-68 所示,生产中发现主轴端面产生磨削裂纹。

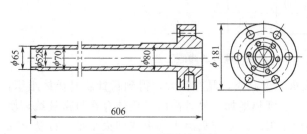

图 6-68 817 型车床主轴

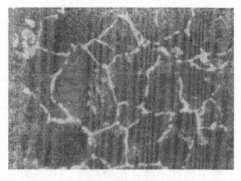

图 6-69 主轴表面网状碳化物 400×

金相分析发现,主轴渗碳后表面出现大量的网状碳化物,级别在 5 级以上,如图 6-69 所示,裂纹区域显微分析发现表层有回火带,主轴端面显微组织呈现二次淬火区。工件渗碳层碳含量过高,使表层产生大量网状碳化物,晶界结合力下降,网状越连续,则工件材料强度越低。另外因碳化物导热性差,网状碳化物使磨削热传导受阻,使温度升高并产生磨削应力，当其超过材料抗拉强度时产生裂纹。工件出现磨削裂纹与磨削工艺不当有关，原因是选用砂轮粒度过细，硬度偏高，加上磨削中磨钝砂粒不易脱落，砂轮和工件间挤压摩擦，促使裂纹产生。

针对此齿轮的失效形式，为防止主轴磨削裂纹的产生，采取的解决方案如下。

① 降低主轴渗碳时表面碳含量，避免表面产生网状碳化物，控制其级别在 4 级以下，减少和消除磨削裂纹。采用按主轴表面积控制流量的渗碳工艺（见图 6-70）和采用 CO_2 红外仪自动控制碳势的渗碳工艺（见图 6-71）方法进行渗碳。采用上述工艺渗碳后，主轴表面未发现炭黑，渗碳层碳化物小于 4 级。

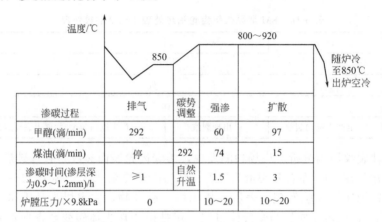

图 6-70　按主轴表面积控制流量的渗碳工艺

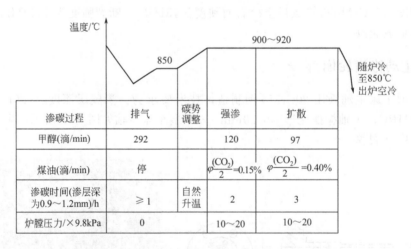

图 6-71　用 CO_2 红外仪自动控制碳势的渗碳工艺

② 改进淬火、回火工艺，当淬火、回火温度高时，晶粒粗大，得到粗针状马氏体组织，碳含量高，残留奥氏体多，工件导热性差，磨削热增加。另外高碳马氏体存在显微裂纹，使其断裂强度下降，在磨削应力下沿晶界易产生裂纹。若淬火后未回火或回火不足，也易出现磨削裂纹。采取 860℃×45min 加热，在 30℃ 以上的油中淬火，200℃×4h 回火。采用上述工艺后，工件振摆≤0.2mm，回火后硬度 59～61HRC，金相组织为隐晶回火马氏体＋均匀细小分布的碳化物，心部为索氏体组织。

③ 改进磨削工艺，选用大气孔砂轮，粒度较粗，散热性好，不易因磨削热集中而出现裂纹。

采用上述改进工艺措施后，工件组织改善，组织细化，性能好，消除了裂纹隐患，未再发现磨削裂纹，工件质量满足技术要去，生产正常。

6.5.19 20CrMnMo 钢轴渗碳断裂

某农机具 20CrMnMo 钢轴是农机具重要零件，热处理工艺为 920℃×13h 气体渗碳后冷却。生产中发现，渗碳后工件表面出现纵向裂纹，造成批量报废。

断口分析发现，裂纹和工件表面垂直，沿渗碳层呈人字形分布，裂纹剥落处断口形貌为银白色脆性断裂特征，未发现断口处氧化剂回火色。初步分析裂纹为渗碳冷却时产生的。化学分析说明该零件锰的质量分数超标 0.2%～0.3%。金相分析发现，裂纹沿珠光体与马氏体交界处出现开裂，渗层深约 1.78mm，渗碳层金相组织如图 6-72 所示。表面为细珠光体＋块状及网状碳化物，呈深黑色，如图 6-72(a) 所示；中间层为粗大马氏体＋残留奥氏体，呈浅白色，如图 6-72(b) 所示；心部为粒状上贝氏体组织，呈深黑色，如图 6-72(c) 所示，渗碳层及裂纹区域硬度分布如图 6-73 所示。

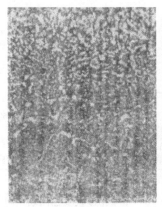 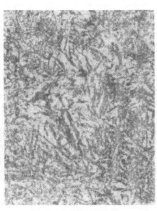 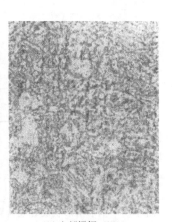

(a) 表层组织 200×　　　(b) 次表层组织 400×　　　(c) 心部组织 400×

图 6-72　渗碳层金相组织

裂纹沿两相交界处马氏体脆性区开裂，是由于渗碳后冷却中两相组织的比体积不同，因此交界处的应力最大，而此区域马氏体组织脆性大，强度低，造成裂纹产生并迅速扩展，使工件断裂。表面合金碳化物锰含量高，使表层奥氏体合金化较低，奥氏体稳定性下降，奥氏体等温转变图左移，使临界冷却速度增大，淬透性下降，同时众多合金碳化物颗粒在基体中成为相变形核核心，促使奥氏体向珠光体转变；中间层奥氏体中大多数碳和合金元素以固溶形式存在，奥氏体稳定性增加，奥氏体等温转变图右移，临界冷却速度减小，提高了淬透性，奥氏体易过冷发生马氏体转变形成马氏体；随温度下降，心部在中温区域转变为粒状上贝氏体。马氏体转变中发生体积膨胀，马氏体夹层内、外挤压，产生巨大的相变组织应力，导致工件沿渗碳层附近开裂；另一方面，表层内存在的严重网状碳化物相和工

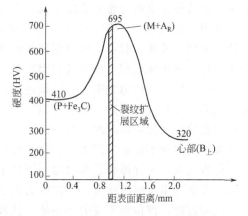

图 6-73　渗碳层及裂纹区域硬度分布

件冷却时产生的热应力作用，以及与马氏体相变产生拉应力的作用相叠加，使工件沿脆性碳化物网产生裂纹并导致脆性断裂。

防止 20CrMnMo 钢轴渗碳断裂的解决方案如下。①工件渗碳出炉后直接油冷淬火，使渗层形成马氏体组织，减少渗层表面和内层间的比体积差以及由此引起的应力，随后进行 650℃高温回火，以消除淬火应力，可防止工件产生渗碳冷却裂纹。②工件渗碳后采用随炉冷却或坑内缓慢冷却，工件表面组织为细珠光体＋碳化物，心部组织为珠光体＋铁素体，工件表面无裂纹，性能优良。

6.5.20 起重机十字销渗碳开裂

十字销是铁路百吨起重机上的重要零件，其材质为 20CrMnMo 钢，十字销形状及开裂位置如图 6-74 所示。其热处理采用渗碳表面强化，工艺如图 6-75 所示，要求渗碳层深度为 1.6～1.9mm，柱面和端面硬度为 61～65HRC。生产中发现，渗碳后十字销过渡区出现纵向裂纹，导致工件失效报废。

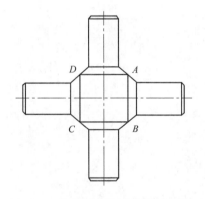

图 6-74　十字销形状及开裂位置示意
A，B，C，D—开裂位置

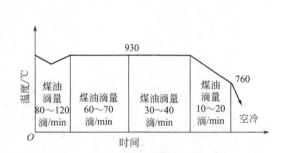

图 6-75　十字销渗碳工艺曲线

检验发现，十字销渗碳空冷后出现裂纹，裂纹部位在柱面过渡区处（图 6-74），其径向深度约 1.0～1.2mm，轴向发展至圆台处，长约 10～30mm，平直走向，根部和端部呈钝态形貌，其特征为纵向分布的表层裂纹。金相观察发现，渗碳层表面与次表面组织和硬度差异大，表层为黑色组织，厚约 0.08～0.12mm，硬度较低，外侧主要是托氏体组织，内侧为贝氏体＋少量托氏体，其贝氏体呈锯齿状沿晶延伸分布至次表层，具有缺口效应特征。次表层为粗大片状马氏体组织＋少量残留奥氏体，深度约 1.2～1.4mm，说明渗碳层碳含量偏低。检验渗碳表层残留应力表明，表层黑色组织受拉应力作用，次表层外侧与内侧残留奥氏体差异使该部位呈拉应力状态。检验发现，渗碳表层 0.02～0.04mm 区域存在严重晶界氧化和晶粒氧化缺陷，黑色组织的产生一方面受氧化作用，一方面受脱碳作用影响。工件渗碳后期和降温阶段渗剂不足是表层出现氧化脱碳和黑色组织产生的主要原因。

分析认为，工件渗碳后期因渗剂滴量不足产生氧化脱碳，并使渗碳层形成硬度低的黑色组织，其表层呈拉应力状态。当拉应力大于黑色组织断裂强度时，表层产生裂纹。一方面十字销柱面过渡区部位处于应力集中处，其残留拉应力值最高，故该处最先萌生裂纹；另一方面，次表层外侧亦呈拉应力状态，裂纹一旦萌生易于迅速延伸扩展，故裂纹呈纵向分布，走向平直，深度不大，约 1mm 左右，而轴向长度可长至数十毫米，这与裂纹形成时的应力状态和应力分布是相符合的。

综上所述，提出解决方案如下。

① 改进渗碳工艺，增加渗碳后期，尤其是降温阶段的渗碳滴量，以避免出现氧化脱碳和消除黑色组织。

② 降低出炉冷却速度，以抑制马氏体相变，防止开裂现象的出现。

6.5.21 大功率风力发电机中间轴断齿

风力发电作为可持续可再生能源受到各国关注与重视。风能发电机核心关键部件主要为齿轮系统，也是机组中较薄弱的部件，齿轮系统的稳定性将影响到风能发电机的持续稳定运作，对其齿轮系统制造工艺方面的质量检测与工作状态的实时监测将成为监控的重点。通过对大功率风力发电机齿轮的失效形式来探讨风力发电机齿轮制造加工工艺存在的问题。

对于失效的高速中间轴齿轮的宏观外貌进行检验。该失效齿轮为斜齿，齿数 23，宏观形貌检测发现轮齿多处断裂，其断裂面均位于齿根部，根部断口可见明显的疲劳贝纹线。对于整个齿轮的齿逆时针进行编号：$1^\#$～$23^\#$，用线切割将断裂内条切下进行复原拼接，发现 $1^\#$、$2^\#$ 齿工作面上存在严重的表层剥落现象，其剥落面几乎覆盖整个啮合区表面。$2^\#$齿表面剥落区能观察到多处存在明显的疑似疲劳贝纹线，其疲劳源在空间位置上均存在一致性，疑似从同一水平位置发源而引起疲劳剥落现象。齿轮形貌如图 6-76～图 6-78 所示。

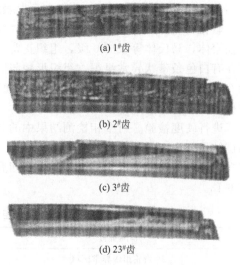

(a) $1^\#$齿

(b) $2^\#$齿

(c) $3^\#$齿

(d) $23^\#$齿

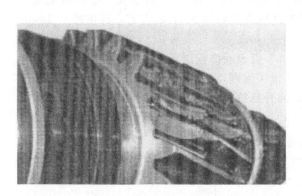

图 6-76　断裂齿轮宏观形貌

图 6-77　齿轮表面形貌

疑似疲劳源

图 6-78　$2^\#$ 齿表面局部形貌

对于失效齿轮进行 SEM 形貌检验。选取 $2^\#$ 齿中表面疑似疲劳剥落的部分采用 EPMA-

1720 电子探针查看疲劳源区是否存在异常，而实际观察发现其表面皆因齿轮多次啮合而被磨平磨光，无法从剥落面上得出结论，其形貌如图 6-79 所示。

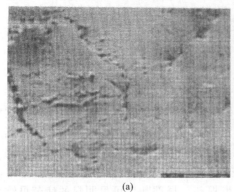
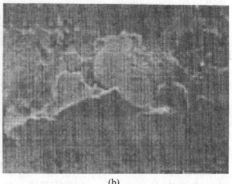

(a)   (b)

图 6-79 2# 齿齿面剥落形貌

进行金相检验。从 2#、3# 以及正常的 13# 齿上分别取样进行金相组织检验，非金属夹杂物依据 GB/T 10561—2005 标准评级，夹杂物等级为：D 类细系 1.5 级，DS 类 1.5 级，其余夹杂物等级符合产品质量要求。采用 5% 的硝酸酒精浸蚀后进行组织检验，按照 GB/T 25744 标准进行评级，2#、3#、13# 齿表面渗碳层组织为：隐晶马氏体，马氏体等级 2.0 级，碳化物等级 2.0 级，残余奥氏体 2.0 级，组织正常；心部组织为：低碳马氏体＋少量游离铁素体，马氏体等级 3.0 级，组织正常。从显微组织上观察，2#、3# 试样在渗碳层表面存在有白色条带状异常组织，组织形貌与隐晶马氏体不同，其中 2# 齿表面异常区域宽度约为 9mm 左右，深度约 0.3mm；3# 齿表面异常区域宽度约为 3.4mm 左右，深度约 0.3mm，显微组织形貌如图 6-80 所示。

进行硬度检验。对金相检测结果中的 2#、3# 齿表面渗碳层异常区域进行硬度检测，其测试结果如表 6-17 所示。硬度测试表明，其异常区域硬度均低于其渗碳层硬度要求，从齿表向内做硬度梯度硬度测试，硬度均有回升，回升后符合其渗碳齿轮硬度值的要求，具体见表 6-18。

表 6-17 2#、3# 齿组织异常区域显微硬度（$HV_{0.3}$）

检测位置	测试值
2# 齿轮组织异常区域	482、499、502
3# 齿轮组织异常区域	492、503、488
13# 正常齿轮渗碳层	649、650、644

表 6-18 2#、3# 齿组织异常区域显微硬度梯度硬度（$HV_{0.3}$）

检测位置	测试值
2# 齿轮组织异常区域梯度硬度—1	532、534、560、615、636
2# 齿轮组织异常区域梯度硬度—2	497、481、529、611、624
3# 齿轮组织异常区域梯度硬度—1	492、503、524、628、628
3# 齿轮组织异常区域梯度硬度—2	540、551、574、579、650
13# 正常齿轮渗碳层梯度硬度	650、649、644、640、638

进行烧伤检验。金相检测以及硬度检测结果表明：齿轮表面渗碳淬火组织以及硬度均存

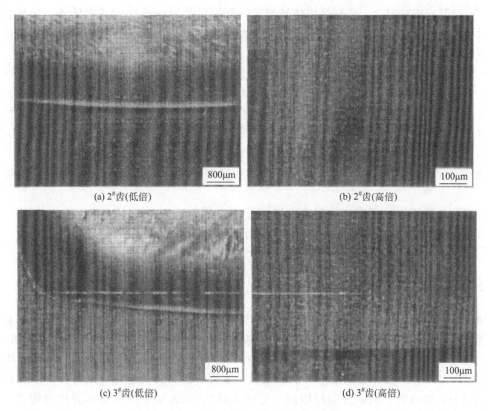

(a) 2#齿(低倍)

(b) 2#齿(高倍)

(c) 3#齿(低倍)

(d) 3#齿(高倍)

图 6-80　渗碳层异常区显微组织形貌

在异常，硬度值低于正常值，怀疑存在齿面组织烧伤，故对异常区的齿进行烧伤检验。依据标准 GB/T 17879—1999《齿轮磨削后表面回火的浸蚀检验》对 2#、3# 齿面进行烧伤检验，通过标准规定溶液浸蚀后观察外观形貌，检测是否发生表面烧伤。浸蚀后发现在 2# 齿端部残余完整工作面上存在较宽的黑色带状条纹，其条纹位置与 2# 齿上工作面剥落位置相吻合，在非工作面节圆上部靠近齿顶部位也发现黑色带状条纹；3# 齿非工作面在节圆上部靠近齿顶部位也存在黑色带状条纹，其黑色条纹沿着齿条长度方向分布，其条纹几乎贯穿整个齿宽。该黑色带状条纹可以确定为烧伤带，2#、3# 齿浸蚀后宏观形貌如图 6-81 所示。

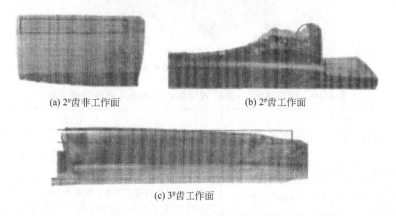

(a) 2#齿非工作面

(b) 2#齿工作面

(c) 3#齿工作面

图 6-81　齿轮齿面烧伤带宏观形貌

综合分析。齿轮表面淬火组织为马氏体，硬度高。齿轮在磨削加工中，如果表面温度超过 350℃，但未超过 A_{c_3}，此时马氏体转变为硬度较低的回火托氏体或索氏体；如果表面温度超过 A_{c_3}，马氏体转变为奥氏体，不使用磨削液冷却，则工件被退火处理，在磨削液急冷条件下，则表面形成二次淬火马氏体，硬度比回火马氏体高，但很薄（只有几微米），其下层为硬度较低的回火索氏体和托氏体。通过金相检验、烧伤检验、硬度检验相结合，可以确定金相组织上的异常区域为回火屈氏体组织，而齿面因烧伤进行马氏体回火会使其硬度下降，带有回火层的大片烧伤可使硬度降低到 45～55HRC，导致耐磨性显著下降，最后导致齿轮发生疲劳断裂。

从以上检测与分析可知，该高速中间轴齿轮齿面剥落原因是齿轮轴在磨齿过程中，发生齿面烧伤，导致齿面抗接触疲劳强度降低，引起表面发生剥落，最终导致齿轮发生疲劳断裂。

针对此失效原因，预采取的解决方案如下。

① 磨齿过程中确保磨削液冷却均匀，防止堵塞。

② 调整砂轮磨削的进给量，满足正常生产需要。

6.5.22 DC04 钢冲压外圈渗碳淬火过程中屈氏体问题

冲压外圈是用厚度 1.0mm 左右的低碳薄钢板精密冲压成形，结构空间小，且具有较大载荷容量，适用于安装空间受限和壳体孔不宜作为滚道的场合。试验用外圈（见图 6-82）的原材料板材牌号为 DC04，厚度 1.1mm 左右，材料成分符合技术要求。产品显微组织检验按 JB/T 7363—2011《滚动轴承　低碳钢轴承零件碳氮共渗热处理技术条件》的标准执行（见表 6-19），沿高度方向剖开取样镶嵌（见图 6-83）。渗碳层显微组织不允许出现第 3 级和第 4 级的黑色组织。

渗碳淬火处理后，检验发现高度超过 16mm 的冲压外圈渗碳层显微组织中存在比较严重的屈氏体（见图 6-84），局部位置出现软点。屈氏体出现的位置没有规律，外壁、内口部卷边处都有一定比例，内壁和外壁相比更加严重。典型型号产品检验结果见表 6-20。

图 6-82　冲压外圈轴承照片

表 6-19　JB/T 7363—2002 规定的碳氮共渗层显微组织级别

级别	组织说明	备注
1	少量碳氮化合物＋含氮马氏体＋少量残留奥氏体	若最表层出现约 10μm 左右厚的 ε 相（白色富氮区）均为正常
2	含氮马氏体＋少量残留奥氏体	
3	黑色组织＋含氮马氏体＋少量残留奥氏体	黑色组织是内氧化产生的氧化物，或在氧化物周围的奥氏体中温分解产物，其构成多为网状，经抛光浸蚀可显示；此组织是由于碳氮浓度不合适，特别是氮含量过度所致，使零件表面致密度降低，韧性下降
4	较多黑色组织＋含氮马氏体＋少量残留奥氏体	

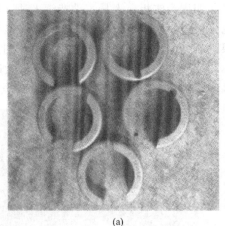
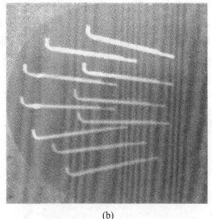

(a)   (b)

图 6-83 取样位置及试样镶嵌

表 6-20 典型型号产品尺寸、组织检测结果

型号	外径/mm	高度/mm	壁厚/mm	材料	表面硬度要求（HV）	有效硬化层要求/mm	硬度检测结果（HV）	有效硬化层检测结果/mm	金相检测结果
LB152122	21	23.4	1.1	DC04	700～840	0.1～0.2	709～800	0.09～0.18	屈氏体 4 级
HK3418	40	19.4	1.1	DC04	700～840	0.1～0.2	650～800	0.04～0.18	屈氏体 4 级
HK4520	52	21.7	1.2	DC04	700～840	0.1～0.2	715～800	0.13～0.18	屈氏体 3 级

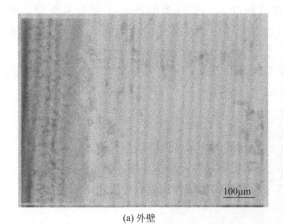

(a) 外壁   (b) 口部

图 6-84 冲压外圈渗碳层屈氏体形貌

针对 DC04 钢冲压外圈渗碳淬火过程中显微组织中出现屈氏体的问题，进行原因分析及制定整改措施如下。

① 更换淬火油。淬火油的低温冷却速度不足造成外圈渗碳表层出现马氏体和屈氏体的混合组织，适当提高淬火油的低温冷速能够增加零件的淬火硬化层深度，改善淬火组织，提高硬度。该生产线用 A 厂 CZGY17091 型号快速光亮淬火油，最大冷却速度为 102.47℃/s，B 厂 K 油最大冷却速度为 108.65℃/s，两种油的冷却性能见表 6-21。换油后重新检验样品，发现渗碳层内还有屈氏体存在（见图 6-85）。比换油前有一定的改善，但效果不明显。

② 更换液下接料斗。油槽冷却系统的 3 台泵调整到最大冷却状态，观察油槽液面的状况，发现油的流动明显不足。通过多次试验对比和讨论研究后推测表面屈氏体是因为工件淬

火时在落料斗下部冷却速度慢形成的。原接料斗四周为实板，大量工件持续入油，热油无法顺利排出，导致冷却能力不足，从而形成了屈氏体组织。重新设计落料斗，进一步加强了油的对流，从而提高了冷却性能。从测试的结果来看，即使最上侧的油槽搅拌泵开到最大，还是有一定比例的产品存在屈氏体（见图6-86），但比更换接料斗之前已经有了很大改善，与客户要求还有一定的差距。

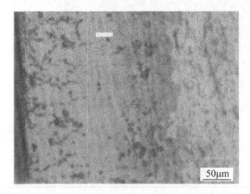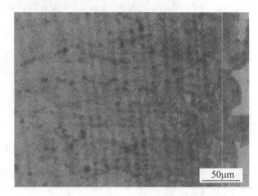

图6-85　更换淬火油后冲压外圆渗碳层
的显微组织（HK3418-200X）

图6-86　更换接料斗后冲压外圆渗碳层
的显微组织（HK3418-200X）

③ 更换渗碳气氛。该生产线使用的气氛是RX气作为基础气，天然气作为富化气。RX气的成分为CO含量20%、H_2含量40%、N_2含量40%。之前调试过程中几家客户采用甲醇裂解气作为基础气，丙烷作为富化气，甲醇裂解后CO含量33%，H_2含量67%。CO含量高的气氛，渗碳能力更强。对于像冲压外圈这种细小、长孔类的产品，加上装炉量比较大，内孔面的气体流动不佳，而流动性越差的地方，相应的渗碳能力也越弱，淬火时碳浓度低的地方也就更容易形成屈氏体。

改用甲醇裂解气＋丙烷的滴注气氛后，在工艺和冷却条件不变的情况下，选择3种有代表性的产品，检验发现渗碳层中均没有屈氏体组织（见图6-87），具体检验结果见表6-22。

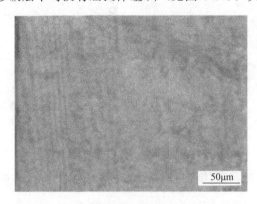

图6-87　更换保护气氛后冲压外圆渗碳层的显微组织（HK3418-200X）

表6-21　两种淬火油的冷却性能

淬火油厂家	淬火油型号	最大冷速/($℃·s^{-1}$)	最大冷速所在温度/℃	特性温度/℃	300℃时的冷速/($℃·s^{-1}$)	冷却到600℃的时间/s	冷却到400℃的时间/s	冷却到200℃的时间/s
A厂	CZGY17091	102.47	590.83	708.36	9.6	7.73	10.66	40.48
B厂	K	108.65	607.67	732.82	9.95	6.77	9.48	37.21

表 6-22　更换保护气氛后典型产品尺寸、组织检测结果

型号	外径/mm	高度/mm	壁厚/mm	材料	表面硬度要求（HV）	有效硬化层要求/mm	硬度检测结果（HV）	有效硬化层检测结果/mm	金相检测结果
LB152122	21	23.4	1.1	DC04	700～840	0.1～0.2	765～785	0.13～0.16	无屈氏体
HK3418	40	19.4	1.1	DC04	700～840	0.1～0.2	770～795	0.13～0.15	无屈氏体
HK4520	52	21.7	1.2	DC04	700～840	0.1～0.2	775～790	0.12～0.14	无屈氏体

结合上述试验结果，对于工艺参数进行了一定的调整，并连续大批量生产，经过多次抽检验证，冲压外圈类产品已经完全满足客户要求。

经检验，屈氏体是在 550～600℃ 范围内过冷奥氏体等温转变而成。一般认为，出现屈氏体是淬火冷却速度不足造成的，也就是说由淬火油中温阶段即蒸汽膜阶段冷却较慢造成。通过更换淬火冷却速度更快的淬火油、提高淬火油的对流、选用渗碳能力更强的甲醇裂解气＋丙烷滴注式气氛能够有效避免冲压外圈渗碳淬火过程中出现屈氏体组织。

6.5.23　齿轮零件表面产生黑斑

对某公司生产的 8620H 低碳合金钢齿轮的热处理工序进行试验跟踪，发现齿轮表面残留斑点为清洗液残留导致。从化学成分和工序过程等方面对斑点进行了原因分析。

试验准备 504 件 8620H 钢加工的成品齿轮零件，分成 8 组每组 63 件零件装成一个料盘进行试验，经过热处理前清洗→AIGHELIN 连续炉渗碳淬火→热处理后清洗→低温回火→清理喷丸，渗碳淬火热处理清洗之后、清理喷丸前后分别进行表面质量的检测，试验结果见表 6-23。

表 6-23　齿轮清洗液温度、浓度影响质量的试验结果

序号	清洗液温度/℃	清洗液浓度/%	零件热处理前清洗后的表面质量	热处理淬火后清洗量	热处理后喷丸前零件表面质量	喷丸清理时间周期/min	喷丸清理后零件的表面质量
1	60	0.1	有油污	已使用1个月	端面有黑斑	20	端面有黑斑
2	65	0.1	干净无油污	已使用1个月	端面有黑斑	15	黑斑严重
3	70	0.1	干净无油污	已使用1个月	端面有黑斑	20	端面大量黑斑
4	80	0.1	干净无油污	已使用1个月	端面有黑斑	15	端面有黑斑
5	60	1.0	干净无油污	已使用1个月	端面有黑斑	25	端面有黑斑
6	70	1.0	干净无油污	已使用1个月	端面有黑斑	30	端面有黑斑
7	80	1.0	干净无油污	已使用1个月	端面有黑斑	20	端面大量黑斑
8	65	0.1	干净无油污	清洗槽清理后新配置溶液	端面无黑斑	15	端面无黑斑

8 组试验，分别从热处理清洗前清洗液温度、浓度，热处理淬火后清洗液使用周期，喷丸清理时间周期因素入手。表 6-23 的 1～4 试验结果表明：热处理前清洗液温度会影响零件的清洗效果；热处理前清洗液浓度是 0.1% 时，清洗液的最优清洗温度应该高于 60℃。表 6-23 的 5～7 试验表明：热处理前清洗液浓度达到 1.0% 时，清洗液温度 60～80℃ 清洗效果都满足表面质量要求；清洗液温度可以适当降低到 60℃。表 6-23 的 1～7 试验结果表明：零件表面渗碳淬火热处理后产生的斑点喷丸清理不能将斑点去除，见图 6-88；喷丸清理时间周期不影响斑点去除效果。表 6-23 中第 2 组和第 8 组试验对比表明：热处理淬火后的清洗液是零件产生斑点的主要原因；热处理淬火后的清洗液使用周期达 1 个月时，会使零件表面产生难以去除的斑点。

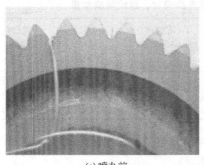

(a) 喷丸前   (b) 喷丸后

图 6-88 齿轮零件渗碳淬火热处理后清理喷丸前后表面质量

采用直读光谱仪 PDA-8000 对两处黑斑、两处非黑斑处进行成分分析，分析结果见表 6-24。用电子探针 Epma-1720 对零件表面进行扫描，见图 6-89。对比表 6-24 可以发现黑斑处有非金属元素 O、S、Cl。图 6-89（a）为 25 倍下表面黑斑处的扫描图，图 6-89（b）、（c）、（d）分别为 S 元素、Cl 元素、O 元素的分析图。通过分析进一步证实了黑斑处有 O、S 和 Cl 元素存在。8620H 钢材正常状态下进行成分分析，观察不到 O、S 和 Cl 元素，说明黑斑是在某一过程中表面被氧化所致。

表 6-24 黑斑与非黑斑处的成分分析　　　　　　　　　　　（wt%）

检测位置		C	O	Cl	S	Si	K	Ca	Cr	Mn	Fe	Ni
黑斑处	1	0.64	20.98	0.03	0.89	0.48	0.25	0.19	7.36	6.99	61.47	0.74
	2	1.10	25.36	0.25	0.75	0.30	0.09	0.68	9.78	7.25	55.10	0.44
非黑斑处	1	1.72	—	—	—	0.24	0.07	0.09	3.18	3.29	91.01	0.40
	2	2.50	—	—	—	0.44	0.10	0.09	5.18	5.79	85.4	0.47

零件淬火工序完成后从油槽提出进入清洗机进行清洗，目的是确保零件表面无油污。由于清洗机内的自来水更换周期长并一直维持在 80℃ 左右，淬火油的部分添加剂是水溶性的，导致清洗机内的水发生系列化学反应变质。

试验用清洗剂为 PRIME5003 水基清洗剂，零件清洗最佳效果为表面达到一定的清洁度、零件在装炉前一周内不能生锈。分析变质的清洗液中存在如下反应：

$$Fe+Cl^- \Longrightarrow FeCl^- \qquad FeCl^-+H_2O \Longrightarrow FeOH^-+H^++Cl^-$$

$$FeOH^-+H^+ \Longrightarrow Fe+H_2O \qquad 2H_2S+2e \Longrightarrow H_2+2HS^-$$

变质的清洗液清洗能力下降。零件表面淬火油清洗不彻底导致回火炉油烟大，污染环境危害人体健康。变质的清洗液具有强腐蚀性，残留在零件表面的清洗液致使零件表面产生黑斑，清理抛丸后难以去除而影响外观质量。

淬火后在彻底换过水的清洗槽清洗后没有出现过黑斑，一个月后黑斑再次出现，彻底清理清洗槽后重新换水配置清洗液，生产出来的零件黑斑再次消失。

结果表明，齿轮表面黑斑是淬火后变质的清洗液腐蚀产生的零件表面质量缺陷，是造成零件点蚀的重要因素。齿轮啮合过程中，在表面缺陷处首先萌生裂纹，加上润滑油的浸入，再经过多次反复的啮合作用，使裂纹不断扩展和延伸，随着裂纹的扩展润滑油不断向裂纹深处充满，直到齿面上一小块金属剥落，使齿面上形成小坑。

解决方案如下。①连续炉热处理后清洗液换水周期为 1 个月。②设备保养到位，注意定期清理清洗机清洗槽。③一次配制的清洗剂可以多次使用，其使用周期主要取决于清洗零件

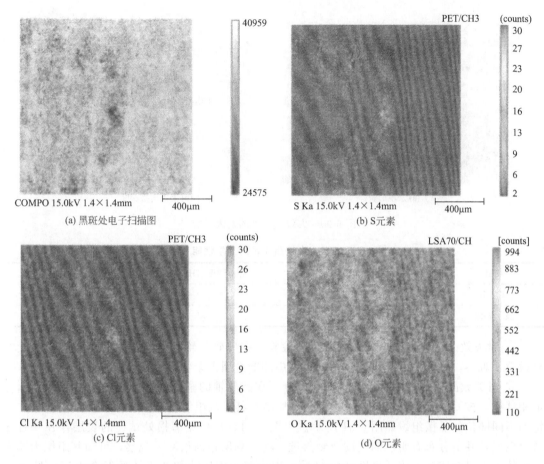

图 6-89　黑斑处及各元素电子扫描图

的数量与清洗剂的污染程度，掌握清洗剂的衰减周期。

6.5.24　20CrMnTi 钢凸轮轴表面磨损

某凸轮轴材料为 20CrMnTi 钢，在装机后进行磨合试验过程中，仅运行约 2h 便出现凸轮轴轴颈磨损剥落现象，其工艺流程为：下料→锻造成形→正火→渗碳→高温回火→淬火→回火→时效→磨削加工→磁力探伤。

① 对失效凸轮轴进行宏观检验。其宏观形貌见图 6-90(a)，磨损剥落发生在第一轴颈表面整个圆周范围，并呈周向切削沟槽特征，沟槽宽度约为 0.75mm。肉眼可见沟槽内有较多不均匀分布的黄色异质颗粒，为凸轮轴衬套与凸轮轴之间异质磨粒参与磨削而导致的铜衬套金属转移的结果。对磨损剥落部位线切割取样后，测定其磨损剥落深度为 0.85mm，见图 6-90(b)。

② 对润滑油性能进行检测。对该机所用润滑油取样分析后，其各项性能指标满足技术要求，凸轮轴的异常磨损与润滑系统无直接的因果关系。

③ 对失效凸轮轴心部取样进行化学成分分析。化验结果表明，各元素成分符合 GB/T 3077 标准要求，说明凸轮轴材质本身无质量问题。

④ 对失效凸轮轴进行力学性能测试。在靠近凸轮轴的失效部位取样，按 GB/T 230.1 以及 GB/T 9450 标准要求，对其进行硬度和硬化层深度测试，具体见表 6-25，可见所测三项指标均满足技术要求。

(a) 宏观形貌

(b) 磨削沟槽深度

图 6-90　失效凸轮轴的宏观形貌

表 6-25　失效凸轮轴的力学性能

项目	表面硬度(HRC)	心部硬度(HRC)	硬化层深度/mm
实测值	61	32	1.6
技术要求	59~63	25~35	0.8~1.7

⑤　对失效凸轮轴进行非金属夹杂物的检验。在失效凸轮轴上切取并磨制试样，在光学显微镜下观察，检验结果表明，凸轮轴组织中的非金属夹杂物含量符合技术要求。

⑥　对失效凸轮轴进行显微组织检验。分别在凸轮轴的轴颈磨损处和正常处切取和制备金相试样，按 GB/T 13298 和 JB/T 6141.3 标准对其显微组织进行检验评级，见表 6-26，凸轮轴不同部位的显微组织如图 6-91 所示。由图 6-91(a) 可见磨损处试样的表层存在一月牙形白亮层，其上分布有明显的裂纹及剥落坑。将白亮层在高倍率下观察，可知其组织为淬火马氏体＋少量残留奥氏体［见图 6-91(b)］。次表层为索氏体和托氏体的混合组织［见图 6-91(c)］。磨损处试样的心部组织未见异常，如图 6-91(d) 所示，正常处试样的心部组织同样未见异常。由图 6-91 可知，磨损处试样存在异常淬火组织；而正常处试样表层组织中存在大量的块、网状碳化物，级别为 5 级［见图 6-91(e)］，低倍率下网状碳化物更加明显，基本已连成封闭网状［见图 6-91(f)］。

表 6-26　凸轮轴金相检验结果

项目	试样	检验部位	硬化层		心部	
			组织	级别	组织	级别
实测组织	磨损处	表层 次表层	淬火马氏体＋ 残留奥氏体 索氏体＋托氏体	—	回火马氏体＋ 贝氏体＋ 少量游离铁素体	2 级
	正常处	表层	回火马氏体＋ 残留奥氏体＋ 块、网碳化物	马氏体＋ 残留奥氏体 2 级 碳化物 5 级		
JB/T 6141.3—1992			隐晶或细针马氏体＋ 残留奥氏体＋ 粒状碳化物	马氏体＋残留 奥氏体 1~4 级 碳化物 1~3 级	低碳马氏体或 下贝氏体＋ 少量游离铁素体	1~ 4 级

⑦　对失效凸轮轴进行显微硬度测试。图 6-92 为轴颈表层磨损处和正常处的表面显微硬度分布，由图 6-92 可知轴颈磨损处试样的表层硬度虽比正常处高，但其次表层显微硬度显

著下降，结合金相组织判断，其表层出现异常马氏体，导致硬度比正常的回火马氏体偏高，而次表层受表层热传导的影响，相当于进行了一次中温或高温回火，并形成了硬度较低的回火索氏体及托氏体的混合组织，故显微硬度值明显偏低。

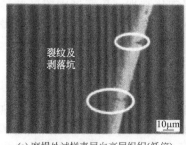

(a) 磨损处试样表层白亮层组织(低倍)

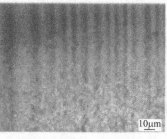

(b) 磨损处试样表层白亮层组织(高倍)

(c) 磨损处试样次表层组织

(d) 磨损处试样心部组织

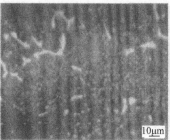

(e) 正常处试样表层组织(高倍)

(f) 正常处试样表层组织(低倍)

图 6-91 凸轮轴不同部位的显微组织

根据以上金相组织和显微硬度的分析结果，确定月牙形白亮层为二次淬火层，说明轴颈处经历了异常淬火。再结合凸轮轴的加工工艺，初步判定其产生于磨削加工过程中的磨削淬火烧伤。轴颈组织中存在的块状、网状碳化物为凸轮轴的早期磨损失效埋下了隐患，图 6-91(a) 表层白亮层中的裂纹及剥落坑，说明磨削二次淬火马氏体是凸轮轴产生磨损失效的诱因。

为验证凸轮轴是否经历了磨削淬火烧伤，采用酸蚀法对外协厂家提供的 20 余件成品凸轮轴进行了逐一检验，发现有 2 件成品凸轮轴与失效件存在相同的磨削烧伤现象（见图 6-93），由此验证了凸轮轴为磨削淬火烧伤导致的磨损失效，并据此调整磨削工艺，消除了质量安全隐患。

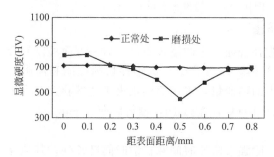

图 6-92 凸轮轴截面显微硬度分布

图 6-93 成品凸轮轴磨削烧伤带（酸蚀后）

从以上分析与措施可见，凸轮轴表层组织中硬而脆的块状及网状碳化物降低了轴颈表层的接触疲劳强度，加大了其沿晶剥落的可能性，使材料组织中出现"先天不足"，是造成此其磨损失效的最根本原因。磨削二次裂纹淬火马氏体的出现，在叠加了组织缺陷的基础上，最终诱发了裂纹和脆性剥落，剥落的异质颗粒夹在轴颈与衬套之间，作为异质磨粒参与磨削，造成基体材料局部脱落形成沟槽，最终发生磨粒磨损失效。

解决方案如下。①从热处理环节入手，确保渗碳工艺的优化管理，控制好碳浓度和梯度，避免网状碳化物等不良组织出现。②完善磨削加工工艺，通过合理选用磨削用量、改善磨削时的冷却条件等，降低磨削烧伤的可能性。

6.5.25　渗碳淬火行星齿轮内孔畸变控制

图 6-94 为某公司生产出口的行星齿轮，材质为 20CrMoH。在试制过程中，该齿轮经热处理渗碳、淬火、回火、喷丸，在磨削内孔后检验人员检测齿轮齿部径向跳动、端面跳动和齿轮齿形、齿向精度等级时，发现均不符合产品的技术要求。在确认内圆磨床运行状态良好的前提下，用内径百分表对没有磨内孔的行星齿轮进行测量，发现大部分行星齿轮的内孔畸变严重。该行星齿轮的工艺流程为：下料→锻造→普通正火→钻中心孔→粗车→精车→镗孔→滚齿→倒棱→钻小孔→去毛刺→剃齿→渗碳→喷丸→磨内孔→珩齿→检验→清洗防锈→包装→入库。技术要求：有效硬化层深度 0.80～1.10mm，表面硬度 59～62HRC，碳化物 1～3 级，残留奥氏体、马氏体 1～5 级，心部铁素体 1～4 级，齿轮精度等级≤8 级，公法线长度变动量≤0.02mm。

行星齿轮渗碳、淬火、回火设备采用滴注式气体渗碳氮化炉自动生产线，其渗碳工艺曲线如图 6-95 所示。

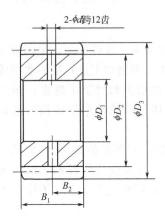

图 6-94　行星齿轮简图

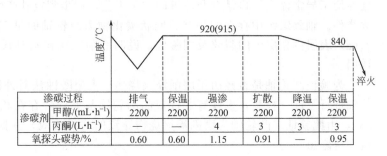

渗碳过程		排气	保温	强渗	扩散	降温	保温
渗碳剂	甲醇/(mL·h⁻¹)	2200	2200	2200	2200	2200	2200
	丙酮/(L·h⁻¹)	—	—	4	3	3	3
氧探头碳势/%		0.60	0.60	1.15	0.91	—	0.95

图 6-95　行星齿轮渗碳工艺曲线

为了减少行星齿轮的内孔畸变，采取解决方案如下。

（1）采取等温正火处理　正火一方面可以弥补普通正火的诸多不足，另一方面可以使合金渗碳钢获得的显微组织为铁素体＋较细的珠光体，改善合金渗碳钢件切削性能和渗碳要求。为了减少行星齿轮在后续的渗碳淬火过程中的畸变量，采用等温正火工艺试验。正火工艺为：加热温度（930±10）℃，等温温度（630±10）℃，保温 1h，推料周期 20min。

（2）渗碳工艺的控制

①降低渗碳温度，将渗碳温度定为 915℃，除强渗阶段时间和扩散时间延长外，其他参数保持不变。

②齿轮的渗碳淬火变形和装炉方式密不可分，装炉方式是否正确合理，直接影响到齿轮的畸变量大小，渗碳装炉方式如图 6-96 所示。

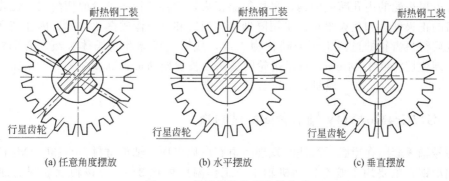

图 6-96　行星齿轮渗碳装炉方式

(a) 任意角度摆放　　　(b) 水平摆放　　　(c) 垂直摆放

对等温正火后组织进行硬度检测。其表面正火硬度为 164～189HBW，符合技术要求，金相显微组织如图 6-97 所示，显微组织为 1 级，合格。

对渗碳后组织及有效硬化层检测。渗碳试样采用线切割方法，从行星齿轮上截取一个至少含有 3 个连续轮齿的试样，经检测行星齿轮碳化物 1 级，残留奥氏体、马氏体 2 级，心部铁素体 1 级，齿轮节圆部位有效硬化层深度 1.04mm，齿根圆处有效硬化层深度 0.95mm。检测结果均符合产品的技术要求。显微硬度曲线如图 6-98 所示。

图 6-97　行星齿轮等温正火后的金相显微组织　100×

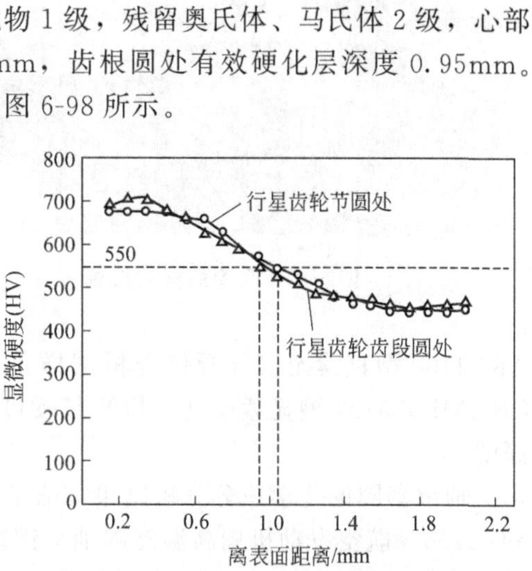

图 6-98　行星齿轮渗碳层显微硬度曲线

改进工艺处理后的显微硬度及椭圆度检测。经检测，改进工艺处理后的行星齿轮成品表面硬度和心部硬度分别为 60.4～61.8HRC 和 41.8HRC，符合产品的技术要求。

采用 915℃ 的渗碳工艺，3 种摆放方式的行星齿轮内孔椭圆度、公法线长度变动量检测结果如表 6-27 所示，垂直摆放作为批量生产的装炉摆放方式，其内孔椭圆度和公法线长度变动量均完全合格，在后续的磨削内孔加工中，行星齿轮的精度等级能够得到很好的保证。

表 6-27　工艺改进后行星齿轮内孔椭圆度、公法线长度变动量　　　　　　　　(mm)

检测项	要求	摆放方式	实测数据	合格率/%
内孔椭圆度	0～0.06	任意	0.150～0.290	0
		水平	0.140～0.235	0
		垂直	0.020～0.055	100
公法线长度变动量	≤0.02	任意	0.000～0.033	80
		水平	0.002～0.036	80
		垂直	0.003～0.020	100

针对行星齿轮的内孔畸变问题，采用等温正火，改善了行星齿轮的切削加工性能，并获得了合格的正火硬度和正火组织；采用降低渗碳温度和垂直渗碳摆放方式，内孔畸变得到控制。改进后行星齿轮的显微组织为碳化物 1 级，残留奥氏体和马氏体 2 级，心部铁素体 1 级，有效硬化层深度 1.04mm，行星齿轮的公法线长度变动量为 0.003～0.020mm，内孔椭圆度为 0.020～0.035mm，质量完全符合技术要求。

6.5.26　G13Cr4Mo4Ni4V 轴承套圈酸洗白斑

某型号轴承套圈在粗磨后酸洗时发现滚道有白斑出现，轴承材料为 G13Cr4Mo4Ni4V 高温渗碳轴承钢，主要用于航空发动机轴承，工作温度可达 315℃。该轴承套圈的加工流程为：下料→车削加工→渗碳→高温回火→反车加工→二次淬火→高温回火→粗磨→酸洗。

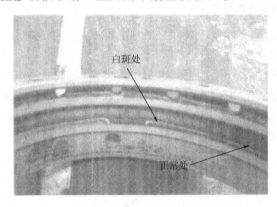

图 6-99　套圈酸洗后形貌

粗磨酸洗后滚道和挡边正常应为均匀的灰黑色，缺陷套圈酸洗后白斑主要分布于滚道及挡板处，如图 6-99 所示。

分别在轴承套圈的白斑处和正常处切取试样，试样的截面为金相组织观察面，磨削与抛光后采用 4% 的硝酸酒精溶液腐蚀，在 GX-51 金相显微镜下观察渗碳层的显微组织和碳化物分布形态，判断组织是否合格及网状碳化物是否超标。应用 ARL4460 型直读光谱分析仪分析试样化学成分，确定其是否合格。采用 BUEHLER MICROMET 5124 型显微硬度计检测其硬度及渗碳层深度，确定其渗碳层表面硬度及其渗层深度。

轴承套圈的化学成分分析结果如表 6-28 所示，分析结果表明，轴承套圈化学成分符合 YB 4106《航空发动机用高温渗碳轴承钢》要求。

表 6-28　轴承套圈化学成分（质量分数）

元素	C	Cr	Mo	Ni	V	Mn	Si	S	P
实测值/%	0.15	4.09	4.28	3.46	1.24	0.25	0.20	0.001	0.008
标准值/%	0.11～0.15	4.00～4.25	4.00～4.50	3.2～3.6	1.13～1.33	0.15～0.35	0.10～0.25	≤0.010	≤0.015

进行渗碳层热处理组织检测。高温渗碳轴承钢渗碳后，渗碳层表面显微组织应为隐针马氏体、残余奥氏体和均匀分布的碳化物，不得有网状碳化物和粗大的碳化物。

分别垂直截取滚道白斑和正常处制备试样，观察两试样的显微组织和碳化物，正常处滚道表层显微组织为隐针马氏体、残余奥氏体和均匀分布的碳化物，未发现网状碳化物和粗大碳化物，见图 6-100(a)；白斑处滚道表层组织为隐针马氏体和残余奥氏体，未发现网状碳化物和粗大碳化物，见图 6-100(b)。采用 4% 硝酸酒精溶液擦拭白斑处截面试样，未发现有二次淬火烧伤。

检测滚道正常处和白斑处试样的硬度梯度，确定两试样表面硬度及渗碳层深度，滚道硬度梯度曲线见图 6-101。由图 6-101 可知，滚道正常处表面硬度为 700HV，约 60HRC，渗碳深度为 1.28mm；滚道白斑处表面硬度为 636HV，约 56.5HRC，渗碳层深度 0.96mm。

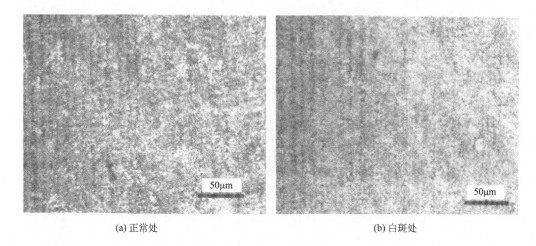

(a) 正常处　　　　　　　　　　　　　　　(b) 白斑处

图 6-100　滚道横截面渗碳层显微组织

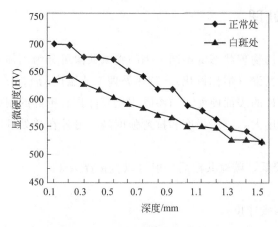

图 6-101　滚道横截面硬度梯度

　　采用直读光谱分析仪测试正常处和白斑处滚道试样表面的碳含量，正常处滚道表面碳含量为 0.91%，而白斑处滚道表面含碳量 0.73%。

　　根据以上分析可知，轴承套圈化学成分合格，滚道白斑处的表面硬度与渗碳层深度均低于正常滚道处，可以确定是轴承套圈滚道局部区域含碳量偏低引起了套圈在酸洗后出现白斑。

　　轴承套圈白斑处滚道表面硬度较低，且渗碳层深度浅，轴承接触疲劳寿命大大降低，在轴承的使用过程中易产生剥落引起早期失效。

第 7 章

碳氮共渗热处理缺陷分析与解决方案

7.1 碳氮共渗热处理

根据所使用的介质的物理状态的不同，钢的碳氮共渗可分为固体、液体和气体碳氮共渗三种，常用的中温碳氮共渗（俗称氰化），其热处理工艺温度为 $830\sim860℃$，其目的与渗碳相似，是提高结构钢零件的表面硬度，与渗碳相比零件具有更好的耐磨性和抗疲劳性能；与渗氮相比其硬化层的深度大，抗压强度和抗弯强度高。另外在热处理工艺的操作上具有以下优点。

① 由于共渗温度较低，碳氮共渗后一般可以直接淬火。

② 零件的变形小。

③ 共渗速度高于渗碳速度。

④ 易于实现自动化操作。

碳氮共渗是介于渗碳和软氮化之间的一种化学热处理工艺，是以渗碳为主渗氮为辅的中温化学热处理，经过中温淬火和低温回火后，零件表面形成了含碳氮的马氏体，因此具有高的硬度和良好的耐磨性，同时表面的脆性减小，而心部具有足够的强度和韧性，满足零件的实际工作需要。

碳氮共渗后表面含碳量与渗碳相同时，碳氮共渗层表面的耐磨性比渗碳层高得多，其原因为氮在共渗层中可形成少量的特殊氮化物（ε氮碳化合物），提高了零件表面的硬度和抗腐蚀性。与渗碳相比其温度比渗碳低，奥氏体的晶粒不会明显长大，确保了零件的内部强度同时也减少了热处理变形。因此碳氮共渗在实际生产中具有重要的作用，多用来处理机床和汽车用各种齿轮、蜗轮、蜗杆和轴（杆）类零件以及工模具等要求表面硬度高、耐磨性好的零件。

7.2 常见的碳氮共渗热处理缺陷分析与解决方案

碳氮共渗的质量缺陷与渗碳基本一致，这里不再赘述，仅将碳氮共渗后常见的热处理质量缺陷（淬火和回火缺陷）加以汇总，具体内容见表 7-1，供参考。

表 7-1 钢铁零件碳氮共渗淬火、回火缺陷分析与解决方案

缺陷名称	产生原因	解决方案
表面硬度不足	①渗层浓度偏低,淬火后马氏体中碳的过饱和度小,甚至很难获得马氏体组织 ②网状托氏体或黑色组织使其周围基体中碳和合金元素的浓度不足,淬透性降低,淬火后出现托氏体组织,从而造成表面硬度的降低 ③碳氮共渗后冷却或淬火时,表面发生脱碳现象,淬火后出现非马氏体组织 ④淬火加热温度过高或过低,冷却介质选择不当或温度太高 ⑤因表面碳浓度过高或淬火温度过高,造成表面的残余奥氏体数量增多	①合理控制炉气中的碳势和氮势,定期校正炉温,确保正常的共渗温度,随时检查炉内的压力、渗剂的滴量和氨气的通入量,防止炉子漏气。根据装炉量大小调节共渗介质的滴量和流量,保证炉内气体循环流畅,防止出现积碳。对表面硬度不足可采用补渗处理 ②具体措施见本表的"表面网状托氏体组织"内容 ③碳氮共渗后冷却时在冷却罐中加入少量的渗碳剂,以防止出现氧化脱碳;淬火加热时要采取保护措施或在盐浴炉中加热 ④制订正确的碳氮共渗后的热处理工艺,选择理想的冷却介质 ⑤控制好炉内的碳势,降低淬火的加热温度,可淬火后进行冷处理,或高温回火重新进行淬火处理
表层网状或粗大块状、爪状碳化物	①共渗时碳(氮)势太高,扩散时间短,造成碳氮浓度过高 ②碳氮共渗后的冷却速度太慢或直接淬火前预冷时间过长,致使碳氮化合物沿奥氏体晶界析出	①控制炉内的碳势,调整好碳氮共渗与扩散时间的比例 ②零件在罐内缓冷时,采用蛇形管内部通冷水加速冷却 ③对直接淬火的零件,要合理控制预冷时间的长短
渗碳层过深、硬度不足或不均匀	①渗层深度控制不当,共渗温度过高,保温时间长,碳势过高 ②共渗温度过低,保温时间短,碳势低 ③炉子的密封性差 ④零件表面不清洁,有锈斑、炭黑等 ⑤装炉量过多,气体的流动性差,零件之间的间隙太小,炉温不均匀	①合理调整碳氮共渗的工艺参数,加强炉温的校验 ②减少装炉量,改进和注意装夹方式 ③定期清理炉膛内的积炭 ④零件碳氮共渗前应清洗干净 ⑤对渗层不够可以进行重新补渗
表面网状托氏体组织	①钢中的铬、锰以及硅合金元素被氧化(内氧化),造成奥适体中的合金元素贫化,降低了奥氏体的稳定性而出现黑色的奥氏体分解产物(托氏体等) ②碳氮共渗温度偏低,炉气内活性原子少,造成表面碳氮含量的不足,奥氏体的稳定性而出现黑色的奥氏体分解产物(托氏体等) ③碳氮共渗后冷却缓慢,淬火加热过程中发生脱碳和脱氧,造成黑色网状组织的产生 该类组织经过硝酸酒精侵蚀后,在渗层内化合物周围以及原奥氏体晶界上呈网状或花纹状黑色组织	①控制炉气的成分,降低气氛中氧的含量 ②改善炉子的密封性,确保炉内处于正压 ③合理选择要求的钢种,尽可能采用含铬、锰、钛等低的材料 ④将碳氮共渗中氮的浓度控制在 0.1% 以下 ⑤考虑到内氧化发生在排气阶段,在初期应加大排气速度,氨气应经过干燥处理 ⑥适当减少共渗前的氨的供应量,增加后期的供氨量,若黑色组织深度小于 0.02mm,可采用磨削的方法或进行喷丸处理去掉黑色组织
黑色斑点状组织	①共渗介质中氨的含量过高 ②共渗层表面的氮含量大于 0.5% ③共渗温度低或共渗时间短	①根据要求合理控制氨的通入量 ②提高碳氮共渗的温度或时间
心部硬度超差	①心部硬度高是淬火温度偏高造成的 ②心部硬度偏低是钢的淬透性低,淬火时出现游离的铁素体 ③淬火加热温度太低,造成铁素体未溶入奥氏体中,冷却介质的冷却性能低	①根据硬度的要求适当降低淬火加热温度 ②选择要求的碳氮共渗钢种,适当提高淬火加热温度 ③冷却介质能确保获得要求的组织和性能,温度应在要求的范围内 可安排重新加热淬火和回火处理

续表

缺陷名称	产生原因	解决方案
零件变形与开裂	畸变和开裂在共渗和淬火过程中均有可能发生,操作方面的原因有: ①零件的装炉方式、装炉量和夹具选用不当 ②合金钢共渗后空冷时表层组织为托氏体＋碳化物,而次表层出现淬火马氏体组织,表层因拉应力的作用而产生裂纹 ③渗层碳氮浓度和渗层厚度分布不均匀或出现大块状和网状碳化物,在淬火时易发生畸变或开裂 ④淬火温度过高或返修次数太多 ⑤淬火方法和加热方法错误 另外因零件形状复杂、厚薄不均、局部共渗,以及渗层与心部成分组织差异将导致畸变或开裂	①改进装炉方式,长轴(杆)零件要垂直吊挂,薄壁零件应平放,所用的夹具平稳和对称 ②减慢合金钢渗后的冷却速度,使渗层发生共析转变或快冷获得马氏体＋残余奥氏体组织,当表层出现网状或大块状碳化物时要采取提高淬火温度的办法 ③改进零件的结构设计,力求简单和对称 ④利用零件的共渗变形的规律,合理调整机械加工和共渗的工艺参数,避免出现零件的畸变和开裂

除了上述几点缺陷外,碳氮共渗层中出现的"三黑"组织也成为重要的不合格相,"三黑"是指黑色斑点、黑网和过渡区黑带,为一种常见的热处理质量缺陷。

(1) 黑色斑点 这是一种黑相,存在于共渗层,是大小不等的空洞,抛光后有的呈孤立块状,有的沿晶界分布,见图 7-1,不排除存在石墨或其他夹杂物。其产生的原因是炉内碳氮浓度过饱和所致,尤其是零件表面氮浓度超过 0.5% 时。在黑色斑点分布区域,硬度有所降低。

黑色组织的表层为氧化膜,多为 $FeCrO_4$、$FeSiO_4$,也可固溶入锰和铝。内层为粒状的碳氮化合物,形成托氏体和贝氏体等非马氏体组织,网状的托氏体伴随着黑色组织而产生。黑色组织的产生与氨的供应量、富化气的供给量有关,其可能是内氧化现象引起的,也可能为石墨等夹杂物的析出引起的。如果出现严重的黑网或黑带等,将明显降低表面硬度、抗拉强度、接触疲劳强度、弯曲强度以及使用寿命等,因此在黑色斑点的分布区域,硬度有所下降,不仅使表面易于磨损,而且也促进疲劳麻点产生,降低渗层性能及零件的使用寿命等,其本质是合金元素内氧化后,沿晶界析出氧化物以及由于过冷奥氏体的稳定性降低,在淬火时析出托氏体或贝氏体组织的,见图 7-2。网状组织和黑色组织的区别见表 7-2。

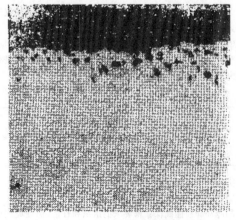

图 7-1 共渗层表面的黑相
（未腐蚀） 100×

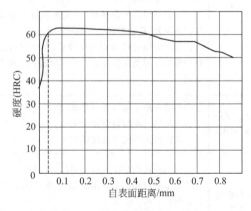

图 7-2 存在黑相的表面硬度

表 7-2　网状组织和黑色组织的区别

组织名称	组织形态	产生的原因
网状托氏体	存在于化合物周围以及原奥氏体的晶界上,呈网状或花纹形状	为过冷奥氏体的分解产物,其产生是由碳氮的饱和度不足,以及合金元素内氧化及其他因素引起奥氏体的稳定性降低所致
黑色组织	存在于化合物内,呈斑点形状	为化合物的转变产物,其产生与碳氮过饱和有关

（2）**黑网**　网状组织是指齿轮的根部碳氮共渗后,表面出现黑网,将沿晶界分布,见图7-3,裂纹深度在几十微米和几百微米。网状组织是合金元素的氧化物和托氏体、贝氏体以及细小的粒状碳氮化合物层所组成的混合组织。

网状组织是在碳氮共渗过程中形成,炉内气氛中氧原子首先在零件的表面聚集,沿着原奥氏体晶界向内扩散,氧原子在扩散的同时,与周围或附近的合金元素作用生成氧化物,合金元素的内氧化导致奥氏体边界区合金元素贫化,加上碳氮化合物的形成降低了奥氏体中的碳、氮的含量,造成奥氏体稳定性的降低;另外形成的碳氮化合物在冷却时自发形核,促使奥氏体析出碳氮化合物,因此分解成网状和花纹状分布。在淬火冷却时,首先析出托氏体、贝氏体等组织,呈网状分布,这同碳氮共渗时,碳氮含量过高或淬火冷却不良等有关。为抑制该类缺陷的出现,应适当提高淬火的加热温度和采用冷却性能强的淬火介质。对于黑色组织深度在 0.02mm 以下的零件,采用喷丸强化来加以挽救是可行的方法。

（3）**过渡区黑带**　过渡区黑带是指共渗层和过渡区附近出现的呈散块状的黑色组织,严重时连接成带,见图7-4。其主要是由于过渡区的锰生成碳氮化合物后在奥氏体中的含量减少,淬透性降低,从而出现托氏体。该类组织只有经过腐蚀后,才能在显微镜下分辨出黑带就是托氏体。锰和铬等元素的内氧化是形成黑色组织的重要原因,控制炉内气氛来减少内氧化,是控制黑色组织形成的重要方法,可在排气时加大排气量,充分干燥氨气,适当控制供氨量。该类缺陷可通过重新加热淬火消除。

图 7-3　共渗层表面黑网（轻腐蚀）　100×

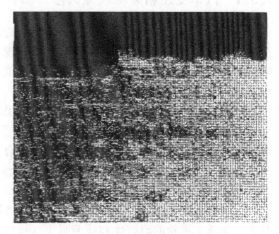

图 7-4　过渡区带状黑色组织

（4）**预防产生黑色组织的措施和方法**　黑色组织是十分严重的热处理缺陷,它将严重影响渗层的性能以及降低零件的使用寿命,在实际碳氮共渗过程中是不允许出现的,因此必须采取切实可行的方法,从碳氮共渗工艺的过程出发,切断其产生的根源则可有效避免和基本消除黑色组织,确保产品质量合格。

众所周知,黑色组织有黑点、黑网和黑带三种形式,根据上面介绍的产生的机理,结合零件在热处理过程中相关的工艺参数，通常消除或预防该类质量缺陷的措施如下。

采用较高的碳氮共渗温度，目的是提高奥氏体的稳定性；加快零件淬火时的冷却速度；合理控制渗层中碳、氮的浓度（氮碳浓度过高，形成了大量的碳氮化合物，引起了奥氏体内元素的贫化，降低了零件的淬透性），加强炉子的密封性；控制炉气中氧化性气体的含量，用干净的 NH_3 来减少合金元素的内氧化，如果炉气中 CO_2 多，加上 NH_3 的含水量高，生成的水容易促使内氧化以及形成黑色组织；采用缓冷后重新加热淬火，以及选择含钼的钢种（钼元素具有强烈迟缓珠光体转变的作用）等均可取得良好的效果。

另外在碳氮共渗过程中，出现粗大的碳氮化合物的原因多半为：一是表面的含氮量高，以及碳氮共渗的温度较高时，零件的表层出现密集的粗大条块状碳氮化合物；二是共渗的温度低，炉气中的氮势较高，零件表面形成该类碳氮化合物。预防的办法为严格控制碳和氮的含量，在共渗的初期严格控制气氛中氨的供应量，即可避免出现该类质量缺陷。

通常影响碳氮共渗的质量因素较多，例如原材料的淬透性差，在热处理过程中会出现硬化层深度浅和硬度不足的现象等，因此应当综合考虑和分析具体的热处理过程。一般应做好下面的几项工作。

① 共渗温度控制在 900℃ 以下，可以确保氨的加入效果。

② 淬火温度取下限温度 780~820℃，可预防淬火后变形超差，同时注意保温时间对零件内部和外部硬度的影响。

③ 低碳合金钢等多半采用冷却能力好的淬火油作为冷却介质，无特殊要求应避免水冷。

④ 回火温度应高于该钢渗碳的回火温度 10~20℃ 以上。

⑤ 残余奥氏体的数量不能超过要求。

7.3 实例分析

7.3.1 汽车变速箱齿轮碳氮共渗"黑色组织"缺陷

汽车变速箱齿轮是采用 18CrMnTi 钢制造的，对其进行碳氮共渗，以获得要求的表面耐磨性与心部的良好的强韧性。而在生产中发现齿轮表层组织异常，组织呈黑色，腐蚀后更清晰，即所谓的黑色组织。其严重时使齿轮表面硬度、接触疲劳和弯曲疲劳强度大幅度降低，出现齿轮的早期磨削失效。

对齿轮进行金相检验，按组织形态分为黑相、黑带与黑网，其中黑相组织呈点状在表层出现，其黑点为表层孔洞显微形貌；黑带表层是很薄的氧化层，往内为托氏体＋贝氏体类的非马氏体组织，并含有合金氧化物、碳氮化合物以及少量马氏体、残余奥氏体；黑网主要为托氏体网和贝氏体网，图 7-5 为遍及整个渗层的黑带与黑网组织。一般黑带约在表层 0.005~0.02mm 处，齿面黑网多在 0.03mm 以内。

检验分析表明，黑色组织出现使显微硬度明显下降，齿轮的表层黑色带状或网状组织的存在，降低了齿轮的耐磨性和疲劳强度（接触疲劳强度和弯曲疲劳强度）。分析黑色组织产生的原因，主要是以下几点。

① 冷却速度不足是碳氮共渗齿轮表层产生黑色组织的原因。

② 碳氮共渗介质及碳氮含量对于黑色组织产生有重要影响，齿轮表层氮含量越高，则越易形成黑色组织缺陷。

③ 碳氮共渗温度过低，煤油裂解不完全，炉气恢复慢使钢中合金元素易氧化。当共渗温度低到与钢的临界点 A_{c_m} 接近时，如果出炉速度慢易产生黑色组织，温度过低使工件表面

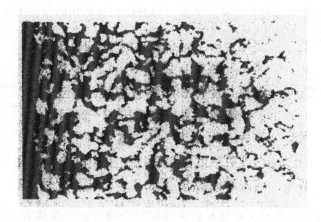

图 7-5 遍及整个渗层的黑带与黑网组织 400×

碳、氮聚集，易于形成密集分布的大量碳氮化合物黑色组织。

④ 合金元素 Si、Mn、Cr 氧化倾向大，其中 Mn 的影响最大，发生内氧化或大量溶于碳氮化合物中而导致贫化，且氧化物质点成为非马氏体转变核心，致使渗层深度下降，促使黑色组织的形成，而 Mn 沿晶界析出使奥氏体稳定性下降，更容易形成黑色组织。

根据以上因素与影响，提出防止 18CrMnTi 钢制齿轮产生黑色组织缺陷的解决方案。

① 提高淬火冷却速度。

② 通过炉气碳势与氧势控制，可以控制齿轮渗层的碳、氮含量，减少炉内氧化性气氛，如 O_2、CO_2、H_2O 等，排气应充分，尽快使炉气还原成还原性气氛。

③ 改善炉子密封，防止空气进入炉内。

④ 选择淬透性好、对于内氧化敏感性小的材料（含 Cr、Ni、Mo、W），采用低温淬火油和加大淬火油流量等，可有效减少和防止齿轮产生黑色组织的缺陷，图 7-6 为理想的齿轮滴注碳氮共渗工艺曲线。

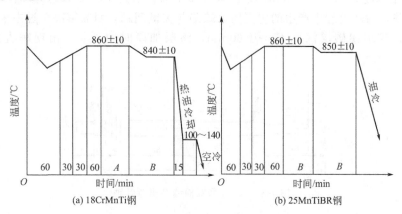

图 7-6 齿轮滴注氮碳共渗工艺曲线

7.3.2 20CrMnTi 钢制碳氮共渗主动锥齿轮断裂

主动锥齿轮是汽车或动力机械传递动力和速度的重要零件（见图 7-7），选用的材料为 20CrMnTi，其技术要求为碳氮共渗深度 0.6～0.9mm，淬火后表面硬度为 59～63HRC，心部硬度为 33～48HRC。其加工流程为锻造→正火→机加工→镀铜→碳氮共渗→淬火、回火

→机加工→装配。生产中发现在齿轮热处理一段时间后或使用中，齿尖端出现氢脆剥落（齿尖脱皮或胀皮）现象，有的齿轮出现氢脆裂纹和断裂失效，严重影响产品的正常生产。

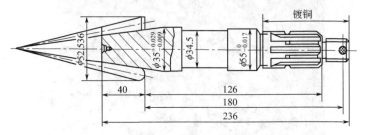

图 7-7　主动锥齿轮

对失效件进行分析，发现齿轮装配后在螺纹空刀槽与花键连接 R 处发生断裂，断口平齐，无氧化颜色和塑性变形，呈结晶状脆性断裂。从断口的微观形貌观察发现，晶面呈现微细的爪状撕裂线，裂纹一方面沿晶扩展，另一方面又沿马氏体束延伸，呈现出沿晶又穿晶的混合断裂形貌，并有较多的二次裂纹，为典型的氢脆断裂特征。从断裂齿轮残留应力测试表明，其表面为拉应力，内部为拉应力，在螺纹空刀与花键连接处残留应力很大，造成工件在此处断裂。

通过以上分析认为，齿轮断裂属于氢脆断裂的静载荷断裂，即碳氮共渗时氢气渗入，在装配时锁紧力和残留应力的作用下，氢气渗入应力集中区域并聚集，造成了氢含量高的部位（表面与次表面）出现裂纹。同时该区域存在夹杂、刀痕、尖角等缺陷，为齿轮强度最薄弱而应力最集中部位，萌生的裂纹在应力作用下迅速扩展，导致氢致脆性断裂的发生。

7.3.3　细长轴碳氮共渗变形

缝纫机的关键部件弯针轴与钉扣机主轴分别见图 7-8 与图 7-9，技术要求为表面硬度≥55HRC，渗层深度为 0.2～0.3mm，该类零件属于细长轴类件，在 920℃渗碳、淬火后极易产生变形超差，为热处理生产中的主要质量缺陷与关键问题，亟需解决。过去采用加大加工余量的措施，要求渗碳层深 0.45～0.60mm，渗层加厚时间延长，出现矫直困难和开裂现象。

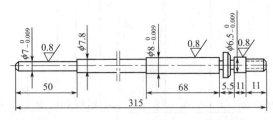

图 7-8　CK16 型双筒缝纫机弯针轴

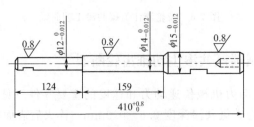

图 7-9　CJ4 型钉扣机主轴

对于细长轴采用碳氮共渗处理后，由于碳氮共渗处理温度比渗碳低，处理后热处理变形减小，使总渗层降低，具体热处理工艺见图7-10。该工艺在执行过程中，应注意在排气阶段采用滴甲醇排气，保证炉内净化和确保一定渗速与稳定；同时为减小变形，设计了专用料筐，见图7-11，工件采用在料筐中垂直悬挂的方法，操作中应避免晃动与碰撞。

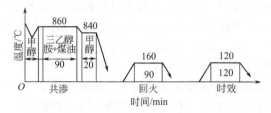

图 7-10　细长轴碳氮共渗工艺曲线

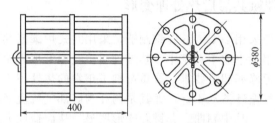

图 7-11　细长轴碳氮共渗用料筐

采用改进工艺后的质量状况为：表面硬度为 $80\sim84HRA$，渗层深度为 $0.35\sim0.40mm$，淬火后弯曲变形为 $0.5mm$，矫直后工件变形量 $\leqslant0.1mm$，工件矫直后热油时效（$120℃\times2h$），效果十分明显。

7.3.4　曲轴离子碳氮共渗表面白斑缺陷

曲轴为内燃机发动机内部的重要部件，采用为42CrMo钢制造，曲轴加工工艺流程为：下料→锻造→正火→调质处理→矫直→去应力退火→机械加工→清洗→离子碳氮共渗→抛光→探伤→检验→成品包装。图7-12为105系列柴油机曲轴离子碳氮共渗工艺曲线，在生产中发现部分曲轴出现白斑缺陷，严重的有深色小坑，严重降低了曲轴的疲劳性能与表面质量。

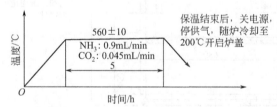

图 7-12　105系列柴油机曲轴离子（离子氮化）碳氮共渗工艺曲线

对缺陷件进行检验分析。曲轴杆部抛光后部分工件出现斑点，颜色为白色，局部有麻坑状，对抛光前的有缺陷的曲轴观察，该部位出现雪花状或树枝状斑点形貌，抛光后颜色深浅不一。采用放大镜观察，白斑严重区域呈现深浅不一的麻坑，有的深坑处存在油泥，呈黑色"小凹坑"。此类凹坑很易成为疲劳源的萌生区域，引发疲劳裂纹萌生和扩展，成为曲轴疲劳断裂的裂纹源和危险隐患。

进行曲轴碳氮共渗工艺参数的试验分析，目的是验证白斑缺陷以及清洗对于缺陷的影响程度。经试验发现：斑点在设备出现故障时出现；采用汽油清洗曲轴效果不佳，仍存在白斑；采用 7%（质量分数）工业清洗剂，效果良好，基本无白斑。

从以上分析与判断可知，曲轴磨削后因精度不足，故需要在碳氮共渗前抛光，而抛光介质为煤油，抛光后残留在曲轴上，而采用汽油清洗残存油渍，即曲轴颈部表面形成油膜层，在离子碳氮共渗过程中油膜层使辉光放电密度增大，出现正离子在油膜绝缘层堆积，容易出现辉光放电。而辉光放电过程中，阴极斑点处阴极材料出现强烈气化，在曲轴表面形成微小凹坑，故曲轴表面未清洗干净的油渍或油孔附近由微坑造成的花斑即白斑。

可见曲轴离子碳氮共渗前，抛光或清洗工序后表面残留煤或汽油残渍，是曲轴辉光放电后产生白斑缺陷的主要原因。改进或解决方案如下。

① 曲轴在碳氮共渗前将轴颈以及油孔处残存的油渍清洗干净。

② 采用清洗效果良好的清洗剂，有效去除油渍，防止白斑的产生。

7.3.5 驱动齿轮的碳氮共渗后热处理变形

手扶拖拉机驱动齿轮采用 20CrMnTi 钢制造，采用井式炉碳氮共渗后直接淬火处理。齿轮碳氮共渗时采用芯轴串叠平放于料筐中，热处理后检查返发现齿轮翘曲变形和花键孔变形大，废品率高，花键孔返修率超过要求，严重影响了正常的热处理生产。

齿轮串叠平放时炉气循环流动不好，尤其是内孔与底部气流流通最差，故造成碳氮渗入不均，硬度不均且变形大，其中翘曲、花键孔变形明显，从而造成大批返修和部分齿轮的报废。为此设计齿轮挂放方形料筐（无底），如图 7-13 所示，确保了炉气循环流动良好，齿轮淬火冷却均匀，变形大大减少，花键孔的合格率高达 95% 以上，齿轮表面硬度均匀合格，各项技术指标符合技术要求。

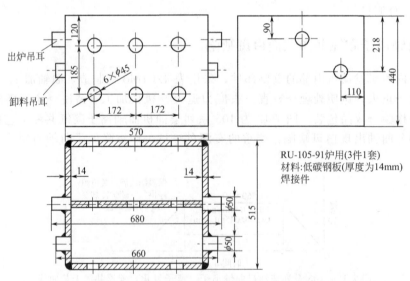

图 7-13 低碳钢无底方形碳氮共渗料筐工装

齿轮在炉中位置状态见图 7-14，隔叉将齿轮隔开，有利于碳氮共渗气氛流动和淬火时冷却油的流动，确保了齿轮的加热与冷却的均匀一致性，碳氮共渗均匀，同时使齿轮的变形大为减少。

7.3.6 锥形套收口变形

某型机液压导管因漏油问题而造成油箱液位报警器数次报警，并造成紧急迫降等飞行事

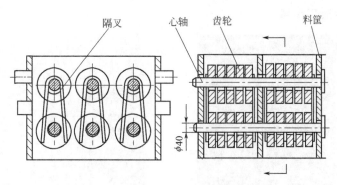

图 7-14　齿轮装在方料筐中在炉内的状态

故。锥套式导管连接结构简图如图 7-15 所示，通过锥形套与导管和接头进行密封连接，密封结构如图 7-16 所示。该锥形套是该构件的关键部件，对保证导管的密封性能起决定性的作用，它要求具有较高的表面硬度、一定的中心强度和较好的韧性。该套采用 20 钢加工而成，并进行碳氮共渗处理，可确保在保持工件内部具有较高的韧性条件下，得到高硬度、高强度的表面层。

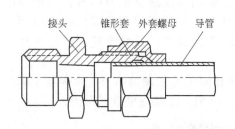

图 7-15　锥套式导管连接结构简图

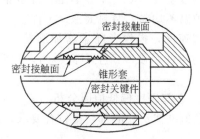

图 7-16　锥形套密封结构示意图

　　锥形套的加工流程为：机械加工→碳氮共渗→镀铬等工序，零件制造完毕后需要和不锈钢管或铝管收压装配，保证锥形套能 360°自由旋转。锥形套组装后还要经过重复装配、强度爆破、振动试验等。锥形套是一种形状复杂的薄壁零件，零件厚度仅 1.1～1.52mm，渗层薄且要求高，要控制表面及心部的硬度，其技术要求为：碳氮共渗层深度 0.03～0.07mm；共渗层显微硬度 500～800$HV_{0.1}$；中心的维氏硬度 170～240$HV_{0.1}$。

　　该锥形套收口变形是造成本次事故的主要原因，为此采用光谱分析仪、显微硬度计、光学金相显微镜等对故障锥形套的化学成分、碳氮共渗层厚度与硬度、心部硬度等进行分析及外观检查，以确定其故障原因。

　　对失效件进行检验与分析。①进行化学成分与供应状态检查，锥形套用 20 钢成分符合要求，供货热处理状态为正火或正火＋回火，符合要求。②心部硬度在 200$HV_{0.1}$ 以上时，锥形套具有一定的韧性，保证锥形套收口后不会过度变形，而低于 200$HV_{0.1}$ 或心部组织不均匀时，会造成锥形套收压后不能自由转动，甚至会压伤导管表面，产生应力集中，且使强度降低，使用过程中导管在振动作用下缩颈处发生疲劳断裂。而目前复查 20 批次的原材料复检记录，发现含碳量≤0.20%时，锥形套心部硬度普遍偏低。③渗层硬度及深度检查，复检近 2 年 10 批次零件的碳氮共渗层硬度，大部分满足要求，少部分渗层深度满足不了要求，存在渗层较浅且渗层不均匀问题，金相组织如图 7-17 所示。渗层不均匀反映出原始组织的不均匀或气氛流动不畅，造成收压后回弹不均匀导致导管和锥形套变成椭圆，密封不紧。④镀层质量的检查，从图 7-18 可知，由于锥形套镀层质量差，零件局部已经锈蚀，不能起到密封作用而产生液压渗漏。

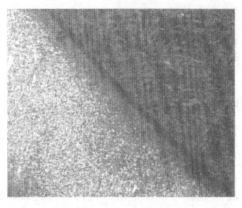 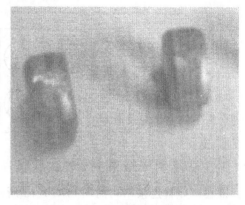

图 7-17　不均匀的渗层组织　　　　　　　图 7-18　镀层锈蚀的锥形套

质量问题原因分析。

① 渗层不均匀原因分析。该零件在井式渗碳炉内进行的碳氮共渗处理，造成渗层不均匀的因素主要有 C、N 势不足，温度偏低，保温时间短，炉气不畅，大量炭黑沉积在炉膛内，炉温不均匀，装料太密，工件表面有油污，等。影响渗层质量的原因有：为增加渗剂的溶解速度，操作者随意增加酒精，改变了渗剂成分，影响了渗速及碳氮共渗时间，对渗层均匀性及硬度产生不良影响；炉罐及风扇表面残留积碳，影响碳氮共渗速度及渗层质量。

② 心部硬度偏低原因分析。表 7-3 为不同批次相同工艺处理的结果，含碳量 ≥0.20% 的钢碳氮共渗后，心部硬度符合要求，含碳量 ≤0.20% 时，心部硬度难以保证。

表 7-3　化学成分对锥形套心部硬度的影响

材料牌号	主要化学成分/%			740℃碳氮共渗,180℃回火
	C	Si	Mn	心部硬度（$HV_{0.1}$）
I	0.18	0.25	0.49	166～199
II	0.21	0.27	0.59	212～230

③ 镀层质量问题原因分析。碳氮共渗后零件直接放入普通淬火油槽中淬火，淬火油使用时间长，已经有部分老化，不清洁，零件淬火后表面有黏结的油渍及积炭，不易清理，严重影响零件的电镀质量。零件碳氮共渗后需要油封，增加了后续零件电镀前的清洗难度，另外锥形套碳氮共渗后表面无加工余量，无法用吹砂等机械方法清理表面，采用除油和酸洗进行预处理，但除污效果有限，预处理后零件表面结合力不佳，电镀质量难以保证。

解决方案及效果。

① 原材料碳含量及碳氮共渗前状态的控制。明确要求用于加工锥形套的原材料 20 钢含碳量不低于 0.20%。退火状态的原材料经（910℃保温，水冷或空冷，回火温度 600～640℃，空冷）调质处理，碳氮共渗后渗层均匀，心部组织均匀、晶粒细小，心部硬度明显提高，在 200～240$HV_{0.1}$ 范围内，检测结果见表 7-4，渗层金相组织见图 7-19。

② 碳氮共渗层均匀性控制。采用汽油、丙酮等有机溶剂清理锥形套，渗前清理炉膛，控制装炉量在 500 件以下，确保炉内气氛循环通畅，用热水加热装有渗剂的容器，保持尿素完全溶解，工艺改进后的渗层组织见图 7-20。

表 7-4 原材料组织调整及碳含量控制后的心部硬度和渗层检测结果

零件规格	渗层深度/mm	表面硬度(HV$_{0.1}$)	心部硬度(HV$_{0.1}$)
$\phi 20$	0.054～0.067	654	210～220
$\phi 20$	0.048～0.062	750	221～234
$\phi 6$	0.03～0.034	732	202～212
$\phi 10$	0.034～0.036	536～581	211～232
$\phi 6$	0.04	623～640	207～230
$\phi 20$	0.05	652～670	235～240

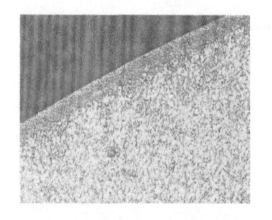

图 7-19 调质处理后渗层及心部组织

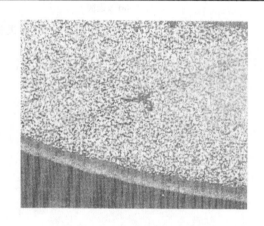

图 7-20 工艺改进后的渗层组织

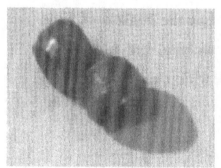

(a) 改进前

(b) 改进后

图 7-21 工艺改进前后镀前零件表面质量对比

③ 电镀层质量改进。改善电镀前零件表面状态，即采用丙酮多次清洗零件表面，碳氮共渗后的淬火采用真空淬火，工艺改进后镀前零件表面质量对比，见图 7-21。优化电镀工艺，碳氮共渗后不进行油封处理，仅使用防锈袋进行封装，电镀镉前适当延长除油时间，镀前处理工序之后，增加预镀镍打底工序，然后再进行电镀镉，工艺改进前后的电镀层质量对比见图 7-22。

结论。①原材料碳含量低于 0.2% 影响锥形套的心部硬度。②C、N 势不足，碳氮共渗温度偏低，保温时间短，炉气不畅，大量炭黑沉积在炉膛内，炉温不均匀，装料太密，工件表面有油污等原因影响渗层均匀性。③渗前热处理状态应为正火或正火加回火，有利于提高心部硬度和渗层均匀性。④改善镀前零件状态及增加预镀镍打底工序可提高电镀层质量。

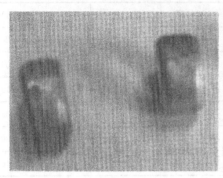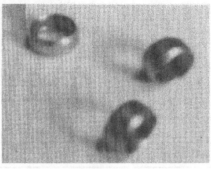

(a) 改进前   (b) 改进后

图 7-22　工艺改进前后的电镀层质量对比

第 **8** 章

渗氮热处理缺陷分析与
解决方案

钢的渗氮是指在一定温度下使活性氮原子渗入到零件表面的一种化学热处理，即氮原子渗入钢件表面层的过程。它改变了零件表面的组织结构和性能，使其成为一种复合的材料，与普通的材料相比，零件的表面和心部的组织状态和性能发生了很大的变化。渗氮零件在机械工业、石油工业、国防工业等领域应用十分广泛，与渗碳、中温碳氮共渗相比，由于加热温度比较低（通常为 500～570℃），不需要进行加热后的淬火处理，因此具有零件的变形小，表面有更高的硬度和耐磨性，疲劳强度高，同时又具有高的抗腐蚀性和热硬性等特点。机床主轴、丝杠、镗杆、挤压模具、齿轮、发动机曲轴和连杆等零件经过渗氮处理后使用寿命成倍提高。

零件渗氮后具有许多优点。渗氮改变了零件表面的组织状态，使钢铁材料在静载荷和交变应力下的强度性能、耐磨性、成形性及抗腐蚀性得到提高。因此可归纳渗氮的目的是提高钢铁零件的表面硬度、耐磨性、疲劳强度和抗腐蚀能力。该工艺普遍应用于各种精密的高速传动齿轮、高精度机床主轴和丝杠、镗杆等重载零件；在交变负荷下工作要求高疲劳强度的内燃机曲轴、汽缸套、套环、螺杆等；要求变形小并具有一定耐热能力的气阀（气门）、凸轮、成型模具和部分量具等。氮化和渗碳一样，都是以强化零件表面为主的化学热处理，经氮化处理后的工件具有以下特点。

① 钢件经渗氮后，其表面硬度很高（如 38CrMoAl 渗氮后表面硬度为 1000～1100HV，相当于 65～72HRC）具有良好的耐磨性，这种性能可保持在 600℃ 左右而不下降。这对于要求在较高温度下仍要高硬度的零件和特别耐磨的工件，如压铸模、塑料模具、塑料挤出机上的螺杆及磨床砂轮架主轴等是很合适的。

② 具有高的疲劳强度和抗腐蚀性。在自来水、过热蒸汽以及碱性溶液中都有良好的抗腐蚀性，与其他表面处理相比，氮化后的工件表面的残余应力形成更大的压应力，在交变负荷作用下，表现出更高的疲劳强度（提高 15%～35%）和缺口敏感性，工件表面不易咬合，经久耐用，如机床主轴、内燃机曲轴等。

③ 渗氮处理的温度较低（450～600℃），所引起的零件的变形极小，氮化后渗层直接获得高硬度，避免了淬火引起的变形，这对于要求硬度高、变形小、形状复杂的精密零件，如精密齿轮，（渗氮后不需磨齿）、汽车发动机气门、机床镗杆等，适合做最终热处理。

零件渗氮的不足之处如下。

① 生产周期太长，渗速太慢（一般渗氮速度为 0.01mm/h）。

② 生产效率低，劳动条件差。

③ 氮化层薄而脆，渗氮件不能承受太大的压力和冲击力。

为了克服渗氮时间长的不足，进一步提高产品质量和生产效率，人们又研究了多种氮化方法，如离子渗氮、感应加热气体渗氮、镀钛渗氮、催渗渗氮等，在不同程度上提高了生产效率，降低了生产成本，同时也为渗氮技术的进一步推广和应用提供了保证。目前该项技术正日益发挥出巨大的作用。

根据零件使用条件和目的的不同，渗氮分为两类：抗磨渗氮和抗蚀渗氮。前一类零件可获得高硬度、疲劳强度和耐磨性好，后一种主要提高零件的耐腐蚀性，二者各有侧重。

常见的工艺方法有气体渗氮、液体渗氮、固体渗氮、离子渗氮、镀钛渗氮、催渗渗氮等，凡经渗氮的零件需经过调质处理或正火处理，以确保基体的强度和韧性。

8.1 渗氮零件的技术要求

(1) 零件渗氮前的原始组织要求 零件的原始组织的好坏对渗氮后的产品质量有重要的影响，一般是零件进行调质处理后获得回火索氏体加少部分游离铁素体，确保基体具有足够的强度和韧性或塑性，为渗氮做好组织上的准备。如果组织不合格则无法保证零件的整体力学性能，因此渗氮前的组织级别应控制在 3 级以下，具体见表 8-1。

表 8-1　渗氮前的原始组织要求

组织级别	渗氮前的原始组织级别说明
1	均匀细针状回火索氏体＋极少量的游离铁素体
2	均匀细针状回火索氏体＋体积分数＜5％的游离铁素体
3	细针状回火索氏体＋体积分数＜15％的游离铁素体
4	细针状回火索氏体＋体积分数＜25％的游离铁素体
5	索氏体（正火）＋体积分数＞25％的游离铁素体

(2) 渗氮或氮碳共渗后的化合物疏松 零件经过渗氮或氮碳共渗后，氮原子和碳原子渗入零件的表面，在渗层的化合物层内出现细小分布的微孔或孔洞等，它们微孔的大小、数量和分布将对零件的性能有重要的影响，《钢铁零件渗氮层深度测定和金相组织检验》（GB/T 11354—2005）根据表面化合物层内微孔的形状、数量和密集程度等几个技术指标来将其分为 5 个等级，具体见表 8-2。一般零件经渗氮后表面疏松在 3 级以内，超过 3 级则组织不合格，脆性大，会出现起皮剥落。因此在实际的氮化过程中要避免出现超过标准规定的缺陷。

表 8-2　渗氮层疏松级别

疏松级别	渗氮层疏松级别说明
1	化合物层致密，表面无微孔
2	化合物层致密，表面有少量的细点状微孔
3	化合物层微孔密集成点状孔隙，由表及里逐渐减少
4	微孔占化合物层 2/3 以上，部分微孔聚集分布
5	微孔占化合物层 3/4 以上，部分呈孔洞密集分布

造成渗氮层疏松级别超差的原因是多方面的，该类缺陷通常发生在氮碳共渗或长时间高氮势的气体渗氮工艺中，氮碳共渗工艺有三种，而经常采用的有气体氮碳共渗和液体氮碳共渗。气体氮碳共渗的化合物疏松是由于亚稳定的高氮相在氮化过程中分解，析出了氮分子而

留下气孔，分析其原因与炉气中混合比和氮化温度有直接的关系，当炉气中氨的含量超过了某一数值，出现多孔性的表面；随着处理温度的提高，氨的分解率提高，氮势提高将造成表面疏松的增加。

在气体渗氮过程中，化合物层出现疏松的原因如下：一是通入氨气的纯度低，含有一定的水分；二是渗层中的平均氮浓度过高等。

(3) 针状组织 针状组织是位于化合物层和过渡层之间的一种针状氮化物，为高氮的 ε 相和 γ 相，它们沿着原铁素体的晶界成一定的角度长大。该组织的危害是造成化合物层的脆性增大，因此在使用中易于剥落。出现此类缺陷的原因同渗氮前零件的原始组织状态有关，如在零件的调质处理过程中表面出现严重脱碳、存在游离铁素体等，将造成气体渗氮时出现针状组织。同时应注意氮化中确保炉子有良好的密封性，炉内压力在 60mm 水柱以上，炉内的氨气的分解率控制在要求的范围内，则有助于防止出现针状组织。

(4) 网状和脉状氮化物 网状和脉状氮化物存在于扩散层中，多产生于合金钢的氮化过程中，其产生原因为温度高、氨气的含水量高、调质处理晶粒粗大、零件存在尖角等。因此要严格执行相关的热处理氮化工艺和技术要求，确保或避免此类缺陷的产生。《钢铁零件渗氮层深度测定和金相组织检验》（GB/T 11354—2005）中根据网状和脉状氮化物的形状、数量和分布情况，将其分为 5 个等级，具体见表 8-3。通常 1～3 级为合格组织。

表 8-3 网状和脉状氮化物的形态

级别	氮化物形态级别说明
1	扩散层中有极少量呈脉状分布的氮化物
2	扩散层中有少量呈脉状分布的氮化物
3	扩散层中有较多脉状分布的氮化物
4	扩散层中有较严重的脉状和少量断续网状分布的氮化物
5	扩散层中有连续网状分布的氮化物

渗氮零件中如出现网状和脉状氮化物，这将严重影响零件的渗氮质量，造成氮化层脆性增加、耐磨性和疲劳强度下降以及表面剥落缺陷等。根据产生网状和脉状氮化物的原因，在实际的生产过程中要严格控制其产生，一旦出现可在 500～560℃ 温度进行 10～20h 的扩散退火处理，可明显改善组织状态，降低其不良影响。

白亮层是指长时间的气体渗氮或盐浴渗氮时，在最外层产生白亮层（由氮占 11% 以上的 Fe_2N 组成），用酸难以腐蚀。其危害为产生剥落、凹坑等，采取的措施为渗氮后进行高频感应淬火或磨削掉白亮层，也可采用别的方法去除白亮层。

(5) 渗氮零件的变形 渗氮后零件变形主要是指零件表层膨胀和零件形状的弯曲和翘曲变形。膨胀变形的实质是活性的氮原子被钢的表层所吸收和扩散，并溶解在金属基体中与合金元素形成氮化物的过程。基体组织一般为索氏体，它是由较细的铁素体和渗碳体所组成。当氮原子渗入其表层后，使基体的晶格常数增加，故使零件的表层胀大。零件表层膨胀和零件形状的弯曲和翘曲变形，是由于零件表层吸收了氮原子后，表层的金属相的晶格常数增大，当表层在力求增大其体积时，表层和心部连为一个整体，心部起着阻碍表层向径向和轴向胀大的作用，使零件的表层与心部处于受力状态，即表层为拉应力，心部为压应力。其应力的大小取决于渗氮钢的屈服强度和渗氮层含氮浓度以及渗氮的深度。

零件在渗氮过程中出现变形问题的原因是多方面的。零件在机械加工过程中要进行车削、磨削、研磨、抛光等，要去掉一部分金属层，因此会改变零件残余应力的分布，同时引起表面塑性变形和局部的加热不均，会产生新的残余应力。渗氮前残存在零件中内应力有两种，一是车削、机械抛光和滚压，使零件表面获得了压应力；二是表面磨削产生了拉应力作用。渗氮过程中，随着温度的变化，发生内应力的松弛和重新分布，若内应力大则变形也大，因此为了确保零件渗氮后的变形量在要求的范围内，其渗氮前的预备热处理是至关重要的，一般有三类：正火是为了消除锻造应力，降低基体硬度，改善不良组织；调质处理是为了获得均匀的索氏体组织，为渗氮做好组织上的准备；而去应力退火在于消除机械加工应力，减少渗氮过程中变形等。零件渗氮过程中还要受到其他因素的影响，如温度的不均匀、氨气的分解率不稳定、各部分渗层深度不均匀、零件之间的挤压、炉内气氛的流动性差等，造成内部应力的分布失去平衡出现弯曲和翘曲。表 8-4 为机床精密镗杆去应力退火与渗氮变形的关系，从表中我们可确切了解到去应力退火的作用。

表 8-4　精密镗杆去应力退火与渗氮变形

| 序号 | 去应力规范 | | | | | | 渗氮后弯曲变形/mm（每 500mm 长度上） | | |
---	次数	设备	加热温度/℃	升温时间/min	保温时间/h	冷却时间/h	头部	中部	尾部
1	1	盐浴炉	630	40～50	4	3～4	0.045	0.075	0.05
	2		600						
2	1		620		5		0.18	0.06	0.13
3	1				8		0.08	0.07	0.11
4	1	氮化炉	480		10	12～16	0.09	0.06	0.06

从表 8-4 中可以看出，随着加热温度升高和延长时间，以及增加退火的次数等，使残余应力消除越彻底，渗氮后零件的变形也越小。零件的机械加工应力同材料的性能、切削速度、进给量以及切削工具、冷却方式等有关。零件因变形进行锤击、矫正或运输中外力作用，产生零件的残余应力。零件在氮化过程中，热应力、组织应力和残余应力共同作用，造成零件的体积形状的改变。例如零件自重、搁置不当、零件彼此挤压，对零件的夹持力和冲击力等也有很大的影响。气体氮化热处理应力是硬化层与心部组织差异而引起的残余应力，由于两种组织的比容差大，因此氮化层受的压应力一般较大。

造成渗氮零件变形超差的原因是多方面的，一般可归纳为以下几个方面。

① 渗氮罐内温度不均匀，造成零件的受热不均匀，因此氮化层的深度有明显差异。

② 加热或冷却的速度过快，内外温差过大，热应力作用下零件的变形量不同。

③ 零件渗氮前的加工中内应力未彻底去除，而在渗氮过程中得到了释放。

④ 零件的装炉量不符合要求，过度密集排列、未正确吊挂或摆放等，造成罐内气体流通不畅、零件内外温度不同等。

⑤ 零件的结构和形状设计不合理，造成渗氮过程中零件的变形。

8.2　渗氮工艺特点

渗氮（也称硬氮化）是将钢件置于含有活性氮原子的气氛中，加热到一定温度、保温一定时间，使氮原子渗入工件表面形成氮化物的热处理工艺。渗氮的目的是提高工件的表面硬度、耐磨性、疲劳强度及耐蚀性能，常用的渗氮用钢为 38CrMoAlA、Cr12、Cr12MoV、3Cr2W8V、5CrNiMo、4Cr5MoSiV 等，模具渗氮前应进行调质处理，为了保持模具的整体性能，渗氮温度一般不超过调质处理的温度，一般为 $480\sim550℃$。常见的渗氮方法有气体渗氮、离子渗氮等。

（1）气体渗氮 将清洗干净的工件放在密封的炉内加热，同时通入干燥的氨气，气体渗氮温度在 $500\sim550℃$，氨气分解出来的活性氮原子被钢表面吸收，形成固溶体和氮化物，氮原子逐渐向里扩散，从而获得一定深度的渗氮层。钢的渗氮工艺参数主要有渗氮温度、时间、氨的分解率等，其技术要求为渗氮层深度与表面硬度等，按作用渗氮又分为抗磨氮化和抗蚀氮化等。

抗磨氮化的气体渗氮工艺有一段渗氮、二段渗氮和三段渗氮等，其中一段渗氮是在同一温度下（一般为 $480\sim530℃$），长时间保温的渗氮过程；二段渗氮法是先采用较低的温度（$490\sim530℃$）渗氮一段时间，后提高渗氮温度（一般为 $535\sim560℃$）再渗氮一段时间；三段渗氮则是一段在 $490\sim520℃$ 渗氮，二段在 $560\sim600℃$ 渗氮，最后在 $520\sim540℃$ 渗氮的工艺过程。抗磨氮化的渗氮工艺曲线见图 8-1～图 8-3 所示。

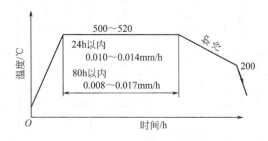

图 8-1 一段（恒温）渗氮工艺曲线

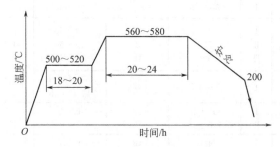

图 8-2 二段渗氮工艺曲线

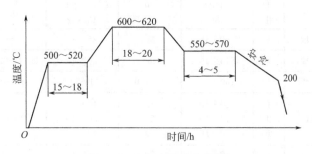

图 8-3 三段渗氮工艺曲线

该渗氮工艺的渗氮时间取决于所需要的渗氮层深度，一般渗氮层深度为 $0.4\sim0.6mm$，则渗氮时间长达 $40\sim70h$，故渗氮周期很长，生产效率低，费用高，在一定程度上受到了限制。

抗蚀氮化是为了提高钢铁材料的抗腐蚀性而进行的渗氮过程，称为抗蚀氮化。只有高氮的 ε 相才有较好的耐腐蚀性，与抗磨氮化相比，抗蚀渗氮可获得 $0.01\sim0.06mm$ 致密的 ε 相层，在自来水、潮湿大气、过热蒸汽、气体燃烧产物及弱碱中，表现出良好的耐腐蚀性，可代替镀镍、镀锌和发蓝等表面处理。

为了便于系统化地了解和掌握其工艺规范，现将常见抗磨渗氮用钢的渗氮热处理规范列于表 8-5 和表 8-6 中供参考。

表 8-5　常见结构钢、模具钢（抗磨）氮化工艺规范

钢号	处理方法	氮化工艺规范				氮化层深度/mm	表面硬度（HV）
		阶段	氮化温度/℃	时间/h	氨分解率/%		
38CrMoAlA	一段	Ⅰ	505±5	50	18～25	0.5～0.8	＞1000
	二段	Ⅰ	510±10	25	18～25	0.5～0.7	＞1000
		Ⅰ	550±10	35	50～60	0.5～0.7	＞1000
		Ⅱ	550±10	2	＞80		
	三段	Ⅰ	520±10	10	20～25	0.4～0.6	＞1000
		Ⅱ	570±10	16	40～60		
		Ⅲ	530±10	18	30～40		
			530±10	2	＞90		
40CrNiMoA	一段	Ⅰ	520	75	25～35	0.4～0.7	≥HRN$_{15}$82
	二段	Ⅰ	520±5	20	25～35	0.5～0.7	≥HRN$_{15}$83
		Ⅱ	540±5	40～50	35～50		
35CrMo	二段	Ⅰ	520±5	24	18～30	0.5～0.6	687
		Ⅱ	515±5	26	30～50		
30Cr3WA	二段	Ⅰ	500±5	40	15～25	0.4～0.6	60～70 HRC
		Ⅱ	515±5	40	25～40		
30CrMnSiA	一段	Ⅰ	500±5	25～30	20～30	0.2-0.3	≥58 HRC
25CrNiW	三段	Ⅰ	520	10	24～35	0.2～0.4	≥73 HRA
		Ⅱ	550	10	45～60		
		Ⅲ	520	12	50～70		
3Cr2W8V	一段	Ⅰ	530±5	8	前 418-25 后 430-45	0.15～0.25	444～566
	二段	Ⅰ	500±10	43	18-40	0.4～0.45	＞739
		Ⅱ	540±10	10	＞90		819
Cr12MoV	二段	Ⅰ	480	18	14～27	≤0.2	720～860
		Ⅱ	530	25	36～60		
25Cr2MoV	二段	Ⅰ	490	70	15～22	0.3	≥681
		Ⅱ	480	7	15～22		
18Cr2Ni4WA	一段	Ⅰ	490±10	30	25～35	0.2～0.3	≥600
W18Cr4V	一段	Ⅰ	515±10	0.25～1	20～40	0.01～0.025	1100～1300
50CrVA	一段	Ⅰ	460±10	15～20	10-20	0.15～0.25	≥600
QT2-60	三段	Ⅰ	420±10	15	10～18	0.25～0.35	≥900
		Ⅱ	510±10	20	30～35		
		Ⅲ	560±10	20	40～50		
CrMoCu	二段	Ⅰ	510±10	20	18～25	0.4～0.5	≥480～520
		Ⅱ	530±10	30	60～75		
40Cr	一段	Ⅰ	490	24	15～35	0.2～0.3	≥600
	二段	Ⅰ	480±10	20	20～30	0.3～0.5	≥600
		Ⅱ	500±10	15～20	30～60		
4Cr5MoSiV1(H13)	一段		540±10	12	30～60	0.15～0.2	760～800

表 8-6　不锈钢及耐热钢气体氮化工艺规范

钢号	渗氮工艺参数				渗层深度/mm	表面硬度(HV)	脆性等级
	阶段	温度/℃	时间/h	氨分解率/%			
4Cr10Si2Mo	Ⅰ	590	35～37	30～70	0.20～0.30	84HR15N	Ⅰ
1Cr13	Ⅰ	500	48	18～25	0.15	1000HV	Ⅰ
		560	48	30～50	0.30	900HV	Ⅰ
2Cr13	Ⅰ	500	48	20～25	0.12	≥1000HV	Ⅰ
		560	48	30～35	0.26	≥900HV	Ⅰ
1Cr13,2Cr13 15Cr11MoV	Ⅰ Ⅱ	530 580	18～20 15～18	30～45 50～60	≥0.25	≥650HV	Ⅰ
1Cr18Ni9Ti	Ⅰ	550～560	4～6	30～50	0.05～0.07	≥950HV	Ⅰ～Ⅱ
	Ⅰ Ⅱ	540～550 560～570	30 45	25～40 35～60	0.20～0.25	≥900HV	Ⅰ～Ⅱ
2Cr18NiW2	Ⅰ	560	24	40～50	0.12～0.14	950～1000HV	Ⅰ
		560	40	40～50	0.16～0.20	900～950HV	Ⅰ
		600	24	40～70	0.14～0.20	900～950HV	Ⅰ
		600	48	40～70	0.20～0.24	800～850HV	Ⅰ
4Cr14Ni14W2Mo	Ⅰ	550～560	35	45～55	0.080～0.085	≥850HV	Ⅰ～Ⅱ
		580～590	35	50～60	0.10～0.11	≥820HV	
		630	40	50～80	0.08～0.150	≥80HR15N	
		650	35	60～90	0.11～0.13	83～84	

具体的抗蚀渗氮工艺见表 8-7。

表 8-7　常见材料的（抗蚀）氮化工艺

氮化工件名称	钢号	氮化温度/℃	氮化时间/min	分解率/%
拉杆、销子、螺栓、蒸汽管、阀门及其他仪器和机器零件等	08、10、15、20、25、30 35、40、45	600 650 700	60～120 45～90 15～30	35～55 45～65 55～75
硅钢片	DT（工业纯铁）	550 600	240 150	30～50 30～50
各种不同的仪器、仪表零件（齿轮轴、滑阀、指针等）	T7、T8、T10 GCr15 45	770～790 810～840 830～850	同淬火加热时间相同	70～75 70～80 70～80

（2）离子渗氮　离子渗氮是将零件置于真空容器内（离子渗氮炉，见图 8-4），内部抽真空到 13～1.313Pa 时，向内部通入氨气或氨气＋氮气的混合气直到炉内压力在 150～1500Pa 范围，将工件置于离子渗氮炉中的托盘上，即氮化零件作为阴极，金属容器炉壁为阳极。启动电源后，通入直流电使电压徐徐升到 400～800V，在高压电场的作用下，发生气体的电离，氨气被电离成氮和氢的正离子及电子，此时工件表面形成一层辉光，电子移向阳极，而具有高能量的氮离子以很大的速度轰击工件表面，将动能转变为热能，使工件的表面温度升高到 450～650℃，同时氮离子在阴极上获得电子后，还原成氮原子而渗入工件的表

面，并向内扩散形成渗氮层，从而完成离子氮化过程。这是在一定的真空度下，利用工件（阴极）和阳极间产生的辉光放电现象进行的，故称为辉光离子氮化。

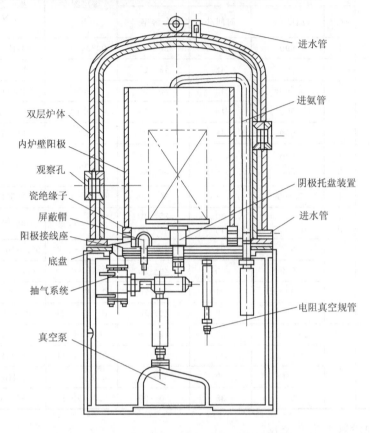

图 8-4　钟罩式离子渗氮炉结构

离子渗氮的特点如下。

① 渗氮速度快，生产周期短。与普通的气体渗氮相比，同样硬度和渗层要求的前提下，离子氮化时间缩短为气体渗氮的 $1/3 \sim 1/2$。

② 渗氮层质量高。由于离子渗氮的阴极溅射有抑制形成脆性层的作用，故可明显提高渗氮层的韧性和疲劳极限。

③ 工件的变形小。

④ 材料的适用范围广。

⑤ 成本高，对于模具表面有小孔或沟槽区域的强化效果不好。

钢进行离子渗氮的温度与气体渗氮温度基本一致，渗碳温度提高则渗层加深，而硬度具有下降的趋势。表 8-8 为常见钢的离子渗氮工艺参数和结果，从表中可知在同样的时间内，离子渗氮的深度是气体渗氮的 $3 \sim 4$ 倍。

表 8-8　常见钢的离子渗氮热处理工艺规范和效果

材料牌号	工艺规范		效果	
	温度/℃	时间/h	硬度（HV）	渗氮层深度/mm
20Cr	520～540	8	550～700	≥0.3
40Cr	500～520	8～10	500～650	≥0.30

续表

材料牌号	工艺规范		效果	
	温度/℃	时间/h	硬度（HV）	渗氮层深度/mm
20CrMnTi	500～520	8	650～800	0.3～0.4
38CrMoAl	500～520	12	950～1100	0.4～0.5
38CrMoAl	540～560	6	950～1100	0.4～0.5
Cr12	530～550	8	900～960	—
W18Cr4V	480～500	15～20min	1100～1200	0.05～0.06
W18Cr4V	520～540	10～20min	950～1100	0.02～0.03

渗氮常用于受冲击作用较小的压铸模、塑料模、热挤压模和冷冲模等，部分模具钢的离子渗氮工艺与使用效果见表 8-9。

表 8-9 部分模具钢的离子渗氮工艺与使用效果

模具名称	模具材料	离子渗氮工艺	使用效果
冲头	W18Cr4V	500～520℃×6h	提高 2～4 倍
铝压铸模	3Cr2W8V	490～510℃×6h	提高 1～3 倍
热锻模	5CrMnMo	480～500℃×6h	提高 3 倍
冷挤压模	W6Mo5Cr4V2	500～550℃×2h	提高 1.5 倍
压延模	Cr12MoV	500～520℃×6h	提高 5 倍

8.3 渗氮用材及其加工工艺路线分析

零件渗氮的目的是提高其表面硬度、耐磨性、疲劳强度及耐蚀性能，常用的渗氮用材有38CrMoAlA、Cr12、Cr12MoV、3Cr2W8V、5CrNiMo、4Cr5MoSiV、GCr15 等，属于中合金钢或高合金钢；另外低碳合金钢与中碳合金钢有 20Cr、35CrMo、40Cr、20CrMnTi；不锈钢与高速钢有 W18Cr4V、1Cr13、2Cr13、4Cr10Si2Mo、4Cr14Ni14W2Mo 等；铸铁与普通碳钢有 QT2-60、08、10、15、20、25、30、35、40、45、T7、T8、T10 等。为了保持渗氮零件的整体性能，渗氮温度一般不超过调质处理的温度，即正常氮化工艺温度为480～550℃。

从零件氮化的类型上看，分为抗磨氮化和抗蚀氮化，其处理的温度范围是有差异的，应根据渗氮零件的具体服役条件进行合理的选择，并提出具体的技术要求。

工艺路线分析参见氮碳共渗一节。

8.4 常见的渗氮热处理缺陷分析和解决方案

零件的渗氮通常为气体渗氮，这种工艺具有本身成熟、工艺参数易于控制、设备的投资低、产品质量稳定等特点，因此得到了十分广泛的应用，其缺点为渗氮周期长（40h以上），生产效率低。该工艺多用于模具、主轴、镗杆等零件的化学热处理，为了便于了解和判断出现的缺陷的原因和需采取的具体措施，现进行归纳和整理，具体见表 8-10 和表 8-11。

表 8-10　气体（硬）氮化常见缺陷分析与解决方案

缺陷类型	产生原因	解决方案
渗氮层硬度低（不足）或硬度不均（软点）	①渗氮温度偏高 ②第一阶段温度偏高或氨分解率过高或过低，或渗氮罐通气管久未退氮 ③使用了新的渗氮罐，夹具或渗氮罐使用过久 ④工件未洗净，表面有油污 ⑤工件预先调质的硬度太低 ⑥氮化炉密封不严，炉盖漏气 ⑦装炉不当或装炉量过多，吊挂不良，气流循环不良 ⑧局部防渗镀锡时发生流锡现象 ⑨表面脱碳，晶粒粗大 ⑩渗氮温度低或时间短 ⑪氮化件表面出现异物 ⑫升温速度太快，罐内温差大 ⑬第一阶段一度中断氨气 ⑭材料的组织不均匀	①调整温度，校验仪表 ②定期校验测温仪表，降低第一阶段的温度，形成弥散细小的氮化物，稳定各个阶段的氨的分解率，将氨分解率控制在 15%～25%范围的下限，对渗氮排气管退氮或更换 ③新罐进行预渗，长久使用的夹具和渗氮罐等应进行退氮处理，使分解率平稳控制在上限 ④渗氮前应清理干净工件的表面 ⑤重新处理使工件基体硬度符合要求 ⑥更换石棉、石墨垫，检查炉体，无漏气，确保渗氮罐密封性能 ⑦合理装炉，确保气流通畅 ⑧喷砂，严格控制镀锡厚度 ⑨去掉脱碳层或正火 ⑩严格执行氮化工艺 ⑪清理掉异物 ⑫升温到 300℃后，控制升温速度≤50℃/h，或工件在 400～450℃透烧 1h ⑬认真检查氨气管路和供氨情况； ⑭提高渗氮前零件的热处理质量，使组织均匀致密 　补救措施：如果不是长时间超温，或超分解率过高，或较长时间的中断供氨，允许重新氮化处理，即到温前将氨的分解率控制在 18%以下，到温后温度在 500～510℃处理 15～20h，分解率为 18%～21%，最后在 540～550℃退氮 2～3h，此时分解率为 70%以上
渗氮层浅	①渗氮第二阶段温度偏低 ②保温时间太短 ③第一阶段氨分解率过高或过低，分解率不稳定 ④装炉不当，工件之间距离太近，气流循环不畅 ⑤密封不好，漏气 ⑥基体未经调质处理 ⑦渗氮罐使用过久 ⑧新换卡具和渗氮罐	①适当提高第二阶段的温度，校正仪表和热电偶 ②按工艺时间进行，或酌情延长时间 ③按工艺规范调整分解率，使之符合工艺要求 ④合理装炉，调整工件之间的间隙，加强炉内气氛的循环 ⑤检查炉盖及盘根的密封情况 ⑥氮化前的零件必须进行调质处理，以获得均匀致密的回火索氏体组织 ⑦进行退氮处理，或使用陶瓷罐 ⑧预先进行卡具和空罐的渗氮 　渗层浅的补救措施为：在正常的扩散温度下再氮化数小时
工件变形超差	①机加工残余应力太大，未进行去应力退火或退火不充分 ②工件细长或形状复杂，吊挂或放置不垂直 ③渗氮面不对称或局部渗氮 ④渗氮罐内温度过高或不均匀 ⑤氨气流通不畅，装炉不当 ⑥工件自重的影响 ⑦氮化后氮原子的渗入造成组织体积比容的增大 ⑧加热或冷却速度太快 ⑨原材料晶粒粗大 ⑩加工零件的表面粗糙，存在尖角和棱角等	①粗加工后进行去应力退火处理 ②缓慢升温，在 300℃以上，每升高 100℃保温 1h，控制加热和冷却速度，保证炉温的均匀 ③改进设计，避免不对称，吊挂时注意重心的位置和平稳，降低升温及冷却速度 ④尽量采用低的氮化温度，改进电阻丝及氨气管道的布置，增加控温区段，强化循环，确保炉温的均匀性 ⑤合理装炉，避免叠加或挤压，风扇转动应正常 ⑥设计专用夹具及工装，热校后再进行消除应力处理 ⑦氮化前考虑比容的增大，合理控制氮化前的加工余量 　措施：对精度要求不高，需耐磨性好的零件采用低于氮化温度的热矫直，随后在 160～200℃低温回火 12h，消除部分应力 ⑧采用分段升温法，并控制冷却速度，缓冷到 150～200℃出炉 ⑨进行正火或调质处理 ⑩确保零件表面粗糙度符合技术要求，消除尖角

缺陷类型	产生原因	解决方案
表面有氧化色	①退氮或降温过程中供氨不足造成炉内压力不高,冷却时造成负压,空气进入造成氧化色 ②设备的密封性不好、漏气,压力不正常 ③干燥剂失效 ④零件的出炉温度过高 ⑤氨中含水量过高,管道中存在积水	①保持炉内正压,退氮或冷却时保持炉压大于20mm水柱 ②经常检查设备的密封性,检查漏气部位并及时压紧或堵塞 ③更换干燥剂 ④炉冷200℃以下出炉 ⑤认真检查管道、及时清理管道内的积水 补救措施:氮化后工件表面的氧化色对硬度、渗层深度均无影响,对要求质量较高的零件可再进行500～520℃下1～2h的氮化处理。也可低压喷细砂消除表面氧化色
粗大网状、波纹状、针状或鱼骨状氮化物及厚的白色脆化层	①渗氮温度过高或长时间高温氮化 ②液氨中含水量大 ③原始组织晶粒粗大、有大块铁素体、加工表面粗糙、内应力大等 ④工件有尖角、锐边、凹槽等 ⑤未控制好分解率,气氛氮势过高,出现ε相 ⑥表面脱碳严重或原始组织中存在游离的铁素体,极易出现鱼骨状、针状氮化物 ⑦炉子的密封性差 ⑧原始组织中的游离铁素体较多,零件表面严重脱碳	①严格执行氮化工艺,确保温度和时间符合要求 ②及时更换干燥剂或再加一干燥器,严格控制炉气中的含水量 ③正火后重新进行调质处理,使晶粒细小,氮化前进行稳定回火,消除切削加工引起的内应力,提高零件的表面加工质量,减少非平滑过渡等 ④去除尖角、倒钝锐边或填充 ⑤严格控制氨的分解率,降低温度或加大氨流量 ⑥严格调质工艺,防止脱碳和铁素体过多,确保原材料组织合格,缓慢升温,排净炉内空气等 ⑦严格检查炉罐的密封性,保持炉内为正压 ⑧严格执行调质处理工艺,防止出现脱碳
渗氮面产生亮块或白点,硬度不均	①加热炉内温差太大 ②进气管道局部堵塞,氨气流动不畅通 ③工件表面有油污或锈斑 ④装炉量太多,吊挂不当 ⑤材料组织不均匀,夹杂物超标 ⑥非氮化部位的镀锡保护层过厚,锡层熔化影响氮化部分	①测温,确保炉内温度一致 ②及时清理、疏通管道,强化炉气的循环 ③工件要清洗干净,并注意经常清理马弗罐 ④合理装炉 ⑤提高原材料的质量,重视氮化零件原材料的检验 ⑥适当控制镀锡层的厚度
表面出现光亮花斑	①炉温不匀,局部温度低于480℃ ②氨分解率太低 ③氨气的流量和分布不均匀 ④马弗罐中有污物,氮化时吸附	①严格控制炉温 ②严格控制炉气的流量 ③合理改进管道分布,经常清理管道 ④定期清理马弗罐
表面腐蚀	①氯化铵(或四氯化碳)加入量太多 ②氯化铵(或四氯化碳)挥发太快	①按渗氮罐容积严格控制加入的数量 ②用干燥的石英砂压实氯化铵,或均匀混合后使用,降低挥发速度 ③除不锈钢和耐热钢外,尽量不加或少加氯化铵(或四氯化碳)
表面剥落和脆性大	①冶金质量不合格 ②渗氮工艺不当 ③氮化前磨削量大 ④表面氮浓度过大或退氮时间不足,氮化层与心部含氮量突然过渡 ⑤调质处理时淬火温度高,出现过热 ⑥表面有脱碳,表面粗糙或锈蚀,液氨的含水量超过1%,造成表面脱碳 ⑦零件的外形有尖角、锐边 ⑧冷却速度过慢	①选用合格的材料 ②改进工艺 ③减小磨削量,分几次磨削 ④严格控制氨分解率和确保退氮彻底(或在570～580℃保温4～5h),减少零件尖角、棱边或粗糙的表面 ⑤正火后重新调质处理,提高预先热处理的质量 ⑥提高渗氮罐的密封性,降低氨中的含水量,去掉脱碳层或锈迹,更换干燥剂 ⑦尽可能避开尖角和特殊的形状 ⑧加速氮化工件的冷却速度 补救措施:凡不是因为表面脱碳引起的脆性,允许重新退氮处理,对允许表面有氧化色的工件可在空气炉内进行

续表

缺陷类型	产生原因	解决方案
表面裂纹	①晶粒过于粗大 ②未及时回火 ③含氮量超过允许的范围,脆性过大	①正火处理 ②补充回火 ③氮化完毕将炉温升高,使零件在封闭的残余氨气中进行退氮处理
渗氮层不致密,耐蚀性差	①渗氮表面氮浓度太低,使 ε 相太薄或不连续 ②工件表面有锈蚀未除净 ③工件清洗不干净,有油污和锈迹 ④冷却速度太慢,造成氮化物的分解	①分解率不宜太高,进行合理的控制; ②除掉锈蚀痕迹 ③工件表面应清洗干净,除掉锈斑等 ④按要求调整冷却速度 补救措施:将硬度低的工件重新氮化处理

表 8-11　离子渗氮的常见问题分析与解决方案

常见问题	产生原因	解决方案
打弧不止	①工件的小孔、不通孔及窄槽引起热电子发射 ②工件之间、工件与阴极或夹具之间形成间隙或窄缝 ③阴极击穿,绝缘破坏,阴极屏蔽失效 ④阴极、工件上有非金属沉积 ⑤真空度太低,辉光层太浅	①将小孔、不通孔或窄槽堵塞或屏蔽 ②装炉时,注意不能形成人为间隙或窄缝 ③调整屏蔽间隙,更换阴极、清除溅射物 ④清除非金属沉积物 ⑤适当提高真空度,增加辉光层厚度
测温温差大	①热电偶离工件太远 ②测温点温度低	①缩短热电偶与工件的距离或使用热电偶贴近工件 ②采用模拟工件或测温头
温度不均匀	①工件散热条件不同 ②小孔、窄槽未屏蔽 ③辉光覆盖叠加,辉光不均 ④阴、阳极距离不同 ⑤工件形状不同	①调整工件安放位置,增加辅助阴、阳极,调整进气管位置,改善散热条件 ②堵塞或屏蔽小孔和窄槽,装炉时不形成人为间隙或窄槽 ③降低真空度,使辉光不叠加 ④调整阴、阳极距离仅可能相同 ⑤尽可能同一炉中装一种工件,或将易于升温的工件放于易散热处
毫伏计吸排针	①热电偶带电 ②控温仪表接地	①不使热电偶带电,采用隔离变压器隔离高压 ②在测温头内做好绝缘和屏蔽

渗层组织中常见的不合格组织的金相图片见图 8-5～图 8-7。

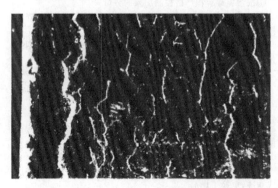

图 8-5　具有网状氮化物的不合格渗层　450×

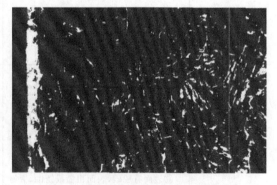

图 8-6　具有波纹状（脉状）组织的不合格渗层　450×

需要注意的是如果对渗氮零件的变形加以控制,应清楚了解变形的基本规律,具体分析和全面了解整个零件的加工流程和具体的工艺，零件的形状特点、对称性、尺寸大小以及化学成分等，分析各因素对热处理后变形的影响，同时熟悉其热处理工艺。

渗氮零件的开裂和剥落也是十分严重的质量缺陷，其实质是内应力作用下的脆性断裂，影响因素也同零件的设计质量、原材料的质量以及冷热加工的质量有关，因此除上述已经介绍的以外，更应加强实际操作过程。由人为因素造成零件的变形，应从人、机、料、法、环、检六方面进行

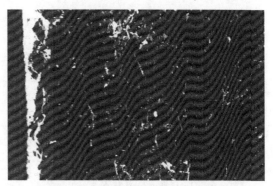

图 8-7　具有鱼骨状氮化物的不合格渗层

正确分析，采取切实可行的方法和措施，防止出现表面开裂和剥落。

8.5　实例分析

8.5.1　钢制活塞环渗氮变形

活塞环为汽车发动机中的重要部件，采用 6Cr13 和 9Cr18Mo 钢制造，进行渗氮处理后，发现马氏体钢活塞环在渗氮处理中发生变形，破坏了活塞环精确的椭圆曲线外形，改变了其原有的接触应力分布，造成活塞环的密封性达不到技术要求。

活塞环在自由状态下是一开口的椭圆，如图 8-8(a) 所示，在工作状态下置于气缸中成为一标准的正圆，并与汽缸壁紧密贴合以密封气体，如图 8-8(b) 所示。

活塞环因渗氮而产生变形主要有两种，一种为"缩孔"，即渗氮处理后自由开口的尺寸变小了。这是由活塞环的制造工艺造成的，国内采用类似绕制弹簧的方法将矩形截面的成形扁钢丝绕制成长筒状，再将长筒沿轴线方向切断，得到单片状的活塞环毛坯，然后将毛坯环装到特定形状的椭圆长轴上，通过热定形将环定成自由开口为一定大小的椭圆形状。在渗氮过程中由于材料自身的惯性作用，回复到小自由开口的毛坯状态，即自由口尺寸的减小。

渗氮后另一种变形为"漏光"，该缺陷造成使用过程中发生漏气现象，其产生的原因的分析如下。

① 缩口的影响。将环装到用来热定形的椭圆轴上进行渗氮处理，不会发生缩口现象，但进行定性处理仍然出现"漏光"。

② 温度均匀性的影响。采用离子渗氮处理，由于马氏体不锈钢热导率低，容易造成温度不均匀，采用风扇循环仍然有"漏光"。

③ 升温与冷却速度的影响。试验表明升温与冷却速度对于"漏光"，无影响。

④ 渗氮层残留应力的影响。马氏体不锈钢经过 560℃左右的热定型处理后，产生氧化膜。很小的不平衡应力造成的变形就可能产生漏光，其变形示意如图 8-9 所示。

根据以上分析，尽管环内圆为非工作面，不需要渗氮，但从解决变形的角度考虑，将环内外圆面同时进行渗氮处理，渗氮层上的残余压应力的方向与此相反，故应力对于环的影响则大致相互抵消，其示意图如图 8-10，即对活塞环内外同时渗氮，环的漏光问题即可被消除，合格率接近 100%。

可见，活塞环的渗氮变形是由于热处理定形工艺造成的回缩惯性和外圆单边渗氮造成非残留应力不平衡所致。

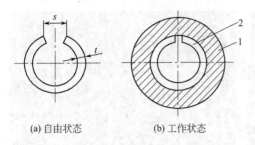

(a) 自由状态　　　(b) 工作状态

图 8-8　活塞环自由与工作状态下的形状

s—自由开口；t—径向厚度；
1—气缸；2—活塞环

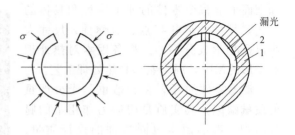

图 8-9　活塞环受到残余应力的影响而变形

σ—残留应力；1—环规；2—活塞环

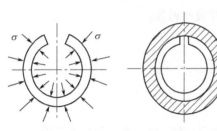

图 8-10　环形状因应力平衡而恢复正常

σ—残留应力；1—环规；2—活塞环

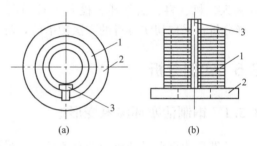

图 8-11　环渗氮专用夹具

1—活塞环；2—底盘；3—定位杆

解决方案如下：采用强力喷砂和磨削清除氧化膜；使用专用夹具（图 8-11）进行渗氮。夹具上有可以防止缩口的定位杆，环堆码在底盘上面，形成一个中空的筒状，可保证内外同时均匀渗氮。

8.5.2　40Cr 钢制薄片齿轮渗氮变形

40Cr 钢制薄片齿轮是 LC280A 车床上的重要零件，其工件简图如图 8-12 所示，薄片齿轮模数为 2mm，齿数为 40，进行渗氮处理，渗氮层深为 0.15mm，表面硬度为 500HV$_1$，要求齿轮中游离铁素体的体积分数小于 5%。使用中发现齿轮噪声大，内孔尺寸超差 0.07mm，公法线尺寸超差为 0.05mm。

该齿轮渗氮处理中出现变形是尺寸超差与产生噪音的主要原因。薄片齿轮的氮化工艺为 520℃×10h，由于氮原子的渗入，齿轮出现变形。进行金相检验发现，齿轮基体组织中铁素体偏高，正火后珠光体中游离铁素体的体积分数大于 5%，晶粒度为 4 级，属于不合格组织，因此基体组织中游离铁素体的大量存在是齿轮尺寸变形大的主要因素。

针对以上分析，对于该薄片齿轮，控制其变形解决方案如下。

① 增加一遍毛坯正火工艺，在粗车余量为 1～1.5mm 后，再进行调质处理，获得细小的索氏体组织，将基体组织中的铁素体体积分数控制在 5% 以下。

② 将精车后的齿轮进行（300～400）℃×2h 的低温去应力退火，消除机加工过程中的加工应力，减小齿轮变形。

③ 采用阶梯升温方式，减小内外温差而产生的热应力，并采用两段渗氮工艺，具体见图 8-13。

④ 装炉方式采用螺杆穿过齿轮 ϕ32mm 中心孔，两段加螺母石棉垫封固，确保内孔不渗氮，渗氮时齿轮垂直吊挂或竖直放置，可消除自重引起的变形的影响。

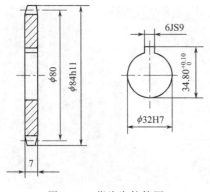

图 8-12 薄片齿轮简图

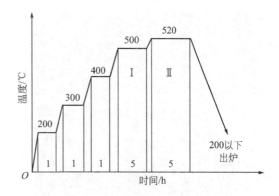

图 8-13 LC280A 齿轮两端渗氮工艺曲线

Ⅰ段：氨流量 4L/min，分解率 30%，炉压 780Pa
Ⅱ段：氨流量 6L/min，分解率 40%，炉压 980Pa
200℃、300℃、400℃以及降温过程必须通氨保护，
防止产生负压及空气进入

8.5.3 油泵驱动齿轮的过早失效

某型采油机泵驱动齿轮，材质为 40Cr 钢，经过调质处理和离子渗氮处理，在使用 40h 后，机油压力表指针摆动，机油压力偏低。检查发动机时发现，机油泵驱动齿轮发生了异常磨损而过早失效，具体见图 8-14，其余零部件均正常。该齿轮在短期使用中出现此问题，说明其调质处理与离子渗氮处理存在问题。

该齿轮的热处理要求为：调质处理硬度 25～30HRC，离子渗氮层表面硬度≥480HV10，渗层深度≥0.35mm，化合物层厚度≥10um。其加工流程为：下料→锻造→正火→粗机加工→调质处理→机加工→离子渗氮→光整，属于典型的复合热处理工艺。

对失效齿轮进行理化检验：分析其失效齿轮化学成分，结果符合技术要求，对失效的驱动齿轮进行金相分析与硬度测试，具体见表 8-12。

图 8-14 异常磨损的齿轮

表 8-12 失效齿轮的金相分析与硬度测试

技术要求	基体硬度	显微组织	渗氮表面硬度	化合物层深度
	25～30HRC	均匀索氏体	≥480HV$_{10}$	≥10μm
实测值	164HBW	索氏体＋大量铁素体(见图 8-15)，铁素体含量高,组织异常	640HV$_{10}$	15μm(见图 8-16)

从表 8-12 可知，齿轮的基体硬度偏低，是调质过程中冷却不均匀所致，这是造成齿轮异常磨损的主要因素。

驱动齿轮半成品的调质工艺为：采用箱式电阻炉加热淬火，淬火温度为 (850±10)℃，保温时间为 30～35min，淬火介质为 1：1 的 20 号与 3 号混合机械油，油温 50～80℃；回火温度 (590±10)℃，保温时间为 60～90min，水冷。检查发现，由于淬火操作不当，产品在淬火油槽内严重堆积，导致部分齿轮淬火冷却不充分，组织为类似正火态的索氏体和大量的

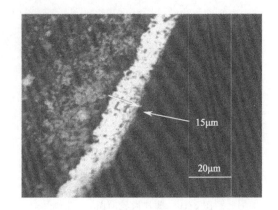

图 8-15　失效齿轮的心部组织　500×　　　　　　图 8-16　失效齿轮的渗氮层　500×

铁素体，尤其是心部铁素体含量更高，组织异常，造成齿轮基体硬度偏低。

　　针对此缺陷的解决方案如下。①调整机加工工艺，调质前将齿轮预留工艺孔，用来吊装。②采用井式炉加热淬火，使用吊具将产品捆扎，吊装后淬火（如图 8-17 所示），防止齿轮在淬火过程中淬火堆积。③齿轮调质后必须进行硬度检测。

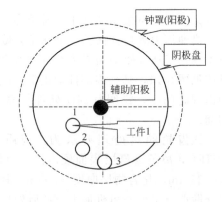

图 8-17　吊装淬火的齿轮　　　　　　　图 8-18　离子渗氮炉内工件、阳极、辅助
　　　　　　　　　　　　　　　　　　　　　　阳极和阴极的相对位置示意图

　　齿轮的离子渗氮温度为 500～510℃，渗氮时间为 24h，离子渗氮不会造成齿轮基体硬度的降低，但在改进后的生产过程中发现，离子渗氮后仍然有少量齿轮的基体（非渗氮区）硬度偏低，个别齿轮甚至低于心部硬度要求，说明炉内局部区域的离子渗氮温度较高。该齿轮某炉渗氮 387 件，齿轮装载方式如图 8-18 所示，每摞 20 件，渗氮结束后对于非渗氮表面进行硬度检查发现，少量的齿轮基体硬度降低至 20～24HRC。图 8-18 中 1 号位置（距阴极盘边沿 35～40mm）齿轮非渗氮面未发现硬度降低现象，2 号位置（距阴极盘边沿 8～10mm）发现 8 件齿轮非渗氮面硬度降低，3 号位置发现 17 件齿轮非渗氮面硬度降低。因此，个别齿轮基体硬度低是离子渗氮过程中产品局部温度偏高，超过正常的回火温度造成的。

　　因此针对此问题，预防渗氮温度不均匀问题的解决方案如下。①均匀地进行产品装炉，距离阳极越近则温度越会偏高。②产品摆放不宜过于密集，间隔应大于 18mm，过于密集会造成局部温度升高，超过回火温度。③产品的油腻、毛刺和间隙等必须予以排除，否则会造成弧光附近温度过高，使基体硬度降低甚至烧蚀工件。

　　采取以上措施后，齿轮热处理与离子渗氮后均符合技术要求，没有出现质量问题。

8.5.4 一种薄壁导套热处理工艺研究

某新型全液压推土机中央传动中安装有导套,该件与法兰盘配合,起着导向和固定作用,其配合精度要求较高,并且需要较高的硬度来提高耐磨性。该件属于薄壁件(薄厚5mm),热处理容易变形,故热处理难度较大。

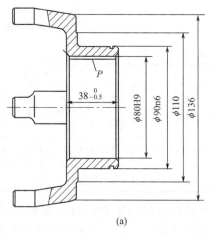

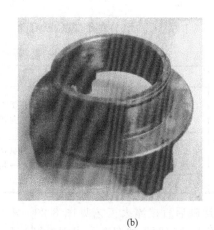

(a)   (b)

图 8-19　导套示意图及工件

导套(见图 8-19)材料为 ZG35SiMn,技术要求为:P 部要求感应淬火,硬化层深度1.5~2.5mm,表面硬度 52~60HRC。该导套的加工流程为:铸造→正火→粗加工→调质处理→精加工→感应淬火→磨内外圆。按此流程感应热处理后变形较大,部分件椭圆变形,磨削后部分位置硬化层深度不足,不能满足技术要求。经检测,该钢的化学成分符合要求,感应热处理前各工序均无问题。

图 8-20　冷却水套

设计专用的外圆喷水冷却套(见图 8-20),目的是减小热量扩散和热影响区来减小变形,但多次试验,变形没有得到解决,调整冷却水流量、压力、感应淬火频率、功率等仍不能解决变形问题,具体检测结果见表 8-13。

表 8-13　导套感应淬火变形量检测　　　　　　　　　　　　　mm

序号	加工尺寸(80±0.02)		感应淬火后尺寸	
1	79.99	79.98	80.13	79.30
2	79.98	79.98	80.18	79.48
3	80.01	80.02	80.10	79.94
4	80.00	80.02	80.11	79.93

选取变形较大的导套进行剖检,结果如图 8-21 与图 8-22 所示,该件磨削后表面硬化层深度仅为 0.63mm,不符合要求。金相组织为回火马氏体+铁素体,表面硬度 54~56HRC,晶粒度 9 级,心部硬度 315HBW。

可见感应淬火不能满足导套的设计要求,为此设计两种改进方案,具体要求见表 8-14。

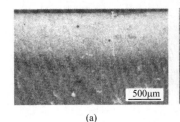 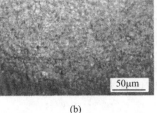

| (a) | (b) |

图 8-21　表面硬化层深度及金相组织

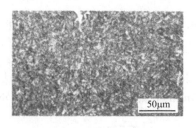

图 8-22　心部组织

表 8-14　导套的改进方案与要求

方案	材质	目的	工艺流程	技术要求
渗碳	20CrMnTi	提高耐磨性	下料→锻造→正火→机械加工→渗碳后直接淬火→磨内外圆	表面硬度 58～63HRC；硬化层深度 1.5～2.5mm；硬化层晶粒度≥8 级；残留奥氏体≤20%；碳化物≤3 级
离子渗氮	ZG35SiMn		下料→锻造→正火→机械加工→调质处理→机械加工→磨内外圆→离子渗氮	表面硬度≥613HV1；氮化层深度≥0.3mm；渗氮层疏松级别≤3 级；渗氮层氮化物级别≤3 级

① 渗碳后直接淬火工艺见图 8-23。渗碳淬火前后检测变形量，对比结果如表 8-15 所示，变形大的问题仍然存在，出现椭圆变形。对渗碳件进行剖检，金相组织为马氏体＋碳化物，马氏体级别为 3 级，碳化物 1 级，硬化层深度 1.8mm，如图 8-24 所示，满足金相组织要求。

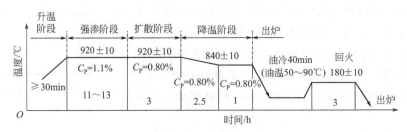

图 8-23　渗碳后直接淬火工艺曲线

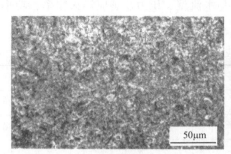 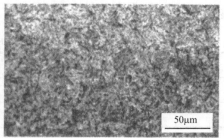

图 8-24　20CrMnTi 渗碳导管套剖检结果　500×

表 8-15　渗碳后直接淬火变形量　　　　　　　　　　　　　　　mm

序号	加工尺寸(80±0.02)		感应淬火后尺寸	
1	79.99	79.99	80.07	79.50
2	79.99	79.98	80.06	79.38

序号	加工尺寸(80±0.02)		感应淬火后尺寸	
3	80.00	80.00	80.03	79.93
4	80.02	80.01	80.01	79.93

② 导套的离子渗氮工艺见图 8-25 所示。检测离子渗氮前后导套的内径尺寸，对比结果如表 8-16 所示，变形量大大减小，满足技术要求。氮化层表面硬度 685～719HV1，氮化层深度为 0.40mm，氮化层疏松级别为 1 级（见图 8-26），氮化物（见图 8-27）级别为 2 级，均满足技术要求。

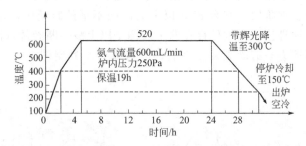

图 8-25　离子渗氮工艺曲线

表 8-16　导套离子渗氮变形量检测　　　　　　　　　　　　　　　　　mm

序号	加工尺寸(80±0.02)		感应淬火后尺寸	
1	80.01	80.00	80.00	79.99
2	80.00	80.02	80.01	80.02
3	80.01	80.02	80.03	80.02
4	79.98	79.99	80.01	80.02

图 8-26　渗氮层脆性检测

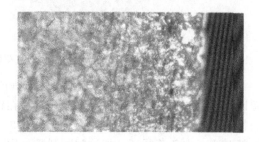

图 8-27　氮化物形态

8.5.5　柴油机十字花盘裂纹

十字花盘是柴油机连接空压机和转向泵的关键部件，运行时空压机和转向泵将各自的止口分别插入十字花盘，并通过相互之间的连接，为转向泵提供旋转助力。某型柴油机用十字花盘，材质为 40Cr 钢，加工工艺流程为：圆钢→正火→粗加工→调质处理→精加工→渗氮。十字花盘在使用中发生断裂，造成发动机方向盘失去转向助力。

进行宏观检验。断裂的十字花盘的整体形貌见图 8-28(a)，断裂有两处（Ⅰ和Ⅱ），位于十字卡槽的垂线方向。裂纹贯穿于十字花盘壁厚，将其对半分开，形成图 8-28(b) 和图 8-28(c) 两个断口，图 8-28(b) 为断口Ⅰ，图 8-28(c) 为断口Ⅱ。

图 8-28(b) 断口呈深灰色，断面平齐，与水平方向基本垂直，无径缩与变形痕迹，也未见疏松和夹杂等冶金缺陷。断裂起始于十字花盘内壁棱边，呈线源，并可见众多相互平行的台阶条纹由棱边向内部扩展，说明应力集中较严重。中间区域断面平坦，纹理细腻，可见明显的疲劳贝纹线，占整个断口面积的 80％以上。由贝纹线间距和扩展程度可以断定，疲劳扩展充分，稳定扩展阶段相对较长，说明应力振幅不大。当断面继续扩展，剩余截面不足以支撑间隙变化的工作应力时，裂纹便不可避免地发展到失稳扩展阶段，形成表面粗糙的瞬断区（约占整个断口面积的 10％左右），并且伴有剪切唇特征。根据断口形貌特征及瞬断区所占比例，初步判断该断口属于低应力高周疲劳断口。

由图 8-28(c) 可以看出，断口Ⅱ同样由内壁棱边起裂，隐约可见细密的疲劳条带，属于断裂的起始及小范围扩展阶段，其余 85％以上为凹凸不平的瞬断区，且具有高应力低周疲劳特征。根据断裂次序理论：当构件存在两个或两个以上疲劳断裂件（部位）时，低应力疲劳断裂出现在前，高应力疲劳断裂发生在后。故可以初步判定图 8-28(b) 为主断口，图 8-28(c) 为次生断口。

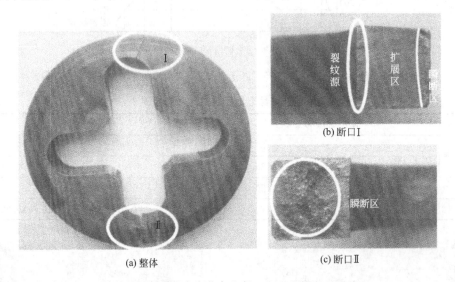

图 8-28　断裂的十字花盘和断口Ⅰ、Ⅱ的宏观形貌

进行断口的微观形貌分析。将图 8-28(b) 中的主断口置于扫描电镜下观察，可见断口源区基本由解理台阶和舌状花样构成，是在正应力作用下沿一定晶面发生的低能量断裂的形貌特征，属于脆性穿晶型解理断裂，见图 8-29(a)。扩展区可见典型的疲劳辉纹，每一条辉纹都对应一次负荷循环，辉纹间距则是每次负荷循环时裂纹扩展的进程，见图 8-29(b)。最后瞬断区的微观形貌为韧窝及局部磨损，见图 8-29(c)。韧窝是断裂发展到失稳阶段后强力撕裂的结果，磨损则源于断裂后偶合面之间的硬性接触。

次生断口Ⅱ的扫描电镜形貌以瞬断区的韧窝为主，伴有内壁处的疲劳辉纹特征，与宏观断口形貌相吻合。通过以上宏观和微观分析可以判定，该十字花盘的Ⅰ处首先发生疲劳断裂，随后整个十字花盘的应力状态重新分布，Ⅱ处所受的应力水平陡然增大，在来不及作充分疲劳扩展的情况下，瞬间应力超过材料的断裂强度，发生过载断裂。

进行化学成分的分析。参照 GB/T 3077—1999《合金结构钢》标准，对断裂的十字花盘取样进行化学成分分析，该十字花盘材质符合标准要求。

进行硬度检测。对于失效件进行硬度检测，测定十字花盘的表面和心部硬度，结果列于表 8-17 中，数据表明，失效的十字花盘的表面与心部硬度均低于标准要求。

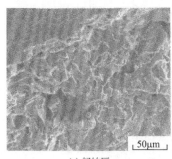
(a) 起始区

(b) 扩展区

(c) 瞬断区

图 8-29　裂纹起始区、扩展区和瞬断区的扫描电镜形貌

表 8-17　十字花盘的表面与心部硬度

检测项目	表面硬度（HV$_{0.5}$）	心部硬度（HRC）
实测值	560,570,556	21,20,22
平均值	562	21
标准值	650～680	24～32

进行金相检验。首先是非金属夹杂物检测，按 GB/T 10561—2005《钢中非金属夹杂物含量的测定标准评级图显微检验法》评定其非金属夹杂物级别为：A1.5，B0.5，C0，D1，DS0，总和为 3.0 级，可见各项指标均符合标准要求。

其次对于渗氮层深度及显微组织的检验。结果见表 8-18 和图 8-30(a)、图 8-30(b)，由此可知在渗氮层深度和渗氮层组织以及心部组织三项指标中，渗氮层深度与心部组织不合格。

表 8-18　十字花盘渗氮层深度及显微组织检测

检测项目		渗氮层		心部
		化合层/mm	扩散层/mm	
实测结果	深度	0.018	0.300	—
	组织	ε 相	含氮索氏体，氮化物级别 1 级	索氏体＋上贝氏体＋游离铁素体,级别 4 级
标准要求	深度	0.010～0.025	≥0.450	—
	组织	ε 相	含氮索氏体，氮化物级别 1～3 级	细针状索氏体,级别 1～3 级

发生断裂的十字花盘化学成分、非金属夹杂物和渗氮层组织都正常，但表面和心部硬度、渗氮层深度及心部组织均不符合相关技术要求。硬度方面表面硬度偏低，说明渗氮质量及原始组织存在某种缺陷。十字花盘渗氮层显微组织正常，但渗氮层深度仅为 0.318mm，比标准低 30%。若渗氮层深度达不到设计要求，不仅会使表面硬度降低、耐磨性下降，而且还会降低材料的疲劳强度，易疲劳开裂。由图 8-28(b) 和图 8-29(b) 可知，疲劳起始于表面硬化层，说明十字花盘失效与硬化层深度不够有必然联系，只有一定深度的硬化层才能产生预期的硬化效果。心部显微组织不均匀，大量羽毛状的上贝氏体和块状游离铁素体分布其中，在载荷作用下，游离铁素体强度极低，易产生塑性变形，同时因表层得不到心部足够的支撑而降低表面接触疲劳强度。铁素体强度不足而韧性有余，而上贝氏体不仅强度低，而且韧性也差，除了会降低材料的强度和冲击韧度等静态性能，还会对疲劳强度和持久强度等动态性能造成一定影响，降低零件整体的使用性能。

在疲劳裂纹萌生后，其扩展速率和扩展方向与内部组织密切相关。而具有贝氏体和铁素体的非调质组织疲劳性能较差，其扩展速率随整体强度和硬度的降低而加大，故心部大量非

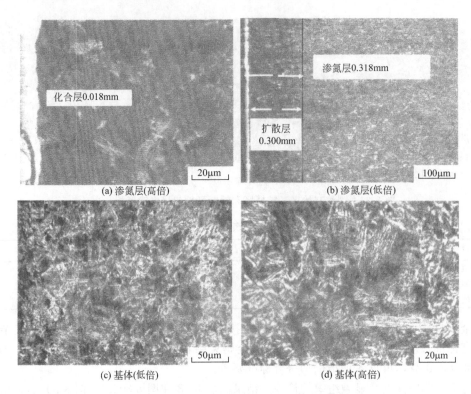

化合层0.018mm

渗氮层0.318mm

扩散层
0.300mm

20μm

100μm

(a) 渗氮层(高倍)

(b) 渗氮层(低倍)

50μm

20μm

(c) 基体(低倍)

(d) 基体(高倍)

图 8-30　十字花盘渗氮层和基体的显微组织

正常组织因强度、硬度低而促进了疲劳裂纹向心部的进一步扩展。

综上所述，失效十字花盘主断口的失效模式为低应力高周疲劳，次生断口为高应力低周疲劳；渗氮层深度未达到标准要求，造成表面硬度偏低、表面耐磨性及接触疲劳强度降低，使疲劳裂纹起始于表面渗氮层并扩展；心部显微组织不良，未能给表面提供足够的强度支撑，致使疲劳裂纹充分扩展直至断裂失效。

针对此十字花盘早期失效的解决方案如下。①严格按照热处理工艺进行操作，防止不良组织出现，以保证产品的热处理质量。②进一步完善理化检验制度，做好渗氮前原始值和渗氮质量的监督检验，杜绝不合格品流入下道工序，确保理化检测工作的及时有效性。

8.5.6　38CrMoAl 钢表面离子渗氮剥落原因分析

在近期进行的离子渗氮工件中，接连出现材料为 38CrMoAlA 钢的工件表面起泡、渗层剥落现象，不同厂家、不同形状的产品接连出现类似的质量事故。

（1）十字拨叉硬度与金相检测

① 进行渗氮层硬度梯度测试，十字拨叉材质为 38CrMoAlA 钢。$\phi60mm$ 长圆棒调质处理后，切割成一段 $\phi58mm \times 80mm$ 左右的棒料，然后加工成十字拨叉，整体进行辉光离子渗氮，只在 $\phi58mm$ 的外圆上出现渗氮层剥落，其余部分均完好，见图 8-31。剥落层厚度约为 0.20mm。拨叉渗氮工艺为 540℃×30h，渗剂为热分解氨。首先从拨叉上取样，然后对样块渗氮层硬度梯度进行测试，图 8-32 为渗氮层从表面到心部硬度值。从图 8-32 可知样块渗层深度为 0.37～0.39mm，距表面 0.03mm 的位置硬度为 865HV$_{0.05}$，而距表面 0.05mm 处硬度为 1047HV$_{0.05}$。离子渗氮正常情况下从表面到心部硬度逐渐降低，只在白亮层中发生疏松时，最表面硬度低于次表面硬度，而白亮层厚度一般在 0.025mm 以内，所以在距表面

0.03mm 处硬度偏低为异常现象。试块在距表面 0.17～0.19mm 附近渗氮层具有非常大的硬度梯度，约 10000HV$_{0.05}$/mm。最常见的 42CrMo 钢渗氮层硬度梯度一般＜1000HV$_{0.05}$/mm，样块在距表面 0.17～0.19mm 处硬度梯度约 10 倍于 42CrMo 钢最大硬度梯度。

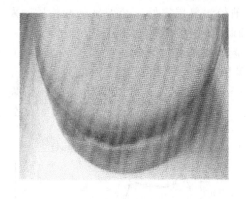

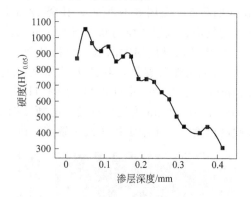

图 8-31　十字拨叉工件渗氮层剥落照片　　　　　图 8-32　十字拨叉渗氮层硬度梯度

② 进行渗氮层金相检测。图 8-33(a) 为样块表面渗氮后金相照片，总氧化脱碳层厚度为 0.11～0.13mm；图 8-33(b) 为样块基体金相照片，从图中可清晰看到基体组织为回火索氏体；图 8-33(c) 与图 8-33 (d) 分别为表面和次表面渗氮后金相照片，从图中可清晰看到最表层几乎全为铁素体组织，为完全脱碳层，向试块中心组织逐渐出现回火索氏体，并逐渐增多，为半脱碳层；在图 8-33(c) 中还可以看到完全脱碳层中已经存在微裂纹，其中最大的一条出现在完全脱碳层与半脱碳层交界处；图 8-33(c) 与图 8-33(d) 中还可以看到距表面约 90μm 处，沿铁素体晶界出现平行于表面的黑色带状组织，经过 SEM 元素分析，为 Fe、Cr、Si 的氧化物与氮化物。

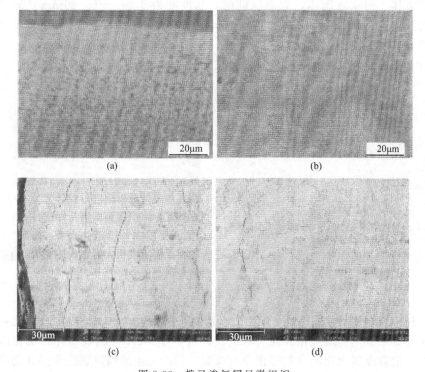

图 8-33　拨叉渗氮层显微组织

（2）齿轮轴硬度与金相组织检测　齿轮轴加工工序为：锻造→齿部开槽→调质处理→半精加工→去应力退火→精加工→渗氮处理。调质前开槽，公法线余量 4mm，调质后滚齿余量 0.6mm，在进行整体离子渗氮后，有 6 个相邻的同侧齿面上出现了一排最大直径约为 7mm 的凸起，见图 8-34 所示，其余 12 个齿面及轴径渗氮层完好。经敲破凸起检验，发现凸起为气泡，气泡壁厚为 0.20～0.30mm，齿轮轴调质硬度为 260～280HBW。

① 渗氮层硬度梯度测试。将齿轮轴剖开，在起泡处取样。齿轮轴渗氮工艺为 540℃×30h，渗剂为热分解氨，对其进行硬度梯度测试见图 8-35，试块渗氮层深度为 0.42mm～0.44mm，在 0.03mm 处硬度为 942HV$_{0.05}$，低于 0.05mm 处的 1138HV$_{0.05}$，在距表面 0.18mm～0.22mm 附近具有最大的硬度梯度，约 6000HV$_{0.05}$/mm，约 6 倍于 42CrMo 钢最大硬度梯度，小于十字拨叉最大硬度梯度。

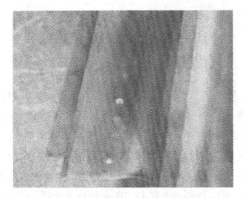

图 8-34　齿轮轴工件渗氮层剥落照片

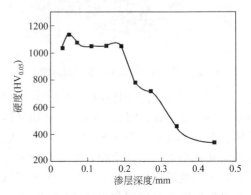

图 8-35　齿轮轴渗氮层硬度梯度

② 渗氮层金相检测。图 8-36(a) 为圆形试块表面渗氮后金相照片，从图中可以看到表层组织为铁素体＋回火索氏体，为半脱碳层，总厚度为 0.055～0.065mm，基体组织为均匀、细小的回火索氏体。结合图 8-32 与图 8-35 可知，表面脱碳越严重，渗氮层最大硬度梯度越大。图 8-36(b) 为圆形试块渗氮层照片，从图中可知渗氮层中距表面 0.05～0.06mm 处存在平行于表面的裂纹和垂直于表面的裂纹。

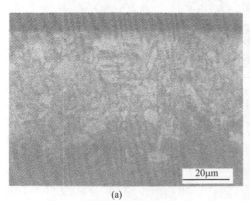

(a)

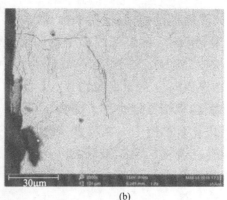

(b)

图 8-36　齿轮轴渗氮层显微组织

分析与讨论。调质后 38CrMoAlA 钢进行渗氮，渗氮表面硬度是由合金氮化物、碳化物的弥散强化及碳原子的固溶强化共同贡献组成。当 38CrMoAlA 钢表面存在氧化脱碳层进行渗氮时，渗层的合金氮化物的弥散强化没有减弱，但碳元素的固溶强度和碳化物弥散强度减弱，脱碳越严重硬度差异越大，各层的交界处应力越大，出现裂纹的概率越大。

当 38CrMoAlA 钢工件表面存在脱碳层时，表面低碳合金结构钢，向心部逐渐转变为中碳合金钢，从表及里相当于不同钢种的冶金组合，不同钢种之间存在各种差异，使得表面存在一定的内应力，并且在加热冷却过程中将被放大。材料的强度在脱碳区与半脱碳区、半脱碳区与基体的交界处较低，而交界处由于成分的差异性最大，应力也最大。

调质后的 38CrMoAlA 钢表面存在氧化脱碳层，在渗氮之前存在一定的内应力，渗氮过程中表面应力随表面氮元素的不断增加而增加，一旦超出了材料的强度，将在渗氮层内部通过产生微裂纹来释放应力，情况严重时，导致渗层表面出现剥落现象。这是 GB/T 11354 标准渗氮工件表面不允许有脱碳层或粗大索氏体组织的原因。

38CrMoAlA 钢奥氏体温度较高，在表面极易出现较厚的氧化脱碳层，同时较高的奥氏体温度也使得工件在淬火时冷却较为剧烈。淬火时冷却越剧烈，热应力越大，淬火畸变越大，所以在其后续的机械加工中很容易出现加工量不均匀的现象，再加上较厚的氧化脱碳层，极易出现氧化脱碳层去除不完全的现象。

结论：①材料为 38CrMoAlA 钢的工件由于淬火温度高，易产生较厚的氧化脱碳层，由于淬火时冷却剧烈，产生较大畸变，二者叠加，易导致工件部分区域氧化层去除不完全的加工缺陷；②38CrMoAlA 钢表面存在氧化脱碳层时，进行渗氮使得表面渗氮层硬度梯度具有抛物线特性，且会降低渗氮层表面硬度，脱碳越严重，硬度下降越多；③38CrMoAlA 钢表面脱碳越严重，渗氮层最大硬度梯度越大，在化合物层与扩散层交界处、渗氮层与基体交界处越易产生微裂纹，严重时可使得渗氮层脱落。

解决方案如下。①严格执行热处理工艺规范，将 38CrMoAlA 钢热处理后的硬度、变形量以及脱碳层控制在要求的范围内。②渗氮后进行外观的检查，一旦发现异常，应立即查找原因，防止出现批量质量事故。

第 9 章

氮碳共渗热处理缺陷分析与解决方案

钢的氮碳共渗（俗称软氮化）即在一定的温度下同时进行渗氮和渗碳的过程，其实质是低温氮碳共渗。它是在硬氮化的基础上发展而来的，即在渗氮的同时，还有少量的碳原子渗入工件表面。由于氮在铁中的溶解度比碳在铁中的溶解度大 10 倍，因此氮碳共渗是以渗氮为主，渗碳为辅的化学热处理工艺，活性氮原子与活性碳原子在零件表面形成氮碳化合物。氮碳共渗是在克服硬氮化时间长的基础上发展起来的，其渗层硬度较低，脆性减少，故简称软氮化。目前该工艺在国内外得到了推广和应用，如碳素结构钢、低合金钢、工模具钢等几乎所有的材料均可进行氮碳共渗。

氮碳共渗可以在气体、液体或固体介质中进行，渗层薄故工艺周期较短。氮碳共渗的温度比气体氮化稍有提高，但低于 Fe-N 状态图中的共析温度（590℃），通常为 540～570℃，根据零件的要求共渗时间为 1～6h，渗层较浅通常共渗层厚度在 0.3mm 以下，在扩散层中的碳被形成的氮化物吸收，称为氮碳化合层，形成了以 Fe（N、C）为核心的铁，很快可得到铁的氮化物薄层，从而加快了氮化速度，缩短了氮化时间。氮化后采用快冷方式（合金钢油冷、碳钢水冷），以提高氮化工件的抗腐蚀性、疲劳强度等。

氮碳共渗后赋予了零件耐磨、耐腐蚀、抗疲劳、抗咬合、抗擦伤及抗腐蚀性能，而且该工艺具有时间短，加热温度低，零件变形量小，化合物层脆性小等特点，故广泛应用于硬化层薄、负荷较小、不在重载荷条件下工作的零件，而对承受载荷不大、需得到良好综合性能的工件采用氮碳共渗效果甚好。对变形要求严格的耐磨件，如模具、量具、刀具、曲轴、凸轮轴及耐磨工件的处理，经生产验证与仅有高硬度的零件相比，其氮碳共渗后的零件变形小，该工艺效果十分明显。如对 38CrMoAl 模具软氮化后其表面硬度为 710～750HV，渗层约 0.3mm，其使用寿命是气体硬氮化的 2～3 倍。一般碳钢氮碳共渗表面硬度为 550～600HV；合金结构钢为 600～700HV；工具钢为 800～1000HV；高速钢及不锈钢耐热钢可达到 1000～1200HV。高速钢和高铬工具钢的氮化温度比其回火温度低 5～10℃，以防共渗后水冷出现含氮马氏体。

综上所述，钢的氮碳共渗与硬氮化相比具有以下特点。

① 处理的加热温度低（低于相变点），共渗时间短，因此零件变形小。

② 显著提高工件的疲劳强度、耐磨性和耐腐蚀性等，使用寿命提高。

③ 抗擦伤和抗咬合能力强，减小了运动的阻力。

④ 可对各种材料进行处理，不受钢种限制。

⑤ 设备简单，成本低，操作方便易行，工艺成熟，质量稳定。

⑥ 渗层较薄，不适于重负荷下工作的工件。碳钢的总渗层小于0.4mm，其中化合物层不大于0.02mm，而合金钢的渗层更薄。

在生产过程中，按照其共渗介质状态的差异，通常分为固体氮碳共渗、气体氮碳共渗和液体氮碳共渗，其中固体氮碳共渗介质为黄血盐，因渗层薄和质量不稳定而不再使用，这里只介绍气体和液体氮碳共渗。

渗氮与氮碳共渗应用十分广泛，常用的渗氮方法有气体渗氮、液体渗氮和离子冲击渗氮等，常用的氮碳共渗方法有气体氮碳共渗、离子氮碳共渗和液体氮碳共渗等，每种方法有其各自的特点，但其目的大致相同，均提高表面硬度、耐磨性、耐蚀性以及耐疲劳性能等，为了便于了解其各种方法的特点，现将其列于表9-1中。

表9-1 各种渗氮与氮碳共渗方法与特点

渗氮/氮碳共渗方法	优点	缺点
气体渗氮	500～550℃渗氮，变形小；渗氮可控；设备简单和便于操作；适于大批量生产，尤其是形状复杂和渗层深的零件	渗氮时间长，生产效率低
液体渗氮	570～580℃渗氮；渗速快，效率高；适于薄层渗氮	有公害，废液处理费用高
离子渗氮与离子氮碳共渗	520～570℃渗氮；渗速快，效率高；节约渗剂和能源，无公害；适于形状均匀大批量生产的单一零件	设备投资费用高；温度不均匀，也不易测量
气体氮碳共渗	550～600℃氮碳共渗，渗速较快；适于较轻载荷零件；用于小批量零件与工模具	心部硬度较低
液体氮碳共渗	530～570℃氮碳共渗，渗速较快；适于较轻载荷零件如气门、挺杆、曲轴等的大批量生产	心部硬度较低

9.1 气体氮碳共渗热处理工艺特点

（1）应用特点 零件进行气体氮碳共渗的材料大多为中碳合金结构钢和部分低碳碳钢（简称为渗氮钢）。从概述中可知气体氮碳共渗是介于硬氮化和中温碳氮共渗之间的一种化学热处理工艺，使零件的表面获得理想的硬度和耐磨性，同时具有良好的抗咬合性和抗蚀性，而表面脆性较小，因此该工艺广泛应用于模具（锻模）、气门、挺杆、高速钢螺纹刀具、防腐部件等。对高速工具钢和高铬工具钢等采用540～560℃×1.5～4h的气体氮碳共渗处理，渗层在0.02～0.05mm，表面硬度在950～1200HV，明显提高工具钢的使用寿命。

气体氮碳共渗是目前化学热处理中十分重要的工艺方法，它赋予了零件双重工艺的特点。从渗入表面的元素与基体金属结合形成的氮化物的厚度、硬度、时间来综合分析，它克服了硬氮化时间长，而中温碳氮共渗温度高的缺点，提高了效率、减小了零件的变形量等，是目前提高零件表面硬度、耐磨性、疲劳强度、抗腐蚀和咬和性等性能的常见化学热处理方法。

（2）气体氮碳共渗介质与反应机理 其共渗介质为氨＋醇类（甲醇、乙醇等）以及尿素、甲酰胺和三乙醇胺等，在一定的温度下发生热分解反应，产生活性的氮原子、碳原子，从而被工件表面吸收，通过扩散渗入工件的表层，从而获得以氮为主的氮碳共渗层。气体氮碳共渗常用的方法有四种。

① 混合气体氮碳共渗［吸热型（RX）气体＋NH_3；放热型（NX）气体＋NH_3］。

② 尿素热分解氮碳共渗。

③ 含N、C有机溶剂滴入法。

④ 含氧气体氮碳共渗法。

在气体氮碳共渗中，根据现有的设备、渗剂等可选用不同类型的共渗介质，表 9-2 中所列的为生产过程中常用的几种类型。

表 9-2　常用的共渗介质

类型	介质(渗剂)/%	备注
吸热式气氛(RX)+氨	50% R$_X$ 气+50% NH$_3$，其中 R$_X$ 气中 N$_2$ 38%～43%；H$_2$ 32%～40%；CO 20%～24%等	产生的废气中有剧毒的 HCN，即使在排气口点燃也不符和环保标准
放热式气氛(RX)+氨	50%～60% NH$_3$+40%～50% N$_X$ 气，其中 CO$_2$≤10%，CO≤5%，N$_2$≥85%	排气口废气比吸热气氛降低了 30 倍，成本增加
吸热→放热式气氛+氨	50% NH$_3$+50% N$_X$-R$_X$ 气，N$_X$-R$_X$ 的成分约为 60% N$_2$，20% CO，20% H$_2$	
烷类气体+氨	50%～60% NH$_3$+40%～50% C$_3$H$_8$，亦可用 CH$_4$ 代替	
乙醇+氨	NH$_3$+C$_2$H$_5$OH	若用甲醇则氨的流量酌减
尿素	100%[(NH$_2$)$_2$CO]，反应机理为(NH$_2$)$_2$CO ⟶ CO+2H$_2$+2[N]	通过落杆装置将粒状尿素送入氮化罐中
放热式气氛(NX)+氨加前处理	350℃预氧化，50%～60% NH$_3$+40%～50% N$_X$ 气	在井式炉中预热，形成的氧化膜有助于提高共渗速度
放热式气氛(NX)+氨加后处理	50%～60% NH$_3$+40%～50% N$_X$ 气共渗后在 300～400℃氧化	耐腐蚀性能明显提高
氨+二氧化碳，添加或不加氮气	40%～95% NH$_3$+5% CO$_2$+(0～55%)N$_2$	介质中加入氮利于提高氮势和碳势，加快反应的进行

气体氮碳共渗的处理温度为 550～580℃，时间为 2～5h，图 9-1 为 3Cr2W8V 钢和 Cr12MoV 钢模具的气体氮碳共渗工艺曲线。

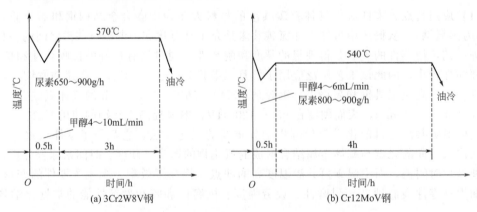

图 9-1　尿素低温气体氮碳共渗工艺曲线

(3) 气体氮碳共渗寿命提高情况　气体氮碳共渗后的工件表面形成了化学特性较稳定的氮化物，可显著提高工件的耐磨性，具有良好的抗咬合、抗擦伤能力，可减轻粘模现象，另外可明显提高工件的抗疲劳性能，使工件具有良好的耐腐蚀性。一般认为经过氮碳共渗后的工件，其抗大气腐蚀的能力与发蓝、镀锌件相当，内燃机气门、曲轴等进行氮碳共渗后，表面的耐磨性成倍增加，抗蚀性明显提高，是一种十分有效的表面强化工艺手段。表 9-3 列出了几种模具经过气体氮碳共渗后的使用寿命。

表 9-3　气体氮碳共渗后模具的使用寿命提高情况

序号	模具名称	模具材料	氮碳共渗工艺	使用寿命/件	未氮碳共渗寿命/件
1	冷轧花键轧辊	W18Cr4V	甲酰胺 560℃×1h	1600～2300	200～300
2	活塞销冷挤模	W6MoCr4V2		4700	1400
3	冷挤压凸模	6W6Mo5Cr4V2	甲酰胺 560℃×1.5h	10000～20000	1050
4	梭子冷挤压凸模	65Cr4W3Mo2VNb	甲酰胺 540℃×1h	≥2500	1400
		W18Cr4V	甲酰胺 560℃×1.5h	26000～30000	1800
5	六角螺栓冷镦模	Cr12MoV	尿素 560℃×1h	8000～19000	2000～3000
6	电池壳冷挤压模	W18Cr4V		60000～80000	20000
7	复式落料模	CrWMn	尿素 560℃×1h	50000	5000
8	流量计塑料模	T10	尿素 560℃×1h	50000	6000
9	M30 螺栓冷镦模	Cr12MoV	尿素 560℃×1h	20000	2000
10	气门嘴铜热挤压模	3Cr2W8V	尿素 560℃×1h	20000～26000	10000
11	铝合金压铸模	3Cr2W8V	尿素 560℃×1h	50000	30000
12	缝纫机曲柄热锻模	3Cr2W8V	尿素 560℃×1h	10000	5000
13	六角扳手热锻模	3Cr2W8V	尿素 560℃×1h	15000	5000

9.2　盐浴氮碳共渗热处理工艺特点

（1）应用特点　盐浴氮碳共渗是利用盐浴中产生的活性氮、碳原子，渗入零件表面与零件中铁及合金元素形成化合物层及扩散层，以提高零件表面的耐磨性、疲劳强度、抗腐蚀性等性能的热处理工艺。

与气体渗氮相比，盐浴氮碳共渗具有以下特点。

① 共渗温度低，时间短，工件的变形小。

② 不受钢种的限制，可进行碳钢、低合金钢、工具钢、不锈钢、铸铁、陶瓷等材料的低温氮碳共渗。

③ 可显著提高工件的疲劳极限、耐磨性和耐蚀性等。

④ 共渗层硬且具有一定的韧性，不易剥落。

（2）氮碳共渗介质与反应机理　盐浴氮碳共渗是目前国内外应用十分广泛的化学热处理工艺，德国的迪高沙公司、法国的 HEF 公司、美国的科林公司等生产的氮化用盐已经进入中国市场。国产氮碳共渗基盐 TJ-2 等是以尿素为主的氮化用盐，该盐在常温下原料为白色块状固体（或为粉末状），加热熔化（熔点为 450℃）后，借助于 KCNO 的分解所得到的 N、C 活性原子而进行的氮碳共渗。

经过国内科研院所科技人员近二十年的攻关，目前国内生产的氮碳共渗基盐已经正式供应国内外市场，并达到了国外同类氮碳共渗基盐的性能要求，广泛用于模具、曲轴、气门、燃气管等的化学热处理，并取得了令人满意的效果。我国氮碳共渗基盐的产地主要分布在山东安丘、武汉、成都和上海，这里以山东安丘亚星热处理材料有限公司的氮碳共渗基盐（TJ-1、JT-2、TJ-3）为例进行介绍。该盐在常温下为白色块状固体，将其加热到液体盐浴状态（熔点为 450℃），在盐浴中借助于 NaCNO、KCNO 的分解获得的活性 N、C 原子而进行低温氮碳共渗，常用共渗温度 520～575℃（低于调质回火温度 10～20℃为佳），共渗时间为 0.5～3h 左右。

在氮碳共渗处理过程中，其共渗是通过氰酸根的分解和氧化产生 [N]、[C]，氮、碳原子被钢吸收，渗入工件表面，完成其工件表面的氮碳共渗。

$$4MCNO \rightleftharpoons M_2CO_3 + 2[N] + 2MCN + CO$$
$$2MCNO + O_2 \rightleftharpoons M_2CO_3 + 2[N] + CO$$
$$2CO \rightleftharpoons CO_2 + [C]$$
$$2CN^\sim + O_2 \rightleftharpoons 2CNO^\sim$$

式中 M——K^+、Na^+、Li^+ 等金属元素离子。

反应方程式表示在氰酸盐分解时还有氰化物的出现，但盐浴开始时并没有氰化物。使用一段时间后，盐浴中的 CNO^- 浓度消耗，CO_3^{2-} 浓度增多，关键的活性成分 CNO^- 低于工艺的下限，即熔盐需要陈化。最佳的 CNO^- 含量在 35%～38% 范围，为避免 CNO^- 下降太快，氮碳共渗温度必须小于 590℃。氮碳共渗温度低于 520℃ 处理的效果受到盐浴流动性过低的影响，故温度一般为 540～575℃。添加再生盐 BREG-1 或 Z-1 即可恢复熔盐活性，其反应的实质是将过多的碳酸盐转变为氰酸盐，气体逸出。添加再生盐后盐浴几乎没有体积变化。

上述反应产生的中间产物 M_2CO_3 必须与再生盐 Z-1（化学结构类似有机物的聚合物）反应，使原来生成的碳酸盐又重新形成活性的氰酸盐，下面的方程式简单地表示出这个过程最重要的反应，即：

$$M_2CO_3 + BREG\text{—}1(Z\text{-}1) \Longrightarrow MCNO + CO_2 + CO$$

又产生了氰酸盐和一氧化碳，恢复了基盐的活性。氮碳共渗过程中需要不间断地向盐浴中通入氧气或空气以得到活性的氮碳原子。

工件氮化后必须进行氧化，在氧化盐中冷却，冷却槽内的氧化盐在几分钟内将附在工件表面上的含氰化合物和含 CNO^- 的盐膜氧化掉，形成无毒碳化物。除解毒外还有来自氧化盐中的氧向钢件放出，并进入其化合物层，形成大约有 $1\mu m$ 厚的氧化膜牢牢附着在工件表面，使表面呈蓝黑色。氧化层的外观和组织都与蒸汽的回火层类似，使工件具有良好的耐摩擦性能，改善了防腐蚀性能，同时氧化层上的微孔提高了润滑油和其他润滑剂的附着性。工件上黏附的氮化盐，含有微量的 CN^-，经中和生成了碳酸盐，超过溶解度的部分成为废渣沉淀，经清洗后的水中 CN^- 的含量小于 0.5%，符合国家环保标准，可准予排放。目前我国氧化盐的两种配方如下。

① 40%$(NH_2)_2CO$+40% Na_2CO_3+8% KOH+14% $NaOH$

② 40%$(NH_2)_2CO$+30% Na_2CO_3+20% K_2CO_3+10% $KOH(CN^- \geqslant 1\%)$

我国传统的部分无毒氮碳共渗盐浴的配方成分见表 9-4。

表 9-4 氮碳共渗盐浴成分配比（质量分数）

序号	$(NH_2)_2CO$/%	K_2CO_3/%	Na_2CO_3/%	KCl/%	KOH/%	备注
1	60	30	10	—	—	
2	40	—	30	20	10	
3	50	—	30	20	—	650℃以上
4	40	—	30	30	—	570℃以下
5	50	20	10	10	10	
6	55	45	—	—	—	

这六种盐的反应原理如下：

$$2(NH_2)_2CO+Na_2CO_3 \Longrightarrow 2NaCNO+2NH_3+H_2O+CO_2$$

该反应通过碳酸盐与尿素反应生成了氰酸盐，六种配方所用原料均无毒，但反应产物仍有少量毒性。从表中可以看出，主要原材料为尿素，在反应时作为供碳、供氮剂。560℃时尿素分解，其余物质均为助熔剂和催化剂，它们本身不参加化学反应，但可使尿素的熔点从580℃降低到340℃左右，而且会催化尿素分解出活性氮原子与一氧化碳。各种配比的物质均匀混合后，放于坩埚加热熔化，该熔盐在580℃时流动性最佳，对工件进行氮碳共渗效果好。

传统盐浴氮碳共渗的缺点为渗层厚度不易控制，表面粗糙度差，盐浴的配制比较复杂，而且在盐的熔化过程中容易溅出，故目前国内外已经很少采用这些需要配制的盐浴了。

（3）盐浴氮碳共渗处理情况 盐浴氮碳共渗工艺目前广泛应用于压铸模、热挤压模、模锻模、冲压模、塑料模等，但其缺点为共渗化合物层厚度较薄，且共渗层中硬度梯度较陡，故不适于在重载荷环境下使用的模具。图9-2为气门用热挤压模的氮碳共渗工艺曲线，渗层为0.10～0.25mm，表面硬度在850HV以上，使用寿命比气体氮碳共渗提高50%～80%。

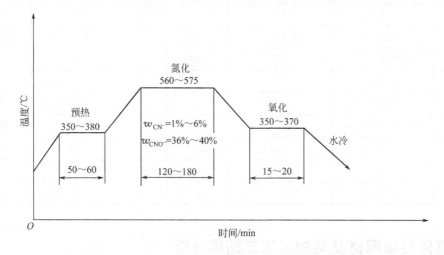

图9-2 3Cr2W8V钢制气门用热挤压模氮碳共渗工艺曲线

QPQ技术是盐浴氮碳共渗或硫氮碳共渗后再进行氧化、抛光、再氧化复合处理的热处理工艺，它在共渗盐浴中添加一种氧化性能适中的氧化剂，使盐浴中的CN^-分解不太快，盐浴成分稳定。该技术使氮碳共渗盐浴中的CN^-稳定在0.2%以下，远低于德国的共渗盐浴。图9-3为QPQ工艺曲线，QPQ处理应用十分广泛，其处理工艺为预热→氮碳共渗或硫

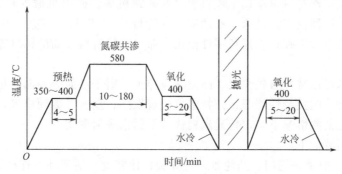

图9-3 QPQ盐浴氮碳或硫氮碳共渗工艺曲线

氮碳共渗→氧化→机械抛光（或抛丸）→氧化。氧化的目的是消除工件表面残留的 C 及 CNO^-，使废水符合排放标准。QPQ 处理的工件表面粗糙度大大降低，显著提高了耐蚀性，并保持盐浴氮碳共渗或硫氮碳共渗层耐磨性、抗疲劳性及抗咬合性，同时外观呈白亮色、蓝黑色及黑亮色，表 9-5 为常用材料的 QPQ 处理规范及渗层深度和硬度。

表 9-5　常用材料的 QPQ 处理规范及渗层深度和硬度

材料种类	代表牌号	前处理	渗氮温度/℃	渗氮时间/h	表面硬度（HV）	化合物层厚度/μm
纯铁			570	2～4	500～650	15～20
低碳钢	Q235、20、20Cr		570	2～4	500～700	15～20
中碳钢	45、40Cr	不处理或调质处理	570	2～4	500～700	12～20
高碳钢	T8、T10、T12	不处理或调质处理	570	2～4	500～700	12～20
氮化钢	38CrMoAlA	调质处理	570	3～5	900～1000	9～15
铸模钢	3Cr2W8V	淬火	570	2～3	900～1000	6～10
热模钢	5CrMnMo	淬火	570	2～3	770～900	9～15
冷模钢	Cr12MoV	高温回火	520	2～3	900～1000	6～15
高速钢	W6Mo5Cr4V2	淬火	570	2～3	1200～1500	6～8
不锈钢	1Cr13、4Cr13		570	2～3	900～1000	6～10
不锈钢	1Cr18Ni9Ti		570	2～3	950～1100	6～10
不锈钢	0Cr18Ni12Mo2Ti		570	2～3	950～1100	总深 20～25
气门钢	5C21Mn9Ni4N	固溶	570	2～3	900～1100	3～8
灰铸铁	HT200		570	2～3	500～600	总深 100
球铸铁	QT500-7		570	2～3	500～600	总深 100

9.3　氮碳共渗用材及其加工工艺路线分析

(1) 应用范围　目前氮碳共渗的零件数量日益增多，氮碳共渗适用于多种材料，包括纯铁、Q235-B 钢、渗碳钢、中碳结构钢、专用渗氮钢、工具钢、模具钢、不锈钢、耐热钢、铸铁与冷激铸铁、铁基粉末冶金件、陶瓷、硬质合金等。共渗后的零件具有高的硬度、高的疲劳强度、良好的耐磨性、高的抗腐蚀性与抗咬合性等，另外具有变形小、成本低等特点，其应用的范围覆盖了汽车、机车、工程机械（含建筑机械、矿山机械等）、纺织机械、化工机械、农业机械、仪器仪表、机床、石油机械（管材）、工模具、五金工具、枪械等。这是热处理领域取得的重大突破，在延长零件使用寿命、替代价格较高的钢材等方面，取得了骄人的成绩。

氮碳共渗技术可以替代渗碳淬火、高频感应淬火、离子渗氮等表面硬化技术，大大提高了零件表面的耐磨、耐疲劳性能等；该技术可代替发黑、发蓝、镀硬铬等，提高了零件表面的耐蚀性，甚至在某些情况下采用普通碳钢代替不锈钢成为现实。

应用的主要领域如下。

① 汽车零件：曲轴、气门、凸轮轴、气弹簧、扭转盘、活塞环、连杆等。

② 刀具类：钻头、铣刀、铰刀、齿轮滚刀、拉刀等。

③ 模具类：挤压模具、热锻模具、压铸模具、橡胶和塑料模具、玻璃模具等。

④ 纺织零件：弹力丝机热轨、络筒机零件、梳棉机零件、罗拉等。

⑤ 机床零件：机床丝杠、导轨、轴类、齿轮、蜗杆、蜗轮、内齿圈、摩擦片、机床电器等。

⑥ 石油机械零件：石油机械中的阀杆、阀座和阀芯、衬套等。

⑦ 其他零件：缝纫机零件中的蜗轮和蜗杆、照相机零件、制鞋机零件、洗衣机零件、消防机械零件、船舶导向活塞、凿岩机活塞与缸体、铁轨上的减速顶零件、液压元件定子与叶片、电器开关、雷达零件和收割机刀片等。

（2）工艺路线分析 氮碳共渗是在零件精加工前进行的，甚至有的零件在氮碳共渗后即为成品，因此在编排工艺路线时，首要任务是选择零件的加工方法、确定加工顺序、划分工序等，尤其是冷热加工的顺序问题。可以选择各工序的工艺基准、确定工序尺寸、设备、工艺装备、切削（磨削）用量，目的是使氮碳共渗后的零件满足设计要求，即表面硬度、基体硬度、硬化层深度、（长度、孔径、弯曲等）变形量、表面颜色等满足要求。

① 加工方法的选择。根据被加工表面的精度和表面质量要求，考虑加工方法的精度可否满足要求。加工方法还取决于零件的结构形状，因此要综合分析零件的加工方法对于零件的精度等的影响。

② 零件的材质与热处理要求。经淬火后的钢件应采用磨削加工和特种加工，一般热处理后的零件采用车削、钻削和磨削加工。

③ 生产率与经济性要求。选择的加工方法在保证零件的质量和精度要求下，应尽可能提高生产率，大批量时采用高效率的先进加工方法和设备，甚至可以改变毛坯形状，提高毛坯质量，实现少切削、无切削加工。

④ 现有生产条件。选择加工方法时，应充分利用现有加工设备、合理安排设备负荷，同时重视新工艺、新方法和新技术的应用，不断提高零件的加工质量和提高生产率。

从保证零件的加工质量、合理使用设备以及人员等因素通盘考虑，零件的加工流程一般包括三个阶段即粗加工阶段、半精加工阶段和精加工阶段，粗加工阶段是切除加工表面上的大部分余量，使毛坯的形状与尺寸尽量接近产品；半精加工为主要表面的精加工做好必要的精度和余量准备，并完成一些次要的表面加工；精加工使精度要求高的表面达到其规定的质量要求。

将加工流程划分为三个阶段还具有以下作用。

① 可保证产品质量。零件分别进行粗加工、半精加工和精加工，可逐步减小或消除切削用量、切削力和切削热，减小或消除先行工序的加工误差，减小表面粗糙度，另外加工的各阶段有一定的时间间隔，相当于自然时效，使零件有一定的变形时间，有利于减小或消除零件的内应力；

② 可充分发挥各类设备的性能、特点、做到合理使用。粗加工采用功率大、刚度好、精度低和效率高的机床进行加工，而精加工可采用高精度的机床与工艺装备，严格控制工艺因素，保证加工零件的质量要求，从而延长高精度机床的使用寿命；

③ 合理安排冷热加工顺序。在编制加工流程时，要便于在各加工阶段之间穿插安排必要的热处理工序，这样即可发挥热处理的性能，也有利于切削加工（或磨削加工）和保证产品加工质量，对于精密氮化零件，在粗加工后安排去应力退火，从而减小内应力引起的零件的变形对于加工精度的影响。

④ 便于及时发现毛坯缺陷和保护已加工表面。可及时发现毛坯缺陷（气孔、砂眼和加工余量不足等），便于修补或直接报废，节省工时与制造费用。

9.4　常见的氮碳共渗缺陷分析和解决方案

零件经气体氮碳共渗和盐浴氮碳共渗处理后，有时会产生一些产品质量缺陷，从质量管理的角度来认真分析，无非是六大因素的作用的结果，即人、机、料、法、环和检，故其原因是多方面的。除原材料自身的原因和表面状态外，工艺流程的制订的合理性、整个氮碳共渗操作过程中程序、氮碳共渗的温度和时间、氨的分解率、密封情况、装炉方式、氨气的干燥状况、进排气管道等方面均对零件的氮碳共渗质量有很大的影响。本章主要介绍了气体氮碳共渗与液体氮碳共渗的原理、应用等情况，零件在氮碳共渗过程中的常见缺陷原因分析与解决方案见表 9-6 和表 9-7。

表 9-6　气体软氮化常见缺陷原因分析和解决方案

序号	缺陷名称	原因分析	解决方案
1	硬度低渗层不足	①炉罐漏气或炉内压力小 ②零件的表面粗糙度差 ③零件表面切削液(或乳化液)清洗不干净黏附在表面上，或表面有锈蚀、脱碳 ④工件表面的氮势和碳势低，渗层氮含量太低，炉内气体循环不良 ⑤气氛中氮势不够 ⑥氮碳共渗时间短或温度过低 ⑦零件的截面尺寸过大或装炉不合理 ⑧氮碳共渗结束后冷却速度低 ⑨材料选择不当	①定期检查设备，确保设备的密封性能 ②零件表面的粗糙度控制在 $Ra0.5$ 以下 ③工件要清洗干净，不得留有铁锈，去除脱碳层 ④改善炉子的密封性，加大渗剂的滴入量和流量，提高介质的浓度，增加含氮量，使表层的含氮量大于 0.7%，炉内零件的摆放要确保气体流动畅通 ⑤增加氨的供应量，使表层的含氮量达到 0.2%~0.4% ⑥选择正确的温度和时间，重新进行软氮化处理 ⑦改变设计，合理装炉，提高炉内气氛的流动性 ⑧氮碳共渗后进行水冷或油冷，改善冷却效果或选用理想的冷却介质 ⑨选择符合要求的材料，确保氮碳共其质量符合技术要求 补救措施：按正常的氮碳共渗工艺重新处理
2	零件呈红色或锈蚀	①所用的渗剂内水分过多(液氨干燥剂失效) ②尿素在下落过程中，黏附在零件上 ③出炉温度过高，在空气中冷却	①对渗剂需进行脱水处理，更换新的干燥剂 ②注意零件在炉内的位置，避开落料口 ③冷却到 200℃ 出炉冷却或进行油冷 补救措施：将零件除锈后清洗干净
3	表面花斑	①零件氮化前未清洗干净 ②零件彼此之间相互接触或与夹具、工装接触	①入炉前应将零件清洗干净 ②合理装炉，确保零件之间有一定的间隙
4	零件变形大	①零件的加热速度过快，复杂零件的内外温差过大，造成热应力增加 ②机械加工(车削或磨削)残余应力太大，氮化前未进行去应力退火或退火不充分 ③工件尺寸大，形状和截面复杂，吊挂或放置不垂直，以及工件自重的影响 ④零件不对称或进行局部处理 ⑤罐内温度均匀性差 ⑥氨气流通不畅，装炉不当 ⑦氮碳共渗处理后的冷却速度太快	①缓慢升温或阶段加热，在 300℃ 以上，每升 100℃ 保温 1h，控制加热和冷却速度，保证炉温的均匀一致 ②粗加工后进行去应力处理，工艺为 (590~620℃)×(2~3h)，应高于正常的氮碳共渗温度 ③改进设计，吊挂时注意重心的位置，放置平稳、牢固 ④采用捆绑、填塞或其他方法，保持零件的均匀对称，也可在共渗后去掉硬化层 ⑤合理装炉，不允许出现叠压，应有利于炉内气体的流通，风扇运转正常 ⑥改变零件的装炉方式或通气管的位置，确保零件进行均匀的氮碳共渗 ⑦根据要求选择冷却介质或合理控制冷却速度
5	渗层脆性大	氨的供应量过大，渗层表面的氮浓度过高形成了大量的壳状碳氮化合物	提高共渗温度，减少氨的供应量

序号	缺陷名称	原因分析	解决方案
6	渗层残余奥氏体过多	①共渗温度过高,碳浓度过高 ②共渗温度过低,氮浓度过高	①调整炉温和气氛的碳势 ②调整炉温和供氨量
7	表面出现托氏体组织	零件的表层合金元素内氧化	①改善炉子的密封性,加速排气,控制炉气成分的含量,确保渗层的氮浓度 ②加快淬火冷却介质的搅拌或改变介质,采用含有氧化性倾向小的钨、钼的钢材
8	表面疏松	①氮的含量过高(主要原因) ②氮碳共渗的温度过高 ③氮碳共渗的时间过长 ④原材料为铝脱氧者,容易产生表面疏松	①气体氮碳共渗要严格控制通氨量 ②执行正确的工艺参数 ③合理控制氮碳共渗的温度和时间 ④合理选择符合要求的原材料 补救措施:磨去疏松层

表 9-7 盐浴软氮化常见缺陷原因分析和解决方案

序号	缺陷名称	原因分析	解决方案
1	化合物层薄或无化合物层	①CNO^-含量低或过高 ②温度低或时间短	①加再生盐还原或换盐 ②调整温度和时间
2	CNO^-下降太快	①温度高或超温 ②未捞渣或捞渣不彻底 ③通气量大	①加报警装置 ②停炉捞渣或抽出废盐 ③调节流量计符合要求
3	CN^-太高 CN^-太低	①未通气或通气量小 ②氮碳共渗盐浴老化 ③盐浴过热 ④清渣不良 ⑤新氮化盐未陈化处理 ⑥通气量大	①增大通气量 ②整锅更换新盐 ③严格控制氮碳共渗的温度 ④彻底清渣或定期捞渣 ⑤在 600~620℃空载运行 2~3h ⑥按要求通气
4	表面疏松严重、起皮或粗糙度高(腐蚀)	①CNO^-含量超出工艺要求 ②新盐未陈化、CN^-含量太低 ③氮碳共渗温度超过 575℃ ④氮碳共渗时间长 ⑤漂洗时间长 ⑥沉渣或极细的颗粒浮渣太多	①空载运行使 CNO^- 降到≤38% ②在 600~620℃运行 2~3h 后,降至工艺温度 ③在工艺温度范围内氮化,控制盐浴配比和浓度 ④按工艺要求执行 ⑤漂洗 1min 即可 ⑥挖渣和滤掉浮渣,使盐浴成分符合要求
5	调整成分时有氨臭味	添加再生盐时有 NH_3、CO_2、H_2O 的逸出	开启抽风装置
6	炉内有过量废渣	①工夹具未抛丸处理 ②油污或铁屑、金属屑带入炉内	①工夹具每个三班抛丸一次 ②清洗干净油污、去掉铁屑等
7	有花斑或颜色不一致	①未除净工件上的锈迹或沾有磁粉 ②工件之间有叠压或堆积 ③氮碳共渗盐浴中渣多 ④工件光饰出料时有划伤 ⑤工件表面黏附的切削液或乳化液未洗净 ⑥氧化盐失去作用,反应效果差 ⑦预热温度低或氮化时间短	①用稀盐酸、喷砂或砂纸除去锈迹 ②工件之间要有一定的间隙,采用双层装卡 ③停炉彻底捞渣,添加基盐或更换部分陈盐 ④精心操作,轻拿轻放,严格执行工艺 ⑤清洗剂失效,去污效果差,更换清洗剂或将工件在光饰机内加水运转 5~10min ⑥添加新氧化盐或换盐 ⑦提高预热温度或延长氮化时间,也可提高 CNO^- 的浓度
8	表面锈蚀	盐浴氮碳共渗后未及时清洗或清洗不干净,造成锈蚀	要用 80℃以上的热水煮沸清洗,时间在 15min 以上,及时进行光饰或抛丸处理

9.5 实例分析

9.5.1 气门液体软氮化后表面腐蚀和粗糙度超差

(1) 气门的工作特点和技术要求 气门是在内燃机工作过程中密封燃烧室和控制内燃机气体交换的精密零件，是保证内燃机动力性能、可靠性和耐久性的关键部件。气门在工作过程中阀口锥面与汽缸盖相互接触部分、气门杆端与摇臂之间发生剧烈的摩擦、高温气体冲刷和腐蚀，进气门主要承受反复冲击的机械负荷，其工作温度在 $300\sim400℃$，而排气门除承受冲击的机械负荷外，还受到高温氧化性气体的腐蚀以及热应力、锥面热箍应力和燃烧时气体压力等的共同作用，排气门的工作温度为 $600\sim800℃$。采用气门旋转运动，可在密封锥面上产生轻微的摩擦力，同时还有消除沉积物自洁作用。发动机转速上升，气门机构的惯性增大，而超过了气门弹性的张力，从而引起气门的跳动，打乱了气门的调节时间，使充气效率下降，降低了发动机的力学性能。

因此气门应具有以下特点，才能满足工作需要。

① 在正常工作条件下，有足够的高温强度和合理的韧性，高的硬度和耐磨性。

② 具有良好的抗氧化性和耐燃气腐蚀性能。

③ 在冷热交替作用下，基体组织应稳定，不允许有直径尺寸的变化。

④ 具备良好的机械加工性能，热加工及焊接等工艺性能。

(2) 气门材料的选用原则 根据气门的工作环境和技术要求，所采用的材料必须具备足够的高温强度和耐磨性能，良好的抗氧化性和抗燃气腐蚀性能，较高的热导率和较低的热膨胀系数等，同时具备优良的冷热加工性和焊接性能等。材料的选择应按工作环境、介质和耐久性等几个方面进行综合考虑，通常要采用含碳量 $0.3\%\sim0.6\%$ 的合金钢或耐热钢制造，合金元素有铬、硅、镍、钨、钼等，这些材料具有高的高温性能，在冷热变化的情况下其组织稳定，并有一定的抗氧化性、抗燃气腐蚀性、抗冲击性和高的蠕变强度，热加工易于成形，切削加工性好。氮化气门用材料为马氏体耐热钢和奥氏体耐热钢两种。

① 马氏体耐热钢（Cr-Si 系列）有 42Cr9Si2、40Cr10Sio2Mo、5Cr8Si2、5Cr8Si3；

② 奥氏体耐热钢有以下几种（Cr-Mn-Ni 系列、Cr-Ni 系列）：4Cr14Ni14W2Mo、2Cr21Ni12N（21-12N）、5Cr21Mn8Ni2N（21-2N）、3Cr23Ni8Mn3N（23-8N）、5Cr21Mn9Ni4N(21-4N)、5Cr21Mn9Ni4NbW2N(21-4N＋WNb)。

马氏体型钢中 42Cr9Si2，40Cr10Si2Mo 是气门生产厂家用得比较多的两种气门钢，数量占气门总量的 70% 左右。钢中含有铬和硅提高了抗氧化能力和热疲劳性能，同时提高回火稳定性和使用温度，常用于 $700℃$ 以下工作的汽车发动机、柴油机的排气门。

在 Cr-Si 钢中加入钼，提高热强性的同时减缓了回火脆性。40Cr10Si2Mo 可制作工作温度不超过 $750℃$ 的中、高负荷汽车发动机和柴油机的排气门。

(3) 气门的液体氮碳共渗工艺 氮碳共渗可提高气门的表面硬度、耐磨性、抗擦伤、抗咬合能力和耐蚀性，对延长气门的使用寿命具有明显的作用。因此提高气门杆部的硬度使其在干摩擦条件下具有抗擦伤和抗咬合性能，具有高的耐磨和抗氧化性正是气门氮碳共渗的目的。氮化气门有整体和焊接气门两种，材质有马氏体耐热钢和奥氏体耐热钢，根据渗层的深度和硬度要求确定最佳的氮碳共渗温度和时间，这需要工艺人员进行一系列的工艺试验和反复的验证，研究影响不同材质气门的相关工艺参数，得到理想的氮碳共渗工艺，用于指导和应用于大批量的生产作业。

气门氮碳共渗后的技术要求如下。

① 氮碳共渗层深度：$0.010 \sim 0.030 \text{mm}$。

② 表面硬度$\geqslant 600 \text{HV}_{0.2}$。

③ 脆性小于2级，渗氮层疏松和氮化物级别1~3级。

④ 杆部的变形（或直线度）量或涨量$\leqslant 0.005 \text{mm}$。

⑤ 杆部、小头端面（或阀口）粗糙度$Ra0.5$以下（未进行机械抛光处理）。

⑥ 气门外观为均匀一致的黑色，无红色锈蚀和杆部花斑，表面无划伤或磕碰伤，气门盘部和杆端面无白点，表面无腐蚀和掉色以及气门烟槽不呈黄色等，以及不得出现影响产品质量的其他外观缺陷。

目前国内外气门液体氮碳共渗的普通工艺流程为：浸泡→漂洗→喷淋→预热→氮碳共渗→氧化→冷却→清洗→光饰（或抛丸）→煮油（或防锈）。其氮碳共渗工艺具体见图9-4。工艺流程中有三个最为关键的工序：预热、氮碳共渗和氧化处理（简称QP技术），这是直接对气门的氮碳共渗质量有决定性影响的阶段，因此要认真编制并执行。

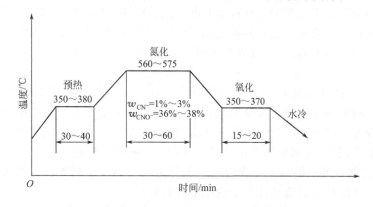

图9-4 气门液体氮碳共渗工艺曲线

在气门实际液体氮碳共渗过程中，表面疏松严重、起皮或粗糙度高（腐蚀）是氮化气门常见的质量问题，也是致命的缺陷，这不仅造成表面抗蚀性和疲劳强度的降低，更重要的是无法满足发动机厂对氮化气门表面的质量要求，直接影响气门的使用寿命。根据笔者多年来气门氮化的实践经验，结合具体操作过程和质量检验要求，提出以下产生该类质量缺陷的原因，要结合具体材料、渗层、表面硬度、氮碳共渗温度和时间、冷却方法以及后续加工等各方面，合理确定和编排冷热加工路线，尤其是氮碳共渗和淬火工序。

（4）产生表面疏松严重、起皮或粗糙度高（腐蚀）的原因

① 添加的盐浴中CNO^-含量超出工艺要求，CN^-含量低（$<1.0\%$），造成氮、碳活性原子增多，盐浴的腐蚀性增强。

② 更换的整罐新盐未进行陈化（熬盐）处理、CN^-含量太低（$<0.5\%$），氮碳共渗时间长，造成气门表面的过渗，表面疏松或起皮（暴皮）等，表面十分粗糙。

③ 氮碳共渗的温度超过$575℃$，盐浴中氮、碳活性原子消耗过快，造成氮碳渗层组织不致密，出现表面疏松。

④ 氮碳共渗的时间过长，盐浴内部活性原子与气门表面接触的概率的增加，引起表面的粗糙度的增加，造成超差。

⑤ 漂洗的温度高和时间长，尤其是马氏体耐热钢气门易在水中生锈，造成杆部出现麻点等，气门经过氮碳共渗后，出现腐蚀现象。

⑥ 沉渣或极细的颗粒浮渣太多，翻滚后贴附或黏附在气门的杆部，造成表面粗糙度不合格。

⑦ 氮化后未及时氧化，氮化盐附着在气门杆部，空冷过程中又等于延长了氮化时间，造成气门杆部的腐蚀。

⑧ 加入再生盐后未通气反应或氮化过程中加入再生盐，造成盐浴成分严重不稳定，再生盐与基盐无法充分反应，没有正常恢复其盐浴的活性，产生的部分反应产物腐蚀了气门的表面。

⑨ 预热温度高或时间长，工件表面会有轻微氧化，一般预热温度在 350～400℃，保温时间为 20～40min 左右。一旦产生部分氧化，在氮化过程中该部位容易出现脱落，造成表面粗糙和颜色不均匀。

⑩ 把再生盐误作基盐加入炉内，使炉内 CNO⁻ 的数值迅速上升，盐浴的还原反应剧烈，活性的氮、碳原子明显增多，加剧了对气门杆部的共渗处理，造成严重的腐蚀。

(5) 采取或预防的相应措施 针对气门氮碳共渗后表面粗糙度超差的问题，应着重从其盐浴的成分、时间等几个方面进行分析和判断，从关键的过程出发，排除无关的因素。就能找到原因。同时可提出或采取相关的措施和方法，为从根本上解决该类缺陷提供了保证。

① 在 570～575℃ 的温度下，放入通气管空载运行 2～4h，使 CNO⁻ 的浓度降至 30%～38%。

② 对整罐更换的新盐先将坩埚外的炉温定在 520～540℃（盐浴温度在 480～500℃），当盐完全溶化后将其搅拌均匀，保温 1h 后升温到 600℃（此时盐浴温度在 565～575℃）后放入通气管，保温 1h 继续升温到 650℃（盐浴温度在 600～610℃）运行 2～3h 后，降至工艺温度进行保温 2h 稳定处理后即可正常进行气门的氮碳共渗处理。

③ 在正常的氮碳共渗的温度范围内进行氮化处理，温度过高将造成腐蚀和表面疏松概率的增加，而过低则盐浴的流动性和活性原子含量降低。

④ 与温度相比，氮碳共渗时间也是十分重要的工艺参数，时间的长短直接影响到渗层、硬度和表面质量。在温度一定的前提下，时间越长则盐浴对气门的腐蚀越严重，甚至造成气门的报废。

⑤ 对于气门的漂洗原则为 1min 即可，应为干净或流动的水，内部无不均匀出现油污、杂物以及其他漂浮的物质。

⑥ 每班工作完毕用专用工具彻底挖渣和滤掉盐浴表面的漂浮渣，添加基盐后进行陈化处理，确保盐浴成分的稳定和均匀，各项指标符合工艺和技术要求。

⑦ 工件经氮化后控净盐，在空气中的停留时间应小于 2min，或在氮化炉提出后立即进行氧化处理，减少气门表面被进一步腐蚀的可能。

⑧ 添加再生盐时必须按要求放入通气管后逐渐加入，以恢复盐浴的活性，确保成分的稳定。

⑨ 严格执行工艺要求，通常情况下预热温度在 350℃，保温 20min 即可，预热前擦干净气门表面的水珠等。

⑩ 应将氮化罐的炉温升高到 600～610℃ 放入通气管熬盐 2h，随后降温到 570℃ 保温 2h 后化验 CNO⁻ 含量，符合技术要求后即可正常作业。由于盐浴的活性很强，建议首先处理奥氏体耐热钢材料的气门，使用 2～3 个工作日则可投产马氏体耐热钢材料的气门。

(6) 关于提高气门盐浴寿命、减少表面积灰的几点建议 笔者总结十几年的实际气门、挺杆、锻模、曲轴、高速钢刀具等产品的软氮化经验，结合使用的国产氮碳共渗基盐的特点，为了延长氮碳共渗基盐的使用寿命，在气门的氮碳共渗过程中摸索出一套恢复和维护氮化盐的有效方法：启炉时将炉丝的温度设定为520℃，待盐浴全部熔化保温1h后，将烤干后的不锈钢挖渣勺慢慢放盐浴坩埚的底部，彻底挖出坩埚底部的盐渣（既有氮化盐共渗后反应的产物碳酸盐，也有气门、氮碳共渗工装上的氧化皮和脏物等）。采用此法一是保持了盐浴的活性，二是延长其使用周期，三是降低了生产成本，因此目前国内外气门氮碳共渗处理厂家共同存在的困难问题得到了很好的解决。应当加强对氮化工装的表面处理，工作一定时间后要采用喷砂或抛丸的方法，去掉工装上氮碳共渗后的积灰等，同时加强气门预热前的清洗工作，采用的金属清洗剂应能将气门在车削、磨削加工过程中使用的切削液、磨削液以及乳化油等清洗干净，一旦失去清洗作用要立即更换，确保气门表面的清洁。

近年来从国外的氮碳共渗气门的样品来看，对于42Cr9Si2、40Cr10Si2Mo等马氏体耐热钢而言，如果渗层超过0.175mm，采用液体氮碳共渗是不可取的，其原因在于氮碳共渗的时间长，很容易造成表面腐蚀或粗糙度的降低，达不到技术要求。国外通常采用气体氮碳共渗，则可有效地解决该问题，但随之而来的是工艺时间长、生产效率低、影响氮碳共渗质量的因素多、危险性高等，而国内气门制造厂家均不采用该类工艺。

为了提高软氮化气门的表面清洁度，国内外气门制造厂致力于探讨对气门杆部的机械抛光处理，一类为采用喷砂或抛丸处理，利用高速的砂粒或钢丸喷射到气门的表面上，将氮碳共渗后的积灰除掉，另一类是采用纸浆轮（或布砂轮）对气门的杆部抛光（磨光），目前这两种工艺已经得到了推广和应用。需要注意的是气门的喷砂或抛丸处理具有生产效率高、成本低、简单易行等特点，但缺点是表面粗糙度难以保障，有时出现麻点和砂坑，另外清洁度也难于合格。杆部抛光（或磨光）的特点与喷砂或抛丸相比，缺点是效率低、技术难度大等，优点是抛光后的气门杆部粗糙度好，达到$Ra0.10\sim0.18$（为喷砂或抛丸粗糙度的1/2～3/4），产品质量高，并且明显提高杆部的尺寸精度和耐磨性、抗蚀性和疲劳强度等，因此其具有广阔的发展前景，必将对提高气门的使用寿命带来一次全新的革命。

9.5.2　Cr12W钢制挺杆氮碳共渗后开裂

某钢制气门挺杆是采用Cr12W钢制造的，其工艺流程为下料→加热→热挤压→球化退火→车削加工→磨削加工→钻孔→淬火→高温回火→空冷→磨削加工→磁粉探伤→氮碳共渗→氧化处理→清洗→抛丸→防锈→磨外圆→研磨球窝→检验→刻字→包装等，在成品检验时发现有部分挺杆出现端面裂纹，甚至为通裂，沿着出油孔开裂，见图9-5与图9-6。该钢制挺杆主要用于柴油机发动机上，其热处理要求为基体硬度≥43HRC，氮碳共渗层深度≥0.033mm，表面硬度为850$HV_{0.2}$以上，脆性小于2级。

从挺杆裂纹的形态分析，其在氮碳共渗前有磁粉探伤，由于Cr12W钢为高合金钢，回火后采用空冷，故排除了热处理过程中出现裂纹的可能性。氮碳共渗采用液体氮碳共渗处理，其流程为串筐→清洗→预热→氮碳共渗→氧化处理→清洗→抛丸→防锈。而氮碳共渗后进行氧化处理，有效减少了内外温差，排除了其冷却过于激烈而开裂的因素。经过化验得知，图中裂纹处的白色物质为泛出的氮碳基盐与氧化盐的成分，进行金相分析未发现裂纹处有氧化脱碳现象，也未有氮碳共渗层存在。

大部分挺杆开裂是通过出油孔的，表明此处流动性强，冷却十分激烈，而工作面底部的厚度比壁厚大，故内外热应力大。挺杆氧化后的清洗水温为40～60℃，采用的软氮化工装见图9-7。挺杆是紧密排列在一起，从氧化炉提出后的挺杆表面温度约为300～350℃，在停留一段时间后进行清洗，由于筐边缘的挺杆散热快，而筐中间部分的挺杆仍会有较高的温度，故在清洗时温差较大而产生大的热应力而开裂。

针对此问题，可采取的解决方案如下。

① 氧化后的挺杆放置到室温后再进行清洗。

② 为有效提高生产效率，改进氮碳共渗工装，即制作抽拉式的，将氧化后的挺杆网板取出空冷，可完全避免因挺杆冷却不当而出现裂纹的缺陷。

图 9-5　Cr12W 钢制挺杆抛丸后裂纹（毛坯）

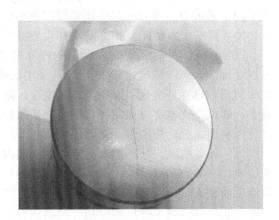

图 9-6　Cr12W 钢制挺杆端面裂纹（成品）

图 9-7　挺杆氮碳共渗用工装

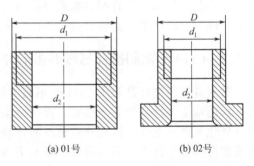

(a) 01号　　　　　(b) 02号

图 9-8　套筒形零件简图

9.5.3　套筒形零件氮碳共渗变形

两种变截面、尺寸十分不均匀的薄形零件见图 9-8，材质为 40CrNiMo，壁厚十分不均，其中 01 号零件薄处仅 1.5mm，厚处为 9.85mm；02 号零件薄处为 2mm，厚处为 14.35mm。零件采用的气体氮碳共渗工艺为 570℃×1.2h 油冷，要求硬化层深≥0.10mm，表面硬度≥400HV$_1$，外径胀大量≤0.03mm。检查尺寸时发现有 90% 的零件变形超差，形状呈喇叭口状。

对 01 号与 02 号零件气体氮碳共渗后尺寸变化进行统计表明，01 号零件薄壁端外径胀大量为厚壁端的 2～3 倍，02 号零件薄壁端外径胀大量为厚端的 1.8～2.5 倍，两个零件的变形量在 +0.020～+0.085mm 范围内，由于薄壁端比厚壁端外径胀大量多，故形成类似喇叭口的形状。

经过分析认为，影响套筒形零件变形的因素有以下几个方面。

① 化合物层组织的影响。零件氮碳共渗后，表面形成了以 ε 相为主加少量 γ 相的化合物层，新相与基体相的比体积差，导致零件尺寸胀大。另外渗层很薄，而零件各部位的渗层厚度差别不大，故渗层组织引起的零件尺寸胀大，通常呈均匀胀大。

② 热应力的影响。零件未经过预热而直接装入 570℃ 的炉内，入炉后零件薄壁部分温度升高比厚壁部分快，其体积膨胀也较快，形成热应力。另外薄壁部分比厚壁部分的塑性提高快，当热应力超过金属的屈服强度时，便产生外径胀大的塑性变形，导致零件薄、厚端外径胀大量相差较大。同样在冷却过程中，由于薄、厚壁冷却速度的不同，也产生变形。

③ 机械加工的影响。零件经过机械加工后，残存有内应力，在气体氮碳共渗过程中，残余应力释放成为变形的原因之一。

针对以上分析，为了减少变形，采取控制零件变形的特殊气体氮碳共渗工艺，即高温回火→预氧化→预热→气体氮碳共渗→预冷却→油冷或空冷。其中高温回火是消除机械加工应力；预氧化则减缓热应力及改善化合物层的均匀性；预热与预冷则是减少加热与冷却时的应力。

套筒形零件采用一般的气体氮碳共渗工艺，变形很大，这源于热应力、机械加工应力、各氮化物相形成的影响，故在气体氮碳共渗过程中必须严格控制加热速度和冷却速度以及工艺参数。

具体的解决方案如下。

① 零件在精磨前进行 550～600℃ 的高温回火，以消除机械加工应力。

② 进行预氧化处理，减缓热应力及改善化合物层的均匀性。

③ 在保证达到技术要求的前提下，尽量缩短气体氮碳共渗工艺时间和减少扩散层深度。

④ 出炉前零件应在炉内缓冷至一定温度，停止供气且直通氮气保护。

9.5.4 气门锻模非正常开裂缺陷

内燃机气门锻模的结构见图 9-9，气门的成形是依靠模具来实现的，通过对气门头部的加热，使之在 1000～1200℃ 范围内锻压成形。服役过程中模具的内腔表面温度在 600～700℃。型腔表面与炽热的金属反复接触，在成形过程中要承受冲击力和摩擦力的作用，还要承受弯曲、拉伸、压缩、挤压等周期性冲击作用，表面的应力大，因此其工作条件恶劣，对性能的要求十分严格。在锻造成形过程中，若模具被软化到 30HRC 以下，其整体强度明显下降后将发生塑性变形，造成锻模型腔的形状和尺寸发生变化而报废，其失效是从表面开始的。因此模具应具有足够的强度和高的硬度，有良好的导热性和尺寸稳定性，有高的断裂抗力，抗压，抗拉，屈服强度高，有良好的冲击及断裂韧度，抗回火软化能力和高温强度高，室温的高温硬度高，另外锻模要有高的导热性、小的热膨胀系数以及高的相变点，抗氧化性好等，故采用表面强化技术可提高锻模的使用寿命，而气门锻模通常采用低温氮碳共渗。气门锻模经低温氮碳共渗处理后，表面获得较高的硬度（850HV 以上）、良好的耐磨性、冲击韧性好、化合物层致密，因此锻模在抗擦伤、抗咬合、抗黏磨和耐蚀性方面有明显的提高。

从图 9-9 可知，该模具是上模和下模组成，下模是由下模芯、下模套和下模座等组成，其中模座采用 45 钢，模套采用 40Cr、5CrMnMo 钢，模芯常采用 H13、3Cr2W8V、HD2、012Al 等热作模具钢制造，并经过淬火、回火和氮碳共渗等表面强化工艺。气门热锻模的正常失效形式为磨损、塌陷或冷热疲劳裂纹开裂等，在使用过程中由于模具加工、安装、热处理以及使用不当等原因，容易引起模芯非正常开裂，使用中开裂的气门锻模见图 9-10。

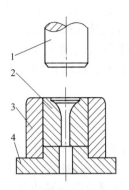

图 9-9　气门锻模结构示意图

1—上模；2—下模芯；3—下模套；4—下模座

图 9-10　气门锻模开裂照片

　　将开裂的气门锻模采用线切割取下裂纹部位，见图 9-11 和图 9-12。可以看出裂纹是沿径向开裂的，经检验裂纹周围无氧化脱碳等，金相组织无异常。

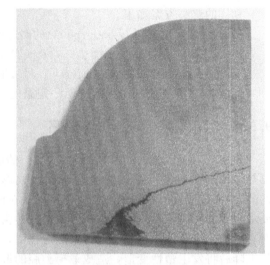

图 9-11　气门锻模开裂后线切割照片

图 9-12　气门锻模开裂后裂纹照片

　　采用组合式凹模可提高模具抗开裂性能，凹模模芯、模套间应视为紧配合情况，二者为一整体凹模，故其内壁的切向应力明显下降，从而使模具的抗开裂能力大为提高。针对开裂的模芯进行分析，其开裂情况之一为模具刚使用即出现模芯开裂，原因在于模芯与模套配合间隙过大，造成松动使模芯开裂，此时模芯与模套圆柱面接触点不多，模套对模芯的预压力很小或接近于零，模芯处的切应力呈现高峰值的拉应力，该拉应力超过材料的抗拉强度将使模芯发生开裂。

　　开裂的另外一种情况为气门成形过程中短暂停留后，再次锻造成形时，出现模芯开裂，此时模具已经磨光整合，其预压应力大为减少，而模具处于高温下连续工作，模具受热回火软化，表面强度低，模具在高温高压的成形中产生的热应力、组织应力和外载荷应力叠加，使模具的切向拉应力增大，从而提高了模芯开裂的概率。需要高度重视的是，锻造润滑剂在工作中造成冷热交替，对于模芯造成热疲劳作用，容易产生纵向裂纹，而当模具重新服役时，模具处于室温状态，其塑性、韧性等较低，故模具再次工作时会造成模芯部位突发脆性开裂。

针对发生的非正常气门锻模开裂问题，解决方案如下。

① 合理调整模套与模芯的配合公差，使其满足过盈配合的技术要求。

② 模具使用一定时间后进行去应力退火处理，消除使用中积累过大的内应力。

③ 对于成形中停留后再次锻造的模具，应采用对模具保温的措施，确保其温度不低于300℃，可有效防止模芯表面产生过高的拉应力造成模具的开裂，或采用最后一支气门留在模芯中，起到保温的效果。

9.5.5 凿岩机活塞气体氮碳共渗畸变超差

活塞是凿岩机上的重要部件，在服役过程中要承受高负荷冲击与磨损和疲劳应力的作用，故其应具有高的耐磨性、耐冲击性能与良好的耐疲劳性能等。其常见的失效形式为活塞端部凹陷或崩断；活塞体磨损失效报废；热处理气体氮碳共渗畸变超差报废。

活塞材料为5CrNiMo，其形状见图9-13，为了提高渗层的均匀性和渗入速度，在氮碳共渗前增加了预氧化处理工序，该活塞的气体氮碳共渗工艺见图9-14所示。处理后活塞直径胀大约为$0.025\sim0.035\mathrm{mm}$，其胀大无明显的方向性。

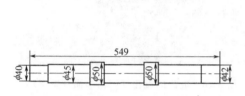

图9-13 凿岩机活塞的形状与尺寸

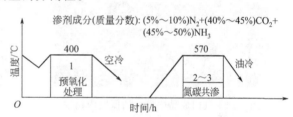

图9-14 活塞的气体氮碳共渗工艺曲线

关于活塞直径胀大的原因分析如下。

① 氮碳共渗形成的ε相比体积和γ相比体积大于基体相的比体积，因而导致活塞渗层表面直径胀大，同时渗层厚度增加，则直径胀大量加大。

② 氮碳共渗工艺为$570℃\times3\mathrm{h}$，实际检测发现上部炉罐为570℃，下部为580℃，导致活塞下端胀大量比上端大约0.05mm。

③ 合金元素在氮碳共渗中形成合金氮化物，其体积胀大量比碳钢大。

根据以上分析可知，控制活塞的氮碳共渗畸变解决方案如下。

① 活塞在精加工前，为消除机加工应力，增加$550\sim600℃$的去应力退火工艺。

② 严格氮碳共渗工艺参数控制，温差应在±5℃范围内，炉内气体搅拌循环，保证炉内气氛的均匀。

③ 合理科学设计活塞氮碳共渗前的尺寸公差，活塞合理吊挂处理，防止其不规则的变形。

9.5.6 盐浴氮碳共渗气门盘部表面锈蚀

内燃机气门盐浴氮碳共渗后，有时在马氏体耐热钢气门盘部出现毛坯面的批量锈蚀，有时在仓库放置一段时间也会出现此问题，见图9-15。

此产品的流程为氮化后进行光饰或抛丸处理。光饰后或抛丸后进行煮油或防锈处理，夏天光饰后未及时煮油，在空气中毛坯面上的水与空气接触5min以上，则出现锈蚀现象，即使再进行煮油处理，在机加工过程中，表面的油被清洗后仍会出现锈蚀。而此类气门抛丸处理后，表面的附着物等清理干净，如果 24h 内没有进行防锈或煮油处理，在抛丸区域的工作环境下，同样出现毛坯面的锈蚀（吸潮所致）。

综上分析可知，气门盘部表面锈蚀是光饰后的煮油时间短或温度低，没有将气门盘部毛坯面上的水分蒸发彻底所致。

9.5.7　盐浴氮碳共渗气门表面花斑

通常内燃机气门的盘端面为车削加工，杆部进行磨削加工。软氮化后的盘端面和杆部有花斑或颜色不一致等，直接影响到气门的外观质量，不得不挑出重新软氮化处理，成为制约该工序的"瓶颈"。图 9-16～图 9-18 为比较典型的在成品检验处发现的气门盘端面发花、表面花斑以及色泽不一等。其产生的原因与采取的解决方案见表 9-8。

图 9-15　气门成品中发现的低窝内锈蚀

图 9-16　成品的氮化气门盘端面（发花）

图 9-17　成品的氮化气门盘端面（花斑）

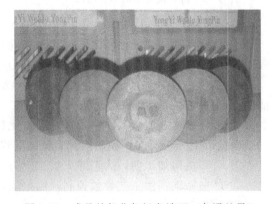

图 9-18　成品的氮化气门盘端面（色泽差异）

表 9-8　盐浴氮碳共渗气门表面缺陷产生原因分析与解决方案

序号	产生缺陷的原因	解决方案
1	软氮化前未清洗干净气门表面的磨削液、探伤磁粉、油污等，其黏结在气门表面上	采用一定浓度的金属清洗液对气门进行 15～20min 的浸泡后，用毛刷刷洗气门的端面与杆部，当清洗液失去清洁能力时，应进行定期更换，确保始终处于良好状态，最好使槽内水溶液流动并加热，增强其清洗效果
2	气门的盘端面或杆部未加工起来，仍保留软氮化前去应力退火的黄色或黑色	将未加工起来的气门部分区域，采用金相砂纸砂光、抛光或重新加工

序号	产生缺陷的原因	解决方案
3	锁夹槽、烟槽以及端面采用车削加工,造成表面加工硬化(表面出现发轻微氧化色、表面粗糙、刀钝出现挤压痕迹等),尤其表现在奥氏体耐热钢气门上	盐浴成分提高到上限或延长氮化时间,或者采用砂纸将该部分擦拭,或者增加一遍光饰处理
4	盐浴中盐渣过多,气门进入盐浴中,立即黏附在冷的气门表面上	及时捞渣,确保盐浴的清洁,气门提出氮化炉后,表面无灰或较少,则表明盐浴成分是合格的
5	盐浴成分过低或温度低,未进行氧化处理	严格执行软氮化工艺参数和相关规定,同时进行正确的淬火处理与后续处理
6	热水槽长期不换水,内部氧化盐过多黏附在气门	定期更换热水槽内热水,并冲刷干净
7	气门盘部之间有叠压	气门之间要有一定的间隙,不允许叠压,可采用双层工装,装炉量可提高80%

9.5.8 液体氮碳共渗气门杆部锈蚀

机加工(修口、盘端面、盘外圆、修杆、磨头等)后的氮碳共渗气门需要重新氮化处理,在每年的7~8月份大多数气门制造厂均会出现气门杆部等有不同程度的锈蚀(麻坑等),无法正常入库,随后几个部门联合进行分析原因,从调查需要重新氮化的气门杆部开始,到氮化后的外观检查,同时对整个生产过程进行跟踪分析。

7~8月份是天气炎热的季节,车间内湿度大,地面等十分潮湿,通常将抛光后氮化气门送检,同时有需要返修的气门存放在生产现场,是没有进行防锈处理的,有时放置时间在一周以上,经对此期间的杆部抛光后放置几天的气门任意抽查,发现个别气门杆部有锈蚀见图9-19,有的在锁夹槽内出现锈蚀见图9-20,再对其存放现场的气门毛坯进行检查,同样发现毛坯杆部锈蚀问题。针对此问题,要求所有工序要进行防锈处理,此后再没有此类缺陷的产生。

图9-19 氮化气门杆部抛光后出现锈蚀

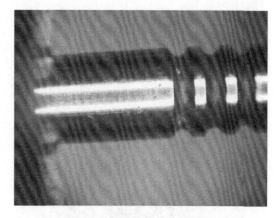

图9-20 氮化气门锁夹槽内出现锈蚀

一段时间以来,某整体21-4N材质气门,杆部、圆弧与端面均出现不同程度的小圆坑,为此在体视镜下进行检查发现,其圆坑不规则,大小不均,位置也不确定。图9-21为在圆坑处线切割后抛光腐蚀的坑内形态,坑内不规则,内部边缘无氮化层存在,可以判定该坑为氮化前的腐蚀坑。

(a) 杆部较深的凹坑

(b) 杆部较浅的凹坑

图 9-21　气门氮化凹坑周围剖开后的腐蚀情况

9.5.9　液体氮碳共渗气门清洁度超差

　　内燃机气门采用液体氮碳共渗是为了提高其表面硬度、耐磨性、抗腐蚀性等进行的表面处理方式。图 9-22 为气门光饰后的盘部形态，可见氮化气门盘部表面颜色深浅不一，外观与清洁度较差，不能满足主机厂 0.50mg/支的清洁度要求。

　　气门液体氮碳共渗后的表面清理方式为光饰或抛丸处理，光饰后气门表面发黑，上面有黑色斑点、发红等，在光饰过程中磨料与气门，气门与气门间是相互接触与摩擦的，依靠此摩擦进行气门表面的清理，故外观质量不佳。因光饰过程中要冲水清洗，为防止锈蚀应及时煮油处理，此类处理的气门清洁度多半是不合格的（0.4~0.9mg/支）。

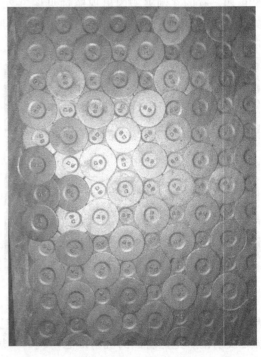

图 9-22　氮化气门盘光饰成品的端面（发乌）　　　图 9-23　气门抛丸后的气门盘端面清洁

氮化气门进行抛丸处理是目前的主要表面清理方式，气门穿过网格放在氮化工装架上，上方吊钩带动氮化架转动，抛丸器在吊装架的一侧，分上下两个或三个，抛射的钢丸倾斜打在气门上，从而清理掉气门表面氮化后的反应物，抛丸用钢丸大小在0.3mm左右，调整抛丸器的频率，可改变其钢丸的喷射速度，这样钢丸撞击在气门表面上，比光饰时磨料的摩擦要大得多，故清洁度得到保证。图9-23为气门盘端面抛丸后外观清洁的图片。其清洁度在0.18～0.43mg/支，完全符合主机厂的要求。

9.5.10　液体氮碳共渗气门杆部与锥面凹坑

气门在进行成品检验时发现部分气门杆部与锥面上存在凹坑缺陷，直接判为废品，为此从氮化前后以及产生的缺陷件入手进行分析。图9-24为杆部凹坑形态，可以看出其有一定的深度，在体视镜下凹坑不规则（见图9-25）。成品检验发现氮化气门杆上有麻点，为确定该凹坑是氮化前还是氮化后产生的凹坑，沿凹坑处切开进行氮化层深度的检查（见图9-26），可以看出此麻点是在氮化后续加工中，被夹持杆部的滚轮上黏附的砂轮末以及铁屑压出的麻点。此处氮化层被部分破坏，压痕深度约0.014mm，氮化层的总深度为0.026mm。可见杆部凹坑内氮化层深度与凹坑外氮化层深度是一致的（见图9-27），故可判断该凹坑为杆部氮化前已经存在。该批共出现2000余支此类产品，后检查其加工过程，发现其精磨盘锥面时，因夹持杆部的滚轮上黏附砂轮末以及铁屑，将杆部硌出凹坑从而造成了此缺陷，对于滚轮进行擦拭后没有再出现此质量问题。

图9-24　杆部凹坑的外观形态

图9-25　杆部在体视镜下的凹坑形态

在对批量的氮化气门进行成品检验时，检验员发现该气门盘锥面出现圆形的小凹坑（见图9-28）。此类凹坑有一定的深度，且位置不固定，直径在0.5～0.8mm。随后在氮化后未密封的气门锥面上，发现了大小不一的钢丸（见图9-29）。此类钢丸的直径在0.2～0.8mm，而现场用钢丸直径为0.2～0.3mm，检查发现抛丸机内混有粗的钢丸，同时在油槽内也出现粗细不同的钢丸，煮油后黏附在气门上，在随后的清洗中没有去掉，同时该材料时效后锥面硬度在20～24HRC范围内，在密封时因硬度低与阀座接触而硌出凹坑。

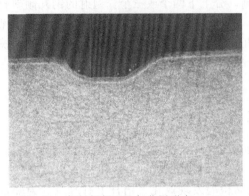

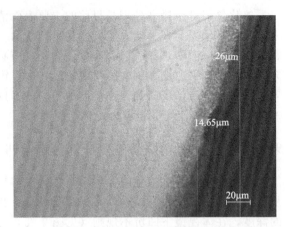

26μm

14.65μm

20μm

图 9-26　气门杆部凹坑氮化层形态　400×　　　　　图 9-27　气门杆部凹坑深度与氮化层

　　针对此情况，将抛丸机内钢丸进行筛选（用 0.2mm 网格），将油槽的油全部更换并清理干净，同时对于带有底窝的气门要求抛丸后吹净气门与工装上的钢丸。采取上述措施后再没有发生此类缺陷。

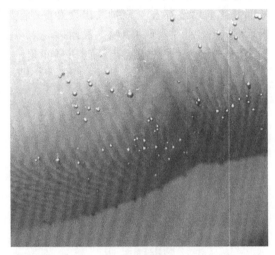

图 9-28　气门盘锥面保留氮化层密封时　　　　　图 9-29　抛丸的细钢丸中混有粗钢丸
　　　　　被大钢丸硌出的凹坑形态

9.5.11　液体氮碳共渗气门杆部抛光后颜色不一致

　　对于材质为 5Cr8Si2 马氏体耐热钢的气门，在氮化后进行杆部抛光处理，偶尔会发现杆部颜色发黑色，没有发亮（白），即使再抛几遍仍没有效果，见图 9-30。

　　针对此现象，将抛光后颜色发黑与发亮的气门杆部的硬度与氮化层深度进行对比检查，结果见表 9-9。同时发现杆部发黑的气门杆径比发亮的细 0.005mm。

表 9-9　杆部抛光后发黑与发亮的气门检测结果

检测项目	杆部发黑进气门	杆部发亮进气门	杆部发黑排气门	杆部发亮排气门
氮化层硬度（$HV_{0.2}$）	1020、938、1017	1014、994	886、846、846	1076、1027
氮化层深度	0.026mm （见图 9-31）	0.017mm （见图 9-32）	马氏体:0.054mm(见图 9-33) 奥氏体:0.012mm(见图 9-34)	马氏体:0.046mm(见图 9-35) 奥氏体:0.013mm(见图 9-36)

图 9-30 气门抛光后发黑与发亮的杆部对比照片

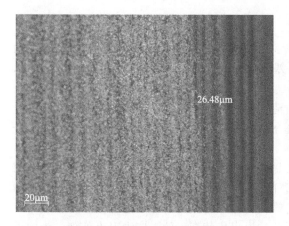

图 9-31 发黑的杆部氮化层深度

图 9-32 发亮的杆部氮化层深度

图 9-33 发黑的杆部马氏体氮化层深度

图 9-34 发黑的杆部奥氏体氮化层深度

　　氮化层深浅与硬度影响抛光后的气门杆部颜色，可以看出发黑的气门杆部硬度低、氮化层深，说明氮化时间长（包括返工）。该材质的气门杆部氮化后杆径是不膨胀的，氮化时间长会使气门杆收缩，即所谓的瘦身，故造成其杆部细、抛光不亮。发亮的气门杆则硬度高、氮化层浅（合格），属于正常的氮化处理。

图 9-35　发亮的杆部马氏体氮化层深度

图 9-36　发亮的杆部奥氏体氮化层深度

9.5.12　液体氮碳共渗气门锥面跳动大

某液体氮碳共渗气门材质为 X45CrSi93，成品要求氮化后锥面不再加工，锥面跳动 ≤0.05mm，而在成品检验时发现锥面跳动超差比例较高，达到 6%～8%，属于异常现象，而正常的锥面跳动超差率在 1%左右。

调查发现该气门的工艺流程为下料→倒角清洗→电镦→冲压成形→退火→抛丸→车削盘部外圆→去应力退火→机械加工→氮化→抛丸→机械加工→精磨杆端面→杆部抛光→清洗→检验机检验→包装入库。

分析气门工艺流程，氮化前的去应力退火是安排在车削盘部外圆后，而之后到氮化之前包括了切割、粗磨杆、精车盘部外圆、CBN 磨削盘锥面、精磨杆端面等工序。工艺设计的初衷是一个流程，认为这些工序不会造成气门锥面产生大的应力，加工过程中不再下线而取消去应力退火处理工序，而是让车削盘部外圆后的退火代替真正的去应力退火处理。为此进行批量工艺试验，在精磨杆端面处取出气门 456 支，检测增加去应力退火前后锥面跳动，然后继续加工氮化至成品检验，具体结果见表 9-10 所示。

表 9-10　增加去应力退火前后锥面跳动的超差情况统计对比

项目	去应力退火前	去应力退火后	至成品	目前的情况（没有增加去应力退火工序）
总数/支	456	456	424	
锥面跳动超过 0.05mm	28	37	7	
锥面跳动不合格比例	6.14%	8.11%	1.65%	6%

对于同种气门在另外的气门生产线上进行加工，表 9-11 为具体试验的结果。可以看出将退火工序后移对于消除机械加工应力是十分有益的，而两次退火后没有锥面跳动超差现象，则更能说明了加工应力的存在。

表 9-11　将去应力退火工序后移对于成品锥面跳动的影响

某车间试验情况	2 次退火	正常退火	将退火后移至精磨杆端面后（一次试验）	将退火后移至精磨杆端面后（二次试验）
总数	1360	1000	1000（小批量）	3800（加大数量）
锥面跳动超过 0.05mm	0	40	10	22
锥面跳动不合格比例	0	4%	1%	0.58%

目前针对几组试验的结果，对于此锥面跳动超差问题的解决方案如下。①车削盘部外圆工序后的去应力退火取消。②将去应力退火处理移至精磨杆端面后进行。

采取该类措施后，气门成品锥面跳动超差率控制在 1%～1.5%，达到工艺设计的基本要求。

9.5.13 筛片磨损断裂失效分析及热处理工艺改进

筛片是碾米机的重要部件，碾米机的工作原理如图 9-37 所示。糙米在碾辊和内壁（筛片和机壳）间受到内、外摩擦和挤压作用下，当压力 N 与摩擦力 F 形成擦离作用时，见图 9-38 所示，其合力大于糠层结合力或大于糠层与胚乳的凝聚力时，糠层发生变形断裂和脱落，使糙米碾白。筛片安装位置如图 9-39 所示，筛片由长 228mm 厚 1.5mm 的 Q235 钢板制成，筛片上布满筛。由于筛片是薄壁件，因而在运输、安装中易于发生变形，工件热处理中也应注意防止和减少筛片变形。筛片在碾米加工中受到杂质和米粒的压应力和摩擦力，通常失效形式为断裂破坏或磨损失效。磨损失效有两种形式，即均匀磨损失效和局部磨损失效，局部磨损失效多发生在迎米工作面一侧，形成宏观磨损形貌。磨损失效主要与筛片性能（硬度均匀性）和糙米，尤其是杂质的分布、数量密切相关。根据筛片受力特点和工作要求，要求筛片表面具有高硬度、高抗磨损性能和高强韧性能，以承受糙米碾白加工中的高加工应力和安装应力以及高磨损作用，不致使工件过早出现过度磨损，或在高应力载荷下发生断裂失效。

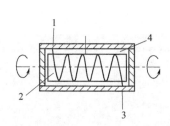

图 9-37 碾米机工作原理

1—粗米；2—辊筒；3—白米；4—碾米室

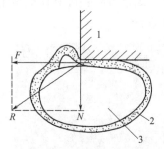

图 9-38 米粒碾白的原理

1—机件；2—糠层；3—胚乳

筛片生产中曾采用 920℃ 左右渗碳处理，但渗碳后工件变形严重。此后曾试用渗氮工艺（570℃ 左右渗氮），工件渗氮后变形微小，缺点是渗层太薄，工件整体强韧性不足，另一方面渗氮时间太长，生产成本高，难以在生产中应用。试验采用氮碳共渗工艺，并用于生产中，取得明显效果。

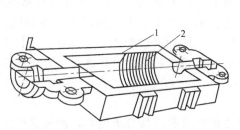

图 9-39 筛片安装装置

1—方箱；2—筛片

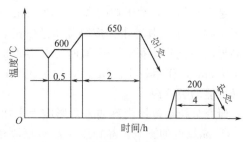

图 9-40 奥氏体氮碳共渗工艺曲线

筛片奥氏体氮碳共渗工艺曲线如图 9-40 所示，工件在渗氮后组织为 $\varepsilon\text{-Fe}_{2\sim3}$（N、C）、$\gamma\text{-Fe}$（N、C）、$\gamma\text{-Fe}$ 和 $\alpha\text{-Fe}$。金相组织为：最表面为 ε 相＋γ 相组成的化合物，层深约 0.025mm；次层为奥氏体淬火层，层深约为 0.02mm；过渡层为含氮铁素体组织；内部是基体组织。氮碳共渗层硬度为 800～1000HV，渗层总深度约为 0.045mm，该渗层使工件具有高耐磨性能，共渗层经油冷和回火处理后强韧性提高。生产试验考核证明，采用奥氏体氮碳共渗复合处理的筛片比铁素体氮碳共渗筛片寿命提高 1 倍以上，变形微小，质量优良，技术经济效益显著。

9.5.14　4Cr14Ni14W2Mo 钢件渗氮层剥落缺陷

船舰用 4Cr14Ni14W2Mo 奥氏体热强钢制件渗氮处理后多次出现渗层剥落现象，降低了零件的工作寿命，造成产品报废。为此进行理化检验分析，来找出导致渗氮层剥落的主要原因及提出对策。

试验采用热轧棒料，经过 820℃稳定化处理，锻造工件再进行热处理，分别进行 610℃及 630℃气体渗氮 12～45h（氨分解率为 45%～50%）。用光学显微镜、透射电镜、扫描电镜和 X 射线衍射仪检验分析组织和断口。

试验研究发现，剥落是在渗氮后冷却过程中发生的，剥落坑深度一般不超过 1～3 个晶粒。剥落是沿晶出现的，如图 9-41 所示，轻微时只出现龟裂，裂纹源在次表面灰黑层中与表面平行的晶界处，如图 9-42 所示。龟裂和剥落坑是次表面晶界处裂纹源沿晶界向表面扩展的结果，剥落沿晶断口上有很多第二相脱落后留下的孔坑，如图 9-43 所示，属于典型的沿晶脆性断裂。

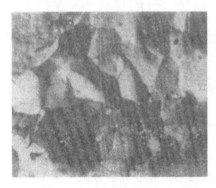 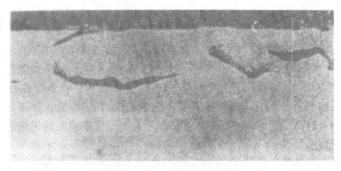

图 9-41　剥落断口形貌　400×　　　　　图 9-42　剥落裂纹源在次表面与表面平行的晶界处形成

试验探讨了热处理工艺、晶界状态及冲击韧度的相互关系和影响，结果如表 9-12 所示。由表 9-12 可知 $M_{23}C_6$ 和 γ、CrN 对晶界脆性的影响程度，晶界不存在 $M_{23}C_6$ 时，合金冲击断口是穿晶的，其冲击韧度大于 $343J/cm^2$；当晶界上存在大量的 $M_{23}C_6$ 时导致沿晶脆断，如图 9-44 所示，其冲击韧度降至 $32J/cm^2$，即降低了 90%以上，可见沿晶界分布的 $M_{23}C_6$ 对晶界的脆化作用很大。渗氮时沿晶界形成的 γ 和 CrN 使冲击韧度进一步降低，但只降低了 $12J/cm^2$，作用较小。$M_{23}C_6$ 与 γ 或 $\gamma\text{-Fe}$ 的界面可能是最脆弱之处，这是导致渗氮层剥落最可能的裂纹源。

研究分析渗氮层剥落的主要影响因素如下。

① 晶粒度的影响。晶粒度是渗氮层剥落的主要影响因素，晶粒越粗大，渗氮层产生的组织应力在晶界处集中越严重；晶界面积越小，时效时晶界上析出的碳化物越密集，越容易产生渗氮层剥落缺陷。

表 9-12 热处理工艺、晶界状态及冲击韧度

工艺编号	热处理工艺	晶界碳化物密集系数	$A_K/(J/cm^2)$	
			渗氮前	渗氮后
1	1200℃×0.5h 水冷	0	>343	278
2	工艺 1+730℃×6h 空冷	0.4232	93	76
3	工艺 1+1050℃×1.5h 水冷+730℃×6h 空冷	0.9649	32	20
4	工艺 1+1000℃×1.5h 水冷+730℃×6h 空冷		56	31
5	工艺 1+950℃×1.5h 水冷+730℃×6h 空冷	0.9271	70	48
6	工艺 1+950℃×1.5h 水冷		62	47
7	1140℃×0.5h 水冷	0.2147	133	110
8	工艺 7+730℃×6h 空冷		98	84
9	工艺 7+1050℃×1.5h 水冷+730℃×6h 空冷	0.5819	106	55
10	工艺 7+1000℃×1.5h 水冷+730℃×6h 空冷		101	82
11	工艺 7+950℃×1.5h 水冷+730℃×6h 空冷	0.3746	93	78
12	工艺 7+950℃×1.5h 水冷		89	83

图 9-43 剥落断口上第二相脱落后的孔坑　　　图 9-44 $M_{23}C_6$ 导致的沿晶冲击断口

② 晶界碳化物的影响。$M_{23}C_6$ 沿晶界的密集分布是导致渗氮层剥落的重要因素。

③ 锻造工艺及形变因素的影响。锻造加热温度直接影响未溶碳化物数量及基体合金化程度，进而影响时效时碳化物形态和分布。为防止晶界碳化物过分密集和晶粒粗大，锻造加热温度不宜超过 1140℃，同时要考虑形变量的影响。如果锻压形变量不足，一旦进入临界变形区，固溶处理时易出现晶粒度低于 6 级的粗大晶粒，从而导致渗氮层剥落。此外，终锻温度要求控制在 900℃左右。

④ 渗氮工艺的影响。渗氮时，氮势越高，白亮层越厚，氮浓度梯度越大，组织应力和脆性倾向越大，渗氮层越厚，其龟裂和剥落倾向越大。

防止渗氮层剥落的解决方案如下。

① 防止晶粒粗大，减少晶界碳化物、γ 相和氮化物。

② 锻造温度<1140℃。

③ 锻造形变量足够。

④ 控制渗氮工艺。

采取上述措施后，可防止零件渗氮层剥落，满足 4Cr14Ni14W2Mo 奥氏体热强钢零件加工和渗氮处理技术要求。

9.5.15　曲轴离子氮碳共渗表面白斑缺陷

曲轴是内燃机发动机的重要部件，材质为 42CrMo 钢。曲轴的加工流程为：下料→锻造→正火→调质→矫直→去应力→机加工→清洗→离子氮碳共渗→抛光→探伤→检查→成品。105 系列曲轴离子氮碳共渗工艺曲线如图 9-45 所示，生产中发现曲轴离子氮碳共渗后部分工件出现白斑缺陷，严重的有深色小坑，严重降低曲轴疲劳性能和表面质量。

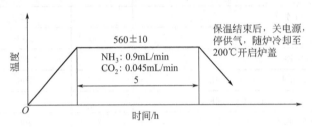

图 9-45　105 系列曲轴离子氮碳共渗工艺曲线

宏观检查发现，曲轴抛光后部分工件出现斑点，颜色为白色，局部有麻坑。曲轴抛丸前，该部位出现雪花状或树枝状斑点形貌，抛光后颜色深浅不一。经放大后观察，白斑严重区域呈现深浅不一的麻坑，有的深坑处存在有油泥，呈黑色"小凹坑"。这种凹坑缺陷很易成为疲劳源的萌生处，引发疲劳裂纹萌生及扩展，成为曲轴疲劳断裂失效的裂纹源和危险隐患。

对曲轴离子氮碳共渗不同工艺参数对白斑缺陷影响及清洗试验作用进行试验分析。试验发现，斑点是在设备出现故障后出现的，此外，采用汽油工业清洗剂清洗，效果良好，基本消除了曲轴白斑。

分析认为，曲轴磨削后精度尚存在不足，需要抛光处理，而抛光冷却介质为煤油，煤油残留在曲轴上，曲轴离子氮碳共渗前，用汽油清洗，如果清洗后留有残存油渍，则在曲轴径表面形成油膜层。工件离子氮碳共渗时，油膜层使辉光放电密度增大，出现正离子在油膜绝缘层堆积现象。很易出现弧光放电；而弧光放电时，阴极斑点处阴极材料出现强烈气化，在曲轴表面形成微小凹坑，因而，工件表面未清洗干净的油渍或油孔附近由微坑造成的花斑即白斑。

综上所述，曲轴离子氮碳共渗前，抛光后或清洗工序后工件表面残留煤油或汽油残渍，是工件辉光放电后产生白斑缺陷的主要原因，为此，提出了解决方案如下。

① 曲轴离子氮碳共渗前，必须将工件轴颈及油孔中残存的油渍洗净去除。

② 清洗时，改用清洗剂效果更好，可有效去除油渍，防止白斑缺陷出现。

此外，采用清洗剂不但曲轴清洗质量好，而且成本低，有利于降低曲轴生成成本，经济效益显著。

9.5.16　发动机曲轴早期断裂失效分析及工艺改进

曲轴是发动机的重要部件，常采用 45 钢、球墨铸铁或低合金钢制造。曲轴工作中承受高温、高速和在腐蚀介质中往复交变惯性力和离心力作用，曲轴受到交变弯曲和扭转应力作用，同时承担一定的冲击力作用，服役条件恶劣。因此，要求曲轴具有高强度、高韧性，并且抗弯强度、扭转疲劳强度高。某汽车曲轴行驶2万千米后突然发生早期断裂失效，见图9-46所示。

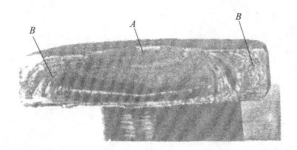

图 9-46 曲轴断口形貌

宏观检验发现，曲轴断裂部位在曲轴径间的曲柄处，该断口呈现明显的贝壳状疲劳花纹，断裂属于典型疲劳断裂特征。观察发现，疲劳裂纹源在轴颈和曲柄交接部位（见图9-46中A处），图9-46中B区域是瞬断区，约占断口面积的1/2左右。疲劳裂纹扩展区扩展很快，形貌上呈贝纹状条纹，条纹细微不明显。金相检验发现，疲劳源A部位分布有脆性夹杂物，该处表面渗氮层深约0.02mm，如图9-47所示。疲劳源区域组织为退火组织，为块状铁素体＋珠光体组织，珠光体片间距中等，但晶粒度不均匀，为7～8级，如图9-48所示。疲劳裂纹扩展区金相组织观察发现，该区域夹杂物较多，多呈球状，大小不一，为硅酸盐类夹杂物，有的夹杂物体积较大，如图9-49所示。曲轴疲劳裂纹扩展区组织为正火态组织，即铁素体＋珠光体，珠光体为片状形态，晶粒大小不均匀，约相当于7级，如图9-50所示。

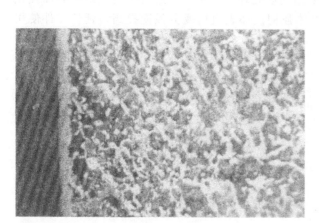

图 9-47 疲劳源处的渗氮层 200×

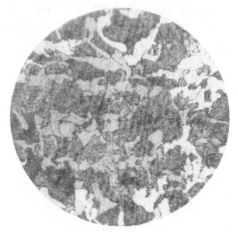

图 9-48 疲劳裂纹源处金相组织 300×

从上述断口观察和金相分析可以得出，曲轴失效机制及特征如下。

① 曲轴运转中主要承受高温、高速和腐蚀条件下交变弯曲、扭转载荷和一定的冲击载荷作用，受力最大部位在曲轴轴颈间曲柄区域，该曲轴疲劳断裂正在该部位处。

② 该曲轴发生早期疲劳断裂失效，裂纹源部位和裂纹扩展区均存在夹杂物严重现象。夹杂物存在使曲轴强韧性明显下降，并使疲劳强度下降明显，在交变弯曲、扭转载荷和冲击载荷作用下，在夹杂物处萌生疲劳裂纹。另外，工件正火态组织强度低、疲劳抗力低，促使工件疲劳裂纹迅速扩展，导致曲轴早期断裂破坏。

③ 曲轴出现早期疲劳断裂失效的主要原因是曲轴材质不合格，存在严重夹杂物，同时

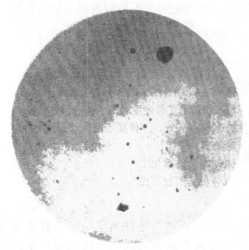

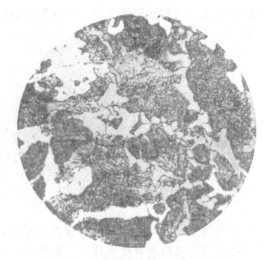

图 9-49　疲劳裂纹扩展区夹杂物　100×　　　图 9-50　疲劳裂纹扩展区组织　300×

工件金相组织不佳，组织粗大且不均匀，因而工件力学性能明显下降，说明正火冷却速度过慢，造成工件组织、性能不合格。

综上所述，提出曲轴工艺改进的解决方案如下。

① 曲轴材料的坯料质量应严格检验和控制，防止脆性夹杂物缺陷超标的材料流入加工工序。

② 严格热处理工艺及质量，防止出现正火处理不当（如冷却速度慢）造成组织粗大和性能下降。

③ 为提高工件强韧性综合性能，可采用调质处理代替正火，最后热处理采用表面强化（渗氮、氮碳共渗、感应淬火），使曲轴整体强韧性和表面抗疲劳强度提高，延长工件使用寿命。

参 考 文 献

[1] 许天已. 钢铁热处理使用技术 [M], 北京：化学工业出版社，2003.

[2] 国家机械工业委员会. 热处理工艺学（初级）[M], 北京：科学普及出版社，1983.

[3] 刘宗昌. 钢件的淬火开裂与防止方法 [M], 北京：冶金工业出版社，1991.

[4] 中国机械工程学会热处理分会. 热处理工程师手册 [M], 北京：机械工业出版社，1999.

[5] 裴汲，何葆祥，汪曾祥. 小件的热处理 [M], 北京：机械工业出版社，1984.

[6] 《热处理手册》编委会. 热处理手册（第 3 版）第一卷 [M], 北京：机械工业出版社，2003.

[7] 许天已，王忠诚. 钢铁零件制造与热处理 100 例 [M], 北京：化学工业出版社，2006.

[8] 上海工具厂. 刀具热处理 [M], 上海：上海人民出版社，1971.

[9] 刘永诠. 钢的热处理 [M], 北京：冶金工业出版社，1981.

[10] 潘邻. 表面改性热处理技术与应用 [M], 北京：机械工业出版社，2006.

[11] 浙江大学，上海机械学院，合肥工业大学. 钢铁材料及热处理工艺 [M], 上海：上海科学技术出版社，1975.

[12] 林信智，杨连第. 汽车零部件感应热处理工艺与设备 [M], 北京：北京理工大学出版社，1998.

[13] 夏立方，高彩桥. 钢的渗氮 [M], 北京：机械工业出版社，1988.

[14] 齐宝森，陈路宾，王忠诚，等. 化学热处理技术 [M], 北京：化学工业出版社，2006.

[15] 李泉华. 热处理技术 400 问解析 [M], 北京：机械工业出版社，2002.

[16] 潘邻. 化学热处理应用技术 [M], 北京：机械工业出版社，2004.

[17] [联邦德国] R·迦太基-菲合. 渗氮和氮碳共渗 [M], 北京：机械工业出版社，1989.

[18] [日] 大和久重雄. 热处理 150 问 [M], 杨佩璋，梁国明译. 北京：北京科学技术出版社，1986.

[19] 钟华仁. 热处理质量控制 [M], 北京：国防工业出版社，1990.

[20] 李志章. 钢的性能与热处理 [M], 杭州：浙江大学出版社，1988.

[21] [苏] 约·盖勒著. 工具钢 [M], 北京：国防工业出版社，1983.

[22] [苏] IO·M 拉赫金，Ar·拉赫斯塔德. 机械加工过程中的热处理手册 [M], 上海：上海科学技术出版社，1986.

[23] 方博武. 受控喷丸与残余应力理论 [M], 济南：山东科学技术出版社，1991.

[24] 孙希泰，等. 材料表面强化技术 [M], 北京：化学工业出版社，2005.

[25] 沈国良. 喷丸清理技术 [M], 北京：机械工业出版社，2006.

[26] 黄守伦. 实用化学热处理与表面强化技术 [M], 北京：机械工业出版社，2002.

[27] 热处理手册编委会. 热处理手册. 第三卷 [M], 北京：机械工业出版社，2003.

[28] 孟凡杰，黄国靖. 热处理设备 [M], 北京：机械工业出版社，1988.

[29] 曾祥模. 热处理炉 [M], 西安：西北工业大学出版社，1988.

[30] 熊剑. 国外热处理新技术 [M], 北京：冶金工业出版社，1990.

[31] 王吉勇，等. 热处理炉 [M], 哈尔滨：哈尔滨工业大学出版社，1998.

[32] 刘仁家. 真空热处理与设备 [M], 北京：宇航出版社，1984.

[33] 王广生，等. 金属热处理缺陷分析及案例 [M], 北京：机械工业出版社，2002.

[34] 王国佐，王万智. 钢的化学热处理 [M], 北京：中国铁道出版社，1980.

[35] 热处理工艺学编写组. 热处理工艺学 [M], 北京：机械工业出版社，1980.

[36] 江西省机械工业局技术情报站，等. 简明热处理手册 [M], 南昌：江西人民出版社，1978.

[37] [日] 吕戊辰. 表面加工技术 [M], 张凤翔，傅文华译. 沈阳：辽宁科学技术出版社，1984.

[38] 赵德寅，王大伦. 汽车零件金相分析 [M], 北京：机械工业出版社，1985.

[39] 朱荆璞. 金属表面强化技术 [M], 北京：机械工业出版社，1989.

[40] 《热处理手册》编委会. 热处理手册第二卷 [M], 北京：机械工业出版社，2003.

[41] 孙智，江利，应鹏展. 失效分析 基础与应用 [M], 北京：机械工业出版社，2005.

[42] [日] 日本热处理技术协会. 热处理指南（上）[M], 刘文泉，等译. 北京：机械工业出版社，1987.

[43] 宋涛，顾军. 金属热处理工 [M], 北京：化学工业出版社，2006.

[44] 樊东黎，徐跃明等. 热处理工程师手册 [M], 北京：机械工业出版社，2005.

[45] 孙建民. 内燃机气门裂纹的原因及预防 [J]. 农机使用与维修，2008 (5)：41.

[46] 李泉华. 热处理实用技术（第 2 版）[M], 北京：机械工业出版社，2007.

[47] 阎承沛. 典型零件热处理缺陷分析及对策 480 例 [M], 北京：机械工业出版社，2008.

[48] 姚禄年. 钢热处理变形的控制 [M], 北京：机械工业出版社，1987.

[49] 姚善长. 钢件的热处理变形及控制 [M], 兰州：甘肃人民出版社, 1979.

[50] 朱培瑜. 常见零件热处理变形与控制. 北京：机械工业出版社, 1990.

[51] 《简明热处理手册》编写组. 简明热处理手册 [M], 北京：北京出版社, 1985.

[52] [日] 大和久重雄. 热处理 108 招秘诀 [M], 杨义雄编译. 北京：机械技术出版社, 1991.

[53] [日] 大和久重雄. JIS 热处理技术 [M], 栾淑芳译. 北京：国防工业出版社, 1990.

[54] 刘民治, 钟明勋. 失效分析的思路与诊断 [M], 北京：机械工业出版社, 1993.

[55] 郭丽波. 热处理技术操作要领图解 [M], 济南：山东科学技术出版社, 2005.

[56] 许大维, 冯志军, 徐慧之. 细长零件的热处理 [M], 北京：机械工业出版社, 1990.

[57] 夏期成. 钢件淬火变形的分析和控制方法 [M], 太原：山西人民出版社, 1984.

[58] 秦启泰. 应用热处理 [M], 北京：金盾出版社, 1997.

[59] 王万智, 唐弄娣. 钢的渗碳 [M], 北京：机械工业出版社, 1985.

[60] 董世柱, 唐殿福. 热处理工实际操作手册 [M], 沈阳：辽宁科学技术出版社, 2006.

[61] 国家机械工业委员会编. 高级热处理工工艺学 [M], 北京：机械工业出版社, 1982.

[62] 顾应安, 林约利. 简明热处理工手册 [M], 上海：上海科学技术出版社, 1987.

[63] 《钢的热处理裂纹和变形》编写组. 钢的热处理裂纹和变形. 北京：机械工业出版社, 1978.

[64] 刘宗昌. 钢件的淬火开裂与防止方法（第 2 版）[M], 北京：冶金工业出版社, 2008.

[65] 马伯龙, 王建林. 实用热处理技术及应用 [M], 北京：机械工业出版社, 2009.

[66] 王忠诚, 齐宝森, 李杨. 典型零件热处理技术 [M], 北京：化学工业出版社, 2011.

[67] 王忠诚, 李杨, 尚子民. 钢铁热处理 500 问 [M], 北京：化学工业出版社, 2009.

[68] 马伯龙. 机械制造工艺装备件热处理技术 [M], 北京：机械工业出版社, 2010.

[69] 王忠诚, 孙向东. 汽车零部件热处理技术 [M], 北京：化学工业出版社, 2007.

[70] 吴元徽. 热处理工（中级）[M], 北京：机械工业出版社, 2006.

[71] 蔡珣. 表面工程技术工艺方法 400 种 [M], 北京：机械工业出版社, 2006.

[72] 汪浩, 宁海霞. 金属热处理 [M], 北京：化学工业出版社, 2006.

[73] 《机床零件热处理》编写组. 机床零件热处理 [M], 北京：机械工业出版社, 1982.

[74] 郭铮匀译. 钢的氮化 [M], 北京：兵器工业出版社, 1979.

[75] 郭耕三. 高速钢及其热处理 [M], 北京：机械工业出版社, 1985.

[76] 徐修炎, 王仁东, 周志光, 等. 钢铁件热加工技术及质量控制 [M], 成都：四川科学技术出版社, 1986.

[77] 王忠诚, 等. 气门行业高效节能的热处理发展趋势 [J]. 金属加工（热）, 2017, 780 (9)：15-20.

[78] 王忠诚, 等. 盐浴氮碳共渗内燃机气门清洁度与外观质量提高的措施与方法 [J]. 金属加工（热）, 2019, 812 (5)：1-6.

[79] 张升才, 等. 汽车后桥半轴断裂失效分析 [J], 金属热处理, 2012, 35 (9)：111-114

[80] 丁惠麟, 金荣芳. 机械零件缺陷、失效分析与实例 [M], 北京：化学工业出版社, 2013.

[81] 姜招喜, 许宗凡, 张挺, 等. 紧固件制备与典型失效案例 [M], 北京：国防工业出版社, 2015.

[82] 杨川, 高国庆, 崔国栋, 等. 金属材料零部件失效分析案例 [M], 北京：国防工业出版社, 2012.